얽 힘 의 시 대
THE AGE OF ENTANGLEMENT

얽힘의 시대

루이자 길더 지음   노태복 옮김

대화로 재구성한
20세기 양자 물리학의 역사

부·키

지은이 루이자 길더는 2000년에 미국 다트머스 대학 물리학과를 졸업했다. 이후 캘리포니아의 한 염소 농장에서 젖 짜기와 치즈 만드는 일을 하면서 8년 반 동안 자료를 수집하고 이 책을 썼다. 책을 쓰는 동안 와이오밍 주 옐로우스톤 국립공원 근처에서 영화관의 영사기사로 일하기도 했다. 현재 매사추세츠 주 버크셔 힐의 산자락에서 동물들을 기르며 생리학 관련 새 책을 쓰고 있다.

그는 도식적이고 정형화된 틀에서 벗어나 시대와 사회 속에서 협력과 갈등을 겪는 살아 있는 과학자들의 모습을 보여 주고자, 그들 사이에서 이루어진 풍부한 대화와 인용문 가득한 이 책을 썼다.

옮긴이 노태복은 한양대 전자공학과를 졸업했다. 환경과 생명 운동 관련 시민단체에서 해외 교류 업무를 맡던 중 번역가의 길로 들어섰다. 과학과 인문의 경계에서 즐겁게 노니는 책들 그리고 생태적 감수성을 일깨우는 책들에 관심이 많다. 옮긴 책으로 『꿀벌 없는 세상, 결실 없는 가을』 『생태학 개념어 사전』 『뫼비우스의 띠』 『신에 도전한 수학자』 『우주, 진화하는 미술관』 『동물에 반대한다』 『생각하는 기계』 『진화의 무지개』 『19번째 아내』 『이것은 과학이 아니다』 등이 있다.

2012년 9월 24일 초판 1쇄 펴냄
2016년 4월 20일 초판 4쇄 펴냄

지은이 루이자 길더
옮긴이 노태복
펴낸곳 부키(주)
펴낸이 박윤우
등록일 2012년 9월 27일 등록번호 제312-2012-000045호
주소 03785 서울 서대문구 신촌로3길 15 산성빌딩 6층
전화 02-325-0846
팩스 02-3141-4066
홈페이지 www.bookie.co.kr
이메일 webmaster@bookie.co.kr
ISBN 978-89-6051-240-5 93420

수학이 단순하다고 믿지 않는다면
그것은 단지 인생이 얼마나 복잡한지 모르기 때문이다.

존 폰 노이만

차례—

탐색 그리고 고발 1940~1952년

발견 1952~1979년

⚬ᡃ⟋° 얽힘 현상의 전성기 1981~2005년

삽화 목록 —

다른 언급이 없으면 저자가 그린 것이다.

독자에게 드리는 글—

베르너 하이젠베르크는 물질과 빛의 근본 성질에 관한 법칙을 처음으로 정립한 선구자다. 그는 노년에 자신의 삶을 글로 남겼다. 그가 쓴 책은 인간 하이젠베르크를 돌아본 것이 아니라 자신의 지적 활동을 담은 자서전으로서, 전부 재구성된 일련의 대화로 이루어져 있다. 한편 그가 남긴 가장 유명한 두 편의 논문은 독립적인 것이다. 하나는 양자역학(물질과 빛의 근본 성질에 관한 법칙)을 소개하는 것이고, 또 하나는 불확정성의 원리(주어진 임의의 시간에 입자의 위치가 더 확실히 정해질수록 속력과 방향은 더 부정확해지고, 그 반대의 경우도 마찬가지라는 원리)에 관한 것이다. 서로 별개이긴 하지만 두 논문은 양자물리학 분야의 저명한 학자들 대부분과 몇 달에 걸쳐 나눈 열정적이고 사려 깊은 대화에 바탕을 두고 있다. 하이젠베르크는 이렇게 적었다. "과학은 실험에 의존하긴 한다. 하지만 과학의 뿌리는 대화다."

학생들이 물리학 교과서에서 받는 느낌 때문에 물리학은 틀 속에 갇히고 말았다. 교과서 속의 물리학은 진공 밀폐된 상자 속에 들어 있는 완벽한 조각상처럼 보인다. 마치 몸의 다른 부위와 간신히 연결되어 있으면서도 빛나는 통찰력을 발휘하는 뇌처럼 말이다. 이러한 아테네 식 이론과 제우스 식 이론가들은 반짝이고 명쾌하고 매끄러워 보인다. 때때로 빛이 알맞게 비치면 그들을 통해 물리적 우주의 신비와 아름다움을 들여다볼 수 있다. 하지만 이들에게서는 인간미라든가, 해결하지 못한 질문들이 아직도 남아 있다는 인식을 좀체 찾아볼 수 없다.

실제로 물리학은 인류가 시작하긴 했지만 결코 끝나지는 않을 탐구의 과정이다. 신과 천사들이 완벽한 이론을 들고 와서, 육신도 없는 선지자로 하여금 순식간에 교과서를 쓰게 만들지는 않는다. 교과서에 나와 있는 단순하기 짝이 없는 설명 때문에 각 개념의 과거와 미래를 보여 줄 온갖 구불구불하고 기이하고 매력 넘치는 길들이 제대로 드러날 수가 없다. 아직 보편성과 완전성을 갈망하는 단계인데도 마치 그것을 달성한 듯 교과서에 쓴다면, 그건 거짓말을 하는 셈이다.

대화는 과학에서 핵심이다. 하지만 대화의 즉흥성이 문제다. 심지어 오늘날의 디지털 시대에서도 특정한 날에 두 사람 사이에 오고간 모든 말을 완벽히 기록으로 남기는 경우는 드물다. 언젠가 이 세계를 새롭게 이해하게 만들 대화이더라도 말이다. 그 결과 인간들끼리 서로 주고받은 긴밀한 활동이 역사책에 많이 남아 있지 않다. 이런 맥락에서 하이젠베르크의 주장은 과학에 무언가가 빠져 있음을 시사한다.

내가 20세기 양자물리학자들의 회고록과 전기를 처음 탐독하기 시작하던 때에는 마치 영화를, 그것도 등장하는 배우들의 연기가 너무나 실감 나고 이야기가 어디로 흐를지 점칠 수 없는 영화를 보는 느낌이었다. 과학의 힘이 역사의 굴곡을 헤쳐 나가서 순수한 지식에 다다르는 능력이라고 할 때, 이 지식은 확고한 열정을 품은 채 특정 시기와 장소에서 살아가는 사람들이 한 번에 하나씩의 난제들을 해결해 나감으로써 얻어진다. 과학이 어떤 방향으로 나아가고 그 외의 방향으로는 진행되지 않는 까닭은 상황 때문이다. 이 말이 십중팔구 진실임은 (육체와 무관한 뇌가 아니라) 등장인물과 (진리를 향한 맹목적인 전진이 아니라) 반전이 가득한 이야기 흐름을 보면 확연히 드러난다.

톰 울프는 『더 일렉트릭 쿨에이드 에시드 테스트(The Electric Kool-Aid Acid Test)』란 책의 서두에 이렇게 썼다. "나는 그 익살꾼들이 무엇을 했는지 알릴 뿐 아니라 그들이 풍기는 정신적 분위기 또는 주관적 실체를 재창조하고자 했다. 내가 보기에 그런 것 없이는 그들의 모험을 이해할 수 없다." 울프는 과학과는 다른 종류의 정신적 역사를 말했지만 내가 보기에 그가 한 말의 요지는 얽힘(entanglement)의 시대를 연 과학과 지성의 거창한 역사에도 딱 들어맞는다.

이 책은 대화에 관한 내용이다. 대화로 인해 우리가 살면서 매일 경험하는 세계가 미묘하고 극적으로 바뀌는 것처럼 물리학자들 사이에 주고받은 대화가 어떻게 양자물리학이 전개되는 방향을 번번이 바꾸었는지를 이 책은 말해 준다. 이 책에 나오는 모든 대화는 본문에서 밝힌 날짜에 그 나름의 형식으로 진행되었고 나는 모든 대화의 자료들을 충분히 수집했다.(각 인용문의 출처를 상세히 밝혀 놓은 일화들을 보면 분명히 알 수 있다.) 대부분은 편지, 논문, 물리학자들이 남긴 회고록에서 직접 인용한 (또는 실제에 가깝게 풀어쓴) 내용들이다. 가끔씩 매끄럽게 잇는 말(예를 들면 "만나서 반갑습니다." 또는 "네, 그렇군요.")이 필요할 때는 대화에 참여한 인물들의 특징, 신념, 그리고 이력을 온전히 살려 내고자 애썼다. 주를 보면 잇는 말과 실제 인용문을 구분할 수 있을 것이다.

아래에 본문의 한 대목을 소개한다. 1923년 여름 코펜하겐의 어느 길가에서 양자론의 창시자 가운데 두 명인 알베르트 아인슈타인과 닐스 보어, 그리고 양자론 분야의 위대한 교사였던 아르놀트 좀머펠트가 함께 나눈 대화다.

"요즘 자네 활약이 대단하더군." 아인슈타인이 보어에게 말한다.

보어는 멋쩍은 듯 고개를 가로저으며 이렇게 답한다. "과학적인 면에서 보자면 나는 평생 과도한 행복과 절망 사이를 오가고 있다네. (…) 둘 다 알겠지만 (…) 논문을 쓰기 시작할 때는 희망에 부풀고 뿌듯함을 느끼지만 결국은 발표하지 않고 만다네." 보어는 진지한 표정으로 말을 잇는다. "왜냐하면 양자론이라는 이 끔찍한 불가사의 앞에서 내 생각이 늘 바뀌기 때문이네."

"나도 알지." 좀머펠트가 말한다. "물론 알고말고."

아인슈타인은 눈을 거의 감은 채 고개를 끄덕인다. "나도 그 벽에 부딪혀 앞으로 더 나아가지 못하고 있네. 정말 끔찍하게 어려운 문제지." 아인슈타인이 다시 눈을 뜬다. "요즘은 양자론과 씨름하다가 잠시 기분 전환용으로 상대성이론을 다룰 뿐이네."

우리는 이 대화(위의 내용은 그중 일부분이다)가 실제로 있었던 일이라고 알고 있다. 왜냐하면 보어가 말년에 자기 아들 그리고 가까운 동료 한 명과 함께 한 인터뷰에서 그런 사실을 언급했기 때문이다. 대화의 내용은 당시에 세 명이 연구하던 것, 그리고 그 무렵 친구들에게 쓴 편지를 보면 쉽게 알 수 있다. 아래 인터뷰에서 보어는 1923년 그날의 일을 다음과 같이 회고한다.

좀머펠트는 비현실적이지 않았습니다. 비현실적인 것과는 거리가 멀었지요. 하지만 아인슈타인은 저만큼이나 현실적인 것과는 동떨어진 사람이었습니다. 그가 코펜하겐에 도착했을 때 당연히 제가 기차역으로 마중을 나갔습니다. (…)
우리는 역에서 전차를 탄 다음에 너무 열심히 이런저런 이야기를 하다 보니 목적지를 한참이나 지나쳐 버렸습니다. 그래서 전차에서 내려 기다렸다가 돌아오는 전차를 탔습니다. 그렇지만 이번에도 너무 많이 가 버렸죠. 역을 몇 개나 지나쳤는지는 기억나지 않지만, 전차를 타고 앞으로 갔다 뒤로 갔다를 반복했습니다. 그때 나는 대화에 아인슈타인이 유독 관심을 보였기 때문입니다. 그의 관심이 어느 정도 회의적이었는지는 모르겠습니다만 어쨌든 우리는 전차를 타고 여러 번 왔다 갔다 했고 남들이 우리를 어떻게 여길지에는 아무런 관심이 없었습니다.

다음에 셋이 나눈 대화의 짧은 한 부분의 근거가 된 첫 인용문을 소개한다. 이것은 보어가 1918년 8월에 영국인 동료에게 보낸 편지의 내용이다.

알겠지만, 과학적인 면에서 보자면 나는 평생 과도한 행복과 절망 사이를 오가고 있네. (…) 논문을 쓰기 시작할 때는 희망에 부풀고 뿌듯함을 느끼지만 결국은 발표를 하지 않고 만다네. 왜냐하면 양자론이라는 이 끔찍한 불가사의 앞에서 내 견해가 늘 바뀌기 때문이네.

하지만 5년 전에 쓴 구절이므로 끼워 넣기에 부적절한 것이 아닐까? 그 사이 보어에게 달라진 점도 어느 정도는 있겠지만 그가 이 편지에서 밝혔던 흥분, 낙담 그리고 과도한 업무(그 기간 내내 보어는 코펜하겐에 물리학 연구소를 세우고 있었다)는 여전했다. 오랫동안 힘겹게 쓴 논문들은 일부만 발간되었고 무엇보다도 양자론을 이해하기 위한 그의 노력도 1925년 하이젠베르크의 위대한 업적이 나오기 전까지는 무너져 내리는 모래 위에 서 있으려는 것과 마찬가지였다.

이번에는 두 번째 인용문을 소개한다. 이것은 셋의 대화가 있기 1년 전에 기차 여행에서 나온 내용이다. 파리 천문대의 천문학자가 아인슈타인과 함께 벨기에에서 파리로 가는 중에 양자역학의 난제에 대해 물었다. 그러자 아인슈타인은 이렇게 대답했다. "그건 앞으로 더 나아가지 못하게 가로막는 벽입니다. 끔찍하게 어려운 문제이지요. 저는 요즘 양자론을 연구하다가 잠시 기분 전환용으로 상대성이론을 다룰 뿐입니다." 양자론에 관한 아인슈타인의 견해는 1923년 여름의 대화 장면과 마찬가지다. 하지만 이듬해 여름, 인도에서 온 뜻밖의 편지 한 통 덕분에 그는 이 양자의 벽을 무너뜨리게 된다.

대화 사이를 매끄럽게 잇는 표현은 설명하자면 이렇다. 보어는 자신의 행복을 남들에게 퍼뜨리는 유형의 사람이었다. 자신이 새로 설립한 연구소를 아인슈타인에게 보여 주기 위해 역에 마중을 나갔을 때 그는 정말로 얼굴 표정이 좋아 보였을 것이다. 비록 아무리 과로에 절어 있고 내심 절망을 느끼고 있었더라도 말이다. 그리고 좀머펠트는 양자론의 초창기에 늘 보어와 지적 교류를 하고 있었기에, 보어가 '이 끔찍한 불가사의'라고 한 말뜻을 잘 알고 있었을 것이다.

나는 이런 식의 이야기가 지닌 위험성에 비해 그 보답이 더 크다고 믿는다. 여러 사람들을 만남으로써 어떻게 양자론이 전개되었는지를 알아낼 수 있으니 말이다. 어떤 이가 "그렇게 말했을 리가 없어!"라는 생각이 든다면 주를 확인하기 바란다.(569쪽부터 나온다.) 그리고 낯선 물리학 용어가 나오면 551쪽부터 나오는 용어 설명을 보기 바란다. 이를 통해 나는 독자 여러분의 신뢰를 얻고 아울러 과학이 실제로 어떻게 이루어지는지에 대한 하이젠베르크의 관점도 존중하게 되길 바란다.

존 스튜어트 벨

들어가며
얽힘
———

두 실체는 늘 상호작용을 하며 서로 얽힌다. 두 실체가 광자(빛의 작은 알갱이)든 원자(물질의 작은 알갱이)든 아니면 먼지 티끌, 현미경, 고양이 또는 사람처럼 원자로 이루어진 큰 물체든 마찬가지다. 얽힘 현상은 이 실체들이 그 밖의 다른 어떤 것과 상호작용을 하지 않는 한 아무리 멀리 떨어져 있어도 일어난다. 하지만 그 미세한 작용에 비해 고양이나 사람은 너무 크기 때문에 우리는 그 영향을 알아차리지 못한다.

하지만 아원자 입자의 운동은 얽힘 현상의 지배를 받는다. 얽힘 현상은 그 입자들이 상호작용을 할 때 시작된다. 얽히게 되면 입자들은 더 이상 고립된 존재가 아니다. 서로 아무리 멀리 떨어져 있더라도 한 입자를 잡아당기거나 측정하거나 관찰하면, 마치 온 세상이 둘 사이를 잇기라도 한 듯 다른 입자도 즉시 반응하는 것처럼 보인다. 하지만 왜 그런지는 아무도 모른다.

이상하게 들리겠지만 이런 유형의 상관관계는 늘 일어난다. 이 사실을 알게 된 것은 존 벨의 연구 덕분이다. 제2차 세계대전 동안 혼란스러운 아일랜드에서 자란 그는 이후 평온한 스위스에서 연구 인생을 보냈고 예순두 번째 생일을 맞은 직후에 세상을 떠났다. 노벨상 후보로 지명된 바로 그해였다.(벨은 그 사실을 모르고 세상을 떠났다.) 벨은 자신을 아주 유명하게 만든 연구, 곧 양자역학의 논리적 기초를 탐구하는 일을 취미라고 말했다. 이 주제에 관해 1964년에 발표한 그의 두 번째 논문은 얽힘 현상의 존재, 두 입자의 놀라운 상관관계를 간결하고 아름답게 그리고 결정적으로 증명한다. 벨은 그때까지 외면당하고 있던 한 논문을 확장하고 심화시켰다. 그 논문은 아인슈타인이 1935년에 그 주제에 관해 무명의 두 동료(보리스 포돌스키와 나단 로젠)와 공동으로 썼던 것이다. 존 벨에 의해 되살아난 후 40년 지난 오늘날 그 논문은 세계를 뒤흔들 만큼 위대한 아인슈타인의 모든 저작 가운데서도 가장 많이 인용되었다.[*] 20세기 후반부의 가장 권위 있는 물리학 잡지인 『피지컬 리뷰』에서도 가장 많이 인용되었다.

얽힘이라는 유령 같은 현상의 존재는 양자역학의 태동기인 20세기 초반부터 어렴풋이 알려졌다. 하지만 단순한 수학 논리와 심오한 통찰력으로 그 중요한 역설을 파헤친 이는 바로 벨이었다.

양자역학에 깃든 불가사의를 놓고 이 분야의 창시자들은 크게 네 가

---

[*] 어떤 논문이 유명하다고 인정받으려면, 뒤이어 나온 100편 이상의 논문에 인용되어야 한다. 특수상대성이론(1905년)과 양자론(1917년)에 관한 아인슈타인의 기념비적인 논문들은 각각 700번 이상 인용되었다. 원자의 크기에 관한 그의 1905년도 박사 학위 논문은 1500번 이상 인용되었다. 이와 대조적으로 얽힘 현상에 관한 벨의 1964년 논문은 물리학 잡지에 2500번 이상 인용되었다. 벨에게 영감을 준 1935년의 아인슈타인-포돌스키-로젠 논문도 비슷하게 많이 인용되었다.

지 반응을 보였다. 즉 그것을 정설, 이단 사상, 불가지론 중 하나로 여기거나 잘못 이해했다. 창시자들 가운데 셋(보어, 하이젠베르크, 그리고 볼프강 파울리)은 그 이론을 정설로 파악했다. 나중에 이 견해는 코펜하겐 해석이라고 불리게 된다. 다른 세 창시자들(아인슈타인도 여기에 속한다)은 이단자였다. 그 이론을 발전시키는 데 자신들이 매우 중요한 역할을 했으면서도 양자론은 무언가 꺼림칙하다고 믿었던 것이다. 마지막으로 실용주의자들은 양자론을 이해하기에는 아직 이른 시기라고 말했으며, 혼란에 빠진 이들은 단순화된 설명을 내세우며 양자역학의 불가사의를 무시해 버렸다.

이처럼 혼란스러운 여러 반응들은 양자역학의 미래에 큰 영향을 미쳤다. 왜냐하면 물고기에게 물이 필요하듯 그 이론에는 해석이 필요했기 때문이다. 이것만으로도 양자역학은 기존의 과학과는 극명한 차이가 있었다. (양자역학 이전의) 고전적인 방정식은 그 용어들이 정의되고 나면 본질적으로 자명한 것이었다. 하지만 양자 혁명이 일어나자 그러한 방정식들은 조용해졌다. 해석이 뒤따라야만 방정식이 자연계를 드러낼 수 있게 되었기 때문이다.

이런 비유를 들어 보자. 부탄의 한 화가가 미국의 메트로폴리탄 미술관에 가서 처음으로 서양의 그림과 마주한다. 아름다운 한쪽 손에는 검을 쥐고 다른 손에는 홀로페르네스의 잘린 머리를 흔들고 있는 유디트(구약 외경에 나오는 유대인 여성. 아시리아의 장군 홀로페르네스를 죽인 영웅으로 그려졌다.—옮긴이)를 묘사한 여러 점의 그림을 본다. 그는 이 그림이 표현한 섬뜩한 이야기의 핵심을 아무런 어려움 없이 이해할 것이다. 1900년 이전의 그림은 화가가 의도한 바를 표현하기 위한 수단이었다. 하지만 구겐하임 미술관에 가서 낫으로 베인 자국처럼 날카로운 선들이 연이어 그려진 갈색 그림 앞에 선다면, 이 부탄 화가는 슬쩍 눈을 돌려 (오늘날 미술관의 보편적 전시 방식인) 제목이 적힌 작은 카드를 보아야 그것이 사실은 「기차를 탄 슬픈 젊은이」임을 알 수 있다.

「기차를 탄 슬픈 젊은이」와 나란히 있는 그림은 잘린 머리를 손에 쥔 유대인 여성 그림보다 더 충격적이다. 마르셀 뒤샹의 「계단을 내려가는 누드」는 1913년 뉴욕 미술계를 발칵 뒤집어 놓았던 유명한 작품이다. 하이젠베르크가 쓴 책의 표지를 우아하게 장식한 그림도 바로 이 작품이다. 양자역학은 미술과 동시대에, 그리고 그와 비슷한 방식으로 과거와 단절되었다. 뒤샹과 그의 계승자들의 그림과 매우 흡사하게 양자역학도 그것을 기술하는 아름다운 수식 너머의 실제를 드러내려면 작은 카드가 필요했다. 그리고 1920년대와 1930년대에 물리학자들은 누가 그 카드에 설명 글을 새길지를 놓고 서로 다투었다.

아래가 그 주역들이다.

1. 코펜하겐 해석파 —

닐스 보어는 아인슈타인의 평생지기이자 지적 라이벌로서 코펜하겐에 이론물리학 연구소를 세운 사람이다. 그는 자신이 상보성이라고 명명한 개념으로 양자역학의 불가사의를 이해하려고 했다. 보어가 보기에 상보성이란 양자 세계의 역설들을 근본 성질로 인정해야 한다는 거의 종교적인 신념이었다. 그 모순들은 '실제로 그곳에서 무슨 일이 벌어지는지' 알아내어 '해결'하거나 아니면 무시해야 하는 것이 아니라고 그는 보았다. 보어는 그 용어를 다음과 같이 특이한 방식으로 사용했다. 예를 들면 파동과 입자(또는 위치와 운동량)의 상보성이란 어느 하나가 완전히 존재하면 다른 하나는 전혀 존재하지 않는다는 뜻으로 여겼다.

이 견해를 고수하기 위해 보어는 상보성이 결여된 하나의 큰 '고전적' 세계가 있어야 한다고 강조했다. 아이작 뉴턴이 훌륭하게 설명한 대로 행성이 돌고 사과가 떨어지는 이런 세계가 양자 세계의 심연을 들여다볼 받침대 역할을 한다는 것이다. 사과나 고양이처럼 고전적인 크기의 물질이 원자와 같은 양자적 요소로 이루어졌다고 여기는 대신에, 실제로 보어는 다른 방식의 관련성을 고찰했다. 1927년에 열었던 유명한 코모 강연에서 그는 파동과 입자는 "추상적 개념이며, 오직 다른 시스템과의 상호작용을 통해서만 그 둘의 성질을 정의하고 관찰할 수 있다."고 강조했다. 아울러 그 다른 시스템은 측정 장치처럼 '고전적'이어야 한다고 밝혔다.

보어는 물리학자들을 부추겨 그러한 '추상'을 넘어서 더욱 정확한 해석을 찾으라고 하기는커녕 "이 추상은 우리의 일상적인 시공간 개념과 관련된 경험을 설명하는 데 꼭 필요하다."고 주장했다. 즉 양자 세계는 그것을 기술하기에 부적절한 고전적인 언어로 설명해야 하며, 양자적 대상에서 볼 수 있는 성질의 존재 여부는 그것과 '고전적인' 방식으로 상호작용하는 다른 시스템을 통해서만 알 수 있다는 말이다. 역설적이게도 고전적인 시스템이 있어야 그것의 바탕이 되는 양자 시스템을 설명할 수 있다는 뜻이다.

보어의 열렬한 지지자인 베르너 하이젠베르크와 가장 신랄한 비판자인 볼프강 파울리조차도, 원자는 측정 전에는 아무런 성질을 갖지 않으므로 양자 세계는 우리의 관찰 행위에 의해 어떤 식으로든 창조 혹은 변환된다는 점에서는 의견을 같이한다.

보어는 하이젠베르크와 파울리와 나눈 대화에서 이렇게 말했다. "양자론을 처음 접하고서도 충격을 받지 않은 사람은 그것을 이해했다고 볼 수 없다."

2. "무언가 꺼림칙하다"*고 보는 부류—

양자론이 첫선을 보인 지 고작 9년 후인 1909년부터 알베르트 아인슈타인은 양자역학에 따르면 이 세상이 "서로 독립적이지 (…) 않고" 분리할 수 없는 요소들로 이루어져 있다고 보아야 한다는 점에 대해 우려하기 시작했다. 개별 입자들을 서로 별개의 것으로 다루려고 해도 그 입자들은 서로에게 "아주 불가사의한 속성을 지닌 상호 영향력"을 행사하는 듯이 보이거나, 심지어 그가 비아냥댔던 "원거리의 유령 같은 행동" 또는 "일종의 텔레파시 연결"과 같은 방식으로 서로에게 영향을 미쳤다.

　에어빈 슈뢰딩거는 양자론(그리고 특히 자신의 이름을 따서 명명된 그 이론의 기본 방정식)이 언뜻 보기에 기이한 모순임을 보여 주었다. 만약 보어와 마찬가지로 우리가 고양이와 같은 큰 물체는 양자역학의 법칙(분명 이 법칙은 매우 작은 입자를 대상으로 만들어진 것이지만)을 따르지 않는다고 확실히 밝힐 수 없는 한, 그 고양이가 살아 있으면서 동시에 죽어 있음을 증명할 수 있다. 슈뢰딩거는 코펜하겐 해석의 이중성을 거부하길 간절히 바랐고 자신의 방정식으로 이 세계가 단 한 가지 방식으로 설명되리라고 믿었다. 하지만 끝내 그것을 증명할 수 없었다.

　루이 드 브로이라는 젊은 프랑스인은 양자론의 한 가지 버전을 내놓았다. 이에 따라 슈뢰딩거의 방정식을 풀면, 빛의 속력보다 더 빨리 움직이며 세계를 구성하는 입자들을 유령처럼 인도하는 원거리 힘을 기술할 수 있다.

* 햄릿과 존 벨의 표현.

이 해석은 여러 가지 이름으로 불렸는데 가장 잘 알려진 것이 '숨은 변수' 이론이다. "관찰자가 없는 양자론"이라고 이해하면 이 애매모호한 이론을 기억하기 좋을 것이다. 즉 입자의 속성이 관찰 여부와 무관한 양자론이다.

3. 이해하기에는 아직 이른 시기라고 보는 부류―

폴 디랙(공적으로는 언제나 자기 이름의 첫 글자를 따서 P. A. M.으로 알려졌다)은 전자를 기술하는 자신의 방정식을 통해 양자론 분야에서 가장 경이롭고 의미심장한 결과를 내놓은 사람이다. 그는 얽힘 현상을 신경 쓰느라 시간을 허비하기에는 아직 이르다고 여겼다. 한참 후에야 이해할 수 있으리라고 보았던 것이다.

4. 이해하지 못하겠다며 무시하는 부류―

막스 보른은 보어와 마찬가지로 아인슈타인의 평생지기였으며 코펜하겐 해석에도 기여한 사람인데, 그는 왜 다른 이들이 양자론의 의미를 그토록 중요하고 어려운 사안으로 여기는지 이해할 수 없었다.

1930년대가 지나자 아인슈타인, 슈뢰딩거, 드 브로이의 해석은 막다른 벽에 이른 것이 분명해 보였다. 실제로 양자론 분야의 길이 남을 위대한 업적 대부분은 다른 학파들에서는 전혀 나오지 않았다.

하지만 보어, 하이젠베르크, 파울리, 디랙 또는 보른의 추종자들은 모든 난제들 가운데 가장 심오한 주제인 얽힘 현상에 대해서는 감히 이해

---

* 전하를 띤 아원자 입자로서 모든 물질의 핵심적인 구성요소이다.

나 가늠을 할 수 없었고 심지어 이름을 붙이지도 못했다. 그러던 차에 존 벨이 등장했다. 아인슈타인, 슈뢰딩거, 드 브로이의 숭배자였던 그는 이들 소수파의 견해를 따라가던 중에 그러한 견해에 따른 결론을 이끌어 냈고 마침내 얽힘 현상의 존재를 세상에 드러냈다.

보어는 "진리와 명확성은 상보적이다."라고 말하곤 했다. 진리에 더 가까워지려 할수록 명제가 불명확해지며 그 반대 경우도 마찬가지라는 뜻이다. 보어 자신에게는 확실히 옳은 말이었다. 하지만 벨은 이를 받아들이지 않았다. 그는 세계대전 후 보어의 가장 유명한 추종자 가운데 하나였던 존 휠러에게 이렇게 말한 적이 있다. "저는 애매모호하게 옳기보다는 확실하게 틀리겠습니다."

보어의 책과 논문들—연구하지 않아야 할 것이 무엇인지 자세히 밝혀 놓은 내용과 '상보성', '불가분성', '비합리성'에 관한 애매모호한 명제들로 가득 찬—은 새로운 세대의 물리학자들이 끊임없이 재해석해야 할 유언장이 되었다. 얽힘 현상의 관점에서 보자면 그 책과 논문들에 나오는 온갖 내용을 다 합쳐도 아인슈타인, 슈뢰딩거, 드 브로이 또는 존 벨이 던진 "저기, 이걸 좀 보십시오."라는 명쾌한 한 문장만큼의 가치도 없다. 이 사람들이야말로 각자 새로운 세계를 열어젖힌 인물들이다.

I
베르틀만의 짝짝이 양말
―1978년과 1981년―

라인홀트 베르틀만

1978년 제네바 근처의 유럽입자물리연구소(CERN) 주례 티 파티에서 라인홀트 베르틀만을 처음 만났을 때, 존 벨은 짧고 까무스름한 턱수염을 한 채 자신에게 웃어 보이던 그 젊고 호리호리한 오스트리아인이 짝짝이 양말을 신고 있는지 알 리가 없었다. 한편 베르틀만은 벨이 독특하게도 채식주의의 논리적 연장의 결과인 합성수지 신발을 신고 있는 줄 몰랐다.

개성 만점인 이 두 쌍의 발 아래 지하 깊숙한 곳에서는 점점 커지는 자기장 속에서 지름 250미터의 도넛 모양 트랙 주위로 양성자(원자의 가운데에 있는 매우 작은 입자)가 가속되고 있었다. 이 입자를 연구하는 일은 이 연구소의 이름대로 CERN의 일상 업무에 속했다.(복잡한 역사로 인해 이 머리글자는 이제는 연구소의 이름과 관련이 없게 되었다.) 벨은 1950년대 초 스물다섯의 나이에 사이비 그리스어 과학 용어인 '양성자 싱크로트론'이란 이름을 단 이 지하 가속기 설계팀의 자문 역할을 맡았다. 아일랜드 출신의 이 물리학자는 1960년 스위스로 돌아와 역시 물리학자이자 가속기 설계자인 스코틀랜드 출신의 아내 매리와 함께 살았다. 제네바 시와 주위 산들 사이에 있는 푸른 목초지 부근에 땅 밑으로 양성자들이나 날아다닐 뿐 매력도 없는 상자 꼴의 밋밋한 CERN 캠퍼스가 이후 평생 동안 벨의 정신적 고향이 되었다.

그처럼 거대하고 비인간적인 장소이다 보니, 벨은 새로운 사람들이 오면 마땅히 반겨 줘야 한다고 믿었다. 그는 베르틀만과 초면이었기에 다가가서 "저는 존 벨입니다."라며 인사를 건넸다. 제네바에서 거의 20년을 살았지만 여전한 아일랜드 억양으로 말이다.

벨은 베르틀만이 익히 알고 있던 이름이었다. 벨과 베르틀만의 발 아래에서 일어나는 고속 붕괴와 충돌(입자물리학과 양자장 이론으로 알려진 분야)을 연구하던 사람이라면 모를 리가 없는 이름이었으니까. 벨이 20세기의 사사분기 동안 몰두했던 연구 대상은 바로 이 날아다니며 충돌하여 부서지는 입자들이었다. 그는 셜록 홈스와 마찬가지로 남들이 거들떠보지 않는 문제에 관심을 기울여 놀랍도록 명쾌한 뜻밖의 판단을 내리곤 했다. "존 벨은 누구나 그렇다고 여기는 견해를 당연시하지 않고 '어떻게 그걸 아십니까?'라고 곧잘 묻곤 했지요." 그의 스승이었던 지난 세기의 위대한 물리학자 루돌프 파이얼스 경의 말이다. 초기의 공동 연구자는 그를 이렇게 기억했다. "존은 어떤 주장이 나와도 그 밑바탕을 꿰뚫어 보는 능력이 늘 탁월했어요. 게다가 아주 단순한 추론으로 오류를 집어냈답니다." 1978년까지 100편이 넘게 나온 그의 논문들은 그러한 탐구의 목록이자 그 결과 찾아낸 오류 아니면 보물들이다.

베르틀만도 이런 점을 알고 있었다. 게다가 벨이 특이한 책임감을 지닌 이론물리학자여서 거창한 추론을 멀리하고 CERN에서의 실험과 직접 관련된 내용을 바탕으로 연구한다는 것도 알았다. 하지만 바로 그 책임감으로 인해 벨은 그들 모두의 연구 대상인 양자역학의 기초에 깃든 '꺼림칙함' 혹은 '더러움'(벨 자신이 만들어낸 표현)을 외면할 수 없었다. 이러한 기초의 취약점—그의 표현에 따르면 '비전문적인' 이론이 통하는 분야—을 연구하는 일이 벨의 여가 활동이 되었다. 연구소에서 만약 그의 이러한 취미 활동을 알았더라면 어느 누구도 인정하지 않았을 것이다. 하지만 자신이 일하던 CERN에서 약 1만 킬로미터 떨어진 캘리포니아에서 안식년 연구 기간을 보내던 1964년에 이미 그는 환상적인 발견을 했다.

벨의 정리는 1964년의 그 특이한 논문에서 드러난 대로, 양자역학의 세계가 물리학의 전문 용어로 말하자면 국소적인 인과성을 갖거나 완전히 분리할 수 있는 것이 아니며 심지어 관찰과 무관한 실재가 아님을 보여 주었다.

양자 세계의 실체들이 국소적으로 인과성을 갖는 것이 아니라면 한 입자를 측정하는 행위는 온 우주에 걸쳐 즉시 '유령 같은' 영향을 미칠 수 있다. 분리 가능성에 대해 아인슈타인은 이렇게 주장했다. "공간적으로 떨어져 있으며 서로 독립적으로 존재하는 실체('그러한 존재')를 가정하지 않고서는 (…) 우리에게 익숙한 의미의 물리학적 사고는 불가능하다. 그처럼 분명한 분리가 없고서는 물리학 법칙의 수립과 검증이 어떻게 이루어지는지도 알 수 없다." 비분리성의 가장 극단적인 예로서 양자적 실체들이란 관찰되기 전까지는 개별적인 존재가 아니라는 생각을 들 수 있다. 마치 주위에 듣는 사람이 없으면 떨어질 때 소리를 내지 않는다는 속담 속의 나무처럼 말이다. 이에 대해 아인슈타인은 터무니없는 발상이라며 이렇게 말했다. "아무도 보지 않으면 달이 존재하지 않는단 말인가?"

그때까지 과학의 사고는 아인슈타인의 말대로 분리성에 바탕을 두었다. 그것은 (비국소적 인과성의 영역인) 마법과 (관찰과 무관한 실재의 영역인) 인간 중심주의에서 벗어나 인류가 오랫동안 거쳐 온 지적 여정의 결정판이라고 할 수 있었다. 그런데 어처구니없게도, 그리고 벨 스스로도 깜짝 놀랄 만큼 그의 정리는 그런 터무니없어 보이는 관점으로 물리학자들을 내몰았다.

여파가 어떠했든지 간에 21세기 초에 이르면 벨의 논문이 물리학에 거대한 변화를 몰고 왔음이 분명해질 터였다. 하지만 무명 잡지에 처음 발표한 지 14년이나 지난 1978년까지도 여전히 그 논문은 거의 알려지지 않았다.

베르틀만은 새로 알게 된 이 사람을 흥미롭게 바라보았다. 그는 큰 금속 테 안경 너머로 뜬 듯 만 듯한 눈을 한 채 상냥하게 웃고 있었다. 벨은 귀까지 내려오는 붉은 머리카락—불타듯이 붉은색이 아니라 그의 고국에서는 '생강' 색이라고 부르는 연한 적갈색—을 하고 있었으며 수염은 짧았다. 머리카락 색보다 밝은 셔츠를 입었고 넥타이는 매지 않았다.

비엔나 식 억양이 섞인 힘겨운 영어로 베르틀만은 자기를 소개했다. "저는 라인홀트 베르틀만입니다. 오스트리아에서 온 새 연구원입니다."

벨은 더 활짝 웃으며 말했다. "아? 그런데 무슨 연구를 합니까?"

알고 보니 둘은 물질의 가장 작은 조각인 쿼크를 대상으로 똑같은 계산 작업을 하고 있었다. 둘이 내놓은 결론도 똑같았다. 다만 벨은 책상 위의 계산기를 썼고 베르틀만은 직접 작성한 컴퓨터 프로그램을 썼다.

이후 둘은 즐겁고 결실이 풍부한 협동 연구를 진행했다. 그러던 어느 날 벨은 베르틀만이 신은 양말을 우연히 보게 되었다.

3년 후 베르틀만은 비엔나 대학의 장엄한 석조 건물 높은 곳에 있는 어느 소박한 연구실에서 물리학부의 컴퓨터 화면 앞에 웅크리고 언어가 아니라 수식으로 생각하며 쿼크의 세계에 깊이 몰두해 있었다. 컴퓨터는 연구실을 꽉 채우다시피 했다. 물리학부에 있는 비교적 소형 컴퓨터지만 크기는 무려 4.5미터×1.8미터×1.8미터였으니 말이다. 아직 쌀쌀한 초봄인데도 에어컨을 가동하여 그 거대한 연구실에서 나오는 땀과 윙윙대는 기계의 열기를 식히고 있었다. 베르틀만은 가끔씩 한 줄의 명령어 코드가 뚫린 새로운 펀칭 카드를 컴퓨터에 집어넣었다. 그는 햇빛이 조용히 연구실 주위를 돌며 방향을 바꿀 정도로 긴 시간 동안 오로지 연구에만 전념하고 있었다.

누군가가 노련한 손놀림으로 문 여는 버튼을 누르는 소리가 들리거나 심지어 문이 활짝 열려도 그는 고개를 들지 않았다. 게르하르트 에커가 종이 한 묶음을 들고 현관을 가로질러 그에게 곧장 다가왔다. 에커는 출간 전 논문—출간하기 전에 심사를 위해 저자가 관련 분야의 다른 과학자에게 보내는 논문—을 수납하는 일을 맡은 대학 직원이었다.

에커는 싱글벙글 웃고 있었다. "베르틀만 박사님!" 네 걸음이 채 안 되는 거리인데도 그는 큰 소리로 외쳤다.

베르틀만은 어리둥절한 표정으로 고개를 들었다. 에커는 출간 전 논문 하나를 그의 손에 쥐여 주며 이렇게 말했다. "이제 유명 인사가 되셨네요!"

베르틀만이 살펴보니 논문의 제목은 이랬다.

베르틀만의 양말과 실재의 본성

J. S. 벨

스위스 제네바 CERN

그 논문은 이후 1981년 프랑스의 물리학 잡지인 『주르날 디 피지크』에 발표되었다. 일반 독자들과 마찬가지로 베르틀만도 그 제목을 도대체 이해할 수가 없었다.

"그런데 이 제목이 뭐죠? 아무래도 뭔가…"

"일단 읽어 보세요." 에커가 말했다.

내용은 이랬다.

굳이 양자역학 수업을 애써 듣지 않은 거리의 철학자는 아인슈타인-포돌스키-로젠이 내놓은 상관관계에 그다지 관심을 갖지 않는다. 일상생활에서도 이와 비슷한 상관관계를 지닌 사례들이 많이 있으니 말이다. 그 한 예로서 베르틀만의 양말 사례가 자주 인용된다.

내 양말이라고? 이게 무슨 말이지? 그리고 EPR 상관관계라니? 정말 웃기는 소리야.

존 벨 박사가 터무니없는 말을 공개적으로 하고 있군.

'EPR'—논문 저자인 알베르트 아인슈타인(Einstein), 보리스 포돌스키

(Podolsky), 나단 로젠(Rosen)의 이니셜—은 이 논문의 영향으로 30년 후에 나온 1964년의 벨의 정리와 마찬가지로 물리학계를 당혹스럽게 만들었다. 그 논문의 제목인 "물리적 실재에 대한 양자역학적 설명을 완벽하다고 볼 수 있는가?"라는 질문에 대해 아인슈타인과 조금 덜 알려진 공저자들은 그렇지 않다고 대답했다. 그들은 양자론에 불가사의가 존재한다는 점을 물리학자들에게 알렸다. 상호작용을 한 적이 있는 두 입자는 아무리 멀리 떨어지더라도 '얽힘'—슈뢰딩거가 위의 논문 발표와 같은 해인 1935년에 만든 용어—상태를 유지할 수 있었다. 이것이 불가사의였다. 양자역학 법칙들을 엄밀하게 적용하면, 한 입자를 측정하는 행위가 다른 입자의 상태에 영향을 미친다는 결론이 나올 수밖에 없는 것 같았다. 즉 아주 먼 거리인데도 '유령 같은' 방법으로 힘이 미친다는 것이다. 따라서 아인슈타인, 포돌스키, 로젠이 보기에 양자역학은 얽힌 입자들의 사례를 설명할 미래의 어떤 다른 이론에 의해 대체될 것이었다.

전 세계의 물리학자들은 이들의 계산을 거의 살펴보지 않았다. 세월이 흐르면서 마치 전쟁에서 이긴 장군의 특이한 점이 잊히듯 몇 가지 이상한 속성에도 불구하고 양자역학은 과학사에서 가장 정확한 이론으로 더욱 확실히 자리잡아 가고 있었다. 하지만 존 벨은 그 특이한 점들을 간파했고 아울러 EPR 논문이 제대로 취급받지 못했다는 점도 알아차렸다.

베르틀만은 어이가 없는 듯 웃음을 터뜨리고 싶은 기분이었다. 에커는 슬며시 웃으며 "더 읽어 보세요. 더요."라고 말했다.

베르틀만 박사는 색깔이 다른 짝짝이 양말을 신기 좋아한다.
어느 날 어느 발에 어떤 색의 양말을 신을지는 전혀 예측할 수 없다.

하지만 〈그림 1〉을 보면 첫 번째 양말은 분홍색이다. (…)

〈그림 1〉이 뭐지? 내 양말이라고? 베르틀만이 페이지를 죽 훑었더니 맨 뒷부분에 첨부된 작은 스케치가 하나 보였다. 친절하게도 존 벨이 직접 그린 것이었다. 베르틀만은 계속 읽어 나갔다.

하지만 양말 한 짝이 분홍색인 것을 알았을 때는 나머지 한 짝은 분홍색이 아니라고 확신할 수 있다. 한 짝을 관찰한 것과 베르틀만에 대한 경험을 통해 나머지 한 짝에 대한 정보가 즉각 얻어진다. 취향에 대한 설명은 없지만 그것만 제외하면 여기엔 아무런 불가사의도 없다. EPR 문제도 이와 마찬가지가 아닐까?

베르틀만은 존이 이런 말을 하는 모습을 상상해 보니 빙긋 웃는 그의 얼굴이 떠올랐다. 3년 동안 매일 함께 일하는 사이였지만 그가 이런 이

〈그림1〉

야길 한 적은 없었는데.

에커가 웃으며 물었다. "무슨 생각을 하십니까?"

베르틀만은 벌써 그의 곁을 쏜살같이 지나 문을 열고 나가서 현관 아래의 전화기로 달려가더니 떨리는 손으로 CERN에 전화를 걸고 있었다.

전화기가 울릴 때 벨은 자기 연구실에 있었다. 베르틀만은 전화기 너머로 다짜고짜 물었다. "어떻게 된 겁니까? 어떻게 된 건가요?"

벨은 아주 낯익고 사무적인 웃음을 터뜨렸다. 그것만으로도 어떻게 된 일인지가 분명해졌다. 벨은 그 상황을 즐기며 이렇게 말했다. "라인홀트 박사, 이제 유명해졌군요."

"하지만 그 논문은 뭡니까? 거창한 농담인가요?"

"라인홀트 박사, 논문을 다 읽으세요. 그다음에 의견을 말해 주시죠."

암호랑이 한 마리가 거울 앞을 어슬렁댄다. 거울에 비친 상은 마지막 줄무늬 하나까지 모든 움직임, 모든 근육의 꿈틀거림, 그리고 꼬리의 미세한 흔들림까지 그대로 흉내 낸다. 암호랑이와 이 호랑이의 거울상은 어떻게 연결되는 것일까? 암호랑이의 앙증맞은 어깨에 내려앉는 빛은 사방으로 반사된다. 이 빛 가운데 일부는 관찰자의 눈에 닿는다. 호랑이 몸에서 직접 반사된 빛도 있고 호랑이에서 거울로 갔다가 다시 관찰자로 향하는 긴 경로를 따라온 빛도 있다. 관찰자가 보기에 두 호랑이의 움직임은 방향만 서로 반대일 뿐 완전히 동시에 이루어진다.

더 자세히 살펴보자. 매끈한 호랑이 가죽을 지나 몸에 난 털을 보자. 다시 이 털을 지나 호랑이를 구성하는 정교한 분자들의 배열을 보자. 더 나아가 이 분자들을 구성하는 원자까지 들어가 보자. 폭이 대략 1미터의 10억분의 1인 각각의 원자는 저마다 조밀한 중심부가 있고 멀리서 전자들이 그 주위를 돌고 있는 (대략 말하자면) 태양계인 셈이다. 이러한 규모, 그러니까 분자, 원자 및 전자의 세계가 양자역학의 고향이다.

암호랑이는 몸집이 크고 색깔이 선명하지만, 서로 연결된 두 호랑이를 관찰자가 볼 수 있으려면 거울 가까이에 있어야 한다. 만약 정글 속이라면 거울과 몇 미터만 떨어져도 무성한 덤불만이 거울에 비칠 것이다. 설령 툭 트인 곳이라 해도 어느 정도 멀리 떨어지면 지구의 곡률 때문에 암호랑이는 거울에 제대로 비치지 않을 터이니 둘 사이의 동시성은 깨질 것이다. 하지만 벨이 논문에서 언급한 얽힌 분자들은 서로 우주 끝까지 떨어져 있더라도 동시에 함께 움직일 수 있다.

벨이 자기 논문에서 설명하듯이, 양자 얽힘 현상은 베르틀만의 양말과 똑같지는 않다. 그가 어떻게 늘 색깔이 서로 다른 양말을 고르는지, 또는 그런 양말을 어떻게 신는지는 이해하기 어려운 문제가 전혀 아니다. 하지만 양자역학에서는 서로 떨어진 입자들을 조정하기를 '선택하는' 특별한 뇌가 존재하지 않기에 그런 현상은 마법일 수밖에 없다.

'실제 세계'의 경우 상관관계는 국소적 영향, 곧 접촉이 연쇄적으로 이어진 결과다. 양 한 마리가 다른 양을 들이받으면 국소적인 영향이 생긴다. 어미가 울음소리를 내면 공기 분자들이 서로 부딪히며 완전히 국소적인 도미노 효과를 낸다. 이때 생긴 음파가 어미의 성대에서 출발해 새끼 양의 귓속에 있는 고막을 두드리면 새끼는 그 음파의 패턴을 엄마라고 인식하여 어미에게 달려간다. 양떼는 코요테가 오면 흩어진다. 움직이는 공기가 코요테의 사향 조각과 비듬을 양의 콧속으로 나르거나 아니면 달빛의 전자기파가 코요테의 피부에 반사되어 양의 눈 속 망막으로 들어온다. 어쨌거나 모두 국소적인 현상이다. 양의 뇌에서 위험을 느끼게 하거나 위험 신호를 근육에 전달하는 신경도 마찬가지다.

쌍둥이 양은 자라서 서로 다른 농장에 팔려가 떨어져 지내더라도, 둘 다 식사 후 되새김질을 하고 아주 비슷하게 생긴 새끼들을 낳는다. 이러한 상관관계도 국소적이긴 마찬가지다. 양들이 완전히 멀리 떨어져 있더라도 유전 물질은 그들이 어미의 자궁 속에서 하나의 난자 상태에 있을 때 이미 갖추어져 있었기 때문이다.

벨은 쌍둥이에 대해 말하길 좋아했다. 태어나자마자 헤어졌다가 벨이 '베르틀만의 양말' 논문을 쓰고 있던 바로 그 무렵에 마흔 살이 되어서 다시 만난 오하이오 주의 일란성 쌍둥이(둘 다 이름이 '짐'이었다)의 사진도 보여 주었다. 둘이 너무나 비슷했기에 이를 연구하기 위한 쌍둥이 연구소가 별도로 세워졌다. 세워진 장소는 이 연구에 알맞게도 미네소타 대학의 트윈 시티 캠퍼스였다. 둘은 모두 손가락을 깨물었고 같은 상표의 담배를 피웠으며 같은 모델과 색상의 차를 몰았다. 둘 다 개 이름은 '토이', 전처는 '린다', 현재 부인은 '베티'였다. 결혼식 날짜도 똑같았다. 한 명은 아들 이름을 알란이라고 지었고 다른 한 사람은 아들 이름을 알렌이라고 지었다. 둘 다 목공 일을 좋아했는데, 하나는 야외용 미니 탁자를, 다른 하나는 미니 흔들의자를 만들었다.

벨의 정리가 다루는 상관관계도 쌍둥이 현상과 매우 비슷하며 대단히 직접적으로 연결되어 있기에, 이러한 현상에도 양이나 쌍둥이처럼 DNA와 비슷한 어떤 것이 있지 않나 하는 생각이 자연스레 든다. 바로 여기에 불가사의가 있다. 즉 그 정리는 이 가상의 '유전자'가 얼마나 낯설고 비국소적인('유령 같은')지를 알려 준다.

벨의 정리에 담긴 지적인 수수께끼를 물리학자가 아닌 사람들에게 가장 명쾌하게 제시한 사람은 코넬 대학의 저온물리학자인 데이비드 머민

이었다. 그가 처음 알려진 것은 벨의 친구인 베르나르 데스파냐가 1979
년 『사이언티픽 아메리칸』에 쓴 논문을 통해서였다. 머민의 연구 분야
는 벨과 정반대였다. 절대영도보다 겨우 몇 도 높은 온도로 꽁꽁 얼어
있는 느린 원자들을 연구하고 있었던 것이다. 하지만 그도 금세 벨의 취
미를 자신의 취미로 삼았다. 그는 벨의 정리를 "간단한 수식만 쓰고 양
자역학은 전혀 쓰지 않은 채 그 정리의 요점을 드러낼 수 있을 만큼 단
순화시켰다."

　이러한 노력의 일환으로 "우화와 논증 강의 사이의 중간에 해당하는
어떤 것"이 생겨났다. 그 대표적인 예가 벨이 '베르틀만의 양말'에서 설
명한 것과 비슷하게, 만화에 나올 법한 세 부분으로 이루어진 기계다.
이 기계에는 두 가지 측면이 있다. 우선 그것은 양자역학의 방정식과 예
측 그리고 결과를 생생하게 눈으로 볼 수 있게 해 주는 장치다. 또 오늘
날 양자광학 연구실 어디에서나 볼 수 있는 장치의 추상적 모델이기도
하다. 기계의 가운데에는 상자가 하나 있다. 버튼을 누르면 그 상자는
한 쌍의 입자를 방출해 서로 다른 방향으로 날려 보낸다. 그 상자에서
멀리 떨어진 양쪽에 검출기가 각각 하나씩 놓여 있다. 각 검출기 한쪽에
달려 있는 레버나 크랭크로 검출기 내부의 장치를 조정하여 서로 다른
축을 따라 입자를 측정할 수 있다. 크랭크를 돌려서 '표준 설정'(정면으로
날아오는 입자를 측정), '수직 설정', 그리고 '수평 설정'을 할 수 있다. 또한
각 검출기 꼭대기에 전등이 하나 달려 있어서 입자가 부딪히는 순간에
빨간색이나 녹색의 빛이 깜빡인다.

　머민의 권유대로, 우리는 더 자세한 정보 없이 이 기계와 방금 만났다
고 상상하자. 얼렁뚱땅 시작 버튼을 누르자 각 검출기에는 금세 빨간색
또는 녹색의 빛이 깜빡인다. 가능하면 더 많은 정보를 모으려고 우리는

세 가지 설정을 오가며 크랭크를 돌리고 그러면서 줄곧 단추를 눌러 어떤 빛이 깜빡이는지 알아본다.

몇 시간이 지나자 무작위적인 듯 보이는 수천 건의 결과들이 모인다. 하지만 무작위적인 결과가 결코 아니다. 오히려 양자역학이 특정한 두 입자 상황에서 예측한 것과 똑같은 결과다.

다음은 우리가 얻은 결과 가운데 한 예이다. (여기서 H는 수평 설정, V는 수직 설정, 그리고 *는 표준 설정이다.)

왼쪽 검출기 설정	오른쪽 검출기 설정	왼쪽 검출기 결과	오른쪽 검출기 결과
H	*	녹색	빨간색
H	V	녹색	빨간색
*	V	빨간색	녹색
*	*	빨간색	빨간색
*	V	녹색	빨간색
H	H	녹색	녹색
V	V	빨간색	빨간색
*	*	빨간색	빨간색
V	V	빨간색	빨간색
V	*	녹색	빨간색
*	H	빨간색	빨간색
*	H	빨간색	녹색

결과를 살펴보면 데이터를 다음 두 가지로 나눌 수 있다.

1. 두 검출기가 같은 설정일 때는 언제나 같은 색의 빛이 깜빡인다.

2. (고딕 글씨) 두 검출기의 설정이 서로 다를 때는 같은 색의 빛이 깜빡

이는 빈도가 25퍼센트 이하다

　머민은 이렇게 언급한다. "이 통계는 아무런 문제가 없는 듯 보이지만 자세히 살펴보면 마술 공연만큼이나 놀라운 결과다. 마술 공연에서 바닥 아래 숨겨진 전선이나 거울 또는 공모자가 있지는 않나 여기는 것과 비슷한 의심이 들게 만든다."

　두 검출기가 같은 설정인 경우를 생각해 보자. 이때는 언제나 같은 색의 빛이 깜빡인다. 머민은 이렇게 적고 있다. "검출기들이 서로 연결되어 있지 않은 상태임을 감안할 때, 이 현상을 설명해 줄 매우 간단한 한 가지(내 생각에는 오직 이것 하나뿐인) 방법이 있다. 각 입자의 어떤 공통 속성(예를 들면 속력, 크기 또는 형태)이 세 가지 설정 각각에 대해 검출기가 반짝이게 될 빛의 색을 동일하게 결정한다고 가정하기만 하면 된다." 입자들은 일종의 유전자를 공유하는 셈이다. 따라서 쌍둥이 입자들은 쌍둥이 빛을 깜빡이게 한다.

　아주 그럴듯한 설명 같지만, 실망스럽게도 동일한 데이터에 의해 이 설명이 완전히 틀렸음이 증명된다.

　만약 이러한 유전자 가설이 참이라면 이 가설에 따라 이후의 결과를 예측할 수 있다. 다음이 그런 가설에 따른 예측의 한 예다. '표준 설정일 때는 빨간색, 수평이나 수직 설정일 때는 녹색 빛을 깜빡이는' 가상의 유전자를 지닌 입자들의 일련의 쌍에 대한 가능한 모든 조합이 다음 도표다.

　하지만 유전자 가설에 따른 이 예측은 우리가 앞서 실제로 얻은 결과와 다르다. 설정이 서로 다른 경우(고딕 글씨)에 주목해 보자. 같은 색의 빛이 여섯 번 가운데 두 번 깜빡였다. 즉 25퍼센트가 아니라 33.3퍼센트다.

왼쪽 검출기 설정	오른쪽 검출기 설정	왼쪽 검출기 결과	오른쪽 검출기 결과
*	*	빨간색	빨간색
*	H	**빨간색**	**녹색**
*	V	**빨간색**	**녹색**
H	*	**녹색**	**빨간색**
H	H	녹색	녹색
H	V	**녹색**	**녹색**
V	*	**녹색**	**빨간색**
V	H	**녹색**	**녹색**
V	V	녹색	녹색

이것이 '벨의 부등식'으로 알려진 결과의 한 유형이다. 이 원리가 오랫동안 알려지지 않은 데에는, 벨 이전에는 아무도 검출기들이 정렬되지 않은 상황에 대해서 양자역학의 방정식을 푼 다음 그 결과를 미리 정해진 속성을 지닌 입자들에 대한 예상치와 비교하려 하지 않았던 것이 한몫을 했다. 벨의 발견 후 40년이 더 지났는데도 이 불가사의한 질문에 아무도 답을 하지 못하고 있다. 만약 검출기들 사이에 아무런 연결도 없고 방출기에서 입자에 대해 아무런 조정도 하지 않는다면, 도대체 어떻게 두 검출기가 같은 설정이라고 해서 같은 빛이 깜빡이게 되는가?

어떤 의미에서 벨의 정리에 담긴 주장은 아주 단순하다. 벨로서는 확실히 그랬다. 하지만 그 스스로도 말했듯이 벨의 정리에는 누구도 파악하지 못하는 어떤 요소가 있다. 이 때문에 벨은 그 정리를 여러 가지 방식으로 다시 표현했다. 1964년에 처음 나온 다섯 줄의 수학적 증명에서부터 비유에 바탕을 둔 여러 가지 설명에 이르기까지 다양한데, '베르틀만의 양말' 논문에 나온 설명은 바로 이 비유의 일종이다.

벨의 친구인 베르나르 데스파냐도 다음과 같이 재미있는 비유로 벨의 부등식을 표현했다.

젊은 비흡연자들의 수
더하기 모든 연령의 여성 흡연자의 수는
흡연자와 비흡연자를 모두 포함하는 젊은 여성의 총수 이상이다.

(위에 나온 부등식은 수학적 논리로 자명한 것이다. 젊은이를 A, 흡연자를 B, 여성을 C로 하여 벤다이어그램을 그리면 이 부등식이 성립함을 간단히 알 수 있다.—옮긴이)

시시한 동어반복이긴 하지만 양자역학은 논리적인 이 명제를 위반한다. 양자론에 따르면 전체는 부분들의 합보다 더 클 수도 있다.

다른 숫양과 박치기를 해서 뒤로 밀려나는 어느 숫양, 어미의 울음소리를 듣고 달려가는 새끼 양, 코요테가 다가오자 도망가는 양 등 이 모든 상관관계는 원인과 결과가 있고 시간의 흐름에 따라 발생한다.

숫양의 단단한 머리는 다른 근육과 같은 빠르기로 움직이며 발굽은 초속 10미터(대략 시속 36킬로미터)에 이르는 속력으로 숫양을 이동시킬 수 있다. 어미 양의 울음소리는 훨씬 더 빨리 이동한다. 쌀쌀한 봄날일 경우 대략 3초에 1킬로미터(한 시간에 거의 1200킬로미터)의 속력이다. 숨길 수 없는 코요테의 냄새가 퍼지는 속력은 훨씬 느리고 때에 따라 다르다. 그리고 이 사향 냄새는 공기의 흐름에 따라 퍼지는 정도가 어미 양의 울음소리보다 더 심하게 달라진다. 기온, 기압의 우발적인 상태, 그리고 바람을 만드는 이 상태들의 변화 등이 전부 작용하여 그 냄새가 양의 떨리는 콧구멍에 이르는 속력을 빠르게도 느리게도 만든다.

눈에 이르는 신호가 가장 빠르다. 왜냐하면 그 신호는 거의 빛의 속력, 즉 초당 거의 30만 킬로미터(초당 3분의 1킬로미터인 소리의 속력과 비교해 보라)의 속력으로 전달되기 때문이다. 이 속력은 우리가 거의 알아차릴 수 없을 만큼 빠르다. 1초에 지구를 일곱 번 도는 빛의 빠르기다! 그렇긴 하지만 다른 국소적 영향과 마찬가지로 속력이라는 한계를 갖는다. 즉 순식간에 일어나지는 않는다.

벨이 제시한, 기이하게 연결된 입자들이 양자 DNA 내지는 공유된 역사와 같은 명령어를 함께 갖고 있다는 가능성을 제외하고 나면, 일종의 신호를 서로 주고받는다고 볼 수도 있다. 녹색 빛과 빨간색 빛을 둘 다 갖고서 검출기에 도달하는 순간에 한 입자가 어떤 식으로든 다른 입자에 연락을 취해서 결과를 조정한다고 볼 수 있다는 말이다. 존 벨은 1979년 파리를 방문했을 때 이러한 개념이 포함된 문제를 설명하면서 엉뚱하게도 프랑스 TV 이야기를 꺼냈다.

"텔레비전이 프랑스의 출생률 저하에 한몫을 한다는 우려가 있습니다." 그는 오르세에 있는 남파리 대학에서 일군의 물리학자들에게 이런 말을 던졌다. 도대체 양자물리학과 무슨 관계가 있는 말인지 다들 의아해했다. "두 가지 메인 프로그램(파리에 기반을 둔 프랑스 1과 2 채널) 가운데 어느 것이 더 나쁜지는 확실치 않습니다." 옛날 식대로 벨은 '채널' 대신에 프로그램이란 단어를 썼다. "이 문제를 조사하기 위해 이를테면 릴과 리옹에서 정교한 실험을 해 보자는 주장이 제기되었습니다. 그 지역 시장이 두 프로그램 중 어느 것을 중계할지를 매일 아침에 동전을 던져 정할지도 모릅니다." 벨의 말에 따르면 릴과 리옹에 각각 두 채널 중 한 채널을 수신케 한 뒤 필요한 시간이 지나고 나면 도시의 임신 횟수(두 도시를 포함하는 공통의 확률분포)를 자세히 파악할 수 있다는 것이다.

"처음에 여러분은 그러한 공통 분포를 고려하는 것이 무의미하다고 여길지 모릅니다. 두 도시의 경우가 각각 독립적이라고 예상할 테니까요." 벨은 계속 말을 이었다. "하지만 잠깐만 생각해 보면 그렇지 않다는 것을 확실히 알 겁니다. 예를 들면 두 도시의 날씨는 비록 불완전하지만 상관관계가 있습니다. 날씨 좋은 저녁에 사람들은 텔레비전을 보지 않습니다. 공원에서 산책을 하면서 나무와 산 그리고 함께 걷는 이의 아름다움에 매료됩니다. 일요일에는 특히 더 그렇습니다." 연구자들은 이 문제와 무관한 그런 요소들이 두 도시에 영향을 미친다는 사실을 알고서 이런 요소에 따른 결과는 조사에서 제외해야 한다.

만약 그런 무관한 원인 요소들을 처리한 후에도 두 도시가 여전히 상관관계가 있다면 놀라운 일이다. "만약 릴의 프로그램 선택이 리옹의 프로그램 선택에 원인이 되거나, 리옹의 프로그램 선택이 릴의 프로그램 선택에 원인이 된다는 것이 증명된다면" 훨씬 더 놀라울 것이다. 가령 리옹에 프랑스 1 채널을 보여 주었더니 그 결과 릴의 임신율이 치솟았다면 말이다. "하지만 양자역학에 따르면 그처럼 수수께끼 같은 상황도 생길 수 있습니다. 더군다나" 벨은 이제 문제의 핵심에 이르렀다. "의문에 싸인 이 특이한 원거리 영향은 빛보다 더 빨리 작용하는 것 같습니다."

상대성이론에 따르면 불가능한 일이다. 공간과 시간은 어떤 것에 의해서도 영향을 받지 않는 불변의 실체가 아니다. 아인슈타인의 말에 따르면 공간은 자로 재는 것일 뿐이고 시간은 시계로 재는 것일 뿐이다. 그리고 밝혀진 대로 물체는 더 빨리 운동할수록 더 심하게 압축되고 그 속에 놓인 시계는 더 느리게 똑딱인다(예를 들면 심장박동). 사실 어떤 물체가 아무리 많이 압축되고 그 속에 놓인 시계가 아주 느리게 갈 정도로 빨리 운동하더라도 빛의 속력에는 결코 이를 수 없다. 존 내외가 설계에 참여한 것과 같은 가속기들—빛의 속력에 가깝게 운동하는 입자들로 가득 찬 장치—은 아인슈타인의 놀라운 예측이 사실임을 매일 정확히 알려 주고 있다. 초속 29만 9800킬로미터는 우주의 절대적인 속력 한계다.

벨이 오르세 강연을 한 지 2년 후 '베르틀만의 양말' 논문을 발표할 무렵에 젊은 실험물리학자인 알랭 아스페(에르퀼 푸아로(Hercule Poirot, 추리소설가 애거서 크리스티가 창조한 소설 속 탐정. 멋진 콧수염으로 유명하다.—옮긴이)처럼 콧수염이 멋진 사람)가 그런 원거리 영향이 정말로 빛의 속력보다 더 빠른지 검증하려던 참이었다. 그는 벨─머민 기계와 흡사한 어떤 장치를 제작하여 수수께끼 같은 상관관계는 실제로 존재할 뿐 아니라 검출기의 설정을 아무리 빨리 바꾸어도 어김없이 나타남을 밝혀냈다. 겨우 빛의 속력으로 전파되는 물리적 신호로는 그런 결과를 결코 설명할 수 없었다.

따라서 가상의 유전자나 신호는 존재하지 않는다고 밝혀졌다. 세계는 아름답고도 불가사의하게 얽혀 있는 것이다. 그러한 개념이 등장한 지 거의 70~80년이 지난 21세기에 들어와서도 그 마법을 명쾌히 드러낼 설명이 나오지 않고 있다. 하지만 변화의 기운은 감돌고 있다.

얽힘 현상에서 무언가를 얻어 내려고 처음 생각한 사람들 가운데 벨의 사고실험을 바탕으로 머민이 정성 들여 내놓은 흥미로운 논문을 읽은 사람이 하나 있었다. 물리학자가 아닌 이들은 머민의 논문을 통해서야 비로소 양자 세계의 불가사의를 엿보았지만 이 사람한테는 굳이 양자역학에 대한 쉬운 설명이 필요치 않았다. 그 사람은 리처드 파인먼이었으니 말이다. 당시 생존 물리학자 가운데 가장 위대하고 유명한 (아울러 다른 물리학자들의 논문이나 읽고 이해하는 수준이 아니었던) 파인먼은 머민에게 다음과 같은 편지를 썼다. "제가 알기에 물리학에서 가장 아름다운 논문 중 하나는 『미국물리학회지』에 실린 당신의 것입니다. (…) 성년이 된 후로 저는 평생 동안 복잡하고 기이한 양자역학을 단순화시키려고 노력했습니다." 이어서 파인먼은 "당신의 매우 참신한 아이디어를 접하고서" 자신도 그것과 비슷하지만 두 배나 더 복잡한 어떤 사고실험을 떠올리게 되었다고 말했다.

컴퓨터를 염두에 두고 있던 파인먼은 벨의 정리로 인해 기존의 컴퓨터로는 양자 수준에서 자연을 시뮬레이션할 수 없음을 즉시 알아차렸다. 그는 특유의 기질대로 이것을 어려움이 아닌 기회로 여겼다. 아스페가 자신의 기계 장치를 만지작거리던 바로 그해에 파인먼은 매사추세츠 공과대학(M.I.T.)에 세계 최상급의 컴퓨터 과학자들이 모인 자리에서 벨의 부등식을 소개했다. 그들에게 새로운 유형의 컴퓨터를 만들도록 촉구했던 것이다. 우리가 보기에 이것은 컴퓨터라고 보기 어렵지만(실제로 20세기 말에 처음 만들어진 것은 아주 작은 유리병 속에 특수하게 가공된 액체 분자들이었다) 어떤 형태이든 간에 그것은 양자 입자의 상태를 조작하여 작동된다. 파인먼이 가장 중요하게 여긴 대로 양자 컴퓨터는 얽힘 현상이라는 마법을 이용하여 그 과정에서 우리가 그 현상을 이해하도록 해 줄 것이다.

파인먼이 그런 강연을 한 지 얼마 후에 몇몇 뛰어난 사람들이 나서서 그런 컴퓨터가 몇 가지 일을 해낼 수 있음을 증명했다. 양자 컴퓨터는 은행, 정부, 그리고 인터넷의 기반이 되는 모든 보안 코드를 풀 수 있다는 사실을 밝힌 것이다. 물리학자가 아닌 이들에게는 가장 의미 있는 사례이다.

전 세계 모든 물리학 분야 가운데서 실험양자물리학 그룹이 양자 컴퓨터의 제작에 관심을 기울이는데도, 얽힘 현상은 여전히 불가사의로 남아 있다. 하지만 차츰 밝혀지고 있다. 이제 물리학자들도 마법과 같은 그 상관관계가 에너지나 정보만큼이나 근본적이고 이해할 가치가 있다고 여기기 시작한다. 흥미롭게도 이러한 근본 개념을 과학자들이 이해하기 시작한 것은 기계 제작을 통해서였다. 19세기에는 에너지에 대한 지식의 발전이 증기기관의 제작 및 운전과 직결되었고, 20세기에는 컴퓨터의 출현이 정보 이론의 출현과 긴밀하게 연결되었다. 21세기에는 양자 컴퓨터와 양자 암호 작성법에 대한 직접적인 연구 덕분에 우리는 더욱 안락해지고 아울러 얽힘 현상에 더욱 경외감을 갖게 될 것이다.

하지만 얽힘 현상이 처음 등장한 때는 20세기였으며, 얽힘 현상에 관한 이야기는 양자물리학 그 자체의 역사라 해도 과언이 아니다. 얽힘 현상에 관한 이야기는 양자론의 기이함에 의심을 품었던 20세기 초반 무렵부터 시작된다. 수 세기 동안 물리학자들은 세계를 완전히 이해하려는 지칠 줄 모르는 행진을 하는 듯했다. 그런데 20세기가 시작되자 물질과 빛을 더 깊이 파헤칠수록 더욱 불가사의한 결과가 나온다는 소식이 날아들었다.

논쟁

1909~1935년

1920년경 알베르트 아인슈타인과 파울 에렌페스트

2
양자화된 빛
── 1909년 9월~1913년 6월 ──

잘츠부르크에서는 가을에 고온건조한 바람인 푄이 알프스의 산비탈을
타고 내려와 도시의 찬 공기를 밀어낸다. 그 바람이 연무와 안개를 모조
리 증발시키는 바람에 멀리 있는 물체도 갑자기 선명하게 드러난다. 하
지만 날씨가 후텁지근해져 가을답지 않게 불쾌감을 일으킨다. 사람들은
두통과 짜증이 푄 탓이라고 여긴다.

　알베르트 아인슈타인, 헝클어진 머리카락에 눈이 커다랗고 밀짚모자
를 쓴 서른 살의 이 남자는 특허청을 그만두고 교수가 되어 1909년 9월
말에 첫 물리학 강연차 잘츠부르크로 왔다. 옅은 색의 치장벽토로 된 건

물 외관과 구리 지붕 탑들이 즐비한 그 도시는 특히 아름다운 빛으로 유명한데, 그즈음 아인슈타인이 탐구하고 있던 것도 바로 빛이었다.

수탉의 꼬리 깃털과 벌새, 조개껍질 안쪽의 진주 빛깔과 딱정벌레의 겉날개, 비누 거품과 기름의 매끈한 표면, 두꺼운 유리잔과 잎사귀 사이로 어룽거리며 비쳐드는 햇빛, 이 모든 것을 자세히 살펴보면 빛이 파동임을 알 수 있다. 빛은 잘츠부르크의 '슈뉘를레겐(Schnürl-Regen)', 즉 '곧은 빗줄기'처럼 내리는 것이 아니다.

실제로 어떤 과정이 개입되는지는 알 수 없지만 빛은 놀라운 모습을 보여 준다. 어두운 곳에서는 빛의 '줄기'가 비치면 환하게 밝아지고, 밝은 곳에서는 빛의 방울이 쏟아지면 그늘이 생긴다. 더욱이 색깔은 순전히 파동 현상이다. 즉 색은 빛의 파장이 1초마다 상승했다가 하강하는 횟수이다. 그리고 각각의 색깔은 액체나 줄무늬 표면에 부딪치면 휘는 정도가 서로 다르다. 이로 인해 비눗방울이나 딱정벌레에는 무지개색이 나타난다. 전자기파 복사에 관한 수 세기에 걸친 연구 끝에 이 모든 현상을 이해할 수 있게 되었다. (빛은 파장의 크기가 집보다 더 큰 라디오파에서부터 원자보다 더 작은 엑스선이나 감마선에 이르는 전자기파 스펙트럼의 가시광선 영역일 뿐이다.)

그런데 아인슈타인은 1905년에 위대한 불가사의와 처음 마주쳤다. 분명히 파장인 빛이 때로는 입자처럼 반응을 보였던 것이다. 이 불가사의는 북극의 해변에서 유니콘의 뿔을 발견한 것만큼이나 특이했다. 그러한 뿔을 발견하면, 어떤 이들은 완전히 무시할 것이고 또 어떤 이들은 마법의 뿔이 달린 말이 존재하는 증거라고 선언할 것이다. 하지만 오직 몇 명만이 그 뿔의 진짜 주인인 북극의 일각고래를 찾아 나설 것이다. 마찬가지로 아인슈타인은 빛이 파동도 아니고 입자도 아니며 이 두 가지가 불가사의하게 합쳐진 어떤 것임을 알리려고, 한 번도 만난 적 없는 동료 물리학자들이 있는 잘츠부르크로 향하고 있었다.

하지만 실제로 존재하는 일각고래는 이상한 동물이다. 신화 속의 유니콘보다 더 이상하다. 아인슈타인은 빛(그리고 물질)의 입자 각각이 고유한 독립성 즉 다른 것들과 얽혀 있지 않은 성질을 지닌 존재, 자신만의 국소적 실재성과 고유한 개별성을 지닌 존재임을 밝히려고 궁리하고 있었다. 분리 가능성에 대한 50년간의 탐구 과정에서 그는 필연적으로 얽힘 현상과 거듭 마주쳤다. 비록 성공하지는 못했지만 얽힘 현상의 존재를 분명히 드러냈기에 그의 탐구는 20세기에 이루어진 가장 풍성한 연구 활동이었다.

이 강연을 하기 전 1년은 빛에 대한 아인슈타인의 관심이 최고조에 다다랐던 때였다. "저는 빛의 성질에 관한 문제로 눈코 뜰 새 없이 바쁩니다." 그가 1908년 네덜란드의 H. A. 로렌츠와 베를린의 막스 플랑크와 주고받은 편지의 구절이다. 그 둘은 세계에서 가장 저명한 이론물리학자로서 아인슈타인보다 스무 살 이상 나이가 많았다.

아인슈타인이 보기에 플랑크는 "자신보다 남을 더 생각하는 아주 진솔한 사람"이었다. (이 때문에 아인슈타인은 자기 아내보다도 플랑크를 변함없이 더 존중했다.) 그런데도 1908년에 이런 판단을 내렸다. "하지만 플랑크에게는 결점이 하나 있다. 그는 자기와 맞지 않는 이질적인 사고를 다루는 데 서툴다." 한편 1908년에 아인슈타인이 보기에 로렌츠는 "놀랍도록 심오한" 사람이었다. 1909년에는 이렇게 적었다. "나는 무엇보다도 이 사람을 존경한다. 애정을 느낄 정도로 말이다."

아인슈타인과 로렌츠는 플랑크가 19세기의 마지막 달에 물리학을 뒤집어 버렸다고 믿었다. 그 일은 전부 (아인슈타인이 번번이 제시한 이미지인) 상자 속의 빛에서부터 시작되었다. 플랑크는 오랜 연구의 결과로 마침내

1900년에 주어진 온도에서 상자 안에 든 빛의 각 색깔의 에너지를 예측하는 공식을 내놓았다. (상자는 속이 비고 열을 담고 있을 수만 있다면 크기나 모양은 아무래도 상관없다.)

정확한 공식을 얻기 위해 플랑크는 에너지를 hν로 표시되는 특정한 크기의 '양자'로 세어야 했다. 양자는 그때까지만 해도 불가사의한 것이 아니었다. 독일어로는 단지 '양(量)'이라는 뜻이었을 뿐이다. 여기서 ν는 빛의 색(주파수)을 나타내고 h는 새로 도입한 아주 작은 값의 상수였다.

아인슈타인은 이후 1905년에 높은 주파수의 빛인 푸른색에 대한 데이터를 통해 플랑크의 발견이 단지 에너지를 세는 수단만이 아니라는 것을 알아차렸다. 자외선, 엑스선, 감마선은 상자의 안에서든 밖에서든 실제로 '상호 독립적인 에너지 양자', 즉 빛의 입자로 이루어진 것처럼 행동했던 것이다.

이 주장을 반박하기 위해 모두들 사용하고 있던 수학 해석을 내놓은 이는 비엔나의 루드비히 볼츠만으로서, 이 사람은 물질이 원자로 이루어져 있음을 논리적으로 증명하는 데 남다른 기여를 하기도 했다. 하지만 그는 우울증에서 헤어나지 못해 1906년 62세의 나이에 자살을 하고 말았다. 그 비극이 알려졌을 때 그의 제자인 스물다섯 살의 파울 에렌페스트는 플랑크의 새 공식이 기존의 어떤 물리학 이론으로부터도 도출될 수 없을뿐더러 어떤 이론과도 완전히 차원이 다른 새로운 개념이란 사실을 밝혀냈다. 빛을 순전히 파장으로만 보는 이론은 고에너지, 즉 높은 파장의 빛에 대해서 완전히 틀린 예측을 내놓고 말았다. 에렌페스트는 이 상황에 "자외선 재앙"이란 별명을 붙였다.

한편 아인슈타인은 1908년에 이렇게 적었다. "이러한 양자 문제는 특별히 중요하고도 어렵기에 모든 이들이 관심을 가져야 한다." 하지만 플랑크, 로렌츠, 에렌페스트, 그리고 자신 외에는 거의 누구도 관심을 갖지 않았다.

1909년 5월 초에 로렌츠는 아인슈타인에게 빛의 입자설을 비판하는 길고 사려 깊은 편지를 보냈다. 그달 말에 아인슈타인은 이런 답장을 했다. "광양자에 대해 분명 제가 불확실하게 표현했군요. 다시 말하지만 저는 빛이 비교적 좁은 공간에 국한된 서로 독립적인 양자들로 이루어진 것으로는 결코 보지 않습니다." 그렇지만 서로 의존적이거나 비국소적인 양자라는 개념은 얼마나 이상한가? 아인슈타인은 그 문제를 더 깊이 파헤쳐 불가사의로부터 자신을 벗어나게 해 줄 진리를 찾기를 간절히 바랐다.

스위스의 집에서 잘츠부르크로 가던 중에 그는 학교 다닐 때 유일하게 영감을 주었던 선생님을 만나기 위해 뮌헨에 잠시 들렀다. 그 선생님은 루스 박사로 초등학교 4학년과 5학년에게 언어와 역사를 가르쳤다. 항상 싱글벙글거리며 노새처럼 고집스러운 이 전직 특허청 직원이 옛 은사 앞에 섰다. 아인슈타인은 이미 세계에서 가장 유명한 사람이 될 정도로 큰 업적을 남겼다. 운동은 기준점에 대해 상대적이지만 빛의 속력과 물리학의 법칙은 그렇지 않음을 밝혀낸 터였다. 아울러 에너지와 물질이 서로 변환될 수 있다는 사실($E=mc^2$)도 밝혀냈다. 하지만 루스 박사는 제자의 해진 옷만 보고는 돈이 궁해 자기를 찾아온 줄 알고 그냥 돌려보냈다. 첫 강의를 앞둔 아인슈타인에겐 불길한 징조였다.

"제 생각에는" 아인슈타인은 잘츠부르크에 모인 물리학자들에게 입을 뗐다. "이론물리학 발전의 다음 단계는 파동 이론과 입자 이론의 일종의 결합으로 해석될 수 있는 빛 이론입니다." 그의 설명에 따르면 "이번 강연의 목적은 이 의견이 옳다는 것을 보여 주고 아울러 빛의 본질과 구조에 대한 기존 개념을 근본적으로 바꾸어야 한다는 것을 밝히기 위해서입니다." 점점 의심과 당혹감이 깊어지는 청중들에게 그는 플랑크의 공식에 따르면 빛은 파동이면서 동시에 입자여야 한다는 점을 보여 주었다.

홀린 듯한 청중들의 박수 소리가 잦아지자마자 플랑크가 자리에서 일어섰다. 그의 친가와 외가는 모두 신학자 집안이었으며, 그 자신도 진지한 눈빛과 위엄이 어린 콧수염 그리고 마른 몸집에서 독일 물리학계를 인도하는 영적 지도자의 풍모를 흠씬 풍겼다. "저는 강연자와는 다른 의견이 있다는 점만을 말하고자 합니다."라고 운을 뗀 뒤 강연에 대한 자신의 느낌을 피력했다. "아인슈타인 박사가 언급한 단계는 제가 보기에 아직은 불필요합니다. (…) 어찌 되었든 우선은 양자론의 문제를 물질과 복사에너지 사이의 상호작용 분야에 적용하는 데 집중해야 한다고 저는 생각합니다."

이어서 호전적인 요하네스 슈타르크가 일어섰다. 잘생긴 얼굴이 무색하게끔 코에 걸치는 안경을 쓰고 콧수염을 넓게 기른 모습이었다. 독일 바이에른 출신의 실험물리학자인 그는 서른다섯 살이었고, 아인슈타인이 1905년에 쓴 광양자 논문의 몇몇 주에는 플랑크와 더불어 그의 연구 내용도 언급되었다. 아인슈타인은 성격이 느긋해서 까다로운 사람과 같이 있어도 어려워하지 않았기에 슈타르크와도 친구처럼 지냈던 것 같다.(슈타르크는 오직 적을 만들 뿐이었지만.) 10년 동안 그는 아인슈타인의 광양자론을 추중하는 유일한 사람이었다. 하지만 아인슈타인의 명성이 높아지자 슈타르크의 질투는 광기로 변했다. 히틀러가 권력을 잡은 후 슈타르크는 아인슈타인의 피를 요구했으며 아울러 모든 '유대인 물리학자들'을 독일에서 축출하는 일에 앞장섰다.

1909년에는 슈타르크도 아인슈타인의 주장이 타당하다는 것을 알았다. 그는 플랑크에게 이렇게 말했다. "원래 저도 플랑크 박사님과 생각이 같았습니다. 하지만 전자기파가 다른 물질과 분리되어 공간에 집중되어 있다고 볼 수밖에 없는 현상이 하나 있습니다." 당시 엑스선이라고 불리던 뢴트겐 선들은 "심지어 10미터 거리에서 방출되어도 단 한 개의 원자에 집중적으로[뢴트겐 선들의 최대 에너지로] 작용할 수 있습니다." 끊임없이 넓어지며 원형으로 퍼져 나가는 파장과는 정반대 현상이었다.

플랑크도 그 말에 동의했다. "뢴트겐 선에는 특유의 성질이 있긴 합니다. 슈타르크 박사는 양자론에 우호적인 의견을 말하셨군요. 하지만 전 반대의 의견을 덧붙이고 싶습니다." 빛이 나타내는 대부분의 성질—가장 두드러진 것으로 간섭현상—은 입자설로는 좀체 설명할 수 없다. 플랑크는 이렇게 말을 이었다. "만약 한 양자가 자기 자신과 간섭을 일으키려면 그것은 수십만 개의 파장에 해당하는 거리만큼 공간적으로 확장되어야만 합니다." 입자의 줄기가 어떻게 깔끔한 빛과 그늘의 띠를 만든단 말인가? 미세한 양자가 그런 공간적인 확장을 할 수는 없기에 간섭을 설명하려면 빛을 파동으로 보아야 한다는 뜻이다.

슈타르크는 확신에 찬 어조로 이렇게 대답했다. "복사밀도가 매우 낮으면 간섭현상도 아마 달라질 겁니다." 그럴듯해 보이는 이 주장은 한 세기의 4분의 3이 지나고서야 거짓으로 밝혀졌다. 실험물리학자들이 밝혀낸 바로는 단 하나의 양자도 자기 자신과 간섭을 일으킬 수 있었다.

아인슈타인이 끼어들어 자신이 나중에 게스펜스터펠터(Gespensterfelder), 즉 유령 파동이라고 명명한 현상을 설명했다. 그의 말에 따르면 하나의 전자는 자기 주위에 전기장을 펼치는데, 각각의 양자도 이와 비슷하게 유령 파동이 퍼져 나갈 장(場)을 펼친다. 이런 희망적인 설명과 더불어 그 모임은 끝이 났다.

이후 오랫동안 아인슈타인은 입자마다 하나의 파동을 가지면서 서로 분리 가능하다고 자신이 가정한 이 실체를 밝히려고 애썼다. 이러한 발상이 실패한 이유는 수십 년이 지나면서 차츰 분명히 드러나게 되었다. 즉 얽힘 현상에 의해 두 입자는 단 하나의 파동만으로 기술되므로 실제로는 서로 분리될 수 없었던 것이다.

아인슈타인은 그해 마지막 날에 이렇게 적었다. "나는 아직 광양자 문제의 해답을 찾지 못했다. 가장 좋아하는 이 문제를 해결하기 위해 나는 줄기차게 시도할 것이다." 하지만 1910년 12월에도 상황이 나아지지 않았다. "복사파의 수수께끼는 풀릴 기미가 없다." 1911년 봄에 그는 절친한 친구인 공학자 미켈레 안젤로 베소에게 이런 편지를 보냈다. "이 양자란 것이 실제로 존재하는지를 더 이상은 캐묻지 않겠네. 또 그에 관한 이론을 구성하려는 시도도 더는 하지 않겠네. 이제 내 머리로는 아무런 진전을 이룰 수가 없으니 말일세."

그는 3년 반의 시간을 오로지 광양자 연구에만 매진했지만 아무런 성과가 없었다. 1911년 6월에는 새로운 문제로 방향을 돌렸다. 자신에게 가장 큰 성공을 안겨 준 문제였다. 1912년에 아인슈타인은 이렇게 적었다. "현재 나는 오로지 중력 문제에만 몰두하고 있네."

하지만 분리할 수 없는 (따라서 셀 수 없는) 양자가 여전히 마음 한구석에 자리하고 있었다. 심지어 "빛의 간섭 성질과 양립될 수 없었기 때문에 (…) 어느 누구도 셀 수 있는 양자의 존재를 믿을 수 없었다."고 거듭 말할 때에도 아인슈타인은 분리 가능성의 단순명쾌함을 갈구했다. 그는 이렇게 말했다. "나는 양자에 관한 '정직한' 이론이 더 좋다. 그걸 대체하기 위해 지금껏 알아낸 타협안들보다 말이다."

1913년 6월 어느 날 취리히의 더운 저녁 무렵이었다. 아인슈타인은 빈 머그잔을 탁자에 놓은 채 커피숍의 정원에 앉아 있었다. 옆에는 평생의 친구인 에렌페스트와 막스 폰 라우에가 있었다.

그들은 작년에 폰 라우에가 뮌헨에서 이룬 놀라운 발견에 관한 세미나를 마치고 이제 막 돌아와 있던 참이었다. 규칙적인 원자 배열을 지닌 푸른 황산구리 결정이 엑스선을 회절시킬 수 있다는 사실을 폰 라우에가 알아냈던 것이다. 그 결정에 엑스선을 쬐면 원자들 사이의 틈으로 인해 마치 파동처럼 엑스선이 반대편에 물결 모양의 동심원을 나타낸다. 이 물결 모양은 결정 속에 일렬로 늘어선 원자들의 줄과 줄 사이에서 생겨나 서로 간섭을 일으키고, 따라서 한 파동의 마루가 다른 파동의 마루와 합쳐지면서 원래 파동의 진폭보다 더 큰 파동을 만들거나 아니면 파동의 골이 마루를 상쇄해 원래 있던 두 파동을 소멸시켜 생긴 결과이다. 폰 라우에가 그 사진을 즉시 아인슈타인에게 보내자 그는 이런 답장을 보냈다. "경이로운 성공을 축하하네. 자네의 실험은 물리학이 이룬 가장 멋진 성과 중 하나이네." 그렇긴 하지만 아인슈타인의 양자가 그 사진과 어떻게 들어맞는지는 여전히 불가사의였다.

준수하고 사려 깊고 강직한—심지어 이후 히틀러의 제3제국 집권 기간에도—폰 라우에의 아버지는 근무지를 여기저기 옮겨 다니는 프러시아 공무원이었기에 그는 어린 시절 내내 이 도시에서 저 도시로 이 학교에서 저 학교로 옮겨 다녀야 했다. 1903년에 라우에는 플랑크 교수 밑에서 박사 학위를 받았다. 플랑크는 그에게 제일 먼저 상대성이론을 알려 주었다. 그 이론에 매료된 제자는 여름방학을 맞아 도보로 스위스의 여러 산들을 거쳐 베른의 특허청에 있는 그 이론의 창시자를 만나러 갔고 아인슈타인이 자기와 마찬가지로 스물네 살이라는 것에 충격을 받았다. 겨우 마음을 진정시키고 난 다음 둘은 시가를 피우며 오랜 시간 이야기를 나누었는데, 시가가 너무 독해 라우에는 '얼떨결에' 강에 빠지기도 했다. 오토바이로 베를린 시가지를 쏜살같이 달리는 사람으로 이미 유명했던 라우에는 1911년에 상대성이론에 관한 책을 한 권 출간했다. 여기서 그는 아인슈타인을 '작은 거장'으로 인정했다.

한편 에렌페스트는 1903년 로렌츠의 강연을 들은 이후 양자역학에 정면 승부를 걸었다. 그는 우울증을 겪으면서도 열정적인 활동으로 그런 티를 내지 않았으며 또한 명석한 비판 활동으로 '물리학계의 양심'으로 알려졌다. 그는 비엔나 사람으로서는 특이하게도 러시아 물리학자인 아내 타티아나와 함께 상트페테르부르크에 정착해 살았다. 하지만 그가 사랑했던 러시아가 혁명 전의 혼란에 휩싸이자 외국인이자 유대인이며 무신론자인 그가 대학에서 얻을 수 있는 자리는 없었다. 1912년에 취리히의 아인슈타인이 살던 곳 근처로 가야겠다고 마음을 굳힌 직후에(그해에 이미 그곳에 다녀온 적이 있었다) 로렌츠가 라이덴 대학에서 자신의 후임을 맡아 달라며 그를 불렀다. 라이덴 대학은 그곳을 찾는 숱한 물리학자들에게는 고향 같은 데였지만 정작 에렌페스트 자신은 편안함을 느끼지 못했다. 작은 키에다 깃이 높고 혁대가 달린 러시아 식 튜닉 차림에 어깨가 넓고 빳빳한 검은 머리카락 아래로 깊게 가라앉은 까만 눈이 반짝이던 그는 복잡한 과학 개념의 핵심을 강조하기 위해 다음과 같은 표현을 쓰곤 했다. "거긴 안개가 물속에 뛰어드는 곳이야!" 또는 (아인슈타인에게 경의를 표하며) "그게 바로 특허의 권리청구항이지!"(아인슈타인이 특허청 직원이었기에 그에 빗대어 쓴 표현—옮긴이)

에렌페스트가 아인슈타인을 처음 만났을 때 옆에 있던 라우에는 그에게 이렇게 경고했다. "아인슈타인의 말을 듣다가 질려 죽지 않도록 주의하게. 그렇게 하는 걸 아주 좋아하는 사람이니까." 그렇다고 기가 꺾일 에렌페스트가 아니었다. 두 번째 만났을 때 에렌페스트와 아인슈타인은 안개 낀 무더운 언덕을 단출히 걸으면서 무려 닷새 내리 이야기를 나누었다. 그러기 며칠 전에 아인슈타인이 산속에서 자신의 연구에 대해 설명하는 자리에 열성적인 물리학자들이 몰려들었다. 여기서 에렌페스트는 예리한 질문을 이해가 될 때까지 집요하게 계속 던졌다. "이제 알겠네!"라며 의기양양하게 외치는 소리가 폰 라우에의 귀에도 생생하게 들렸다.

그러고서 에렌페스트가 양자론에 대해 자신이 고민하던 내용을 아인슈타인에게 설명하자 아인슈타인도 공감한다며 고개를 끄덕였다. "양자론은 더 성공을 거둘수록 더 바보 같아 보이는 법이지."

에렌페스트가 폰 라우에에게 고개를 돌렸다. "아인슈타인한테서 프라하의 공원 이야기를 들은 적이 있나?"

폰 라우에는 고개를 가로저었다.

"글쎄, 1년 전에 그를 만나러 프라하에 갔을 때 (…) 아인슈타인, 직접 말해 주게."

"내 연구실에서는 나무와 정원들로 꾸며진 아주 아름다운 공원이 보였지." 아인슈타인이 입을 열었다. "사람들이 그 공원에서 산책을 했는데 어떤 이들은 깊은 생각에 잠겨 있었고 또 어떤 이들은 같이 산책하는 다른 이들에게 온갖 몸짓을 해 댔다네." 아인슈타인은 히죽 웃음을 보였다. "이상하게도 아침에는 여자만 그리고 저녁에는 남자만 보이지 뭔가. 그래서 이곳이 어떤 데냐고 물었더니 '보헤미안 정신병원'이라더군!"

에렌페스트는 폰 라우에를 향해 이렇게 덧붙였다. "그리고 아인슈타인은 이렇게도 말했지. '미친 사람들은 양자론에 빠져 있지 않더군.'"

3
양자화된 원자
─1913년 11월─

닐스 보어

11월 말의 안개가 막스 폰 라우에와 오토 슈테른이 우에틀리베르크를 오르는 내내 따라다녔다. 에렌페스트가 방문한 지 다섯 달이 지난 후였다. 우중충한 날인데도 둘은 그 낮은 산을 오르고 있었다. 구름 위로 솟아 있는 산 정상은 맑게 갠 줄 알았기 때문이다. 그날 아침 안개가 자욱한 거리에서 슈테른과 폰 라우에는 '우에틀리베르크 헬'—우에틀리 산 밝음—이라고 적힌 노란 플래카드를 보았다.

라우에와 슈테른은 그 지역 사람이 된 지 얼마 되지 않았다. 라우에는 취리히 대학의 교수로 들어왔고 슈테른은 E.T.H.(스위스연방기술연구소를 뜻하는 독일어 Eidgenössische Technische Hochschule의 약자로 늘 이 이니셜로 부른다. 발음은 '에테이하')에 강사로 왔다. 알자스 출신인 라우에처럼 슈테른도 비스마르크가 부흥시켰던 독일제국에서 무척 분란이 심하던 변방 지역 실레지아에서 자랐다. (당시에는 알려지지 않은 평범한 마을인 아우슈비츠가 그 지역의 경계에 자리 잡고 있었다.)

슈테른은 폰 라우에보다 열 살 아래였으며 땅딸막한 데다 턱이 길고 늘 유쾌한 기운을 발산하고 있었다. 훌륭하게도 이론과 실험의 경계 분야에서 종사하게 되었지만 그는 손이 서툴렀던 까닭에 교수가 되어 조수들의 도움을 받게 된 후론 부서지기 쉬운 장비들은 절대 다루지 않으려고 했다. 이를테면, 장비가 넘어지려 하는데도 시가를 든 채 손짓을 하며 "잡으려 하기보다 그냥 놔두는 편이 피해가 적다."고 말하곤 했다. 자기 돈을 써 가며 프라하에서 아인슈타인과 함께 지내던 1911년에는 아인슈타인의 둘도 없는 친구가 되었다. 하지만 그 '아름다운 날들'의 추억 때문에, 슈테른이 늙은 몸으로 나치에 의해 머나먼 곳으로 쫓겨나는 처지가 되었을 때 그의 눈에는 눈물이 맺히고 만다.

우에틀리베르크 정상에서 땀에 젖은 몸을 식히며 차가운 바람을 깊이 들이마신 다음 두 사람은 하얀 안개의 바다를 둘러보았다. 아래쪽을 보니 도시가 사라지고 없었다. 대신 거대한 알프스가 보였다. 알프스의 유명한 세 봉우리인 눈 덮인 아이거, 묀히, 융프라우와 더불어 핀스테라호른의 깎아지른 검은 절벽이 눈앞에 펼쳐져 있었다. 이런 장관을 배경으로 둘은 재미난 모습을 연출했다. 키가 작고 땅딸막한 슈테른 옆에 키가 크고 바짝 마른 폰 라우에가 서 있었으니 말이다.

둘은 당시 모든 물리학자들의 대화 주제였던 원자에 대해 이야기하고 있었다. 1911년에 원자가 아주 작은 태양계(태양이 행성들을 끌어당기듯 양전하를 띤 핵이 음전하를 띤 전자들을 전기적으로 끌어당기는 구조)와 비슷하다는 사실이 밝혀진 이후로 문젯거리가 뒤따랐다. 전자와 같은 대전(帶電)한 물체는 그것이 형성하는 전기장과 분리될 수 없다. 또한 전자가 이동하면 자기장을 형성하고, 이동하는 속력이 달라지면(가속, 감속 또는 회전) 전자를 감싸고 있는 전기장과 자기장에서 파동이 생겨난다. 이 전자기파가 바로 빛이다. 가운데의 원자핵 주위를 도는 대전한 전자는 자신의 전자기장 내에서 일정한 양만큼 빛의 형태로 에너지를 잃고, 이 현상은 우주 내의 모든 원자가 펑크 난 타이어처럼 찌그러들 때까지 계속되어야 마땅하다. 하지만 물론 이런 현상이 실제로는 일어나지 않는다.

1913년 슈테른과 폰 라우에가 우에틀리베르크에 오르기 몇 주 전에, 당시의 이론으로는 이해할 수 없었던 원자의 안정성에 관한 이 문제는 스물여덟 살의 무명 덴마크 물리학자인 닐스 보어에 의해 공식적으로 해결되었다. 그는 영국의 맨체스터에서 1년을 보낸 다음 고향인 코펜하겐으로 막 돌아와 있던 참이었다. 일흔한 장에 걸친 빽빽한 논문에서 그가 내놓은 설명은 도무지 비논리적이었다. 보어의 말에 따르면 전자는 항상 빛을 내기보다는 설명할 길 없는 일종의 전이(그 유명한 '양자 도약')를 할 때에만 빛을 낸다. 이 점프 또는 도약은 고양이가 부드럽게 뛰어오르는 것과는 전혀 달랐다. 당혹스럽게도 그 과정은 한 궤도에서 사라졌다가 다른 궤도에서 불쑥 생겨나는 '전부 아니면 제로'인 양자화된 현상이었다. 말하자면 지구가 화성의 궤도에 갑자기 불쑥 나타나는 격이었다.

양자 도약은 물리학의 역사에서 전대미문의 현상이었으며 마찬가지로 도약하는 전자가 방출하는 빛의 주파수도 괴이하기 짝이 없었다. 우리는 빛의 주파수를 색깔로 인식하지만 주파수의 개념은 순환하는 현상이면 어디에나 적용된다. 말 그대로 바퀴와 같이 둥근 물체에서부터 주기적으로 반복되는 계절에 이르기까지 말이다. 예를 들면 회전목마의 주파수는 여러분이 밖에 서서 손을 흔드는 동안 막내 여동생이 타고 있는 얼룩조랑말이 분당 회전하는 횟수다. 회전목마 안의 레코드플레이어에서는 딸랑딸랑 밴드 오르간(회전목마에 설치된 일종의 음악 재생 장치—옮긴이) 곡이 흘러나온다. 레코드의 주파수는 분당 회전수(rpm)인데, 이것은 재생되는 소리의 주파수와 직접 관련이 있다. 만약 기사가 우연히 턴테이블을 느린 33과 3분의 1아르피엠에 맞추어 놓고서 45아르피엠 레코드를 재생시키면 딸랑딸랑하는 소리는 통 통 늘어질 것이고, 그 반대의 경우에는 미친 듯이 빠른 곡이 흘러나올 것이다. 하지만 보어의 원자 모형에서는 전자 궤도의 주파수는 그 전자가 내는 빛의 주파수와 같지 않다. 믿을 수 없게도 그것은 전자가 출발한 궤도와 도착한 궤도 사이의 중간쯤에 해당되는 단일의 순수한 주파수였다. 마치 빛을 내는 전자가 자신이 어디에서 멈출지 이미 알고 있었던 듯이 말이다.

"터무니없는 소립니다. 그건 물리학도 아니라고요." 마침내 폰 라우에가 그 이론에 대한 이야기를 접으며 말했다. "강압적으로 원자를 안정화시키려고 들고나온 이론이죠."

슈테른도 씩 웃으며 말했다. "독재자 같으니라고!"

역정을 내던 폰 라우에도 웃음을 터뜨렸다.

둘은 앉아서 멀리 봉우리들을 다시 바라보았다. 그러고선 동시에 말했다. "아인슈타인과 이야기해 본 적이 있습니까?"

"지난번에 사람들이 보어의 이론을 놓고 벌였던 세미나에서"라며 폰 라우에가 말을 시작했다. "저는 결국 일어서서 이렇게 말했죠." 그는 딱딱한 표정으로 슈테른을 쳐다보았다. "'말도 안 됩니다! 전자가 원형 궤도를 돌면 빛을 내야만 합니다'라고 말입니다."

슈테른은 고개를 끄덕였다.

"하지만 아인슈타인은 '매우 흥미롭군요. 분명 뭔가 특이한 게 있습니다' 하고 말했죠." 폰 라우에는 슈테른을 슬쩍 쳐다보았다. "그는 리드베르크 상수가 기본 상수로서 그렇게나 정확하게 예측될 수 있는 것이 순전히 우연이라고는 믿지 않는다고 말했습니다."

리드베르크 상수는 주기율표의 각 원소가 내는 빛의 색깔을 예측하는 방정식에 나오는 수로서 30년 동안 해명이 되지 않고 있었다. 그런데 모순인 듯 보이던 보어의 이론이 그때껏 임의적인 수로서 측정에 의해 값이 정해졌을 뿐인 이 상수를 우연히도 손쉽게 이끌어 냈다.

"하지만" 폰 라우에는 이렇게 말을 맺었다. "정말로 진지하게 생각해 보면 아인슈타인도 보어의 이론을 좋아하지 않을 겁니다."

"제 생각도 그렇습니다." 슈테른이 맞장구를 쳤다. "그런 독재적인 결정은 마치 비행경로를 미리 정해 놓고 전자에게 무작정 그 길로만 가라고 명령하는 식이죠. 지금 당장에는 그럴듯해 보이지만 결코 물리학이 아니고말고요."

폰 라우에가 가소롭다는 얼굴로 덧붙였다. "누군가 나서서 이 어처구니없는 이론을 막아야 합니다."

슈테른은 슬픔에 잠긴 듯한 어조로 스위스에 민주주의의 탄생을 알렸던 14세기의 전설을 들먹였다. "활을 든 외로운 사람 (…) 빌헬름 텔은 어디에 있는가? 뤼틀리 서약(옛 스위스 연방 체제를 낳았다는 전설상의 동맹 서약—옮긴이)을 이끈 사람들은 어디에 있는가?"

실러의 유명한 희곡(『빌헬름 텔』을 말한다.—옮긴이)의 분위기에 젖은 폰 라우에는 다음 구절을 읊조렸다. "'아니, 폭군의 권력에도 한계는 있다'" 그와 슈테른은 독재자를 용납할 수 없었다. 설령 아무리 자애로운 이라하더라도.

둘은 웃음을 터뜨렸다. "엄숙히 선언합니까? 막스 라우에 박사." 슈테른은 히죽 웃더니 말을 고쳤다. "막스 폰 라우에 박사, 만약 보어가 옳다고 입증되면 물리학을 그만두기로 말입니다." [막스의 아버지가 그해에 세습 귀족의 자격을 물려받았기에 '폰(von)'을 붙였다.]

폰 라우에는 활짝 웃으며 말했다. "물론입니다. 그건 절대 못 참습니다. 오토 슈테른 박사도 맹세합니까?"

"뤼틀리 서약을 어떻게 하죠?" "아마, '빼앗을 수 없고 파괴할 수 없는 별들이 (⋯)' 이렇지 않습니까?"

"그래선 안 되죠." 폰 라우에가 손사래를 치며 말했다. 어쨌거나 둘은 우에틀리베르크 정상에 있으니 말이다. 폰 라우에는 싱긋 웃으며 "새로운 표현이 필요합니다."라고 말했다.

슈테른이 먼저 운을 뗐다. "우에틀리 서약을 위해!"

"원자의 이름으로 맹세하노니" 폰 라우에가 뒤를 이었다.

원자는 기원전 5세기에 그리스 철학자들이 처음 가정한 이후로 위대한 불가사의 중 하나였다. 모든 물질—여러분, 여러분이 앉는 의자와 여러분이 숨 쉬는 공기 등—은 결국 똑같은 구성 요소로 이루어져 있을까? 그렇다면 그 구성 요소는 어떤 모습일까? 사람들은 줄곧 답을 찾으려고 철학을 더듬거리기나 했다. 그러다가 18세기 중반에 호기심 많은 스코틀랜드인 토머스 멜빌이 식탁의 소금을 태워 그때 생긴 빛을 프리즘으로 살펴보았다. 예전에 아이작 뉴턴이 흰 빛에 프리즘을 대어 무지개 스펙트럼을 보았던 것과 비슷한 관찰이었다. 그런데 멜빌에게는 무지개가 보이지 않았다. 대신 어두운 영역에 둘러싸인 주황색 띠만 한 쌍

보였다.

62년 후에는 조셉 폰 프라운호퍼가 군용 관찰 렌즈의 도수를 조정하던 중에 프리즘으로 태양을 관찰했다. 그는 뉴턴의 무지개 스펙트럼 사이에 어두운 선들이 있음을 처음으로 알아냈다. 사실 무지개는 스펙트럼의 주황색 부분에 색이 없어져 검게 보이는 곳이 두 군데 있었다. 소금 스펙트럼과는 반대의 경우였다.

이 현상은 이후 거의 반세기나 연구되지 않았다. 그러다가 구스타프 키르히호프라는 말쑥한 젊은 물리학자가 목발을 짚고 하이델베르크 대학의 중세식 건물 주변을 산책하다가 그 주황색 부분의 일부가 왜 사라졌는지를 추론해 냈다. 태양 주변을 휘감고 있는 나트륨 가스에 흡수되었다고 짐작한 것이다.(식탁의 소금은 염화나트륨이다.) 그의 절친한 친구인 로버트 분젠이 이 연구를 도우러 나섰다. 분젠은 거구의 신사였다.〔20년 전에 그는 페트리 접시(뚜껑이 있는 유리 용기로서 세균 배양 등에 쓰인다.—옮긴이)가 폭발하면서 날아온 유리 조각에 맞아 한쪽 눈을 잃었다.〕 그는 1859년에 한 친구에게 이렇게 설명했다. "현재 키르히호프와 나는 함께 연구하느라 잠도 제대로 못 잔다네. 키르히호프는 태양 스펙트럼의 어두운 줄무늬가 생긴 원인을 밝혀 줄 완전히 뜻밖의 놀라운 발견을 했다네."

키르히호프의 발견이 의미하는 바는 기체가 아무리 먼 곳에 있더라도 그것의 고유한 스펙트럼을 통해 식별될 수 있다는 것이었다. 갑자기 별의 조성이 확연히 드러나게 되었다. 자신의 스펙트럼을 내지 않는 아주 뜨거운 불꽃 속에서 태우면 지구의 원소들—심지어 아주 적은 양이더라도—도 성분이 밝혀질 터였다. 분젠은 이 작업에 필요한 버너를 고안했고 키르히호프는 정확한 '분광기'를 급조했다. 그것은 검게 칠한 담뱃갑에 둘러싸인 프리즘을 망원경의 끝에다 붙여 놓고 관찰하는 장치에 불과했다. "이후로 미지의 원소들이" 나타나기 시작했다. 분젠은 이렇게 적었다. "나는 아주 운 좋게도 새로운 금속을 찾아냈다. (…) 아름다운 푸른색 스펙트럼을 보이는 금속이어서 세슘•이라는 이름을 붙이려고 한다. 다음 주 일요일에는 시간을 내서 처음으로 이 원소의 원자량을 결정할 수 있기를 기대한다."

('태양으로부터'란 뜻의) 헬륨도 이런 식으로 발견되었으며 뒤이어 새로운 원소들이 줄지어 발견되었다. 과학자들로 이루어진 어느 작은 조직은 분광기에 강박적인 집착을 보이기도 했다. 1900년에 출간된 스펙트럼 모음집인 『분광학 핸드북(Handbuch der Spectroscopie)』이라는 책의 첫째 권만 해도 무려 800페이지나 되었다. 스펙트럼 이면에 어떤 원리가 숨어 있는지 아무도 몰랐지만 보어는 다음과 같이 (특유한 영어 억양으로) 회고했다. "스펙트럼은 경이로운 것이긴 하지만 그 이상의 발전을 이루기는 불가능하다. 마치 나비의 날개를 놓고서 여러 색들이 아주 규칙적으로 배열된 모습만 확인할 뿐 아무도 생물학의 토대를 나비 날개의 색깔 관찰에서 벗어나게 할 수는 없다고 여기는 상황과 비슷했다."

보어가 태어났던 큰 저택은 여러 번 노벨 의학상 후보에 오른 생리학자인 아버지와 그의 절친한 세 친구인 언어학자와 철학자 그리고 물리학자—모두 덴마크의 저명한 지성인들—가 밤늦도록 나누는 대화로 시끌벅적했다. 덕분에 보어는 어린 시절을 훌륭하게 보냈다. 그는 자신이 힘이 세다고 여기진 않았지만 충동적이고 거친 성격 때문에 싸움이 붙으면 친구들을 단단히 혼낼 수 있었다. 하지만 그는 아무런 악의 없이

• 둘이 쓴 논문인 「새로운 알칼리 금속에 관하여」에서 분젠과 키르히호프는 이 이름이 라틴어인 카에시우스(caesius)에서 왔다고 설명했다. 이는 "고대인들이 하늘의 위쪽 푸른 부분을 가리킬 때 썼던 단어다."

환한 미소도 잘 지었다. 친절함과 겸손함 그리고 때때로 스스로는 잘 의식하지 못하는 자신의 힘(어른이 되었을 때는 지적인 면에서 표출된 힘)은 평생 동안 그를 따라다닐 터였다.

1911년 스물여섯의 나이에 그는 아원자 연구의 본고장인 영국에 도착했다. 그가 함께 연구한 사람은 약 10년 전에 전자를 발견했던 J. J. 톰슨이다. 케임브리지 대학의 거대한 캐번디시연구소에서는 톰슨의 지휘 아래 명석한 젊은 실험물리학자들이 연구하고 있었다. 거미줄이 쳐 있는 신고딕 양식의 복도에다 천장에는 물이 새기로 유명한 그 연구소에서 말이다. 명석한 젊은 실험물리학자 가운데 뉴질랜드 출신의 에른스트 러더퍼드가 방사능의 신비로운 현상에 대한 연구를 선도하고 있었다. 보어는 맨체스터에서 이제 막 교수직을 맡고 있던 러더퍼드를 겨우 찾아냈다. 러더퍼드가 원자핵을 발견한 바로 그해였다.

얼마 전에 아버지를 잃은 보어는 자기보다 열네 살이나 많은 러더퍼드와 금세 가까워졌다. 둘 다 천성적으로 사교적인 지도자였다.(러더퍼드는 자기 밑의 연구원들을 북돋우려고 "믿는 사람들은 주의 군사나"란 찬송가를 엉터리로 크게 부르기를 좋아했다.) 또 둘 다 야외 활동 체질에다 축구를 즐겼다.(보어의 형제인 하랄은 올림픽에서 은메달을 땄다.)

1912년 여름 영국에 머물던 기간이 끝나 갈 무렵 보어는 자신이 세운 원자 가설을 러더퍼드에게 다음과 같이 설명했다. "이건 지금까지의 모든 실험 결과를 타당하게 설명할 수 있을 듯한 유일한 가설입니다. 플랑크와 아인슈타인이 개념적으로 제시한 복사의 메커니즘을 이 가설이 확인해 주는 것 같습니다." 러더퍼드는 어떤 이론이라도 "술집 여종업원에게 설명할 수 없는 한" 불완전한 것이라고 여기는 터여서, 보어의 가설에는 수정이 필요하다고 보았다.

하지만 보어는 전혀 수정할 마음이 없었다. 대신에 코펜하겐으로 돌아와서 우연히 분광학에 관한 한 방정식을 알게 되었다. 자신이 태어나던 해인 1885년에 발표된 그 방정식은 이미 고인이 된 요한 야콥 발머가 내놓았던 것이다. 발머는 당시에 스위스 바젤의 한 여학교에서 근무하던 60세의 교사였다. 그 방정식은 당시에는 확인되지 않았던 스펙트럼의 위치를 예측했는데, 30년의 세월이 흐른 후에 그 예측이 놀랍도록 정확했다는 것이 증명되었다. '나비 날개' 색깔이나 설명하던 이 방정식은 보어의 손에 들어오자 원자의 내부를 보여 줄 도구로 변모했다. 프라운호퍼가 알아낸 부분적으로 색이 빠져 있는 무지개는 흡수 스펙트럼이었다. 빠져 있는 색은 원자가 흡수할 수 있는 빛의 주파수였으며 전자가 높은 에너지 궤도를 향해 바깥으로 도약하면서 빛을 흡수하는 구역이었다. 멜빌의 타는 소금 스펙트럼은 이것과 정반대인 방출 스펙트럼으로서, 가장 낮은 궤도('기저 상태')를 향해 안쪽으로 도약하면서 전자가 빛의 방출로 에너지를 잃는 구역이었다.

1913년 가을, 그러니까 보어가 이 논문을 발표하자 폰 라우에와 슈테른이 만약 보어가 옳다면 물리학을 그만두기로 맹세했던 그 무렵에 아인슈타인은 비엔나를 방문하고 있었다. 그곳에서 아인슈타인은 우연히 게오르크 폰 헤베시를 만났다. 헝가리의 실험물리학자인 헤베시는 보어와도 친한 사이였다.

헤베시는 특이하게 삐뚤삐뚤한 영어 글씨체로 보어에게 이런 편지를 썼다. "자네의 이론을 어떻게 생각하는지 아인슈타인에게 물어보았네. 그랬더니 만약 그 이론이 줄곧 옳다면 아주 흥미로운 일이 될 거라고 하더군."(아인슈타인의 친구이자 전기 작가인 아브라함 파이스에 따르면 "아인슈타인이 평소 말하는 습관에 비추어 볼 때 아주 약한 칭찬"의 말이다.)

그 후 헤베시는 아인슈타인에게, 보어가 별빛에서 관찰된 일련의 수수께끼 같은 스펙트럼이 헬륨에 해당한다는 사실을 설명해 냈노라고 알려 주었다. 보어의 이론은 "실험치와 정확히 일치하는" 결과를 내놓았다. 분광학 분야에서는 일찍이 들어 본 적 없던 성과였다. 헤베시는 러더퍼드에게 이렇게 전했다. "안 그래도 큰 아인슈타인의 눈이 더 커졌습니다. 깜짝 놀라 내게 말하기를" 흥분한 탓에 헤베시의 글씨는 더욱 난잡해졌다. "'그렇다면 빛의 주파수가 전자의 주파수와는 전혀 별개란 말인데 (…) 이것은 엄청난 업적입니다. 그렇다면 보어의 이론은 분명 걸작입니다.'"

헤베시는 러더퍼드에게 이렇게 터놓았다. "아인슈타인이 그렇게 말해서 무척 기뻤습니다."

하지만 폰 라우에와 슈테른의 반응은 아인슈타인에 비해 훨씬 심드렁했다. 에렌페스트는 로렌츠에게 이런 편지를 썼다. "(『필로소피컬 매거진』에 실린) 원자론에 관한 보어의 연구는 (…) 저를 절망스럽게 만듭니다. 만약 그것이 물리학의 해법이라면 저는 물리학을 그만두고야 말겠습니다." 그는 학생들에게 칭찬을 할 때면 "이제 자네들은 수프에서 쥐를 모조리 건져 냈군!"이라는 표현을 즐겨 썼다. 한데 그가 보기에 보어는 수프 속에 많은 쥐들을 〔건져 낸 게 아니라〕 내버려 두었을 뿐이다. 그는 보어의 모형을 "완전히 괴물 같은" 이론이라 일컬으며 계속 무시했다.

한편 대부분의 물리학자들이 보어 원자의 개념을 받아들이기 전이며 제1차 세계대전의 결핍과 고난이 한창이던 1915년에 아인슈타인은 과학사를 통틀어 가장 위대한 업적인 일반상대성이론을 내놓았다. 지구는 태양 주위를 돈다. 하지만 일반상대성이론에 따르면 태양 또한 지구 주위를 돈다. 세상의 모든 운동을 관찰할 수 있는 올바른 기준 틀은 없다.

즉 '고정된 별'도 정지된 관찰자도 존재할 수 없다. 일반상대성이론은 자기 경로를 운행하는 은하계뿐 아니라 하늘에서 떨어지는 미세한 아원자 입자까지도 설명한다. 잘 알려진 대로 이 이론은 양자론과 잘 맞아떨어지지 않는다. 만약 아인슈타인이 둘 중 하나를 골라야 했다면 상대성이론을 택했을 것이다.

1917년에 쓴 글에서 에렌페스트는 "'고전적인 영역'(상대성이론을 포함하여 비양자화된 물리학을 다루는 영역)과 '양자의 영역' 사이의 경계 지점을 다루는 일반적인 관점"을 원할 뿐이라고 밝혔다. 이후 보어가 그러한 갈망을 채워 주었다. 하지만 아인슈타인은 통합된 하나의 물리학을 원했으며 그러한 타협안을 결코 기뻐하지 않았다.

1919년에 보어는 에렌페스트가 근무하던 라이덴 대학에 왔다. (J. J. 톰슨의 아들인 G. P. 톰슨이 절제된 영국식 표현으로 묘사했듯이) "부드러운 목소리지만 불분명한 발음에다 복잡한 문장 구조로, 청중이 자신의 말을 잘못 이해할 수 있다고 종종 미리 넘겨짚어 그런 가능성을 배제하기 위해 세심하게 단서를 달면서" 보어는 자신의 원자론에 관해 강의했다.

함축적인 설명과 더불어 그는 가운데 점인 '보어 원자' 주위로 서로 교차하는 전자 궤도들로 이루어진 복잡하고 어지러운 그림을 그렸다. 그것은 처음이자 마지막 양자 아이콘이 되었고, 모든 이들에게 그 이미지는 구름 속의 모습처럼 아리송했다. 보어는 그 궤도들이 그림에 그려진 것과 똑같지는 않다고 설명했다. 하지만 그 설명에도 아랑곳없이 모든 이들은 그 아름다운 궤도가 그려진 그림을 바라보고 있었다. 또한 모두들 비록 이해할 수는 없었지만 보어 이론의 승리를 짐작할 수 있었다.

에렌페스트는 이론뿐 아니라 보어라는 사람 자체에도 압도당했다. 아인슈타인은 이전에 잘츠부르크에서 열렸던 강연에서 만나 이후 평생의 지기이자 동료였던 막스 보른에게 1921년 이렇게 썼다. "에렌페스트가 설득을 당했다면 그 이론에는 무언가 대단한 게 있음이 틀림없네. 그 사람은 의심이 많은 편이니 말일세."

4
종잡을 수 없는 양자 세계
─1921년 여름─

베르너 하이젠베르크

"그걸 정말로 믿니?" 베르너 하이젠베르크가 어느 늦여름 오후에 자전거를 곁에 세워 두고 풀밭에 앉아 이렇게 물었다. "원자 내부에 전자 궤도란 것이 실제로 존재한다고 믿느냐고?" 그러고선 치즈 한 조각을 베어 문 다음 볼프강 파울리를 쳐다보았다. 파울리는 죽은 듯이 풀밭에 누워 있었다. 오토 라포르테는 심한 갈증에 마지막 한 방울이라도 마시려는 듯 머리 위로 물통을 치켜들고 있었다.

"나도 치즈 좀 줘." 꼼짝도 않고서 파울리가 말했다.

하이젠베르크는 열아홉 살이었다. 파울리는 하이젠베르크보다 1년 6

개월 정도 일찍 태어났을 뿐인데도 이미 뮌헨 대학에서 박사 학위를 마친 상태였다. 그의 스승은 막스 폰 라우에의 친구이자 이전 동료인 아르놀트 좀머펠트였는데, 하이젠베르크 역시 이 사람과 함께 연구하고 있었다. 라포르테는 이제 막 열아홉 살이 되려던 참이었고, 마인 주의 프랑크푸르트를 떠나 뮌헨에 온 게 고작 한 학기 전이었다. 독일군이 프랑크푸르트에 있던 라포르테 가족의 집을 징발해 버리자 뮌헨으로 옮겨 왔던 것이다.

라포르테와 파울리는 노벨상 수상자인 근엄한 빌헬름 바인이 개설한 실험물리학 강의에서 '함께 고생하는 동료'로 만났다. 그 강의가 구태의연한 방식인 데다 무려 여덟 시간이나 진행되었기 때문이다. 청춘의 열정에 휩싸인 세 소년은 학교를 벗어나 자전거 여행에 나섰던 참이다. "파울리가 내 세계에 과감히 동참한 적은 오직 그때뿐이었어." 야외 활동형인 하이젠베르크는 도시에 사는 친구에게 보낸 편지에 이렇게 썼다.

하이젠베르크는 치즈를 건넨 다음 케겔베르크 정상으로 향하는 먼지 가득한 길을 찡그린 눈으로 바라보았다. 풀숲에서는 벌레 소리가 났다.

생기를 되찾은 파울리는 여전히 누운 채 말했다. "아마 모든 게 신화일 뿐일지도 몰라." 그러고 나서 힘을 잔뜩 주어 상체를 일으켜 앉았다. 한낮의 햇볕을 피하느라 눈은 거의 감은 상태였다. 비밀스러운 얼굴이야, 하이젠베르크가 1년 전 파울리를 처음 만났을 때 든 생각이었다. 처음 만났을 때 파울리와 하이젠베르크는 서로 더할 나위 없이 달라 보였다. 하이젠베르크는 금발에다 삐삐 말랐으며 "여느 시골 소년 같은"(스승인 막스 보른은 그를 처음 만났을 때 이렇게 생각했다) 모습이었다. 파울리는 검은 머리카락에다 이미 살이 약간 쪘으며 쉴 새 없이 몸을 이리저리 흔들었고, 수업이 끝나면 커피숍과 나이트클럽에서 시간을 보냈다.

둘을 가깝게 만든 것은 물리학이었다. 이 분야에서 둘은 이미 떠오르는 별이었다. 1920년에 파울리는 일반상대성이론의 전모를 설명하는 200쪽 분량의 기념비적인 논문—이 논문의 수학적인 내용은 전문가조차 어려워했다—을 썼다. 아인슈타인도 이 논문에 깊은 감명을 받았을 정도였다. 그리고 이제 막 걸음마를 떼기 시작한 양자론이라는 혼란스러운 분야에서 둘은 뮌헨 대학의 스승인 좀머펠트의 탁월한 (아울러 자유방임적인) 지도 하에 이미 독창적인 아이디어를 내놓고 있었다.

라포르테는 이 두 선배에게 전혀 위압감을 느끼지 않았다. 하이젠베르크는 라포르테의 단순명쾌한 태도, 크고 투박한 검은 테 안경 너머로 보이는 무덤덤한 표정, 순박한 미소, 그리고 세상 만물에 대한 관심*이 마음에 들었다.

"그 여행 기간에 시작되어 뮌헨 대학에 돌아와서도 이어진 대화는 우리의 연구에 오랫동안 영향을 끼쳤다."고 하이젠베르크는 나중에 회상했다. 양자 세계가 파동과 입자 가운데 어느 것으로 이루어졌는지 마음속으로 그려 내기가 어렵게 되자 하이젠베르크와 파울리는 그러한 그림을 애타게 찾을 필요가 없다고 거부하기에 이르렀다. 반면에 보어는 모순적인 두 그림이 공존한다는 견해를 옹호했다. 그림이란 으레 실제 내용보다 단순한 법이고 과도한 단순성은 오류를 낳을 수 있다. 하지만 그림 자체를 부정하는 것 또한 진실을 가로막는 일이다. 결국 진실을 덮고 있는 복잡하고 애매모호한 베일을 설명할 언어를 찾는 것이 최상이다. 나중에 밝혀지긴 하지만 양자역학을 이미지에 의존하지 않고 설명함으로써—

---

* 이때로부터 10년 후 라포르테는 도쿄 대학에서 초빙 강사를 맡았으며, 일본어에 능통해져서 하이쿠 관련 상을 타기도 했다. 또 물리학과 더불어 선인장에 관한 식물학을 전공했다.

또는 모순적인 그림을 옹호하는 보어의 입체파적인 설명에 의해서―드러나지 않은 진실이 하나 있었는데, 그게 바로 얽힘 현상이었다.

"알다시피" 파울리가 말을 이었다. "보어는 원자의 특이한 안정성을 플랑크의 양자 가설과 연관시키는 데는 성공했어. 물론 아직 그에 대한 적절한 해석이 이루어지진 않았지만 말이야. 보어가 그 모순을 해소하지 못한 이상, 나는 어떻게 그 두 가지가 연관될 수 있는지 도대체 이해할 수가 없어."

"글쎄" 라포르테가 말을 받았다. "우린 현상 파악에 직접 관련될 수 있는 용어와 개념만을 사용해야 해."

파울리의 눈은 거의 감겨 있었다. "아, 마흐. 마치 악마처럼 그 사람 말은 늘 이치에 맞아." 에른스트 마흐는 19세기 독일 물리학에 주요한 영향을 미쳤으며, 관찰할 수 있는 것만이 의미를 갖는다고 보는 실증주의의 신봉자로서 유명했다. 파울리가 다시 눈을 떴다. "그는 실제로 나의 대부야."

"뭐라고!" 하이젠베르크가 외쳤다.

"내 대부라고." 파울리가 고개를 끄덕이며 말했다. "분명 그는 성직자보다 더 훌륭한 성품을 지녔고, 따라서 (…) 나는 가톨릭 대신에 반형이상학의 세례를 받은 셈이야. 그의 집은 프리즘, 분광기, 스트로보스코프 [주기적으로 깜박이는 빛을 쬠으로써 급속히 회전(또는 진동)하는 물체를 정지했을 때와 같은 상태로 관측하는 장치―옮긴이], 그리고 전기 공급 장치로 가득 차 있어. 찾아갈 때마다 내게 멋진 실험을 보여 주었어. (…) 머리로만 생각하는 과정을 바로잡기 위해서지. 머리로만 생각하면 늘 착각과 오류가 생기니까 믿기 어려운 법이거든." 파울리가 피식 웃었다. "그는 언제나 자기 나름의 심리학적 관점이 일반적으로 유효하다고 가정해. 하지만 그의 실증주의 원칙은 시간 낭비일 뿐이야."

라포르테가 언짢다는 듯 끼어들었다. "아인슈타인도 마흐의 원리에 따라 상대성이론을 내놓지 않았어?"

하이젠베르크가 고개를 끄덕였다.

"내 생각에" 파울리가 뾰족한 치즈 조각을 흔들며 대답했다. "그건 조악하고 과도한 단순화야."

"관찰할 수 있는 것만 다룬다고 해서 뭐가 문제야?" 라포르테가 물었다.

"마흐는 직접 볼 수 없다는 이유로 원자의 존재를 믿지 않아." 곁눈질로 삐딱하게 라포르테를 보면서 파울리가 말했다. "그는 네가 옹호하는 바로 그 원리 때문에 길을 잃고 말았어. 그리고 내가 보기에 그건 우연히 생긴 일이 아냐."

하이젠베르크가 이마를 찌푸렸다.

라포르테도 수긍했다. "상황을 실제보다 더 복잡하게 만들어 놓고서 실수였다며 변명해서는 안 되는 법이긴 해."

"흠, 정말 맞는 말이야. 그리고 내 생각에 전자 궤도는 제일 먼저 없애야 할 이론이야. 하지만 좀머펠트 교수는 그걸 좋아해. 그는 실험 결과와 원자 신비주의를 믿어." 파울리는 말을 멈춘 후 잠시 눈썹을 추켜올렸다.

"원자 신비주의?" 라포르테가 물었다.

몸을 약간 흔들며 파울리가 웃음을 터뜨렸다. 이것은 1921년까지 원자에 관한 보어-좀머펠트 모형이라고 불렸던 내용을 설명하기 위해 좀머펠트의 한 학생이 만든 용어였다. 좀머펠트가 그 모형을 여러 차례에 걸쳐 개선한 공로를 인정하여 붙인 이름이었다. 개선할 때마다 결과는 점점 더 정확해졌지만 그 이론을 전부 받아들이려면 믿음이 필요했다.

"너희들도 알게 되겠지만, 좀머펠트 교수는 '구(球)들이 내는 원자적인 음악'(원자 주변을 도는 전자들의 각 궤도에서 나오는 빛의 스펙트럼이 양자화되어 있는 현상을 음계를 지닌 음악에 비유한 표현—옮긴이)에 대해 언급하고 있어. 게다가 그는 그런 현상이 수치와 관련되어 있다고 확신해."

"성공이 의미를 정당화시키는 법이야." 하이젠베르크가 되받아치듯이 파울리에게 말했다.

파울리가 입을 히죽 벌렸다. 그러고선 살라미 소시지를 한 조각 베어 먹은 뒤 풀 위에 비스듬히 기대고 누워 말했다. "가끔 내가 그다음 단계를 내놓을 사람이 될 것 같은 생각이 들어." 그의 눈은 마치 부처님처럼 거의 감겨 있었다. "그런데"—눈이 다시 번쩍 뜨였다—"굉장히 통일성 있는 체계를 갖춘 고전물리학에 물들어 있지 않으면 길을 찾기가 더 쉬울 거야. 너희 둘은 그런 점에서 확실히 이점이 있어." 이어서 심술궂은 미소와 함께 덧붙였다. "그렇다고 지식의 부족이 성공을 보장하지는 않아."

하이젠베르크는 이 교묘한 험담에 대해 상당히 에두르는 표현으로 반응했다. 이제 그만 돌아가자고 말했을 뿐이다. "그건 그렇고, 이제 다시 떠나야 할 것 같아." 청소년 지도자다운 목소리였다. "라포르테, 안 갈래?"

"아니, 가야지." 라포르테가 빙긋 웃으며 말했다.

파울리는 숲이 우거진 가파른 언덕을 쳐다보면서 중얼거렸다. "어떻게 해야 장 자크 루소의 사도가 되어 '자연으로 돌아갈' 수 있을지 난 잘 모르겠어." 곧이어 라포르테 옆으로 다가오더니 이렇게 물었다. "쟤가 텐트에서 잔다는 걸 알고 있니?"

아니, 라포르테는 몰랐다.

"쟤는 텐트에서 자서 내가 상상하기도 싫은 시간에 일어나…"

"파울리는 대개 정오가 다 되어서 훤할 때 일어나 정신을 차리지." 하이젠베르크가 슬쩍 끼어들며 말했다.

"쟤는 별이 아직 떠 있을 때 일어나." 파울리가 말을 이었다. "그러고는 한 시간 동안 산길을 걸어. 그런다고 수업 시간에 도착할까?" 라포르테가 히죽거렸고 파울리는 더 깊이 이야기에 몰두했다. "아니, 결코 그렇지 않아. 그런 다음에 또 기차를 타야 해. 기차로 문명 세계에 들어와서 마침내 이 반더포겔(Wandervogel, 독일의 청소년 도보 여행 단체 및 구성원의 이름—옮긴이)은 좀머펠트 교수의 강의에 도착해. 너도 알다시피 아침 9시에 시작하는 강의지…"

"그런 식으로 믿고 있다니." 하이젠베르크가 말했다. "하지만 넌 바로 그 시간에 좀머펠트 교수가 강의를 시작하는지 실험적으로 검증해 본 적이 없잖아."

"나는 이론가야." 파울리가 말했다. "검증은 다른 사람에게 맡길래."

하이젠베르크는 웃음을 터뜨리며 한쪽 다리를 들어 올려 자전거에 올라타고서 다시 언덕 위로, 그리고 세상을 향해 출발했다. 늘 자기 곁을 비켜가 버리는 세상을 향해서. 어렸을 때 그는 사랑을 많이 받은 형 에르빈에 비해 상심이 많고 병약하고 홀대받는 막내 동생이었다. (그가 여덟 살 때까지 뮌헨 대학교의 그리스어 교수였던) 그의 아버지는 두 아들에게 늘 지적인 경쟁을 부추겼다. 동생인 하이젠베르크는 자기 기질에 맞지 않는 일도 잘해야 한다는 중압감에 시달린 나머지 그런 노력을 하는 것이 너무 힘겹게 여겨질 때면 숲속으로 들어가 위안을 얻었다. 한때 폐렴으로 죽을 뻔했던 이 막내아들은 그 덕분에 등산과 스키를 즐기게 되었고, 보이 스카우트 친구들의 모임을 이끄는 믿음직한 아이가 되었다.

한편 파울리의 어린 시절은 별 어려움 없이 '늘 지루했다'. 큰일이라고 해 보았자 그가 태어나기 두 해 전에 할아버지가 세상을 뜨고 이어서 아버지—보어와 마찬가지로 유명한 의학자였음—가 삶의 진로를 바꾸었던 것뿐이다. 즉 유대교에서 가톨릭으로 개종하고 성을 파샬레스에서 파울리로 바꾼 다음 프라하에서 비엔나로 이사를 했던 것이다. 파울리의 어머니는 활기 넘치고 자기주장이 확실하다 보니 결국 절망할 수밖에 없었던 페미니스트에다 사회주의 작가였다. 어머니의 영향으로 파울리는 처음엔 대중의 지지를 받았던 제1차 세계대전을 혐오하게 되었다. (그렇다고 해서 파울리가 신문을 꼼꼼히 읽지는 않았다.) 그가 다녔던 작은 고등학교는 나중에 두 명의 노벨상 수상자, 두 명의 유명한 배우와 더불어 많은 교수들을 배출했다. 수업 시간에 파울리는 재롱둥이여서 재치 있는 장난을 쳤고 선생님들을 빼다 박은 듯이 흉내 냈다. 대학생이 되고서는 저녁이면 시내로 나가 자신의 재치를 더 가다듬고 나서 밤늦게 집으로 돌아와 훌륭한 연구 결과를 내놓았다.

하이젠베르크가 사색하기에 가장 좋은 시간은 등산과 방랑을 할 때였다. 그리고 지금 케젤베르크의 급한 경사로를 힘겹게 오르면서 그는 라포르테가 뮌헨으로 올 때쯤부터 진행되었던 환상적인 실험에 관해 프랑크푸르트에서 날아온 소식에 대해 곰곰이 생각하고 있었다. 8년 전에 슈테른은 폰 라우에와 더불어 보어가 옳다면 물리학을 그만두기로 맹세했는데, 그는 그 맹세를 지키는 대신에 보어의 원자 모형을 검증하고 있었다.

각 원자는 전자가 궤도 운동을 할 때 생기는 자기장에 둘러싸여 있다. 좀머펠트가 예측한 바에 따르면 그 자기장의 북극은 양자화된 개수의 방향만을 가리킬 수 있다. 그런 말을 곧이곧대로 받아들이지 말라는 사람들에게 귀를 기울이지 않고서 슈테른은 이 예측을 조사해 보기로 결심했다. 그의 이런 결심은 프랑크푸르트 대학 물리학과의 학장이던 막스 보른을 만난 것만큼이나 행운이었다.

보른은 협동 작업에 헌신적이었고 예의바른 혁신주의자였다. 슈테른처럼 그도 실레지아 출신이었다. 그에겐 어머니가 없었고 무정한 데다 음울한 분위기의 아버지(보어와 파울리의 아버지처럼 의학자였다)와 고압적이고 부유한 할아버지가 있었다. 민감하고 앳된 얼굴과 세상을 삐딱하게 보는 눈빛을 지닌 그는 평생 동안 따라다닌 불안정한 삶에 괴로워했고 때로는 그런 힘겨움에 대해 과도한 보상을 얻으려 했다. 안정적이지 않은 극작가였던 아내 헤디와의 결혼도 그의 삶을 별로 뒷받침해 주지 못했다. 하지만 보른 내외가 제1차 세계대전 초반에 베를린으로 옮기면서, 놀랍도록 긍정적이고 자유로운 기질의 소유자인 아인슈타인이 두 내외의 삶 속으로 들어와서 둘의 '절친한 친구'가 되었다. 가까이 살면서 아인슈타인은 자주 들러 이야기도 나누고 음악도 함께 즐겼다. 후일 보른은 당시 "어둡고 우울했으며 심한 궁핍과 걱정에 싸여 있던 때였지만 아인슈타인이 가까이 있던 까닭에 우리 생애의 가장 행복한 기간이었노라."고 회상했다. 보른이 프랑크푸르트로 떠날지 말지 고심하던 1920년에 아인슈타인은 다음과 같이 예언에 가까운 말을 했다. "이론물리학은 자네가 있는 곳이면 어디서나 융성할 것이네. 요즘 독일에서 자네 같은 이는 없을 걸세."

한편 슈테른은 칼 모양의 자석을 이용해서 자신의 트레이드마크가 된 분자빔(molecular beam)을 관찰하고 있었다. 당시 돈줄이 말라 있던 불경기인데도 한 미국인 박애주의자가 후원을 해 준 데다 보른이 입장권이 매진되는 상대성이론 강의를 통해 번 돈을 지원해 주었고 젊은 실험물리학자인 발터 게를라흐—보른이 이끄는 활기찬 최첨단 이론 부서의 비공식 팀원—가 설계한 칼 모양의 자석을 이용할 수 있어서 가능한 연구였다. 분자빔은 뜨거운 기체 상태인 은 원자들의 다발로서 게를라흐의 자석으로 형성된 자기장을 통과하면서 반대편 스크린에 영상을 맺는다.

고전(양자역학 이전)물리학이라면, 은 입자 무리에 의한 단일한 얼룩 자국이 스크린에 생길 거라고 예측할 것이다. 즉 날아가는 각 원자는 아주 조금씩 다른 각도로 기울어진 채 자기장에 접근하고, 이로 인해 큰 자석에 미치는 각 원자의 반응이 달라지고, 그 결과 각 원자는 스크린의 정중앙에서 조금 떨어진 위치에 거의 다닥다닥 붙은 상태로 도달하여 하나의 덩어리진 영상을 맺는다. 하지만 좀머펠트는 양자화된 계산이 옳다고 믿으면서, 은 원자들은 세 가지 깔끔한 자국을 영상에 맺어야 하며 그 자국들 사이의 거리를 예측할 수 있다고 말했다.

하지만 슈테른과 게를라흐가 실제로 실험을 해 보니 아무도 예측하지 않은 결과가 나왔다. 어떤 은 원자도 정중앙에 도달하지 않았다. 원자빔은 거의 두 개의 뚜렷한 빔으로 나누어졌다. (하지만 그 거리는 좀머펠트가 예측한 그대로였다.) 자기장에 대한 원자의 반응은 보어와 좀머펠트가 예상한 정도보다 훨씬 더 양자화되어 있었고 전혀 고전적이지 않았다. 원자들이 자기장에 보인 반응은 예 아니면 아니오, 위 아니면 아래, 이것 아니면 저것과 같은 식이었다.

1922년 발표된 슈테른-게를라흐 실험은 물리학자들 사이에서 센세이션을 일으켰다. 이 극단적인 실험 결과로 인해 양자역학의 개념을 의심하던 많은 이들이 마음을 바꾸었다. 보어가 보기에 이 실험으로 인해 "아마도 양자론에 깃든 것이 분명한 모순들"이 더 강하게 드러나고 있었다. 아인슈타인과 에렌페스트는 한 논문을 통해, 슈테른의 은 원자들이 게를라흐 자석의 두 극 사이를 통과할 때 일어나는 과정을 이해하려고 애썼지만 혼란만 느꼈을 뿐이다. "너무나 분명하게 드러난 결과인지라 〔슈테른-게를라흐 실험〕은 자기장 내에서 원자의 행동을 파악하는 데 엄청난 어려움을 초래했다."

아인슈타인과 보어는 원자의 행동을 시각적으로 파악하기 어렵다는 사실을 놓고서 서로 다른 교훈을 얻었다. 보어는 그런 파악 자체가 불가능하다고 말했다. 원자의 행동과 원자 내부의 모습은 환원시켜서 시각화할 수 없다는 것이었다.

아인슈타인은 이런 결론을 낳은 물리학에 무언가 잘못이 있다고 말했다. 한 가지는 확실했다. 자연의 양자적 성질이 대두되었고 좀머펠트가 원자 화음이라고까지 칭송했듯이, 그 사실 외에 다른 어떤 참된 설명도 존재하지 않았다. 하이젠베르크는 이렇게 회상했다. "이해하기 어려운 해괴한 이론과 실증적 성공이 특이하게 결합된 그 결과는 당연히 우리 같은 젊은 학생들을 매혹했다."

해법이 나오기까지는 이후 3년이 걸렸다. 그 젊은 학생들이 뮌헨 대학에 돌아가자마자 하이젠베르크가 느닷없이 설명할 길 없는 영감을 떠올렸고 이를 파울리가 구체화시키고 가다듬어 (파울리의 성취에 대해 친구들이 걸핏하면 썼던 표현대로) '실재(reality)와 결부시켰다'. 하이젠베르크는 좀머펠트의 방정식에 반(半)양자라는 수학적 개념을 도입해서 신비주의적 성향을 지닌 스승을 깜짝 놀라게 만들었다. 스승 좀머펠트는 이렇게 외쳤다. "절대 있을 수 없는 일이네! 양자론에서 확실한 것 한 가지는 절반 수가 아니라 정수를 다룬다는 것일세." 파울리도 은근슬쩍 끼어들어 자기 친구가 다음에는 4분의 1 양자, 8분의 1 양자를 도입할 테니 금세 "양자론 전부는 부스러져 먼지가 되어 버리지" 않겠냐고 비아냥댔다.

하지만 마침내 파울리도 반양자가 전자에 관한 어떤 진실을 설명해 준다는 것을 알게 되었다. 실제로 존재하긴 하지만 시각화는 불가능했다. 전자가 회전하는 듯 보였지만 어느 누구도 보지 못했던 회전이었다. 한 번의 완전한 회전이어야 할 것이 전자 주위로 절반만 돌았다. 출발점으로 되돌아오려면 두 번의 '회전(스핀)'이 필요했다. 하지만 어느 한 방향으로 '회전'하는 전자들은 슈테른-게를라흐 자석의 한쪽 극으로 끌렸고, 그 반대 방향으로 '회전'하는 전자들은 자석의 다른 쪽 극으로 끌렸다. 즉 전자에는 두 가지 유형이 있었다. [*] (360도는 전자에 대해서는 단지 절반의 회전에 불과하므로. 전자는 '스핀-2분의 1 입자'라는 어색한 명칭을 얻게 되었다.)

이런 심오한 불가사의는 하이젠베르크가 자전거를 타고 가파른 산마루에 이르렀던 당시에는 한참 나중에 알려질 일이었다. 산마루에서 가파른 아래쪽으로 내려다보면 산속에 자리 잡은 거대한 잔 모양의 발헨 호수가 펼쳐져 있었다. 힘겹게 정상에 올라 그런 장관을 대하고 보니 머리가 한결 가벼워졌다. 라포르테도 소리를 내며 자전거 브레이크를 밟고 나서는 조용히 하이젠베르크의 옆에 섰다.

"괴테가 알프스의 장관을 처음 본 곳이 바로 여기야." 마침내 하이젠베르크가 입을 열었다.

잠시 후 파울리가 도착해 혼자 투덜거렸다. 곧이어 부드러운 바람이

---

[*] 전문적인 내용에 관한 주: 좀머펠트가 틀렸던 까닭은 오로지 그나 다른 어느 누구도 스핀을 몰랐기 때문이다. 그의 계산은 원자의 양자화된 각운동량을 바탕으로 하였는데 그것은 반드시 필요한 한 요소다. 하지만 은은 수소와 마찬가지로 최외각(원자가) 에너지 준위에 비결합 전자가 오직 하나 있다. 그 전자의 스핀(위 또는 아래)으로 인해 자기장에 이진 반응이 나타난다. 만약 슈테른과 게를라흐가 마그네슘(최외각 에너지 준위에 한 쌍의 전자를 갖고 있는 원소)으로 실험을 했더라면 좀머펠트는 완전하게 옳은 결과를 내놓았을 터이다. 즉 원자 빔이 세 가지 유형으로 나누어졌을 것이다. 마그네슘은 최외각 전자쌍(한 전자는 스핀이 위쪽. 다른 전자는 아래쪽)이 서로의 영향을 상쇄시켜 스핀이 아무런 기능을 하지 않으므로, 세 가지로 양자화된 각운동량이 세 가지 유형의 얼룩을 만든다.

마치 평온한 날에 졸졸거리며 흐르는 개울물처럼 그를 맞이하자 아래 호수가 눈앞에 들어왔다. 그는 선 채로 가볍게 몸을 흔들면서 신비스러운 눈길로 발헨 호수를 가만히 내려다보았다.

마침내 파울리가 정적을 깼다. "지금 너희들에게 물리학의 두 가지 요소를 알려 줄 참이야. 오늘 강의 주제는 속력 곱하기 질량, 즉 운동량이야." 그러더니 자전거에 올라타 산길을 내려갔다.

라포르테와 하이젠베르크도 웃음을 터뜨리고선 자전거로 뒤쫓았다. 하지만 세 자전거의 바퀴는 페달을 밟을 때보다도 더 빨리 돌았다. 지그재그로 산길을 달려 내려가는 셋의 얼굴은 기쁨으로 가득했다. 신나게 굴러가는 바퀴, 팔에 난 털을 스치며 지나가는 상쾌한 바람과 이 바람을 맞아 눈에 어리는 눈물, 그리고 햇빛을 받아 반짝이는 호수 위의 배들, 이 모든 것이 황홀하게 한데 어우러졌다. 세 소년은 저마다 황홀한 느낌에 사로잡혀 자신들의 심장박동에 몸을 떨었다.

파울리는 질량이 더 컸기에 운동량도 더 컸고 따라서 두 사람보다 더 빨리 달렸다. 아찔한 내리막길 구간이 끝나 둘이 파울리를 쫓아가려고 페달을 밟고 있을 때도 그의 자전거는 페달을 밟지 않아도 여전히 빠르게 달리고 있었다. 알프스 아래의 호숫가에는 우둘투둘한 회색 껍질의 너도밤나무들이 호수 쪽을 향해 줄지어 서 있었다.

하이젠베르크는 아직도 들뜬 기분이 가시지 않았다. 그는 중세식 마을, 갈라진 말굽으로 벼랑을 뛰어오르는 작은 수사슴, 이런 계곡과 호수 그리고 한결같은 산을 사랑했다. 바이에른 아닌 다른 곳에서 어떻게 살 수 있단 말인가?

그의 두 친구는 자연을 대하는 느낌이 자기와는 달라 보였다. 비엔나의 커피숍에 다니고 자갈 깔린 거리와 전기등이 있는 도시에서 어린 시절을 보낸 파울리가 자신과 같은 느낌일 리가 없었고, 라포르테도 미국에 갈 꿈을 꾸는 이상 자기와는 달랐다.

하지만 하이젠베르크는 그런 아름다움에 기대어 제1차 세계대전 기간(굶주림에 죽을 뻔했던 겨울에 이어 뜻밖의 끔찍한 패전으로 이어진 시기)과 이후의 내전(좌익 테러와 우익 테러)을 견뎌 냈다. 독일 전역의 다른 많은 사람들처럼 그도 가족에게 먹일 식량을 구하려고 총을 지닌 채 소를 타고 어둠 속에서 적의 전선을 몰래 넘나들었다. 5년 동안 공포와 혼란의 연속이었지만 연거푸 그리고 놀라울 정도로 기성세대는 생존과 국가 운영에 아무런 대책이 없음이 드러났다. 하이젠베르크도 속해 있던 지적인 독일 청년 세대들은 대중주의와 군국주의를 표방하는 정치에 무관심한 채 더 높은 가치를 추구하기로 결심했다. 그러다 보니 그들 중 많은 이들은 히틀러가 집권했을 때 아무런 말도 행동도 하지 않았다.

10년 후 이 세 소년의 삶은 완전히 바뀌게 될 터였다. 라포르테는 미국 미시간 주의 앤아버에서 미국 시민이 될 터였고, 반쯤 유대인인 파울리는 인종차별 법률 때문에 망명자가 되어 처음에는 스위스 취리히로 갔다가 최종적으로는 미국의 프린스턴 연구소로 갔다. 그리고 하이젠베르크는 조국에 남아 독일 물리학을 지키며 야만적인 전쟁에서 살아남으려고 애썼다.

"끝 부분이 이렇게 되어 있는 구절이 떠오릅니다. 비록 빛나는 광채가 가라앉아도 한참을 지나면 다시 빛나게 될 겁니다."라고 하이젠베르크는 1930년이 저물어 가는 무렵에 어머니에게 편지를 썼다. "우리가 이 세상에 존재하는 동안 이처럼 다시 빛나는 것을 느낄 수 있다는 데 만족해야 합니다. (…) 약 10년 전에 본 것은 내 평생 가장 아름다운 순간이었습니다."라고 그는 어머니께 말했다.

5
시가전차에서
──1923년 여름──

닐스 보어는 전 세계를 여행 중이던 (그리고 1919년 11월 천문학 관측 결과 일반
상대성이론이 사실로 확인된 후 갑자기 세계적으로 유명해진) 아인슈타인을 코펜하
겐 항에서 마중하려고 시가전차를 타고 가고 있다. 보어 곁에는 뮌헨에
서 찾아온 아르놀트 좀머펠트가 있다. 아인슈타인은 스웨덴에서 강연을
막 끝마친 참이었다. 1922년 12월에 열린 노벨상 수상식에 불참했던 까
닭에 그 대신 열었던 강연이다.

　폰 라우에는 아인슈타인이 그해에 아시아 여행을 계획하고 있다는 소
식을 듣고서 노벨상이 수여되기 전인 9월에 단도직입적으로 이런 편지

를 보냈다. "어제 입수한 확실한 정보에 따르면 시상식은 11월에 열릴지 모르네. 따라서 자네는 12월에는 유럽에 있는 편이 좋을 듯하네. 그런데도 일본에 가고 싶은지 신중히 생각해 보기 바라네."

우에틀리베르크 정상에서 슈테른과 맹세를 한 이듬해에 폰 라우에도 노벨상 수상자가 되었다. 엑스선이 파장임을 밝힌 그의 아름다운 간섭 실험 때문이었다. 7년 후 노벨상 위원회가 엑스선이 입자임을 제시한 아인슈타인의 견해도 인정했지만 말이다.

한편 아인슈타인의 명성은 약간 시들해졌다. 1922년 6월 24일 그의 친구이자 독일 외무장관인 발터 라테나우가 암살당했다. 전후에 희생양으로 암살된 300명의 저명한 유대인 가운데 가장 최근에 변을 당한 인물이었다. 아인슈타인은 자신이 그다음 제물이 되기에 딱 알맞은 후보임을 알고 있었다. 그는 라테나우에 대한 추도문에 이렇게 적었다. "몽상의 세계에 사는 사람이 이상주의자인 것은 놀라운 일이 아닙니다. 하지만 라테나우는 지상에 살면서도 이상주의자였고, 어느 누구보다도 지상의 향기를 잘 알고 있었습니다."

아인슈타인 자신도 그다지 현실적인 사람이 아니었지만 그즈음 너무 세상사에 얽혀 있었던 터라 잠시 어딘가로 떠나야 할 때라고 여겼다. 충실한 폰 라우에가 자기를 대신해 반(反)상대성이론과 반(反)유대주의 시위자들(여기에는 슈타르크가 들어 있다. 그도 1919년 12월에 노벨상을 받았지만 아무런 인정을 받지 못했고 모든 이들의 눈길은 아인슈타인에게 향해 있었다)을 압도할 강의를 하고 있었으니 마음도 홀가분했다. 노벨상 수상식이 다가오는데도 1922년 12월에 가능한 한 유럽에서 먼 곳으로 가려는 아인슈타인의 심정을 폰 라우에도 이해했다.

어렸을 때부터 독립심이 강했던 아인슈타인은 열여섯 살에 이미 독일

시민권을 포기했다. 늘 의욕에 넘쳤지만 성공한 적이 거의 없었던 소상인이던 그의 아버지(수학에 관심이 있었지만 엄두가 나지 않을 만큼 비싼 대학의 학비 때문에 오래 전에 학문의 뜻을 접어야 했다)는 가족을 데리고 울름을 떠나 바바리아를 거쳐 뮌헨으로 이사했다. 그 후 다시 밀라노 근처의 파비아로 갔다가 마침내 밀라노에 정착했다. 사업에는 늘 좌절을 겪었지만 그래도 아버지는 언제나 자상했다. 아인슈타인 가족은 단란하고 따뜻했다. 알베르트와 그의 여동생 마야는 평생 친한 오누이 사이로 지내며 가족이 이리저리 옮겨 다닐 때 함께했다. 아인슈타인의 집에는 언제나 피아니스트인 어머니가 들려주는 음악이 넘쳤고, 어머니는 자식들이 음악을 연주하도록 북돋아 주었다. 하지만 이탈리아로 이사를 하게 되자 가족들은 친구도 없고 재미도 느낄 수 없는 학교를 마치라고 알베르트를 뮌헨에 홀로 남겨 두고 떠나 버렸다. 그 학교의 교과목에는 과학이 없었다. 과학과 관련하여 그가 가진 것이라고는 네 살 때 아버지가 보여 준 '신기한' 나침반과 열두 살 때 받았던 '신성한 기하학 책'(유클리드의 기하학 서적인 『원론』을 가리키는 듯하다.—옮긴이)이 고작이었다.

1923년 여름 늦게나마 노벨상 위원회에 예의를 표한 후 아인슈타인은 이전에 결연히 떠났던 베를린으로 되돌아가고 있었다. 이후 10년 동안 그는 베를린에 머물게 될 터였다. 하지만 그 전에 코펜하겐에 잠시 멈추게 된다.

아인슈타인과 보어, 양자론의 본질을 찾아 평생을 고군분투할 운명인 이 둘은 3년 전에 처음 만났다. 보어가 플랑크와 함께 베를린에 머물 때였다. 파업으로 전차가 다니지 않자 아인슈타인은 약 15킬로미터를 걸어서 달렘 교외에 있는 플랑크의 집으로 가서 보어를 데리고 저녁을 함께 먹으러 그의 집으로 돌아갔다. 전후의 식량 부족은 그처럼 심각했다.

아인슈타인과 그의 가족—그 무렵에는 두 번째 아내 엘사와 아내가 낳은 두 딸—은, 아인슈타인이 보어에게 보낸 감사 편지에서 묘사한 대로 보어가 가져온 "아직도 젖과 꿀이 흐르는 노이트랄리아(Neutralia, 네덜란드가 중립국이어서 일종의 농담처럼 쓴 말—옮긴이)"에서 나온 음식으로 저녁을 차렸다.

"살아오면서 자네처럼 함께 있다는 사실만으로 큰 기쁨을 주는 사람을 만난 적은 별로 없었네." 1920년 아인슈타인은 보어에게 보낸 첫 번째 편지에서 이렇게 적었다. "에렌페스트가 자네를 왜 그토록 좋아하는지 이제야 알겠네. 지금 나는 자네가 쓴 위대한 논문들을 연구하고 있는데, 그러는 중에—특히 어딘가에서 막혔을 때—미소를 머금은 얼굴로 내게 설명을 해 주는 자네의 모습을 떠올리며 즐거워하고 있네. 자네에게서 많은 것을 배웠는데, 특히나 과학적인 문제에 대한 진지한 태도가 인상적이었네."(아인슈타인은 얼마 지나지 않아 이렇게 썼다. "보어가 과학 사상가로서 특히나 매력적인 이유는 그가 유달리 대담성과 세심함을 함께 갖추고 있기 때문이다. 숨겨진 것을 직관적으로 파악하는 능력과 강한 비판 의식을 함께 갖춘 사람은 좀처럼 만나기 어렵다.")

보어는 조금 놀라서 이렇게 답장을 보냈다. "자네 같은 사람을 만나 이야기를 나눈 것은 내게는 매우 소중한 경험이었네. (…) 오랜 기다림 끝에 내가 관심을 갖는 문제들에 대해 자네가 어떻게 생각하는지 들어볼 기회를 얻게 되어 내겐 크나큰 자극이 되었네. 달렘에서 자네 집까지 걸으면서 나눈 대화를 평생 잊지 못할 거네."

1920년 베를린을 방문해 행한 강연에서 보어는 처음으로 광양자론에 대한 자신의 깊은 의심을 공개적으로 언급했다. 하지만 그는 청중석에 있는 새로 생긴 친구의 모습을 바라보면서 아주 정중하고 함축적인 어투로 이렇게 말했다. "저는 결코 (…) '광양자' 가설이 간섭현상과 관련이 있다는 익히 들어 오던 문제를 논의하진 않겠습니다." 간섭현상은 어쨌거나 파동 이론에 의해 '아주 잘 들어맞게' 설명되었기 때문이다.

아인슈타인은 그 주제에 관한 회의적인 의견을 하나 더 들었다고 해서 전혀 신경 쓰지 않았다. 그는 에렌페스트에게 이런 편지를 보냈다. "보어가 여기 있네. 그리고 나도 자네만큼이나 그를 좋아하네. 그는 황홀감에 사로잡힌 채 이 세상을 돌아다니는 감수성이 매우 풍부한 아이 같네." 로렌츠에게는 이런 편지를 썼다. "저명한 물리학자들이 인간적으로도 아주 훌륭하다는 건 물리학을 위해서도 좋은 일이라네."

지금 아인슈타인은 코펜하겐 부두의 선착장에 서 있다. 곁에 선 보어는 한쪽 입술이 아래로 처진 넉넉하고 편안한 미소를 지으며 벌목꾼처럼 넓은 어깨를 드러낸 채 운동선수 같은 자세로 서 있다. 그리고 반지르르한 콧수염을 기른("옛날 경기병 장교의 모습 그대로이지 않니?"라고 파울리가 수업 시간에 하이젠베르크에게 속삭일 정도였다) 좀머펠트는 보어 옆에 등을 곧게 세운 채 눈을 가늘게 뜨고 아인슈타인을 반겼다.

좀머펠트는 모자를 쓰고 있지 않을 때면 젊은 시절 발트 해의 쾨니히스베르크에서 술 마시고 싸움이나 하는 이들과 어울리며 생긴 이마의 긴 상처가 보였다. 그의 어머니는 지적이면서도 활기찬 편이었으며 어머니보다 훨씬 연상의 의사인 아버지는 주머니에 언제나 딱정벌레, 조개껍질 또는 호박(琥珀) 덩어리를 넣고 다니며 자기 아들에게 보여 주었다. 그런 덕분에 좀머펠트는 위대한 물리학 교수가 되었으며 (일반상대성이론이 구상되는 동안 줄곧 아인슈타인과 연락을 주고받으면서) 자신의 강의에 상대성이론과 양자론을 처음으로 포함시켰다. 그는 1906년에 자신의 주도로 뮌헨에 이론물리학연구소를 설립하기 전까지 과소평가되긴 했지만

10년 동안 광물학과 탄광학, 토목공학 학생들에게 순수수학을 가르쳤다. "그분은 학생들을 위해 시간을 낼 수 있는 남다른 능력을 지녔다."고 막스 보른은 나중에 회상했다. 스키도 같이 타고 커피숍도 같이 가고 학생들이 돈이 없으면 돈도 마련해 주었을 정도다. "교수와 학생 사이의 그런 아름다운 관계는 좀체로 보기 힘든 것입니다."라고 아인슈타인은 1909년에 좀머펠트에게 쓴 편지에 적었다.

그들 셋, 즉 아인슈타인과 보어 그리고 좀머펠트는 서로 조금씩 다른 각도로 모자를 기울여 썼고 셋 다 긴 코트를 펄럭거리며 한낮의 햇빛 속으로 발걸음을 옮겼다. 보어와 좀머펠트가 아인슈타인의 옷가방 그리고 책과 논문이 든 무거운 가방을 들었고 아인슈타인은 달랑 바이올린만 들고 따라왔다.

"아인슈타인 박사! 만나서 정말 반갑네."라며 보어가 반가움을 전한다. 셋이 선착장 건물에 달린 반쯤 목재로 만들어진 시계탑 근처에 있는 전차 역에 들어가 앉을 때였다.

"일본에 다녀온 이야기를 좀 해 주게." 좀머펠트가 끼어든다.

"어쨌거나 노벨상 수상식보다는 훨씬 더 재미있겠지." 보어도 가세한다.

아인슈타인이 지구 반대편에서 전보로 공식 통보를 받았을 때 그는 이미 한 해 연기되어 수여된 1921년의 노벨상*을 받은 상태였고, 보어도 그해에 1922년 노벨상을 받았다. 그 소식을 들은 1922년 11월 11일에 보어는 아인슈타인에게 이런 편지를 썼다. "자네와 같은 시기에 상

---

*상이 연기된 것은 어느 정도는 다음 두 가지 이유 때문이었다. 하나는 노벨상을 심사하는 아카데미가 상대성이론에 회의적이어서 심사 일정이 제대로 진행되지 않았기 때문이고, 또 하나는 아인슈타인이 노벨상 타는 것을 반대하는 여러 이론물리학자들의 압력이 커졌기 때문이다.

을 받게 된다니 (…) 나로서는 대단한 영광이자 기쁨이네. 내가 그럴 만한 자격이 얼마나 부족한지 잘 알지만, 자네가 근본적인 기여를 한 특별한 분야이자 나도 연구하고 있고 아울러 러더퍼드와 플랑크도 기여한 분야가 나의 노벨상 수상 전에 인정을 받는다는 것은 다행이라고 말하고 싶네."

한 달 후에 노벨상 수상식이 스톡홀름에서 열렸을 때 보어는 장갑을 벗어 불참한 아인슈타인과 그의 '근본적인 기여'에 영예를 표했다. 하지만 보어는 자신의 노벨상 수상 연설에서 이런 말장난을 했다. "광양자 가설은 (…) [전자기] 복사파의 본질에 빛을 던져 줄 수 없습니다.(복사파를 이해하는 데 도움을 주지는 못한다는 뜻—옮긴이)." 진심으로 한 말이었고 나중에 아인슈타인을 만났을 때에도 기꺼이 그렇게 말할 준비가 되어 있었다.

아인슈타인은 1923년 1월 싱가포르로 가는 항해 도중 갑판의 문구점 의자에 앉아서 이렇게 답장을 보냈다.

보어에게!
일본을 떠나기 직전에 자네의 진심 어린 편지가 도착했네. 그 편지로 인해 노벨상만큼이나 기뻤다고 자신 있게 말할 수 있네. 자네가 나보다 먼저 상을 받을까 염려했다는 것이 특히 인상적이었네. 역시 자네다워. 자네가 진행하는 원자에 대한 새로운 연구들을 여행 내내 나도 궁리해 보았네. 그 덕분에 자네가 훨씬 더 좋아졌다네.

이어서 아인슈타인 자신의 연구에 대해서는 이렇게 말했다. "마침내 전기와 중력의 연관성을 이해했다고 나는 믿네." 그는 불가능해 보이는 만물의 통합 이론을 평생 동안 열정적으로 추구했지만 끝내 성공하지 못하고 만다. 아인슈타인이 편지를 쓰고 있는 그 순간에는 피에 굶주린 베를린의 광기는 너무나 멀리 떨어져 있는 듯했다. "바다 여행은 (…) 수도원과 같네. 따스한 비가 하늘에서 간간히 내리고 평화로움과 더불어 식물과 같이 느슨한 의식의 상태가 찾아오네. 이 느낌도 편지에 함께 담아 보낸다네. (…) 존경의 마음을 담아. 알베르트 아인슈타인."

"저기 보게. 전차가 왔네." 아인슈타인은 다가오는 전차를 반기면서 이렇게 묻는다. "이제 어디로?"

"연구소네! 블레그담스 15번가에 있지!" 전차에 오르며 셋의 차비를 내던 보어가 어깨 너머로 말했다. 블레그담스는 넓은 길인데 후에 이 대로를 따라 (선착장에서 고작 3킬로미터 거리인) 보어의 새 연구소에 길고 푸른 잔디밭이 생기게 된다. 다섯 나라에서 온 다섯 명의 젊은 물리학자들이 보어와 함께 연구하려고 와 있었다. 이들은 장래 도서관과 실험실이 될 공간에 임시로 머물고 있었다. '코펜하겐이론물리학연구소'라는 출처를 단 첫 번째 논문이 건물이 완공되기 몇 달 전에 이미 나왔다. 발간을 학수고대하던 보어의 두 제자가 쓴 논문이었다.

전차가 덜컹거리며 출발하자 바퀴들이 선로에 미끄러지며 끼익 소리를 냈다. 전차 내의 복도를 따라 걷던 세 물리학자만이 독일어로 말했다. 보어가 구사하는 독일어는 영어와 덴마크어 억양도 풍부히 섞여 있었다.

"그런데, 보어 자네가 어떤 한 원소의 존재를 예측했다고 들었네." 아인슈타인이 말을 건넨다.

"아, 그래. 그것 말이지" 보어가 대답한다.

유달리 짧은 대답에 좀머펠트가 눈썹을 추켜올린다. 그의 시선을 포착한 아인슈타인이 의아한 표정을 짓는다. 그것은 유명한 원소 목록들•

이 보이는 아름답고도 불가사의한 주기적 패턴을 전자의 개수를 통해 파악할 수 있게 해 주었기에 보어의 원자 모형에 새로운 업적이 아닐 수 없었다. 보어는 심지어 전자가 일흔두 개 있는 (목록에 빠져 있던) 원소의 성질을 설명하기도 했다.

"그런데 보어가 새로 설립한 바로 그 연구소에서 일하던 헤베시가 그걸 알아냈다네."라고 좀머펠트가 귀띔한다. 헤베시는 가톨릭교도인 귀족이었지만 유대 혈통 때문에 제1차 세계대전 말경에 헝가리에서 자신의 지위를 박탈당했다. 이로 인해 친구 사이인 보어와 헤베시는 코펜하겐에서 함께 지내게 되었다. 헤베시는 새로운 원소를 찾고 있던 1922년에 엉성하면서도 나름대로 매력적인 영어로 러더퍼드에게 이런 편지를 보내 보어를 칭송하기도 했다. "보어는 다른 이들이 잡지를 훑어보듯이 스펙트럼의 언어를 읽어 냅니다."

전차 안에서 보어가 이야기를 쏟아 낸다. "우리는 어쩌다 보니 전후 민족주의라는 아주 끔찍한 진흙탕 속에 빠지고 말았네. 우린 단지 이론이 옳은지 증명되길 바랐을 뿐 새로운 원소를 찾는 화학자들끼리 경쟁이 생기리라곤 상상도 못 했는데 말일세. 드 브로이 실험실에 알렉상드르 도빌리에가 있었는데"(모리스 드 브로이는 파리에 있는 자신의 집에서 엑스선에

---

* 주기율표는 1860년대와 1870년대에 선견지명이 있었던 드미트리 멘델레예프가 처음 내놓았다. 주기율표는 (대략) 가벼운 것에서부터 무거운 것 순으로 줄을 지어 원소를 배열하는 방법이다. 각각의 세로줄은 비슷한 성질을 지닌 원소들의 무리로 이루어진다. 보어의 태양계 원자 모형은 이 원소들의 성질을 자체적으로, 즉 한 원자의 가장 바깥 궤도에 있는 전자의 개수를 통해 설명하는 방법이다. 예를 들면 (전자가 열 개인) 네온은 완전히 비활성인 데 반해 (전자가 열한 개인) 나트륨은 활성이 매우 크다. 열 개의 전자는 네온이 가진 두 개의 전자 궤도를 다 채우므로 이 원자의 제일 바깥 표면은 '매끄럽다'. 전자가 모두 차 있는 궤도는 다른 원자를 끌어당길 여지가 없다. 나트륨은 그 반대다. 열한 번째 전자가, 만약 이 전자가 없었으면 비어 있었을 세 번째 궤도에 홀로 존재한다.

관해 연구하는 저명한 실험물리학자였다) "이 사람은 새로 발견한 그 원소에 프랑스에 이롭도록 '셀티움(celtium)'이란 이름을 붙이려고 했네. 드 브로이의 동생인 루이가 그를 지지했지. 그런데 조금 있다가 한 영국인이 나타나 자신이 그걸 제일 먼저 발견했다며 영국 해군을 위해 '오세아눔 (oceanum)'이란 이름을 붙여야 한다고 말했네. (…) 그 원소의 성질을 과학적으로 논의하는 중요한 일에는 아무도 관심을 기울이지 않았지."
[celtium이란 이름은 켈트(celt)에서 나왔는데, 프랑스 지역이 고대 켈트 문화의 중심지였다. oceanum은 ocean에서 알 수 있듯이 바다와 관련된 이름이다.—옮긴이]

아인슈타인도 가만히 있지 않고 끼어들었다. "자네도 민족주의를 거부하지 않았네. 그렇지 않나?"

"맞는 말이네." 보어는 웃으며 이렇게 말한다. "우리가 그 원소를 코펜하겐의 라틴어 식 이름인 '하프니움(hafnium)'으로 부를지 아니면 '다니움 (danium)'으로 부를지 결정하지 못하고 있을 때 영국에 있는 『로 머티리얼즈 리뷰(Raw Materials Review)』란 잡지의 편집자한테서 편지가 왔네. 여러 논문에 보면 우리가 두 가지 원소를 발견했다고 하던데 그게 사실이냐고 묻는 편지였지. 그리고 어떤 캐나다인이 '자고니움(jargonium)'이란 이름을 제안했다는 내용도 있더군." (jargonium에서 jargon은 '전문 용어'를 뜻한다.—옮긴이) 아인슈타인이 폭소를 터뜨리자 전차 안의 사람들이 독일어로 말하는 농담이 무슨 뜻인지 의아해하며 쳐다보았다. 좀머펠트가 콧수염이 더 길어 보일 만큼 빙긋 웃었다.

"요즘 자네 활약이 대단하더군." 아인슈타인이 보어에게 말한다.

보어는 멋쩍은 듯 고개를 가로저으며 이렇게 답한다. "과학적인 면에서 보자면 나는 평생 과도한 행복과 절망 사이를 오가고 있다네. (…) 둘 다 알겠지만 (…) 논문을 쓰기 시작할 때는 희망에 부풀고 뿌듯함을 느끼지만 결국은 발표를 하지 않고 만다네." 보어는 진지한 표정으로 말을 이었다. "왜냐하면 양자론이라는 이 끔찍한 불가사의 앞에서 내 견해가 늘 바뀌기 때문이네."

"나도 알지." 좀머펠트가 말한다. "물론 알고말고."

아인슈타인은 눈을 거의 감은 채 고개를 끄덕인다. "나도 그 벽에 부딪혀 앞으로 더 나아가지 못하고 있네. 정말 끔찍하게 어려운 문제지." 아인슈타인이 다시 눈을 뜬다. "요즘은 양자론과 씨름하다가 잠시 기분 전환용으로 상대성이론을 다룰 뿐이네."

"하지만, 알다시피 모든 게 아주 흥미롭네." 좀머펠트도 끼어든다. "한창 젊은 내 제자 하이젠베르크가 이런 희한한 모형을 생각해 냈는데 말일세…."

보어가 다음과 같이 말참견을 한다. (하이젠베르크의 전기 작가에 따르면 "보어가 사용하는 표현 중에 가장 비판적인 용어들로") "하이젠베르크의 논문은 아주 흥미롭긴 하지만 그가 내세운 가정들을 증명하긴 어렵네."

좀머펠트도 고개를 끄덕인다. "모든 게 그럴듯하지만 가장 심오한 측면에서 불분명한 점이 남지." 씁쓸한 웃음을 짓더니 아인슈타인을 바라보며 다시 말을 잇는다. "알다시피 나는 양자론의 기술적인 측면에만 일조를 할 수 있네. 자네가 그 이론의 철학적 토대를 마련해야 하네."

보어가 이맛살을 찌푸린다. "문제는 실험에서 나온 사실들을 더 잘 해석하는 것뿐만 아니라" 그는 조심스레 말을 잇는다. "아직은 부족한 이론적 개념들을 발전시키는 것이네. 그런 점에서 광양자 가설은 실질적인 도움이 되진 않지."

"나는 광양자 가설이 옳다는 것을 더 이상 의심하지 않네." 아인슈타인이 말한다. "이렇게 확신하는 사람은 나 혼자뿐이긴 하지만."

좀머펠트가 슬쩍 끼어든다. "보어 자네 생각에 나도 동감이네. 하지만 놀라운 소식이 있네." 아인슈타인이 극동 지역에 있던 동안 좀머펠트는 극서 지역을 여행하고 있었다.(극서 지역은 미국 로키 산맥 서쪽 태평양 연안 일대를 말한다. 아인슈타인이 일본을 방문하는 동안 좀머펠트가 미국에 있었다는 뜻이다.—옮긴이) "과학과 관련해 미국에서 겪은 일 중 가장 흥미로웠던 것은 세인트루이스에 사는 아서 홀리 콤프턴의 연구 결과였네. 너무 흥미로웠던 나머지 그가 옳다는 확신이 없는데도 나는 어디를 가나 그 연구에 대해 강연을 했네." 콤프턴은 엑스선과 전자가 당구공처럼 충돌한다는 점을 밝힌 사람이다. 폰 라우에가 뮌헨에서 좀머펠트와 함께 연구하면서 엑스선이 파동임을 이미 증명한 마당에 이제 와서 콤프턴이 나타나 엑스선이 입자임을 증명한 것이다.

좀머펠트는 이야기하느라 너무 들뜬 나머지 친구인 폰 라우에의 연구를 잠시 잊어버리고서 잔뜩 흥분한 채 아인슈타인을 향해 말한다. "이 실험 이후로는 엑스선이 파동이라는 이론은 쓸모없어질 거라네."

하지만 아인슈타인은 미소를 띠며 이렇게 대답한다. "흠, 너무 성급한 결론일지도 모르네."

"내 말이 그걸세!" 보어가 약간 긴장한 목소리로 불쑥 외친다. "자네도 내가 뭘 걱정하는지 알 수 있을 걸세. 나는 빛을 파동으로 보는 이론을 하나의 신조처럼 삼고 있으니 말이네. 광양자론은 빛이 파동으로 전파되는 문제를 만족스럽게 해결하지 못하는 것이 분명해 보이네. 그 이론은 주파수에 관한 합리적인 정의를 내릴 가능성을 원천적으로 차단하지. 간섭 실험에 의해 정의된 주파수를 설명하려면 빛을 파동으로 보아야만 하네."

"바로 그런 까닭에 나는 자네가 완전히 근본적이고 새로운 통찰력을 가져다줄 수 있는 사실에 관심을 가졌으면 한다네." 현실적인 좀머펠트가 한마디를 보탠다.

"흠, 맞네." 보어가 말한다. "하지만 그런 사실에 광양자가 포함된다고는 상상할 수도 없네. 가령 아인슈타인이 광양자의 존재를 더 이상 반박할 수 없을 정도로 증명하고 내게 그 사실을 전보로 알리고 싶더라도, 그 전보는 전파가 실제로 존재하기 때문에 내게 도달할 수 있네."

아인슈타인이 큰 소리로 웃는다. 특허청 직원에서부터 프린스턴 고등 연구원에 이르기까지 아인슈타인의 연구 생활 전부는 애초에 자기 외에는 아무도 믿지 않는 아이디어를 내놓는 일이었다. 때로는 물리학계가 마침내 그와 생각을 같이하기도 했지만 그렇지 않은 때도 있었다. 그는 좀머펠트가 새로운 연구 결과에 흥분할 때와 마찬가지로 보어가 자기 이론을 믿지 않는데도 여전히 태연하다.

"아인슈타인 박사…" 보어가 이렇게 부르는 동시에 좀머펠트도 차창 밖을 내다보며 말한다. "보어 박사…"

"뭔데 그러나?" 아인슈타인이 응답한다.

"뭔데 그러나?" 보어도 응답한다.

"여기가 어딘가?" 좀머펠트가 묻는다.

보어가 주위를 둘러보더니 웃음을 터뜨리기 시작한다. 웃음이 점점 커지자 입이 쩍 벌어져 하얀 치아가 드러나고 눈까지 감긴다. "우리가 내릴 역을 지나쳤네." 계속 웃으며 보어가 말을 잇는다. "이런, 무려 열두 개나 역을 지나치고 말았네."

좀머펠트가 선을 잡아당기자 잠시 후 전차가 서서히 멈춘다.(옛날 시가 전차는 내릴 역이 다가오면 승객이 차창 위에 놓인 선을 잡아당겨 기관사에게 종소리로 신호를 보내고 다음 역에서 내리는 방식이었다. ―옮긴이) 셋은 차에서 내려 거리로 나온다. 그래도 날씨가 좋은 데다 느릅나무 가로수가 심어진 큰길 옆에 있는 벤치에 나란히 앉았으니 그리 운이 나쁜 것도 아니었다.

"아인슈타인 박사, 빛이 일반적인 의미에서 어느 정도라도 입자의 성질을 가진다는 것을 정말로 증명할 수 있다면" 보어는 주변에는 눈길 한 번 주지 않고 계속 말한다. "자네는 회절격자* 사용이 불법으로 인정되는 법률이 통과될 수 있다고 정말로 믿는가?"

"그렇다면 마찬가지로" 아인슈타인이 되묻는다. "만약 빛이 오로지 파동의 성질만을 갖는다는 것을 자네가 증명할 수 있다면, 광전지** 사용을 막아 달라고 경찰에 신고할 수 있는가?"

"물론이지. 하지만 이 말은 꼭 해야겠네." 이 표현은 보어의 연구소에서는 유명한 구절이다. 보어가 덴마크어에서 독일어로 옮기는 과정에서 특이하게 말하기 때문에 생긴 버릇이다. "현재 우리는 빛과 물질 사이의 상호작용을 전혀 이해하지 못하고 있다는 것을 말이네."

아인슈타인은 비록 이유가 있다고 해서(빛과 물질 사이의 상호작용을 이해하지 못하는 상황이라고 해서) 불가사의(빛이 때로는 입자처럼 행동하는 성질)를 숨겨 두고 있을 사람이 아니다. 그의 견해는 이렇다. "지금 빛을 설명하는 두 가지 이론이 있는데, 둘 다 꼭 필요하네. 그런데 20년간 엄청난 노력을 기울였는데도 그 둘 사이에 아무런 논리적 연관성을 찾지 못했네. 우리는 원리를 알 때까지 서로 다른 이 두 결과를 잇는 연결 고리를 계속 찾아야 하네. 추론의 열쇠가 될 원리가 발견되지 않는 한, 개별적인 사실

---

* 회절격자는 고전적인 파동의 형태로 스스로 간섭을 일으키게끔 빛을 휘게 만드는 장치다.

** 광전지는 태양열 판을 구성하는 요소인데 이 판은 광전효과에 의해 작동한다. 아인슈타인은 광양자가 이 광전효과에 미치는 영향을 설명하여 노벨상을 받았다.

들은 이론가에게는 아무런 소용이 없다네."

보어가 말을 하기 시작하더니 곧 입을 닫고는 운하를 바라본다. 물 위로 헤엄치는 오리들이 그의 시야로 들어오더니 곧 멀어져 간다. 수면에는 지나가는 오리들이 비친 모습이 흔들거리고 그 뒤로는 잔물결들이 서로 간섭을 일으켜 긴 파문을 만든다. 인기가 많던 실험물리학자인 제임스 프랑크는 보어가 '연구 생활 초기에' 깊은 생각에 잠긴 모습을 이렇게 묘사했다. "보어와 한 번이라도 대화를 나눈 사람이라면 그에 대해 생각해 보게 된다. 때때로 그는 거의 백치처럼 앉아 있었다. 얼굴은 공허했고 팔다리는 축 늘어져 있었기에 무언가를 볼 수 있기는 한 사람인가 의아할 정도였다. (…) 살아 있는 사람이란 느낌이 전혀 들지 않았다. 그러다가 느닷없이 그의 얼굴에서 광채가 뿜어져 나오더니, 이렇게 말했다. '드디어 알아냈다!' (…) 뉴턴이 보이던 모습과 분명 똑같았다."

도로 위의 철로가 다시 울리기 시작하자 보어가 일어선다. 덜컹거리는 소리와 함께 셋이 왔던 길을 되돌아갔던 전차가 다시 도착한다. 그들은 차에 올라 이번에는 약간 더 앞쪽에 자리를 잡는다.

"그런데 (…)" 보어가 앉으면서 말을 꺼낸다. "과학의 발전 단계 중에서 모든 것이 아직 미숙한 상태일 때는 모두가 똑같은 견해를 갖는다고 기대할 수는 없다고 보네."

이 말을 듣고 아인슈타인이 미소를 짓는다. "맞네. 최상의 경우라도 그런 걸 기대할 수는 없는 법이지."

전차의 한쪽 벽에 비스듬히 기대어 친구를 바라보던 보어가 말한다. "하지만 아인슈타인 박사, 그렇다면 자네가 양자론에 관해 증명하고 싶은 게 뭔지 도무지 이해가 안 되네." 그는 몸을 앞으로 구부려 팔을 좌석의 뒤편에 걸친 채 이렇게 설명한다. "자네가 1916년과 1917년에 쓴 유명한 논문들에 관해 요즘 생각해 보고 있네. 그 논문에서 자네가 밝힌 바에 따르면 원자가 빛을 방출해도 그게 언제 일어나는지 또는 그 빛이 어디로 향하는지를 전혀 알 수가 없네. 자네는 그게 너무나 터무니없다고 여기는 것 같은데 (…)"

"난 내가 택한 길에 확신을 갖고 있네." 아인슈타인이 답한다. "하지만 그런 기본적인 과정의 시간과 방향을 우연에 맡긴 게 그 이론의 약점이긴 하네."

"내가 보기에는" 보어가 말을 받는다. "그건 천재성의 가장 눈부신 발현이었네. 거의 최종 단계에 이르기도 했고 말이네. 그런데 만약 인과성이 양자 세계에서는 실제로 작동하지 않는다면 어떻게 되겠나?" 이건 너무나 극단적인 입장이었다. 인과성의 원리, 즉 모든 것에는 원인이 있다는 원리는 과학의 근본 토대다. 과학의 목적은 그러한 원인을 찾는 것이다. 하지만 원자 세계의 인과성에 관한 보어의 직관은 나중에 선견지명이었던 것으로 밝혀진다. 즉 설명할 길 없는 동시성이 양자론의 가장 독특하고 기이한 요소에 남아 있음이 밝혀지게 된다. 보어는 반쯤 미소를 지으며 말한다. "이와 관련하여 나는 상상할 수 있는 가장 급진적이고 불가사의한 견해를 취하고 싶은 마음일세."

"보어 박사" 어리벙벙한 표정을 지으며 좀머펠트가 끼어든다. "도대체 어떤 계산을 했기에 인과성이 궁극적인 참이 아닐지 모른다고 생각하게 된 건가?"

"좀머펠트 박사" 좀머펠트가 자기보다 열다섯 살 이상 나이가 많지만 보어는 이 순간만큼은 그에게 가르침을 주어야겠다고 느낀다. "알다시피 내가 아무리 물리학을 단지 "수학적인 화학"으로 여긴다고 하더라도 모든 것이 언제나 계산으로 환원되지는 않네. 우리가 논의하는 주제들을 다룰 수학조차 아직 우리에게는 없다네." 실제로 보어는 자기가 거둔 성공의 대부분을 수학이 아니라 직관, 즉 그의 '유추 원리'를 통해서 얻었다. 그 외에는 거의 누구도 결과를 이끌어 낼 수 없는 독창적인 원리였다. 그 원리 덕분에 평균적으로 거시적 규모에서 우리가 보는 이 세계를 구성하는 특징들로부터 양자론이 세워졌다. 1920년 보어가 그 원리를 '대응 원리'로 이름을 바꾸자 이 원리를 다루거나 이해하기가 더 어려워졌다. 좀머펠트는 물리학의 발전 추세를 엄밀히 반영하여 새롭게 펴낸 자신의 양자론 교과서에서 그 원리를 "마법의 지팡이"라고 언급했다.

거시적 규모의 양자 효과를 고전물리학과 대응시키려는 보어의 원리는 이후 오랜 세월 동안 신생 양자론을 이끌게 된다. 하지만 이 원리를 믿는 바람에 그는 얽힘 현상의 발견으로는 나아가지 못하고 만다. 보어가 보기에 그와 같은 개념—두 개의 개별 입자들 사이의 양자적 상관관계—은 아리송하고 음침한 아원자적인 미시 세계에서나 통할 뿐 뉴턴 물리학이 다루는 밝은 거시 세계에서는 결코 등장할 수 없었다. 반면에 양자론에 회의적이었던 아인슈타인은 오히려 양자 효과의 기이한 아름다움에 이르는 길을 거듭하여 뚜렷이 보여 주게 된다. 이로 인해 20세기가 끝날 무렵에 이르면 양자역학은 물리학의 모든 분야 가운데 가장 활발한 분야로 자리 잡는다.

"보어 박사" 아인슈타인이 말한다. "확고한 본능적 통찰력으로 모든 연구를 이끄는 자네가 아주 존경스럽네. 다른 이들이 지나쳐 버리는 것들도 시도할 만큼 자네가 용기와 직관력을 겸비하고 있다는 걸 이전부터 알고 있었네. 하지만 인과성의 원리를 내팽개친다는 것은 아주 극단적인 상황에서만 허용되어야 한다는 점은 말해야겠네."

"아인슈타인 박사" 좀머펠트가 반쯤 미소를 지으며 말한다. "나도 물리학 분야에서 보이는 보어의 확고한 본능적 통찰력을 존경하네. 하지만 이 전차에서만큼은 보어의 통찰력이 그다지 확고하지 않다고 보네. 여기가 어딘지 한번 보게나."

아인슈타인과 보어는 차창 밖을 내다본다. 보어는 손으로 이마를 탁치고 아인슈타인은 웃음을 터뜨리며 선을 당긴다. 그들은 다시 선착장으로 거의 되돌아와 있었다.

"우린 전차를 타고 앞으로 갔다 뒤로 갔다 반복하고 있었습니다." 오랜 세월이 흐른 후 보어는 이렇게 회상했다. "그때 나눈 대화에 아인슈타인이 특히 관심이 컸기 때문입니다. 그의 관심이 얼마만큼 회의적이었는지는 모르겠습니다만 어쨌든 우리는 전차를 타고 여러 번 왔다 갔다 하고 있었고 남들이 우리를 어떻게 여길지는 전혀 관심이 없었습니다."

셋이 헤어진 후 좀머펠트는 콤프턴에게 다음과 같이 거창하게 편지를 보냈다. "당신의 연구가"—엑스선이 입자처럼 행동함을 보인 연구—"파동 이론의 종말을 알리고 있습니다." 하지만 보어는 (하이젠베르크가 1월에 파울리에게 보낸 답장에서 밝혔듯이) "실험 결과와 일치하는 결론보다는 일반적인 이론상의 원리를 더 중시하는" 사람답게 광양자 가설이 필요 없는 양자론을 세우려는 연구를 시작했다.

콤프턴의 연구 덕분에 광양자 가설은 비로소 인정받기 시작했으며 급기야 1926년에는 광양자는 자신만의 이름인 광자(photon)로 불리게 되었다. 이 단어는 '빛 존재'에 해당하는 그리스어에 가까운 말로서 버클리 대학의 G. N. 루이스가 내놓았다. 흰 콧수염을 기른 그는 '물리화학의 아버지'로 통했다. (아울러 그는 빛이 1센티미터를 가는 데 걸리는 시간을 지피(jiffy)라고 부르자고 제안하기도 했다.) 이듬해에 콤프턴은 노벨상을 수상했다. 하지만 입자

이론이나 파동 이론 하나만으로는 양자 세계를 기술할 수 없었다. 그래서 아인슈타인이 1909년부터 예견했던 파동−입자의 통합 이론이 예기치 못했던 여러 형태로 제시되었지만 터무니없는 주장으로 치부되었다.

6
빛 파동과 물질 파동
—1923년 11월~1924년 12월—

이제 여러분도 빛이 예전부터 알려진 대로 파동인지 아니면 아인슈타인이 주장한 빛 입자인지를 놓고 벌이던 당시의 혼란이 이해가 될 것이다. 존 슬레이터라는 스물세 살의 미국인은 하버드 대학에서 박사 학위를 마치고 유럽 여행을 하면서 1923년 11월 고국의 부모에게 이런 편지를 보냈다. "그건 제가 늘 골머리를 앓는 주제입니다. 그런데 한 열흘 전쯤 그것에 관해 아주 희망적인 아이디어가 떠올랐습니다. (…)"

"정말 간단합니다. 파동과 입자가 둘 다 있다고 할 때, 입자는 파동에 이끌려 다니므로 어디든 파동이 데려다 주는 곳으로 갑니다. 사람들의 짐작과 달리 직선으로 날아가는 것이 아닙니다."

이런 발상은 아인슈타인의 '유령 파동'과도 관련이 있었지만 그래도 파동 하나에 입자 하나가 존재한다는 주장을 하지 않았기에 얽힘 현상의 여지는 남겨 두었다.(당시에는 누구도 짐작조차 하지 못한 현상이었지만 말이다.) 그 뒤로 이런 생각은 이상한 운명을 맞게 된다. 이후로도 이와 같은 관점에 바탕을 둔 진지한 주장이 두 번이나 더 제기되었다. 슬레이터가 처음 발표한 지 4년 후에 루이 드 브로이가 나섰고 이어 제2차 세계대전 후에는 데이비드 봄이라는 미국인도 이런 주장을 내놓았다. 이 이론은 어찌된 일인지 매번 사람들의 관심을 끌지 못했다. 물리학자들에게 심미적인 호소력이 떨어지는 이론이었기 때문이다. 하지만 세 번이나 무시된 이 이론이야말로 파동과 입자의 문제를 해결한 주역이었으며 나중에 예리한 탐정과도 같은 존 벨이 얽힘 현상의 수수께끼를 가장 분명하게 간파해 낸 계기도 바로 이 이론 덕분이었다.

1923년 크리스마스에 슬레이터는 아무도 거들떠보지 않는 자신의 이론을 들고 그 모든 문제의 중심지인 코펜하겐의 보어 연구소를 찾았다. 그곳에서 슬레이터는 보어의 오른팔이라 할 수 있는 (고작 여섯 살 위인) 한스 크라메르스와 이야기를 나누었다. 친절하면서도 비꼬는 듯한 말투의 이 네덜란드인은 알고 보니 슬레이터의 아이디어를 수학적으로 정교하게 다루는 데 관심이 많았다. 이보다 더욱 놀랍게도 보어—슬레이터가 보기에는 과로에 절어 피곤해 보일 뿐이었던—또한 이 아이디어에 관심을 가질 것이라고 크라메르스가 여겼다는 점이다.

슬레이터가 기회를 얻어 보어와 대화를 나누어 보니 이 위대한 물리학자는 "대단한 관심"을 보이는 듯했다. 일주일 내내 슬레이터는 많은 연구원들과 온갖 아이디어로 북새통인 그 연구소의 가장 중요한 인물둘과 쉴 새 없이 대화를 나누었다.(보어, 크라메르스, 슬레이터가 깊은 대화를 나누는 중에 한 지역신문사 기자가 찾아와 "한 책상당 대여섯 명씩 앉아서 계산을 한다."라고 적었다.)

하지만 이러한 대화를 통해 드러날 새로운 이론에 대한 우려도 있었다. 어리벙벙한 심경으로 슬레이터는 부모에게 이런 편지를 보냈다. "보어 교수님은 제가 그 이론을 이해하기 쉽게 글로 써 주길 원했습니다. 제가 다 쓰기 전까지는 크라메르스에게 그 내용에 대해 아무 말도 하지 못하도록 당부했고요. 다 쓰고 나자 보어 교수님은 그 내용에 대한 자신의 생각을 한참 동안이나 제게 직접 말해 주었습니다." 보어가 광양자에 대해 품고 있던 생각을 알고 나니 충격적이었다. 그런 생각을 하는 사람은 보어만이 아니었다. 크라메르스는 이렇게 말했다. "광양자론은 병만 사라지게 할 뿐 환자는 죽이고 마는 약과 마찬가지입니다."

슬레이터는 부모에게 이렇게 전했다. "물론 그 둘이 아직 제 이론에 완전히 동의하지는 않습니다. 하지만 꽤 많은 부분에 대해 수긍하며, 기존부터 품고 있던 몇 가지 견해들을 제외하고는 특별히 제 생각을 반박하지도 않습니다." 순진하게도 슬레이터는 그 둘이 "어쩔 수 없이 기존의 견해를 포기할 준비를 하고 있으려니" 여겼다. 하지만 보어로서는 결코 광양자를 용납할 수 없었다. ("슬레이터 박사, 우리는 자네가 생각하는 것보다 훨씬 더 자네 생각에 동의한다네.") 보어는 광양자론에 의존하지 않는 양자물리학을 내놓기 위해 필사적이었고 그 마지막 시도로 슬레이터의 (빛 입자를 이끌고 다니는) 안내 파동과 같은 아이디어가 필요했다. 그래서 보어는 이 아이디어를 발전시켜 "가상의 장(場)"(에너지를 옮기는 전자기장으로서 이 장은 오직 길잡이 역할만 한다)이란 개념을 내놓았다. 보어는 광양자가 직접 이동하는 것이 아니라 이 가상의 장이 보어 원자와 일반적인 빛 파동 사이의 상호작용을 이끈다고 여겼다.

　이 소식을 들은 파울리는 "물리학의 가상화"란 개념이 나온 것을 비웃었다. 광양자가 없다면 슬레이터의 이론은 물리학의 두 가지 서로 연관된 기둥을 잃고 만다. 그 두 가지는 인과성과 더불어 에너지는 생겨나지도 없어지지도 않으며 다만 형태를 바꿀 뿐이라는 에너지 보존의 법칙이다. 보어로서는 이 두 가지쯤은 기꺼이 버릴 수 있는 것이었다. 그리고 세월이 흐르면서 양자론에서 차지하는 인과성의 비중은 정말로 미약하고 확률적인 것이 되고 만다. (에너지 보존의 법칙은 그렇지 않음이 나중에 밝혀진다. 하지만 물리학이 잇따라 위기를 맞이하던 그 당시에 보어는 에너지도 완벽히 보존되지 않을지 모른다는 주장을 제기했다.)

　광양자가 불필요함을 증명하려고 필사적으로 노력한 끝에 보어는 고작 3주 만에 크라메르스로 하여금 논문 한 편을 작성하게 한다. 보어-크라메르스-슬레이터 논문이라고 알려진 이 논문은 보어의 일생 중 가장 짧은 기간에 완성되었다. 슬레이터는 논문 발간 2주 전에 "저는 아직 그걸 보지 못했습니다."라고 부모에게 알렸다. 슬레이터는 자신이 해낸 일에 흡족해했다. 광양자론을 거부한 덕분에 논문 속의 이론은 '단순성'을 확보했다. 그가 보기에 그 단순성은 "에너지 보존의 법칙과 합리적인 인과성을 버린 데서 생기는 손해를 만회하고도 남을 만한 성과"였다.

　이러한 단순성에 사로잡힌 스물세 살의 물리학자는 슬레이터만이 아니었다. 파울리는 4월에 코펜하겐의 연구소를 방문하고서 금세 그 이론에 반해 버렸다. "과학자로서 이런 발상에는 매우 거부감을 느끼는 나도 당신의 논리 앞에서는 꼼짝달싹할 수가 없군요." 파울리는 몇 달이 지나 과학자로서의 자존감을 회복한 다음에야 보어-크라메르스-슬레이터 논문에 관해 보어에게 위와 같은 내용의 편지를 보냈다.

파울리보다 한 살이 어렸던 하이젠베르크도 1924년 봄에 코펜하겐을 찾았다. 그는 크라메르스의 명석함과 보어를 둘러싸고 있는 수많은 물리학자들에 압도당했다. 그리고 감격스럽게도 하이젠베르크는 슬레이터와 더불어 그곳에 있던 다른 두 미국인—프랑크 호이트와 그보다 조금 연상이며 장래에 노벨 화학상을 받게 될 해럴드 유리—의 안내로 덴마크의 본토인 유틀란트 반도로 여행을 떠났다. 하지만 더 좋았던 것은 그해 봄에 보어가 직접 하이젠베르크를 초청하여 떠났던 도보 여행이었다. 그들은 등에 배낭을 메고 코펜하겐에서부터 북쪽으로 「햄릿」의 무대인 헬싱괴르까지 질란드(덴마크에서 가장 큰 섬—옮긴이) 해안을 따라 걸었다. 그리고 북극해가 발트 해와 만나는 해변을 따라 걸으면서 돌을 던지거나 종일 이야기를 나누었다.

물리학에 대한 본능적인 통찰력으로 유명한 보어는 사람에 대한 통찰력도 남달랐다. 여행에서 돌아오는 길에 보어는 슬레이터의 친구인 호이트에게 이렇게 말했다. "이제 모든 것이 하이젠베르크의 손에 있네. 어려운 문제를 해결할 방법을 그가 찾아낼 걸세."

분명 어려운 일들이 여전히 남아 있었다. 아인슈타인이 보어-크라메르스-슬레이터 논문에 보인 반응은 예상대로였다. 그해 4월 막스 보른에게 쓴 편지에 그는 이렇게 적었다. "복사파에 대한 보어의 견해는 대단히 흥미롭긴 하네만 나는 엄격한 인과성을 포기하지 않고 지금까지보다 더 강하게 그 법칙을 지키고 싶네. 전자가 빛을 쬐면 다른 에너지 준위로 도약할 시간뿐 아니라 방향까지도 전자 자신의 자유의지로 선택한다는 발상은 도저히 받아들일 수 없네." 바로 이런 발상이 보어-크라메르스-슬레이터 논문이 광양자의 개념 없이 콤프턴 효과를 설명하는 방식이었다. "그런 것이 사실이라면 난 물리학자보다는 구두 수선공이나 심지어 도박장의 직원이 될 걸세. 광양자를 눈에 보이듯 드러내고자 했던 내 노력은 분명 번번이 고배를 마셨지만 나는 결코 포기하지 않을 것이네. 설령 끝내 성공하지 못하더라도 말일세." 이어서 그는 고풍스러운 어투로 이렇게 밝혔다. "성공하지 못한 까닭은 다만 내가 부족했기 때문이라는 위안이 늘 함께하리니."

유럽 전역의 신문들은 아인슈타인과 보어의 다툼에 관한 기사들을 쏟아 내기 시작했다. 아인슈타인의 한 친구는 1924년 후반 그에게 이런 편지를 보냈다. "코펜하겐에 들렀을 때 보어 박사랑 이야기를 나누었네. 정말 특이하게도 자네들 둘은 온갖 상상력과 판단력이 오래 전에 시들어 버린 그 분야에 아직도 남아 서로 첨예하게 대립하고 있더군."

∞

1924년 4월 코펜하겐 시가 비좁은 연구소 주위에 건물을 지을 땅을 제공할 것이라는 소식이 들렸고, 이어서 5월에는 미국으로부터 처음으로 대규모 기부금이 들어왔다. 한 달 후부터 공사가 시작되었고 보어 내외는 연구소 잔디밭에서 성대한 파티를 열었다.

슬레이터가 크라메르스 부인〔친구들 사이에선 슈토름(Storm)이라고 불리는 여인〕과 이야기를 나누고 있었다. 둘이 서 있는 잔디밭에는 작은 탁자가 놓여 있고 탁자 위 얼음 상자 속에는 칼스버그 병들이 담겨 있었다. 보어의 제자들이 다들 "세계 최고의 맥주"라고 입을 모았던 맥주였다. (처음부터 칼스버그 사는 연구소의 가장 큰 후원 기업이었다.) 마침내 슬레이터는 이런 말을 꺼냈다. "크라메르스 부인, 실례지만 부인께선 덴마크 사람 같으시군요."

부인은 활짝 웃으며 답했다. "전 덴마크 사람이에요. 사람들 말로는 보어 박사님 밑에서 연구하러 온 외국인 학생들이 반드시 덴마크 여자랑 결혼해야 하는 전통이 제 남편부터 시작되었대요." 짓궂은 표정을 지으며 말을 이었다. "그러고 보니 슬레이터 씨도 덴마크인 아내를 맞을 참인가요?"

슬레이터는 어색하고 앳된 표정으로 얼굴을 붉혔다.

"아, 슬레이터 씨에겐 결혼이 아직 이르겠네요." 부인이 말했다.

"부인, 사실은 전 일주일 후면 여길 떠납니다."

"그럼 떠날 준비를 해야겠네요. 일주일 후면 떠난다니, 세상에! 그런데 여기 연구소에서 지내는 건 어땠나요?"

"좋았습니다." 발끝으로 잔디를 건드리면서 슬레이터가 말했다

슬레이터의 옆모습을 바라보는 부인의 얼굴은 옅은 미소를 머금고 있었지만 눈썹은 무언가 미심쩍어하는 표정이었다. "'좋았다는 게' 정말인가요?"

"네, 부인."

"슬레이터 씨는 여기서 좀 힘들었지 싶어요. 보어 교수는 추종자들 사이에서 거의 숭배를 받는 인물인지라, 서로 뜻이 맞지 않으면 슬레이터 씨가 매우 곤란해질 수 있으니까요." 부인은 보어 쪽으로 고개를 돌렸다. 부인의 남편이 보어 옆에 서 있었다. 부인은 남편에게 고개를 끄덕인 후 다시 슬레이터를 돌아보며 말을 이었다. "제 남편 이야기를 하나 할게요. 약 2년 전에, 제 기억엔 분명 1921년으로 우리가 결혼한 지 얼마 되지 않았을 때예요. 아무튼 그때 남편이 아이디어를 하나 떠올렸어요. 광양자에 대한 아이디어였죠."

슬레이터가 놀라 눈을 동그랗게 떴다.

"네, 남편은 당시 광양자론을 믿고 있었어요. 아무도 안 믿는데도, 물

론 아인슈타인 박사는 빼고요, 남편은 광양자가 실제로 존재한다고 생각했어요. 그런데 특히 보어 교수가 광양자론을 매우 못마땅하게 여겼지요. 어쨌든 남편이 내놓은 아이디어는 슬레이터 씨 동료인 미국 물리학자 콤프턴 교수의 생각과 아주 비슷했어요. 실험을 하지 않았을 뿐 내용은 똑같았지요. 남편은 굉장히 들떠 있었어요. 자신이 무언가 아주 중요한 것을 알아냈다고 확신했던 거죠. 그래서 보어 교수에게 그 아이디어를 말했답니다." 상쾌한 봄바람이 불어 부인의 머리카락을 쓸어내렸다. 부인은 머리를 흔들고 나서 손으로 머리카락을 뒤로 넘겼다.

"그랬더니 보어 교수는 즉시 남편과 논쟁을 시작했는데 하루도 거르는 법이 없었어요. 온갖 주장들이 거침없이 쏟아진 길고도 지긋지긋한 논쟁이었어요. 남편은 녹초가 되어 집에 돌아와서는 낙심한 마음에 저녁도 먹을 수 없을 지경이었답니다. 자기 아이디어를 고수해야 할지 보어 교수의 의견을 존중해야 할지를 놓고 혼란스러운 나머지 이러지도 저러지도 못하고 있었어요. 보어 교수는 남편이 무엇이든 다 해 주고 싶을 정도로 존경하는 분이었으니까요.

결국 남편은 병원에 데리고 가야 할 정도로 너무나 지쳐 버렸어요. 농담이 아니에요. 병원에 가서야 남편은 안정을 찾았답니다. 병원은 보어 교수가 찾아와 논쟁을 벌이기엔 아주 멀리 있었으니까요." 부인은 슬레이터에게 살며시 웃어 보였지만, 옛일을 다시 떠올리는 바람에 약간 지친 눈빛이었다. "건강이 회복되자 남편과 보어 교수는 더할 나위 없이 죽이 맞아 버렸어요. 이후 남편은 자신의 물리학 이론을 제게 설명해 줄 때 다시는 보어 교수가 틀렸을지 모른다는 말을 꺼내지 않았어요. 남편은 보어 교수가 아이디어와 의견을 내면 뭐든지 받아들였어요. '그렇게 하니 모든 면에서 한결 편해졌잖아요.'라고 제가 말했죠."

슬레이터는 이 이야기에 깜짝 놀라 잔디 위에 서 있었다. 바로 옆에는 햇빛에 반짝이는 초록색 칼스버그 맥주병들이 놓여 있었다. 그의 마음 속에 "광양자론은 병만 고칠 뿐 환자는 죽이고 마는 약과 같다."라고 말하는 크라메르스의 모습이 떠올랐다. 옆에서 보어는 몇 사람들과 아주 다정다감하게 이야기를 나누고 있었다. 그가 예전부터 줄곧 해 오던 농담 하나를 말했더니 모두들 웃음을 터뜨렸다.

"그러니까, 슬레이터 씨" 부인이 다시 말을 이었다. "지금 어떤 심정일지 이해가 돼요. 제 남편도 슬레이터 씨 심정을 잘 알고 있고요. 남편이 제게 슬레이터 씨 이야기를 해 줘요. 남편은 직접 힘든 일을 겪어 봤기 때문에 슬레이터 씨 심정을 잘 헤아린답니다. 이제 곧 떠나야 하니 슬레이터 씨는 결혼할 사랑스러운 덴마크 여자를 찾을 시간이 고작 일주일뿐이네요. (…)" 그러더니 부인은 다시 미소를 지었다. "아무래도 덴마크에 계속 머물려고 하시는 것 같진 않지만요. 그래도 언젠가 돌아와서 이곳에서 행복하게 지내시면 좋겠네요. 나이가 조금 더 들었을 때요." 부인은 자리를 떠나 남편에게로 향했다. 흰 치마가 종아리에서 나풀거렸고 하이힐이 잔디에 콕콕 박혔다.

슬레이터는 이제 맥주 옆에 홀로 섰다. 훌쩍 큰 키의 이 미국인 청년은 아직도 머리를 설레설레 흔들고 있었다. 세월이 흐른 후 그는 한 인터뷰에서 이렇게 말하게 된다. "저는 크라메르스를 매우 좋아했습니다. (…) 하지만 그는 언제나 보어의 예스맨이었습니다." 주변의 모든 이들이 그 위대한 물리학자에 반해 있었다. 하지만 "저는 보어 교수와 완전히 연락을 끊었습니다. (…) 이후로는 보어 교수를 존경하는 마음도 없어졌습니다." 그리고 이렇게 말을 맺었다. "코펜하겐에 있을 때는 정말 끔찍했습니다."

1924년 봄 슬레이터가 코펜하겐을 막 떠나려던 무렵에 뜻밖의 편지 두 통이 베를린에 있는 아인슈타인의 책상 위로 느릿느릿 배달되고 있었다. 하나는 파리에서 다른 하나는 뱅골의 다카에서 온 편지였다. 첫 번째 편지는 소르본 대학에 있는 아인슈타인의 친구로서 콧수염을 기른 물리학자이자 평화주의자인 폴 랑주뱅에게서 온 것이었다. 그 속에는 랑주뱅의 제자인 서른두 살의 루이 드 브로이가 쓴 논문이 들어 있었다. 드 브로이는 실험물리학자인 모리스 드 브로이 공작의 동생이었다. 오래 전인 1911년 제1차 솔베이 회의에서 비서로 일할 때 모리스는 아인슈타인의 광양자론에 깊은 감명을 받았다. 그 후 10년 동안 전쟁 때문에 프랑스와 독일 국민들 사이에 연락이 차단되었지만 모리스는 참나무 판자로 지어지고 벽걸이 융단이 걸린 자신의 실험실에서(그는 자기 하인을 기술자로 삼아서 프랑스에 엑스선 장비를 처음으로 들여온 사람이었다) 막내 동생인 루이 드 브로이에게 엑스선이 어느 때는 파동이고 어느 때는 입자의 성질을 띤다는 점을 보여 주었다.

이제 루이 드 브로이라는 이 가냘프고 눈이 크며 머리숱이 풍성한 귀족은 다음과 같이 선언했다. 아인슈타인이 파동인 빛에 입자로서의 측면이 있다는 것을 알아낸 이상, 입자인 물질에도 파동으로서의 측면이 있어야만 한다고 말이다. 한 줄기의 전자들이 아주 작은 구멍을 통과할 때 전자들은 마치 파동인 것처럼 회절과 간섭을 일으킬 것이라고 그는 제안했다. 랑주뱅은 (드 브로이의 표현에 따르면) "아마도 내 아이디어의 참신성에 적잖이 놀랐고", 아인슈타인이 어떻게 생각할지 궁금하여 논문 사본을 보냈던 것이다.

아인슈타인은 막스 보른에게 그 논문을 전해 주며 이렇게 말했다. "읽어 보게. 정신 나간 소리 같겠지만 절대적으로 견고한 이론이네." 이어서 랑주뱅에게 이렇게 답했다. "그는 거대한 베일의 한 자락을 걷어 냈습니다."

다른 이들은 시큰둥했다. 드 브로이는 몇 년 전에 약간 어설픈 아이디어를 억지스럽게 옹호하는 여러 편의 논문을 쓴 적이 있는데, 이에 대해 크라메르스는 보어의 제자답게 "현재의 양자론을 원자 문제들에 적용하는 방식과 일치하지 않는다."라고 교묘하게 비판하며 거부해 버렸다. 알렉상드르 도빌리에— '셀티움'의 발견 관련 내용에서 나왔던 사람— 와 더불어 드 브로이는 그해 1월에 좀머펠트에게도 논문을 보냈는데 그것은 이미 실험 증거에 의해 부정되었던 것이었다. 그래서 뮌헨 대학에서도 그를 지지하는 친구들이 없었다. 유명한 학자들이 득실대던 카피차 클럽은 러더퍼드의 캐번디시연구소에서 가진 모임에서 드 브로이가 제안한 모든 내용이 터무니없는 말이라는 데 한목소리를 냈다.

실제로 새로운 양자론으로 가는 첫걸음은 그러했다.

사티엔드라 나스 보스는 새로 생긴 다카 대학의 강사인데, 그해 봄에 또 하나의 놀랄 만한 논문을 아인슈타인에게 보냈다. 보스는 드 브로이보다 한 살 반이 어렸지만 교육 수준은 드 브로이와 엇비슷했다. 하지만 그에게는 실험물리학자인 형도 없었고 유명하거나 유력한 교수가 곁에 있지도 않았다. 보스 역시 광양자가 실재한다고 전제하고서 놀라운 결과를 이끌어 냈다.

완전한 믿음을 통해 놀라운 보상을 받는 복음서 속의 장면과 마찬가지로, 보스는 이미 『필로소피컬 매거진(Philosophical Magazine)』에서 거부된 자신의 소중한 네 쪽짜리 논문을 여름이 찾아와 우기가 시작될 무렵에 베를린으로 향하는 배편에 붙였다. 보스는 아인슈타인에게 보낸 편지에 이렇게 썼다. "이 논문이 발간될 가치가 있다고 여기신다면 『차이트슈리프트 퓌어 피지크(Zeitschrift für Physik)』를 통해 발간해 주시면 고맙겠습니다." 생판 낯선 사람이 세상에서 가장 유명한 사람에게 이런 부탁을 했다는 것이 놀라운 일이다. 하지만 (상냥하면서도 패기 넘치는 보스는 이렇게 말을 이었다) "우리는 모두 당신의 제자입니다." 그는 아인슈타인의 지혜와 호의를 믿었고 게다가 자기 논문의 장점에 대해 나름대로 합당한 믿음을 갖고 있었다. 그는 아인슈타인에게 "제 논문에 대해 어떻게 생각하시는지 매우 궁금합니다."라고 말했다. 9월 초에 우기가 끝나기 전까지는 답장을 받을 가망성이 없다는 것을 잘 알면서도 말이다.

아인슈타인의 반응은 폭발적이었다. 보스의 논문을 영어에서 독일어로 직접 번역하고 진지한 권고와 함께 『차이트슈리프트』에 보냈다. 그 후 6개월 동안에 관련 논문 세 편을 직접 썼다. 그는 보스의 아이디어를 드 브로이의 아이디어와 결합했다. 보스가 광양자에서 얻은 결과를 원자에 적용하였고 이것이 드 브로이의 물질 파동의 특성에 어떤 의미를 갖는지를 간파했다.

보스가 내놓은 아이디어의 핵심은 광양자의 완전한 구별 불가능성이었다. 즉 광양자들을 개별적인 것으로 다루는 어떤 이론 체계도 무의미하다고 보았다. 이러한 구별 불가능성으로 인해 양자 상태는 기이한 성질을 갖게 되었다. (양자 상태의 개념은, 지독히 애매하긴 하지만, 한 입자를 가장 완벽하게 설명해 줄 모든 특성을 모은 실속 있는 목록이라고 보면 가장 간단히 이해된다. 예를 들면 양 한 마리의 상태는 위치뿐 아니라 운동량, 색깔, 그리고 나이와 같은 여러 속성들의 모음이다.) 이처럼 근본적으로 구분 불가능한 입자들 가운데 하나가 어떤 특정한 상태에 속하게 될 가능성이 주변의 다른 입자들의 상태에 영향을 받는다는 뜻이다.

여기서 보면 얽힘 현상은 한 단계 더 나아간 것이다. 보스와 아인슈타인의 통계에서 입자들은 서로 동일한 확정적인 양자 상태를 선호하는 경향이 있다. 반면에 얽힘 현상에서는 입자들이 비확정적—여기도 아니고 저기도 아니며 이것도 아니고 저것도 아니며 예스도 아니고 노도 아니다—인 양자 상태로 있다가 어느 하나를 측정하여 '예스'로 밝혀지면 다른 하나는 '노'가 된다.

하지만 단일하고 확정적인 상태 내에 있는 여러 개의 입자들도 비확정적인 상태 내에서 서로 얽혀 있는 입자들만큼이나 놀라운 모습일 수 있다. 아인슈타인은 1925년에 이렇게 적었다. 보스의 연구와 아인슈타인의 연구는 "입자들의 상호 영향에 관해 어떤 가설 하나를 간접적으로 표현했는데, 이는 당분간은 아주 불가해한 것으로 남을 것이다." 2001년 노벨상 수상 기념 강연에서 콜로라도 대학의 실험물리학자인 에릭 코넬과 칼 위먼도 아인슈타인과 똑같은 심경을 밝혔다. "이러한 상호 영향은 오늘날에도 여전히 불가해합니다. 비록 그러한 영향이 일으키는 여러 특이한 행동들을 손쉽게 관찰할 수 있게 되었는데도 말입니다."

그 특이한 행동이 한 세기의 4분의 3에 걸친 기간 동안 노벨상을 내놓게 된다. 아인슈타인은 1924년 11월 에렌페스트에게 보낸 편지에서 이렇게 설명했다. "특정한 온도에서부터 입자들은 인력 없이도 '응축한다' (⋯) 멋진 이론이긴 한데 과연 이 이론이 얼마만큼 진실이겠는가?"

동일한 상태로 '인력 없이도 응축된다'는 말은 모든 입자들이 동일한 속성을 갖게 되어 서로 구별이 불가능할 뿐 아니라 완벽한 하모니를 이루어 운동한다는 뜻이다. 입자들이 함께 모여 육안으로도 볼 수 있는 하나의 양자 물질 파동을 이룬다는 말이다. 곧 보스-아인슈타인 응축으로 알려지게 된 이 성질 때문에 레이저의 빛은 투과력이 높고, 초전도체는 영원히 전류를 흘려보내고, 초유동체(超流動體)는 벽을 타 넘고 흐를 수 있다.

아인슈타인은 드 브로이의 물질 파동과 보스의 구별 불가능하고 사교적인 빛 입자들을 지지하고 통합함으로써 양자론을 한층 더 발전시켰다. 좀머펠트는 양자론에 관한 교과서의 개정판에서 파동과 입자에 관해 허겁지겁 이렇게 썼다. "현대물리학은 여기서 두 가지 양립할 수 없는 특성들과 마주하는데, 솔직히 말해 논 린젠트임을 고백하지 않을 수 없다."〔논 리쿠에트(Non liquet)는 배심원이 '의심스러운 경우'에 내리는 고어투의 판단인데, 센추리 딕셔너리(Century Dictionary)의 설명에 따르면 '사건을 다음 심판 기일로 연기한다'라는 뜻이다.〕

"교수님이 솔직히 '논 리쿠에트'라고 말씀하신 것에 저는 더 끌립니다." 파울리는 1924년 12월에 자신의 옛 스승에게 보낸 편지에 이렇게 적었다. "보어, 크라메르스, 슬레이터가 억지로 꾸민 임시변통의 사이비 해법보다는 수천 배나 더 공감이 가는 표현입니다. (…)"

"온갖 모형들을 살펴보니 이제 확실하게 느껴지는 점이 있습니다." 이어서 그는 다음과 같이 말했다. "그게 뭐냐면, 우리가 쓰는 언어는 양자 세계의 단순함과 아름다움을 드러내기에 아직은 적합하지 않다는 사실입니다."

7
영화관에 간 파울리와 하이젠베르크
─1925년 1월 8일─

1930년 볼프강 파울리

하이젠베르크와 파울리가 배가 아프도록 웃고 있었다. 찰리 채플린의 「키드」를 하이젠베르크는 두 번째로 파울리는 세 번째로 보는 참이었다. 전후의 금지 조치가 해제된 후 독일에 갓 수입된 영화였다. 하이젠베르크는 이제 막 스물셋이 되었고 파울리는 그해 봄에 스물다섯이 될 터였다. 파울리는 비엔나에서 가족과 함께, 그리고 하이젠베르크는 알프스의 바이에른 산에서 크리스마스 휴가를 보낸 후 둘은 자신들의 모교가 있는 유서 깊은 도시 뮌헨에서 만나고 있었다. 다음날 파울리는 북쪽에 있는 함부르크에서 새 교수직을 얻어 떠날 참이었고(당시 실험물리학

교수였던 슈테른과 같이 근무하게 된다) 하이젠베르크는 코펜하겐으로 가서 크라메르스와 함께 보어-크라메르스-슬레이터 논문을 더 깊이 발전시킬 터였다.

영화의 구성은 파울리가 동질감을 느끼는 인물인 채플린이 저지르는 사기 사건[swindle, 독일어로는 슈빈델(Schwindel)이라고 하는데, 이 단어는 하이젠베르크와 파울리가 가장 좋아하는 단어 가운데 하나다]을 중심으로 진행된다. 채플린은 길에서 주워 와서 기른 순진무구해 보이는 아이를 자기 범죄에 끌어들여 함께 일한다. 아이가 창문을 깨면 리틀 트램프(Little Tramp, 영화 속 채플린의 이름으로 '작은 부랑자'란 뜻—옮긴이)가 한쪽 구석에서 새 유리를 들고 나타나 갈아 끼워 주고 돈을 번다.

"슈빈들리히(Schwindlig, 어지러운 또는 현기증이 나는) 광대 트릭"이라는 평이 독일 영화 비평가들의 일치된 의견이었다. 영화는 "믿을 수 없을 만큼 운진(Unsinn, 난센스)이었다." 그건 "완벽한 난센스였다." 하이젠베르크와 파울리는 그 영화를 좋아했다. 모든 이들이 다 좋아했다. 슬랩스틱 코미디는 '시인과 철학자들로 가득한 이 나라'의 수준에 걸맞지 않다고 평론가들이 떠들어 대건 말건.

음악이 멈추고 영사 기사가 영화관의 불을 켰다. 행복한 관객들은 소곤소곤대면서 외투를 입었다. 인플레와 굶주림으로 찌들어 있었건만 다들 들뜬 상태로 극장 밖으로 무리를 지어 흘러 나갔다. 하이젠베르크는 바로 옆의 복도에 놓인 목발을 집었다. 일주일 전에 일어난 스키 사고 때문에 지니게 된 물건이었다. 스키 고글이 햇빛을 가렸던 눈 주위로 창백한 잔주름이 희미하게 보이는 바람에 그는 영락없이 부상당한 운동선수 같았다.

밖으로 나오자 매서운 바람이 얼굴을 때렸다. 굽은 모양의 가로등 불빛 속으로 눈이 소용돌이를 그리며 내리고 있었다. 스키어인 하이젠베르크는 눈을 바라보며 빙긋 웃었다. 맞은편에는 일찍 찾아온 1월의 저녁 어둠 속에서 중세의 도시 성벽의 문이 기괴한 느낌으로 서 있었다. 오랜 세월에 얼룩덜룩 닳은 벽돌로 지어진 육각형의 두 탑을 담쟁이들이 포근히 덮고 있었고 그 위로 이제 눈이 쌓이고 있었다.

하이젠베르크와 파울리는 전차 역까지 곧장 걸어가기 시작했다. 등 뒤로는 사람들이 심야 영화표를 사려고 영화관 앞에 길게 늘어서 있었다. 영화관 앞에 쳐 놓은 대형 천막이 너무 밝게 빛나는 탓에 부랑자와 아이를 같은 위치에서 소개하는 찰리 채플린, 재키 쿠건이라는 큰 문구를 읽기가 어려웠다.

"그런데 말이야." 파울리가 입을 열었다. "보어 교황님은 어떻게 지내셔? 그의 심복인 크라메르스 추기경님은?"

"음, 보어를 만나기 전에는 물리학자로서의 내 삶이 시작되진 않을 것 같아."

파울리가 끄덕였다. "나도 마찬가지야."

"보어는 어느 누구보다도 양자론의 비논리성에 관해 걱정하고 있어." 이렇게 말하면서 하이젠베르크는 자신이 코펜하겐에 있을 때와 예전에 뮌헨과 괴팅겐에 있을 때의 경험이 서로 다르다는 점을 애써 부각시키려 했다. 뮌헨 대학에서 좀머펠트 교수 밑에 있을 때 둘은 원자를 설명하기 위해 의문투성이에다 서로 관련이 없는 온갖 수학 작업에 깊이 몰두해 있었다. 그런 작업이 어떤 의미인지는 전혀 개의치 않고서 말이다. 괴팅겐은 독일 수학 교육의 중심지로서 양자 이론가들의 세 군데 활약 무대 중 세 번째 도시가 되어 있었다. 이제 그 도시의 이론물리학자들을 수줍음 타는 막스 보른이 이끌고 있었는데 하이젠베르크도 1922년 겨울과 1923년 봄에 그와 함께 연구한 적이 있다. "요즘 좀머펠트 교수가 근사한 복소적분(매우 어려운 미적분학을 포함하고 있는 수학)을 적용할 수 있어서 얼마나 행복해하는지 아니?" 하이젠베르크가 말했다. 파울리는 하이젠베르크의 물음에 빙긋 미소를 짓더니 잠시 눈을 감았다. "그리고 별로 걱정도 안 하시지." 하이젠베르크가 말을 이었다. "자신의 방법이 논리적인지 아닌지에 대해서 말이야. 그리고 조금 다른 방식이긴 하지만 보른도 대부분 수학적인 문제에 관심을 갖고 있어."

"맞는 말이야." 파울리가 말했다.

"보른도 좀머펠트 교수도 전혀 고생할 일이 없어. 보어는 고군분투하고만 있는데 말이야. 그런데 크라메르스는 (…) 조금 특이한 거 같아. 그 사람은 농담을 해. 내가 농담을 전혀 듣고 싶지 않을 때에도." 하이젠베르크가 말했다.

파울리는 눈 속에서 이를 활짝 드러내고 웃었다. 순진하기만 한 이 친구가 은근슬쩍 농담이나 건네는 크라메르스와 함께 연구하는 모습을 상상하면서.

"너의 새 논문에 대해 보어 교황님이 축하를 해 주실지는 잘 모르겠어." 하이젠베르크가 말했다.

보스-아인슈타인 응축에 관한 아인슈타인의 논문과 거의 동시에 파울리는 두 편의 논문 작성을 마쳤다. 우선 그는 고르지 않은 자기장을 통과하는 은 원자들이 두 가지로 나누어지는 1922년의 슈테른-게를라흐 실험에 관해 '재미있는(코믹한) 고찰'을 했다. 그는 이런 현상은 은 원자의 최외각 전자가 자기장에 관해 양자화된 위치를 갖기 때문임을 간파했다. 이 두 가지 상반되는 상태는 이후 업(up) 스핀과 다운(down) 스핀으로 불리게 된다. (하지만 파울리가 그렇게 부르지는 않았다. 그는 전자를 빙글

빙글 도는 공처럼 보는 것을 '못마땅하게' 여겼다.)

두 번째는 장차 그의 가장 유명한 논문이 될 터였다. 이 논문의 내용에 대해 영국인 친구인 P. A. M. 디랙은 '파울리의 배타 원리'라고 불렀으며, 하이젠베르크와 에렌페스트는 파울리의 금지 원리라고 불렀다. 파울리가 밝힌 바에 따르면 보스와 아인슈타인이 똑같은 시기에 다루고 있었던 입자들(광양자와 여러 원자들)과 달리, 전자는 단일한 양자 상태를 이루며 서로 사이좋게 모이지 않았다. 전자들은 정반대의 짝(업 스핀과 다운 스핀)을 이루어 서로 다른 두 가지 상태로 존재했다.

에렌페스트는 이렇게 설명하곤 했다. "수정은 왜 그렇게 두꺼울까? 원자들이 두껍기 때문이다. 원자들은 왜 두꺼울까? 모든 원자들이 전부 안쪽 궤도에 속하지는 않기 때문이다. 전자들은 왜 그럴까? 전자들끼리 서로 반발력이 생겨서? 아니다! 반발력이 있는데도 전자들은 강하게 대전한 핵 주변에 아주 빽빽하게 모여 있을 수 있으니 말이다."

"전자들이 그러는 건 파울리(의 배타 원리)가 두려워서다! 따라서 이렇게 말할 수 있다. 파울리의 배타 원리 때문에 파울리가 그렇게나 뚱뚱한 것이라고. 놀랍고도 불가해한 (…)"

다시 한 번 양자론은 '수수께끼와 같은 상호작용'과 마주쳤다. 이번에도 그것은 모형, 설명 또는 이미지가 아니라 금지, 엄격한 규칙, 그리고 불가해성과 함께 등장했다. "제가 알아낸 것은 보어 원자에 비하면 그다지 대단한 난센스라고 할 수 없습니다." 파울리는 보어에게 이렇게 말했다. "그래도 제 난센스는 박사님의 난센스와 한 켤레입니다. 이 두 가지를 최종적으로 결합하는 물리학자가 진리를 찾아낼 겁니다!"

보어가 파울리의 논문과 그가 보내온 편지를 하이젠베르크에게 보여주었다. 하이젠베르크는 기뻐하면서 파울리에게 곧장 엽서를 보냈다.

1924년 12월 15일

코펜하겐에서

오늘 너의 새 논문을 읽고서 대단히 기뻤어. 네가 사기 행위[슈빈델]를 상상도 못 하게 어지러울[슈빈들리히] 정도로 밀어붙였기 때문만이 아니라 (…) 나를 모욕했던 기존의 모든 기록들을 그 덕분에 자네가 다 깼기 때문이야. 하지만 너 역시(브루투스 너마저도!) 머리를 숙이고 엄격한 형식주의의 세계로 돌아왔다니 내 마음이 뿌듯해. 그렇다고 슬퍼하진 마. 많은 이들이 너를 활짝 반겨 줄 테니 말이야.

그리고 만약 네가 기존의 사기에 반대되는 내용을 쓴 것이라고 여긴다면 그건 잘못 짚은 거야. 왜냐하면 사기×사기는 올바른 결과를 내놓지 못하기에 두 가지 사기가 서로 충돌을 일으킬 수는 없으니 말이야.

그러니 축하해!!!!!!!!

메리 크리스마스!!

[파울리가 사기 행위를 어지러울 정도로 밀어붙였다는 하이젠베르크의 이 말은, 보어가 내놓은 원자 모형은 아주 비논리적이므로 일종의 사기 행위로 볼 수 있는데 이를 바탕으로 파울리가 이 사기를 더 발전 심화시킨 배타 원리를 내놓은 것을 가리킨다. 한편 그 아래 문단은 보어의 사기(보어 원자 모형)나 파울리의 사기(배타 원리) 모두 비논리적이라는 면에서 매한가지임을 조금 비꼬는 듯이 표현한 것으로 보인다. 양자역학의 창시자들인 보어, 파울리, 하이젠베르크조차 자신들이 밝혀낸 양자론의 핵심 원리들을 일종의 사기(슈빈델) 또는 난센스(운진)로 여겼다는 데서, 그 원리들이 얼마나 그들에게도 모순적으로 보이고 받아들이기 어려운 것인지를 헤아릴 수 있다.─옮긴이]

보어는 무슨 일이든 하이젠베르크보다 시간이 더 걸리는 사람답게 일주일 후에 파울리에게 답장을 보냈다. 파울리가 예상대로 난센스, 즉 운진이 아니라 '완전한 반진(Wahnsinn, 정신 나간 짓)'을 벌였다는 내용이었다. 그런 내용이라고 해서 꼭 나쁘게 볼 것만은 아니었다. 하지만 파울리는 자기 논문에 대해 매우 열정적인 하이젠베르크와 똑같은 느낌을 보어가 받지 않았음을—비록 그가 "우리는 자네가 밝혀낸 여러 새로운 아름다움에 대단히 열광하고 있네."라는 세심한 표현을 하긴 했지만—알아차릴 수 있었다.

보어는 이렇게 적었다. "우리가 결정적인 전환기에 서 있다는 느낌이 드네. 지금까지의 모든 슈빈델이 철저하게 파헤쳐졌으니 말일세."

오랜 세월이 흐른 후에도 이들이 쓰는 농담은 똑같았다. 그 중 유명한 예가 이것이다. "만약 양자론에 대해 어지럽게(슈빈들리히) 느끼지 않는다면 당신은 양자론을 전혀 이해하지 못하는 것이다."

∞

1925년 1월 뮌헨에서 하이젠베르크와 파울리는 양자론과 이 세계를 이해하려고 애쓰고 있었다. 하이젠베르크는 목발을 어렵지 않게 다루었지만 파울리와 함께 눈 내리는 거리를 절뚝절뚝 걸어가면서는 안달이 났다.

"그는 '철학이 없고' 기본 원리를 분명하게 공식화하는 것에 관심이 없습니다." 1년 전에 파울리가 보어에게 하이젠베르크에 관해 투덜댔던 말이다. 이렇게 말해 놓고서도 파울리는 다음 말을 아끼지 않았다. "하지만 인간적으로 아주 멋진 사람일 뿐 아니라 제가 보기에 그는 매우 중요한 사람, 더 나아가 천재입니다. 그가 언젠가는 아주 중요한 과학적 진보를 이루어 낼 것으로 믿습니다. (…)"

수학의 성지인 괴팅겐에서 막스 보른은 많은 이들이 궁리하고 있던 내용을 쓰고 있었다. 역학―물체를 움직이게 하는 운동과 힘을 기술하는 물리학―이 원자를 설명하는 데 실패했기에 새로운 수학적 구조가 필요했다. 그는 '양자역학'의 출현을 바랐다. 앞으로 자신과 하이젠베르크가 그것을 만들어 내게 될 줄은 아직 모른 채로.

"그런데" 파울리가 목발을 짚은 친구에게 말을 건넸다. "너랑 크라메르스가 쓰고 있는 이번 논문의 최종 교정본을 나한테도 보내 줄 수 있니?" 그러고선 히죽 웃었다. "아니면 보어 교황님의 추기경께서 허락해야 줄 건가? 어쨌든 나야 불신자이긴 하지만 말이야."

하이젠베르크가 고개를 끄덕였다. 논문은 이제 거의 다 완성되고 있었다. "우리, 그러니까 나랑 크라메르스는 새로운 역학의 정신 속으로 한 걸음 더 들어가는 느낌이야. 이제 조금만 더 노력하면 경이로운 새 역학이 분명 나타날 거야. 보어 교수도 그렇게 생각하고." 하이젠베르크의 얼굴은 잔뜩 들떠 있었다.

"나도 새로운 걸 발견했어." 파울리가 말했다. "사실 슈테른은 그걸 벌써부터 파울리 효과라고 부르고 있어."

"파울리 효과? 너의 금지 원리와 관련이 있는 거야?"

"그거랑은 아무런 관련이 없어. 내가 얼마나 뛰어난 이론가인지와 관련이 있지." 파울리가 잠시 말을 멈추었다. "흠, 그런 의미에서는 두 가지가 관련이 있긴 하네."

"파울리 효과가 뭐냐니깐?" 하이젠베르크가 재촉했다.

"그게 뭐냐면, 알다시피 이론물리학자는 실험 장치를 다룰 수가 없어. 만질 때마다 장치가 부서지거든. 그런데 난 연구실을 걸어만 다녀도 장비가 부서지니 정말 뛰어난 이론가일 수밖에."

"사고를 쳐 놓고서 오히려 자기 자랑을 늘어놓는 사람은 너밖에 없을 거야."

"지금 슈테른은 실험실 문을 걸어 잠그고 혼자 온갖 질문을 외쳐 대고 있을 거야."

"넌 마치 실제로 그렇다고 믿는 듯 말하네."

"실제로 일어나는 일이야."

"난 슈테른을 믿을 수가 없어…."

"아, 넌 그가 실험물리학자니까 현실적이어야 한다고 여기는 거야? 슈테른한테 들은 이야긴데 개 친구 한 명은 매일 아침 자기 실험 장치에 꽃을 갖다 바친대. '고분고분하게 만들기 위해서'라나." 파울리가 히죽 웃었다. "그는 '어느 정도 고차원적인 방법을 가진' 사람이야. 프랑크푸르트에서는 나무망치로 슈테른-게를라흐 실험 장치에 위협을 가해 작동하게 만들었대."

"너희들은 전부 제정신이 아냐."

"글쎄, 들어 봐. 어떤 사람이 그 망치를 몰래 빌려가고 나니까, 다시 망치를 찾을 때까지 모든 게 멈춰 버렸대." 눈썹을 씰룩이며 그가 하이젠베르크에게 고개를 끄덕였다.

"저런" 하이젠베르크가 웃음을 터뜨렸다. "함부르크 대학이 널 잘 대해 주라고 보어 교수께 말해 놓을게. 네가 그런 호의에 아무런 보답을 하지 않더라도 말이야."

파울리도 웃음을 터뜨렸다. "천문학자들은 특히나 좋은 사람들이야. 보름달이 뜬 밤에 천문대에 가는데, 너무 환해서 관찰하기엔 적절치 않은 편이라 우린 포도주를 마셔."

"포도주?"

파울리가 진지하게 고개를 끄덕였다. "함부르크에 갔을 때 슈테른의 영향을 받아서 즉시 광천수에서 샴페인으로 바꿨지. 알고 보니" 파울리가 말을 이었다. "포도주가 나한테 잘 맞아. 포도주나 샴페인을 두 병 마시고 나면 대체로 나도 사교성이 꽤나 좋아져. 알다시피 제정신일 때는 전혀 그렇지 않지만. 아무튼 그러고 나면 때때로 나도 주변 사람들에게 아주 매력적인 존재가 돼. 특히 여자들 앞에서."

"현재 물리학은 또 다시 매우 혼란스러워져 있어." 몇 달 후 파울리는 미국인 물리학자 친구이며 당시 코펜하겐에서 연구하던 랄프 크로니히에게 이런 편지를 보냈다. "어쨌든 난 너무 어려운 상태라 코미디 영화 배우나 그 비슷한 사람이 되고 싶지 물리학에 대해선 아무런 이야기도 듣고 싶지 않아!

보어 교수가 새로운 이론으로 우리 모두를 구원하길 바랄 뿐이야. 제발 그렇게 해 달라고 간절히 바라고 있어."

8

헬고란트의 하이젠베르크
—1925년 6월—

북방과 서방과 남방은 찢기고,

왕좌들은 쪼개지고, 제국들은 떨고 있다.

달아나라 너, 순수한 동방에서 (…)

괴테, 『서동시집』

1925년 6월 7일 베르너 하이젠베르크는 괴팅겐에서 출발하는 야간열차를 탔다. 괴팅겐에서 그는 막스 보른의 조수로 일하고 있었다. 새벽무렵에는 북해의 작은 섬인 헬고란트(이 섬의 이름은 '거룩한 땅'이란 뜻인데 그 까닭은 주변이 바닷물인데도 다행히 샘이 솟았기 때문이라고 한다)로 향하는 여객선에 올랐다. 이 섬은 덴마크와 영국이 점령했다가 다시 독일 영토가 되었지만 고유의 유쾌한 깃발을 펄럭인다. 즉 독일 국기의 빨간 띠만 가운데 두고 아래 위로는 녹색과 흰색이 감싸고 있다. 독일 국기는 위와 아래 띠가 검은색과 노란색이다.

하이젠베르크는 얼굴이 퉁퉁 부어 있었다. 여관의 문을 두드렸을 때 여주인은 재빨리 방으로 안내하며 이렇게 말했다. "분명 지난밤에 아주 힘들었나 보네요." 2층 방이어서 창밖으로 돌이 많은 마을 풍경과 더불어 하얀 모래언덕과 바다가 보였다. 하이젠베르크는 무거운 눈꺼풀을 간신히 열고서 이 풍경을 바라보았다. 열린 창으로 바람이 들어오자 얇고 흰 커튼이 펄럭거렸다.

하이젠베르크는 허둥지둥 말했다. "그냥 꽃가루 알레르기예요. 하지만 여긴 2층이라 (…)"

여주인이 알겠다는 듯 빙긋 웃었다. "(…) 꽃도 없고 들판도 없고, 그러니 알레르기도 없지요."

그는 얼굴을 돌려 창에서 살랑살랑 불어오는 바람을 쐬면서 소박하지만 아름다운 풍경을 지그시 바라보았다. 바깥은 바람이 살랑대는 맑은 날씨였다. 잠을 한숨 자고 난 다음 식사를 하고 붉은 절벽을 따라 걸었다. 곧이어 옷을 벗어던지고 차가운 물속으로 뛰어들었다. 나머지 시간에는 맑은 눈빛으로 『서동시집』의 시들을 암송하며 괴테의 페르시아 전원시를 읽었다.

누가 그 노래를 이해할까
그 노래의 땅을 반드시 찾아야 하리

바깥 풍경을 바라보면서 그는 북해의 다른 쪽 해변에 있던 보어를 떠올렸다. 당시 보어는 산을 오르는 사람들에게 평평한 덴마크 땅의 매력을 이렇게 설명하고 있었다. "제가 늘 생각하는 바로는 바다를 바라볼 때 눈에 들어오는 범위 정도를 사람들은 무한으로 보는 것 같습니다."

헬고란트에서 홀로 있게 되자 하이젠베르크는 마음이 상쾌하고 정신이 또렷해졌다. 그는 양자 세계를 그 자체의 관점에서 이해하고 싶었고 원자에 귀를 기울여 그들이 알려 주는 바를 듣고 싶었다. 코펜하겐에 있을 때 그는 크라메르스와 함께 보어-크라메르스-슬레이터 이론에 수학적인 일관성을 부여해 주었다. 하지만 4월이란 달에는 그 이론의 성공, 즉 크라메르스-하이젠베르크 논문과 더불어 그 이론의 몰락도 함께 깃들어 있었다. 왜냐하면 콤프턴을 비롯한 여러 물리학자들이 더 자세한 관측을 해 보니 보어의 예상과 달리 에너지 보존의 원리가 지켜지고 있었기 때문이다. 하지만 하이젠베르크가 기억하기로는 자신과 크라메르스가 내놓았던 "이러한 수학적 방법은 내게는 마법과도 같은 매력이 있었다. 그래서 나는 깊게 숨겨진 숱한 비밀스러운 관계들을 파헤칠 첫 단서를 그런 방법으로 찾을 수 있으리란 생각에 매료되었다."

그는 원자가 방출하는 빛의 색깔들, 즉 여전히 미지의 영역에 속하는 얇은 띠(스펙트럼)에 푹 빠져 있었다. "수학과 관련된 잡다한 내용을 버리는 데는 며칠이면 충분했다."라고 그는 적었다. 헬고란트로 오기 전에는 어렴풋했던 아이디어들이 이제 선명하고 또렷이 마음속에 떠오르고 있었다. "정말 특이한 관점이 등장할 거야."라고 그는 친구인 랄프 크로니히에게 말했다. 이후 하이젠베르크의 양자역학은 원자 속의 세계에는 (확정적인) 시간과 공간이 존재하지 않음을 선언하게 된다.

섬에서 보낸 날 밤도 정말 특이했던 것 같다. 연구를 하느라 이런저런 궁리를 하고 있을 때 북해의 태양은 자정이 가까워서야 지기 시작했다. 바다는 붉고 땅은 검었다. 하이젠베르크는 가스등을 켰다. 호리호리하면서도 근육이 탄탄한 그의 등이 책상 위로 웅크려져 있었고 어깨는 귀 가까이에 붙인 채 굽어 있었으며 발은 의자 다리를 감고 있었다. 시험공부를 하고 있는 학생 같은 모습이었다. 별들이 나타났고 작은 베란다에 난 문이 바람을 맞아 달그락거렸다. 한참 후에 하이젠베르크는 물리학을 연구하는 과정에 대해 이렇게 말했다. "과학 연구는 아주 단단한 나무에 구멍을 뚫는 일과 마찬가지다. 생각에 생각을 거듭하다 고통을 느끼는 단계를 넘어서까지 계속 생각을 해야 하니 말이다."

시계가 3시를 알렸다. 자신이 이제껏 써 놓은 내용을 쳐다보았다. "나스스로도 깜짝 놀랐다."고 이후 그는 털어놓았다. 막스 보른이 예상했듯이 양자역학은 물리학이 이전에 힘과 운동에 대해 설명하던 방식과는 판이하게 달랐다. "원자 내에서 일어나는 현상들을 살펴보니 기이하게 아름다운 실내 공간을 바라보고 있는 느낌이 들었고, 이제 이러한 풍부한 수학적 구조를 탐구해야 한다는 생각에 거의 어지러움을 느낄 정도였다. (…) 너무 들떠서 잠을 잘 수가 없었다."

휘갈겨 쓴 노트를 잠시 접어 두고 그는 새벽길을 걸어 절벽으로 갔다. "오랫동안 나는 바다 쪽으로 튀어나온 바위를 간절히 오르고 싶었다." 꽃가루 알레르기가 사라졌기에 바닷물 냄새도 맡을 수 있었다. 붉은 사암의 거친 표면이 유달리 거칠었기에 떨리는 자신의 손가락은 갓난아기의 것처럼 연약하게 느껴졌다. 눈은 평소보다 해돋이에 더욱 민감하게 반응했다. 파도가 밀려올 때마다 물마루 앞에는 빛의 희미한 꽃잎들이 반짝였다. 바위 꼭대기에 서 있는 하이젠베르크 주위로 파도가 철썩거리며 부서졌다. 그는 완전한 승리감과 완전한 공허감을 함께 느끼며 가득한 빛 속에 서 있었다.

괴팅겐으로 돌아가는 길에 그는 함부르크에 들러 자신의 양자역학을 파울리, 곧 '대체로 나의 가장 혹독한 비판자'에게 몇 시간 동안 소개했다. 하지만 파울리는 양자역학에 관한 온갖 모형과 시각적인 설명이 수 포로 돌아가는 것을 익히 보아 왔기에 이번에도 단지 격려의 말만 전해 주었을 뿐이다.

그는 일주일 후 "내가 한 연구는 아직은 죄다 확실치가 않아서 도무지 즐겁지 않다."라고 파울리에게 편지를 썼다. 원자 내에서는 공간과 시간이 사라져 버렸다. 그는 자기 논문에 이렇게 적었다. "양자론에서는 원자를 공간상의 한 점과 관련시키는 것이 불가능했다." 하지만 그래서 어떻게 되는지는 그도 알지 못했다.

"그는 말도 안 되는 논문을 써 놓고 발표할 엄두도 내지 못했다."라고 막스 보른은 하이젠베르크의 논문을 기억했다. "나는 그 논문을 읽고서 반해 버렸다. (…) 그리고 밤낮으로 그것에 대해 생각하기 시작했다." 하이젠베르크의 자신감은 오르락내리락했지만 한 가지만큼은 확신했다. 즉 보어의 원자 모형만큼이나 기이한 자신의 이론은 시공간 모형의 특징이 조금도 없다는 점을 말이다. "나는 도무지 관찰할 수 없는 궤도라는 개념을 무너뜨리려고 미약하나마 모든 노력을 기울였다." 이런 말과 함께 하이젠베르크는 방학을 맞아 자기 논문을 보른에게 넘겨주고서 라이덴으로 떠났고 이어서 케임브리지와 코펜하겐에 갔다.

"아마 1925년 7월 10일 아침에 갑자기 내게도 빛이 비쳤다."며 보른은 당시를 떠올렸다. "하이젠베르크의 상징적인 곱셈은 행렬 미적분 (matrix calculus)에 지나지 않았다. 이것은 브레슬라우에서 학창 시절을 보낼 때부터 내가 잘 알고 있었던 것이다." 수학에 능한 보른에게는 잘 알려진 것이었지만 수학을 별로 좋아하지 않는 대다수의 물리학자들은 모르는 내용이었다. 행렬(matrix)이란 단어는 '자궁'을 뜻한다. 즉 행과 열로 이루어진 수들의 배열이다. 하나의 행렬은 아무리 크더라도 단일의 실체로서 하나의 수처럼 방정식 속에 포함된다.

보른은 하이젠베르크의 이론을 행렬의 관점에서 다시 구성하기 시작했다. "그렇게 하자마자 내 앞에 이상한 식이 나타났다." $\mathbf{QP-PQ} = \hbar i$, 여기서 $\hbar$ ('하바')는 플랑크의 양자 상수로서 h(이것이 없으면 어떤 양자 방정식도 완성되지 않는 상수)를 2π로 나눈 값이다. 그리고 i는 −1의 제곱근이다. 이 i는 최초의 '허수'로서 수학에서 흔히 쓰이는 도구이지만, 이번에야말로 (데이비드 윅이 양자역학의 이단들에 관한 책에서 적고 있듯이) "자연과학 역사상 본질적인 방식으로 허수 단위를 사용하는 듯 보이는 최초의 사례"였다.

질량은 m이다. 뉴턴 시기 이후로 줄곧 그랬다. 그리고 운동량은 p(추진력(impetus)에서 따왔다)이기에, 억지스럽긴 하지만 위치는 이것과 반대인 q로 표시된다. 당구공 한 개일 경우 위치를 정하는 데 세 개의 수이면 충분하다. 이 수들을 직교좌표라고 하는데 당구대에서는 다음과 같다. 당구대 면의 긴 쪽 면에서 x 미터, 짧은 쪽 면에서 y 미터 그리고 바닥에서부터 z 미터. 반면에 운동량은 더 간단하게 단 하나의 수이다. 곧 초당 몇 미터 곱하기 킬로그램인 것이다. 하지만 원자 하나를 이와 같이 설명하려면 무한한 수들—위치나 운동량과는 명백히 관련이 없어 보이는 수들—로 이루어진 배열이 필요하다.

보른이 찾아낸 방정식에서 $\mathbf{Q}$와 $\mathbf{P}$는 굵은 대문자로 되어 있다. 일반적인 단일한 수가 아니라 무한히 많은 수들로 이루어진 행렬임을 나타내기 위해서다. 하이젠베르크는 행렬이라는 고급 수학 개념을 좋아하지 않고 단순성을 유지하기 위해 이 수들을 "복사량 목록"이라고 불렀다. 왜냐하면 본질적으로 이 수들은 원자가 방출(복사)할 수 있는 모든 특징적인 주파수들의 목록이기 때문이다.

이 행렬은 곱셈의 순서가 중요하다는 점에서 당구공과 성질이 다르다. 직교좌표를 곱할 때는 순서가 문제 되지 않는다. 5 곱하기 3은 3 곱하기 5와 다르지 않다. 하지만 보른의 방정식은 양자 영역으로 들어가면 그러한 규칙이 바뀜을 보여 준다. **QP**, 즉 위치의 측정값 곱하기 운동량의 측정값은 **PQ**와 같지 않다.

양자 세계에서는 어떤 양에 대한 측정이 고전적인 세계에서와는 다른 의미를 갖는 것일까? 여러 달을 고민해 보아도 해결이 나지 않았다. "가장 어려운 점이" 하이젠베르크는 파울리에게 이런 편지를 보냈다. "양자론이 고전적인 이론과 어떻게 연결되는지가 분명하지 않다는 점이야."

분명치 않기는 보른이나 파스쿠알 요르단도 마찬가지였다. 하이젠베르크와 연배가 엇비슷한 요르단은 얼굴이 파리하고 수줍음을 타는 젊은 학생이었는데, 보른이 아인슈타인에게 한 말에 따르면 "나보다도 훨씬 더 빠르고 대담하게 생각할 수 있는" 인물이었다. 여러 통의 편지들이 괴팅겐에서부터 하이젠베르크가 있던 라이덴이나 케임브리지로 오갔다. 하이젠베르크의 회고에 따르면 그 당시 연구는 "여러 달 내내 숨 가쁘게 진행되었다."

신나면서도 동시에 당혹스러운 연구였다. 이 연구를 시작한 지 고작 닷새 만에 보른은 가쁜 숨을 몰아쉬며 아인슈타인에게 이런 편지를 보냈다. "지금 내가 하고 있는 연구는 자네나 보어의 아이디어에 비하면 극히 평범하다는 것을 잘 알고 있네. 그래도 내 머릿속은 매우 오락가락한단 말일세. 대단한 생각이 아니긴 하지만 이랬다저랬다 하며 분명하게 가닥이 잡히지 않고 더욱더 복잡해지고만 있다네."

한편 하이젠베르크는 케임브리지 대학에서 강의를 하고 있었다. 걸음마 단계인 그의 양자역학이 아니라 그 바탕을 이루는 오래되고 익숙한 원자분광학에 관한 강의였다. 강연을 듣는 이들 중에는 검은 머리에 비쩍 마른 체형인 젊은 수학 천재 P. A. M. 디랙이 있었다. 〔얼마 후 일련의 논문이 발표되자 이 저자명이 사람들의 관심을 집중시켰는데, 저 이니셜이 무슨 뜻인지 궁금해하는 이들이 많았다. 과묵한 디랙이 호기심을 증폭시킨다고들 여겼지만 의아해하기만 할 뿐 대체로 노골적으로 물어보지는 않았던 듯하다. 누군가 물어보았다면 디랙은 고상하고 정확한 영국식 영어로 '폴 에이드리언 모리스(Paul Adrien Maurice)'라고 답했을 것이다.〕 그는 너무 수줍음을 타서 직접 하이젠베르크에게 이야기를 걸진 못하고 있다가 마침내 하이젠베르크의 출간 전 논문을 읽게 되었다. 이를 계기로 그도 보른이 같은 시기에 유럽 대륙에서 구상하고 있던 것과 똑같은 아이디어—당시로선 그나 하이젠베르크도 모르고 있던 아이디어—를 얻게 될 연구에 착수했다.

보른과 요르단은 하이젠베르크의 천재성이 발현된 독창적인 성과를 행렬 미적분으로 재구성하면서 연구 결과를 작성하고 있었다. 이 작업을 거의 완성하기 직전에 러더퍼드가 보른에게 디랙이 쓴 출간 전 논문을 보내왔다. 보른은 이렇게 썼다. "아직도 기억이 생생한데 그 논문은 과학자로서의 내 삶에서 가장 놀라운 것 중 하나였다. 디랙은 내가 전혀 모르는 이름이었고 젊은 사람이었는데도 모든 내용이 완벽하고 감탄스러웠다." 괴팅겐에서는 크나벤피지크(Knabenphysik), 즉 '청년 물리학'에 관해 수군대기 시작했다. 디랙과 요르단은 스물둘이었고 하이젠베르크는 스물셋이었으며 파울리는 스물다섯이었다.

이 신동들 가운데서도 디랙은 남달랐다. 1925년의 논문을 시작으로 이후 5년 동안 상상을 초월하는 논문들이 그의 펜에서 어린애처럼 조심스러운 필기체로 줄곧 나왔다. 1927년에는 무려 세 편이 쏟아졌다. 그는 영국의 브리스틀에서 자랐는데 스위스 태생의 엄한 아버지는 저녁 식사 시간에 프랑스어만을 쓰도록 하는 바람에 영국인 어머니는 아무 말도 할 수 없었다. 그런 까닭에 어린 디랙은 누군가 자신에게 직접 질문을 할 때만 대답하거나 아주 중요한 것만 말했으며 그것도 고작 몇 마디가 전부였다. 이런 성격은 어떤 언어를 사용하든 평생 그와 함께했기에 국제 물리학계에서는 이와 관련된 100여 건의 재미있는 이야기들이 입에 오르내렸다. 보어의 표현에 따르면 그는 물리학계에서 "가장 순수한 영혼"으로 통했다. 당대에 가장 순진무구한 이론물리학자 중 하나로 떠올랐던 그였지만 실은 지극히 현실적인 학교교육을 받았다. 아버지가 프랑스어를 가르쳤던 학교인 무역상인기술대학을 다닌 다음에 실용적인 능력으로 아버지를 기쁘게 해 주려고 전기공학과에 진학했던 것이다. 물리학 이외의 활동이라고는 늘 격식을 차린 검은 정장을 입고서 혼자 오랫동안 숲속을 걷는 것뿐이었다.

∞

코펜하겐은 하이젠베르크가 이룩한 성취를 전혀 몰랐다. 보어 연구소는 보어-크라메르스-슬레이터 이론의 몰락, 즉 보어와 프랑크가 파울리의 표현을 빌려 "코펜하겐 쿠데타"라고 불렀던 상황 때문에 엄청난 충격에 휩싸여 있었다.

하이젠베르크가 헬고란트에서 놀라운 성과를 거둔 지 한 달 후인 7월 말에 파울리는 크라메르스에게 편지를 보냈다. "나는 그게 굉장한 행운이라고 봅니다."라며 파울리는 그의 성격답게 단도직입적으로 말을 꺼냈다. "이 멋진 실험들로 인해 당신의 해석이 재빨리 반박을 당한 것 말입니다. (…) 편견이 없는 물리학자라면 누구라도 이젠 광양자를 전자만큼 (아울러 그 정도로 미미하게) 물리적인 실재라고 여길 수 있게 되었으니까요."

다음과 같이 그는 하이젠베르크의 새로운 연구 결과를 '열렬히' 반겼다.

우리는 거의 모든 것에 의견이 일치했어. 둘이 각자 나름의 방식으로 사고하는데도 말이야. (…) 지금 난 지난 반년보다는 덜 외로운 느낌이 들어. 그 동안은 〔좀머펠트 교수의〕 뮌헨 학파의 수 신비주의의 스킬라와 반동적인 코펜하겐 쿠데타의 카리브디스*─네가 광분해서 열렬히 선전했던─사이에서 꽤나 외로웠거든.

자신감이 넘쳤던 파울리로서는 크라메르스와 같은 개종자가 되는 것이 보어와 같은 선교사가 되는 것보다 훨씬 더 나빴다. "이젠 나도 네가 건강한 코펜하겐 물리학의 재수립을 더 지연시키지 않기를 바란다. 실재에 관한 보어의 확고한 인식에 비춰 볼 때 그런 물리학이 틀림없이 다시 등장할 테니 말이야.

둘도 없는 너의 친구 파울리가 간절한 소원을 담아."

크라메르스는 하이젠베르크의 이론을 이미 알고 있었다. 하이젠베르크가 헬고란트에서 돌아온 직후에 괴팅겐에 들렀기 때문이다.

"너무 낙관적이시군요." 그가 하이젠베르크에게 건넨 말이었다.

하지만 코펜하겐으로 돌아가는 길에 보어에게는 아무 말도 하지 않았다.

그의 친구인 유리(슬레이터의 친구이기도 하며 1년 전에 하이젠베르크에게 유틀란트를 구경시켜 준 사람)에게 보낸 장황한 편지에서도 괴팅겐으로 돌아오는 여행에 대해 알린 것이라곤 프랑크와 보른 그리고 '다른 이들'을 만났다는 내용뿐이었다.

보어─크라메르스─슬레이터 이론의 몰락과 위대한 새 이론(New Big

---

* 고전 신화에서 스킬라는 괴물로서(후에는 위험한 바위로 바뀐다) 소용돌이 카리브디스에서 생겨난 좁은 수로의 맞은편에 서 있었다.

Thing)의 출현—하이젠베르크는 그와 크라메르스가 함께 했던 연구를 단지 확대했을 뿐이다—과 함께, 크라메르스는 자신의 별이 지고 새로운 별이 떠오르는 모습을 보았다. 우울함의 늪 속으로 빠져들던 그는 (오랫동안 다른 대학의 끊임없는 구애를 무시하더니) 그해 9월 결국 고국인 네덜란드에서 건넨 자리를 맡기로 했다. 거의 10년 동안 보어 교황의 추기경이자 과학적 후계자였던 크라메르스는 이제 영원히 코펜하겐을 떠났다.

아직은 미심쩍은 하이젠베르크와 불쌍한 크라메르스로 인해 암울한 상황이 초래되었는데도 보어는 6월 10일 하이젠베르크에게 보낸 편지에서 고작 양자론이 "매우 임시적이고 불만족스러운 단계"에 있다며 안타까움만 토로할 뿐이었다. 이 편지는 9일 후 하이젠베르크가 괴팅겐에 돌아온 날에 받아보았을 텐데도 그는 8월 말이 되어서야 이런 답장을 보냈다. "크라메르스가 박사님께 말했겠지만 (…) 저는 양자역학에 관한 논문을 쓰는 죄를 저질렀습니다."

아인슈타인도 회의적이었다. "하이젠베르크가 거대한 양자 알을 낳았네."라고 그는 9월에 에렌페스트에게 편지를 쓰면서 이렇게 덧붙였다. "괴팅겐에서는 그걸 믿는다네. (나는 아니네.)" 파울리가 "괴팅겐의 지나친 박식함"(이로 인해 여리기만 한 막스 보른도 벌써 심각한 상처를 입었다) 때문에 하이젠베르크의 연구 성과가 빛을 보지 못하고 있다고 수천 번이나 불평을 해 대자 하이젠베르크는 이렇게 되받아쳤다. "네가 늘 코펜하겐과 괴팅겐을 비웃는 건 분명 수치스러운 짓이야. 우리가 악의적으로 물리학을 망치게 하려는 게 아님을 너도 인정해야 해. 우리가 아무런 새로운 것도 내놓지 못한 당나귀라면 너도 마찬가지야. 너 역시 전혀 한 게 없으니까!"

1925년 크리스마스에 아인슈타인은 절친한 친구인 베소에게 편지를 쓰고 있었다. "최근에 있었던 가장 흥미로운 이론적 성과는 양자 상태에 관한 하이젠베르크-보른-요르단의 이론이네. 정말로 마법과도 같은 곱셈 목록을 내놓았는데 여기서 무한한 행렬들이 직교좌표를 대체한다네." 이어서 짐짓 비꼬는 투로 덧붙였다. "너무나 기발한 데다 대단히 복잡한 까닭에 좀체 반박을 할 수가 없다네."

그 이론은 사용하기도 지극히 어려웠기에 이론을 가장 단순한 실제 대상인 수소 원자에 수학적으로 적용할 수 있다고 증명한 사람은 초인(超人)이랄 수 있는 파울리뿐이었다. 파울리가 밝혀낸 바에 의하면 원자의 크기와 형태에 관한 보어-좀머펠트의 임시 가정들은 이제 필요가 없었다. 어떤 칙령에 의해서가 아니라 새로운 양자역학의 결과로서 그러한 사실이 밝혀진 것이다. 그는 자신이 밝힌 내용을 논문으로 작성하여 1926년 1월에 제출했다. 같은 시도를 한 적이 있던 하이젠베르크는 환호성을 터뜨렸다. 보어도 러더퍼드에게 이렇게 터놓았다. 간절히 바라던 양자역학이 정말로 탄생했으니 이젠 더 이상 비참하지 않노라고.

얼마 후 난데없이 통상적인 우편배달과도 다른 경로로 논문 한 편이 도착했다. 그 속에는 완전히 다른 양자역학이 담겨 있었다. 겉보기엔 하이젠베르크의 이론과 정면으로 충돌하는 듯했지만 얻어진 결과들은 모두 동일했다. 그런데도 거추장스러운 행렬이 아니라 어떤 물리학자도 다룰 수 있는 수학을 사용하여 이룬 성과였다.

슈뢰딩거방정식이 등장한 것이다.

9
아로사의 슈뢰딩거
─1925년 크리스마스~1926년 새해 첫날─

에어빈 슈뢰딩거

에어빈 슈뢰딩거는 서른넷의 나이에 결핵에 걸렸다. 파울리에게 말한 바에 따르면 1922년 봄 취리히 대학교에서 강의를 시작한 직후에 그는 "실제로 완전히 망가져 버려(kaput) 사리에 맞는 아이디어는 더 이상 아무것도 떠올릴 수가 없었다." 그는 결혼한 지 2년 된 아내 아니와 함께 비엔나의 요리사 한 명을 데리고 알프스 산악 지역 아로사에 있는 요양원에 들어갔다. 다보스 근처인 이곳은 해발고도가 1마일이 넘어 희박한 공기 때문에 결핵균의 활동이 움츠러든다고 한다. 아인슈타인도 늘 두통과 귀의 통증을 앓던 둘째아들 에두아르트를 몇 년 전에 이곳에 데려온 적이 있었다.

가을을 맞아 공기가 시원해지자 슈뢰딩거는 헤르만 바일의 책을 읽기 시작했다. 슈뢰딩거의 친구인 바일은 전쟁 중에 취리히의 E.T.H.에서 상대성이론에 관한 일련의 수학적 강의를 했던 사람이다. 이 강의는 유명하고 도발적인 내용으로서 책으로 나와 물리학계에 널리 읽혔다. 바로 『공간-시간-물질』이라는 책이다. 슈뢰딩거는 바일이 제기한 주장을 철저히 따라가 보면 궤도 내의 전자가 정상파(골과 마루가 진행하지 않고 아래 위로만 진동하는 파동)처럼 행동한다는 점을 간파했다. 그는 담요를 무릎 위에 덮은 채 베란다에 앉아 작고 매끈한 손을 비스듬히 기울여 무언가를 쓰고 있었다. 물질과 파동에 대해 온갖 복잡한 생각을 하면서 한 방정식을 다른 방정식에 대입하고 있었던 것이다. 이 계산의 결과로 「단일 전자의 양자화된 궤도가 보이는 주목할 만한 성질에 관하여」라는 소논문이 나왔다. 그러고선 이 논문에 대해 더 이상 생각하지 않았다.

3년이 지난 1925년에 E.T.H.에 근무하던 (시가를 이로 물고 다니던) 피터 디바이가 취리히 대학에 가서 물질파에 대한 루이 드 브로이의 최근 논문을 슈뢰딩거에게 보여 주었다. 이 논문에 반한 슈뢰딩거는 디바이의 바람대로 다음 번 E.T.H.-취리히 대학 공동 세미나에서 그 주제에 관해 강연을 했다.

이 강연은 그해 11월 23일 열렸다. 하이젠베르크, 보른, 요르단이 「양자역학에 관하여」란 유명한 논문을 『차이트슈리프트』에 보낸 지 일주일 후였다. 펠릭스 블로흐는 스무 살의 물리학자로서 곧 하이젠베르크의 첫 제자이자 파울리의 첫 조수가 될 사람이었다. 블로흐는 그때를 이렇게 기억한다. 그 강연 후 "그런 식의 강연은 조금 유치한 듯하다며 디바이가 무심코 말했다. 좀머펠트의 제자답게 디바이는 파동을 제대로 다루려면 파동방정식이 있어야 한다고 배웠기 때문이다." 파동방정식은 파동의 변화를 기술하는 방정식이다.

그 말에 자극받아 슈뢰딩거는 파동 연구에 빠져들었다. 몇 주 후 완성한 보스-아인슈타인 아이디어에 관한 논문에서 그는 다음과 같이 (아인슈타인이나 드 브로이보다 더 강한 표현으로) 적었다. "나는 움직이는 입자의 드 브로이-아인슈타인 파동 이론을 진지하게 받아들이고 싶다. 이 이론에 따르면 입자는 세상의 근본을 이루는 복사 파동 상에 맺힌 일종의 '흰 포말'에 지나지 않는다."

요양원의 뾰족한 지붕 위로 눈이 내려앉고 있었다. 에어빈 슈뢰딩거는 밍크코트에다 목도리를 두른 어여쁜 여인을 옆에 낀 채 활짝 웃으며 도로의 막다른 모퉁이를 도는 참이었다. 그는 4년 만에 다시 아로사에 돌아와 있었다. 하지만 이번에는 겨울이었으며 아내와 오스트리아 요리사는 멀리 다른 곳에 있었다.(슈뢰딩거 옆에 있는 여자가 누군지는 아무도 모른다.) 때는 저녁 무렵이었다. 둘은 토실토실한 하프링거 말이 끄는 썰매의 뒷좌석에 앉아 있었다. 말의 구릿빛 옆구리가 눈 내리는 저녁의 은은한 빛깔 속에서 유난히 반짝였다. 크리스마스가 바로 코앞이었다. 그의 아내 아니는 바일과 함께 있었다. 바일은 그녀의 연인이자 동시에 남편의 절친한 친구이기도 했다. 슈뢰딩거가 아로사에 마지막으로 머물면서 파동에 대해 깊이 생각하도록 영감을 준 책을 쓴 사람도 바일이었다.(바일의 아내도 이들을 본받아 파울리의 친구이자 물리학자인 파울 셰러의 정부였다.)

슈뢰딩거가 자란 집은 분홍색 치장벽토와 대리석으로 지어졌으며 천사 장식이 달린 도시 주택이었고 고딕 식의 장엄한 슈테판 대성당이 바라보이는 곳이었다. 슈뢰딩거는 가정교사에게 교육 받은 외동으로 젊은 숙모, 하녀, 보모 등 집안의 여자들에게 늘 관심을 받고 자랐다. 아버지는 슈뢰딩거가 경멸하는 한 리놀륨 사업가의 재정 지원을 받아 아마추어 식물학자 겸 풍경화가로 지냈다. 어머니는 화학 연구자(이 사람의 두 번째 아내는 성대한 비엔나 식 옷차림으로 유명했으며 10년 동안 작곡가 말러의 정부로 지냈다)의 딸로서 가냘프면서도 쾌활한 성격이었다. 슈뢰딩거의 할머니—화학 연구자의 첫 번째 아내—가 영국인이었기에 어린 슈뢰딩거는 독일어보다 영어를 먼저 배웠다. 그는 미남인 데다 교양이 있었으며 매력적이고 총명했다. 그리고 세상이 실제로는 그를 중심으로 돌지 않는다는 사실을 전혀 모르고 있었다.

눈의 무게에 휘청거리는 소나무 사이로 바이스호른 산을 바라보던 슈뢰딩거는 디바이의 말을 떠올렸다. 현실적인 네덜란드인! 물론 우리에겐 파동방정식이 필요하다. 데려온 여자가 베란다에서 캐롤을 부르고 있었기에 슈뢰딩거는 주위의 산만한 소리를 차단하려고 진주 구슬을 귓속에 끼우고 크리스마스 내내 연구에 몰두했다. 자기 앞에 펼쳐지는 새로운 이론에 황홀감을 느끼면서.

대학생이던 하이젠베르크를 낙제시킨 적이 있던 뮌헨 대학의 엄한 실험물리학자인 빌리 빈은 스키를 타려고 산속 오두막에서 지내던 중에 슈뢰딩거가 보낸 편지를 받았다. 크리스마스 이틀 후에 쓴 편지였다. "현재 저는 새로운 원자 이론과 씨름하고 있습니다. 수학을 더 잘 안다면 얼마나 좋을까요! 저는 이 연구를 매우 낙관적으로 보고 있습니다. 이걸 풀 수만 있다면 정말로 아름다운 결과가 나올 겁니다." 슈뢰딩거는 이처럼 가슴 벅찬 열정을 드러내며 자신의 이론이 수소 원자 스펙트럼의 여러 주파수들을 이제껏 어느 누구의 연구보다도 더 잘 밝힐 수 있을 듯 보이기 시작한다고 설명했다. "더군다나 현재의 가설적인 방식이 아니라 비교적 자연스러운 방식으로." 슈뢰딩거는 창밖에 흩날리는 하얀 눈을 바라보면서 온 세상이 파동으로 이루어졌다고 차츰 믿기 시작했다.

그는 1월 8일 산에서 내려와 곧장 바일에게 갔다. 바일의 도움으로 마침내 그는 자신의 방정식을 풀었다. 〔주어진 양자적 실체의 상태 또는 조건을 기술하는 슈뢰딩거방정식의 해법은 파동방정식으로 알려져 있다. 파동방정식을 나타내는 기호는 그리스 문자 프사이(Ψ)다.〕 E.T.H.와 취리히 대학교가 격주로 하는 공동 세미나에서 다시 만났을 때 슈뢰딩거는 자리에서 일어나 의기양양하게 이렇게 선언했다. "제 동료인 디바이가 제안하기로는 파동방정식은 없으며 파동에 대해 논하지 말아야 한다고 합니다. 그런데 제가 그 하나를 찾아냈습니다!"

슈뢰딩거의 조수인 프리츠 런던(10년 후에 보스-아인슈타인 응축 이론 분야에서 선구자가 된 인물)은 슈뢰딩거에게 몇 년 전에 그가 쓴 논문을 떠올리게 해주는 장난스러운 편지를 썼다.

존경해 마지않는 교수님께

오늘 저는 교수님에게 진지한 이야기를 드리고자 합니다. 슈뢰딩거 씨라는 분이 1922년에 "양자 궤도의 주목할 만한 성질"을 설명했던 걸 알고 있습니까? 이 사람을 아십니까? 뭐라고요, 잘 아는 건 물론이고 그 논문을 쓸 때 그 사람과 같이 있었고 게다가 그 연구를 함께 했단 말씀입니까? 깜짝 놀랄 일입니다. 무려 4년 전에 알았다니 (…)

그리고 런던은 자신이 보기에 명백히 파동방정식으로 이어지는 슈뢰딩거의 1922년 논문의 여러 내용들을 나열했다.

그는 슈뢰딩거에게 이렇게 물었다. "이제 성직자처럼 당장 고백하실 겁니까? 진리를 손에 쥐고 비밀에 부쳐 왔다는 사실을 말입니다."

"우선 이 말부터 들어 보게!" 아인슈타인은 이렇게 외쳤다. 뜻밖에도 슈뢰딩거가 행렬 결과와 판박이인 파동방정식을 내놓았다는 이야기를 듣자마자 던진 말이었다. "지금껏 우리에겐 정확한 양자론이 없었는데 이제 느닷없이 두 가지나 생겼네. 두 이론이 서로를 배척한다는 내 말에 동의하게 될 걸세. 어느 이론이 옳으냐고? 아마 둘 다 아닐 걸세."

IO
당신이 관찰할 수 있는 것
—1926년 4월 28일 그리고 여름—

아인슈타인은 베를린에 있는 저택 서재의 창가에 섰다. 회색 머리카락이 저무는 마지막 햇살에 빛났다. "하이젠베르크 박사, 전자의 경로에 대해선 아무 말도 없군."이라며 아인슈타인은 운을 뗐다. 이어서 "하지만 안개상자를 들여다볼 때"—아인슈타인은 마치 전자의 제트 궤도를 따라가는 듯 곁눈질을 하며 손가락을 뻗었다—"전자의 궤도를 훤히 관찰할 수 있다네."(전자가 습기 찬 공기가 든 상자를 지나가면 초고층 대기에 비행기가 남기는 것과 같은 흔적을 남긴다.) 그러고선 이렇게 물었다. "안개상자 속의 전자는 경로가 있지만 원자 속의 전자는 경로가 없다는 건 이상하지 않은 가? 경로의 존재가 다만 용기의 크기에 따라 달라질 리는 없다네."

반 시간 전 베를린 물리학 세미나에서 진행된 하이젠베르크의 강연은 사실상 전부 둘째 줄에 있던 회색 머리의 남자를 대상으로 한 것이었다. 사람들이 모두 떠난 뒤 아인슈타인이 말했다. "이야기를 조금 더 나누고 싶은데, 내 집에 함께 가지 않겠나?" 둘이 집에 도착했다. 아인슈타인은 좀머펠트와 파울리의 안부를 물은 후 문제의 핵심을 들고 나왔다. 그러자 하이젠베르크는 열심히 아인슈타인을 설득했다.

"하지만 원자 속 전자의 경로를 관찰할 방법은 없습니다. 우리가 기록하는 것은 원자가 방출하는 빛의 주파수일 뿐 실제 경로가 아닙니다." 하이젠베르크는 약간 과장된 제스처를 보이며 말을 이었다. "그리고 직접 관찰할 수 있는 양만을 이론에 포함시키는 것이 합리적입니다."

아인슈타인은 불을 때지 않은 난로 앞의 큰 팔걸이의자에 앉았다. "하이젠베르크 박사, 어느 이론이든 관찰할 수 없는 양이 포함되어 있다네." 아인슈타인의 이 말에 하이젠베르크는 놀라서 그를 쳐다보았다. "관찰할 수 있는 양만을 포함시키자는 원리를 일관되게 따를 수는 없네."

"하지만 아인슈타인 박사님이 상대성이론에서 했던 것이 바로 그 원리 아닙니까?" 하이젠베르크가 반문했다.

아인슈타인은 살며시 웃었다. "아마 나도 그런 원칙을 예전에 지니고 있었네. 그런 내용을 글로 쓰기도 했지. 그렇긴 하지만 분명 터무니없는 원리네."

이 말에 하이젠베르크의 표정은 마치 하나님을 믿지 않는다고 고백하는 성직자를 대하는 듯 어리벙벙해졌다.

"알다시피 사람들은 '관찰'에 대해 늘 이야기하네." 아인슈타인이 말을 이었다. "하지만 실제로 그게 무슨 의미인지 알고 하는 말이겠나?

'관찰'이라는 바로 그 개념 자체가 이미 문젯거리네." 담배쌈지를 찾으려고 주머니를 뒤지면서 말했다. "모든 관찰은 관찰할 현상과"―쌈지를 찾아서 파이프에 담배를 채우기 시작했다―"최종적으로 우리의 의식 속에 일어날 감각이 서로 분명하게 연결되어 있다고 가정하네." 이어서 성냥을 긋더니 오른손 두 손가락으로 가느다란 성냥개비를 담배 위에 갖다 댔다. 담배에 불이 붙자 연기가 피어올랐다. 아인슈타인은 코로 담배 연기를 내뿜며 팔걸이의자에 등을 기댔다.

"하지만 우리는 그 연결의 속성을 결정해 주는 자연법칙을 알고 있어야만 그것을 확신할 수 있네. 그런데 만약"―이때 아인슈타인은 하이젠베르크를 똑바로 쳐다보았다. 하이젠베르크는 몸을 앞으로 당겨 의자에 앉아 있었고 옅은 색의 머리카락이 어슴푸레한 방 안에서 빛나고 있었다.―"현대의 원자물리학이 명백히 그런 경우이긴 한데, 이 법칙들 자체가 의문시된다면 '관찰'이라는 개념은 분명한 의미를 잃어버리고 마네." 하이젠베르크의 총명한 머리가 재빠르게 돌아갔다. 아인슈타인의 머리에선 온갖 새로운 문이 열리고 있었다. 그는 다음과 같이 말을 맺었다. "그럴 경우에는 관찰할 수 있는 것이 무엇인지를 결정하는 것은 이론이라네."

하이젠베르크는 머릿속에서 폭죽 필라멘트가 달린 전구가 막 켜진 듯한 느낌이었다. 관찰할 수 있는 것이 무엇인지를 결정하는 것은 이론이다. 아인슈타인은 담배를 피우며 그를 보고 있었다. 관찰할 수 있는 것이 무엇인지를 결정하는 것은 이론이다. 하이젠베르크는 번쩍이는 이 새로운 개념을 들고 당장 문을 박차고 나가 진지하게 생각해 보고 싶은 마음과 동시에, 의자에 그대로 눌러앉아 어두워가는 방 안에서 아인슈타인의 말을 듣고 싶기도 했다.

아인슈타인이 일어서서 곁에 있는 독서등을 켜자 둘은 더 가까워진 느낌이었다. 이제 바깥세상은 어두워졌고 유리창에 둘의 모습이 비쳤다. "빛이 있게 하라." 아인슈타인이 나직이 읊조렸다. 그가 다시 자리로 돌아가 앉자 담배 연기가 길게 그의 뒤를 따라왔다.

"그래서 자네 이론에 따르면 전자가 핵 주변을 돌다가 갑자기 도약하네. 그런데 잠깐만. 아니, 정말로 그런 건 없네." 아인슈타인은 그런 궤도가 없다는 말을 하다가 문득 멈추더니 빙긋 웃었다. "전자가 하나 있는데, 잘은 모르지만 원자 안에서 무언가를 하고 있네." 그가 하이젠베르크를 바라보았다. 하이젠베르크는 왜 사람들이 가끔씩 아인슈타인의 말투를 장난스럽다고 하는지 퍼뜩 이해가 되었다. 아인슈타인은 한 손으로는 허공에서 가상의 입자를 끄집어내는 시늉을 하면서 말했다. "그런데 갑자기 다른 상태로 도약하면서 광양자를 방출한다."

아인슈타인은 이마를 찌푸렸다. 안경이 코 밑으로 미끄러져 내리자 약간 선생님 같은 티가 났다. "하지만 다른 아이디어도 있네. 이 이론에서는 원자가 상태를 바꿀 때 전자는 작은 라디오 송신기처럼 연속적으로 파동 운동을 내보낼 뿐이라고 하네." 아인슈타인은 파이프를 뻐끔뻐끔 빨았다. "그런데 첫 번째 시나리오로는 간섭현상을 결코 설명할 수가 없네. 매우 자주 관찰되었고 파동의 중첩만으로 얻어질 수 있는 이 현상을 말일세. 그리고 두 번째 시나리오로는 뾰족한 스펙트럼 선, 즉 각각이 빛에 포함된 어느 한 주파수인 이 현상을 설명할 수가 없네. 그러니 뭘 어떻게 해야 하겠나?"

하이젠베르크는 보어가 곧잘 하는 말을 생각했다. "글쎄요, 물론 우리는 일상적인 경험의 영역을 훨씬 뛰어넘는 현상을 다루고 있습니다. 그러니 이런 현상들이 전통적인 개념으로 설명되길 바랄 수는 없습니다."

"자넨 보어 박사의 훌륭한 제자답군." 아인슈타인이 말을 받았다. "하지만 난 아니네. 그렇다면 자네는 어떤 양자 상태에서 파동의 연속적인 방출이 일어난다고 여기는가?" 어떤 속성들의 목록이 파동을 방출하는 원자를 설명해 주냐는 말이다.

하이젠베르크는 잠시 머뭇거렸지만 금세 재치 있게 대답했다. "마치 영화를 보는 것과 비슷합니다. 영화에서는 한 영상에서 다른 영상으로의 전환이 갑작스럽게 일어나지 않습니다. 첫째 영상이 서서히 희미해지면 둘째 영상이 서서히 뚜렷해집니다. 그래서 중간 상태에서는 어느 영상인지 알지 못합니다. 마찬가지로 원자 내에서도 전자가 어떤 양자 상태인지 잠시나마 알지 못하는 상황이 생길 수 있습니다."

"자넨 아주 얇은 얼음 위를 걷고 있네."라며 아인슈타인은 대꾸했다. "자네는 지금 단계에서 우리가 알고 있는 원자에 대해 말하고 있을 뿐 실제로 원자가 무슨 일을 하는지는 말하지 않고 있네. 만약 자네 이론이 옳다면 조만간 자네는 정지 상태에서 그다음 상태로 바뀔 때 원자가 무엇을 하는지 알려 주어야 하네."

하이젠베르크는 이렇게 답했다. "자연을 우리 앞에 갑자기 펼쳐지게 하는 수학적 방법의 단순성과 아름다움—우리가 받아들일 준비가 전혀 되어 있지 않은, 두려울 정도의 단순성과 관계들의 완전성—에 제가 강하게 끌린다는 점을 인정합니다. 박사님도 그렇게 느끼셨다고 저는 압니다."

아인슈타인은 앉은 채 담배를 피우며 고개를 끄덕였다. 그러더니 이렇게 말했다. "하지만 난 아직 자연법칙의 단순성이 무슨 의미인지 제대로 이해했다고는 결코 말할 수 없네."

"하나님을 믿으시나요? 슈뢰딩거 교수님." 호숫가에서 그의 곁에 앉은 금발 소녀가 물었다. 1926년 여름이었고 둘은 취리히 호숫가의 물놀이 장소인 슈트란트바트에 있었다. 소녀는 어여쁜 열네 살이었다. 앳되면서도 품위가 있는 이 소녀의 이름은 이타 융거. 옆에는 쌍둥이 자매인 로스비타가 앉아 있다. 이 소녀는 길게 땋은 금발머리였다. 여름인 데다 호숫가에 있는데도 둘은 수녀원이 운영하는 학교 교복을 똑같이 입고 있었다. 둘 다 표정은 장난스러웠지만 질문은 진지했다.

"아무것도 믿지 않기보다는 흰 수염을 기른 하나님 아버지라도 믿는 편이지." 슈뢰딩거가 대답했다. 그는 수영복을 입고 모래 위에 누워 있었다. 옆에는 작은 휴대용 칠판이 있었다. 밋밋한 칠판이지만 반짝이는 모래 위 눈부신 햇살 속에서 하얗게 빛나 보였다. 몇 발자국 앞에는 호숫물이 모래사장을 찰싹찰싹 두드리고 있었다.

"과학자는 하나님을 안 믿는 줄 알았어요." 로스비타가 말했다.

"사람들이 이해하지 못하고 있는 건 개인적인 경험을 죄다 배제한 대가로 과학의 세계관이 얻어진다는 점이야. 개인적인 하나님이란 그곳에 발붙일 수 없어. '공간과 시간 속에서 나는 하나님을 만나지 않는다'라고 말한 솔직한 과학사상가가 있는데 (…) 그렇다고 그 사람을 비난한다면 교리문답서에 적힌 대로 '하나님은 영이시다'라고 말하는 사람들과 똑같은 짓을 하는 셈이지."

슈뢰딩거는 언제나 물가에서 가르치길 좋아했다. "날씨가 꽤 더운 여름에 우리는 취리히 호수의 슈트라트바트에 갔다."라고 그 무렵에 졸업한 슈뢰딩거의 제자 한 명이 회상했다. 학생들은 "각자 공책을 들고 풀 위에 앉아 수영복을 입은 이 여윈 남자가 직접 가져온 어설픈 칠판에다 계산을 적는 모습을 지켜보았다."

이타와 로스비타의 어머니는 슈뢰딩거의 아내인 아니의 친구였다. 아니가 남편을 설득해 여름 동안 일주일에 한 번 둘에게 수학 강의를 해 주도록 했던 것이다. 수학에 낙제점을 받은 이타가 학교 수업을 따라갈 수 있도록 하기 위해서였다. 슈뢰딩거는 열네 살에게 무얼 가르쳐야 하는지 바일에게 물었다. 그해 1월 최초로 슈뢰딩거방정식을 푸는 데 도움을 주었던 이 위대한 수학자는 기꺼이 강의의 윤곽을 잡아 주었다.

슈뢰딩거는 훌륭한 교사였기에 이타는 기본적인 수학을 잘 배울 수 있었다. 게다가 기본 내용 외에 다른 주제들에 대해서도 많은 이야기를 나누었다. 슈뢰딩거의 방정식도 그 중 하나였다. 이에 따르면 모든 것이 파동으로 이루어져 있는 것 같다고 그는 둘에게 알려 주었다.

"무슨 뜻이에요?" 이타가 물었다. "모든 게 파동이라고요? 심지어 물도 작은 양일 땐 조그만 방울인데요."

슈뢰딩거는 고개를 끄덕이면서도 그의 방정식이 기술하는 '물질파동'이 물방울보다 얼마만큼 작은지 설명했다. 상상할 수 있는 가장 작은, 이를테면 바늘구멍보다도 훨씬 작은 물방울에도 1조 개의 물질파동이 들어 있다는 사실도.

"그리고 물질은 빛과 비슷해." 그가 말했다. "회절을 하거든." 이타의 머리 위에 떠 있는 태양을 향해 눈을 찡그리며 그는 회절을 설명했다. "물체가 태양 뒤에 놓이면 작아져. 머리카락 한 가닥, 먼지 한 톨, 거미줄 한 개라도 신비스럽게도 빛나 보여. 머리카락 한 가닥은 말하자면 그 자체가 광원이 되는 거야."

양자역학적 입자는 크고 느리게 움직일수록 파동이 작아진다. "먼지 한 톨이 빛 파동을 회절시키듯이 핵은 전자를 회절시켜. 사실 원자는 핵에 붙잡힌 전자 파동이 일으키는 회절 후광일 뿐이지."

이타는 자신이 회절 후광으로 만들어진 존재일지 모른다는 걸 상상하는 것만으로도 황홀했지만 로스비타는 슬슬 지겨워졌다. "헤엄치러 갈게."라고 그녀가 말했다. 이타가 로스비타를 따라가려고 일어서다 교복 때문에 휘청대자 모래가 날렸다. 두 소녀는 옷을 입은 채 풍덩 물에 뛰어들더니 이내 고함을 질렀다. 슈뢰딩거가 따라가 걸으면서 보니 둘이 물속에서 오르락내리락하고 있었다. 그는 쏜살같이 달리더니 한 번의 부드러운 동작으로 물속으로 잠수했다.

두 소녀는 제자리에서 발을 차고 팔을 저으며 주위를 둘러보았다. 치마가 팔꿈치 아래에서 풍선처럼 부풀어 있었다.

"그런데, 교수님은 어디 계시지?" 이타가 물었다.

"분명 몰래 다가와 우릴 덮칠 거야." 로스비타가 대답했다.

"세상에!" 두려움에 떨며 이타가 소리쳤다.

로스비타는 즐거운 기대감으로 몸을 떨었다.

이타는 입술이 약간 파래졌다.

곧이어 그녀가 비명을 내질렀다. 물속으로 쑥 들어가면서 입이 물에 가득 찼다. 이타는 싱글벙글하는 슈뢰딩거와 함께 다시 물 위로 떠올랐다. 슈뢰딩거는 머리카락이 머리에 착 달라붙고 뾰족한 모양이어서 우스워 보였다. 아내가 곁에 없는 데다 작고 동그란 안경도 벗겨지고 나니 얼굴은 몇 년이나 더 젊어 보였다. 이타는 기침을 해 대며 몸을 떨면서도 연신 웃음을 터뜨렸다. 로스비타는 엄청나게 물을 튀기며 많은 머리를 빙빙 돌려 털고서는 말했다. "너무 추워. 나갈래."

그녀는 얕은 물가 쪽으로 헤엄쳐 가기 시작했지만 그녀의 쌍둥이 자매는 금방 따라가지 않고 머뭇거렸다. 그녀가 슈뢰딩거에게 물었다. "오랫동안 물속에 있을 때 파도에 휩싸이니까 좋았나요? 교수님의 방정식처럼 모든 게 파동이었나요?"

슈뢰딩거는 얕은 물가로 헤엄쳐 가면서 그녀를 힐끗 보다가 빙긋 웃음을 지었다.

모래사장에 올라와 로스비타 곁에 털썩 주저앉으며 이타가 말했다. "세상이 파동으로 이루어졌다는 교수님의 이론이 마음에 들어요."

"재미있는 건" 슈뢰딩거가 입을 열었다. "하이젠베르크라는 독일 사람도 내 친구 막스 보른의 도움을 받아 나보다 반년 전에 어떤 이론을 하나 내놓았어. 그의 이론에 따르면 원자 내에는 시간과 공간이 없대." 그는 머리를 흔들었다. "그게 무슨 뜻인지 모르겠어. 게다가 내가 보기엔 아주 어려워 보이는 초월대수 방식—우리가 여기서 하고 있는 것보다 훨씬 어려운 방식!—인 데다 명료성(Anschaulichkeit)이 부족한 이론이어서 따라가기가 어려워. 이해 불가능까지는 아니지만 말이야."

명료성—어떤 이론의 물리적인 자연스러움으로서 마음의 눈에 그림처럼 그려질 수 있는 성질—은 슈뢰딩거가 자기 이론을 세울 때 가장 중요시하는 요소였다. 이 분야에서는 슈뢰딩거가 확실히 하이젠베르크보다 뛰어났다. 하이젠베르크와 비교하자면 슈뢰딩거는 분명 명료성이 있다고 할 수 있었다. 하이젠베르크는 그해 6월 파울리에게 이런 편지를 보냈다. "슈뢰딩거 이론의 물리적인 부분은 생각하면 할수록 더 형편없다니까." 그들 둘 다 잘 아는 보어의 부드러운 표현을 흉내 내면서 그는 이렇게 계속 썼다. "슈뢰딩거가 명료성에 대해 쓴 내용은 '그다지 옳은 것 같지 않아.' 달리 말하자면 그 내용은 엉터리야." 즉 쓰레기란 말이다. 투덜대며 그는 슈뢰딩거 이론의 "가장 위대한 결과"는 수학적으로 너무 어려운 자신(하이젠베르크)의 이론을 확장하는 데 쓰일 수 있는 것뿐이라고 결론 내렸다.

"그런데" 슈뢰딩거는 모래에 팔꿈치를 괴고서 가냘픈 몸을 뒤로 젖혔다. 얼굴에는 아직도 첫 발견의 기쁨이 배어 있는 채로. "하이젠베르크의 이론을 이리저리 살펴보니 내 이론과 수학적으로 같은 것이었어."

하이젠베르크의 양자역학과 슈뢰딩거의 파동역학은 방법만 다를 뿐 같은 내용이었다.

두 번의 결정적인 순간이 6월 말에 찾아왔고, 이 순간들은 둘 다 양자역학이 두 개 이상의 입자들을 다루는 방식에 관한 것이었다. 첫째는 슈뢰딩거의 논문이 『물리학연보』에 발표된 것이었다. 그의 파동방정식의 해(解)인 파동함수 Ψ는 하나의 전자를 삼차원 상에서 하나의 파동으로 기술했다. 완벽했다. 하지만 한 쌍의 전자는 육차원 상에서 하나의 단일 파동으로 기술했다. 이건 터무니없었다. (삼차원 상에서 두 개의 파동으로 기술해야 직관에 부합한다. 즉 명료해진다.) 파동함수 Ψ는 "삼차원 공간의 관점에서 직접 해석될 수 없거나 해석되지 않을지 모른다. 하지만 전자 한 개의 사례로 인해 우리가 이 문제를 잘못 파악하고 있다." 이후 그는 파동으로 이루어진 삼차원 세계를 찾느라 평생을 보내게 된다. 그러면서도 한편 이상한 사실이 그의 마음 깊숙이 자리 잡았다. 즉 두 개의 전자가 함께 있으면 단일한 육차원 파동이 된다는 것은 둘이 서로 연결되어 있음을 의미한다. 즉 서로 얽혀 있는 것이다.

이와 동시에 보른의 논문 한 편이 『차이트슈리프트 퓌어 피지크』에 발표되었다. 안 그래도 늘 약간 신비스러우면서 모호했던 슈뢰딩거방정식은 보른의 분석 하에 놓이자 훨씬 빠르게 증발하고 있었다. 보른은 슈뢰딩거방정식이 두 입자의 충돌을 어떻게 기술하는지 살펴보았다. 이를 통해 그는 '충돌 후의 상태는 어떻게 되는가?'라는 질문에는 답을 얻지 못하지만 '충돌의 특정 결과가 얼마만큼의 확률로 일어나는가?'라는 질문에 대해서만 답을 얻을 수 있음을 알아냈다. 보른은 파동방정식을 현대적으로 해석해 냈다. 그것은 진리를 나타내는 데에는 미약하고 불명확하지만 실질적인 면에서는 매우 유용한 도구가 되었다. 자꾸 꼬드기면 입자에게 닥칠 수 있는 운명을 예언하게 만들 수 있는 수학적인 점쟁이인 셈이다.

"막스 보른은 우리 둘을 배신했어." 슈뢰딩거는 피식 웃으며 말했다. "그는 입자들을 한데 모았는데 그건 내가 원했던 바가 아냐. 그리고 파동들을 한데 모았는데 그건 하이젠베르크가 원했던 바가 아니고. 그러자 모두들 하이젠베르크와 날 거들떠보지 않았지." 그는 어이없다는 듯 웃음을 터뜨렸다. "하지만 보른이 놓친 게 한 가지 있어. 만약 네가 보지 않을 때는 파동이 존재하다가 볼 때는 입자가 존재한다면, 관찰자가 진리라고 여기고 싶어하는 취향에 따라 진리가 달라지게 돼."

"우리가 없을 때 동물들도 자기들끼리 말을 하는 것처럼요?" 이타가 물었다.

슈뢰딩거가 웃음을 터뜨렸다. "네가 없을 때 동물들이 말을 한다고 넌 믿지 않잖아."

이타가 머리를 흔들었다. "어렸을 땐 믿었어요."

"아마 파동은 말하는 동물이 실재하는 만큼만 실재할 거야." 모래가 묻은 등에 햇빛을 쬐려고 몸을 뒤집으며 그가 말했다. 그리고 잠시 아무 말이 없었다. 마지막으로 이렇게 말했다. "하지만 이 세상, 즉 물질세계는 우리가 실재라고 믿는 것보다 훨씬 더 이상할 수도 있어."

이타가 의아한 듯 코를 찡그리며 물었다. "무슨 뜻이에요?"

"글쎄, 지난 제1차 세계대전 동안에 나는 이탈리아 국경 근처의 감시초소에서 많은 시간을 보내야 했어. 그런데"

"총도 있었나요? 사람을 죽이기도 했고요?" 눈을 감고 누워 있던 로스비타가 갑자기 돌아누우며 슈뢰딩거를 빤히 쳐다보았다.

슈뢰딩거는 재미와 두려움을 동시에 느끼며 그녀를 바라보았다. "아버지가 권총 두 정을 사 주셨어. 하나는 작고 하나는 큰 거였지. 하지만 다행히 사람이나 짐승한테 쏠 일은 없었어."

이타가 끼어들었다. "근데 교수님은 세상이 얼마나 이상한지 막 설명하려던 참이었잖아요." 이 말과 함께 로스비타를 째려보았다. 로스비타는 눈알을 굴리더니 몸을 뒤집어 햇빛이 등 위로 쏟아지는 자세를 취했다.

"그래." 슈뢰딩거가 싱긋 웃으며 말했다. "이 세상은 정말 이상하고말고."

"감시초소에 있었다면서요." 이타가 재촉했다.

"맞아. 별빛 아래서 잠도 자지 않고 산길을 감시하곤 했지."

"적이 나타날까 봐." 이타가 속삭였다.

"그런데, 어느 날 밤에 불빛이 어두운 알프스 산비탈을 따라 우리한테 오는 거야. 길도 없는 곳에서 말이야."

이타가 눈을 동그랗게 떴다. 눈을 감고 있던 로스비타도 머리를 살며시 돌렸다.

"그런데 세인트 엘모의 불(폭풍 때 대기 속의 정전기에 의해 뾰족한 물체의 끝 부분에 생기는 밝은 빛―옮긴이)이었어." 이렇게 말하는 슈뢰딩거의 목소리에는 그때 느꼈던 놀라움과 안도의 한숨을 쉬던 심정이 함께 배어 있었다. "얽혀 있는 철조망의 가시는 어느 것이든 불빛이 어른거려. 실제 불은 아니지만 말이야. 뾰족한 가시가 공기 중의 전기를 방전시켜 공기를 플라스마 상태로 만들어. 번개와 오로라 그리고 태양과 모든 별들도 바로 이 플라스마로 이루어져 있지."

"그러면 그 빛은 땅과는 전혀 관련이 없는 거네요." 이타가 말했다.

"맞아, 직접 보면 그렇게 느껴져. 실제로 포르투갈 사람들은 그걸 '코르포 산토'라고 불러."

"거룩한 몸" 이타가 번역했다.

"신성한 몸이라고도 하지." 슈뢰딩거가 고개를 끄덕이며 말했다. "선원들은 그 빛이 돛대에 있는 모습을 보고선 어떤 성인이 시공간을 넘어서 자신들을 보호해 주는 거라고 믿곤 했어. 그리고 양자물리학자인 닐스 보어는 원자를 바로 그런 식으로 설명하길 원해. 그는 파동이나 입자의 실재가 관찰에 따라 달라질 수 있다는 말에 놀라지 않아. 원자를 시공간적으로 설명하는 것이 불가능하다고 믿기 때문이지." 그러고선 이렇게 말했다. "하지만 아 리미네(a limine) 난 그런 관점을 거부해."

그녀가 슈뢰딩거를 빤히 쳐다보았다.

"'애당초'란 뜻이야."라고 설명한 뒤 그가 빙긋 웃었다. "때때로 보어는 너도 완벽히 알고 있는 걸 모르는 것 같아. 그러니까 물리학에는 원자 연구만 있는 게 아니고 과학에는 물리학만 있는 게 아니고 인생에는 과학만 있는 게 아니라는 사실을 말이야." 그녀가 웃음을 터뜨렸다. 자기를 어른처럼 여기고 말해 주는 게 즐거워서였다.

"어떤 현상을 시공간 내에서 이해할 수 없다면" 그가 말했다. "결코 그걸 이해할 수가 없어." 유감스럽다는 듯 피식 웃더니 말을 이었다. "그런 현상이 있을 수는 있겠지. 하지만 원자 구조가 그런 거라곤 보지 않아."

그는 보어를 처음으로 직접 만나 볼 참이었다. 하지만 앞으로 자신이 어떻게 될지는 전혀 몰랐다.

II
괴상하기 짝이 없는 양자 도약
—1926년 10월—

슈뢰딩거가 코펜하겐에 있는 보어네 집의 손님용 침대에 누워 기침을 하고 있었다. 열이 나서 붉어진 얼굴에는 식은땀이 흘렀다. 옆에서 돌보고 있는 보어 내외는 걱정하는 기색이 역력했다. 차와 수프를 날라다 주는 아내 마르그레테 곁에서 보어는 말했다. "하지만 슈뢰딩거 박사, 자네도 양자 도약이 일어난다는 걸 인정해야 하네. (…)"

둘은 사흘째 논쟁을 벌이고 있었다. 보어가 역에서 슈뢰딩거를 데려온 이후 줄곧 그랬다. 마르그레테와 연구소의 맨 위층에 살고 있던 하이젠베르크의 하루는 이 두 고집불통이 완전히 망쳐 놓았다. 대화와 식사

그리고 산책을 할 때마다 걸핏하면 보어와 슈뢰딩거가 설전을 벌였던 것이다.

"일반적으로 보어는 사람들을 대할 때 아주 사려 깊고 친절했지만" 하이젠베르크는 이렇게 적었다. "내가 보기에 요즘 그는 뻔뻔하기 그지없는 미치광이 같다. 즉 자신이 실수를 할 수도 있다고는 결코 인정하려 들지 않는 사람으로 보인다. 둘의 토론이 얼마나 격렬했는지, 그리고 각자 자기 이론에 대한 확신이 얼마나 뿌리 깊은지를 전하기는 쉽지 않다. 하지만 둘이 하는 말마다 그런 냄새가 물씬 풍겼다."

슈뢰딩거가 침대에서 뒤척였다. 탁한 목소리를 내며 그가 입을 열었다. 천 번이나 했을 법한 말을 다시 꺼내기 위해서였다. "이걸 아셔야 합니다, 보어 박사님. 양자 도약에 관한 모든 이론은 결국 터무니없는 아이디어로 끝나게 될 겁니다." 그리고 비틀비틀 일어나 앉더니 상세히 파고들었다. "한 에너지 준위에서 다른 준위로의 도약은 점진적으로 아니면 갑자기 일어납니다. 만약 점진적이라면 뾰족한 스펙트럼 선이 존재하는 걸 어떻게 설명할 수 있겠습니까? 하지만 만약 갑자기 일어난다면 전자가 도약 중에 어떻게 되는지를 설명할 방법이 전혀 없습니다."

빛의 색과 에너지가 플랑크 상수를 정의하는 근본적인 양자 방정식인 $E = h\nu$(에너지는 플랑크 상수와 주파수를 곱한 값)과 밀접하게 관련되어 있다는 점을 떠올려 보라. 높은 에너지에서 낮은 에너지 준위로 떨어질 때 전자는 여분의 에너지를 필연적으로 빛의 주파수 형태로 방출한다. '스펙트럼 선'이라고 알려진 하나의 좁은 띠 형태로 말이다. 만약 전자가 설명 가능한 방식으로 한 에너지 준위에서부터 운동한다면 결과는 색의 연속적인 스펙트럼이 될 것이다. 시각적으로 설명하자면 정지 상태에서 시속 100킬로미터로 가속하는 자동차의 엔진 소리가 차츰 커지듯이 말이다.

하지만 실제로는 칼로 자른 듯 분명한 단일 주파수가 나타나는 현상을 설명할 유일한 방법은 설명할 길 없는 양자 도약밖에 없어 보인다. 마치 자동차가 한순간 정지 상태에 있다가 다음 순간 빠른 속도로 달리고 그 중간에는 아무것도 없는 상황처럼 말이다. 슈뢰딩거는 얼굴이 헬쑥한 데다 안경도 쓰지 않아서 다른 사람 같아 보였다. 그가 다시 베개에 머리를 뉘며 말했다. "틀림없이 양자 도약 이론은 모조리 터무니없는 아이디어로 밝혀질 겁니다."

보어는 담요로 무릎을 덮은 채 침대 끝에 앉아 있었다. 진지한 눈빛 말고는 편안한 표정이었다. 그는 이렇게 말했다. "자네가 한 말은 절대적으로 옳네."

슈뢰딩거가 조심스레 그를 바라보았다. 얼굴은 여전히 베개 위에 올려놓은 채로.

"하지만" 보어가 다시 입을 열었다. "그런 점이 양자 도약이 존재하지 않는다는 증거는 아니네. 그건 단지 우리가 양자 도약을 상상할 수 없다는 사실, 그리고 일상적인 현상이나 고전물리학의 실험을 설명하는 표상적 개념들이 양자 도약을 설명하기에 적절하지 않음을 알려 줄 뿐이네." 하이젠베르크가 구석에 앉은 채 고개를 끄덕였다. "양자 도약을 발견하게 되더라도 놀랄 일이 아니네. 우리가 직접 경험할 수 있는 대상에 관한 현상이 아니니 말일세." 보어의 이마는 온갖 뉘앙스를 덮으려고 애쓴 까닭에 주름이 져 있었다.

하이젠베르크는 애원하듯 슈뢰딩거를 바라보았다. 이해 못하겠나? 시각적 해석은 그만 내려놓으라고.

슈뢰딩거가 간신히 입을 열었다. 병약자답게 삐뚤어진 말투였다. "전 개념 구성을 놓고서 긴 논쟁을 벌이고 싶지 않습니다. 그건 철학자들한테 맡기는 편이 낫습니다." 그러고선 몸을 덮고 있던 담요 모서리 부분에 한 손을 허우적대더니 손안에 꽉 말아 쥐며 말했다. "저는 원자 내에서 실제로 무슨 일이 벌어지는지 알고 싶을 뿐입니다." 갑자기 그는 보어를 똑바로 쳐다보더니 이성적으로 말하기 시작했다. "저는 박사님이 그것을 논하기 위해 어떤 언어를 고르시는지는 전혀 관심이 없습니다. 원자 내에 전자가 있고 이 전자가 입자라면, 우리 모두가 믿는 대로 그것은 어떤 방식으로든 분명 운동을 합니다. 그리고 전자가 어떻게 행동하는지를 알아내는 것이 원리적으로 가능해야 합니다." 보어는 무표정한 얼굴이었다.

슈뢰딩거가 말을 이었다. "하지만 파동역학이나 양자역학의 수학적 형태로만 보면 그런 질문에 합리적인 답을 기대할 수 없다는 게 분명합니다." 이 말과 함께 닭고기 육수를 마셨다. 마르그레테가 침대 곁에 놓아둔 것이었다. "하지만 현 상황을 뒤집고 전자들이 낱개로 존재하지 않는다고 말하는 순간"

보어가 몸의 자세를 바꾸었다. 불편한 기색이었다.

슈뢰딩거는 목소리가 더 강경해졌다. "점입자로 된 원자가 존재하지 않고 전자 파동 내지 물질 파동만이 존재한다고 말해 버리면, 그 순간 이 세상 모든 것은 완전히 다르게 보입니다. 빛의 방출은 송신기의 안테나를 통해 전파를 보내는 것으로 쉽게 설명되며, 해결할 수 없는 모순처럼 보였던 것들도 순식간에 사라집니다."

보어가 말을 받았다. "난 생각이 다르네." 이 말과 함께 똑바로 앉았다. "모순은 사라지지 않네. 단지 한쪽으로 밀쳐져 있을 뿐이지." 26년 전 플랑크로 하여금 양자화의 개념에는 불연속성이 필요하다는 점을 간파하게 만들었던, 빛과 물질 사이의 상호작용을 보어가 슈뢰딩거에게 상기시켰다.

그러자 슈뢰딩거는 이렇게 대꾸했다. "원자 세계의 상호작용을 설명하는 최후의 수단으로서 개별 분자들이 에너지 꾸러미를 몽땅 삼키거나 내뱉는다는 식의 이런 괴상망측한 방식이라고는 결코 믿을 수 없습니다."

"반대하려는 게 아니라 단지 이해하고 싶어서 하는 말이네만" 보어가 입을 열었다. "슈뢰딩거 박사, 내 생각에 자네는 시각적인 방식의 사고에 너무 빠져 있는 것 같군."

"하지만 박사님도 이제껏 양자역학에 대해 만족할 만한 물리적 해석을 찾아내지 못하셨지 않습니까."

"물리적 해석이라. 내가 이미 말한 대로 자네는 그런 것을 너무 중시하네."

슈뢰딩거는 빛과 물질 사이의 양자화된 상호작용에 대한 설명을 자신이 궁극적으로 내놓지 못할 이유가 없다고 확고하게 말했다. "어떤 식으로든 기존의 어떤 것과도 다르다고 인정되는 설명"이 가능하다는 말이다.

"아니" 보어는 단호했다. "그럴 희망은 눈곱만큼도 없네. 지난 25년 동안 우리는 플랑크의 공식이 무슨 의미인지 알게 되었네." 그의 말투는 교황만큼이나 확신에 차 있었다. "한편 그것과는 별도로 원자 내에 갑작스러운 도약이 일어나는 모순적인 현상을 직접 볼 수 있네. 섬광 스크린 상에 빛이 반짝일 때나 전자가 안개상자를 빠르게 지나갈 때라네. 이런 관찰 결과를 무시할 수는 없네."

슈뢰딩거는 다시 침대에 벌렁 드러누웠다. 그의 눈은 감겨 있었다. 그가 힘겹게 말했다. "만약 이 괴상하기 짝이 없는 양자 도약이 정말로 존재한다면, 내가 양자론에 뛰어든 게 후회막급일 겁니다."

하이젠베르크가 깜짝 놀라 그를 바라보았다.

마침내 보어도 마음이 편치 않았다. 손님이 왔는데 바로 앞 침대에서 아파 누워 있으니 말이다. "하지만 우리들은 자네가 한 일을 무척이나 고마워한다네." 슈뢰딩거는 계속 눈을 감고 있었다. "자네의 파동 이론은 수학적 명료성과 단순성에 아주 큰 기여를 했네. 이전의 양자역학 이론들에 비하면 엄청난 발전이고말고."

하이젠베르크의 제자이면서 그의 절친한 친구이기도 한 카를 프리드리히 폰 바이츠재커는 1930년대의 보어에 관한 멋진 추억담을 썼다. 그는 이 추억담에 어떤 사람이 자신의 아이디어가 지닌 의미를 놓고 보어와 토론을 벌인다는 것이 어떤 의미인지를 적어 놓았다. 독일계 유대인 물리학자들이 히틀러를 피해 덴마크(를 비롯한 여러 나라)로 탈출하도록 돕느라 한창 바쁜 그 무렵에 보어는 갓 스물둘이었던 바이츠재커에게 불가사의한 한 주제에 관해 논문을 쓰라고 한 적이 있었다.

둘이 만난 자리에서 보어는 "늦게 왔으며 한없이 지쳐 보였다. 그분은 문서 더미에서 그 논문을 빼내더니 이렇게 말했다. '아, 정말 훌륭하네, 정말 훌륭해. 무척 잘 쓴 논문이네, 이제 모든 게 분명해졌네. (…) 자네가 이 논문을 곧 발간하길 바라네!'

나는 속으로 생각했다. 가엾은 분이시군! 아마 내 논문을 읽을 시간이 거의 없었나 본데.

그분이 말을 이었다. '단지 확실히 알아보기 위해서 묻네만, 17쪽에 나오는 공식은 무슨 의미인가?'

내가 설명을 해 주었다.

그랬더니 '아, 이제 이해가 되네. 그런데 14쪽에 나오는 주는 분명 (…)

이러저러한 뜻이겠지.'

'네, 그런 뜻입니다.'

'그런데 (…)' 이렇게 계속되었다. 이런 식으로 그분은 논문을 전부 읽었다.

한 시간이 지나자 그분은 줄곧 생기가 넘쳤고 나는 설명하기 어려운 상태가 되었다. 두 시간이 지나자 그분은 완전히 생생해졌고 순수한 열정에 휩싸여 대화의 판국을 완전히 장악했다. 반면에 나는 지쳐 가고 있었고 구석에 몰리고 있었다.

세 시간이 지나자 드디어 그분은 아무런 악의도 없이 의기양양하게 외쳤다. '이제 이해가 되네. (…) 모든 것이 자네가 한 말과 정반대일세. 이게 요점이네!'

'모든 것'이란 단어를 쓴 것에 당연히 의구심이 들긴 했지만 나는 맞는 말씀이라고 맞장구를 칠 수밖에 없었다."

집에 돌아와 몸이 나아지자 슈뢰딩거는 화를 잘 내고 나이 든 실험물리학자인 보어의 친구 빌리 빈에게 편지를 썼다. 편지에서 그는 보어에 관해 이렇게 썼다. "그토록 대단한 성공을 거두고 자신의 연구 분야에서 신에 가까운 추앙을 받으면서도 (…) 아직도—겸손하게 에둘러서 말하진 않겠습니다—신학도처럼 수줍어하고 조심스러운 그런 분은 다시 없을 겁니다. 꼭 칭찬의 뜻으로 하는 말은 아닙니다. 그분은 제 이상형이 아닙니다. 하지만 그런 태도는 우리 학계에서 종종 보이는 어중간한 수준의 거물들에 비해 무척 공감이 갑니다. (…)" 온갖 문제점에도 불구하고 "보어 박사님과의 관계 그리고 특히 하이젠베르크와의 관계—둘은 제게 아주 친절하게 대해 줍니다—는 더할 나위 없이 따뜻하고 다정합니다."

그의 설명에 따르면 보어는 "종종 잠시 동안 거의 꿈을 꾸는 듯 환영을 보는 듯 그리고 정말로 애매모호하게 말했다. 그 이유 중 하나는 보어가 생각이 너무 많고 늘 주저하기 때문인데, 이는 그의〔즉 보어 자신의〕관점을 표현했는데도 다른 이(이 경우에는 특히 나 자신의 연구)의 관점을 불충분하게 이해한 것으로 사람들이 여길까 두려워해서였다."

원자 문제에 대한 그의 접근 방법을 볼 때 보어는 "일반적인 의미의 이해가 아예 불가능하다고 완전히 확신하고 있다. 따라서 대화는 금세 철학적인 질문으로 빠져 버린다. 곧 당신은 그가 공격하는 입장을 당신이 정말로 취하고 있는지 아니면 그가 지키려는 입장을 당신이 정말로 공격하고 있는지 헷갈려 버린다."

하이젠베르크는 그 토론을 열렬히 칭송했다. "슈뢰딩거 박사의 방문이 막바지에 이를 때쯤 코펜하겐에 있는 우리가 올바른 길을 가고 있다는 확신이 들었다." 그는 이렇게 기억했다. "물론 원자 현상에 대한 시각적 모형을 세우려는 노력을 전부 그만두어야 한다고 뛰어난 물리학자들을 설득하는 일이 얼마나 어려울지 잘 알고 있었지만 말이다." 그는 '교육적인' 의도에서 논문을 하나 재빨리 썼다. 그가 파울리에게 설명한 대로, 그것은 "연속체 이론(갑작스러운 변화가 아니라 점진적으로 어떤 양이 바뀌어 간다는 이론—옮긴이)의 맹주들에 맞서기" 위해서였다.

보어도 행동에 박차를 가했다. "슈뢰딩거 박사와 만나 대단히 기뻤네."라며 그는 한 친구에게 편지를 보냈다. "그와 이야기를 나누고 나니 양자론의 일반적인 특징을 다룰 논문을 완성해야겠다는 생각이 마음속에 가득 찼네." 이 일은 만만치 않았다. 몇 주 후에 보어는 크라메르스에게 이렇게 한탄했다. "우리가 쓰는 단어들로는 실험에서 나온 사실을 설명해 줄 것이 너무나 적네. 그 단어들이 대응 원리(물리학에서 새로운 이론을 받아들일 때의 철학적 지침으로, 새로운 이론은 이전의 이론으로 설명이 가능했던 모든 현상을 다시 설명할 수 있어야 한다는 원리. 보어가 주창했다.—옮긴이)에 따라 온건한 방식으로 적용될 때는 빼고 말일세." 양자물리학을 고전물리학과 이어 주는 이 온건함은 정작 그에겐 없는 면이었다. 게다가 보어는 그 성질을 맹신하여 그것이 지닌 낭비적인 효과들을 간파하지 못했을지도 모른다.

하지만 어떤 보스-아인슈타인 응축물들이—이것은 대응 원리의 정신에 위반된다. 아마도 이 원리의 형식적 의미에는 위반되지 않겠지만— 특이하게도 파동과 물질 그리고 전하에 대한 슈뢰딩거의 독창적이지만 철저히 외면받은 해석을 되살려 내게 된다. 극저온 상태의 수천 개 원자 또는 전자 쌍들이 불가사의하면서도 완벽한 통일을 이루며 움직일 때, 정말로 물질이 파동으로 이루어져 있음이 드러나게 되는 것이다. 입자들은 사라지고 만다. 입자와 확률은 열이 존재할 때만 세상을 지배한다.

당시로선 그런 사실을 알아내기에는 이른 시기였다. 한편 막스 보른은 슈뢰딩거에게 이렇게 털어놓았다. "자네가 옳다면 정말 멋질 걸세. 안타깝게도 멋진 일은 이 세상에선 좀체 일어나지 않긴 하네만." 슈뢰딩거의 아이디어에 대한 파울리의 입장은 그래도 보른보다는 덜 비관적이다. "취리히 지방의 미신." 이것이 파울리의 생각이었다. 이 말에 슈뢰딩거는 1926년 11월에 잔뜩 분개한 답변을 보냈다.

이에 대해 파울리는 친절하고 거의 외교적 예의를 갖춘 반응을 보였다. "그 표현을 제가 보내는 객관적인 확신으로 봐 주시기 바랍니다." 즉 양자 세계를 설명하려면 불연속성이 필요하다는 점을 그가 확신한다는 말이다. "하지만 그걸 확신한다고 해서 제 삶이 수월해지리라고 여기진 마십시오. 저는 이미 그것 때문에 충분히 괴로웠고 앞으로는 더더욱 괴로워질 겁니다."

슈뢰딩거는 그의 솔직함이 고마워 이렇게 답했다. "우리는 모두 좋은 사람들입니다. 우리는 오직 사실 그 자체에만 관심이 있을 뿐 그 사실이 우리 자신이나 다른 이들이 예상한 대로인지 여부에는 관심이 없습니다. (…) 예상을 빗나가는 그런 가변성이 획일성보다는 과학에 더 좋습니다."

하지만 획일성이야말로 양자물리학이 나아가는 방향이었다. 심지어 슈뢰딩거에게 우호적이었던 보른조차도 열린 마음을 가져 달라는 슈뢰딩거의 부탁을 외면했다. 사실은 슈뢰딩거가 보낸 편지를 읽고 보른은 그 내용이 명백히 터무니없거나 은근히 위험한 것으로 여겼다. 그래서 그 음험한 내용을 알리기 위해 "군대를 소집하는 사령관"처럼 자기 제자들을 모아 산책을 하면서 읽어 주었다.

산책 길에는 P. A. M. 디랙과 여러 언어에 능통한 룸메이트 J. 로버트 오펜하이머가 끼어 있었다. 오펜하이머는 말더듬이 양자역학자인 파스쿠알 요르단에게 그때 상황을 설명해 주었다. 오펜하이머 생각에 보른은 "자기 방식이 옳다고 너무 확신하는 바람에 몇몇 미국인들로부터 미움을 받았다." 그해 11월에 오펜하이머는 특유의 풍성한 표현을 써 가며 괴팅겐 물리학에 대해 이렇게 단언했다. "그들은 매우 열심히 일하는 데다 수완 있는 사업가처럼 상상할 수도 없을 정도로 형이상학적인 면에서 영악하다. 그 결과 눈곱만큼도 타당해 보이지 않는 연구를 하는 데도 실제로 매우 큰 성공을 거두었다."

오펜하이머가 이 편지를 쓰던 당시 괴팅겐을 휩쓸고 있던 타당하지 않은 듯하면서도 대단히 성공적인 아이디어는 물론 행렬이 아니라 보른의 확률 파동이었다. "나로서는 물리학적으로 완전히 만족한다고 할 수 있네."라고 보른은 그해 11월에 아인슈타인에게 편지를 보냈다. "왜냐하면 슈뢰딩거의 파동장(wave-field)을 자네의 표현대로 유령장[Gespensterfeld(유령 파동)]으로 파악하는 내 아이디어가 항상 더 유용하다고 밝혀졌으니 말일세." 아인슈타인이 유령장이란 개념을 공식적으로 표현한 적이 없었는데도 많은 물리학자들은 그걸 자세히 기억하고 있었다. 그 중에 한 명인 보어는 6년 전 아인슈타인과의 첫 만남에 대해 이렇게 적었다. "그가 즐겨 쓰는 '광양자를 인도하는 유령 파동'이라는 괴상한 표현이 신비주의를 암시한다기보다는, 그 예리한 발언 뒤에 심오한 유머 감각이 돋보였다."

아인슈타인이 무슨 뜻으로 유령장이란 표현을 썼든 그것은 슈뢰딩거 방정식에 대한 보른의 해석이 뜻하는 바가 아니었다. 그의 해석은 어느 주어진 양자 사건에 대한 확률을 전부 알 수 있다는 것이 핵심이었다. 12월 초 아인슈타인은 보른 내외에게 이런 편지를 보냈다. "양자역학은 분명 눈길을 끌긴 하네. 하지만 내 마음 깊은 곳에서는 그것이 아직은 진리가 아니라고 말하고 있네. 그 이론은 풍성하긴 하지만 '오래된 하나(the old one, 하나님 또는 신을 가리키는 말—옮긴이)'의 비밀로 우리를 더 가까이 데려가 주진 않네. 신은 결코 주사위 놀이를 하지 않는다고 나는 확신하네." 이 말에 보른은 "큰 타격을 받았다."고 적었다.

몇 주가 지난 1927년 1월에 에렌페스트에게 보낸 편지에서 아인슈타인은 다른 측면을 언급했다. '내 심장은 '슈뢰딩거 이론'으로 데워지지 않네. 그건 인과관계와 무관하고 너무나도 원시적이네." 그리고 심지어 그가 간절히 바라는 희망—파동이나 입자가 아니라 중력이나 전자기 현상처럼 부드러운 힘의 장을 기본 개념으로 삼는 일종의 장(場)이론—조차 그를 저버리고 있었다. "자연의 기본 입자를 연속적인 장을 통해 설명하려는 최근 몇 년간의 내 시도는 모두 실패했네."라고 그는 1927

년이 갓 시작된 무렵의 논문에 적었다.

막스의 아내인 헤디는 며칠 후 자신이 최근에 완성한 희곡에 대한 비평을 해 준 데 대한 고마움을 전하려고 아인슈타인에게 편지를 썼다. 편지 안에는 그림이 하나 들어 있었다. "아이들이 특별히 부탁하는 바람에 우리가 어제 했던 글쓰기 놀이의 결과를 동봉합니다. 그 그림들은 다음과 같이 그려진 스케치입니다. 첫 번째 사람이 머리를 그리고 두 번째가 몸통을, 세 번째 사람이 몸의 아랫부분을 그립니다. 그런데 어느 누구도 자기 앞의 사람이 무엇을 그렸는지 모릅니다. 마지막으로 밑에다 마음대로 이름을 적습니다. 박사님의 초상화를 보시면 무척 맘에 드실 겁니다."

아인슈타인의 답장은 이랬다. "제가 생각하기에, 농담에 적용되는 것은 그림과 놀이에도 적용됩니다. 나는 그것들이 논리적인 계획이 아니라 보는 이의 입장에 따라 다양한 색을 반짝이는 맛깔스러운 삶의 한 조각이라는 느낌이 들어야 한다고 봅니다.

만약 이러한 모호함을 벗어나고 싶다면 수학을 택해야만 합니다. 설령 그렇게 하더라도 칼로 자르는 듯한 명료성의 관점에서 보자면 너무나도 애매모호한 상태가 될 때에만 목적을 이루게 됩니다. 예를 들면 생명체와 명료성은 정반대입니다. 둘은 서로 배척합니다. 바로 이 점을 지금 우리 물리학계는 참담하게 경험하고 있습니다."

12

불확정성
—1926년 겨울~1927년—

1926년 크리스마스 이브였다. 거의 투명에 가까운 눈이 블레그담스 거리에 내렸다. 보어 연구소에는 테라코타 타일 처마 밑에 서리가 매달려 있었고 등 하나가 불을 밝히고 있었다. 누군가 그 곁을 지나갔다면 다락방에 남자 두 명이 서로 떨어져 서 있는 모습을 보았을 것이다. 하지만 인도와 도로의 눈은 하얀 종이 같았다. 연구소의 다른 이들은 며칠 전에 집으로 떠났다.

"파동 또는 입자란 용어가 무슨 의미인지는 더 이상 알 길이 없습니다. 하나의 양자 세계를 설명하는 데 고전적인 용어들이 너무 많이 사용됩니다." 하이젠베르크가 끈덕지게 말하고 있었다. "하지만 수학적인 내용은 이제 완벽해졌습니다. 디랙이 양자역학을 상대성이론만큼이나 완전하게 만들었으니까요."(하이젠베르크의 경우 행렬이란 단어를 여전히 거북해하고 파동 이론을 못 미더워했기에 '양자역학'은 행렬역학을 뜻했다. 이 이론을 디랙과 요르단이 12월 초에 대단히 확장시켜 놓았다.) 그는 지친 목소리로 말을 이었다. "저는 양자역학이 어떤 결과를 내놓을지 보고 싶을 뿐입니다." 거의 몸을 떨다시피 하면서 그는 지붕창 옆에 서 있었다. 보어는 방안을 이리저리 거닐었다.

"하이젠베르크 박사." 보어가 입을 열었다. "세상에서 가장 근사한 수학이라도 우리가 마주치고 있는 모순들을 해결하지는 못할 거네. 파동과 입자라는 고전적인 용어들이 우리가 가진 전부네. 이 모순이 핵심이네. 우선 나는 자연이 실제로 어떻게 모순을 피하는지 이해하고 싶네. 자네나 슈뢰딩거의 이론과 같은 수학적인 방법들은 단지 도구일 뿐이지. 그리고 단 한 가지 도구에 구속되어서는 안 되네. 우리는 심오한 진리를 찾아야 하네…."

하이젠베르크가 끼어들었다. "저는 양자역학에 실제로 속한다고 볼 수 없는 슈뢰딩거 쪽 사람들에게 결코 양보하고 싶지 않습니다!"

보어의 무거운 이마가 천천히 올라갔다. 거닐던 걸음도 멈추었다.

하이젠베르크는 자신이 고함치고 있음을 알아차리고 이렇게 시인했다. "아마 제가 이러는 건 심정적인 면에서 볼 때 양자역학이 저의 본향이기 때문입니다." 그가 고개를 들었다. 눈은 여전히 불타고 있었다. "하지만 그러면서도 슈뢰딩거 쪽 사람들이 양자역학에 무언가를 보태려 할 때마다 전 아마도 늘 그것이 잘못되기를 바랍니다."

그는 사과의 뜻으로 애써 웃어 보았지만 보어는 진지하게 말했다. "하이젠베르크 박사, 내가 자연의 신비에 익숙해지기 위해 견뎌온 모진 고통을 자네도 이해해야 하네." 다시 천천히 걸음을 떼면서 보어가 계속 설명을 이어나갔다. 그는 두 가지 방법을 함께 보고자 했으며 아울러 그 둘 너머의 "인식론적 교훈"을 파악하길 바랐다. 나직한 목소리로 계속되는 설명을 듣고 있자니 마침내 하이젠베르크는 더 견딜 수가 없었다. 머리가 지끈지끈해지면서, 한때 둘이 이루었던 모든 발전이 이제는 엉망이 되어 가는 느낌이었다.

"나는 '저기, 이게 답입니다'라고 말하려고 했다." 하이젠베르크는 이렇게 회상했다. "그러면 보어 박사는 반박을 가하며 '아니, 그럴 수는 없네. (…)'라고 말하곤 했다. 결국 크리스마스가 끝나고 얼마 지나지 않아 우리 둘은 일종의 낙담 상태에 빠졌다. (…) 우리는 의견 일치를 볼 수 없었기에 조금 화가 났다." 긴장되고 피로한 채 그달을 보낸 다음에 보어는 노르웨이로 스키를 타러 갔다. 하이젠베르크만 다락방에 남겨둔 채.

"그래서 나는 코펜하겐에 혼자 있었다."

한겨울의 깊은 밤이었다. 일어날 때 의자가 마룻바닥에 긁히는 소리가 났다. 피로한 나머지 손이 책상 위로 죽 미끄러지다 연필을 쳤다. 흩어져 있던 종이를 지나며 연필이 어김없이 궤적을 남겼으며 곧이어 9.8m/s의 가속도로 전 과정이 결정론에 따라 이루어지는 자유낙하를 했다. 그러다가 연필은 바닥에 가볍게 툭 떨어지더니 구석진 곳으로 굴러 들어갔다.

창유리 가까이 얼굴을 갖다 대자 창에 비친 유령 같은 자기 모습 너머로 연구소 뒤의 펠레드 공원 입구 위로 휘어져 있는 나무들이 보였다. 빛이 너무 약해서 그의 눈 안에 있는 빛에 예민한 원추각막도 제 기능을 할 수가 없었다. 그가 본 거라곤 짙어져 가는 회색 그늘뿐이었다. 그가 내쉰 숨으로 창유리가 희뿌예졌다. 뒤의 책상에는 엉망이 되어 버린 연구 결과가 수십 가지나 놓여 있었다. 이를테면 빈 종이 위에 삐뚤삐뚤 그려진 전자들의 궤적. 아무런 의미도 없는 그리스어 기호들. 거짓으로 드러난 수학 명제들.

연구소는 한밤중이 되자 다시 조용해졌다. 지난 몇 주 만에 처음이었다. 하이젠베르크는 생각에 잠긴 채 창가에 섰다.

지금과 같은 교착상태에 빠지기 전에도 아인슈타인이 생각 부엌이라고 이름 붙인 사고실험을 진행 중일 때 그와 보어가 이룬 진전은 보잘것 없었다. "실제에 더 가까이 다가가면 갈수록 모순들이 생겨나 (…) 상황이 더욱더 나빠졌다. 왜냐하면 모순들이 더욱 뚜렷이 나타났기 때문이다. 그래서 더 흥미를 느끼기도 했지만." 하이젠베르크는 계속 이렇게 회상했다. "화학자가 어떤 용액에서 독을 뽑아내 더욱 농축시키려 하는 것처럼 우리는 그 모순의 독을 농축시키려고 했다. (…)"

마음속으로 그는 전자 하나가 안개상자 속을 빠르고 조용히 지나가는 장면을 거듭 떠올려 보았다. 아주 간단한 현상이지만 누구도 그걸 설명할 수 없었고 더군다나 수학적으로 그걸 기술할 수도 없었다. 그렇게 하려는 하이젠베르크의 시도 끝에 나온 결과들이 책상 위에 구겨진 종이 위에 휘갈겨 쓴 글씨로 적혀 있었다.

"내 앞을 가로막고 있는 것을 도저히 넘어설 수 없다고 금세 알아차렸을 때 나는 이런 점이 궁금해졌다."라고 하이젠베르크는 회상했다. "우리가 줄곧 잘못된 질문을 해 오지 않았는지 하는 것 말이다. 하지만 어디서 잘못되었을까? 안개상자를 지나는 전자의 경로는 명백히 존재했고 누구나 그걸 볼 수 있었다. 게다가 양자역학의 수학 체계도 존재했으며 그건 변경을 가할 필요가 없을 정도로 너무나 확실했는데 말이다."

그는 덫에 걸린 느낌이 들었다. 아인슈타인도 이처럼 머리가 지끈지끈했던 적이 있을지 궁금해졌다. 그의 절망은 대단히 실제적이어서 마치 방 안에 절망이라는 존재가 들어와 있는 듯했다.

하이젠베르크 박사, 모르겠나? 관찰할 수 있는 것이 무엇인지를 맨 먼저 결정하는 것은 이론이네.

아인슈타인의 말이 꽉 막힌 그의 마음속에 울려 퍼졌다. 곧이어 믿기지 않는 안도감과 함께 마음속을 가로막고 있던 장애물이 떨어져 나가기 시작했다. 모르겠나?

하이젠베르크는 작은 다락방을 뛰쳐나가다시피 빠져나와 연구소의 계단을 내려갔다. 현관문을 박차고 나가자 공원의 신선하고 차가운 공기와 더불어 텅 빈 공간이 그를 맞았다. 정문에 있는 앙상한 겨울나무들 사이를 걸었다. 부츠를 신은 발이 마당가 잔디에 맺힌 서리를 녹이면서 검은 발자국을 남겼다. 관찰할 수 있는 것이 무엇인지를 맨 먼저 결정하는 것은 이론이네, 이론이네, 이론이네.

"우리는 늘 꽤나 거창하게 떠들어 댔지." 하이젠베르크가 그의 절망에게 말했다. 아니면 나무들에게나 보어에게 또는 아인슈타인에게 한 말일지도. "안개상자 속 전자의 경로를 관찰할 수 있다고 말이야." 그는 돌아서서 서리 속에 찍힌 자신의 발자국을 돌아보았다. 그러고선 안개상자 속을 쏜살같이 지나가는 전자가 응축된 작은 구름인 안개의 발자국을 뒤로 남기는 현상에 대해 생각했다. "하지만 아마도" 다시 천천히 말을 이었다. "우리가 실제로 관찰했던 것은 훨씬 덜 중요한 걸 거야." 이제 걸음이 빨라지자 내쉬는 숨 때문에 마치 전자가 그러듯이 안개가 생겨나 뒤로 흘러갔다. "우리는 단지 전자가 지나갔던 개별적이고 불분명한 일련의 점들을 보았을 뿐이지. 사실 안개상자에서 본 모든 것은 분명 전자보다 훨씬 큰 낱낱의 물방울이야." 다시 걸음을 멈추었다. "따라서 질문이 제대로 되려면 이래야 해. 즉 근사적으로 주어진 한 장소에서 전자가 발견되고 근사적으로 주어진 한 속도로 움직이는 사실을 양자역학이 설명할 수 있는가, 그리고 실험적인 어려움을 일으키지 않을 정도로 우리가 이 근사치를 실제치와 가깝게 만들 수 있는가?"

파울리가 지난 10월에 그에게 편지 한 통을 보냈는데 그 편지가 "코펜하겐에서 계속 여러 사람에게 전달되었다." 하이젠베르크, 보어, 그리고 디랙은 그 편지를 놓고 (편지를 받은 지 일주일 후 하이젠베르크가 보낸 열띤 답장에 나와 있듯이) 줄곧 '실랑이'를 벌였다. 이 편지 속의 한 구절이 하이젠베르크의 마음속에서 계속 공명을 일으키고 있었다.

"첫 번째 질문으로 (…) 왜 동시에 p의 값과 q의 값이 아무 값이나 가질 수 없는가? (…) 세상을 p의 눈으로 볼 수 있고 q의 눈으로도 볼 수 있는데, 하지만 두 눈을 함께 뜨고자 한다면 어질어질해지고 만다." (다시 슈빈들리히 상태가 된다.)

왜 p의 값—운동량—과 q의 값—위치—을 동시에 알 수는 없을까? 새로운 역학이 내놓은 이 결과는 오래된 뉴턴 체계와의 극적인 결별을 뜻했다. 옛 체계에서는 p의 값과 q의 값은 모든 해답의 출발점이었다. 초록색 펠트 천이 덮인 당구대 위에 놓인 당구공의 위치와 운동량을 알고 있다면 다음 순간 공이 어떤 상태인지를 정확히 알 수 있다. 당구대 위의 다른 모든 당구공의 위치와 운동량을 알고 아울러 큐의 위치와 운동량까지 알면 당구 게임 전체가 어떻게 펼쳐질지도 알 수 있다. 마르키 드 라플라스가 고안한 가상의 악마는 무한한 지혜를 지녔기에(우주의 모든 입자의 위치와 운동량을 정확히 알고 있기에) 이런 식으로 모든 미래를 알 수 있었다.

　이 개념은 왕정의 몰락과 함께 과학이 부흥하던 18세기 후반에 널리 인기를 끌었다. 결정론이라고 불리는 이 개념은 (당시로선) 세련된 과학적 경향으로 여겨졌다. 위대한 시계 제작자가 이 거대한 시계, 즉 우주를 완성했으며 모든 것이 계획된 대로 완벽하게 실행된다는 생각이었다. 한 세기 반이 지나 그때와 비슷한 불안정한 시기가 도래하면서 인과성에 반기를 드는 흐름이 생겨났다. 게다가 1918년 독일의 갑작스러운 패전 이후로 바이마르 공화국의 지식인들, 사교계의 명사들, 그리고 하이젠베르크처럼 자연으로 돌아가자는 보이스카우트 출신들은 원인과 결과라는 기계적 연쇄 작용을 초월하는 '비합리성'과 '전체성'을 갈망했다. 시대정신에 걸맞게도 하이젠베르크의 양자역학에는 결정된 목적이 따로 없었다. 대신 위대한 시계 제작자 자체에 의문을 던졌으며 가상의 악마를 부정했다.

　하이젠베르크는 서리 덮인 마당을 되돌아와 연구소의 문을 열고 계단으로 올라갔다. 책상에 앉은 다음 그는 출발부터 잘못되었던 연구 결과들을 치워 놓고서 눈 깜짝할 사이에 방정식 하나를 적었다.

$$\Delta p \, \Delta q \geq h$$

　"(…) 세상을 p의 눈으로 볼 수 있고 q의 눈으로도 볼 수 있는데, 하지만 두 눈을 함께 뜨고자 한다면 어질어질해지고 만다. (…)"

　이것이 그 유명한 하이젠베르크의 불확정성 원리다. 이 원리는 한 입자의 정확한 운동량의 불확실성 곱하기 정확한 위치의 불확실성이 플랑크 상수(모든 양자 방정식에 나타나는 신비스러운 불변의 수)라는 미세한 값 이상이라고 말한다. 에너지와 시간도 이와 똑같은 방정식으로 표현된다.

나중에 수정되어 요즘은 h가 4π로 나누어진 값이지만, 이 방정식의 핵심은 오른편에 있는 수가 아무리 작더라도 지금 현재 그리고 앞으로도 결코 0이 아니라는 데 있다. 그리고 이와 같은 방정식에 있어서는, 만약 한 입자의 운동량 측정의 불확실성 정도가 0이라면 위치 측정의 불확실성 정도는 무한이 되어야 한다. 즉 그 입자가 어디에나 존재할 수 있다는 뜻이다. (여기 나오는 '측정'이란 개념은 이후 물리학의 한 원리가 되었다. 남태평양 제도에서 쥐들이 사라지자 유대목 동물들만 서식하게 된 경우처럼, '측정'이란 개념의 침입은 기이하고 껄끄럽긴 하지만 더 이상 돌이킬 수 없었다.)

입자가 한 장소에 있음을 정확히 알아내면 운동량이 애매해지면서 불확정적인 상태가 된다. 따라서 누구라도 심지어 라플라스의 악마나 하나님조차도 알 수 없다. 원리상 그럴 수밖에 없기 때문이다. 여기서 하이젠베르크의 기대와 달리 양자적 대상이 지닌 파동으로서의 본성은 입자로서의 본성을 압도해 버린다. 파동은 특정한 위치와 운동량을 갖지 않기 때문이다. 이 두 속성은 하이젠베르크의 원리와 똑같은 방식으로서로 연결되어 있다. 〔매우 작은 상자 내의 파동—특정한 위치를 갖는 파동—은 아무렇게나 뒤섞인 덩어리로 상자의 벽을 넘어가 버리고(운동량이 부정확해진다는 뜻—옮긴이) 반면에 세상 밖으로 퍼져나가는 파동—위치가 애매모호한 파동—은 특정한 운동량을 가질 여지가 있다.〕

보이지 않을 때는 파동과 같고 인과적이던 세계가 보일 때는 양자적 도약을 통해 특정한 상태로 바뀐다. 이것이 바로 양자역학의 딜레마이자 얽힘 현상으로 곧바로 이어지는 성질이다. 하지만 하이젠베르크는 파동에 대해서는 전혀 생각하고 싶지 않았다. 단지 입자에 대해서만 자신의 논문에 이렇게 적었다. "인과법칙— '현재를 정확히 알면 미래를 예측할 수 있다'는 법칙—이 굳건하게 자리 잡고 있지만 이 법칙은 결론이 아니라 오히려 잘못된 가정이다."

2월이 끝나기 전에 그는 모든 내용을 열네 쪽짜리 편지에 담아 파울리에게 보냈다. "내가 믿기에, 이제 해답은 다음과 같은 함축적인 명제로 표현될 수 있어. 경로는 오직 우리의 관찰을 통해서 존재하게 된다." 하지만 그는 이게 '이미 알려진 결론'이 아닌지 파울리에게 물어보았다. 슬레이터는 보어-크라메르스-슬레이터 논문의 핵심 내용인 시간과 주파수 사이의 관계에 대해 논하면서 이미 하이젠베르크보다 3년 전에 시간-에너지 버전을 도입한 적이 있다. 하지만 이에 대한 해석은 하이젠베르크와 달랐다. 하이젠베르크는 파울리의 '무자비한 비판'이 필요했기에 그에게 이렇게 말했다. "모든 것을 분명히 밝히고자 너한테 그것에 관해 꼭 물어보아야겠어."

보어에게 보내는 꽤 조심스러운 어투의 편지에서 하이젠베르크는 이렇게 썼다. "p와 q가 둘 다 정확한 값을 갖는 경우를 다루는 데 성공했다고 저는 믿습니다. 이 문제에 관한 논문 초고를 작성해 두었는데, (이때 보어는 '그걸 박사님께 보내 드릴 참입니다'라는 내용이 이어지길 기대하지 않았을까?) 그걸 어제 파울리에게 보냈습니다."

보어는 그달 내내 목도리를 두르고 스키 고글을 쓰고 눈 덮인 노르웨이의 산비탈을 따라 천천히 스키를 즐겼다. 새로 보어의 오른팔이 된 오스카 클라인은 그를 두둔하며 이렇게 말했다. "박사님은 당시 매우 지쳐 있었으며 내가 보기에 새로운 양자역학 때문에 박사님은 즐거움과 극도의 긴장을 함께 느꼈다. 박사님은 아마 모든 게 그처럼 갑자기 결론이 나리라곤 예상치 않은 듯했고, 오히려 그 무렵 자신이 몸소 더 큰 기여를 할 수 있으려니 여겼던 것 같다. 동시에 박사님은 하이젠베르크를 거의 구세주에 가깝게 칭송했는데 내 생각에 하이젠베르크도 그게 약간 과장임을 알고 있었을 것이다."

보어는 그곳에 파울리가 있었으면 했다. 파울리라면 하이젠베르크에게 그만해, 넌 멍청이야 하고 말했을 테고 보어에게는 그만 좀 하세요 하고 말했을 테다. 그러면 하나님의 진노가 세상에 표출될 때처럼 으르렁댔을 것이다. 뚱뚱한 몸을 죄다 부르르 떨면서 말이다. 그리고 가시 돋친 위트로 모든 희망과 욕구를 꿰뚫어 보고서 둘이 화합을 이루도록 만들었을 것이다. 그렇게 되길 보어는 바랐다.

옆구리에 폴을 댄 채 보어는 부드럽게 급강하를 시작했다. 눈이 흩날리며 그의 얼굴에까지 튀었다. 지난 석 달의 시간이 푸르스름한 스키 자국처럼 차츰 그의 뒤로 미끄러져 간다는 느낌이 들었다. 곧 바람이 휘몰아치자 그가 남긴 자국도 사라졌다. 보어의 마음은 눈발이 헤집고 지나간 듯이 상쾌하고 텅 빈 느낌이었다. 경사가 심해지자 스키의 회전도 빨라졌다. 얼굴 가득 미소가 번졌다.

오랫동안 외면했던 한 가지 생각이 다시 마음속에 떠올랐다. 입자와 파동이 존재한다.

보어는 머리를 들면서 눈썹을 추켜올렸다. 그 생각이 이전과는 다르게 여겨졌다. 스키를 계속 타는 동안에 그 생각이 다시 떠올랐다. 파동과 입자가 함께 존재한다.

회전. 입자가 존재하고 파동이 존재한다. 둘 다 필요하지만 동시에 그런 것은 아니다.

회전. 왜 우리는 물리적 현상을 방해하지 않고 관찰할 수 있다고 상정할까? 우리가 입자를 찾을 때 입자가 존재하고, 파동을 찾을 때 파동이 존재한다.

회전. 우리가 하는 일상적인 모든 언어 표현들은, 그가 생각하기에, 우리의 습관적인 인식 형태들, 즉 입자, 파동, 시간과 공간, 인과성의 특징을 담고 있다. (…) 그리고 이러한 습관적인 인식 형태에 있어서 양자화는 비합리적인 것이다.

회전. 만약 이것이 근본적인 한계라면 어떻게 될까? 양자론의 본질로 인해 어쩔 수 없이 서로 다른 개념들을 배타적인 속성이 아니라 보완적으로 보아야 한다면 어떻게 될까? 보어는 가슴 가득 평온과 수용의 마음을 느꼈다. 파동과 입자가 존재한다. 둘은 상보적인 방법으로 존재한다.

그는 천천히 산을 내려갔다. 목도리가 바람에 팔랑거렸다. 짙은 색 고글과 붉은 코가 인상적인 따뜻한 한 인간을 앞에 두고서. 온통 광활하고 무질서한 하얀 세상을 지나가는 질서정연한 에너지의 한 점을 앞에 두고서.

모세처럼 빛을 내며 그는 새로운 계명을 들고 산에서 내려왔다. 그가 돌아왔을 때 하이젠베르크는 막 논문을 제출하려던 참이었다. 보어는 그 논문을 보고 그것이 자신이 새로 알아낸 중요한 개념인 상보성의 한 특별한 개념이라고 단정했다. 게다가 하이젠베르크는 파동을 피하려고 무진장 애를 쓴 까닭에—실험물리학은 결코 그의 장기가 아니었다—그가 다룬 사례에서는 현미경의 작동 원리도 정확히 설명하지 못했다. 따라서 하이젠베르크의 논문은 발표해서는 안 되었다.

하이젠베르크는 대단히 화를 내면서 어쨌든 논문을 학술지에 보내 버렸다. 하지만 보어는 두고두고 집요하게 그를 괴롭혔다. 조수인 클라인도 한몫 거들었다.(다른 조수들과 마찬가지로 보어에게 충성하려는 마음과 더불어 하이젠베르크를 시기하는 마음도 조금 있었다.) 보어는 파울리에게 코펜하겐에 오겠다면 차비를 대 주겠다고 말했다. (파울리는 그럴 수 없었다.) 다음 고백처럼 하이젠베르크는 좌절감에 미쳐 버릴 것만 같았다. "보어 박사님한테서 받는 압박을 참을 수 없어서 눈물이 날 지경이야."

마침내 하이젠베르크의 논문이 5월에 발간되었는데 이 논문에는 현미경 사례(이를 도와준 데 대해 보어에게 보내는 감사의 말과 더불어)에 대한 올바른 설명과 함께 다음 사실이 언급되었다. "보어 박사가 최근에 한 연구들도 본 논문에서 시도된 양자역학적 관계의 해석을 본질적으로 심화시키고 세련되게 만드는 관점들을 내놓았다."

슈뢰딩거의 구미에 맞게 그 논문의 이름은 「양자 (…) 역학의 안샤울리히(Anschaulich)─시각화할 수 있는, 직관적인─내용에 관하여」라고 붙여졌다. 보어도 자신의 논문을 쓰기 시작했다. 하이젠베르크는 파울리에게 이런 편지를 보냈다. "보어 박사님은 양자론의 '개념적 기반'에 관한 일반적인 논문을 쓰고 싶어해. '파동과 입자가 함께 존재한다'는 관점에서 말이야. 그렇게 시작한다면 물론 모든 것을 일관되게 설명할 수 있긴 하지." 하이젠베르크는 디랙과 요르단의 방법─"시각화할 수 없지만(unanschaulich) 더욱 일반적인 방법"─을 더 좋아했다. 어쨌든 "안샤울리히라는 단어에 관해 보어 박사와 나는 본질적으로 취향이 달랐다."

하이젠베르크의 불확정성 논문의 첫 초고가 그해 3월 후반에 『차이트슈리프트 퓌어 피지크』에 도착했다. 뉴턴 서거 200주년 기념일 며칠 전이었다. 그런 날이 하이젠베르크에게는 별 의미가 없었지만 아인슈타인은 한 쌍의 헌사─하나는 독일어 사용 국가를 위해, 다른 하나는 영어 사용 국가를 위해─를 지었다. 독일어로 쓴 글은 다음과 같이 허세와 불확실성으로 끝맺었다. "오늘날 인과의 법칙을 (…) 반드시 버려야 한다고 누가 감히 단언하겠는가?"

2주 후인 4월 13일에 보어는 아인슈타인에게 하이젠베르크의 불확정성 논문 한 본을 보냈다. 하이젠베르크의 부탁에 따른 것이었다. 논문에 딸린 편지에서 보어는 상보성이 어떻게 하이젠베르크의 "의미심장하고 (…) 남달리 뛰어난 (…) 기여"를 심화시켰는지를 강조했다. 도발적이라고 할 수 있는 표현에 아인슈타인은 반박할 수가 없었고, 보어는 하이젠베르크가 이제 입자를 파동과 조화시켰다고 설명했다. 이런 근거를 대면서 말이다. "그 문제의 서로 상충하는 면들이 이젠 결코 동시에 드러나지는 않게 되었으니 말입니다."

'상보성'이라는 온화한 표현을 쓰면서도, 보어는 자신이 과격한 단절에 대해 말하고 있다는 점을 분명히 밝히고 싶었다. "현상에 대한 연속적인[부드러운] 설명을 추구하느냐 아니면 불연속적인[양자화된] 설명을 추구하느냐에 따라, 스킬라와 카리브디스 사이에서"—배를 난파시키는 바위와 사람을 집어삼키는 소용돌이, 즉 입자 현상과 파동 현상 중에서—"하나를 선택해야 합니다."

하이젠베르크는 아직도 그 상황을 다르게 보고 있었다. 아인슈타인이 자리에 앉아 불확정성 논문을 처음 읽고 있었을 때 스물다섯 살인 그 논문의 저자는 베를린 택시 뒷자리에 앉아 덴마크 주재 독일 대사의 진지한 열다섯 살의 아들에게 이렇게 말하고 있었다. "나는 인과성의 법칙을 부정했다."

아인슈타인은 이 두 가지 도전을 받고서 재빨리 반응했다. 슈뢰딩거 방정식을 깊이 파고들어 막스 보른의 통계적 해석이 하이젠베르크의 불확정성 원리와 결합되면 최종적인 결론이 되는지 알아보았다. 한 달 후 그는 의구심이 많은 보른에게 안도의 엽서 한 장을 써 보냈다. "학회에 짧은 논문 한 편을 보냈는데, 그 논문에서 나는 통계적 해석을 전혀 쓰지 않고서 슈뢰딩거의 파동역학에 의해서도 결정론적인 운동이 가능하다는 것을 밝혔네. 논문은 회의 의사록을 통해 곧 발간될 것이네. 그럼 이만 줄이네."

그 짧은 논문의 제목은 이랬다. 「슈뢰딩거의 파동역학은 계(system)의 운동을 완벽하게 밝혀내는가 아니면 통계적 의미일 뿐인가?」 아인슈타인은 논문을 이렇게 시작했다. "잘 알려진 대로, 양자역학의 관점에서 보면 한 역학계의 운동에 관한 완벽한 시공간적 설명은 존재하지 않는다는 의견이 만연해 있다." 아인슈타인은 이 논문이 반대의 결과를 밝혀냈다고 믿었다. 즉 하이젠베르크의 불확정성을 반박했다고 믿었던 것이다.

두 달 간의 논쟁 끝에 하이젠베르크는 보어가 불확정성 논문에 대해 가진 우려를 이해하고 요구 사항을 받아들였다. 그러자 막스 보른이 이 새로운 공격 소식을 아인슈타인에게 전해 주었다. 불확정성 논문의 최종본을 보낸 지 여러 날이 지난 후 하이젠베르크는 우려의 뜻을 담아 아인슈타인에게 이런 편지를 보냈다. "박사님의 논문은 (…) 제가 바라는 것보다 훨씬 더 정확하게 입자의 궤도를 알아내는 일이 결국에는 가능하리라는 견해를 지지하고 있습니다만." 그는 무언가가 잘못되었다고 확신했다. 그리고 한 달 후 둘 사이의 견해를 본질적으로 섞어 놓았다고 할 수 있는 표현이 담긴 다음과 같은 편지를 보냈다. 처음에는 아인슈타인 식의 표현이었고 그다음에는 자신이 좋아하는 표현이었다. "아마도 신이 이 원리를 초월하여 인과성을 지켜 낼 수 있다고 우리를 안심시킬 수도 있습니다. 하지만 실험 결과에 부합하는 물리학적 설명 그 이상의 것을 요구하는 것은 결코 좋지 않다고 저는 봅니다."

아인슈타인의 새 논문을 흠집 낸 것은 하이젠베르크의 이와 같은 확신이 아니라 실험물리학자인 발터 보테가 제기한 한 가지 의문이었다. 보테는 꼼꼼한 데다 예민한 물리학자로서 독일 기병대 장교로 전쟁에 뛰어들었다가 사로잡혀 청춘의 대부분을 시베리아에서 전쟁 포로로 보냈다. 타국에서 지내는 동안 러시아어를 배우고 머릿속으로 물리학을 연구했고 구애 끝에 러시아 여자와 결혼했다. 이후 독일로 돌아와서는 1925년과 1926년의 두 가지 상이한 실험(이 중 하나는 그의 은사이자 러더퍼드의 조수인 한스 가이거와 함께 진행한 것이다)을 통해 보어−크라메르스−슬레이터 이론이 틀렸다는 것과 인과성이 옳다는 것을 증명했다. 이 덕분에 "그 문제에 대해 아인슈타인과 지속적으로 논의할 수 있는 흔치 않은 행운을 잡았다."

1927년 아인슈타인이 자신의 논문에 후기를 적고 있을 때였다. 이때 보테가 아인슈타인의 이론에 나오는 결합된 계들의 특이한 행동에 대해 알려 주었다. 즉 그 계들의 전체 운동은 각각의 계가 나타내는 행동과는 아무런 관련이 없어 보인다는 것이다. 아인슈타인은 "물리학적 관점에서" 그런 상황이 있어서는 안 된다고 믿었다. 그는 내용을 몇 군데 고치면 자신의 이론이 그런 운명에서 벗어날 수 있을 것이라고 여겼다.

그래서 프러시아 학회가 의사록을 한참 인쇄하고 있을 때 아인슈타인이 연락을 했다. 그의 요청이 있자마자 그 논문은 의사록에서 제외되었다.

13
솔베이 회의의 라이벌
─1927년─

하이젠베르크가 불확정성 원리에 관한 논문을 발간한 지 여섯 달이 채 되지 않은 10월에 30명의 양자물리학자들이 브뤼셀에 모였다. 물리학 역사상 가장 유명한 회의로 역사에 남게 될 한 모임에 참석하기 위해서였다. 이 역사적인 날들 가운데 몇 분이 필름에 담겼다. 낸시 그린스펀은 보른의 사진사로서 그 떨리는 흑백 영상에 대해 이렇게 묘사했다. "여기 장식된 창살이 달린 문에서 막스 보른이 나오고 있다. 닐스 보어는 말쑥한 에어빈 슈뢰딩거와 열띤 대화를 나누고 있다. 베르너 하이젠베르크는 활기차고 자신 있게 활짝 웃고 있다. 파울 에렌페스트는 얼굴을 찡그리고 있다. 헝클어진 머리카락의 알베르트 아인슈타인은 이름도 모르는 사진 기사에게 감사하다며 고개를 끄덕이고 있다. 그리고 어린 티가 나는 루이 드 브로이는 주위를 둘러보고 있다. 이것이 바로 1927년 브뤼셀에서 열린 솔베이 회의다. 처음 며칠 동안은 결정론자나 비결정론자를 가릴 것 없이 모두들 웃고 있었다." 하지만 며칠이 지나자 분위기가 달라졌다. "바로 여기 나오는 사람들이 회의장을 떠나며 계단을 내려오는 마지막 사진들을 보면 몇몇만 초췌한 모습으로 간신히 웃고 있고 많은 이들은 심사가 뒤틀린 표정들이다."

하이젠베르크가 기억하기에 그 회의는 자신과 보어 그리고 파울리로서는 대단히 성공적인 행사였다. 아울러 고전적인 개념들이 상호보완적으로 쓰인 코펜하겐 정신이 널리 알려지기 시작했다는 점에서도 큰 성공이었다. 하지만 전체적으로 명백한 실패라고 할 수 있는 그 회의는 얽힘 현상의 관점에서 볼 때 겉보기와 달리 훨씬 중요한 것이었음이 이후 밝혀지게 된다. 솔베이 회의에서 내놓은 드 브로이와 아인슈타인의 이단적인 주장들이 40년 후 존 벨의 놀라운 정리를 탄생시키는 직접적인 근거가 되었기 때문이다.

드 브로이의 강연은 회의 초반부에 있었다. 슬레이터가 4년 전에 내놓으려고 시도했던 것처럼 그는 파동이 입자를 안내한다는—드 브로이의 표현으로 하자면 '조종한다는'—이론을 내놓았다. 무슨 뜻이냐면 파동 속 입자들의 위치라는 개념을 추가했으며 이 위치들에 '숨은 변수—양자역학에서 드러나지 않은 변수—라는 이름을 붙였다. 드 브로이는 이렇게 회상했다. "젊고 비타협적인 이들이 가담하고 있던 비결정론 학파는 내 이론을 냉담하게 부정했다." 다른 진영에서도 "슈뢰딩거는 입자의 존재 자체를 부정하는 사람답게 내 이론을 전혀 받아들이지 않았다. (⋯)"

그다음에 아인슈타인이 강연장 앞으로 걸어 나왔다. 깔끔한 칼라가 빳빳이 서 있었고 끝 부분은 고풍스러운 방식으로 아래로 접혀 있었다. "죄송스럽게도" 그가 강연을 시작했다. "저는 양자역학을 철저히 파악하지는 못했습니다. 그렇긴 하지만 몇 가지 일반적인 내용을 말하고자 합니다."

"전자 하나가 스크린을 향해 나아가고 있다고 상상해 봅시다." 칠판으로 몸을 돌리더니 분필 하나를 집었다. 가루를 날리며 분필로 선을 몇 개 그리자 원자의 경로(짧은 직선-짧은 직선-짧은 직선)와 스크린(긴 사선)이 나타났다. 이어서 반쯤 몸을 틀며 말했다. "이 스크린에는 슬릿이 하나 있어서" 다시 몸을 돌리더니 사선의 가운데를 손가락으로 슥슥 문질렀다. "전자를 산란시킵니다." 그러고선 문질러서 생긴 구멍에서 퍼져 나가는 여러 개의 반원을 그렸다. 전자를 나타내는 슈뢰딩거 파동이 그 작은 구멍을 통해 퍼져 나가는 것이다. "슬릿 너머에는 또 다른 스크린이 하나 있어서" 아인슈타인의 분필이 두 번째 사선을 그었다. "전자를 붙잡습니다."

아인슈타인의 표정은 마치 모자에서 토끼를 막 꺼내려는 마술사 같으면서도 또 한편으로는 마술을 믿지 않는 사람 같았다. "이 한 개의 전자가 여기 도착한다면" 그는 두 번째 사선의 윗부분에 있는 한 점을 두드렸다. "동시에 이 전자가 저기에 도착한다는 것은 불가능합니다." 이 말과 함께 연필을 옮겨 스크린 위의 다른 점을 가리켰다.

그의 눈이 가늘어졌다. "하지만 그 파동—입자가 특정한 장소에 위치할 확률을 알려 준다고 해석되는 슈뢰딩거 파동—은 한 점에만 머물지 않고 스크린 전체에 닿습니다." 이렇게 말하면서 아인슈타인은 문질러서 생긴 구멍에서 퍼져 나오는 반원형의 물결 모양을 가리켰다.

그의 나직한 목소리가 강연장에 울려 퍼졌다. "이 해석은 파동이 스크린 상의 둘 이상의 장소에 동시에 작용하는 상황을 피하려면, 원거리에 걸쳐 즉시 작용하는 매우 특별한 메커니즘을 가정해야 합니다."(상대성이론에서는 어떤 정보도 빛의 속력보다 더 빨리 전달될 수 없기에 동시성에 아무런 의미를 부여하지 않는다는 점을 상기하자.) (이 해석은 원거리에 걸쳐 즉시 일어나는 작용을 가정해야 하는데, 상대성이론에 따라 그런 작용은 실제로는 불가능하니 결국 이 해석이 불완전할 수밖에 없음을 아인슈타인은 말하고 있는 듯하다.—옮긴이) "제가 보기에 이 어려움은 슈뢰딩거 파동에 따른 현상의 설명과 더불어, 입자의 위치를 상세히 특정해 주는 과정을 보완하지 않고서는 극복될 수 없습니다."

이어서 그는 드 브로이가 앉아 있는 쪽을 바라보았다. 드 브로이는 자신의 영웅을 진지한 태도로 응시하고 있었다. 아인슈타인이 고개를 끄덕인 다음 말을 이었다. "드 브로이 씨가 이런 방향을 탐구한 내용이 옳다고 저는 생각합니다." 드 브로이는 일찍이 누구에게서도 격려를 받은 적이 없던 터라 고마운 마음을 금할 길이 없었다. 아인슈타인이 다시 말했다. "슈뢰딩거 파동만을 이용할 경우 이 해석은 상대성 원리와 충돌합니다." 이 말을 끝으로 그는 자리에 앉았다.

모두들 아무 말이 없었다. 그러다 갑자기 다들 무언가를 말하려고 아인슈타인 주위로 앞다투어 몰려들었다. 로렌츠가 질서를 잡으려고 해 보았지만 아인슈타인은 이미 마음이 상한 뒤였다. 한바탕 난리 법석을 피우는 와중에 에렌페스트는 바벨탑을 떠올리고서 어지러운 칠판에다 이렇게 썼다. "여호와께서 거기서 온 땅의 언어를 혼잡케 하셨음이라."

마침내 보어가 말할 기회를 얻었다. "저는 지금 아주 혼란스럽습니다. 아인슈타인 박사께서 말하고자 하는 요지가 정확히 무언지 이해가 되지 않기 때문입니다. 분명 제 잘못은 아닙니다." 보어 옆에 있던 크라메르스는 스승의 말을 받아 적고 있었다. "그 문제를 다른 식으로 살펴보겠습니다."라며 보어가 계속했다. "저는 (…) 양자역학이 무엇인지 모릅니다. 제 생각에 우리가 다루고 있는 것은 실험 결과를 설명하기에 적절한 수학적 방법들입니다. 엄격한 파동 이론을 사용하면서도 우리는 그 이론이 줄 수 없는 어떤 것을 요구하고 있습니다." 양자역학의 수학—물론 의심할 바 없이 일종의 파동방정식이지만—이 슈뢰딩거나 드 브로이의 파동과 같은 실제 파동들을 다루는 어떤 이론보다 양자 세계를 설명하는 데 더 가까이 다가갈 수 있다는 말이다. "분명히 인식해야 할 것은 우리가" 보어는 천천히 말을 맺었다. "고전적인 이론들로 현상들을 설명할 수 있는 상황이 결코 아니라는 점입니다."

"안타깝게도" 존 벨의 전기 작가인 앤드루 휘테이커는 이 논쟁에 대해 다음과 같이 적는다. "아인슈타인과 보어는 이미 서로 말이 어긋나고 있었다." "실험 결과들을 설명하기에 적절한 수학적 방법"은 물리학자의 관심거리가 결코 아니었다. 심지어 상보성이 인류의 지적 과제들 상당수를 해결했다고 믿은 보어에게도 말이다.

보어가 상보성에 관한 논의를 시작했을 때 거의 누구도 그 무성한 표현과 아이디어를 따라가지 못했다. "당연하게도 다시 한 번 보어 박사의 무시무시한 주술적인 전문 용어는" 에렌페스트는 본국에 있는 자기 제자에게 이런 편지를 보냈다. "어느 누구도 요약하기 불가능하네. (매일 새벽 1시에 보어 박사는 내 방에 와서 단 한 가지 단어에 관해서만 떠들어 댔네. 그것도 새벽 3시까지.)"

비록 보어가 표현을 깔끔하게 하거나 짧은 구절 단위로 끊어 말하지는 못했지만 어쨌든 그는 완전한 확신과 카리스마로 좌중을 압도할 수 있었다. 에렌페스트가 회의의 전체적인 분위기를 설명하는 어투는 이 부분에 이르러 이전과 매우 달랐다. (엉뚱하게 대문자를 사용하기도 하면서) "보어(BOHR)는 모든 이들 위에 완전히 우뚝 솟아 있었다. 우선 아무도 그의 말을 이해하지 못했고 (…) 그다음엔 단계적으로 모두를 패배시켰다."

하지만 보어도 아인슈타인의 단순한 반대를 물리칠 수는 없었다. 그 반대란 계속 미해결 상태인 '파동함수의 붕괴' 또는 더 일반적으로 말해 '측정 문제'였다. 임의의 입자에 대응되는 파동은 온 세상으로 퍼져 나간다. 하지만 입자 자체는 별도의 매우 작은 한 장소에서 발견될 뿐 다른 어떤 곳에서도 발견되지 않는다. 거대한 파동이 붕괴되어 하나의 입자 크기로 변한다. 양자역학은 이 입자를 발견하는 순간을 설명하지 못하고 단지 그 발견이 그 장소에서 일어날 확률만을 알려 준다. 아울러 관찰하지 않고 있는 동안에는(이 문제의 기원에 맞게 달리 말하자면, 파동만이 존재하고 있을 뿐 측정 행위에 의해 입자가 어떤 식으로든 생겨나기 전에는) 그 입자가 어떤 상태인지 전혀 설명하지 못한다.

널리 퍼져 있고 비물질적인 확률 파동에서부터 하나의 특정한 물질로의 변환은 종교의 영역에 해당될 만큼 비직관적인 가정이다. 아인슈타인도 인격화된 신을 믿지 않는 사람으로서 그런 현상을 기이한 것으로 여겼다. 만약 어떤 신비주의자가 신―증명이 관건!―을 찾겠다고 생각하는 순간 신이 육신의 한계를 벗어나 온 세상 어디에나 존재하는 영적인 존재가 아니라 어느 특정한 시골의 특정한 마을의 헛간 안에 있는 왜소한 촌뜨기가 되어 버린다는 건 얼마나 이상한가.

측정 문제는 양자 체계의 비분리성의 한 징후이다. 대화의 주제로 자연스레 떠오르게 된 또 하나의 징후는 불확정성 원리이다. 불확정성은 분리할 수 없는 것을 분리된 것으로 다루려고 할 때 나타나는 성질이니 말이다.

스크린을 향해 날아가는 전자를 따라갈 수는 없는 것일까? 아인슈타인이 궁금해하던 질문이었다. 전자의 상태를 반복적으로 측정한 것이 우리에게 무엇을 알려 줄까? 보어는 이러한 질문에 답하기 위해 또 하나의 스크린—슬릿이 두 개인—을 슬릿이 하나인 첫 번째 스크린과 전자를 모으는 스크린 사이에 삽입하는 사례를 제시했다. 그러면 전자가 두 개의 슬릿 중 어디를 통과하여 맨 뒤의 스크린에 도달하는지 측정할 수 있다. 사람들이 이 사고실험을 궁리하고 있을 때 마침내 보어는 비행 중인 전자의 위치를 특정해 줄 바로 이 장치가 불확정성을 겪는 바람에 전자의 위치가 불확실해짐을 보여 주었다. 상보성과 불확정성 원리의 내용대로 말이다.

"체스 게임에서처럼 아인슈타인은 늘 새로운 사례를 들고 나왔네."라고 에렌페스트는 뒤따라 진행된 보어-아인슈타인 토론에 대해 자기 제자에게 설명했다. 이 토론은 정규 내용 이외의 회의 시간 내내 진행되었다. 종잡을 수 없는 대화와 냄새나는 담배 연기를 둘 다 싫어하는 사람답게 에렌페스트는 적절한 비유로 그 토론을 묘사했다. "보어는 철학적인 분위기의 담배 연기를 내뿜으며 아인슈타인이 제시한 사례들을 차례로 논박할 도구들을 끊임없이 찾고 있었다. 아인슈타인은 매번 새로운 인형들이 튀어나오는 상자처럼 끊임없이 새로운 사례를 들고 나왔다. 정말로 귀중한 토론이 아닐 수 없었다."

어느 날 아인슈타인이 보어에게 신이 미래를 정하기 위해 주사위 놀이를 한다고 정말로 믿느냐고 거듭 묻자 보어는 빙긋거리며 대답했다. "아인슈타인 박사, 신이 세상을 어떻게 작동시키는지에 대해선 그만 좀 하시지요."

"이전과 똑같은 토론이 며칠씩이나 이어진 후에"라며 하이젠베르크는 그때를 회상했다. 에렌페스트가 어리벙벙해하면서도 반쯤 짜증스런 표정으로 아인슈타인을 바라보고 있었다. 그가 입을 열었다. "아인슈타인 박사, 자네가 부끄럽네. 마치 자네 적들이 상대성이론에 대해 반박하는 바로 그런 식으로 새로운 양자론을 반박하고 있잖나." 하이젠베르크는 파울리를 바라보면서 이런 말을 전해 주는 표정을 지었다. '드디어 누군 가 그 말을 하고 말았어.'

아인슈타인은 눈썹을 추켜올리고 에렌페스트를 바라보더니 살며시 웃었다.

에렌페스트는 갑자기 진지해지며 말했다. "자네와 화해하기 전에는 결코 마음이 편할 수 없을 것 같네."

네덜란드로 돌아온 후 그는 오래된 제자 사무엘 호우트스미트에게 말했다. "난 보어의 견해와 아인슈타인의 견해 사이에서 하나를 골라야 하네." 호우트스미트는 에렌페스트가 울먹이고 있음을 단번에 알아차렸다. 에렌페스트는 고개를 돌리더니 다시 호우트스미트를 보며 말했다. "(…) 그런데 난 보어의 견해에 동의할 수밖에 없네."

14
회전하는 세계
—1927~1929년—

막스보른

아인슈타인은 영원한 떠돌이답게 브뤼셀에서 파리로 곧장 가고 있었다. 따라서 드 브로이는 같은 기차에 동승하여 "내 젊은 날의 우상"과 함께 몇 시간을 더 보내게 되었다. 가르 뒤 노르 기차역에 군중들이 운집해 있는 가운데 둘이 탄 기차는 숨을 헐떡이며 열기를 식히고 있었다. 아인슈타인이 입을 열었다. "양자역학이 이처럼 지나치게 형식주의로 급선회하는 게 마음에 걸리네." 드 브로이를 바라보면서 말을 이었다. "모든 물리학 이론은—수학은 제쳐 놓고—어린아이라도 이해할 수 있도록 단순해야 한다고 나는 진심으로 믿네."

드 브로이는 공손히 웃고 있었지만 추켜올라간 눈썹에서 미심쩍어하는 마음이 내비쳤다.

아인슈타인은 마음속으로 기뻐하며 그걸 알아차렸지만 모르는 척했다.

둘은 출구로 걸음을 옮기기 시작했다. 아인슈타인은 혼자서 고개를 끄덕이며 가벼운 미소를 띠며 말했다. "거의 20년 전에 내가 무얼 연구하는지 플랑크가 물었던 적이 있네. 그래서 내 마음속에 막 떠오르기 시작했던 일반상대성이론의 뼈대를 설명해 주었네. 그랬더니 이렇게 말하더군. '선배로서 하는 말인데 그런 연구는 하지 말게나.'" 아인슈타인은 플랑크 흉내를 내며 근엄한 표정을 짓고 검지를 흔들었다. "'왜냐하면 우선 자네가 성공하지 못할 것이고, 설령 성공하더라도 아무도 자네를 믿지 않을 걸세.'" 아인슈타인의 눈이 반짝였다. "마찬가지로 선배로서 하는 말인데, 나도 자네가 하는 연구에 반대하네." 아인슈타인은 이렇게 말한 다음 드 브로이를 향해 어정쩡하게 웃었다. "우선 자네가 성공하지 못할 것이고, 설령 성공하더라도…."

드 브로이가 웃으며 말을 맺었다. "누구도 절 믿지 않겠지요."

둘이 역의 정문을 나와 서로 제 갈 길을 가려던 참에 아인슈타인이 외쳤다. "하지만 계속하게! 자네가 가는 길이 옳으니 말일세."

드 브로이가 바라보니 아인슈타인은 몸을 돌리더니 파리 시가의 군중 속으로 사라지고 있었다. 드 브로이가 활짝 웃음을 짓자 특이하게 생긴 그의 얼굴이 환히 빛났다. 너무나 순진하게 기뻐하는 모습이어서 바삐 지나쳐 가는 몇몇 사람들이 멈추어 서서 쳐다볼 정도였다. 지나가는 사람들은 그의 눈에 들어오지 않았다. 자네가 가는 길이 옳네. 아인슈타인의 목소리만 마음속에 울려 퍼졌다. 계속하게!

하지만 몇 달 후 낙심하고 지친 드 브로이는 거스를 수 없는 코펜하겐의 정신을 따르기로 마음을 바꾸고 말았다. 이제 아인슈타인과 슈뢰딩거 둘만이 거대한 흐름에 맞서고 있었다. 슈뢰딩거는 여전히 회의적이긴 했지만, 1928년 5월 말경이 되자 불확정성 논문을 놓고 서신 교환으로 자신이 보어와 나누었던 논의 때문에 좌절과 혼란을 겪고 있다고 아인슈타인에게 알렸다. 다시금 그는 양자 세계에서는 '위치'와 '운동량'이 적용 불가능한 개념이 아닐까 하며 의아해하고 있었다.

보어는 그에게 새로 이해할 필요가 전혀 없고 상보성의 원리가 모든 어려움을 해결한다는 답장을 보냈다. 더불어 자신의 답장을 아인슈타인에게도 전해 달라고 슈뢰딩거에게 부탁했다. 하지만 보어는 자기의 생각을 아인슈타인이 받아들이기 어려울 것이란 점은 알아차리지 못했다.

보어는 세월이 흐른 후 이런 유명한 말을 남겼다. "우리 인류가 의존하는 것이 무엇인가? 우리는 말에 의존한다. 우리는 언어에 매달린 존재다. 우리의 임무는 의사소통이다." 그의 오랜 친구인 아게 페테르슨은 이렇게 설명했다. "보어는 개념이 어떻게 실재와 관련되는지에 대한 질문을 받아도 (…) 곤혹스러워하지 않았다. 그런 질문은 그에게 아무런 의미가 없는 듯했다." 보어가 보기에 양자 세계란 거미줄처럼 짜인 고전적인 언어들을 벗어나서는 아무런 의미가 없었다.

아인슈타인은 심장이 부었다는 진단을 받고 침대에 누워서 지내고 있었다. 슈뢰딩거한테서 편지를 받은 바로 다음 날 답장을 보냈다.

슈뢰딩거 박사에게
자네 말은 정곡을 찔렀다고 생각하네. (…) 매우 '불확실한' 의미를 가질 뿐이라면 p, q의 개념을 버려야 할 거라는 자네 주장은 내가 보기에도 충분히 옳은 듯하네. 진정제와도 같은 하이젠베르크와 보어의 철학—어쩌면 종교?―은 너무나 교묘해서 그 이론의 신봉자들은 쉬 깨어날 수 없는 폭신한 베개를 베고 누워 있는 것과 마찬가지일 걸세. 그러니 그렇게 누워 있도록 놓아두게.

하지만 그 종교는 어찌 되었든 내게는 아무런 의미도 없기에 어쨌거나 나는 이렇게 말하겠네.

E 그리고 ν가 아니라

차라리 E 또는 ν

그리고 사실은 ν가 아니라 E(이것이 궁극적인 실재).

하지만 수학적으로는 이해할 수가 없네. 내 머리는 요즘 너무 낡아 버렸네. 만약 자네가 언젠가 다시 한 번 나를 찾아와 준다면 자네에게도 좋고 내게는 더욱 좋은 일이 될 것이네.

그럼 잘 지내기 바라며.

A. 아인슈타인

$E = h\nu$라는 관계식은 양자역학의 근본 방정식이다. 또한 이 방정식에 의해 플랑크 상수 h가 정의된다. 한 전자가 어떤 에너지 준위에서 다른 에너지 준위로 양자 도약을 통해 떨어질 때 전자가 잃는 에너지는 무더기로 즉시 사라지고 이 광양자의 에너지(E)는 대응되는 빛 파동의 주파수(ν)와 같다.

1년 전에 아인슈타인은 슈뢰딩거의 친구인 바일에게 이런 편지를 보낸 적이 있다. "마음 깊숙이 나는 반쯤만 인과적이고 반쯤만 합리적인 이 터무니없는 개념을 받아들일 수가 없네. 여전히 나는 양자 개념과 파동 개념의 통합을 믿네. 그것만이 확실한 해답을 내놓을 수 있다고 여기네." 이 통합은 보어의 이중성(E 그리고 ν)과는 반대되는 것이다. 아인슈타인은 온갖 노력을 기울여 이 세계를 설명하는 '상보적인' 방식이 아니라 통합된 세계관을 찾아다녔다.

아인슈타인이 바일에게 보낸 편지는 이렇게 계속된다. "장(場) 방정식이 (…) 양자로 인해 부정될 수 있는지 여부가 매우 중요하네. 당연히 사람들은 부정될 수 있다는 쪽으로 끌리게 되고 실제로 대부분 그렇게 믿네." 하지만 아인슈타인이 파동과 입자를 둘 다 아우르는 장을 찾아낼 수 있다면 양자론은 가장 아름다운 장(場) 이론인 일반상대성이론의 한 부분이 될 것이다.

1928년 1월, 그러니까 양자론이 특수상대성이론(속력이 일정한 경우만을 다루는 상대성이론의 하나)과 불편한 휴전을 맺은 지 4개월 후에 디랙이 깜짝 놀랄 방정식 하나를 내놓았다. 사실 디랙방정식의 기원은 4년 전(양자역학이 나타나기 전) 파울리에 이어 하이젠베르크가 회전하는 전자라는 발상을 비웃을 때부터였다. "이건 어쨌거나 양자역학이나 정치 또는 종교와는 아무런 관계가 없습니다. 그건 단지 고전물리학일 뿐입니다." 파울리는 크라메르스에게 보낸 편지에서 이렇게 투덜댔다. "중요한 과학자인 당신이 (…) 이 이단 사상을 무너뜨려 주기를 간청합니다." 파울리는 편지에다 "(신의 채찍이란 뜻의) 가이셀 고테스(Geissel Gottes)"라고 서명했다. "추신. 이 서명은 에렌페스트가 제게 알려 준 겁니다. 이 서명이 매우 자랑스럽습니다."

문제는 전자가 매우 작으므로 만약 축을 중심으로 회전하면 적도가 빛의 속력보다 더 빨리 움직일 수 있다는 것이다. 또한 불가사의하게도 시작했던 곳으로 되돌아오는 데 두 가지 회전이 필요했다. 파울리는 1925년 자신의 '재미있는 회상록'에서 그와 같은 현상을 "특이하고 고전적인 방법으로는 설명할 수 없고 두 값이 필요함을 암시하는" 현상이라고 설명한 적이 있다. 하지만 이 표현은 세상의 관심을 사로잡지 못했다.

대신 모든 이들은 '회전하는 전자' 또는 '전자 자석'(전하량을 띤 전자가 운동할 때면 어김없이 자기장이 생기기 때문이다)에 대해 이야기하고 있었다. 보어는 (자신이 에렌페스트에게 한 농담처럼) "전자석 복음의 선지자"로 개종했다. 그가 언젠가 기차 여행을 했을 때 내내 반대 결론을 들고나오는 각기 다른 물리학자 한 쌍과 매번 정차역에서 마주치면서 이루어진 개종이었다. 항변에 가담한 한 쌍의 물리학자들은 함부르크 역에서 만난 파울리와 슈테른에서부터 라이덴 역에서 결정적인 추론을 선보였던 아인슈타인과 에렌페스트까지 다양했다. 아인슈타인은 회전하는 전자가 어떻게 상대성이론과 완벽히 공존할 수 있는지를 보여 주었다.

하이젠베르크는 회전하는 전자를 이해하는 데 3년이 걸릴 것이라고 디랙과 내기를 했다. 디랙은 세 달이 걸리는 쪽에 걸었다. 그런데 정작 세 달 후에 파울리가 자신으로서는 '스핀(spin)'이라고 불리는 걸 개탄하는 이 현상을 기술할 세 개의 행렬을 내놓았다. 이 중 한 행렬은 서로 수직인 세 개의 직교좌표에서 그 현상을 기술하기 위한 것이었다.

하지만 디랙은 돈을 따지 못했다. 왜냐하면 파울리의 행렬은 상대성이론에 위배되었기 때문이다. 그리고 실제로 파울리는 상대론적 스핀 이론이 향후 3년이 아니라 영원히 불가능하다고 확신하게 되었다. 또 한 번의 내기가 진행되었다. 이번 상대는 파울리와 전자 스핀에 관한 상대론 방정식에 뛰어든 크라메르스였다.

하지만 운명인지 아니면 주사위를 던지는 신의 섭리인지, 애석하게도 크라메르스는 긴 학자 생활 내내 놀랍도록 총명한 젊은 천재에게 늘 당할 수밖에 없다는 사실이 드러났다. 이번에—그가 회전하는 전자에 관한 끔찍하리만치 복잡한 상대성이론을 이제 막 완성했을 때—그 주인

공은 디랙이었다. 1926년과 1927년에 이미 에렌페스트는 디랙에게 그의 논문들이 "낱말 맞추기 퍼즐"이라고 말하고 있었다. 반면에 아인슈타인은 에렌페스트에게 이렇게 투덜댔다. "디랙 때문에 머리가 아프네. 천재성과 광기 사이의 현기증 나는 줄타기는 소름이 돋을 정도라네." 1928년 1월에 나온 디랙의 논문은 천재성과 광기를 아찔한 수준으로까지 높였다. 단 한 번에 그는 거의 이해하기가 불가능한 파울리의 행렬을 소위 회전하는 전자에 대한 상대론적 방정식으로 변환시켰다. 이로써 이전의 모든 문제들이 손쉽게 풀리고 말았다.

하지만 그 방정식의 두 번째 해는 양전하를 띤 반물질 전자이다. 이것은 일찍이 알려진 바 없는 명백한 공상과학 소설의 내용이었다. "현대 물리학의 가장 슬픈 부분은 디랙의 이론이야."라고 하이젠베르크는 그해 여름 파울리에게 보낸 편지에서 밝혔다. "회전하는 전자 때문에 요르단은 상심에 잠겼고." 파울리는 6월에 보어에게 말한 대로 "근본적으로 새로운 발상"이 나타나길 기다리며 유토피아 소설을 쓰려고 물리학에서 잠시 손을 뗐다. 파울리가 소설의 제목(『우라니아행 걸리버 여행기』)을 정하고 전체 윤곽을 잡았을 때쯤 하이젠베르크는 만사를 제쳐 놓고 통일장이론에 대해 파울리가 도와주길 요청했다. 이로써 둘은 장차 몇 년 동안은 디랙방정식을 외면하게 된다.

그해 가을 아인슈타인은 드 브로이, 슈뢰딩거 또는 하이젠베르크에게 노벨상을 추천했다. 그는 이렇게 썼다. "정하기 어려운 사례입니다. 업적으로 보자면 세 연구자 모두 노벨상을 받을 자격이 충분합니다. 셋의 이론이 각자 대체로 자연의 실재와 부합하기 때문입니다. 하지만 내 생각에는 드 브로이가 가장 먼저 받아야 한다고 봅니다. 특히 이렇게 여기는 까닭은 그의 이론이 확실히 옳기 때문입니다. 비록 뒤의 두 연구자의 거창한 이론들 속에서 얼마나 오래 살아남을까라는 문제가 있긴 하지만 말입니다."

이듬해 수상자는 드 브로이였다. "전자가 지닌 파동의 성질을 발견한 공로" 때문이었다.

긴 나무 스키를 타고 슈바르츠발트의 음침한 숲속을 서서히 지나가는 막스 보른은 몰락하고 있었다. 3년 전에는 하이젠베르크의 업적을 행렬로 설명했고 2년 전에는 슈뢰딩거의 업적을 확률로 설명했지만, 이젠 물리학에서 손을 뗀 채 불가해한 세계는 잊고 지냈다. 지난달에는 귓속에 독약을 집어넣은 것 같은 느낌이었다.

혼란스러웠던 1920년대의 마지막 겨울이다. 최근 들어 가장 추운 겨울이다. 3마일만 걸어 콘스탄체 호수를 건너면 독일에서 스위스로 넘어갈 수 있는 곳이다. 얼어붙은 호수 옆의 요양원은 흐트러진 심신을 회복하려고 갔던 곳이지만 심신이 더 흐트러졌을 뿐이다. 동료 환자들이 공공연히 증오를 드러내고 시끄럽게 웃어 대는 곳이니 말이다. 그들은 오물 속에서 짓밟힌 불쌍한 조국에 대해 이야기하며 유대인을 비난했다. 아돌프 히틀러에 대해 말하며 그가 독일의 영광을 되찾아 주길 바랐다.

그래서 보른은 요양소를 떠나 슈바르츠발트의 심장부인 쾨니히스펠트라는 작은 마을에 오게 된 것이다. 나무들(아주 오래된 쥐라기 시대에 이 나무껍질 화석이 나왔다)은 눈으로 덮여 있었고 가지는 휘청휘청 늘어졌다. 눈송이 몇 덩이가 목 아래로 떨어지자 등이 시려 왔다. 그곳에서는 이 고독한 평온함 너머로 모든 것이 몰락하고 중심이 허물어지고 문명이 붕괴되고 있다. 예의라는 오래된 허식도 갈라지고 떨어져 나가 야만이 드러나 있다. 나무들 우듬지에 일찍 해가 가라앉자—아직 무한한 아쉬움과 머뭇거림이 남아 있긴 하지만 너무나도 순식간에 찾아오는 일몰—세상은 흰빛에서 어둑어둑한 보랏빛으로 바뀐다. 그는 지쳐 있다. 이전만큼 스키를 오래 타지도 않았다. 이전에 느끼던 혼란은 그래도 꽤 분명했다. 즉 당시의 혼란은 양자역학이란 어떤 의미인가를 뜻했지, 미래가 얼마나 나빠질까를 뜻하지는 않았으니 말이다.

산길의 끝에 이르자 그는 부츠에 묶인 스키를 푼 다음 벙어리장갑을 낀 손을 폴에 달린 고리에서 뺀다. 그러고선 스키 장비를 모두 하나로 묶어 어깨에 걸치고 마을로 들어온다. 땅거미가 지자 모든 건물이 한 덩어리를 이룬 듯 보인다.

그의 앞에는 높고 널찍한 흰색 교회가 서 있다. 창들은 어둡지만 누군가가 오르간을 연주하고 있다. 보른은 스키를 벽에 세워 놓고서 바깥 계단을 올라 녹색 문을 연다. 성가대석에서 울려 퍼지는 성대한 오르간 소리가 순식간에 그를 휘감는다. 마치 망토를 몸에 걸치듯이. 그는 앉아서 몸을 뒤로 젖히고 다리를 뻗는다. 오르간 옆 벽에 달린 둥근 모양의 등불이 도금된 꼬불꼬불한 바로크 문양 위에, 그리고 오르간 연주석에 앉은 사람의 숙인 머리와 흰 머리카락에 비치고 있다.

때때로 그 연주자는 일정한 소절을 반복해서 연주한다. 마치 구겨진 음악을 부드럽지만 뜨거운 쇠로 두들기며 다림질을 하듯이. 그러다가 다른 부분을 계속 연주해 간다. 음악의 짜임새가 신선하고 감미롭다. 가지런히 울려 나오는 소리가 미풍에 팔랑이는 듯하다. 보른은 눈을 거의 감고 있다. 흘러나오는 음파가 교회의 밑바닥까지 가득 채우는 듯하다. 그 소리는 그의 발까지 휘감아 오르고 이어 귓속의 미로에까지 닿는다.

오르가니스트가 연주를 멈추는데도 보른은 음악의 파동에 너무나 심취해 있어서 무슨 일이 일어났는지도 모른다. 미세한 잔향이 남아 있는 깊은 고요 속에서도 그는 연주자가 손으로 악보를 모으고서 조심스레 연필로 연주의 세부 사항을 적는 소리를 들을 수 있다. 곧이어 어두운 오르간 연주석에서 짙은 수염과 헝클어진 머리를 한 사람이 내려온다. 보른은 아직 덜 깬 상태다. 아, 그는 생각한다. 아인슈타인이군.

"그러고 보니 청중이 한 명 있었군요." 그 사람이 보른에게 다가오면서 말한다.

보른은 일어나서 오르간 연주자에게 악수하며 대답한다. "우연히 이쪽으로 오게 되어 정말 다행입니다."

오르간 연주자는 빙긋 웃는다. 아인슈타인의 얼굴은 아니다. 하지만 많은 이들이 존경하는 유명한 얼굴이다.

보른이 말한다. "만나서 정말 영광입니다. (…) 슈바이처 박사님, 맞으시죠? 전 막스 보른이라고 합니다."

알베르트 슈바이처가 다시 한번 빙긋 웃는다. "막스 보른 박사님. 저도 박사님을 만나게 되어 영광입니다. (…) 놀라운 우연이군요." 그는 나직하면서도 깊은 오르간 음악 같은 웃음을 지었다. "집으로 갈 겁니다. 함께 가시겠습니까?"

보른과 슈바이처는 이후로도 자주 만나 함께 오랫동안 눈길을 거닐었다. 둘은 물리학에 관해서도 이야기하고 서아프리카 적도 근처에 있는 슈바이처의 병원에 대해서도 이야기했다. 슈바이처는 병원 기금 모금을 위해 6개월 동안 유럽 전역을 돌며 바흐 연주를 하고 있던 중이었다. 마침내 보른이 낫기 시작했다.

1929년 3월 아인슈타인도 역시 혼자다. 그는 얼마 전에 소나무가 우거진 땅에 작은 통나무집을 지었다. 하벨 강에 접한 베를린 근처의 카푸트라는 빨간 지붕이 덮인 마을 위였다. 전화가 없기 때문에 기차, 버스, 도보라는 수단을 섞어야 연락이 이루어진다. 1년 전에 심장이 부푸는 병에서 차츰 회복되어 몸이 가뿐해지고 있는 상태다.

그달에 있었던 아인슈타인의 50세 생일을 맞아 그의 친구들이 튀믈러 (Tümmler, 큰돌고래)란 이름의 멋진 배를 하나 새로 사 주었다. 베를린 시를 휘감고 있는 하벨 호수에 배를 띄우면 그는 판자의 삐걱거리는 소리, 돛대에 달려 있는 젖은 돛과 금속 고리가 내는 소리, 찰싹이는 물소리, 그리고 뱃머리에서 물결이 갈라지는 소리에 감싸였다. 두 번째 아내인 엘사는 그즈음의 혼란기에는 땅을 갖는 편이 위안이 된다고 여겼다. 하지만 아인슈타인은 자신이 독일에 있을 시간이 얼마 남지 않은 것을 알았다. 진정으로 위안을 주고 경이로운 것은 그의 발과 배의 늑재 아래서 소용돌이치며 꼬불꼬불 흐르는 하벨의 물길이고, 아울러 목걸이 모양의 이 호수에서 시작해 어지럽게 얽힌 색슨 강을 지나 엘베 강에 이르고 마침내 북해에 도달하는 순환의 과정이다.

1929년 3월 23일 『네이처』를 통해 그는 이렇게 밝혔다. "병에 걸려도 좋은 점이 있다는 것을 사람들은 알게 된다. 요즘 나도 그걸 알아 가고 있다."

1929년 무렵 보어 연구소는 의기양양하다. 드 브로이와 슈뢰딩거 둘 다 개종했고 새로운 세대의 유능한 물리학자들이 물리학계의 중심인 코펜하겐으로 몰려들고 있다. 그해 열린 코펜하겐 회의를 레온 로젠펠트가 묘사한 내용을 보면 즐거움과 농담이 흘러넘친다. 의자 하나가 (의심스럽긴 하지만) 순식간에 부서졌다. 의자 주인의 아이디어가 틀렸음을 파울리가 밝혀내자마자 벌어진 일이었다. 그러자 현실감 있는 농담을 잘

하는 젊은 물리학자 조지 가모프가 "파울리 효과!"라고 외친다.

"아, 파울리 효과" 에렌페스트가 말을 받는다. "파울리 효과는 불행은 좀체 혼자서 오지 않는다는 더욱 일반적인 현상의 특수한 예일 뿐이네."

에렌페스트는 이 회의에서 빛나는 역할을 한다. 보어에게 짓궂게 대하고 자신의 의문 제기와 비판적 사고를 사람들이 허심탄회하게 받아들이도록 하면서 말이다. 하지만 아무도 에렌페스트가 보어와 아인슈타인의 학문적 분리에 대해 마음속 깊이 얼마나 고뇌하고 있는지, 그리고 차츰 번지고 있는 나치 운동(대부분의 사람들은 이것이 중요한 문제가 되리라고는 믿지 않지만)에 대해 노여워하는지 짐작하지 못한다. 로젠펠트는 이렇게 기억하게 된다. "이러한 내면적 긴장을 드러낼 외적인 징후가 없었다. 마지막까지 그의 모습은 언제나처럼 유쾌하고 재치 있고 다정했다."

이때까지도 지난 8월 에렌페스트가 그의 오랜 제자인 크라메르스에게 다음과 같이 부탁하는 편지를 썼을 줄은 아무도 모른다. "제발 날 도와주게. (…) 실질적으로 모든 새로운 이론물리학은 내 앞에 완전히 이해할 수 없는 벽으로 서 있고 나는 전혀 어찌할 줄 모르고 있네. 이제 나는 기호도 언어도 모르겠고 더군다나 해결할 문제가 뭔지도 모르겠네."

바로 여기 1929년의 코펜하겐 회의에서 로젠펠트—한 친구가 이 무렵의 로젠펠트를 기억한 바에 따르면 "철학적인 사색을 할 때면 (…) 동그란 얼굴이 진지해지는 땅딸막한 청년"—는 닐스 보어를 처음으로 만난다. 보어는 그에게 고전적인 측정 장비와 관찰되고 있는 양자적 대상의 구별이 얼마나 중요한지를 설명한다. "그건 인생에서 몇 안 되는 숭고한 순간들 중 하나였다."라고 로젠펠트는 나중에 적게 된다. "경이로운 사상의 세계가 드러나는 진정한 시작을 알리는 순간이었다." 곧 그는 보어의 새 조수이자 서기가 된다.

존 휠러는 20세기에 양자론 분야에서 가장 영향력 있는 교사 중 하나로 꼽히게 될 또 하나의 젊은 물리학자로서, 당시의 정황을 이렇게 적고 있다. "공자와 부처, 예수와 페리클레스, 에라스무스와 링컨의 지혜를 겸비하고 있는 사람이 존재할 수 있다는 걸 가장 확실히 느낀 것은 닐스 보어와 함께 클람펜보르크 숲의 너도밤나무 아래를 거닐면서 이야기를 나눌 때였다."

15

솔베이에서 다시 만난 아인슈타인과 보어

——1930년——

이해 가을 솔베이 회의의 공식 주제는 자기(磁氣) 현상이었다. 하지만 강연과 강연 사이에 아인슈타인과 보어는 둘이 오래전부터 다루던 주제로 돌아갔다. 서로 옆자리에 다정히 앉아 파이프 담배를 피우면서.

아인슈타인이 말문을 열었다. "보어 박사, 자네에게 알려 줄 새로운 사고실험이 하나 있네."

둘 다 실험실 내에서 진행되는 실험에는 그다지 능하지 않았지만 사고〔독일어로 게당켄(gedanken)〕실험을 좋아했다. 오로지 머릿속에서만 진행될 수 있는 실험이었다. 보어가 기대된다는 듯 눈썹을 추켜올렸다.

"일정량의 방사선이 들어 있는 상자가 있다고 해 보세." 아인슈타인이 설명을 시작했다. "그 상자에는 셔터가 하나 있는데" 그가 손을 움직이면서 설명했다. "상자 속의 시계로 열고 닫을 수 있네." 그가 앞으로 몸을 구부렸다. 근처의 창으로 들어온 오후의 햇살에 바짓가랑이의 직선이 무릎에서부터 발목까지 흐릿하게 빛났다. 머리카락은 의자 등에 기댈 때 생긴 정전기 때문에 빳빳하게 일어섰다. 잊고 있던 담배 파이프에서 피어오른 연기는 어지러운 그의 손짓 때문에 이리저리 흩날렸다.

"셔터는 시계가 특정한 시간을 칠 때 열렸다가 아주 재빨리 닫히네. 단 한 개의 광양자만이 방출되도록 하기 위해서네." 아인슈타인은 흥분을 감추지 못하고 있는 보어를 슬쩍 바라보았다. "하지만 우리는 그 상자의 무게를 잴 수 있네. 그러면 E=mc²에 따라 상자의 에너지를 알 수 있지."

보어의 얼굴이 활짝 펴졌다. "셔터가 달린 상자가 하나 있는데"—그의 눈썹이 한데 모아졌는데, 너무 가까이 붙자 마치 얼굴에서 빠져나올 듯 보였다—"그 셔터는 시계에 의해 조종된단 말이지." 보어의 말에 아인슈타인이 파이프를 빨면서 고개를 끄덕였다. 보어도 파이프 대를 입술에 가져갔다. 종종 그렇듯이 불이 꺼져 있었다. "아인슈타인 박사, 성냥 갖고 있나?" 정신을 딴 데 팔고서 주머니를 두드리며 물었다.

아인슈타인이 주머니를 뒤져 성냥 여러 개를 꺼냈다. 보어가 파이프에 다시 불을 붙였다. "광자가 방출되기 전과 후에 상자의 무게를 잰단 말이지." 대화가 언제 끊겼냐는 듯 그가 말을 이었다. 정신없이 아인슈타인의 성냥들을 주머니에 쑤셔 넣으면서. "그러고 보니 불확정성 이론과 달리 방출된 에너지와 방출 시간을 둘 다 얻게 되었군."

"불확정성 원리의 논리성은 나도 인정해 주겠네." 아인슈타인은 살며시 웃으며 말을 이었다. "보어 박사, 실험이 끝난 게 아니야. 광양자가 충분히 멀리 떨어진—이를테면 반 광년 거리의—거울에까지 날아가도록 할 수 있네." 아인슈타인은 손과 파이프를 멀리 뻗었다. "상자의 무게를 재거나 시계를 확인해서 광양자의 상태를 알아보려고 할 때 공간적인 분리를 보장하기 위해서네."(어떤 영향이 빛의 속력으로 이동해도 두 사건을 연결할 수 없을 때, 두 사건은 '공간적으로 분리'되었다고 말한다. 상대성이론에서 볼 때 '동시성'에 가장 가까운 개념이다.)

보어는 얼굴에 딴생각이 가득한 표정으로 고개를 끄덕였다. 아직도 불확정성 원리에 대해 생각하고 있었기 때문이다. "이건 심각한 도전이구먼." 그가 조용히 말했다. "이 문제를 전부 철저히 살펴봐야겠네."

"잠깐만." 아인슈타인이 말했다. "문제는 아직 끝나지 않았네. 만약 광양자가 반 광년 거리에 있을 때 시계를 확인하면 광양자가 언제 돌아올지 우리는 정확하게 예측할 수 있네. 그러면 광양자의 위치가 확실하게 정해지네. 만약 그 대신에 상자의 무게를 잰다면 광양자의 에너지, 그러니까 곧 빛의 색깔을 정확하게 예측할 수 있네."

보어는 이제 무표정한 얼굴로 자기만의 생각에 깊이 빠져 있었다. "여기에 상대성이론까지 함께 고려하면" 그가 천천히 말했다. "우리는 정말로 대상과 측정 도구 사이의 에너지 교환을 통제할 수 있게 되는군. 측정 도구가 그 현상의 시공간 틀을 정의하는 역할을 하는 것일 뿐인데 말이지."

"보어 박사! 내가 마칠 수 있게 해 주게. 이제 불확정성 원리에 의하면 광양자는 시간상의 위치와 에너지가 둘 다 정확하게 결정될 수는 없는 상황이네. 대신 상자에서 무게나 시간을 측정함으로써 우리는 둘 중 하나는 알 수 있네."

"여기서 이런 점이 궁금하네." 아인슈타인이 말했다. "광양자가 방출된 다음 상자를 측정하는 것이 반 광년 거리만큼 떨어져 날고 있는 광양자에게 물리적으로 영향을 미친다고 가정해야 하는가? 그렇다면 그건 초광속의"—빛의 속력보다 더 빠른—"원거리 작용이 되고 마네. 물론 논리적으로야 가능하지만 물리학자로서의 내 본능에는 매우 거슬리는 현상이라 도저히 받아들일 수가 없네.

그래서 광양자의 진짜 상태는 상자에 어떤 측정을 하든 그런 것과는 무관하네." 아인슈타인은 잊고 있던 파이프를 한 모금 빨고서 다시 공세에 나섰다. "그렇다면 이런 결론이 나오네. 곧 광양자의 모든 성질—상자를 측정해서 얻어 낼 수 있는 모든 성질—은 비록 이 측정이 행해지지 않더라도 존재하네. 따라서 광양자는 정확한 위치와 정확한 색을 갖게 되고 양자역학적 설명은 불완전한 것이 되네."

"이 말에 보어 박사님은 꽤 충격을 받았다." 보어의 새 조수인 로젠펠트는 이렇게 적었다. "두 적수가 클럽을 떠날 때의 모습을 난 결코 잊을 수 없다. 아인슈타인 박사는 크고 위엄 있는 모습으로 조용히 걷고 있었는데 어쩐지 아리송한 미소를 띤 얼굴이었다. 옆에 걷고 있는 보어 박사님은 매우 흥분해 있었다."

그날 저녁 모두가 저녁 식탁에 앉아 있을 때 보어는 차례로 한 사람 한 사람에게—에렌페스트, 파울리, 이어서 하이젠베르크—아인슈타인의 새로운 사고실험에 대해 말했다. 흥미 있는 부분이 나오면 언제나 잠시 이야기를 멈추었다. 이를테면 시계를 확인하여 광자의 방출 시간을 측정하고 동시에 상자의 무게를 재어 광자의 에너지를 알아낼 가능성 대목에서 그랬다.

아인슈타인의 사고실험에선 그게 필요하지 않음을 보어는 알아차리지 못했다. 그리고 아홉 달 후에 에렌페스트가 장황한 말로 그걸 알려 주었을 때에도 마찬가지로 관심을 기울이지 않았다. "아인슈타인 박사가 내게 말했네." 에렌페스트가 보어에게 보낸 편지 내용이다. "이미 오랫동안 자신은 불확정성 원리를 더 이상 의심하고 있지 않다고 말일세." 그리고 "'무게를 잴 수 있는 광양자 방출 상자'를 (…) 결코 불확정성 원리에 반하게 고안한 적이 없다고 말일세." 즉 아인슈타인의 상자는 불확정성 원리를 공격할 무기로 제시된 것이 아니었다는 말이다.

보어로서는 관찰되지 않은 실재에 대한 논의는 무의미했기에 그가 판단하기에 의미 있는 실험에만 집중했다. 하지만 그때나 그 이후로나, "시각화와 인과성을 부정하는" 태도, "바로 그런 포기를 중요한 발전으로 여기려는" 자세, 오로지 "논리적인 비일관성에서 벗어나기"만 하면 된다는 얌전한 믿음으로 인해 보어는 아마도 가장 중요한 것을 놓치고 말았다. 20대의 '비합리성'에서 60대의 '전체성'에 이르기까지 보어는 시대정신이라는 표현을 물리학에 흔쾌히 받아들였다. 이처럼 폭넓고 흐릿한 관념들로 얽힘 현상을 가려 버린 까닭에 보어는 결코 얽힘 현상의 존재를 알아차리지 못하게 된다. 마치 자신이 산 땅을 한 번도 밟아 보지 못한 사람처럼.

1년 전 보어는 다시금 이렇게 선언했던 적이 있다. "어떤 관찰도 반드시 현상의 진행에 개입하게 됩니다." 이것을 "방해로 여겨서는 안 됩니다. 다만 우리는 자연을 직접적으로 시각화할 수 있는 습관적인 설명을 바라는 태도에서 벗어나 한껏 확장되는 추상적인 설명의 필요성에 대비해야 합니다."

아인슈타인은 보어의 선언과 권고에 주의를 기울이기는커녕 지난 20년간 우려했던 분리 가능성에 대한 문제를 결정적으로 심화시켜 반 광년 거리 떨어진 대상 사이의 얽힘 현상을 꿰뚫어보았다. 만약 보어의 주장대로 광양자가 관찰 행위의 영향을 받는다면 그 영향은 비국소적이어서 효과 면에서 보자면 무한한 거리에 걸쳐 유령과 같은 작용을 해야 할 것이다. 하지만 아인슈타인이 자신을 괴롭히는 이 문제에 보어가 관심을 쏟도록 설득하게 되기까지는 이 주제에 관한 두 가지 설명이 더 나와야 했다. [하나는 다음 해에 에렌페스트가 내놓았고 또 하나는 그 유명한 1935년의 아인슈타인-포돌스키-로젠(EPR) 논문이다.]

보어는 아인슈타인과의 대화에 관해 3년 후에 적은 내용대로 "접근 방법과 표현의 차이 때문에 서로 이해하는 데 여전히 어려움을 겪는다는" 사실을 깨닫게 된다. 이 새로운 사고실험과 관련하여 둘이 겪은 숱한 어려움을 통해 두 사람의 "접근 방법과 표현"의 차이가 분명히 드러나게 되었다.

"에렌페스트 박사, 그럴 리가 없네." 보어가 다섯 번째로 말했다. "만약 자네가 옳다면 그건 물리학의 종말이 될 거네." 그의 얼굴은 유난히 근엄하고 무거워 보였고 아울러 근심이 어려 있었다.

"보어 박사님이 그걸 해결할 거예요." 하이젠베르크가 파울리와 에렌페스트에게 말했다. 그러고서 옆에 있는 보어를 보니 벌써 막스 보른과의 대화에 푹 빠져 있었다. 보어의 얼굴이 달아올라 있었다. 하지만 보른은 머리를 흔들어 댔고, 엉뚱해 보이는 작은 눈을 가늘게 떠 사팔뜨기가 되었으며 입술은 유감스럽다는 듯 삐죽 나와 있었다. 보어가 한풀 꺾이면서 금세 다른 주제로 옮겨 갔다. 보른은 진지한 표정으로 반대 의견을 내놓았다. 보어 박사님이 해결할 거예요, 하이젠베르크가 말했다.

"그렇지 않나요?"라고 그가 덧붙였다.

에렌페스트는 당황한 속마음을 감추려고 애써 즐거운 표정을 지으며 눈썹을 씰룩거렸다.

다들 늦게까지 식탁에 모여 있다가 식탁을 떠날 때는 함께 일어나 한 덩어리가 되어 모임방으로 들어갔다. 담배 연기 자욱한 그곳에서 아인슈타인과 보어 주위에 모여 앉았다. 에렌페스트는 둘 사이를 중재하려다 머리가 터질 지경이었다.

"다음 날 아침 보어가 승리했다."라고 로젠펠트가 말했다.

보어가 회의실로 성큼성큼 들어왔다. 높은 벽기둥과 거울들이 아침 햇살에 희미하게 반짝였다. 칠판 앞에 이르자 보어는 정교한 장치 하나를 그리기 시작했다. 모인 사람들은 그것이 아인슈타인의 광양자 방출 상자임을 차츰 알아차렸다. 하지만 그림 속의 그 장치는 세밀하게 구현되어 있었다. (그리고 실제로 짖궂은 농담을 하는 러시아 물리학자 조지 가모프가 그것을 모방한 버전을 만들기도 했다.) 그것은 보어가 자신의 글을 통해 갈망했던 모든 것을 명료성을 희생해 가면서 애써 구현한 그림이었다. 모든 돌발 상황과 모든 물리학적 결과를 이미 예측해 놓고 있던 그는 칠판 가까이 몸을 굽히고 온 정신을 집중해 그림을 그렸다. 이제 상자는 일종의 철제 교수대에 설치된 스프링(보어는 분필로 그린 소용돌이 모양에다 화살표를 긋고 '스프링'이라고 알아보기 어렵게 적었다)에 매달려 있었다. 교수대의 수직 막대에는 작은 자가 붙어 있었고 스프링에는 자의 눈금을 가리키는 침이 달려 있었다. 상자 밑에는 추를 달 수 있도록 고리가 붙어 있었다.

아인슈타인이 칠판에 다가갔고 이어 둘은 보어를 괴롭히고 있던 문제를 해결하려고 함께 애썼다. 그 문제란, 무게를 재려고 할 때 상자가 움직이게 되면 그것이 아무리 미세하더라도 아인슈타인의 상대성이론에 따라 시계가 더 느려짐을 뜻한다. 그러면 셔터가 광자를 방출하기 위해 열리는 시간이 불확실해지며, 보어가 칠판에 각 단계별로 적은 내용에서 드러난 대로 아인슈타인이 부정했던 것 같았던 시간-에너지 불확정성 관계가 다시 나타난다.

아인슈타인이 어리둥절한 표정으로 파이프를 꺼냈지만 끝내 성냥을 찾을 수가 없었다. 보어가 그걸 알아채고서 이번만큼은 자신이 그의(아인슈타인의) 성냥을 찾아낼 수 있었다. 보어가 아인슈타인의 파이프에 대신 불을 붙여 주었다. 아인슈타인은 모자에 손을 갖다 대는 듯한 동작으로 고개를 끄덕였다. 보어가 슬며시 웃었다.

브뤼셀에서도 보어는 측정 행위가 대상이나 장치 또는 이 둘에게 혼란스러운 과정, 즉 물리적 방해를 일으킨다는 점을 밝힌 적이 있긴 했다. 하지만 그때는 아인슈타인의 지고지순한 광양자, 즉 혼란한 측정으로부터 반 광년이나 떨어진 대상을 건드린 것이 아니었다.

마침내 보어가 그 미지의 얽힌 양자 세계로 관심을 돌리자 논쟁은 다시 한 라운드를 맞이하게 된다. 그것은 사실상 양자론의 황금기에 벌어진 마지막 논쟁이 될 터였다. 전쟁의 광풍이 물리학자들에게도 들이닥쳐 그들을 바람에 흩날리는 씨앗처럼 만들 시기가 다가오고 있었기에.

막간의 이야기
붕괴
─1931~1933년─

1932년 「코펜하겐의 파우스트」에서 디랙

(광자의 스핀, 인도인 복장을 한 채 무대 저편으로 슬금슬금 내뺀다.

도망자의 음악이 깔린다.)

다시 주목하시길! 여기 광자의 스핀이 있습니다.

인도인 복장인 사리와 외투를 걸친 채.

(예의 바르고 존경할 만한 보존이라면 아무런 옷도

걸치지 않고서 무대를 가로지를 리가 없다!)

"인간은 오직 운명만을 사랑한다." 에두아르트 아인슈타인이 고등학교 논문에 쓴 경구다. "최악의 운명이란 아무런 운명도 갖지 않는 것, 그리고 자기 외의 다른 이를 위한 운명이 되어 주지 않는 것이다. (⋯)" 1931년 고등학교 졸업 후 2년이 지나 에두아르트가 쓴 것 중에서 가장 멋진 경구들이 『노이에 슈바이처 룬트샤우(Neue Schweizer Rundschau, 뉴 스위스 리뷰라는 뜻의 문학 잡지)』에 발표되었다. 그 무렵 사랑스럽고 총명한 '테텔'(Tetel, 둘째 아들 에두아르트의 별명—옮긴이)은 취리히에 있는 의과대학을 그만두고 정신과 의사의 꿈도 버렸다. 그러고선 자신의 어두운 셋방과 흐트러진 마음에서 좀체 벗어나지 않았다.

1914년 아인슈타인이 첫 번째 아내와 두 아들과 결별할 때 테텔은 네 살이었다. 반짝이는 눈과 흐트러진 머리카락에다 딴 세상 사람 같은 이 아이에게는 묘하게도 세상의 우상이 된 아버지의 모습이 일찌감치 엿보였다. 무서울 정도로 조숙해 일찍부터 실러와 셰익스피어에 빠져 지냈기에 그가 여덟 살이었을 때 아버지는 "다 클 때까지는 너무 탐닉하지 마라."고 주의를 줄 정도였다. 막역한 친구인 베소에게 말한 대로 아인슈타인은 자기 아들에게 정신분열증이 "사춘기 이후 서서히, 하지만 피할 수 없이 다가오고 있음을" 알아차렸다. 십 대인 에두아르트가 몰두해서 치는 피아노 소리를 들으면 다들 감동을 느꼈다. 친구들은 그의 특이한 점을 간파하지 못했고, "약간 정신을 딴 데 팔고 있는" 아이라고 본 친구가 한 명 있었을 뿐이다. 하지만 그의 아버지는 "광기 어린", 그리고 경직된 음악을 듣고서 불길한 예감을 느꼈다.

1930년 초여름에 에두아르트가 쓴 자칭 "황홀한 편지들"—숭배하지만 멀리 있는 아버지의 관심과 사랑을 얻기 위해 문학적이고 철학적인 글이 담긴 편지들—은 히스테릭하고 복수심과 절망감에 가득 차 있었다. 이 편지를 읽고 아버지는 걱정이 되어 취리히로 달려갔다. 가서 보니 멋진 아들에 대한 자신의 우려가 전부 사실로 드러났다. 그런 신경쇠약은 "정말로 좋은 영혼의 의사"가 되는 데 도움이 될 거라고 아들에게 애써 말했지만 내심으로는 어찌할 수 없는 두려움이 엄습했다.

취리히에 있는 아들을 정신과 의사에게 맡겨 놓고 아인슈타인은 카푸트에 있는 집으로 돌아갔다. "남편은 늘 신경 쓰이는 모든 것으로부터 아무런 피해도 안 입으려고 해." 엘사 아인슈타인이 친구에게 남편에 대해 한 말이다. "그런 점이 너무 심한데, 내가 아는 어떤 사람보다도 더 심해. 그 때문에 무척 피폐해졌어." 그는 눈에 띄게 늙었다. 그해 여름 그의 사상을 요약해 달라는 부탁을 받았을 때 다음과 같은 놀라운 주장을 펼쳤다. "일상생활을 통해 우리가 알고 있는 바는 우리가 다른 사람들—이들의 미소와 복된 삶이 우리의 행복을 전적으로 좌우하는 사람들—을 위해 존재한다는 것입니다." 하지만 실제로는 가정을 떠난 아버지였던 그는 자기 삶의 방식을 바꾸려고 하지 않았다. 엘사는 1930년 말 이렇게 말했다. "이곳에서 보내는 겨울은 슬픔만이 가득할 뿐이다. 우리는 오랫동안 서로 떨어져 있을 작정이다."

몇 달 후 아인슈타인은 취리히와 베를린에서 1만 킬로미터 넘게 떨어진 어느 아름다운 곳에서 이렇게 적었다. "잘 알려진 대로 양자역학의 원리들은 미래에 입자가 취하게 될 경로를 정확하게 예측하는 데 제약을 가한다." 하지만 입자의 과거는 어떨까? 자신의 원리가 아직 일어나지 않은 사건만을 다룬다고 믿었던 하이젠베르크는 이미 4년 전에 아인슈타인이 입자를 입자로 취급하지 않는다고 강하게 비난했다.(하이젠베르크는 파동성보다 입자성을 중시했지만 아인슈타인은 파동성과 입자성의 융합을 추구했다.—옮긴이) 하지만 아인슈타인은 하이젠베르크 원리에 따른 입자들의 과거 이력도 미래만큼이나 혼란스러울지 궁금하게 여기기 시작했다. 이 문제에 대해 그는 1931년 초 미국 패서디나에서 따뜻한 겨울을 보내면서 곰곰이 생각했다. 파이프 담배 연기를 뒤로 하고 캠퍼스를 가로질러 거닐 때였고 그 옆에는 큰 키에 날씬하고 깔끔한 옷차림을 한 리처드 체이스 톨먼이 동행했다. 그의 뒤로도 향이 은은한 담배 연기가 구름처럼 피어올랐다.

톨먼은 새로 생긴 캘리포니아 공대(칼텍)에서 처음 뽑은 교수 중 한 명이었다. 이 대학은 10년 전에 세 명의 물리학자—물리화학자인 알프레드 노예스, 전자의 전하를 측정한 로버트 밀리컨, 윌슨 천문대의 초대 소장인 조지 엘러리 헤일—가 설립했다. 톨먼은 자기 적성에 맞게 물리화학자로서 전자의 질량을 측정했으며 그 당시에는 하늘나라에 대해 사색하고 있었다. 또한 아인슈타인이 지극히 아끼는 두 가지 주제인 통계역학과 상대성이론에 관한 책을 썼다.

겨울에도 파릇파릇한 잔디밭에서 이들과 함께한 사람은 상냥한 표정이지만 최근에 칼텍에서 박사 학위를 받아 아직은 어색해 보이는 러시아계 미국인 보리스 포돌스키였다. 그는 대학원생 기간을 라이프치히에서 하이젠베르크와 함께 보냈다. 러시아에서 보내던 시절을 늘 동경했던 파울 에렌페스트도 한 달 전에 칼텍에 와 있었다. 그와 포돌스키는 톨먼과 공동으로 「빛에 의해 생성된 중력장에 관하여」라는 논문을 쓰기도 했다. 이제 톨먼과 포돌스키는 아인슈타인과 더불어 관심 분야를 「양자역학에서 과거와 미래의 지식」으로 돌렸다.

포돌스키는 도나우 강이 아조프 해와 만나는 곳에서 가까운 러시아의 작은 마을에서 자랐다. 어린 시절 숙모의 채소 가게에서 일하며 힘겹게 지냈다. 그는 팔 물건을 무거운 노끈으로 포장했는데 이 노끈을 맨손으로 끊었다. 제1차 세계대전 직전 그는 열일곱의 나이로 배의 3등 선실에 몸을 싣고 엘리스 섬(미국의 북대서양 연안에 있는 섬. 당시 이민자들이 미국에 첫발을 내딛던 곳이다.—옮긴이)에 도착했다. 이어서 그레이하운드 버스를 타고 미국을 횡단하여 로스앤젤레스에 사는 또 한 명의 숙모한테 갔다. 마침 그곳은 도시의 미래를 새롭게 창조할 수도관 건설과 영화 산업이 한창일 때였다. 그는 학비를 벌기 위해 배관공의 보조로 일했는데, 그 배관공은 머리가 좋은 포돌스키가 화장실 수리하는 법을 금세 배워 독립할까 봐 그에게 기술을 가르쳐 주지 않았다고 한다. 그러면서도 포돌스키는 전기공학 학사 학위에 이어 수학 석사 학위를 거쳐 물리학 박사 학위까지 땄다. 그가 미국에서 얻은 두 번째 일은 (당시) 볼더 댐에서 로스앤젤레스로 전력을 송전할 구리관을 설계하는 대규모의 배관 및 전기 공사였다. 전기 회사에서 일할 때에도 그는 남다른 관점에서 문제에 접근했다. 이를테면 그가 봄이 되어 땅이 녹는 중요한 시기를 가장 잘 알 수 있는 지표로 삼은 것은 회사에서 이용하던 것—댐 위쪽의 산에 쌓인 눈의 높이—과 달리 도쿄의 온도였다.

아인슈타인은 포돌스키, 톨먼과 더불어 자신의 광양자 방출 상자의 새로운 쓰임새를 찾아냈다. "이 논문의 목적은 단순한 이상적 실험 하나를 논의하기 위함이다."라고 그들은 설명했다. "이 실험은 한 입자의 과거 경로를 기술할 수 있다면 양자역학에서 허용되지 않는 유형인 두 번째 입자의 미래 행동에 대한 예측으로 이어지게 된다는 것을 보여 준다." 아인슈타인의 사고실험은 이제 거의 완벽해졌다.

"동네 술집에서 자네 아들을 만났네." 취리히에 들렀던 막스 보른이 패서디나에 있던 아인슈타인에게 쓴 편지 내용이다. 톨먼과 포돌스키와 더불어 논문을 발간한 직후였다. "난 자네 아들을 무척 아꼈네. 착하고 머리가 좋은 데다 자네와 똑같이 멋지게 웃으니 말일세. 흠, 자네에게 알릴 게 뭐가 더 있지? 유럽의 상황은 좋지 않네. 정치적으로도 경제적으로도. (…) 하지만 히틀러와 그의 패거리들이 설쳐 댄다 해도 상황은 분명 나아질 거네. 참, 나도 캘리포니아에 관해서 훤히 알고 있네. 에렌 페스트가 자신의 여행 이야기를 생생하고 자세히 적어 헤디에게 보낸 편지를 나도 막 읽고 있으니 말일세. 그 친구는 자기가 겪은 일을 얼마나 잘 설명하는지."

헤디는 생일 축하 인사를 겸해 아인슈타인에게 보낸 편지에 이렇게 썼다. "주간 뉴스 영화에서 박사님의 소식을 보고 들을 수 있어서 저는 언제나 매우 기쁩니다. 뉴스 영화는 흩날리는 꽃잎들 속에 샌디에이고의 사랑스러운 바다 요정 같은 것들이 나오는 장면과 함께 상영된답니다. 어쨌거나 세상에는 즐거운 면도 있어요. 바깥에서 보면 도대체 정신 나간 것처럼 보이지만 저는 주님께서 자신이 할 일을 잘 알고 계신다고 언제나 여깁니다. 파우스트에서 그레트헨이 악마를 알아보는 것과 마찬가지로 주님이 나서서 사람들이 박사님을 알아보게 만듭니다. 왜냐하면 아무리 상대성이론을 철저히 연구했더라도 어느 누구라도 제대로 알 수는 없으니까요."

역시 미국에 있던 파울리는—1931년 여름 좀머펠트와 함께 앤아버 주변을 신나게 뛰어다니고서—좀머펠트가 "역 파울리 효과"라고 명명한 상황이 되어 고생을 했다. 오랫동안 자전거를 함께 타고 지낸 친구인 오토 라포르테가 사는 미시간 주의 집에서 (파울리도 인정한 대로) "약간 취한 상태에서" 계단에 발을 헛디뎌 어깨를 다쳤다. 파울리는 조수인 파이얼스에게 보낸 편지에서 이렇게 해명했다. "수영을 할 수 있긴 하지만 너무 더워서 무척 고생을 하고 있어. 하지만 '무미건조한' 생활 속에서도 전혀 힘들지 않아. 왜냐하면 라포르테와 울렌베크가 술을 가져와 잔뜩 쌓아 놓았기 때문이지.(캐나다 국경 근처에서 찾은 술이야.)"(당시는 미국에 금주령이 내려진 상태였기에 미국 내에서는 합법적으로 술을 구입할 수 없었다.—옮긴이) 하지만 "좀머펠트 교수는 담배를 무척 피우고 싶어 해."

좀머펠트가 파울리와 함께 미국에 간 까닭은 오랜 제자인 파울리가 그가 꼭 옆에 있어 주길 바랐기 때문이다. 파울리가 "네, 교수님" 그리고 "아니요, 교수님"이라며 깍듯이 인사를 하는 사람은 좀머펠트가 유일했다. ("제게 경외감을 불러일으키는 분이 바로 교수님인 까닭을 도무지 알 수가 없습니다." 파울리는 그에게 이런 편지를 보냈다. "분명 다른 이들도 교수님에게 배우고 싶어했을 겁니다. 특히 나중에 제 은사가 된 보어 박사님까지도요.") 20대의 마지막 몇 년 동안 삶이 더욱 힘겨워지자 파울리는 "즐거웠던 학창 시절"처럼 든든하고 안전한 삶의 안내자가 필요했던 것이다. 우선 아버지가 아들 나이에 가까운 어린 여자와 바람이 나자 활기찬 이상주의자였던 어머니가 자살을 했다. 그 후 아버지는 그 여자와 결혼했다. 1930년 말쯤에는 갓 결혼한 신부인 카바레 무용수가 1년 간의 결혼 생활을 끝으로 어느 화학자와 눈이 맞아 그를 떠났다. 그는 자신의 트레이드마크가 된 애매한 욕을 거침없이 내뱉으며("만약 맞붙어 볼 엄두도 못 낼 투우사였다면 모를까 고작 평범한 화학자라니!") 밤새 술을 마셨다.

∞

1931년은 입자와 상자의 해였다. 아인슈타인은 어디에 가든지 사고실험을 선보였다. 브뤼셀에서 처음 꺼낸 후 패서디나로, 이어서 베를린과 라이덴으로, 그리고 다시 브뤼셀로 돌아와서도 사고실험을 내놓았다. 매번 그 실험을 조금씩 수정하여 온갖 경우의 수와 가능성을 살피면서 EPR을 향해 나아갔다.

"광자에게 전혀 방해를 가하지 않고서" 아인슈타인은 이렇게 적었다. "우리는 광자가 도착하는 시간이나 광자의 흡수로 인해 방출되는 에너지의 양 둘 중 하나에 관해 정확한 예측을 할 수 있게 되었다."

관찰할 수 있는 것이 무엇인지를 맨 먼저 정하는 것은 이론이다. 하이젠베르크는 자기 제자인 바이츠재커에게 1931년에 나온 광양자 방출 상자 사고실험의 변형판을 분석하라고 했다. 아인슈타인은 이 주제에 대해 궁리하다가 EPR 역설에 이르게 되는데, 바로 이것이 벨의 정리를 비롯하여 얽힘 현상에 관한 마법과도 같은 온갖 실험들의 밑바탕이 되었다. 하지만 폰 바이츠재커와 하이젠베르크가 알아낸 것이라고는 옳긴 하지만 아무 소득도 없는 "양자장 이론의 연습 문제"일 뿐이었다. 그래서 금세 제쳐 놓았다. 묻혀 있던 보물을 알아보지 못했던 것이다.

에렌페스트는 아인슈타인과 마찬가지로 그것을 연습 문제 이상으로 보았지만 어떻게 다루어야 할지는 몰랐다. 그가 한 일은 누구라도 할 만한 것이었다. 1931년 7월 9일 그는 보어에게 편지를 써서 아인슈타인이 10월 말에 라이덴에 간다고 알려 주었다. 그러고선 (그의 버릇이 된 대문자를 사용하여) '조용한(QUIET)' 의견 교환을 하기 위해 보어도 올 수 있는지 물었다. 에렌페스트는 아인슈타인으로부터 편지로 들은 내용(예를 들면 "시작 후 500시간 동안 상자의 무게를 잰 다음 상자를 근본적인 기준틀에 고정시킨다")을 세세하게 알려 주면서 보어에게 다시 그 실험에 대해 설명했다. "이걸 분명히 밝히면 흥미진진해지네." 에렌페스트가 보어에게 설명을 시작했다. "날아가는 입자는 고립되어 운동하는 동안 서로 판이한 여러 비교환적 예측들을"—양자역학에 따른 이중적 의미를 갖지 않는 예측을— "만족할 준비가 되어 있어야만 하네. 그 예측들 가운데 어느 것을 행하는지 (그리고 검증하는지) 미리 알지 못한 상태에서 말이네."

에렌페스트는 그 편지를 보어가 아니라 마르그레테에게 보냈다. 추신에서 남편이 너무 지친 상태가 아닌 경우에만 전달해 달라고 하면서 말이다. 아울러 이런 구절도 썼다. "답장을 보낼 필요는 없습니다." 마르그레테가 편지 전달을 했든 안했든 간에 답장은 없었다. 보어는 영국 브리스틀에서 10월에 한 강연에서 아인슈타인의 관점을 줄기차게 잘못 이해했다. 이 강연을 통해 광양자 방출 상자의 요점이 얽힘 현상—4년 후 슈뢰딩거가 새로 만들어 낸 용어—이라는 사실을 보어 자신이 전혀 간파하지 못하고 있음이 또 다시 드러났다.

한편 미국 매사추세츠 주의 케임브리지 시에서 슬레이터 휘하의 대학원생인 나단 로젠이 수소 분자의 구조를 연구하던 중에 결합된 두 수소 원자에 대해 최초로 믿을 만한 계산을 내놓았다. 수소는 이상한 물체였다. 오직 분자로 존재할 때만 하나의 특정한 양자 상태를 가졌고 구성 요소인 원자는 서로 얽혀 있었다. 두 원자는 각자의 고유한 상태가 없고, 양자역학적으로 볼 때 하나를 측정하면 다른 하나에 즉시 영향을 미쳤다. 포돌스키의 논리적 분석에 의해 아인슈타인의 광양자 방출 상자가 로젠의 서로 얽힌 수소 원자와 연결되자 EPR 역설이 생겨나게 된다.

9월에 아인슈타인은 다시 하이젠베르크나 슈뢰딩거 중 한 명이 노벨상을 타야 한다며 추천장을 보냈다. "개인적으로 저는 슈뢰딩거의 업적이 더 크다고 평가합니다. 왜냐하면 제가 느끼기에 그가 고안한 개념들이 하이젠베르크의 것보다 더 깊이가 있기 때문입니다." 아울러 이렇게 덧붙였다. "하지만 오직 저 자신의 의견일 뿐이어서 틀릴지도 모릅니다." 다른 사람들은 죄다 그와 의견이 달랐기에 노벨상 선정위원회는 혼란을 겪은 나머지 1931년 노벨 물리학상을 아무에게도 주지 않았다.

에렌페스트의 간청에도 불구하고 보어는 10월에 라이덴에 나타나지 않았다. 에렌페스트는 아인슈타인이 다시금 광양자 방출 상자 실험을 꺼냈을 때 예상 외로 차분했다. 에렌페스트의 조수인 헨드릭 카시미어가 기억하기로 아인슈타인은 다음 내용을 강조했다고 한다. "광양자가 방출된 후 우리는 시계의 눈금을 읽을지 아니면 상자의 무게를 잴지 선택할 수 있네. 따라서 광양자를 전혀 건드리지 않고서도 우리는 광양자의 에너지나 아니면 그것이 멀리 떨어진 거울까지 갔다가 되돌아오는 시간 중 하나를 잴 수 있네." 멀리 간 광자의 상태는 상자에 가해진 행위의 영향을 받을 수 있을까?

에렌페스트가 아인슈타인에게 직접 대답하거나 아니면 대단히 명료하면서도 통찰력이 넘치는 질문을 던지지도 않고 스물다섯 살의 조수인 자신에게 이렇게 말했다고 카시미어는 회상했다. "대화의 시작은 자네가 맡게. 그러면 나는 최선을 다해 그런 문제에 대한 코펜하겐의 견해를 설명하겠네." 카시미어는 그때의 정황을 이렇게 회상한다. "아인슈타인이 이 말을 듣고서 조금 불편해하더니 이렇게 말했다. 그가 한 말을 다음과 같이 정확히 기억할 수 있다. '이건 모순이 없는 걸세. 하지만 내가 보기에 (전기 작가 파이스의 표현에 따르면) 어떤 어려움 또는 비합리성이 들어 있네.'" 카시미어는 그 결연한 회의론자의 묘한 표정을 기억하며 이렇게 적었다. "내 생각에, '어떤 껄끄러움'이 아인슈타인의 마음에 차츰 생기고 있었던 것 같다."

1931년 12월 패서디나로 향하는 여객선에서 아인슈타인은 갈매기들을 보고 있었다. "오늘 베를린에서의 내 지위를 확실히 버리기로 결심했다. 나는 평생 철새처럼 살 것이다."라고 그는 일기에 적었다. "갈매기들은 쉴 새 없이 날며 배를 호위하고 있다. 이제부턴 갈매기가 내 동무다."

유럽 문명의 기둥들이 흔들리던 1932년에 양자역학의 수학적 토대는 굳건해졌다. 제멋대로인 스물아홉 살의 헝가리 천재 존 폰 노이만은 양자역학의 수학적 구조가—파동이든 행렬이든—수학자들이 공리라고 부르는 수학 명제들로 이루어진 순수하고 추상적인 한 그룹으로 환원된다는 것을 밝혀냈다. 이 수학적 해석 덕분에 폰 노이만은 양자역학의 비인과적 성질—아인슈타인이 끔찍이 싫어했던 성질—이 돌이킬 수 없는 진리임을 최종적으로 증명할 수 있었다. 폰 노이만의 책은 아름다우면서도 한편 무시무시한 수학으로 가득한 역저였다. 대부분의 물리학자들이 결코 읽어 본 적이 없는 유형의 책이었다. 하지만 그 결론만큼은 사람들을 정말로 편안하게 해 주었다. 토론에 종지부를 찍을 때 쓰는 '폰 노이만이 밝힌 바에 따르면 (…)'이라는 표현이 양자물리학자들의 사전에 오를 정도였다.

파울리, 하이젠베르크, 디랙보다 더 젊었지만 폰 노이만은 자기모순적인 성질로 유명한 수학 분야(집합론)에서도 위와 똑같은 업적을 남겼다. 그리고 완전히 새로운 수학 및 경제학 분야(게임 이론)에서도 통찰력을 발휘하게 된다. 1년 후에는 새로 설립된 프린스턴고등연구소에서 아인슈타인의 몇 안 되는 동료가 된다. 이 연구소에서 그는 즐거운 장난을 하며 지냈다. 예를 들어 정신을 딴 데 팔고 있는 나이든 이 남자를 엉뚱한 기차에 태우기도 했다.

"솔베이 회의(1927년 10월) 이후의 5년은 경이로운 시기여서 우리는 그 기간을 물리학의 황금기라고 부른다." 하이젠베르크가 40년 후에 쓴 내용이다. 파울리와 디랙은—머뭇거리면서도 거의 결사적으로—각자 한 입자를 예언했다. 파울리가 먼저였다. 그가 중성자로 명명한 (파울리는 이 입자를 그렇게 불렀지만 조금 뒤에 나오는 설명대로 파울리가 예견한 입자는 실제로는 '중성미자'이다.—옮긴이) 전하가 없고 질량이 없는 이 입자는 과학계의 불가사의였던 핵 방사선의 한 형태를 설명할 유일한 입자였다. 한편 디랙은 전자의 전하량을 음으로도 양으로도 예측하는 해를 내놓는 자신의 이론을 붙들고 씨름하고 있었다. 일반적인 물질인 음의 전하뿐 아니라 양의 전하를 띤 반(反)물질이 존재하는 듯했다. 친구인 오펜하이머의 지적대로 그것은 양성자일 리가 없었다. 그렇다면 모든 물질은 빅뱅 10^{-10}초 후에 번쩍이는 섬광 속에서 수축하며 붕괴해 버렸을 것이다.

세월이 흐른 후 이론물리학자들은 온갖 소립자들의 존재를 마구 예측하게 된다. 하지만 이 당시에는 성공적으로 예측된 유일한 소립자라고는 아인슈타인의 광자뿐으로, 이것을 포함하여 알려진 것은 모두 세 개였다. 나머지 둘—전자와 양성자—은 실험에서 발견되었던 것이다. 당시로서는 안개 상자나 가이거 계수기에서 발견되지 않은 입자가 어떤 방정식 때문에 존재할 필요가 있다고 말하는 것은 터무니없는 소리 같았다.

"누구도 디랙의 이론을 진지하게 받아들이지 않았다." 캐번디시연구소의 핵심 실험물리학자인 P. M. S. 블래킷이 했던 말이다. 짜증을 잘 내는 성격인 이 사람은 러더퍼드의 신봉자답게 양전하를 띤 반물질 전자라는 허황한 이론을 받아들일 수는 없었던 것이다. (러더퍼드는 1920년대 말에 이런 말을 한 적이 있다. "물리학에 관해 할 말은 한 가지뿐이다. 이론물리학자는 뒷다리로 서 있는 말과 같다. 앞다리를 다시 내려놓는 것은 우리에게 달렸다.") 그런데 미국 실험물리학자인 칼 앤더슨이 실제로 안개상자 안에서 이 반물질을 찾은 것 같았다.

보어는 앤더슨 실험 사진 한 장을 캘리포니아에서 덴마크로 가져왔다. 열여섯 살 난 아들 크리스티안과 함께 보어는 하이젠베르크와 그의 두 제자 펠릭스 블로흐, 폰 바이츠재커를 남부 바바리아 주의 오베라우도르프 기차역에서 만났다. 그곳에서 하이젠베르크의 오두막까지 스키를 타고 올라갔다. 작은 눈사태가 일어나 하이젠베르크가 하마터면 도중에 휩쓸려 갈 뻔했다. 아무튼 다음 날 주변에 온통 흰 눈의 바다가 펼쳐진 알프스에서 지붕에 올라가 햇살 속에 지쳐 누워 있으면서, 그 사진을 꺼내 놓고서 물방울들로 이루어진 흰 곡선이 소위 양전자의 비행 궤적인지를 놓고 논쟁을 벌였다.

영국에서도 블래킷이 같은 결과를 놓고 충격을 받았다. 러더퍼드는 양전자에 관한 디랙의 이론이 실험을 통한 발견보다 먼저 제시된 것을 '유감스럽게' 여겼다. "블래킷은 이론 때문에 영향을 받지 않도록 가능한 모든 노력을 기울였다." 러더퍼드는 자랑스레 말했다. "하지만 (…)" 상황이 그럴 수밖에 없었다. "만약 실험으로 사실이 확립되고 난 다음에 나왔으면 훨씬 더 그 이론이 마음에 들었을 텐데."

한편 보어 일행은 저녁이 되어 추워지자 하이젠베르크의 오두막으로 옮겨 포커 게임을 했다. 사흘째 되던 날 밤에 보어가 카드 없이 하는 포커를 제안했다. 그는 블로흐와 자기 아들인 크리스티안에게 돈을 걸었다. 왜냐하면 거짓 패로 허세를 부리는 데 둘이 가장 능했기 때문이다. 하이젠베르크가 기억하기로는 몸을 따뜻하게 하기 위해 '독주'를 마시면서 '그런 게임이 벌어졌다'.

"아마도 언어의 중요성을 과대평가해서 그런 제안을 했던 것 같네." 얼마 지나서 게임이 제대로 진행되지 않자 보어가 시인했다. "언어는 실제와 어느 정도 관련성을 가질 수밖에 없네." 다들 그를 향해 웃음을 터뜨렸을 때 상냥하고 흐뭇한 그의 얼굴에 불빛이 어른거렸다. "실제 포커에서는 낙관적인 기대와 확신을 갖고서 실제로 가진 패보다 '더 좋은 결과를 얻도록' 언어를 사용할 수 있네." 살며시 웃으며 말을 이었다.

"하지만 실제 게임이 아닌 경우에는 크리스티안이라도 자신이 로열 플러시를 갖고 있다고 날 설득할 수가 없다네."

∞

러더퍼드도 1920년에 '중성자'의 존재를 예측했다. (양전하를 띤) 양성자의 쌍둥이 격으로 전하를 띠지 않은 이 입자는 원자들, 특히 무거운 원자들이 어떻게 결합되는지에 관한 여러 불가사의를 밝히게 될 입자다. 12년이 지난 1932년 2월에 캐번디시연구소의 부소장이었던 제임스 채드윅이 이 중성자를 발견했다.

하지만 그건 파울리의 중성자가 아니었다. 그래도 그는 희망을 버리지 않았다. 에렌페스트의 제자인 엔리코 페르미도 그랬다. 페르미는 그해에 베타 붕괴(원자핵이 불가사의하게 바뀌는 현상)에 관한 위대한 이론을 발표했는데 이 성과는 그가 파울리의 '작은 중성자', 즉 중성미자(뉴트리노)라고 부른 것 때문에 가능했다. (거의 사반세기 후 제2차 세계대전이 끝나고서야 지구 반대편인 뉴멕시코 주의 로스앨러모스 연구소에서 중성미자가 발견되었다. 발견자는 급히 파울리에게 전보를 보내 그 기쁜 소식을 알렸다.)

다시 1932년 캐번디시연구소로 돌아가면, 러더퍼드 연구팀에 새로 들어온 두 연구원—한 명은 캐번디시연구소에서 두 가지 전임 업무와 한 가지 비전임 업무를 동시에 해낸다고 알려진 존 콕크로프트, 또 한 명은 시계 수리에 능한 민첩한 실험물리학자 어니스트 월튼—은 이전에 연구소의 도서관으로 쓰던 곳에서 수제 '가속기'에 기름칠을 하고 있었다. 더 깜짝 놀랄 일을 벌이기 위해서였다. 1928년에 스물다섯 살의 가모프는 양성자가 파동의 성질 때문에 한 원자의 핵 속으로 비집고 들어가 핵을 쪼갤 수 있음을 알아차렸다. 입자로서만 본다면 결코 일어날 수 없는 현상이었다.

러더퍼드는 온화한 표정으로 연구실에 느닷없이 들어왔다 나가곤 했다. 그러면서 명령도 내리고 격려도 하고 연구원들의 정신도 산만하게 했고, 가끔씩은 젖은 자기 외투를 작동 중인 전극에 걸쳐 두거나 바짝 마른 담배에 불을 붙이고서 "짙은 연기, 불꽃, 그리고 재가 분출되는 화산인 것처럼" 흉내를 냈다. 옆 연구실에 있는 콕크로프트와 월튼은 그 모습을 보며 재미있어했다. 그리고 4월 13일 아니면 14일에—둘이 노트에 적은 날짜가 서로 달랐기에—그는 한 리튬 원자의 두 조각이 형광막을 때리는 모습을 관찰했다. 원자를 쪼갰다! 환희에 찬 이 외침은 곧 신문에 실렸다. 깨질 수 없는 원자가 깨졌다. 모든 것은 붕괴된다. 중심은 유지될 수 없다.

자신의 사고실험에 등장하는 입자와 상자에 대한 파동방정식이 가리키는 불가사의한 관련성을 놓고서 1년 동안 깊이 생각한 아인슈타인은 1932년 9월 노벨상 추천 시기가 다가왔을 때 오랜 머뭇거림을 끝내고 슈뢰딩거만을 추천하기로 결심을 굳혔다. "드 브로이의 연구와 더불어 그의 연구 덕분에 우리는 양자 현상을 가장 깊이 이해하게 되었습니다." 불길한 1932년 가을에 마지막이 될 자기 논문의 주에 에렌페스트가 적은 아래 내용을 보면 아인슈타인의 말이 무슨 뜻이었는지 짐작된다. "원거리 작용에 관한 한 기괴한 이론을 슈뢰딩거의 파동역학으로 표현할 수 있다는 점을 상기한다면, 접촉 작용에 관한 사차원 이론은 향수 어린 이론으로 남게 될 것이다. (…) 아인슈타인이 고안했지만 아직 공식적으로 발표되진 않은 어떤 사고실험이 특히 이 목적에 알맞다."

에렌페스트는 이 논문의 제목을 「양자역학에 관한 몇 가지 탐구적인 질문들」이라고 정했다. 그는 굳건한 토대를 건드리며 그것이 존재하기나 한 것인지 아니면 양자론이 "터무니없는" 것인지 알아보려고 했다. 파울리도 같은 질문들을 떠올린 적이 많았기에 그 논문은 파울리에게도 "대단한 기쁨의 원천"이었다. 그는 동일한 제목 하에 양자론을 접촉에 의한 작용의 관점에서 설명하려고 시도한 내용을 에렌페스트에게 답장으로 보냈다. 결과가 그다지 성공적이지는 않았다. 그래도 에렌페스트는 자신이 혼자가 아니라는 사실에 조금 마음이 놓였다. "보어와 자네가 두려워." 에렌페스트는 그에게 이렇게 말했다. "지난 1년 동안이나 그 짧은 논문의 발간을 놓고서 고심했네. 하지만 이젠 더 이상 혼자만 절망하지 말고 발표하기로 했네."

슈뢰딩거는 1932년 여름을 늘 이타 융거와 함께 지냈다. 잘 웃던 열네 살의 개인 교습 학생이었던 그녀는 이제 스물한 살의 아름다운 숙녀가 되었고 지난 4년간 그의 충실한 정부로 있었다. 하지만 날씨가 차츰 추워지면서 그녀가 임신했다는 것이 분명해졌다. 그것이 관계의 끝이라는 점 또한 분명해졌다. 슈뢰딩거는 자기 조수의 아내에게로 돌아가고 싶어했다. 하지만 아들을 간절히 원했기에 그녀가 아이를 낳으면 자기나 아니에게 주면 좋겠다고 내심 바랐다.

하지만 이타는 낙태를 한 뒤 베를린을 떠났다. 성장기를 보냈고 슈뢰딩거와 함께 지냈던 도시들을 떠나 그녀는 어느 영국인과 결혼했다. 하지만 그것이 끝이 아니었다. 슈뢰딩거는 여러 명의 정부를 거치면서 세 딸을 얻게 된다. 첫아이는 이후 2년도 채 되지 않아 조수의 아내를 통해 얻었다. 하지만 이타는 그와의 관계에서 생긴 후유증으로 여러 번의 유산을 겪는 바람에 아이를 가질 수 없게 되었다.

한편 1932년과 1933년의 슈뢰딩거의 미발표 노트에 따르면 당시 그는 에렌페스트와 아인슈타인을 그토록 괴롭혔던 원거리 작용을 자신의 방정식을 통해 수학적으로 연구하고 있었다. 한때 접촉했던 두 입자는 모든 물리적 접촉에서 멀어진 지 한참 지난 후에는 오로지 공유된 파동함수 Ψ에 의해서만 기술되었다. 예전처럼 파동역학을 갖고 있으면서도—이 역학으로 그가 드 브로이의 아이디어의 애매모호한 윤곽을 예측하긴 했지만 끝까지 파헤치지 않는 바람에 드 브로이가 별도로 그 아이디어를 확실하게 밝혀낸 것처럼—그는 다른 사람이 그 문제를 더 분명히 밝혀 주기 전까지는 자신의 생각을 제대로 발전시키지 못했다.

드 브로이와 같은 역할을 한 이들은 3년 후 아인슈타인, 포돌스키, 그리고 로젠이었다.

∞

1932년 말 코펜하겐의 블레그담스 15번가 작은 황갈색 연구소 대강의실에 사람들이 모였다. 너나없이 이곳에 모인 까닭은 가모프가 "일상적인 곡예"라고 부른 어떤 것 때문이었다. 그러나 정작 가모프는 참석하지 못했다. 왜냐하면 스탈린—가모프의 조국 우크라이나가 숙청과 굶주림에 허덕이는 동안 "어지러울 정도의 성공 가도를 달리던" 인물—이 "자본주의 국가의 과학자와 친해지게 할 수는 없다"는 명목으로 그의 여권 발급을 거부했기 때문이다.

보어와 에렌페스트는 세 번째 줄에서 웃음을 머금고 잡담을 나누고 있었다. 둘은 강의실용 조그만 책상 위에 팔꿈치를 괴고 앉아 있었다. 앞줄의 두 의자는 비어 있었다. 강연장에는 리제 마이트너가 있었다. 앞으로 불길한 우라늄 핵분열을 최초로 이해하게 될 사람이었다. 또 디랙과 하이젠베르크도 있었다. 불빛이 희미해지면서 무대 위로 막스 델브뤼크가 올라왔다. (그해 초반에 생물학자들에게 상보성을 찾도록 촉구하는 보어의 강연에 감동을 받고서 앞으로 그는—비록 보어의 철학을 증명해 내진 못하지만—분자생물학 분야를 개척한 선구자가 된다.) 정장용 모자를 쓴 그의 모습은 매우 젊고 매력적이면서도 버릇없어 보였다. "존경하는 귀빈들께 「코펜하겐 파우스트」를 보여 드리겠습니다." 청중들의 박수 소리에 이어 대천사 세 명이 걸어 나왔다. 유명한 천체물리학자들의 얼굴이 그려진 가면을 조심스레 쓴 모습들이었다.

이 작품은 청중들 대부분이 학교에서 읽었던 괴테의 작품을 교묘하게 모방한 연극이었다. 극 속에서 천사들이 운율에 맞춘 독일어로 토론을 벌이고 있는 와중에 느닷없이 레오 로젠펠트가 파울리의 얼굴이 그려진 가면을 쓰고 나타나자 다들 웃음을 터뜨린다. 그가 메피스토펠레스다. 장막에 가려진 모습인 신이 낮은 탁자 위의 스툴에 올라타 있고 메피스토펠레스가 폴짝 뛰어 올라 신의 발치에 앉는다.

메피스토펠레스가 신에게 인사를 건네자 잽싸게 장막이 걷히면서 닐스 보어의 가면을 쓴 펠릭스 블로흐가 나타난다. 블로흐가 스툴에서 내려와 다음과 같이 읊조리자 관객들이 폭소를 터뜨린다. (관객들 속에 있던 보어는 머리를 가로저으며 활짝 웃는다.)

그런데 악마의 왕자여, 단지 불평을 늘어놓으려고
이 흥겨운 분위기를 방해하고 있느냐?
현대물리학이 널 해치기라도 한단 말인가?

메피스토로 분장한 파울리가 대답한다.

아닙니다, 주님! 저는 곤경에 처한 물리학에 연민을 느낍니다.

늘 그게 마음이 아파 저는 쓰라린 슬픔에 잠겨 있습니다.

그러니 불평이 생기지 않을 리가 없지요. 하지만 누가 저를 믿겠습니까?

신이 턱에 손가락을 갖다 대며 묻는다. "에렌페스트라는 이 사람을 아느냐?"

메피스토가 손을 내저으며 답한다. "그 비판자 말씀인가요?!" 에렌페스트가 그려진 만화를 들고 어떤 이가 달려 들어온다. 만화 위로 조명이 비치자 보통 사람들보다 세 배나 더 빳빳이 서 있고 헝클어진 그의 머리카락이 빛난다. 만화 밑에는 '파우스트의 화신'이라고 적혀 있다. 신이 파우스트로 분장한 에렌페스트를 자신의 사도라고 주장하자 메피스토는 자기가 나서 파우스트를 타락시킬 수 있노라고 큰소리를 친다. 어두운 관객석에 있던 에렌페스트가 턱에 손을 갖다 댄 채 어이없다는 미소를 지으며 생각한다. 내가 파우스트라고, 도대체 뭔 소리야.

신이 한숨을 쉰다. 보어의 가면 뒤에 숨은 블로흐는 거장이 남긴 반쯤 독일적이고 반쯤은 덴마크적인 독특한 다음 구절을 흉내 낸다.

오, 이것은 참으로 두렵구나! 하지만 말해야 하리. (…)

하지만 말해야 하리. (…) 고전적 개념들은 본질적으로

실패-일종의 늪일 수밖에 없음을.

한 가지 더 말하자면—하지만 비밀에 부쳐야 하리—

요즘엔 질량을 뭐라고 여기느냐?

메피스토가 웃음을 터뜨린다. "질량이라고요?" 메피스토 가면 뒤에

숨은 로젠펠트가 말한다. "그냥, 관심을 끄십시오!"

신이 더듬거린다. "하지만 (…) 하지만 그건 (…) 매우 흥—미—로—운—데. 아직은 그걸 (…)"

메피스토가 말을 끊는다. "아, 닥치세요! 요즘 세상에 무슨 소릴 하십니까? 조용히 하십시오." 이 시점에서 청중석에선 웃음소리가 가득 울려 퍼진다. 파울리와 보어 사이에 이런 장면을 다들 수없이 봐 왔고 이에 관한 이야기를 자주 해 왔기 때문이다.

신이 머리를 천천히 가로저으며 마치 조그만 어린아이를 대하는 듯 말한다. "하지만 파울리, 파울리, 파울리, 실질적으로 나도 동의하는 바야."(청중들로부터 더 큰 웃음이 터진다. 이 표현은 폰 바이츠재커의 묘사대로 보어가 "겉으로는 사근사근하게 말하는 척하면서" 다른 사람의 말은 완전히 틀렸다고 말할 때 쓰는 것임을 다들 잘 알고 있기 때문이다.)

"틀림없이 그렇다. 그건 내가 보장하지" 신이 말을 잇는다. "(…) 하지만 질량과 전하가 한 묶음이 되면 도대체 뭐가 남지?"

로젠펠트는 낮은 탁자의 모서리에 걸터앉아 몸을 흔들면서 파울리처럼 들뜬 말투로 대답한다.

여보세요, 그건 초보적인 겁니다!
무엇이 남는지 내게 물으십니까?
중성미자시여, 이런 세상에나!
정신 차리고 머리를 써 보시길!

신과 메피스토 둘 다 아무 말 없이 탁자 위에서 앞뒤로 오간다. 그러다가 신이 걸음을 멈추고 관객들을 바라보며 말한다. "이런 말을 하는 것은 비판하기 위해서가 아니라 (…)"—보어는 저 표현이 자기가 즐겨 쓰는 것임을 알아차리고선 의자에 앉아 고개를 끄덕이며 미소를 짓는다—"단지 배우기 위해서다. (…) 하지만 이젠 널 떠나야 한다. 안녕히! 다시 돌아오마." 이 말과 함께 낮은 탁자에서 뛰어내린다.

메피스토가 신 나는 듯 이렇게 말한다.

때때로 저 늙은이를 보는 게 즐거워.

최대한 잘 대우해 주고 싶어.

매력적인 데다 위엄 있는 분이니, 소홀히 대하면 실례지.

그런데 말이야! 저분은 너무 인간적이라 파울리에게도 말을 걸어!

이 말을 마치고 그는 낮은 탁자에서 뛰어내려 몰래 무대를 나가 버린다.

델브뤼크가 다시 나타나 그 탁자 방향을 향해 손을 흔들며 "1부, 장면: 파우스트의 서재"라고 읊조린다. '에렌페스트'가 책을 한보따리 들고 들어와 자기 앞에 쌓아 놓는다. 지식이 가득 담긴 책들 뒤에 놓인 의자에 앉은 다음 파우스트의 첫 구절을 한숨지으며 낭독한다.(이 연극에 맞게 적당히 수정해서.)

아아, 나는 현대 화학도,

군(群) 이론도, 전기장 이론도,

그리고 1893년에 소푸스 리가 밝혀낸 변환 이론까지도

연구했도다.

하지만 지금 여기 서 있는 난

옛날보다 더 나아진 것 하나도 없도다.

석사님, 박사님이란 소리를 들으며,

이 가련한 에렌 파우스트가

위로 아래로, 이리저리로 내 제자들을 이끌었도다. (…)

(실제 에렌페스트가 빙긋 미소를 지었다.)

(…) 어리석은 광대인 내가,

내가 그랬듯이 제자들도 물리학 때문에 인생을 망쳤네. (…)

모든 의혹이 나를 괴롭히고 (…)

그리고 악마인 파울리가 나는 두렵도다.

이어서 메피스토가 뛰어든다. 떠돌이 행상 같은 옷차림인데, 여기서는 에렌페스트에게 파울리의 중성미자를 팔려는 행상이다. 또한 그는 물레 돌리는 노래로 유명한 환한 그레트헨 같은 치장을 하고서 노래 가사를 약간 바꾸어 이렇게 노래한다.

내 질량은 영

내 전하도 마찬가지

당신은 나의 영웅

내 이름은 중성미자.

(당시에는 중성미자의 질량이 0이라고 여겼으나 1999년에 미세하지만 질량이 있다는 사실이 밝혀졌다.—옮긴이)

연극이 계속 진행되면서 발푸르기스의 밤이 고전 버전과 양자역학 버전 두 가지로 펼쳐지고, 메피스토펠레스의 왕과 벼룩 이야기는 통일장 이론에 시달리는 아인슈타인의 이야기로 각색되고, 디랙의 양전자 이론을 신나게 떠들어 대다가, '오피'(오펜하이머), 크라메르스, 좀머펠트 이야기를 거쳐 마침내 "앤아버 여사의 주류 밀매점"(미시간 대학의 앤아버 여름학교로 '캐나다 국경 근처'에 있었다)에 있는 톨먼 이야기를 다루었다. 이곳에서 모두들 메피스토의 그레트헨 중성미자에 관한 내용에 흠뻑 빠져 있었다. 그해 물리학의 가장 큰 이변으로 떠오른 그 문제를 다룬 후 연극은 약간 우스꽝스러운 파우스트의 죽음으로 다음과 같이 끝이 난다.

메피스토가 말한다. "변화하는 형태들을 갈구했건만 그것으로 그는 결코 즐거움을 얻지 못했네. (…) 이제 모든 것이 끝났도다. 지식이 그에게 무슨 도움이 되었단 말인가?" 웃음소리 가운데 에렌페스트의 얼굴이 드러났다. 그도 웃고 있었지만 눈빛은 어두웠다.

마침내 '채드윅'이 판지로 만든 검은 공을 손가락 위에 올린 채 나타나서 읊조린다.

중성자가 나타났네.
질량은 갖고 있지만
전하는 영원히 갖고 있지 않네.
파울리, 동의하는가?

메피스토 분장의 파울리가 인정한다.

비록 이론이 관여하지 않았지만

실험으로 찾아낸 것은
의식과 마음을 쏟기에 합당하다고
늘 여겨지는 법이라네.

그는 채드윅의 검은 공을 보며 머리를 끄덕이더니 말한다.

행운이 있기를, 너 무거운 대체물이여…
너를 기쁘게 맞이하네.
하지만 열정이 우리의 플롯을 돌리며,
그레트헨이 내 보물이라네!

"신비의 합창단"(이 연극에서의 명칭은 "노래할 수 있는 모든 사람들")이 마지막 합창을 부르고 나자 손뼉 소리와 환호성이 공연장을 가득 채운다.

폰 바이츠재커는 이 연극에 대해 이렇게 적었다. "보어에게 우리가 웃음을 터뜨린 것은 우회적으로나마 이런 마음을 드러내기 위해서였다. 즉 종종 그를 이해할 수 없을 때가 있지만 우리가 거의 무조건적으로 그를 존경하며 무한정 그를 사랑하고 있다는 것을 말이다." 웃고 있는 관객들을 둘러보며 배우들이 가면을 벗자 모두들 웃음을 터뜨렸다. 누가 보아도 좋은 일이다. 그해에 러더퍼드의 캐번디시연구소에서 불안정한 동위원소를 하나 찾아낸 흥미진진한 사건도 좋은 일이었다. 더 많은 것을 발견하고 앞으로도 발견하게 될 거라는 희망도 좋은 것이었다. 그해는 상대성이론의 출현 이후로 물리학으로서는 가장 흥미로운 해였다. 그야말로 지식, 위대함, 발전, 그리고 문명의 해였다.

이듬해인 1933년 1월 30일 히틀러가 독일에서 권력을 잡았다. 두 달 후 카푸트 주변의 나무들에 봄이 막 찾아올 무렵 갈색 셔츠를 입은 히틀러의 돌격대원들이 아인슈타인의 집에 들이닥쳤다. 평화로운 하벨 강에서 밧줄에 묶여 있는 배를 한 척 발견하고는 그 배를 압수했다. 이들은 그 배를 "아인슈타인 교수의 고속 모터보트"라고 보고했다. 그 작은 배는 결국 다른 이에게 팔리면서(곧 그 지역의 기록과 기억에서 사라지고 말아 나중에 아인슈타인이 애써 찾으려 했지만 이미 늦었다) 이런 명령이 첨부되었다. "공공의 적들에게 다시 팔지 말 것." 패서디나에 있던 아인슈타인은 베를린에 자신의 대학 지위를 공식적으로 그만두겠다고 서한을 보냈다. 이후로 다시는 독일 땅을 밟지 않았다.

다시 베를린으로 가 보면, 막스 플랑크가 독일 물리학계의 대표로서 전국에 걸쳐 임용에서 제외된 유대인 교수들이 독일에 얼마나 중요한지를 히틀러에게 설득하는 일에 발 벗고 나섰다. 하지만 작고 완고한 그 독재자가 일흔다섯의 저명한 원로 물리학자 앞에서 치를 떨며 막무가내로 고함을 치는 바람에 플랑크는 거의 한마디도 입 밖에 꺼내지 못했다. 아인슈타인이 전해 듣기로 히틀러는 플랑크에게 수용소로 보내 버리겠다는 협박까지 했다고 한다. 플랑크는 위험에 처하지 않았을지 모르지만 10년 후 그의 아들은 애석하게도 히틀러 암살에 연루되어 처형을 당하고 말았다.

한편 하이젠베르크는 플랑크를 비롯하여 독일에 남은 다른 '아리안' 교수들처럼 제3제국의 시민으로서 당국의 명령에 따라 부모의 출생 및 결혼 증명서에 대한 세세한 내용을 제출하고 세뇌 교육을 받으며 강의를 시작할 때마다 '하일 히틀러'를 외쳐야 했다. 4월에 파스쿠알 요르단(하이젠베르크, 보른과 함께 행렬역학을 만들어 낸 말더듬이 물리학자)이 나치당에 가입했다. 5월에는 대학의 울타리를 넘어 그들이 사랑했던 여러 도시—괴팅겐, 뮌헨, 베를린—의 광장에서 수백 권의 책이 불타며 연기가 피어올랐다.

어디를 둘러보아도 상황이 더욱더 불안정해지고 있었고 사람들은 어디가 안전한지 모르는 채 우왕좌왕하고 있었다. 모든 것은 붕괴한다. 중심은 유지될 수 없다. 한밤중에 전화벨이 막스 보른을 깨웠다. 악의에 찬 슬로건을 외치는 거친 목소리가 전화선을 통해 들려왔다. 아직 비몽사몽인 채 보른은 나치 응원가인 '호르스트 베셀 노래'를 들어야 했다. 그는 1933년 5월 초에 아내와 아들을 데리고 (한 작은 마을 광장에서 책들이 불타는 모습을 차창 밖으로 보면서) 독일을 떠나 이탈리아 국경을 넘어 셀바로 왔다. 이 작은 마을은 은밀하고 안전한 느낌이었다. 아찔한 산길을 따라 한참이나 차를 몰아야 도착할 수 있는 곳이었다. 오는 길에 보니, 길가의 눈 덮인 성지들에는 피 흘리는 그리스도 상이 서 있었고 양파 지붕 모양의 교회들이 벼랑과 하늘 사이에 간신히 매달린 듯 위태로웠다. 그곳은 남달리 아름다운 티롤 백운석 협곡 속에 숨어 있었다. 거대한—그리고 놀랍도록 가까이 있는—거친 봉우리들이 마치 하늘에 두른 성벽처럼 그 협곡을 감싸고 있었다.

5월에 보른이 도착했을 때도 그곳은 한겨울이나 마찬가지였다. 보른 가족은 한 농부에게서 셋방을 얻었다. "그렇게 우리는 외로운 생활로 접어들었다."고 보른은 적었다.

하지만 곧 봄이 찾아오자 작고 노란 트롤 꽃들이 황홀하게 피어났다. 산속의 목초지에는 이 노란 꽃들이 끝도 없이 피어나 봄바람에 살랑대는 모습이 장관을 이루었다. 산봉우리들은 봄 스키를 즐기기에 안성맞춤이었다. 보른이 그 아름다움에 넋을 잃었노라면서 이렇게 회고했다. "아내는 히틀러나 교육부 장관인 루스트에게 전보를 쳐서 알프스에서 봄을 맞이할 수 있게 해 준 데 대해 심심한 감사를 표하고 싶을 정도였다."

봄이 여름으로 바뀌며 에델바이스가 피어날 무렵 바일이 보른의 딸들을 데려왔다. 딸들이 바일 내외와 함께 지내며 여름 학기를 마치고 온 것이다. 더불어 보른의 에어데일 종 개 트릭시도 함께 왔다. 바일에게 헌신적이었던 슈뢰딩거의 아내 아니가 그다음으로 셸바에 나타났다. (그녀와 슈뢰딩거는 이미 베를린의 광기를 피해 티롤에 와 있었기에 그리 멀지 않은 곳에 있었다.) 파울리도 누이를 데리고 왔다. 그녀는 베를린의 막스 라인하르트 극장에서 무대에 오르던 여배우였는데 나치 집권으로 일자리를 잃은 터였다. 그리고 한 명에 이어 또 한 명의 제자가 보른이 있는 곳을 알아내어 찾아왔다. "그리하여" 보른은 자서전에 이렇게 썼다. "셸바 대학이 설립되었다. 숲 속의 벤치 하나에 교수 한 명과 대학원생 둘로 이루어진 대학이었다. 내가 그 학생들에게 무얼 가르치려고 했는지 기억나진 않지만 그들은 우리와 함께 머무는 반가운 일원이 되었고, 내 딸들이 산책하고 등산을 할 때 함께 해 주었다."

파울리는 하이젠베르크에게 "잠시 등산을 하도록" 그곳으로 오라고 설득했지만 하이젠베르크는 오히려 독일의 물리학을 지키려는 뜻에서 보른더러 돌아오라고 간청했다. 그는 자신의 옛 스승이 반유대인 법률에 "영향을 받을" 만큼 당국이 위압적으로 나오리라고 보지 않았다. 만약 보른이 돌아오면 "괴팅겐 물리학에 아무런 해도 끼치지 않고서 정치적 변화가 저절로 생길 수 있다고" 하이젠베르크는 믿었다. 그는 양자 물리학에서처럼 반대 성향을 가진 사람들이 함께 살 수 있다고 여겼다. 또 "시간이 흐르다 보면 추한 것이 아름다운 것에서 떨어져 나오고" 정치가 물리학을 더 이상 억압하지 않을 것이라고 여겼다. "따라서 저는 교수님께서 아직은 결정을 내리지 마시고 가을에 나라가 어떤 상태일지 기다려 보시라고 부탁드리고 싶습니다." 하이젠베르크의 이 편지를 읽고 보른은 웃어야 할지 울어야 할지 알 수 없었다. 하이젠베르크의 '살짝 피해 숨기' 전략은 그 자신뿐 아니라 몇 안 되는 소중한 유대인 친구들이나 학생들을 제대로 지켜 주지 못할 터였다. 더군다나 괴팅겐 물리학은 말할 것도 없었다. 보른은 하이젠베르크가 보낸 편지 내용을 그대로 적어 미국에 있는 에렌페스트에게 보냈다. 이를 통해 "좋은 뜻을 품은 독일 동료들"이 유럽의 실상을 세계에 알리게 된다.

스위스는 기이하게도 독일의 정치적 혼란에도 거의 영향을 받지 않았다. 파울리는 E.T.H.에서 교수직을 얻었고 훌륭한 학생들을 제자로 두었다. 이들은 늘 파울리와 함께 지내며 낮에는 물리학을 공부하고 어두워지면 취리히의 밤을 즐겼다. 파울리도 포함하여 그들 중 상당수는 머지않아 자유를 찾아 미국으로 망명하게 된다.

하지만 1933년 초 학생들이 두려워했던 것은 비교적 덜 심각했다. 이를테면 갓 운전면허를 딴 파울리가 모는 차에 타는 일이었다. 에렌페스트의 학생인 헨드릭 카시미어에 따르면 파울리는 때때로 "난 꽤 운전을 잘 해."라는 말을 해서 사람들을 살짝 당황시키는 버릇이 있었다. 그도 그럴 것이, 그런 말을 할 때면 승객들에게 몸을 돌리면서 운전대를 놓아 버렸다고 한다. 술에라도 취했을 때면 훨씬 더 당혹스러운 상황이 초래되었다. 한때 파울리가 회의에 참석했다가 취한 채로 호기를 부리며 차를 몰고 집으로 돌아온 적이 있었다. 그때 파울리가 있지도 않은 지름길로 접어드는 바람에 꽉 긴 채 차에 타고 있던 다섯 명의 젊은 물리학자들이 톡톡히 곤욕을 치렀다. (좌석뿐 아니라 차 바닥에도 앉았다고 한다.)

15년 후 카시미어는 그날 밤 앞쪽 승객석에 앉았던 한 명을 우연히 만났다. "내가 '데이브, 루체른에서 취리히로 달리던 차에 탔던 걸 기억해?'라고 물으니 그가 금세 답했다. '그걸 어떻게 잊겠어?'"

보어의 조수인 로젠펠트가 보어와 함께 쓴 새 논문에 관한 강연을 방금 마쳤다. 두 사람은 그 논문을 통해 양자역학을 확장한 새로운 한 이론이 불확정성 원리와 들어맞는다는 점을 밝혔다. 로젠펠트는 검은 수염에 흰 머리카락을 한 유명한 얼굴이 자기 말을 유심히 듣고 있어서 기뻤다. 하지만 아인슈타인은 일어나더니 뭔가 "찜찜한" 구석이 있다고 말한 뒤 이렇게 물었다. "다음 상황에 대해서는 어떻게 생각합니까?"

"두 입자가 서로를 향해 운동하고 있는데 운동량은 둘 다 똑같이 매우 크며, 알려진 어느 위치에서 서로를 지나갈 때 아주 잠깐 서로 상호작용을 한다고 가정합시다.

이제 한 관찰자가 있어서 그가 두 입자 중 하나를 상호작용 지역에서 아주 멀리 떨어진 곳에서 붙잡아 운동량을 측정합니다. 그러면 이 실험의 조건에 의해 다른 입자의 운동량도 분명 알아낼 수 있습니다." 둘의 운동량이 크기는 똑같고 방향은 정반대이므로.

"하지만 만약 관찰자가 첫 번째 입자의 위치를 측정하길 선택한다면, 다른 입자가 어디 있는지도 알 수 있을 겁니다." 파동방정식에 따라 간단한 계산을 하면 가능한 일이다. 하지만 물론 정확한 운동량 및 정확한 위치를 함께 알아내는 것은 양자역학적으로는 불가능하다.

"이것은 양자역학의 원리에 따라 얻어진 완벽하게 옳은 명쾌한 추론입니다. 그런데도 아주 모순적이지 않습니까?" 아인슈타인이 순진무구한 표정을 지으며 물었다. "둘 사이에 물리적 상호작용이 전혀 없는데도 첫 번째 입자에 행한 측정 때문에 어떻게 두 번째 입자의 최종 상태가 영향을 받을 수 있단 말입니까?"

그 입자들은 무언가 특별했다. 아인슈타인은 이 주장을 더욱 발전시켜 나갔고 마침내 2년 후에는 보어의 관심을 끌게 된다. (아울러 로젠펠트까지도) 하지만 그 당시 로젠펠트는 아인슈타인이 단지 "양자 현상의 낯선 특징들에 대한 그 나름의 설명"을 하고 있으려니 여겼을 뿐이다.

"머리만 허옇지 철부지 같으니라고. 간절히 답을 찾는 이의 고통을 놔두고 자넨 도대체 무얼 하고 있나?" 아인슈타인의 절친한 친구인 베소가 지난 9월 취리히에서 쓴 편지 내용이다. 베소는 아인슈타인에게 아들에게 관심을 기울이라고 당부하면서 "멀리 여행을 갈 일이 있으면" 아들을 데려갈 수 있겠는지 물었다. 아인슈타인은 "다음 해인" 1933년에야 아들을 데려가겠다고 답장을 보냈다. 하지만 다음 해는 너무 늦었다. 그 무렵 정신과 치료, 전기 충격 요법, 인슐린 주사, 그리고 정신병원 감금 등을 통해 치료를 받느라 한때 생생했던 아들은 이전의 비범함을 잃어버리고 말았다.

1933년 5월에 옥스퍼드로 가는 길에 아인슈타인은 취리히에 들러 아들을 만났다. 이것이 이 부자의 마지막 만남이었다.

이때 찍은 사진이 한 장 남아 있다. 아버지와 아들이 꽃이 새겨진 격식 있는 어떤 방에 나란히 앉아 있다. 아인슈타인은 유달리 멋진 옷차림이다. 미남인 테텔은 빳빳한 회색 정장에다 조끼와 넥타이를 갖춘 모습이어서 자기 나이인 스물셋보다 훨씬 어른스러워 보인다. 그는 무릎 위에 책을 펼쳐 놓고 지긋이 바라보고 있고 아버지는 슬픈 표정으로 정면을 바라보고 있다. 팔꿈치 밑에 바이올린을 느슨히 쥐고 손에는 활을 든 채로.

백운석 협곡 속에서 막스 보른은 아인슈타인 앞으로 편지를 보내 자기 주변에서 일어난 일들을 모조리 알렸다. 그 편지를 에렌페스트가 받아서 전달해 주었다. 1933년 5월 30일 아인슈타인은 옥스퍼드에서 이런 답장을 보냈다. "에렌페스트가 자네 편지를 내게 보내 줬네. 자네가 (자네와 프랑크가) 직위에서 사임했다니 기쁘네. 감사하게도 자네나 프랑크는 아무런 위험을 겪지 않게 되었네. 하지만 어린 그들을 생각하니 마음이 아프네. (…)" 보른의 자식들이 아니라 보른의 학생들을 가리키는 말이었다. 아울러 그는 이번 망명을 위한 돈이나 일자리를 찾기 위해 자신과 닐스 보어가 시도했던 일들에 대해 적었다.

　편지 말미에는 다음과 같은 쓸쓸한 추신을 남겼다. "나는 독일에서 '사악한 괴물'로까지 치부되었네. 그리고 돈도 몽땅 뺏겼네. 하지만 어쨌든 그런 건 곧 잊힐 거란 생각으로 위안을 삼는다네."

　옥스퍼드에서 아인슈타인은 보른이 슈뢰딩거방정식을 통계적으로 해석한 것에 관해 다음과 같은 강연을 했다. "고백하건대 그러한 해석은 일시적으로 중요할 뿐이라고 나는 여깁니다. 여전히 나는 진리를 드러내 줄 모형, 즉 어떤 현상이 일어날 확률이 아니라 진리 그 자체를 나타낼 이론을 찾을 수 있다고 믿습니다.

　한편 이론적인 모형 내에서 입자들을 완전히 국소적으로 다루는 개념은 포기할 수밖에 없을 듯합니다. 제가 보기에 이것은 하이젠베르크의 불확정성 원리에 따른 최종적인 결말인 것 같습니다." 그렇다고 희망을 완전히 버린 것은 아니다. "하지만 수학적 모형 내에서라면 국소적이지 않은 원자 이론도 진정한 의미에서(단지 어떤 해석에 근거해서가 아니라) 완벽하게 상정할 수 있습니다." 그는 장이론이 어떻게 이런 발상에 부응할 수 있는지 설명하면서 다음 말로 강연을 맺었다. "원자 구조가 그러한 방식으로 훌륭하게 밝혀질 때까지는 저는 양자 수수께끼가 풀렸다고 여기지 않을 것입니다."

보른이 답장을 보냈다. "친절한 편지에 매우 감사하네. 나도 젊은 망명 물리학자들을 돌보는 자네에게 도움을 줄 수 있으면 좋겠네. 하지만"—그는 작고 거친 책상에서 눈을 거두어 창밖에 둘러선 알프스를 바라보았다—"나도 같은 처지라네. (…)"

물리학에 관해서는 "나는 결코 포기하지 않았네. 하지만 에렌페스트의 의견과 마찬가지로 젊은 친구들이 더 잘 할 수 있을 거라고 보네."

1933년 9월 초 또 한 번의 코펜하겐 회의가 끝나가고 있었다. 보어 집의 문간을 나서며 디랙이 에렌페스트를 만났다.

딱 부러지는 높은 영국식 억양으로 디랙은 진지하고도 정중하게 말했다. "회의에서 교수님은 아주 중요한 역할을 하셨습니다."

에렌페스트는 눈을 둥그렇게 뜨더니 뒤로 돌아서 집 안으로 급히 들어가 버렸다. 큰 키에 비쩍 마른 디랙을 계단에 혼자 남겨둔 채로.

문이 다시 열렸다. 에렌페스트가 디랙이 서 있는 계단으로 걸어 내려와 그의 팔을 잡는다. 그는 울먹이고 있었다. 면도하지 않은 뺨을 따라 눈물이 조용히 흘러내렸다. 감정이 얽히는 상황에서 어찌할 바를 몰랐던 디랙은 에렌페스트의 눈 뒤에 어떤 무서운 것이 소용돌이치고 있다고 여겼다.

"자네가 방금 했던 말은" 에렌페스트는 숨을 들이쉰 후 말을 이었다. "자네 같은 젊은이한테서나 나올 말이네. (…)" 검은 눈썹 아래 깊숙이 자리 잡은 그의 눈이 붉어지며 눈물이 흘러내렸고 눈빛 또한 매우 진지했다. 에렌페스트가 보기에 디랙은 자신이 결코 따라갈 수 없는 새로운 물리학의 빛나는 세계를 대표하는 인물이었다. "자네가 했던 말은 내게 아주 값진 의미라네. 왜냐하면 어쩌면"—여기서 다시 숨을 내쉬었다. 이것은 고뇌에 찬 한숨이었다—"나 같은 사람은 더 이상 살아갈 힘이 없다고 느끼기 때문이네."

그는 디랙의 팔을 잡고 계단에 서 있었다. 디랙은 깜짝 놀라 그의 눈만 쳐다볼 뿐 아무 말도 할 수 없었다. 에렌페스트는 더 할 말을 애써 찾는 듯하더니 뒤돌아서 그대로 가 버렸다.

몇 주 후 에렌페스트는 암스테르담에 있는 바터링 교수 병원에 있는 대기실로 들어갔다. 그 연구소는 다운증후군에 걸린 열다섯 살 난 그의 아들 바실리를 돌보는 곳이었다. 히틀러는 얼마 전에 "유전적으로 손상된 자손을 금지하기 위한" 법안을 통과시켰다. 그 첫 활동으로 '우수한 인종'을 낳기 어려운 사람들에게 조직적으로 불임수술을 시켰다. 곧이어 히틀러의 명령에 따라 장애 아동에 대한 '자비로운 죽음'이 시작되었다. 이 일은 의사가 자기 병원에서 행했다.

에렌페스트는 데스크로 가서 네덜란드어로 말했다. "나는 파울 에렌페스트인데 내 아들 바시크를 만나러 왔습니다." 늘 부르던 대로 자기 아들의 별명을 댔다. 수납원이 전화를 하고 있을 때 에렌페스트는 나란히 늘어선 똑같은 의자 중 하나에 조용히 앉았다.

간호사가 바시크를 대기실로 데려왔다. 아버지를 보자 그의 얼굴이 환해졌다. 늦은 9월의 한낮에 둘은 병원에서 걸어 나와 근처 공원으로 갔다.

그곳에서 많은 이들이 '물리학계의 양심'으로 아끼던 에렌페스트는 권총을 꺼내더니 먼저 아들을 쏘고 이어서 자기를 쏘았다.

나중에 부치지 않은 편지 한 통이 에렌페스트의 책상에서 발견되었다. 날짜는 1933년 8월 14일로 한 달이 약간 넘어 있었다. 보낼 주소는 보어, 아인슈타인, 제임스 프랑크, 그리고 리하르트 체이스 톨먼을 비롯한 "나의 소중한 친구들"로 적혀 있었다. 내용은 이랬다.

더 이상 참을 수 없게 된 삶의 짐을 이끌고 앞으로 몇 달 더 어떻게 살아가야 할지 전혀 알 수가 없네. (…) 자살을 하게 될 것이 분명하네. 만약 그렇게 된다면 내가 서둘지 않고서 평온하게 자네들에게 편지를 썼다는 사실을 그 무렵에 떠올리고 싶네. 내 인생에 참으로 소중했던 친구가 되어 주었던 자네들에게 쓴 이 편지 말일세. (…)

근래에 나는 〔물리학의〕 발전을 이해하며 따라가기가 더욱 어려워졌네. 애를 써 보아도 더욱 나빠만 지고 엉망진창이 되네. 결국 난 절망 속에서 포기하고 말았네. (…) 그러자 완전히 '삶에 지쳤네.' (…) 내 아이들을 경제적으로 돌보아야 하기에 '어쩔 수 없이 살아가야 한다고' 여겼네. (…) 다른 것들도 시도해 보았지만 (…) 잠시 도움이 되었을 뿐이네. (…) 따라서 자살에 대한 세세한 계획에 더욱 관심을 쏟았네. (…) 자살 이외의 다른 '실질적인' 가능성은 없으며 그것도 바시크가 먼저 죽은 다음에 그래야겠지. (…)

날 용서해 주게. (…)

자네들 그리고 자네들에게 소중한 이들이 잘 지내길 바라며.

기차에 탄 막스 보른이 한겨울 새벽 3시의 별들을 바라본다. 기차는 셀바에 있는 이탈리아의 은신처에서 멀리 떨어진 곳을 질주하고 있다. 아들 구스타프는 좌석에서 몸을 웅크리고 잠들어 있다. 털이 북슬북슬한 트릭시의 검은 황갈색 머리가 보른의 무릎 위에 놓여 있다. 끔찍했던 1933년 한 해가 혼란스럽게 저물어가는 시기에 그는 오직 자신만이 늦도록 깨어 있다고 느낀다. 노란 트롤 꽃의 모습이 마음속에서 피어오른다. "당시 우리는 셀바 주위에서 했던 즐거운 산책과 등산의 소중함을 잘 알았으며 그곳을 무척 사랑했다." 하지만 지금 그들은—아내와 딸들은 미리—"외국으로 그리고 불확실한 미래를 향해" 떠나고 있다. 보른은 스코틀랜드에 가서 이후 30년 동안 살게 된다. 개가 자면서 낑낑대자 보른은 뻣뻣한 개의 등에 손을 가만히 얹는다.

12월에 하이젠베르크와 슈뢰딩거 그리고 디랙은—슈뢰딩거의 아내, 디랙의 어머니 그리고 하이젠베르크의 어머니와 더불어—스톡홀름 중앙역에 내렸다. 하이젠베르크는 라이프치히에서 왔고 디랙은 케임브리지에서 왔으며 슈뢰딩거는 얼마 전에 옥스퍼드에 정착했다. 하이젠베르크는 1년 연기된 1932년 노벨상을 받을 참이었고 슈뢰딩거와 디랙은 1933년 노벨상을 받을 예정이었다.

한 달 전에 하이젠베르크는 오랜 경쟁자인 슈뢰딩거가 독일에 계속 남도록 결사적으로 애썼다. "왜냐하면 그는 유대인도 아닌 데다 위험에 처할 다른 까닭이 없었기 때문이다." 그는 슈뢰딩거의 망명에 분개했으며 떠나야 할 도덕적인 이유가 있을 수 있다는 점을 이해하려 하지 않았다. 한편 슈뢰딩거의 오랜 친구인 바일은 자기 아내가 유대인인 까닭에 슈뢰딩거와 같은 시기에 독일의 일자리를 사임하고 프린스턴으로 떠났다.

기념 만찬에서 슈뢰딩거는 축하 인사를 다음 말로 마무리했다. "다시 이곳에 오게 된다면 (…) 깃발이 장식된 만찬장이 아니고 가방에 격식 있는 옷을 여러 벌 갖고 오지 말고 대신 어깨에 긴 스키 두 개를 올리고 등에 배낭을 메고 오면 좋겠습니다." 디랙은 축하 인사로 "숫자와 관련된 것이라면 어떤 것이든 이론적인 해법이 나올 수 있어야 하며" 경기

침체와 종교 때문에 그런 해법의 등장이 방해를 받을 뿐이라는 두서없는 소리를 했다. (이 말을 듣자 하이젠베르크는 6년 전 솔베이 회의에서 파울리가 "신은 없고 디랙이 그의 선지자다."라고 선언했던 장면이 떠올랐다.) 하이젠베르크는 환대를 베풀어 준 데 대해 모든 이에게 간단히 감사를 표했다.

그해에 노벨 평화상은 누구에게도 수여하지 않았다.

한 달 후 하이젠베르크는 나치가 우편을 장악하지 않은 지역인 취리히에서 보어에게 편지를 보냈다. "노벨상에 관해 말하자면 저는 슈뢰딩거, 디랙 그리고 보른에게 마음이 떳떳하지 못합니다. 슈뢰딩거와 디랙은 둘 다 적어도 저만큼은 단독으로 상을 받을 자격이 충분합니다. 그리고 저는 보른과 공동 수상을 했다면 좋았을 겁니다."

양자물리학에 대한 기념행사는 이렇게 막을 내리고 이후 전 세계는—작은 물리학계도—제2차 세계대전과 두 번에 이은 원자폭탄 폭발을 겪으며 돌이킬 수 없을 만큼 달라지고 말았다.

히틀러의 권력은 나날이 커지고 있었다. 유럽은 미처 몰랐던 잔혹 행위들로 잔뜩 긴장하고 있었다. 독일에서 온 난민들이 코펜하겐에 도착하고 있었는데, 그 중에는 신사적인 실험물리학자 제임스 프랑크와 헝가리의 생물학자 게오르크 폰 헤비시도 들어 있었다. 헤비시는 이후 10년 동안 그곳에 정착해 살면서 유명 인사가 되는데, 특히 방사능 고양이를 비롯한 여러 비사고적이고 비물리학적인 방사능 생물학 실험으로 학계를 깜짝 놀라게 만든다. 한편 에렌페스트의 죽음에서 여전히 헤어나지 못하던 보어는 1934년 여름에 또 한 번 끔찍한 타격을 받는다. 열일곱 살의 멋진 장남 크리스티안이 작은 배를 타고 가다가 출렁이는 물살에 휩쓸려 미처 손쓸 새도 없이 그의 눈앞에서 물에 빠져 죽었던 것이다.

1938년에 히틀러가 오스트리아를 점령하고 이어서 체코슬로바키아의 중심 지역을 장악하면서 상황은 더욱 심각해졌다. 히틀러를 어떻게든 달래 보려던 영국과 프랑스의 동의하에 벌어진 사태였다. 히틀러가 만든 법 때문에 그전까지 친한 친구로 지냈던 물리학자 리제 마이트너와 화학자 오토 한의 연구팀이 1938년 초 해체되었다. 하지만 마이트너는 안전한 스톡홀름으로 망명하여 베를린에 남은 오토 한과 서신으로 연락을 주고받으며 연구를 계속했다. 이로써 그해 말에 우라늄 원자를 쪼개는 데 최초로 성공했다. 이것이 원자폭탄으로 가는 첫걸음이었다.

새로 귀화한 미국인 자격으로 폰 노이만은 그해 9월에 보어와 그의 형제인 헤랄드를 보어의 코펜하겐 저택에서 만났다. 폰 노이만은 약혼녀에게 보낸 편지에 이렇게 썼다. "보어 형제 그리고 보어 아내와 많은 대화를 나누었는데 물론 대부분 정치적인 내용이었습니다. 하지만 한 시간 반 동안 '양자역학의 해석'에 관해서도 이야기했습니다. 분명 우리 둘은 1938년 9월이란 시점에서도 물리학에 관해 걱정할 수 있음을 과시하려고 그랬던 겁니다. (…)

그것은 꿈, 이상하고 뭔가 비정상적인 꿈과 같았습니다. 제이콥슨 씨(집을 지은 사람)가 설치한 온갖 시설들, 이를테면 거대한 온실 겨울 정원, 도리아 양식의 기둥, [신고전주의 조각상]으로 온통 장식된 그 엄청나게 큰 대저택에서 보어 형제가 체코슬로바키아가 항복해야 하는지 또는 양자론에서도 인과성을 기대할 수 있는지를 놓고서 말다툼이나 벌이고 있는 모습이 말입니다. (…)"

16
실재에 대한 양자역학적 설명
—— 1934~1935년 ——

1. 그레테 헤르만과 카를 융—

라이프치히에 있는 물리학 연구소의 작은 지하실. 하이젠베르크와 카를 프리드리히 폰 바이츠재커가 방정식들로 뒤덮인 칠판 옆에서 탁구를 치고 있다. 폰 바이츠재커는 열다섯 살이던 때 어느 택시 뒷좌석에 앉았던 적이 있는데, 그때 동승했던 그의 영웅은 자신이 인과의 법칙을 반박했노라고 말해 주었다. ("바로 그 순간" 카를 프리드리히는 이렇게 기억한다. "나는 그 말이 무슨 뜻인지 알고 싶어 물리학을 공부하기로 결심했다.") 바로 그 바이츠재커가 이제는 깊은 철학적 통찰력을 지닌 스물한 살의 청년이 되어 있었다. 검은 머리카락이 잘 정돈된 그는 대사의 아들답게 외교적 수완이 있어 보이는 표정을 짓고 있다.

외교관이었던 그의 아버지는 실제로 외교 수완이 뛰어난 덕에 정부가 공화정에서 독재정치로 넘어갔는데도 자리를 유지할 수 있었다. 라이프치히에서 암울한 4년의 시간을 보내면서 폰 바이츠재커는 하이젠베르크 모임의 중심인물뿐 아니라 하이젠베르크의 가장 친한 친구가 되었다. 하지만 하이젠베르크에게 양자역학을 배우게 되면서 흥미진진하긴 했지만 환상이 깨지기도 했다. 처음부터 폰 바이츠재커는 그의 스승이 "물리학의 철학적인 문제에 별 관심이 없음을" 알게 되었다. "내가 그 학문을 하이젠베르크에게 배우고 싶었던 이유가" 바로 그것이었는데 말이다.

하이젠베르크는 늘 이성적으로 이렇게 말한다. "물리학은 정직한 거래다. 물리학을 배우고 난 이후라야 그것을 철학적으로 살펴볼 권리가 생긴다." 이처럼 허세를 부리며 실용적인 주장을 하면서도 하이젠베르크는 물리학 분야뿐 아니라 정치의 영역과 관련된 철학 문제에 대해서는 열 살이나 어린 폰 바이츠재커에게 전적으로 의지했다.

바깥은 초조하고 불안한 봄이다. 하지만 여기 지하실에는 방정식과 탁구 경기만 있을 뿐 나치도 도덕적 위기도 바깥세상도 없다. 젊은 두 남자의 얼굴은 탁구에 집중해 있는 터라 사뭇 진지하다. 두 사람의 재킷은 문 옆의 옷걸이용 못에 걸려 있다. 들리는 소리라곤 신발 끄는 소리와 나무 테이블 위에 플라스틱 공이 탁 부딪히는 소리 그리고 가끔씩 터져 나오는 환호성이 전부다.

위에서 문이 열린다. 계단을 밟고 내려오는 낯선 여자 신발 소리가 뒤따른다. 둘의 시야에 들어온 그 여자는 가냘픈 몸매에 단조로운 갈색 옷차림이며 좁고 움푹한 얼굴에다 암갈색 머리카락은 사내아이처럼 올백으로 넘겼다. 폰 바이츠재커의 아버지라면 분명 그녀의 급진적인 정치 성향을 인정하지 않겠지만 연구소의 테두리 안에서는 그런 점은 전혀 중요하지 않다.

"하이젠베르크 교수님이십니까?" 그녀가 대뜸 묻는다. "저는 교수님이 틀렸다는 걸 증명하려고 왔습니다."

하이젠베르크는 여전히 탁구 채를 손에 쥔 채 눈을 깜빡인다.

"교수님은 자신의 유명한 원리에 따라 인과성이란 '비어 있는 내용'이라고 선언하신 걸로 압니다." 얼마 전에 하이젠베르크는 「베를리너 타게블라트(Berliner Tageblatt)」 신문에 국제적으로 논란을 일으킨 주장을 몇 가지 한 적이 있다. "교수님은 이렇게 말씀하셨죠. '이제 이런 새로운 상황을 다룰 임무는 철학에 있다'라고요." 이 말과 함께 그녀는 눈썹을 추켜올린다.

그녀의 이름은 그레테 헤르만이다. 나이는 하이젠베르크와 동갑이지만 자기 나이를 '받아들이고' 싶어하지 않는다. 보통 '뇌터의 소년들'이라고 부르는 모임의 몇 안 되는 여성 회원인 그녀는 괴팅겐의 뛰어난 수학자 에미 뇌터 밑에서 수학을 배웠다. 그녀의 학위 논문은 장차 컴퓨터 대수라고 알려지게 될 분야의 토대에 관한 독창적인 연구였다. 이 분야는 모든 면에서 그녀와 정반대인 폰 노이만이 타의 추종을 불허할 만큼 풍부한 업적을 낸 분야이기도 하다. 박사 학위를 받은 뒤 그녀는 괴팅겐에 머물면서 철학자 레오나르트 넬슨의 조수가 되었다. 이 사람은 철학, 수학, 그리고 윤리학의 통합을 일생의 과제로 삼은 흥미진진한 인물이었다. 넬슨은 신칸트주의자인 야콥 프리스를 연구하는 모임을 만들어 사람들을 모았는데 이 모임이 커지자 자신의 정당인 국제사회주의자투

쟁동맹을 설립했다.

이제 두 스승 모두 떠났다. 불면증에 시달리던 넬슨은 과로 때문에 1927년 초 열병에 걸려 죽고 말았다. 순수이성과 '국제사회주의'를 위해서는 큰 손실이었다. 뇌터는 국가사회주의의 추잡한 계산에 의해 추방되었다. 아리안 족이라고 보기 어렵다는 이유로 직장을 잃은 후 (어차피 이듬해에 여자라는 이유로 직장을 잃을 수밖에 없는 터였지만) 이제 미국에서 가르치고 있다. 넬슨은 자신의 흘러넘치는 역량이 가장 필요해지기 직전에 죽었지만 그레테는 전투동맹을 이끌고 나치에 대해 활발한 저항운동을 계속 벌여 나간다. 그녀는 사회주의 일간지 「더 스파크(The Spark)」를 편집하고 반나치 지하 세미나를 조직하는데, 위험이 더해지자 훨씬 더 신나게 철학 연구를 해 나간다.

만약 탁구 채를 들고 서 있는 하이젠베르크와 폰 바이츠재커가 이 모든 사실을 알았다면 그녀가 그처럼 어려운 시기에 신문에 실린 사소한 주장을 읽고서 그곳까지 온 데 대해 무척 놀랐을 것이다. 하지만 칸트 철학을 부정한 하이젠베르크의 선언은 윤리와 정치 활동을 전부 칸트에 바탕을 두고 있는 사람에게는 단지 학문적인 주장일 수가 없었다. 그녀의 영웅이 죽음을 맞은 것도 칸트 철학 때문이었다.

그러니 그녀는 쉽게 물러설 태세가 아니었다.

"물리학 지식이 커지면서 새로운 공식과 규칙이 양자역학에 추가될 수는 없는 겁니까? 이로 인해 다시 정확한 예측이 가능해진다고 믿어도 되지 않습니까?" 그녀의 시선이 하이젠베르크의 눈에 고정되어 있다. "모든 것이 이 질문에 대한 답에 달려 있습니다."

폰 바이츠재커의 얼굴은 철학적 논쟁이 이어지리라는 기대로 환하게 빛난다. 이런 논쟁에 진지하게 나서는 사람을 좀체 만나기 어렵던 터라 더욱 기대가 컸다. 그가 방 안에 있던 의자 두 개 중 하나를 그녀에게 내밀었다.

하이젠베르크가 탁구대에 반쯤 걸터앉아 의연히 설명한다. "사실 자연은 새로운 결정 요인들이 존재하지 않으며 우리의 지식은 그런 것들 없이도 완벽하다고 말해 줍니다." 그레테는 눈썹을 추켜올리고 다리를 꼰다. 의자에 등을 기대고 팔짱을 낀 채로.

하이젠베르크는 보어처럼 걷기 시작하더니 탁구대 주위를 타원형으로 돈다. 그의 설명에 따르면 양자역학적 대상에 대한 어느 실험에서 완전히 다르게 행동하는 두 세계, 즉 양자역학적 세계와 고전적인 세계가 서로 만난다. 그런데 이 만남에서 중요한 어떤 것을 잃게 된다. 보어는 얼마 전에 『원자론과 자연에 대한 설명』이란 제목의 논문집을 발간했다. 그 책에서 보어는 측정 행위가 측정 대상을 방해하며 이 방해가 "자연에 대한 인과 모형의 기본 토대를 무너뜨리는 속성"임을 거듭 강조하고 있다. 바로 이 개념을 성공적으로 사용하여 보어는 솔베이 회의에서 아인슈타인을 이길 수 있었던 것이다. 그 개념을 통해 하이젠베르크의 불확정성 원리와 파동함수 붕괴의 수수께끼를 직관적으로 이해할 수 있다. 하지만 아인슈타인은 얼마 후 (포돌스키와 로젠의 도움에 힘입어) 그 개념이 틀렸으며 그들이 생각하는 것만큼 그다지 직관적이지 않음을 경고하게 된다.

"양자역학을 결정론에 따라 구성하는 것이 가능할까요?" 하이젠베르크는 탁구대 건너편에 있는 그레테 헤르만 쪽으로 얼굴을 돌리며 이렇게 물었다. 두 사람은 마치 공이 탁구 네트를 건드렸는지를 논의하는 심판 같은 모습이다. 그가 자기 질문에 이렇게 답한다. "그건 가능하지 않습니다. 바로 이런 이유 때문입니다."

"양자역학에 따르는 관찰 대상과 고전역학을 따르는 관찰 장치 둘 다"—그는 손을 내려놓으며 자신의 말을 듣고 있는 두 사람을 향해 몸을 약간 숙인다—"각 영역에서의 법칙들은 정확히 유지됩니다. 그런데 통계 자료는 여기"—그가 갑작스럽지만 부드러운 손길로 네트를 움켜쥔다—"이 슈니트(Schnitt, 잘린 부분), 즉 둘 사이의 경계에서 나옵니다. 따라서 인과관계를 방해하지 않고서 입자를 측정할 수는 없습니다.

그런데 당신이 말했듯이 양자론에 '새로운 공식과 규칙들을' 추가하여 인과성을 되살리기를 바란다고 할 때 그것들은 이 잘린 부분을 통해 들어오게 됩니다." 그가 네트를 흔든다. "하지만 슈니트는 어디로든 이동할 수 있습니다. 그렇기에 당신이 이전에 고전적으로 설명했던 것을 양자역학적으로 언제나 설명할 수 있습니다. 또 측정 장치의 더 많은 부분을 양자역학 시스템 내에 언제나 포함시킬 수 있습니다. 그 장치의 어떤 부분이 고전적이기만 하면 말입니다." 그는 탁구대를 다시 돌더니 그 위에 걸터앉아 다리를 흔들며 그레테와 폰 바이츠재커를 바라본다. "하지만 슈니트가 이동하게 되면, 숨겨진 새로운 속성의 법칙적 결과와 유동적인 양자론의 관계 사이의 모순은 피할 수 없게 됩니다.

따라서 양자역학을 결정론에 따라 구성하기는 불가능합니다. 폰 노이만이 얼마 전에 책을 한 권 썼는데 그중 한 장(章)에서 매우 엄밀하게 이런 점을 밝히고 있습니다."

"그 책은 저도 읽었습니다." 그레테가 말한다.

"아, 그러시군요." 하이젠베르크가 말한다. "책을 읽었다면 잘 아시겠네요."

"노이만 책의 중요한 항목을 자세히 읽어 본다면" 그녀는 또박또박 말한다.('폰'은 빼고서!) 〔폰 노이만의 본명은 존 폰 노이만(John von Neumann)이고 보통 폰 노이만으로 부르는데, 그녀는 폰을 빼고 노이만으로만 불렀다는 뜻—옮긴이] "그처럼 특징적인 성질들(숨은 변수를 뜻한다.—옮긴이)의 부존재를 증명하는 필수적인 한 단계에 그 성질들의 부존재가 이미 가정되어 있음을 알게 될 겁니다."

하이젠베르크와 폰 바이츠재커가 그녀를 뚫어지게 바라본다. "뭐라고 하셨는지요?"

"운동의 과정이 실제로 의존하고 있는 다른 성질들의 가능성이"—즉 숨은 변수의 가능성이—"노이만의 가정들만큼이나 노이만의 결과들에 의해서도 배제되지 않습니다."

하이젠베르크가 가만히 일어나더니 칠판의 분필받이에 나란히 놓인 분필 한 다스에서 분필 하나와 칠판지우개를 그녀에게 건넨다.

그녀는 의자에서 일어나 칠판 한쪽을 지우더니 짧은 방정식을 썼다. $\langle P + Q \rangle = \langle P \rangle + \langle Q \rangle$가 얌전히 쓰여 있다. 동시에 측정된 한 입자의 위치 및 운동량의 평균값이 위치 측정의 평균값과 운동량 측정의 평균값의 합과 같다는 뜻이다.

"이 가정과 함께"(양자역학에서는 당연히 참이다) "노이만의 증명은 성립되고 동시에 붕괴됩니다." 그녀가 말을 잇는다. "그는 당신의 불확정성 원리를 바탕으로 우리의 지식이 완전할 수 없음을 읽어 내려고 합니다." 그녀가 하이젠베르크를 바라본다. "만약 한 입자의 위치와 운동량 둘 다 정확하게 측정될 수 없다면 그 입자가 앞으로 취하게 될 궤적을 어떻게 확실히 알 수 있겠습니까? 그건 그 물체의 현재 위치와 운동량에 따라서 결정되니 말입니다." 폰 바이츠재커가 깊은 생각에 잠기며 얼굴을 찌푸린다. 하이젠베르크의 이마에도 주름이 진다.

"하지만 이러한 주장은 불확정성 원리라는 주관적인 견해에 바탕을 두고 있습니다. 그것은 전자를 단지 입자로서만 보고 있습니다. 위치와 운동량을 둘 다 정확하게 알 수 없는 마당에 입자의 향후 경로는 이 두 요소가 결정하므로 운동을 야기하는 원인은 관찰을 해도 영원히 드러나지 않게 됩니다.

하지만 이런 주장은 전자가 결코 고전적인 입자가 아니라 파동이기도 하다는 사실을 무시하고 있습니다. 이 사실로 인해 불확정성 원리는 우리 지식의 한계에 관한 것이 아니라 세계의 본성에 관한 것이 됩니다." 이 말에 하이젠베르크도 고개를 끄덕인다.

"이러한 추론에 따라 전자가 정확한 위치와 정확한 운동량을 동시에 가지지 못한다면 전자의 정확한 위치와 정확한 운동량은 앞으로 전자가 하게 될 운동을 결정할 수 없게 됩니다." 그레테가 말을 잇는다. "이 가정을 버린다면 실제로 인과율에 따라 운동의 과정을 결정하게 될 다른 특성들(숨은 변수를 뜻한다.—옮긴이)을 찾아낼 수는 없느냐라는 열린 문제가 됩니다. 양자역학의 형식주의는 그런 특성들을 인정하지 않지만 그렇다고 해서 그런 특성이 불가능하다고 선언하는 것이 정당하지는 않습니다."

두 사람은 마치 하늘에서 떨어진 사람을 대하는 듯 그녀를 바라보고 있다.

"제가 아는 한" 그레테가 살며시 미소를 띠고 일어서며 말한다. "그렇게 선언하는 것은, 익히 알려진 관행처럼 납득할 만한 이유가 단 한 개 나왔다고 해서, 관찰된 과정의 여러 원인들을 추가로 찾는 일을 근본적으로 쓸데없다고 부정하는 것에 불과합니다. 그런 이유들을 이미 알고 있다고 여기면서 말입니다. 나는 그 원인들을 찾으러 여기 온 것입니다."

하이젠베르크가 눈썹을 추켜올렸지만 그래도 깊은 인상을 받은 표정이다. "이번 학기에 꽤 훌륭한 토론을 하게 될 것 같네." 그가 폰 바이츠재커에게 말한다. "그레테 헤르만 양, 라이프치히에 잘 오셨습니다. 다음 학기 내내 우리와 함께 논의해 보면 어떨까요?"

"네, 좋습니다." 그녀가 말한다.

그레테가 계단을 올라갈 때 탁구가 다시 시작되는 소리가 들린다.

1934년 그 무렵 파울리의 삶은 다시 안정을 찾아가고 있었다. 지난 3년 동안 파울리는 어머니의 자살에 이어 재빨리 이루어진 아버지의 재혼 그리고 자신의 이혼(그의 아내가 '평범한 화학자'와 눈이 맞아 떠나 버린 사건)까지 겹치는 바람에 늘 술에 빠져 우울한 나날을 보냈다. 1934년 10월에 친구이자 조수인 랄프 크로니히에게 "자네의 오랜 그러면서도 새로운 벗인 볼프강 파울리로부터"라고 적어 보낸 편지 내용대로, 회복은 "정신적인 문제들에 익숙해지면서" 그리고 "적절한 영혼의 활동"을 하면서 일어났다.

2년 전에 그는 E.T.H.에서 카를 융이라는 새 동료의 소개로 '정신적인 문제들'에 관심을 갖게 되었다. 프로이트의 위대한 맞수로서 취리히의 정신의학계에 등장한 융은 원시적인 '원형'들로 가득 찬 '보편 무의식'을 이론화했다. 이후로 줄곧 지식인들은 양자론의 비밀스러운 분위기가 깃들어 있는 듯한 그 이론에 깊은 관심을 보였다. 융을 처음 만났을 때 파울리는 술에 찌든 자신에게 우울증에서 벗어나는 방법을 알려 줄 정신과 의사로만 그를 여겼다. 하지만 융은 한때 자신감에 차 있던 물리학자가 조언을 구하러 찾아오자 그 기회를 잘 활용하려고 했다. 그는 1935년의 유명한 타비스톡 강연에서 (이름을 직접 밝히지는 않고서) 파울리에 대해 이렇게 설명했다. "상담을 통해 그에 대해 아주 확실한 인상을 얻게 되었다. 그가 태곳적 요소로 가득 찬 사람임을 간파하고서 스스로 이렇게 말했다. '이제부터 절대적으로 순수한 그 요소를 얻기 위해 흥미로운 실험을 하나 해야겠다. 하지만 나의 영향을 받지 않도록 해야 (…)' 따라서 그를 어떤 여의사에게 보냈다. 초보자인 그녀는 원형적 요소에 대해 많이 알고 있지는 않았다."(융은 그 '초보자'가 자신의 추종자였으며 원형적 요소에 관한 내용을 자기로부터 배웠다는 사실은 언급하지 않았다.)

우울증의 안개에 휩싸여 있으면서도 파울리는 어느 정도 그 병과 맞서 싸울 수 있었다. 1932년 2월 그 '여의사'에게 이런 편지를 썼다. "여성과 잘 지내기보다는 학문적인 성공을 이루기가 더 쉬운 나의 신경증적인 성향 때문에 융 박사님과 상담을 했습니다. 융 박사님과 함께라면 제가 달라질 수 있을 겁니다. 저를 치료하기에는 그분이 매우 적절할 듯합니다."

그래서 융은 반년의 '실험'을 마치고 파울리를 직접 치료했다. 융의 분석과 우정 덕분에 2년이 지나자 파울리는 우울증을 떨쳐 냈다. 1934년 그는 프랑카 베르트람을 만나 결혼을 했고 이후 그녀는 평생의 반려자가 되었다. 파울리를 실제로 낫게 한 사람이 융이든 아니면 현명한 프랑카든 간에 정신분석학은 가이셀 고테스(신의 채찍)의 삶에 잊을 수 없는 발자국을 남겼다. 보어와 하이젠베르크가 잘 알아차리지 못했지만, 파울리는 애매모호한 생각에 빠져들고 무언가 신비로운 것을 잘 믿는 편이어서 융이 강연에서 그의 '기질'에 대해 이야기하면 신이 났으며 바로크 분위기가 물씬 풍기는 융의 상징주의와 무엇보다도 구름 같은 꿈의 세계에 흠뻑 빠져들었다.

하지만 프랑카와 결혼한 지 반년 후인 1934년 가을 파울리는 융에게 이런 편지를 썼다. "저는 꿈 해석과 꿈 분석을 멀리해야겠다고 느낍니다. 그리고 저는 외면 세계로부터 무엇을 얻을 수 있을지 알고 싶습니다." 그러면서도 자신이 영원히 떠나지는 않을 것임을 넌지시 알려 주는 증거 하나를 편지 속에 동봉했다. 그것은 요르단이 물리학에 관해서가 아니라 텔레파시에 관해 쓴 최근 논문이었다. 파울리는 가엾은 요르단이—도저히 극복할 수 없는 말더듬이 버릇의 압박 때문에 내면의 세계로 파고들게 되어—융의 '보편 무의식'이란 개념에 너무 가까이 다가갔다고 여겼다.

한편 융은 J. B. 린네라는 식물학자가 듀크 대학에서 행한 일련의 텔레파시 실험에 매료되었다. 린네의 논문 「초감각지각(Extra-Sensory Perception)」(그가 만든 신조어로서 보통 줄여서 'ESP'로 부른다)이 1934년에 발간되었다. 아서 코난 도일 경의 강의에서 영감을 받아 초자연현상을 연구하게 된 린네는 1927년이란 매우 이른 시기에 그 현상을 과학적으로 엄밀하게 다루었다. 1927년은 하이젠베르크의 불확정성 원리, 파울리의 행렬역학, 그리고 보어-아인슈타인 논쟁이 있었던 해다. 린네는 그해에 레이디 원더라는 말(馬)이 텔레파시를 할 줄 안다고 진지하게 선언했다. 하지만 그해에 말을 조사했던 마술사가 알아낸 바에 따르면 말은 조련사의 자세와 표정에서 미묘한 단서를 읽었을 뿐이라고 한다.

말 때문에 생긴 큰 낭패에도 굴하지 않고 린네는 인간에 대한 텔레파시 연구에 착수했다. 1934년에 마친 가장 유명한 실험에서, 린네의 대학원생이 심리학 실험실의 맨 위층에 있는 초심리학 연구실에서 스물다섯 장의 'ESP 카드' 한 벌을 1분에 하나씩 폈다. 듀크 대학의 안뜰 너머에 있는 도서관의 작은 방에서 투시력이 있는 신학과 학생이 각 카드에 어떤 무늬가 있는지 추측했다. 스물다섯 장의 카드 한 벌로 일흔네 번의 실험을 마친 후 린네는 단지 우연일 때의 확률보다 10퍼센트 더 높게 카드를 맞추었다면서 그 실험이 통계적으로 유의미하다고 선언했다. 융은 훌륭한 실험이라고 여겼다. 파울리라면 애초에 전혀 그렇게 여기지 않았을 테지만.

말년이 가까워지면서 융은 린네 실험이 ESP의 '과학적 증거'를 마련했다고 믿었다. 린네가 비록 성실하긴 했지만 세세한 과학적 방법을 결여했다는 사실이 차츰 알려지게 되었는데도 말이다. 융은 이렇게 설명했다. "이 실험은 정신이 때로는 인과성의 시공간 법칙을 넘어서 작동함을 증명한다. 이로써 시간과 공간에 대한 우리의 개념, 따라서 인과성에 대한 개념까지도 불완전함을 알 수 있다."

쉽게 믿는 융의 성격은 놀랍지 않지만 파울리에 대한 그의 설득의 힘은 놀라울 따름이다. 20대 초반부터 파울리는 보어에게 '그만하십시오'라고 쏘아붙이고 아인슈타인에게도 아이디어가 '실제로 그리 어리석지는 않습니다'라고까지 말할 수 있었다. 겉으로는 그러면서도 에렌페스트와 막스 보른의 위상을 지닌 사람들은 버거웠던지, 하이젠베르크가 보낸 편지를 손에 쥐고 있을 때 가장 행복한 모습이었다. 첫 번째 아내가 기억하기로 그는 "우리에 갇힌 사자처럼 방 안을 오갔다. 그러면서 아주 신랄하면서도 재치 있는 방식으로 하이젠베르크에게 보낼 답장을 구상했다." 어쨌든 이처럼 도도하던 파울리도 두 번째 아내에 따르면 "지극히 이성적으로 생각하는 사람이 융의 신비적 성향을 고분고분 따랐다."

1950년 파울리는 융에게 이런 편지를 보냈다. "기본적으로 지난날 우리는 인과적 원리와 달리 자연을 해석하는 더 깊은 원리의 가능성과 유용성 그리고 또 (린네 실험으로 인하여) 필요성에 대해 동의했습니다." 서신 교환으로 둘은 인과성과 '동시성'(유의미한 우연의 일치를 가리키는 융의 표현) 사이의 상보성에 대해 논의했다. 3년 후 그 주제가 다시 제기되자 파울리는 양자역학의 '관찰자'와 '측정'에 관해 융에게 이런 편지를 보냈다. "사실 요즈음 저는 관찰자에 의한 실험 구성의 선택뿐 아니라 측정의 결과 둘 다에서 똑같은 원형이 두드러지게 보일 수 있다고 믿습니다. 린네의 실험과 비슷하게 말입니다."

그가 융과 더 만나지 않게 된 직후인 1934년이 저물던 무렵에 꾸었던 꿈이 여전히 밤마다 그를 괴롭혔다. "아인슈타인을 닮은 어떤 사람이 칠판에 그래프를 하나 그리고 있었다." 꿈속에서 아인슈타인은 위로 기울어진 단순한 선을 하나 그리고서 양자역학이라고 이름 붙였고, 그 선 아래의 빗금 친 부분을 더 깊은 실재라고 적었다. "양자역학—그리고 소위 공식적인 물리학—은 더 의미가 깊은 이차원 세계의 일차원 부분으로 보였다." 파울리가 말을 이었다. "두 번째 차원은 오직 무의식과 원형이 지배할 수 있는 곳이었다."

그레테 헤르만은 하이젠베르크와 보낸 한 학기를 통해, 그리고 폰 바이츠재커와 철학적 우정을 맺으면서 배운 것을 안고 괴팅겐으로 돌아왔다. 그녀는 상보성의 물길 속으로 깊이 들어갔다가 칸트와 양자역학을 자기 나름대로 조화시킨 이론을 움켜쥐고 다시 나왔다. 그것은 숨은 변수의 부존재에 관한 폰 노이만의 증명이 오류가 있음을 밝히는 것보다 그녀에게는 훨씬 더 중요한 일이었다. 그녀가 양자역학의 흔들리는 기둥들—대응 원리와 '측정이 계를 방해한다는' 개념—을 꼼꼼하게 손질하여 코펜하겐 해석(보어, 하이젠베르크, 그리고 파울리—더불어 종종 잊히는 보른—의 양자역학적 사상들을 어떻게 결합시키든 코펜하겐 해석이라고 부른다)의 완결성을 정교하게 옹호해 내자, 하이젠베르크와 폰 바이츠재커는 큰 감명을 받았다.

심지어 그녀는 아인슈타인의 광양자 상자를 폰 바이츠재커가 자기 식으로 다룬 버전도 포함시켰는데, 이로써 다음과 같은 (얼마 후 보어가 강조하게 되는) 중요한 결론을 얻을 수 있었다. "양자역학적 특성은 고전적 특성처럼 물리적 시스템에 기인하는, 말하자면 '자체적인' 것이 아니다." 그녀의 설명에 따르면 한 입자의 상태는 "그 입자에 대한 지식을 얻는 과정인 관찰"과 독립적이지 않다. 측정 행위가 단지 방해만 하는 것이 아니라 측정되는 특성을 창조한다는 뜻이다. 하지만 하이젠베르크와 폰 바이츠재커와 마찬가지로 그녀도 그것이 사실이라면 먼 거리에서의 작용에도 해당된다는 것을 알아차리지 못한 듯했다. 코펜하겐 해석은 유령과 같은 원거리 작용을 물리학자들이 알아내도록 기반을 마련해 주지 못했다. 더군다나 양자 얽힘을 구체적이고 정량화할 수 있는 현상으로 인식하지 못한 점은 더 말할 것도 없다. 그레테는 다른 많은 이들처럼 그 점에 대해서는 아무 말이 없었다.

그녀의 연구 결과를 담은 논문이 『자연과학(Die Naturwissenschaften)』에 가장 널리 읽히는 형태로 실렸다. 이 잡지는 자연과학의 여러 분야 사이의 대화를 촉진하기 위해 창간된 학술지였다. 그 잡지에서는 수학 공식의 사용이 제한되었고 아울러 '노이만'에 대한 그레테의 예리한 분석 글들도 빠져 있었다. 넬슨의 신칸트주의 잡지에서는 그 논문을 전문 그대로 발표했다. 하지만 그 잡지는 독자들이 결점이 있는 폰 노이만의 증명을 애써 찾아 읽을 만한 데가 아니었다.

논문이 발간된 다음 해인 1936년 그레테는 양자역학의 토대들에 관해 더 깊이 생각할 형편이 아니었다. 나치에 반대하는 입장 때문에 심각한 생명의 위기에 처했기에 그녀는 덴마크로 달아났다가 이어서 영국으로 가서 국제사회주의자투쟁동맹의 런던 지부에 몸을 담았다.

따라서 하이젠베르크, 폰 노이만, 그리고 궁지에 몰린 그레테의 모임 회원들 말고는 어느 누구도 그녀가 숨은 변수의 부존재에 관한 폰 노이만의 주장을 부정했다는 사실을 몰랐다. 또 그들 모두 알 수 없는 각자의 이유로 인해 그 주제에 대해서는 더 이상 말하지 않았다.

2. 아인슈타인, 포돌스키, 로젠—

나단 로젠은 1934년에 프린스턴에서 연구하면서 슬레이터 밑에서 박사 학위를 받았고 고등학생 때부터 알았던 애인 안나와 결혼했다. 그녀는 음악학자인 데다 미술비평가이자 피아니스트였다. 어느 날 로젠은 파인 홀에 있는 아인슈타인의 209호실 문을 조심스레 두드렸다. 본질적으로 프린스턴고등연구소는 전해 10월에 도착한 세계적으로 유명한 이민자들을 주축으로 설립되었다. 당시 그 연구소는 프린스턴 대학 수학과의 남은 연구실에 자리 잡았는데, 그때까지는 폰 노이만과 아인슈타인이 시설의 절반을 차지하고 있었다. 아인슈타인은 천신만고 끝에 조수인 발터 마이어를 함께 데려와 아무런 위험도 없는 그 연구소에서 일하도록 했다. 그런데 막상 마이어는 통일장이론이라는 거창한 연구에 참여해야 한다는 압박감에 안절부절못하고 있었다. 그러던 중 로젠이 나타났다. 브루클린 출신의 신사적이고 앳되어 보이며 열정적인 스물다섯의 이 청년은 아인슈타인의 첫 번째 통일장이론에 대해 이야기하고 싶어했다. 슬레이터 밑에서 로젠이 받은 석사 학위 논문의 주제도 통일장이론이었다.

다음 날 잔디밭을 거닐다가 로젠은 깜짝 놀랐다. 아인슈타인이 다가와 무거운 독일어 억양으로 "젊은 친구, 나랑 같이 연구해 보면 어떻겠나?"라고 말했기 때문이다.

아인슈타인과 로젠이 209호 연구실에서 만날 때는 로젠이 연구했던 수소 분자를 이루는 상호 의존하는 두 원자가 아인슈타인의 사고실험에 나오는 가상의 광자처럼 멀리 떨어지면 어떻게 되는지를 논의하기 위한 것이 아니었다. 대신 그 둘은 아찔할 정도로 심오하고 너무나도 광대한 아인슈타인의 장(場) 방정식들을 탐구하고 있었다. 이 방정식으로부터 환상적인 현상이 하나 등장하고 있었다. 블랙홀—자기 자신의 중력에 못 이겨 붕괴된 별로서 빛조차 블랙홀의 인력을 벗어날 수 없다—은 마치 허리케인의 눈처럼 시공간의 중심부를 미세하게 찢어 놓는다. 만약 이렇게 찢긴 두 곳을 이으면 시공간상에서 떨어진 두 부분이 신비스러운 지름길로 연결된다. 얼마 후 이것은 아인슈타인-로젠 다리로 불리게 된다. (그리고 나중에는 '웜홀'로도 불리게 된다.)

한편 1935년 고등연구소에는 보리스 포돌스키도 있었다. 그는 아인슈타인과 일련의 광양자 방출 상자 사고실험도 잘 알고 있었을 뿐 아니라 수소 분자에 대한 로젠의 분석에 대해서도 알고 있었다. 아마도 나름대로 이런저런 추론을 통해 서로 얽혀 있는 로젠의 쌍둥이 수소 원자가 아인슈타인이 말로만 꺼냈지 공식적으로 발표하지 못했던 내용을 증명할 수 있는 실제 사례임을 간파한 사람은 포돌스키인 듯하다.

아인슈타인, 포돌스키, 그리고 로젠이 함께 벌인 토론 끝에 「물리적 실재에 대한 양자역학적 설명을 완벽하다고 볼 수 있는가?」(Can Quantum-Mechanical Description of Physical Reality Be Considered Complete)라는 제목의 논문이 탄생했다. 아인슈타인은 슈뢰딩거에게 이렇게 알렸다. "언어 문제 때문에"—당시 아인슈타인이 알고 있던 영어 단어는 약 500개 정도였다—"오랜 논의 끝에 그 논문은 포돌스키가 썼네." (논문 제목에 'the'가 빠진 것은 모국어가 러시아어인 사람이 영어로 쓰다 보니 생긴 부작용이었다.) 세 저자의 협동 작업이 어떻게 진행되었는지 확실치 않다. 이에 대한 로젠의 기억도 불분명하다. 포돌스키가 자기 아들에게 한 말에 따르면, 그와 로젠은 "뭔가를 알아냈다고 여기면" 아인슈타인과 논의를 했다고 한다. 하지만 말년에 포돌스키는 대단히 장난스럽게 물리학부의 자기 동료인 존 하트에게 이렇게 터놓았다. "우리는 물어보지도 않고 아인슈타인의 이름을 집어넣었다네."

어쨌든 EPR 주장은 아인슈타인이 행한 일련의 광양자 방출 상자 사고 실험이 겪은 것과 똑같은 과정을 밟았다. 더 철저하고 더 복잡한 논리적·양자역학적 분석과 함께 제시되었는데도 말이다. 두 '계(系)'(입자든 상자든)가 상호작용을 한 다음 분리된다. 한 계에 대한 운동량의 측정값으로부터 실험자는 멀리 떨어진 계를 전혀 건드리지 않고 그 운동량을 알 수 있다. 하지만 대신에 만약 실험자가 위치를 측정하기로 하면, 멀리 떨어진 계의 위치는 그 부근의 파동함수를 양자역학적으로 계산하여 알 수 있다.

따라서 이 단계에서는 두 가지 대안이 있다. 즉 이쪽의 운동량을 측정하여 저쪽의 운동량을 알아내든가, 아니면 이쪽의 위치를 측정하여 저쪽의 위치를 알 수 있다.

하지만 논문은 잘 알려진 대로 (그리고 의미심장하게도) '실재(reality)의 요소'를 이렇게 정의했다. "만약 어떤 계를 전혀 방해하지 않고서 어떤 물리량을 확실히 예측할 수 있다면, 이 물리량에 대응되는 물리적 실재의 요소가 존재한다." 이 경우 멀리 떨어진 '계'의 두 특성—위치와 운동량—모두를 실재의 요소로 볼 수 있지 않을까? 그렇다면 이와 다르게 말하는 양자역학은 불완전하지 않을까?

논문의 마지막 다음 두 문단도 마찬가지로 중요하다. "두 가지 이상의 물리량이 동시에 측정되거나 예측될 수 있을 때에만 동시적인 실재의 요소로 간주될 수 있다고 주장한다면 우리와 같은 결론에 이르지는 못할 것이다."라고 EPR 논문은 인정한다. "이런 관점에서는 물리량 P〔운동량〕와 물리량 Q〔위치〕 중 어느 하나—동시에 둘 다가 아니라—만이 예측될 수 있으므로 이 둘은 동시에 실재인 것이 아니다." 하지만 저자들은 아래와 같은 의구심을 보인다. "이로 인해 P와 Q의 실재성은 첫 번째 계에 행해진 측정 과정에 의존하게 된다. 하지만 이 첫 번째 계는 결코 두 번째 계를 방해하지 않는다. 따라서 실재에 대한 어떤 합리적인 정의도 그러한 관점을 허용한다고 기대할 수 없다.

파동함수에 의해서는 물리적 실재를 완전하게 설명하지 못한다는 점을 지금까지 밝히면서, 우리는 물리적 실재에 대한 완전한 설명이 존재하느냐 여부를 열린 질문으로 남겨 두고자 한다. 하지만 우리로서는 그러한 이론이 가능하다고 믿는다."

포돌스키는 논문을 제출할 무렵에 캘리포니아로 떠나야 했다. 그리고 아인슈타인이 (그 논문이 『피지컬 리뷰』에 등장하기 열하루 전인) 1934년 5월 4일자 「뉴욕 타임스」 11쪽에서 "아인슈타인이 양자론을 공격하다"란 제목의 기사를 갑자기 보기 전에 그 논문을 미리 보았는지는 불분명하다. 그 기사의 말미에는 신문사가 출처를 포돌스키라고 밝힌 100단어 분량의 해설이 달려 있었다.

일거수일투족이 뉴스거리가 되는 사람과 공동으로 연구했다는 복잡한 사정에 가려지긴 했어도, 포돌스키는 EPR 주장을 활자로 발표했다는 점에서 물리학 역사에 대단한 기여를 했다. (아인슈타인은 큰 구도에 주목하는 사람인지라 때때로 그런 일에 소홀했다. 숨은 변수의 불가능성에 관한 폰 노이만의 증명도 그런 사례에 속한다. 1938년경에 아인슈타인은 조수인 피터 베르그만과 발렌틴 바르그만과 함께 프린스턴고등연구소의 자기 연구실에 앉아 있었다. 그때 폰 노이만의 증명이 대화 주제로 떠올랐다. 아인슈타인이 폰 노이만의 두툼한 책을 펼치더니 그가 몰랐던 사람인 그레테 헤르만이 몇 년 전에 비판한 바로 그 가정을 문제 삼았다. "왜 이걸 믿어야 하지?"라고 그가 의문을 제기하면서 대화가 진행되었다. 하지만 당시 아인슈타인이 이런저런 일로 경황이 없었던 데다 두 조수도 마찬가지 상태였던 까닭에, 이번에도 폰 노이만의 증명은 더 많은 이들이 그것의 오류를 알게 되는 위기를 모면했다.)

포돌스키가 사반세기 동안 가르치게 될 신시내티 대학의 교수직을 지원했을 때 아인슈타인은 추천장에 이렇게 썼다. "포돌스키는 늘 문제의 핵심을 바로 꿰뚫어 봅니다."

3. 보어와 파울리—

보어의 물리학에 대한 아인슈타인의 판단은 일곱 장님과 코끼리가 나오는 옛 수피 교도의 이야기와 비슷하다. 첫 번째 장님이 어느 더운 날 평평한 귀를 만져 본 적이 있기에 "코끼리는 부채처럼 생겼다."고 말한다. 두 번째 장님은 파리를 쫓는 꼬리에 맞아 본 적이 있던 터라 "코끼리는 밧줄처럼 생겼다."고 말한다. 세 번째 장님은 튼튼한 다리에 걸려 넘어진 적이 있어서 "코끼리는 나무처럼 생겼다."고 말한다. 네 번째 장님은 따뜻하고 부드러운 상아를 만져 본 적이 있으므로 코끼리는 창처럼 생겼다고 단언한다. 다섯 번째 장님은 목욕을 하던 코끼리 곁을 지나가다 코에 걸려 물에 빠진 경험 때문에 코끼리가 호스처럼 생겼다고 알고 있다. 여섯 번째 장님의 생각에 따르면 우리는 이 형용하기 어려운 동물을 언제나 '고전적인' 용어로 이야기해야 하며, 이 용어들은 우리가 무엇을 측정하느냐에 따라 '상보적인' 방식으로 사용되어야 한다. 즉 코끼리는 동시에 부채와 밧줄 두 가지로 느껴지지 않지만 완벽한 설명을 하려면 두 가지가 다 필요하다는 것이다. 그는 이렇게 말한다. "일반적으로 우리는 한 사물에 대한 완벽한 설명에는 고유한 한 가지 설명이 아니라 다양한 관점이 필요할지 모른다는 점을 인정해야 한다."

일곱 번째 장님은 코끼리를 모는 사람인데 다른 장님들의 이야기를 듣고선 웃으며 지나간다.

코끼리 모는 사람은 아니지만 아인슈타인도 일곱 번째 장님이 이렇게 말하며 웃는 소리가 들리는 듯하다. "주님은 오묘하실 뿐 악의가 있지는 않도다."(자연은 비밀을 숨기고 있지만, 그것은 어떤 불순한 계략 때문이 아니라 자연의 숭고한 본질 때문이라는 뜻으로 아인슈타인이 직접 한 말. 여기서는 코끼리 모는 사람이 한 말을 그가 듣고 있는 것처럼 표현했다.—옮긴이)

1935년 5월 중순 윤전기에서 막 빠져나온 『피지컬 리뷰』 제47호 1000부가 전 세계로 발송되었다. 이 잡지의 777쪽은 물리적 실재에 대한 양자역학적 설명을 완전하다고 볼 수 있는지를 엄숙하게 물었다.

근본적으로 다른 세 가지 반응이 이 문제를 가장 중요시하는 세 사람, 즉 보어와 파울리 그리고 슈뢰딩거로부터 거의 순식간에 나왔다.

코펜하겐의 보어 연구소는 엄청난 충격을 받았다. 보어의 조수인 로젠펠트는 "이 논문은 우리에게 청천벽력과도 같은 타격을 가했다."고 회상했다. 마침내 아인슈타인은 보어의 관심을 이끌어 냈다. "그 논문이 보어 박사님에게 끼친 영향은 대단했다. 사실 그 무렵 박사님에게는 다른 걱정거리가 있었다. 하지만 박사님은 내 보고를 통해 아인슈타인의 주장을 듣자마자 모든 것을 내팽개쳤다. 우리는 그 논문이 제기한 오해를 당장 해결해야 했다."

보어는 대단히 자신만만해하며 그 사고실험을 택해 "그것에 대해 논하는 올바른 방법"을 보여 주는 일에 착수했다. 하지만 곧 머뭇거리면서 우왕좌왕했다. 눈썹이 눈 위에 짙은 그늘을 드리우면서 이마에 주름이 잡혔다. "아냐. (…) 이건 안 돼. (…) 그걸 더 확실히 이해해야 해." 그는 거듭 애를 썼지만 "그 주장의 예상치 못한 미묘함에 놀라움만 더해 갈 뿐이었다."

잠시 침묵이 흐르다가 보어가 조수를 향해 갑자기 몸을 돌리면서 정적이 깨어졌다. "그게 무슨 의미일 수 있겠나? 자넨 이해가 되는가?"

나중에 보어가 어느 인터뷰에서 한 말에 따르면 디랙도 EPR 논문에 대해 듣고는 자신과 비슷한 반응을 보이며 이렇게 말했다고 한다. "이제 모든 걸 다시 시작해야 한다. 그것이 문제가 있다고 아인슈타인이 밝혀냈으니 말이다."

밤이 깊어지고 있었지만 보어는 여전히 어리둥절했다. "이것 참" 그가 말했다. "밤을 꼬박 새며 생각해 봐야겠는걸."

한편 파울리는 취리히에 있는 집안에서 이리저리 거닐며 최대한 격한 어조로 하이젠베르크에게 편지를 쓰고 있었다. "아인슈타인이 또다시 양자역학에 대한 입장을 공개적으로 드러냈어. 『피지컬 리뷰』 5월 15일자 판에 말이야. (포돌스키와 로젠과 공동으로 썼는데 어쨌든 셋은 결코 좋은 팀이 아니야.) 너도 잘 알겠지만 매번 그렇듯 이번 공격도 무시무시해."

파울리는 마지막에 다음 구절을 덧붙였다.

Weil, so schließt er messerscharf
Nicht sein kann, was nicht sein darf.

이것은 인기 있는 난센스 시인 크리스티안 모르겐슈테른의 「불가능한 사실」이란 시의 마지막 두 행이다. 이 시는 (원문인 독일어를 번역하면) 다음과 같이 시작한다. "늙은 팔름슈트룀, 어느 정처 없는 방랑자/ 그릇된 방향으로 걷다가/ 번잡한 교차로에서/ 차에 치이고 마네." 팔름슈트룀은 자신의 죽음을 부정한다. 따라서 시의 마지막은 이렇게 된다.

하늘이 텅 비어 있듯
거긴 차가 들어올 수 없는 곳!
그래서 그는 이런 결론에 이른다.
자신의 사고는 환영이라고.
그리하여 그는 날카롭게 추론한다.
일어나지 않아야 할 것은 일어날 수 없다.

"나도 인정해 주겠어." 파울리가 삐딱한 어투로 말을 이었다. "학기 초에 어느 학생이 내게 그렇게 반대를 했다면, 난 그 학생을 아주 똑똑하고 전도유망하다고 여겼을 거야. 대중들이 혼란스러워할 수 있기 때문에—예를 들면 미국에서 말이야—『피지컬 리뷰』에 누군가가 비평을 보내면 좋을 텐데, 바로 네가 그걸 해 주면 좋겠어." 파울리는 사소해 보이는 이 주장에 대해 논하는 엄청난 분량의 논문을 상세히 읽으며, 하이젠베르크가 이에 대해 적절한 방법으로 생각해 보도록 준비를 했다. "우리로선 사소한 이런 일에 이렇게 신경을 쓴 까닭은 다음 겨울 학기에 프린스턴에 와 달라는 초청을 최근에 받았기 때문일 거야. 거기 가면 아주 재미있을 거야. 어쨌든 난 모르겐슈테른의 모토를 널리 알리고 싶어. (…)"

"라우에와 아인슈타인과 같은 나이 든 신사들은"—둘 다 56세인 데

비해 파울리와 하이젠베르크는 35세—"양자역학이 옳긴 하지만 불완전하다는 망상을 떨치지 못하고 있어. 그들은 양자역학에 속하지 않는 명제들에 의해 양자역학이 완전해질 수 있다고 여겨. 양자역학에 속하는 명제들을 바꾸지 않고서도 말이야. (…) 아마 너라면—아인슈타인에게 답장을 보내—양자역학은 그 자체의 내용을 바꾸지 않고서는 그런 식으로 완전해지기가 불가능함을 권위 있고 명백하게 밝힐 수 있을 거야."

실제로 그런 '불가능한' 완전함을 숨은 변수를 통해 가능하게 하려는 시도가 이미 있었다. 드 브로이가 제시한 방법인데 1927년 솔베이 회의에서는 누구도 귀를 기울이지 않았다. 이 발상은 1952년에 저절로 부활하여(이때도 그다지 긍정적인 반응은 아니었다) 존 벨의 발견으로 이어지게 된다. 파울리의 도움을 하나도 받지 않고서.

"아인슈타인과는 무관하게" 파울리가 말을 이었다. "내가 보기에는 양자역학에 대한 체계적인 토대를 마련하려면 지금까지 해 온 것(예를 들면 디랙의 연구)보다 훨씬 더 계(系)들의 결합과 분리에서부터 연구를 시작해야만 할 것 같아. 정말로 이건—아인슈타인이 정확히 짚은 대로—아주 근본적인 점이야."

『피지컬 리뷰』가 옥스퍼드에 있는 슈뢰딩거의 손에 들어왔다. 그곳은 그가 나치를 피해 새로 자리를 잡은 데였다. (하지만 교수들의 저녁 만찬에 전부 남자들만 가득한 것을 보고 그는 조금 답답해하고 있었다.) EPR 논문은 보어와 마찬가지로 그에게도 푸른 하늘의 날벼락이었다. 하지만 슈뢰딩거에게 그 벼락은 영감의 빛줄기였다. 그는 아인슈타인에게 이런 편지를 보냈다. "『피지컬 리뷰』에 발표된 논문에서 박사님께서 그 난제의 뒷덜미를 확실히 움켜잡은 것을 보고 저는 매우 기뻤습니다. 그 문제는 우리가 베를린에 있을 때 참 많이도 토론했던 주제지요." 그는 그 상황을 수학적으로 분석하였고, 보어와 달리 두 달 후 자신이 '얽힘 현상'이라고 명명하게 될 내용에 이미 초점을 맞추고 있었다.

이튿날 아침 코펜하겐. 보어가 황홀한 표정으로 문을 열고 들어온다. "포돌스키!" 그는 손으로 거들먹거리는 동작을 취하며 말한다. "오포돌스키, 이오포돌스키, 지오포돌스키, 아지오포돌스키, 바지오포돌스키!"

로젠펠트가 어리둥절해한다. 당연히 그럴 만한 상황이다.

보어의 얼굴이 웃음으로 환히 빛난다. "홀베르한테서 적절한 몇 구절을 찾아냈는데"(루드비 홀베르는 18세기 초반 코펜하겐에서 활약한 시인이자 사상가, 그리고 다작의 희곡작가로 혼자서 덴마크어를 문학 언어로 합법화시킨 인물) "거기에 보면 하인이 들어와서 「이타카의 오디세우스」란 작품에 나오는 터무니없는 소리를 늘어놓기 시작하네."

로젠펠트는 여전히 어리둥절해 있다. 하지만 보어는 생기가 넘친다. "음, (…) 그 논문을 쓰도록 하세."

"(…) 그 논문이요?" 로젠펠트가 말을 되받는다.

"아인슈타인과 포돌스키 그리고 로젠에게 보낼 우리의 응답 말일세."

"그들의 주장은" 보어가 말을 잇는다. "내가 보기엔 우리가 원자물리학에서 마주친 실제 상황에 부합하지 않는 듯하네."

로젠펠트는 해답을 간절히 기다리는 표정으로 연신 고개를 끄덕인다. 그도 늘 생각하던 문제다.

"물리적 실재에 관해 그들이 제시한 범주는 양자물리학에 적용될 때 필연적으로 애매모호해진다는 점을 우리가 보여 줄 참이네. 따라서 나는 이번 기회를 통해 보편적인 관점을 더 세밀하게 설명하게 된다면 무척 기쁠 터이네." 이 말을 하면서 그는 정말로 기쁜 표정이다. 로젠펠트에게 빙긋 웃어 보이고 말을 잇는다. "나는 이전에 여러 번 '상보성'이란 원리를 제시했는데 (…) 간편한 이 개념을 통해 양자역학은 물리적 현상을 완벽히 합리적으로 설명하게 될 걸세."

"그런데 아인슈타인 박사가 상보성을 받아들이지 않으려는 건 정말 이상합니다." 로젠펠트가 진지하게 말한다. "이런 문제들에 대한 자신의 방법과 매우 비슷한 것인데도 말입니다."

"맞는 말이네." 보어가 맞장구를 친다. "나도 논문의 말미에 그 점을 강조하고 싶네. 자연철학의 새로운 특징인 상보성은 물리적 실재에 관한 우리의 태도를 근본적으로 수정한다는 뜻이네. 그리고 그건 아인슈타인도 종종 언급하듯이" 보어는 장난스럽게 로젠펠트에게 고개를 한 번 끄덕인다. "일반상대성이론에 의해 근본적 개념 수정이 일어난 것과 놀랄 만큼 비슷하다네. 일단 한 사람의 태도에 그런 수정이 일어날 수 있다면 다른 모든 것도 제자리를 잡게 되네."

로젠펠트가 마음이 놓이는 듯 미소를 짓는다. "오늘 아침 박사님은 이 상황을 좀 더 편안하게 여기시는 것 같습니다."

"우리가 차츰 그 문제를 이해해 나가고 있다는 신호라네. 그렇다는 점이 내게는 아주 분명해졌네. 한 입자가 스크린의 한 슬릿을 통과하는 단순한 사례를 고찰하기 시작해 보았더니 말일세." 그가 다시 거닐기 시작한다. "따라서 그 사례부터 설명하겠네." 로젠펠트는 받아 적기 위해 연필과 메모지를 집어 든다. "입자의 운동량이 완벽하게 알려져 있더라도…." 보어가 걸음을 멈추고 설명을 시작한다. "이 단순하고 사실상 잘 알려진 사례를 다시 살펴보려는 주목적은 이 현상에서 우리가 불완전한 설명을 다루고 있지 않음을 강조하기 위해서다. (…)" 잠시 멈추더니 다시 설명한다. "우리는 다른 요소들을 희생하는 대가로 물리적 실재의 상이한 요소들을 임의적으로 선택하는 식의 불완전한 설명을 다루지 않는다. 대신 우리는 본질적으로 상이한 실험 설정들과 절차들을 합리적으로 구분하고 있다. 양자역학과 일반적인 통계역학과의 어떠한 비교도—이론의 공식적 표현을 위해서 아무리 유용할지라도—본질적으로 부적절하다."

받아 적고 있던 로젠펠트가 고개를 든다. "그건 무지와는 관계가 없습니다. 실제로 더 이상 안다는 게 불가능하니까요."

"맞네. 그 말도 꼭 포함시키도록 하세." 그가 다시 걷기 시작한다. "우리는 각 실험 설정에서 단지 어떤 물리량의 값을 알 수 없다는 점을 다루는 것이 아니라 (…)" 그가 발을 끌더니 왔던 길을 되짚어간다. "적절한 양자 현상의 연구에 알맞게 갖추어진 각 실험 설정에서, 우리는 단지 어떤 물리량의 값을 알 수 없다는 점을 다루는 것이 아니라 이런 양들을 한 가지 분명한 방식으로 정의하는 것이 불가능하다는 점을 다룬다."

"이 단순한 사례와 마찬가지로 아인슈타인, 포돌스키, 로젠이 다룬 특별한 문제에서 우리는 상보적인 고전적 개념들을 사용할 수 있는 상이한 실험 절차들 사이의 구별에만 관심이 있다. 여기에는 밑줄을 그어 놓도록 하게. 우리는 상보적인 고전적 개념들을 분명하게 사용할 수 있는 상이한 실험 절차들 사이의 구별에만 관심이 있다." 로젠펠트가 고개를 끄덕이며 그 구절에 밑줄을 긋는다. 보어가 잠시 설명을 멈추더니 다시 그에게 고개를 돌린다.

"아, 자네는 내가 이 모든 것을 깨달았을 때 얼마나 안도감을 느꼈는지 상상할 수 있겠나. (…) 어젯밤에는 거의 절망적이었지만 말일세." 그가 빙긋 미소를 띤다. "하지만 이제!" 그가 다시 걸으면서 설명을 시작한다.

"이제 우리는 아인슈타인, 포돌스키 그리고 로젠이 제기한 물리적 실재에 관해 그 논문에서 밝힌 기준에서 '한 계를 전혀 방해하지 않고서'란 표현의 의미에 불명확성이 담겨 있음을 알고 있다. 물론 방금 살펴본 것과 같은 사례에서 측정 절차의 마지막 결정적 단계 동안 관찰 대상인 계에 대한 기계적인 방해가 있을 수는 없다."(따라서 한 측정 행위가 어떻게 다른 측정 행위를 물리적으로 방해하는지에 대한 기계적인 자세한 설명은 필요 없어진다. 보어는 더 고차원의 추상적 사고로 나아간다. 어쩌면 그 방향으로 후퇴하는지도 모르지만.) "하지만 이 단계에서조차 (…) 예측 가능한 유형들을 정의하는 조건들에 미치는 영향이라는 문제가 본질적으로 존재한다."

로젠펠트는 최대한 빨리 적고 있다. 고개도 들지 않고 그가 묻는다. "이 마지막 문장을 다시 말해 주실 수 있습니까?"

보어가 순순히 응한다. "이것도 밑줄을 쳐 두게나. 계의 장래 행동에 관해 가능한 예측의 유형들을 정의하는 조건들에 미치는 영향이라는 문제가 본질적으로 존재한다.

이 조건들은 '물리적 실재'라고 부르기에 적합한 현상을 설명하는 데 있어서 내재적 요소를 구성하므로, 양자역학적 설명이 본질적으로 불완전하다는 상기한 저자들의 주장은 정당하지 않음을 알 수 있다." 보어가 휙 돌아선다.

아인슈타인, 포돌스키, 로젠도 물론 이런 반응을 이미 예상하고서("두 가지 이상의 물리량이 동시에 측정되거나 예측될 수 있을 때에만 동시적인 실재의 요소로 간주될 수 있다고 주장한다면 우리와 같은 결론에 이르지는 못할 것이다.") 아인슈타인이 1930년대 이후 줄곧 말해 온 대로, 이것으로 인해 한 대상의 실재가 다른 대상에게 행한 측정에 의존하게 됨을 거듭 되풀이했다. 하지만 보어는 더 큰 목표가 있었다. 그는 아인슈타인을 설득해 상보성을 받아들이게 만들고자 했다.

"사실" 보어가 말을 잇는다. "임의의 두 실험 절차의 상호 배제(두 절차가 서로를 배제하므로 어느 한 절차가 존재하면 다른 절차는 존재할 수 없게 되는 상황을 말한다.—옮긴이)만이 새로운 물리법칙들을 위한 공간을 마련해 준다. 이들 법칙들의 공존은 언뜻 보기에는 과학의 기본 원리들과 조화를 이룰 수 없을 듯 보일 수도 있지만 말이다. 상보성의 개념이 목표로 하고 있는 것은 바로 이러한 완전히 새로운 상황이다." 보어는 잠시 침묵을 지키더니 다시 말을 잇는다.

"우리는 각 실험 설정에서, 측정 수단으로 취급될 물리적 계의 부분들과 조사 대상 물체를 구성하는 부분들 사이를 구별할 필요성을 간파한다." 그가 걸음을 멈춘다. "이 선택은 물론 편의의 문제이다. (⋯)" 다시 발걸음을 옮긴다. "하지만 그것은 근본적으로 중요하다. 왜냐하면 우리는 고전적인 개념들을 사용하여 모든 양자역학적 측정을 해석해야만 하기 때문이다."

"하이젠베르크가 슈니트라고 부른 것과 필연적으로 관련되는군요." 로젠펠트가 고개를 들며 말한다. 슈니트(잘린 부분)는 관찰되는 양자와 고전적인 측정 장치—결국 양자역학적인 원자들로 이루어진—사이의 움직일 수 있는(30년 후 존 벨은 '옮겨지는(shifty)'이라고 부른) 틈이었다.

보어가 고개를 끄덕인다. "입자와 측정 도구 간의 반응을 더 자세히 분석하는 것은 불가능하다. 여기서 우리는 고전물리학과는 완전히 이질적인 개별성을 다루어야 한다." 여기서 보어도 얽힘 현상—즉 측정의 복잡한 상호작용에 대한 더 자세한 분석이 불가능하게 되는 지점—에 가까이 다가갔음을 알 수 있다.

"양자가 존재한다는 바로 그 사실에서" 보어가 설명을 이어간다. "인과성이라는 고전적인 이상을 최종적으로 버리고 물리적 실재의 문제에 대한 우리의 태도를 근본적으로 수정해야 할 필요가 생긴다." 흐뭇한 표정을 지으며 그가 다시 걸음을 멈춘다. "이것이 지금껏 내가 생각해 온 바이며, 올바른 길을 가고 있다고 나는 믿는다."

이 주장을 얼마만큼 자세히 이해할 수 있을지는 사람마다 다르겠지만 로젠펠트는 지금 경외감에 휩싸여 있다. "저들의 주장은 전부 산산조각이 났습니다. 실제로는 오류인데 겉으로만 대단해 보일 뿐입니다."

"그들은 아주 교묘한 주장을 내놓았네. 하지만 중요한 건 올바른 주장이네."

로젠펠트가 골똘히 생각하더니 입을 연다. "박사님 말씀을 제가 올바르게 이해한 거라면 그 저자들은 실재에 대해 자신들이 선입관을 품고 있다는 점을 더 신경 써야 합니다. 자연에서 우리가 무엇을 배울 수 있을지에 관해 주도적인 역할을 하는—박사님은 저희들더러 늘 그렇게 하라고 당부하시지만—대신에 말입니다."

보어가 다시 걸음을 떼기 시작한다. "음. 글쎄, 너무 지나친 판단은 하지 말도록 하세. 그 문제를 정말 제대로 드러냈는지부터 확실하게 밝혀야 하네. 처음으로 돌아가서 그들의 주장을 다시 살펴보면 어떻겠나? 이 현상을 설명하는 데 시간에 대한 개념이 어떤 역할을 하는지를 살펴보고 싶은데. (…)"

4. 슈뢰딩거와 아인슈타인—

아인슈타인은 슈뢰딩거의 편지를 아직 받지 못한 터였다. 그러다가 6월 17일 보어의 관점에 관해 슈뢰딩거에게 이런 편지를 보냈다. "나는 실제 사건에 대한 시공간적 설정을 부정하는 것은 이상주의적이며 심지어 영적이라고까지 여기네. 인식론에 빠진 이런 무분별한 주장은 자체적으로 사라지고 말 걸세." 그로서는 슈뢰딩거가 어떤 입장에 서 있는지가 확실치 않았다. "하지만 분명 자네는 내게 미소를 지으며 이렇게 생각할 거네. 결국 많은 젊은 매춘부들이 늙어서는 얌전히 기도하는 자매로 바뀌고 많은 젊은 혁명가들도 나이 들어서는 보수주의자가 된다고 말일세."

다음 날 슈뢰딩거의 편지가 도착했다. 그러자 아인슈타인은 편지에 대해 고마움을 표하고 그 논문은 자기가 직접 쓴 것이 아니라고 설명하고 이렇게 사과했다. 그 논문은 "내가 원래 원했던 내용 그대로가 아닐 뿐더러 본질적인 내용도, 말하자면 형식주의로 인해 질식당해 버렸네." 그리고 이렇게도 말했다. "난 소시지를 주지 않네.(신경 쓰지 않는다는 뜻— 옮긴이)" 양립할 수 없는 관찰 대상들—보어가 가장 좋아하는 주제—을 다루는 문제든 아니든.

모든 것이 슈뢰딩거방정식이 실재와 어떤 관계를 맺느냐 하는 문제로 귀결되었다. 사건에 대한 수학적 기술과 그 사건 자체는 어떤 관련성이 있는가? 슈뢰딩거 파동함수 Ψ는 입자가 갖는 실제 상태를 어떤 방식으로 나타내는가? 실재, 즉 입자의 진짜 상태는 이러한 논의 속에서 상태라는 용어 또는 사건의 상태라는 구절로 표현된다. 파동함수 Ψ는 어떻게든 사건의 이러한 진짜 상태를 표현해야만 한다. 하지만 실재와의 그러한 관련성이 무슨 의미인지도 확실히 말하기 어려운 데다, 심지어 실재 또는 상태가 무슨 의미인지조차 분명하지 않다.

슈뢰딩거에게 보내는 편지에서 아인슈타인은 이러한 언어의 가시덤불을 한 가지 우화로 독특하게 헤쳐 나갔다. EPR 논문에서 불분명하게 제시된 주된 요점을 분명하게 하려는 의도였다. "내 앞에 상자 두 개가 놓여 있네. 뚜껑으로 상자를 열 수 있는데, 이 뚜껑을 바라보면 상자가 언제 열리는지 알 수 있네. 이런 바라보기를 '관찰하기'라고 부르네. 게다가 공이 하나 있는데, 이 공은 관찰이 이루어지는 두 상자 중 한쪽 또는 다른 한쪽 안에서 발견될 수 있네. 이제 사건의 상태를 다음과 같이 설명할 수 있네. 공이 첫 번째 상자에서 발견될 확률은 2분의 1이다."(이것은 슈뢰딩거방정식을 통해 나오는 결과이기도 하네.) 아인슈타인은 "이것이 완벽한 설명인가?"라고 물은 다음 두 가지 상이한 답을 내놓는다.

"완벽한 설명이 아니라고 보는 견해. 완벽한 설명은 이렇네. 공은 첫 번째 상자 안에 있다.(또는 있지 않다.) (…)"

"완벽한 설명이라고 보는 견해. 상자를 열기 전에는 공이 두 상자 중 어느 하나에 있다고 할 수 없다. 오로지 뚜껑을 여는 순간에 어느 한 상자 안에 공이 있음이 결정된다. (…)"

"물론 이 두 번째 '정신적인' 또는 슈뢰딩거 식 해석은 터무니없네." 아인슈타인이 재치 있게 말을 잇는다. "길거리에 있는 어느 누구에게라도 물어본다면 첫 번째 보른 식 해석만 진지하게 받아들일 거네." 보른은 아인슈타인이 자기 마음대로 사용하는 듯한 이 해석을 알아차리지 못할지도 모른다. 그러나 아마 보어라면 다음 아인슈타인의 말에서 자기 이름이 직접 거론되지 않더라도 자신을 지칭하고 있음을 간파했을 것이다. 아인슈타인의 말은 이랬다. "하지만 어느 탈무드 철학자는 마치 전설 속 도깨비를 대하듯 '실재'를 대하기에, 이렇게 선언한다네. 그 두 개념이 표현 방식만 다를 뿐 (…)"

"보충적인 한 원리, 즉 분리 원리를 이용하지 않으면 탈무드 철학자를 이해할 수 없네." 아인슈타인은 설명을 계속한다. "두 번째 상자의 내용물은 첫 번째 상자에 일어나는 일과는 무관하네. 만약 분리 원리를 확고히 따른다면 오직 보른 식 해석만이 가능하네만, 이제 그건 불완전하네."

EPR 주제에 관한 편지들의 홍수—아인슈타인에서 슈뢰딩거로, 슈뢰딩거에서 파울리로, 파울리에서 하이젠베르크로, 하이젠베르크에서 보어로—는 여름 내내 쉴 새 없이 계속되었다. 때로는 세 통이 같은 날에 쓰이기도 했다.

"이 점에 대해 꼭 알고 싶습니다." 슈뢰딩거가 파울리에게 EPR에 관해 쓴 편지 내용이다. "당신은 아인슈타인 사례—이렇게 부르도록 합시다—가 전혀 생각할 가치도 없다고 보는지 아니면 완전히 명쾌하고 단순하고 자명하다고 보는지 말입니다. 〔이건 제가 그 문제에 대해 처음 이야기를 꺼냈을 때 누구나 다 궁금해하던 질문입니다. 왜냐하면 그들은 하나이자 거룩한 코펜하겐 교리를 신봉하던 사람들이었기 때문입니다. 사흘 후 대체로 이런 말이 나왔습니다. '이전에 내가 했던 말은 물론 틀렸고, 너무 복잡했다.'(…) 하지만 저는 왜 모든 것이 그토록 명쾌하고 단순한지에 대해서 분명한 설명을 아직 듣지 못했습니다. (…)〕"

"그럼 이만 줄이겠습니다. 당신의 오랜 동료인 슈뢰딩거로부터."

슈뢰딩거는 상태(그는 이렇게 썼다. "이 단어는 모두가 심지어 P. A. M. 디랙도 쓰는 용어지만 합당한 용어가 아닙니다.")라는 애매모호한 단어의 사용에 대해 파울리에게 불만을 토로했다. 그러자 파울리는 이에 대해 곧장 이런 답장을 보내왔다.

"제가 보기에는 아무런 문제도 없습니다." EPR에 대한 파울리의 의견은 이랬다. "그리고 아인슈타인 사례가 아니어도 우리는 이러한 사건의 상태를 알고 있습니다." 이후의 편지에 나와 있듯이 파울리는 다음과 같이 믿었다. "관찰자는 자신의 비확정적인 효과로 인해 새로운 상황을 창조합니다."(이처럼 관찰자가 창조한 상황이 양자 '상태'이다. 관찰자는 관찰을 통해 실재를 창조한다.) 파울리에 따르면 '측정'의 과정은 형용할 수 없고 설명할 수 없으며 법칙도 없는 사건이며, 그 결과는 "아무런 원인도 없는 궁극적인 사실과 같다." 하지만 측정에 해석 불가능한 신의 지위를 부여하고 무에서 세상을 창조한다는 발상은 아인슈타인이나 슈뢰딩거가 보기에는 아무런 소용도 없는 관점이었다.

"박사님이 6월 17일과 19일에 보낸 두 통의 멋진 편지를 받고서 저는 무척이나 기뻤습니다." 슈뢰딩거는 아인슈타인에게 이런 편지를 썼다. "그리고 한 편지에 적힌 매우 사적인 내용뿐 아니라 다른 편지에 적힌 전혀 사적이지 않은 내용에 관한 자세한 논의도 무척 좋았습니다. 정말 감사드립니다. 하지만 무엇보다도 『피지컬 리뷰』 관련 내용 때문에 가장 기뻤습니다. 그 내용은 금붕어 연못에 돌을 던져 모두를 휘저어 놓은 것이나 다름없습니다. (…)

호기심에서 저는 박사님이 보낸 편지를 아주 똑똑한 여러 명, 이를테면 런던, 텔러, 보른, 파울리, 질라드, 바일 등에게 보내 반응을 알아보았습니다. 지금껏 가장 훌륭한 반응을 보인 사람은 파울리였습니다. 그는 적어도 파동함수에 대해 '상태'라는 용어를 쓰는 것이 매우 부적절하다는 점을 인정합니다." 파동함수가 한 입자에 관한 사건의 실제 상태를 표현한다고 무비판적으로 말하는 것은 불가사의한 온갖 현상들 위에 베일을 덮는 것과 마찬가지다. 왜냐하면 실제 상태란 것이 무슨 의미인지도 전혀 확실하지 않기 때문이다.

"이제까지 드러난 반응들을 통해 제가 알아낸 것은" 슈뢰딩거가 아인슈타인에게 설명을 이어 갔다. "그다지 앞뒤가 맞지 않습니다. (…) 이런 대화를 들은 것이나 마찬가집니다."(조국 오스트리아를 떠나 옥스퍼드로 온 이 물리학자는 아주 이상하고 멀리 떨어진 장소들을 생각해 보려고 했다.) "즉 어떤 사람이 '시카고는 아주 추워'라고 말하니까 다른 사람이 '그건 오류야. 플로리다는 아주 더워.'라고 대답하는 식입니다. (…)"

"이 문제에 대한 기존의 통설을 이해하기조차 무척이나 어려웠던 탓에 저는 아무런 사전 지식 없이 최근의 해석 상황을 최종적으로 분석하여 방대한 결과물을 얻었습니다. 아직은 그것을 어떻게 발표할지 또는 발표할지 말지조차 모릅니다. 하지만 발표하는 것이 이 상황을 확실하게 하는 최상의 방법입니다. 게다가 그 문제에 관련된 현재의 기초 이론 가운데 몇 가지는 제가 보기에 정말 이상하기에 가만히 놔둘 수 없는 형편이고요."

오직 고전적인 용어들로만 이야기해야 한다는 발상에 대해 그는 이렇게 느꼈다. "새로운 이론의 가장 중요한 주장들을 스페인 장화에 끼워넣으려면 어려움이 따를 수밖에 없습니다."(스페인 장화는 스파이크가 박혀 있든 없든 장화가 발을 계속해서 조여 오는 일종의 고문 도구다.) 아인슈타인이 설명한 원거리 작용 즉 파동의 성질을 가지며 먼 거리에 퍼져 있는 것이 측정을 하는 순간 특정한 입자로 갑자기 바뀔 때 생기는 현상이 슈뢰딩거로선 여전히 궁금했다. 아울러 그를 괴롭힌 세 번째 문제는 "이러한 측정만이 실제적인(real) 것이며 그 외에는 모조리 형이상학이라고 보는 현명하고 철학적인 표현에 우리가 얽매여 있다는 느낌입니다. 그래서 사실 그 모형에 관한 우리의 주장들이 터무니없는 것이라고 전혀 여겨지지 않습니다."

"내가 기꺼이 마음을 열고 싶은 사람은 자네뿐이네." 아인슈타인은 이렇게 답했다. "대부분의 사람들은 사실로부터 이론을 보지 않고 이론에서부터 사실을 보네. 이미 인정된 개념의 그물망에서 빠져나오지를 못하지. 정말 우물 안에 갇힌 올챙이 같다네."

이어서 그는 자신이 '역설'이라고 부르는 것, 즉 슈뢰딩거의 파동함수 Ψ는 개별 대상들을 전혀 기술하지 못하고 대상들의 집단을 통계적인 방식으로만 기술한다는 점에 대한 해결책을 설명해 나간다. "하지만 자네는 내적인 어려움 때문에 매우 다르게 보네. 자네는 Ψ가 실제를 표현한다고 보고서, 이 함수와 일반적인 역학의 개념들과의"—즉 파동에 대해서는 별 의미가 없는 위치와 운동량의 개념들과의—"관련성을 바꾸고 싶어하네. 아니면 그런 개념들을 모조리 없애려 하네. 오직 그런 방식이어야만 그 이론은 자기 두 발로 굳건히 설 수 있네. 이런 관점은 분명 타당하긴 하지만, 그렇다고 이미 드러난 어려움을 피할 수 있다고 보지는 않네. 한 가지 조악한 거시적 사례를 통해 이런 점을 보여 주고 싶네."

이어서 아인슈타인은 화약에 대해 "내재적인 힘으로 인해 저절로 연소될 수 있다."고 설명한다. 그런데 실제로는 보통 1년 정도 걸린다. "원리적으로, 이 현상은 양자역학적으로 꽤 쉽게 표현될 수 있네. (…) 하지만 자네의 방정식에 따르면 시간의 경과 후 (…) Ψ 함수(파동함수)는 폭발 전의 계와 폭발 후의 계가 혼합된 상태를 기술하게 되네."

이 혼합은 파동을 중첩 현상으로 보고 연구하는 이들에게 알려져 있는 현상이다. 소리, 물 또는 빛에 관한 고전적인 중첩의 예들은 아주 많다. 이를테면 남성 사중창의 네 개의 개별 목소리들이 중첩되어 하나의 화음을 만들어 낸다. 두 파동이 중첩되면 하나의 또 다른 파동이 생긴다. (만약 두 파동이 정확히 반대여서 서로를 상쇄하면 파동이 사라져 버린다.)

하지만 이 개념이 양자역학에서처럼 파동이 아니라 입자를 설명할 때는 이상해진다. 예를 들어 전자가 규칙적으로 상이한 두 위치의 중첩 상태에 있으면, 마치 두 장소에 동시에 존재하는 것처럼 행동한다. 그리고 이 개념은 화약과 같은 경우에 적용되면 정말로 터무니없어진다. "어떤 해석 방법에 의하든, [폭발하기 전이면서 동시에 이미 폭발된 화약]에 관한 파동함수가 사건의 실제 상태를 적절히 설명할 수는 없네."라고 아인슈타인은 적었다. "실제로는 폭발 전과 폭발 후의 중간 상태는 존재하지 않으니 말일세."

우선 슈뢰딩거는 파동함수에 대한 아인슈타인의 해석에 대해 답변했다. 조심스러우면서도 정확한—나중에 존 벨이 증명했듯이—그의 설명에 따르면, 대체로 파동함수가 단지 원자들의 집단을 기술할 뿐이라는 주장을 함으로써 "모순 또는 역설"을 해결하려고 하는 것은 "통하지 않는다." 부드럽지만 빈정대는 어조로 그는 아인슈타인의 표현을 다시 인용했다. 이런 방식으로 파동함수를 해석하는 것은 "일반적인 역학의 개념들과의 관련성을 바꾸게" 될 것이다. 슈뢰딩거가 5일 전인 1935년 8월 14일 케임브리지철학협회에 제출한 논문에서 정의했던 개념에 따른 결과였다.

그 자신이 「분리된 계들 사이의 확률 관계에 관한 논의」라고 명명한 논문에서 슈뢰딩거는 상호작용을 했다가 다시 분리되는 두 원자의 EPR 상황에 대해 영어로 기술했다. 이전부터 이미 쓰이고 있던 표현인데도 그는 좀체 상태 또는 파동함수라는 용어를 사용할 수 없었다. 대신 그는 양자역학적 형식주의의 관점에서 원자의 '대변자'(원자의 상태를 대변해 주는 어떤 것이라는 뜻—옮긴이)에 대해 논했다. 이러한 형식주의에서 보는 한, 이두 원자는 상호작용 이후에는 아무리 멀리 떨어져 있더라도 더 이상 개별적인 물체들이 아니다.

"나는 이 현상을 양자역학의 한 특성이 아니라 가장 중요한 특성이라고 부르고자 한다."라고 슈뢰딩거는 적었다. "고전적인 사고방식에서 전적으로 탈피해야만 이해할 수 있는 개념이다. 상호작용에 의해 두 대변자는 서로 얽히게 된다." 이리하여 얽힘 현상이라는 용어와 개념이 물리학에 등장하게 되었다.

1935년 8월 나치의 저주가 아르놀트 베를리너의 집 문간에 도달했다. 이 사람은 『자연과학』의 설립자 겸 편집자로서 슈뢰딩거에게 EPR 역설에 관해 논하는 글을 써 달라고 부탁했던 인물이다. 그 주제에 대한 슈뢰딩거의 "전반적인 고백"—양자역학의 특이성에 대한 방대하고 뛰어난 탐구—이 아직 베를리너의 책상 위에 놓여 있는데도, (슈뢰딩거가 8월 19일 아인슈타인에게 알린 대로) 그는 "스물네 시간 전부터 편집자가 아니었다." 이런 부당한 지위 박탈은 베를리너가 평소 친절하고 지혜로운 사람이었다는 점에서 더 충격적이었다. 베를리너의 그런 면은 전체 물리학계에 잘 알려져 있었다. (특히 그는 젊고 불안정한 막스 보른을 격려하는 데 큰 역할을 했다.) 슈뢰딩거는 베를리너를 지지함과 아울러 그가 나치에게 당한 부당한 취급에 저항하는 차원에서 자기 논문을 돌려받길 원했다.

자신보다는 잡지를 더 아꼈던 베를리너는 슈뢰딩거에게 그 논문을 어쨌든 『자연과학』에 발표하도록 당부했다. 그래서 1935년의 마지막 세 달 동안 3부에 걸쳐 논문이 발표되었다. 그 기간에 아인슈타인은 그 노인을 독일에서 탈출시킬 방법을 찾으려고 애썼다. 하지만 이후 베를리너는 자신의 집에서 전쟁의 시기를 보내게 되며, 나치가 착용하라고 지시한 다윗의 별 마크를 굳이 거부하지 않는다. 매주 찾아오는 폰 라우에가 유일한 위안이 되었다. 둘이 만나는 동안에는 몇 시간 동안 한결 평온하고 문화적인 분위기에 젖어들 수 있었다. 둘은 오귀스트 로댕이 조각한, 베를리너의 친구인 말러의 반신상 곁에 앉아 이야기를 나누었다. 하지만 1942년 3월에 나치에게서 그달 말일까지 집을 떠나라는 통지를 받자 베를리너는 모든 희망을 접고 운명적인 결정을 내리고 말았다. 폰 라우에에게 보낸 완곡한 어투의 편지에는 베를리너가 어떻게 팔걸이의자에 앉아 "잠이 들었는지" 묘사되어 있었다. 베를리너가 아끼던 자연

과학계는 그의 죽음을 알아차리지도 못했다. 나치는 늙은 유대인의 자살에 장례식은 가당치도 않으며 그가 땅속에 묻힐 때 아무도 명복을 빌러 와서는 안 된다고 명령했다. 폰 라우에는 명령을 어기고 무덤가에 서서 친구가 땅속으로 내려가는 모습을 보았다.

베를리너가 간절히 발간을 권했던 슈뢰딩거의 논문은 (1926년의 파동방정식에 관한 논문 이후로) 그의 평생 동안 아마도 가장 중요하고, 분명 가장 흥미롭고, 결국 가장 유명해진 논문이었다. 그 논문에서 다른 무엇보다도 그는 '얽힘 현상'의 개념을 독일어 페르슈랜쿵(Verschränkung)으로 소개했다.(이 단어는 그가 반년 전에 소개한 적이 있던 영어 단어와는 실제로 어느 정도 다르다. 보어라면 두 단어 사이에 상보적인 의미가 있다고 말했을지 모른다. 영어 단어는 일상 대화에서 혼란이란 뉘앙스를 풍기는 반면에 독일어 단어는 질서를 암시한다. 독일인이라면 이 단어를 정의할 때 가슴에 팔짱을 끼고 상호 연결에 대해 설명할 것이다.)

아인슈타인과의 서신 교환에서 드러난 대로, 슈뢰딩거는 물리학사에서 가장 유명한 사고실험을 이끌며 파동함수를 확률의 목록으로 파악하는 보른의 해석에 대해 논했다. "논의 중인 주제의 본질적 내용은 어려움이 뒤따라야지만 이러저러한 고전적인 측정 결과를 찾을 확률 예측의 스페인 장화 속으로 끼어들어 갈 수 있다고 여기지 않는가?" 파동함수는 어떤 것들을 개별적으로 모아 놓은 목록이 아니며, 대신에 이른바 모든 가능성은 마치 동시에 존재하는 것처럼 한데 모인다. 이러한 중첩은 파동의 특성이다. 하지만 어떤 종류의 측정이 행해지고 나면 중첩된 양자역학적 파동함수는 더 이상 문자 그대로의 정확성을 갖지 않게 된다. 〔측정 전에는, 즉 관찰하기 전에는 중첩된 파동함수에 의해 고양이가 살아 있을 확률 40퍼센트, 죽어 있을 확률 60퍼센트로 문자 그대로의(수치적인) 정확성을 갖다가, 측정이 행해지고 나면 고양이는 죽었거나 아니면 살아 있는 두 상태 중 하나가 되므로, 중첩의 그러한 정확성이 더 이상 유지되지 않는다는 뜻으로 저자가 한 말인 듯하다.—옮긴이) 파동함수가 도박을 하는 신의 전광게시판(경마장에서 어느 시점의 투표 수나 배당금 등을 표시하는 게시판—옮긴이)으로 (대단히 성공적으로 그러나 설명은 없이) 해석되는 것은 바로 이때다.

하지만 이러한 해석의 도움—그리고 신비스러운 '파동함수의 붕괴'—없이는 슈뢰딩거의 방정식은 외부 세계에 대한 모든 관련성을 잃고 만다. 그는 아인슈타인이 제시한 폭발하는 화약과 상자 속의 공에 대해 생각하고 있었다.

"심지어 꽤 재미있는 사례를 상상해 볼 수도 있다." 슈뢰딩거는 그 사례를 이렇게 설명했다. "고양이 한 마리가 철로 만든 상자 속에 갇혀 있고, 이 상자에는 위험한 장치가 부착되어 있다. (이 장치를 고양이에게 직접 닿게 해서는 안 된다)." 이 장치에는 독약이 든 유리병이 달려 있는데, 유리병은 망치로 때리면 부서진다. 망치는 방사능을 가진 원자 한 개에 의해 작동된다. 고양이는 원자가 붕괴되면 독약을 흡입하게 되고, 붕괴되지 않으면 아무 탈 없이 살아간다. 방사능 물질의 양이 매우 작아 "한 시간 내에 한 개의 원자가 붕괴될 수도 있고, 한 개의 원자도 붕괴되지 않을 확률도 마찬가지다. (…)

만약 이 시스템을 한 시간 동안 가만히 놓아 두었는데 원자가 그 시간 내에 붕괴되지 않았다면 고양이는 여전히 살아 있을 것이다. 반대로 붕괴가 되었다면 독약이 흘러나와 고양이는 죽어 있을 것이다. 전체 시스템에 대한 파동함수는 이 상황을 설명하면서 살아 있는 고양이와 죽은 고양이가 섞여 있거나 스며들어 (이런 표현을 써서 죄송하지만) 있다고 할 것이다." 슈뢰딩거는 이러한 귀류법—살아 있기도 하고 동시에 죽어 있기도 한 상태가 중첩된 고양이—을 통해 관찰 행위가 있어야 작동하는 이론이 지닌 절망적인 문제점을 드러냈다.

슈뢰딩거는 더욱 대담해졌고 더욱 자신만만해졌다. 양자론은 그 창시자들이 파악했던 것보다 정말로 훨씬 더 환상적이었다. 그 논문을 한창 작성 중이던 그해 10월 슈뢰딩거는 보어에게 편지를 보냈다. "아인슈타인의 역설을 회피하던" 보어를 살짝 조롱하는 내용이었다. 슈뢰딩거는 이렇게 썼다. "박사님께서 관찰을 고전적으로 해석해야 한다고 거듭 단언하시는 데에는 분명하고 확실한 근거가 있어야 합니다. (…) 박사님의 깊은 확신에서 나온 판단이겠지만 저로서는 그 근거가 무엇인지 이해가 되지 않습니다. 그리고 박사님을 다시 만나 이야기를 나누면 정말 좋겠지만 요즘 시기로서는 찾아뵙기가 어려울 것 같습니다."

한편 하이젠베르크는 그 무렵 자신만의 세계에 갇혀 지내면서 어머니에게 이런 편지를 썼다. "저는 과학이라는 좁은 분야에 종사하면서 장래에 분명 중요해질 가치를 탐구하는 것에 만족합니다. 온통 혼돈이 지배하는 이 시기에 그것만이 제게는 확실한 일입니다. 바깥세상은 정말로 추악하지만 그 연구는 아름답습니다."

슈뢰딩거가 스스로 '전반적인 고백'이라고 부른 (하지만 이제는 '고양이의 역설 논문'이라고 널리 알려진) 내용의 마지막 부분은 1935년 크리스마스를 앞두고 발표되었다. 1936년 초반에 그는 이에 관한 모든 문제를 보어와 논의할 기회를 얻었다. 그는 아인슈타인에게 보낸 편지에서 이렇게 밝혔다. "최근 런던에서 닐스 보어 박사와 몇 시간을 보냈는데 보어 박사는 친절하고 예의 바른 태도로 그 논문이 '충격적'이며 심지어 '반역'이라고 거듭 말했습니다. 라우에나 저 그리고 특히 아인슈타인 박사님과 같은 사람들이 익히 알려진 모순적인 상황을 들고나와 양자역학에 타격을 가하고 싶어서 안달이라고도 했습니다. 그 모순은 자연의 본성에 필연적으로 포함된 것이고 실험을 통해 확인되는데도 우리가 받아들이지 않는다면서 말입니다. 마치 우리가 자연으로 하여금 '실재'에 대한 선입관을 강요하고 있다고 보는 듯했습니다. 하지만 보어 박사는 뛰어난 지성에 바탕을 둔 깊은 내면적 확신에서 말하는 터라 그의 입장에 영향을 받지 않기는 어렵습니다.

아주 다정한 방식으로 보어-하이젠베르크의 관점을 펼치는 것은 좋았습니다. (…) 어쨌든 저는 모든 것이 질서 속에 놓여 있다고 보어 박사가 저를 설득할 수 있으면 기쁘고 더 마음이 편할 거라고 말했습니다."

1935년은 양자론의 의미를 놓고 벌인 싸움의 절정기이면서 또한 휴전의 시기였다. 양자론의 핵심에 관해서 더 이상의 공개적인 다툼은 없었으며 이후 여러 해 동안 아인슈타인, 슈뢰딩거, 폰 라우에는 양자론에 대한 의구심은 제쳐 놓고 편하게 지냈다.

"신의 카드를 들여다보기는 어려운 것 같다." 1942년 아인슈타인은 이렇게 말했다. "하지만 신이 주사위 놀이를 하면서 (최근의 양자론이 주장하듯) '텔레파시적인' 방법을 사용한다고는 결코 믿을 수 없다."

몇 년 후 슈뢰딩거는 아인슈타인에게 보낸 편지에 이렇게 썼다. "신은 내가 확률 이론의 추종자가 아님을 알고 있습니다. 우리의 소중한 친구인 막스 보른이 그 이론을 처음 내놓았을 때부터 나는 그것이 마음에 들지 않았습니다. 왜냐하면 그것은 모든 것을 원리상 너무나 쉽고 단순하게 만들어 버릴 수 있기 때문입니다. 모든 것이 다림질되어 진정한 문제들은 숨겨지고 맙니다. 다들 이 조류에 편승했습니다. 채 1년도 지나지 않아 확률은 공식적인 교리가 되었으며 지금도 여전히 그렇습니다.

라우에와 더불어 현재 살아 있는 물리학자들 가운데 박사님은 진실한 과학자라면 실재에 대한 가정의 언저리만 돌 수는 없다고 보는 유일한 분입니다." 아인슈타인은 제2차 세계대전 후에 슈뢰딩거에게 이런 편지를 보냈다. "그들 대부분은 자신들이 실재—실험적으로 확립된 것과는 독립된 어떤 궁극적인 실재—에 관하여 어떤 위험한 게임을 벌이고 있는지 모르고 있다네. 하지만 그들의 해석은 자네의 방사능 원자 + 증폭기 + 화약 + 상자 속의 고양이를 다룬 계로 인해 참으로 멋지게 반박을 당하고 말았네. 그 계의 파동함수에는 살아 있으면서 동시에 죽어 있는 고양이가 둘 다 포함되어 있네. 고양이의 삶과 죽음이 관찰 행위와 무관하다는 건 어느 누구도 의심하지 않네."

슈뢰딩거도 맞장구를 쳤다. "이성적인 사람이라면 시저가 루비콘 강가에서 주사위를 던졌을 때 5의 눈이 나왔는지 여부를 추측하지 않을 겁니다."(시저는 갈리아 지방과 이탈리아 사이에 놓인 루비콘 강을 건널 때, 강을 건너면 전쟁이 일어날 것임을 알고서 이런 유명한 말을 남겼다. 'Iacta Alea Est. 주사위는 던져졌다.') "하지만 양자역학 쪽 사람들은 실재성이 불명확한 사건이기만 하면 확률적 진술이 적용되어야 한다고 여기는 듯합니다."

보어도 이 문제에 여전히 관심이 있었다. 1948년 어느 날 전기 작가인 아브라함 파이스가 프린스턴고등연구소에 들어갔다. 큰 방을 좋아하지 않았던 아인슈타인은 그 방을 기꺼이 보어에게 주고서 자신은 조수가 쓰는 작은 구석방에 있었다. 보어가 책상에 앉아 머리를 손으로 감싸고 있는 모습이 파이스의 눈에 들어왔다. "파이스 씨" 그가 말했다. "아, 저는 지쳤습니다." 그가 다시 머리를 손으로 감싼다. "지쳤어요." 알고 보니 양자역학에 대해 조금 전에 아인슈타인과 이야기를 나눈 뒤였다. "제가 왜 그를 설득할 수 없는지 모르겠습니다."

파이스로서도 알 도리가 없었다. 나중에 그는 이렇게 적었다. "아주 똑똑하고 또한 이해할 수 없을 만큼 고집이 센 아인슈타인이었다. 보어가 이렇게 말할 만했다. '그는 훌륭한 사람이고 전 그를 좋아합니다. 하지만 양자물리학에 관해서라면 그는 이상해집니다. 뭘 어쩌겠습니까.'"

파이스가 만나서 이야기하려고 했던 사람은 아인슈타인이었다. 그런데 아인슈타인의 70세 생일을 기념하는 축사를 쓰려고 보어가 와 있었던 것이다. 축사를 쓰면서 그는 수십 년간 둘 사이에 벌어진 유명한 토론을 다시 검토해 볼 계획이었다. 그래서 파이스가 그 내용을 받아 적는 일을 맡았다.

보어는 한숨을 쉬더니 자리에서 일어났다. "앉으세요."라고 말하고 빙긋 웃었다. "좌표계에는 늘 기준점이 있어야 한답니다."

파이스가 앉아서 펜과 종이를 꺼냈다.

받아 쓸 말을 보어가 부르기 시작했다. "이 축사의 주제에 해당하는 아인슈타인 박사와의 토론은 오랜 세월에 걸쳐 이루어졌습니다. 바로 이 시기 동안 원자물리학 분야에서 위대한 발전이 있었습니다. 때때로 우리의 만남에는 그리 시간이 많지 않기도 했습니다. (…)" 생각에 잠기자 그의 목소리가 가라앉았다. 더불어 파이스가 (좌표계의 중심에 앉아서) "특이한 타원"이라고 묘사한 모양을 이루며 책상 주위를 거닐었다. 가끔씩 "우리의 만남은….'이라고만 거듭 말하면서.

보어가 걸음을 멈추고 몸을 돌렸다. 마땅한 표현이 떠올랐던 것이다. "우리의 실제 만남은 길었든 짧았든 언제나 오랫동안 지속되는 영향을 남겼습니다. 제 마음에 깊고도 잊지 못할 인상을 심어 주었습니다."

파이스가 열심히 받아 적고 있었다.

"(…) 심지어 우리가 만나서 논의하고 있는 문제와 전혀 상관이 없는 듯한 주제가 나올 때에도 저는, 말하자면, 늘 아인슈타인 박사와 다투었습니다."

안타까운 마음에 파이스가 고개를 들었다. 원을 그리며 돌고 있던 그의 목소리가 가라앉았다. "저는 늘 아인슈타인 박사와 다투었습니다. (…) 저는 아인슈타인 박사와 다투었습니다. (…)" 걸음이 차츰 느려졌다. 손은 뒷짐을 쥔 채 이렇게 중얼거렸다. "아인슈타인 (…) 아인슈타인 (…)" 그러더니 마침내 걸음을 멈추고 창밖으로 시선을 던졌다. 하지만 아무것도 보고 있지는 않았다.

조수가 소리 없이 문을 열자 아인슈타인이 종종걸음으로 방 안으로 들어왔다. 그는 "얼굴에 장난꾸러기 같은 웃음을 띤 채" 파이스에게 아무 말도 하지 말라고 눈짓을 했다. "나는 어쩔 줄을 몰랐다." 파이스는 이렇게 회상했다. "특히 그 순간 아인슈타인이 어떻게 나올지 전혀 짐작하지 못했으니 말이다." 아인슈타인은 잽싸게 보어의 담뱃갑 뚜껑을 열더니 자기 파이프에 담배를 채우기 시작했다.

바로 그때 보어는 생각이 정리되어 말을 막 하려던 참이었다. "아인슈타인 박사는…" 그러다가 깜짝 놀라 말을 멈추었다. 이때 상황을 파이스는 이렇게 적었다. "둘은 얼굴을 맞대고 있었다. 마치 보어가 아인슈타인을 앞으로 불러낸 듯한 모습이었다. 보어가 잠시 말을 잃었다고만 말한다면 지나치게 절제된 표현일 것이다."

"미안하네, 보어 박사." 아인슈타인이 말했다. 보어는 웃음을 터뜨리고 있었다. "하지만 알다시피 의사가 담배를 피우지 말라고 했거든. (…)"

1960년(슈뢰딩거가 죽기 전해이면서 아인슈타인이 죽은 지 5년이 지난 해) 10월 비엔나로 돌아가 있던 슈뢰딩거가 독일로 돌아가 있던 막스 보른에게 편지를 썼다. "막스 박사님, 알다시피 제가 박사님을 존경하는 것은 결코 바뀔 수 없는 사실입니다."

"하지만 이번만큼은 철저하게 따져야겠습니다. 그러니 각오를 단단히 하십시오. 박사님은 뻔뻔스럽게도 번번이 코펜하겐 해석이 실질적으로 널리 인정된 개념이라고 아무런 거리낌 없이 주장했고 심지어 박사님 말을 믿을 수밖에 없는 일반인들에게도 그랬습니다. 그건 너무나 무리한 (…)"

"박사님은 역사의 심판이 걱정스럽지도 않습니까?" 이어서 다음과 같이 물었다. "인류가 머지않아 박사님의 어리석은 판단에 굴복할 것이라고 정말로 확신하십니까?"

슈뢰딩거가 죽은 후 평생 동안 여러 면에서 그를 뒷받침해 주는 존재였던 보른은 참으로 감동적인 부고를 썼다. "그의 사생활은 우리 같은 점잖은 사람들이 보기에는 특이했습니다. 하지만 그건 전혀 중요하지 않습니다. 그는 아주 멋지고 개성적이고 유쾌하고 별나면서도 친절하고 관대한 사람이었습니다. 또 그의 두뇌는 정말로 완벽하고 비상했습니다."

닐스 보어는 이듬해에 죽었다. 그가 쓰던 칠판에는 두 가지 그림이 남아 있었다. 죽기 전날 밤에 생각하고 있던 내용에 관한 것이었다. 첫 번째 그림은 어떤 나선형 계단—리만곡면—처럼 보였다. 그것은 언어의 모호성을 비유적으로 나타내는 그가 가장 좋아하는 형태였다. 머릿속에 떠올랐던 어떤 표현이 저런 식의 변형을 겪고 나면 처음에 생각했을 때보다 완전히 새로운 의미의 층을 가질 수 있다. 하지만 그는 종종 이렇게 묻곤 했다. 어떻게 이런 걸 다른 사람에게 알릴 수 있단 말인가?

두 번째 그림은 마치 분필로 그린 스프링 위에서 진동하고 있는 것처럼 보였는데 그것은 아인슈타인의 광양자 방출 상자였다.

탐색 그리고 고발

1940~1952년

데이비드봄

17

프린스턴에 날아든 소환장

─1949년 4월~6월 10일─

밤이 어둡게 내려앉고 있다. 4월 말 뉴저지 주의 프린스턴 대학이다. 두 젊은이가 교정을 거닐며 낮은 목소리로 말한다.

"아인슈타인 박사님은 나더러 그들의 게임에 협조하지 말라고 하셨어." 둘 중 나이가 더 많은 쪽이 말한다. 서른두 살인 이 프린스턴 대학 조교수의 이름은 데이비드 봄이다. 그의 얼굴에는 잠시 만났을 뿐인 그 위대한 물리학자에 관해 말하고 있다는 자신감이 역력하다. "그분의 생각으로는 위원회에 출두하면 청문회를 인정하는 꼴이라고 해. 하지만" 그가 불안한 표정으로 말한다. "내게 이렇게 말하셨지. '자넨 잠시나마 청문회에 출석해야 할지 모르겠네."

며칠 전 봄의 책상에 소환장이 도착했다. 전쟁 전 버클리 대학에서 오펜하이머의 제자였던 시기에 대해 증언을 해 달라는 내용이었다. 당시 뛰어난 물리학자들로 가득 차 있던 버클리 대학에서는 소련으로 핵폭탄 프로젝트가 유출된 사건이 적어도 한 건이 있었다. 제2차 세계대전이 끝나고 냉전이 시작되었다. 지난 10년간 물리학계는 변화를 거듭했다.

봄은 자기가 말하고 있을 때 친구들이 끼어들지 못하게 하는 것으로 유명하지만, 이날 밤 동행자—이전에 그의 제자였던 스물세 살의 유진 그로스—는 오히려 그 점에 감사하고 있다. 어떻게 그를 도와야 할지 모르던 터이니 말이다. 당시 그로스는 하버드 대학의 대학원생이었지만 봄과 그는 별을 구성하는 물질인 플라스마에 관한 논문을 함께 쓰면서 가까운 친구 사이로 지내고 있다. 이와 별도로 봄은 저녁에 대학원 수업에서 자신이 가르치는 양자론에 관한 책을 한 권 집필하고 있다. 봄은 다른 젊은 교수 머리 겔만과 함께 산책하면서 "마르크스주의자로서 자신은 양자역학을 믿기가 어렵다고" 말하곤 했다. 하지만 그는 깨달음을 소망하며 보어의 글을 열심히 읽는 중이었다.

봄의 말이 더욱 빨라지고 있다. "그런데 오펜하이머 교수님에 관해서 말인데, 로시가 여기 왔고 그와 함께 오펜하이머를 보았다고 내가 말했니?' 조반니 로시 로마니츠는 봄의 룸메이트이자 그와 마찬가지로 오펜하이머의 추종자였다. 그는 자기 삼촌이 벌인 극단적인 연방제 옹호 활동 때문에 열린 재판으로 전국이 떠들썩할 무렵에 오클라호마 주를 떠나 버클리 대학이 있던 캘리포니아 주로 와서 박사 과정을 밟고 있던 스물한 살의 학생이었다.

"우리는 나소 스트리트에 있었어. 그런데 오펜하이머 교수님이 이발소에서 나왔지. 우리가 무슨 일이냐고 물었더니 '아, 이런, 모든 걸 잃었 다네'라고 대답하셨어."

위의 마지막 문장을 전하면서 봄은 약간 어리둥절해한다. 오펜하이머 의 다른 제자들과 마찬가지로 그가 버클리에 있을 때 배우려고 무진장 애썼던 오펜하이머 식 어투로 말이다. 전쟁 후 이제 프린스턴에서 봄은 오펜하이머와 아인슈타인이라는 살아 있는 두 전설의 그늘에 가려져 있 다. 실제로 아인슈타인은 이런 편지를 받기도 했다. "박사님과 오펜하 이머가 1952년 미국의 대통령과 부통령 선거에 출마하시면 저는 마땅 히 두 분께 표를 던지겠습니다." 하지만 여덟 살 난 여자아이들이 수학 숙제를 도와달라며 아인슈타인에게 뇌물 공세를 펴는 동안, 잘 알려진 대로 오펜하이머는 첫 원자폭탄 실험 직후 "나는 죽음, 곧 이 세계의 파 괴자다."라는 『바가바드 기타』의 구절을 중얼거리고 있었다. 큰 체구에 비해 몸무게는 고작 45킬로그램을 조금 넘는 상태로 로스앨러모스에서 돌아온 이후로 그는 마치 넋이 나간 사람처럼 흐느적거리며 프린스턴고 등연구소를 돌아다녔다. 섬뜩한 푸른 눈빛으로 사람들을 가만히 바라보 면서.

하지만 흰색의 둥근 지붕을 한 이 신생 연구소에는 젊은 교수들과 대 학원생들이 배우고 모방하고 뛰어넘으려고 애쓰는 하얀 머리카락의 천 재들도 수두룩하다. 이 연구소는 프린스턴 대학에서부터 꼬불꼬불한 시 골길을 따라 몇 마일 떨어진 곳에 있다. 여기 봄의 등 뒤에 있는 고딕 양 식의 프린스턴 대학은 한 무더기의 짙은 색 성당들이 바짝 깎은 잔디밭 에서 풀을 뜯고 있는 것처럼 보인다. 봄은 걷고 있을 때 가장 충만하다. 물리학에 관한 사색을 하기에는 머릿속에 아이디어가 떠오를 때 이처럼 캠퍼스 주변을 거니는 것이 그로서는 가장 좋은 방법이다. 그는 신선한 공기와 커피 그리고 한밤의 대화를 자신의 아이디어들에 제공해 준다. 그러고 나서 칠판이나 공책 앞에 다가가면 마치 기다렸다는 듯이 아이디어가 구체적으로 가닥이 잡힌다.

하지만 오늘 밤 청문회에서 그들은 아주 풀기 어려운 문제를 논의할 참이다.

"아인슈타인 박사님 말씀으로는 그들은 이 문제를 아주 심각하게 여기고 있고 위원회에는 FBI 사람도 한 명 있대. 오펜하이머 교수는 우릴 바라보면서 '진실을 말하겠다고 약속해 주게'라고 하셨어. 로시 말로는 그분은 편집증 환자야." 봄은 급히 말을 맺는다.

그날 밤 늦게 물리학부 사람들이 모두 집으로 돌아간 후 봄은 연구실의 빈 책상 앞에 앉아 있다. 동전을 공중에 던졌다가 받기를 되풀이하면서.

"그분은 정말로 속임수도 경쟁도 모르는 사람이니까 그분을 잘 활용하는 편이 쉬울 거야." 그로스는 이후 봄에게 이런 편지를 보냈다. "정말로 그분의 제자들과 친구들은 대부분 나이가 더 어린데도 그런 귀한 분을 보호해야겠다는 충동을 느낄 정도야."

∞

"봄 씨" 하원 반미활동조사위원회의 수석 조사관이 말했다. "당신은 청년공산주의자동맹의 회원이었습니까?"

1949년 5월 25일이었다. 봄은 워싱턴의 옛 하원 사무실 건물 안 차가운 방에서 여섯 명의 위원들을 마주하고 앉아 변호사에게 들은 말을 초조하고 불안한 목소리로 되풀이했다. "저는 그 질문에 답할 수 없습니다. 왜냐하면 그건 차별적이고 모욕적일 뿐 아니라 그 질문이 수정 헌법 제1조에서 보장된 저의 권리를 침해한다고 보기 때문입니다."

의장이 약간 미심쩍다는 듯이 물었다. "다시 한 번 대답해 주실 수 있습니까?"

봄은 다시 한 번 똑같이 대답했다.

의장이 말했다. "수정 헌법 제1조에 의한 봄 씨의 권리가 위의 질문에 답을 한다고 해서 어떻게 침해된다는 건지 조금 궁금하긴 합니다." 이런 발언에도 아랑곳없이 청문회는 계속되었다.

"봄 씨, 공산당에 지금 가입해 있거나 이전에 가입한 적이 있습니까?"

"방금 말씀드린 것과 같은 이유로 저는 답변을 거부하겠습니다."

"맨해튼 프로젝트에 참여해서 일하는 동안 공산당 회의에 참가한 적이 있습니까?"

"이미 말씀드린 것과 똑같은 이유로 저는 답변을 거부하겠습니다."

실내는 쥐 죽은 듯 조용했고 다들 얼굴이 굳어 있었다. 손이나 어깨를 꼼짝도 않은 채 간신히 숨만 쉬고들 있었다. 뜻밖의 완강한 저항에 다음 대책을 준비하고 있었던 것이다.

거듭 고집스레 질문이 이어졌고 그때마다 초조하지만 예의 바르고 단호하게 똑같은 대답이 반복되었다.

마침내 질문이 다음과 같이 바뀌자 분위기가 누그러졌다. "당신은 정당이나 정치단체의 회원이거나 그런 활동에 관여하고 있습니까?"

이에 봄이 대답했다. "네 그렇습니다. 그런 질문이라면 '네'라고 대답하겠습니다."

곧장 다음 질문이 뒤따랐다. "어느 정당이나 단체입니까?"

고백을 들으려고 다들 귀가 쫑긋해졌다.

봄이 몸을 돌려 변호사와 논의를 했다.

"저는 민주당에 투표를 했다고 확실히 말씀드리는 바입니다."

질문을 했던 미주리 주 출신의 위원이 심보가 잔뜩 뒤틀려 말했다. "내 질문에 어울리는 답이 아닙니다. 나는 당신이 정당이나 정치단체의 회원인지를 물었습니다."

봄이 어수룩하게 물었다. "민주당의 회원이 되려면 어떻게 해야 하나요?"

프린스턴 대학은 재빨리 봄이 "동료들이 보기에 철저한 미국인이며 그의 애국심을 의심할 아무런 이유도 없다."고 공식적으로 발표했다.

하지만 그의 애국심은 6월 10일 다시 한 번 의심을 받게 되었다. 봄은 "조국을 보호"하는 데 협조하라는 요구를 받고서, 과연 그답게 이런 비유로 대답했다. "제 생각에 어떤 경우 많은 이들은 안보가 매우 위협받고 있다고 느끼는데…." 그는 자신이 얇은 얼음 위를 걷고 있다는 것을 알고서 다시 마음을 가다듬고 그 상황을 최대한 유리하게 만들려고 애썼다. "사람들은 안보에 너무 관심을 쏟다 보니 일이 손에 잡히지 않을 지경입니다." 그가 잔뜩 의심의 눈초리를 보내는 사람들을 둘러본다. "비유를 들자면 제 말은 두려움에 빠진 사람들로 하여금 아무것도 할 수 없다고 여기는 동네를 벗어나게 만들자는 겁니다. 여러분들은 이런 점에 대해 너그러운 태도를 가져야 할 것입니다."

꽤나 의심스러운 이 발언이 끝나자 서로 다른 두 위원회의 위원들이 즉시 따지고 들었다. 그중 다음 질문이 두드러졌다. "정보를 분류하는 사람이라면 과도한 주의를 기울이는 편이 그렇지 않은 것보다 더 낫다고 생각하지 않습니까?"

이제 논쟁 깊숙이 들어와 버린 봄은 이렇게 응수했다. "어느 정도는 그렇습니다. 하지만 언제나 한계는 있는 법입니다. 어디쯤에선가 선을 그어야 합니다."

이에 위원회 위원들은 발끈 화를 내며 사납게 대들기 시작했다. 마지막으로 한 위원이 이렇게 말했다. "실수를 하더라도 큰 잘못은 피하는 편이 좋습니다."

이에 봄은 시큰둥하게 대답했다. "실수를 전혀 하지 않는 편이 더 좋다고 봅니다."

회의는 다음으로 미루어졌다.

"교수님은 그때 일을 농담처럼 말씀하시곤 했다." 봄의 제자인 켄 포드는 이렇게 회상했다. "정말 오싹한 유머였다. 해결할 수 없는 역설에 관한 강연에서"—스스로 면도하지 못하는 모든 사람들을 면도하는 이발사가 있다면, 이 이발사는 누가 면도해 주는가?(이 이발사가 스스로 면도한다고 가정하면, 그 이발사는 스스로 면도하지 못하는 모든 사람들을 면도한다는 전제에 위배되므로 이 이발사는 스스로 면도하지 못하는 사람이어야 한다. 반대로 스스로 면도하지 못한다고 가정하면, 전제에 의해 이 이발사는 자신을 면도하는 사람이 된다. 따라서 어느 쪽으로 가정하든 반대 결과가 나오므로 역설인 것이다.—옮긴이)—"교수님은 이렇게 말했다. '국회는 스스로를 조사하지 못하는 모든 위원회를 조사할 위원회를 임명해야 한다.'"

18
전쟁 중의 버클리 대학
—1941~1945년—

전부 오펜하이머로부터 시작된 일이었다.

"나는 오펜하이머를 사랑했다."고 봄이 말했는데, 그런 사람은 봄 하나만이 아니었다.

오펜하이머는 다리 긴 황새가 캘리포니아 해안 절벽으로 급강하를 하던 봄 학기마다 칼텍(버클리에서 강의하던 학기가 끝난 후)에서 가르쳤다. 1941년 어느 학기에 봄은 칼텍이 시시하고 못마땅해진 바람에 오펜하이머를 쫓아 해안선을 따라 올라갔다.(학교를 칼텍에서 버클리 대학으로 바꾸었다는 뜻 ― 옮긴이)

J. 로버트 오펜하이머는 허드슨 강이 내려다보이는 아파트의 11층에서 자랐다. 집안에는 사교성이 좋은 아버지 율리우스가 아끼던 고흐와 야수파의 작품들이 가득했다. 우아하고 자상한 어머니 엘라는 유럽에서 미술을 공부했으며, 의수(義手)를 가리려고 늘 장갑을 끼고 있었다. 그가 과학을 알게 된 계기는 할아버지가 모은 광물을 접하면서부터였다. 가난했던 할아버지는 독일에서 독학으로 광물학을 배웠다고 한다. 열두 살이 되자 오펜하이머는 뉴욕광물학클럽에다 논문을 발표할 정도였다. 하지만 고등학교 졸업 후 보헤미아 지역의 광산에 갔다가 이질이 걸리고 말았다. 부모는 치료차 가정교사를 한 명 딸려서 그를 뉴멕시코로 보냈다. 그곳에서 오펜하이머는 승마와 소나무가 가득한 고원, 그리고 탁 트인 공간에 푹 빠져 지냈다. 하버드 대학 졸업 후에는 양자론의 중심지들을 찾아다녔다. 먼저 러더퍼드가 있는 케임브리지 대학에 갔고(여기서 그는 실험도 서툰 데다 다른 연구원들과의 관계도 원만치 않아 심한 어려움을 겪었다) 이어서 보른이 있는 괴팅겐 대학에 갔다.(여기서는 그의 오만함과 총명한 머리 그리고 나중에 그의 제자들이 이름 붙이게 될 '푸른 눈빛 세례' 때문에 예민한 성격의 보른은 스트레스를 많이 받았다.) 그다음으로 간 두 곳에서는 편안함을 느낄 수 있었다. 한 곳은 에렌페스트가 있는 라이덴 대학이었는데, 거기서 디랙과 친하게 지냈을 뿐 아니라 '오피(Opje, 나중에 미국에 와서는 Oppie)'라는 별명도 얻었다. 그리고 가장 좋았던 곳은 파울리가 있던 취리히 대학이었다. 거기서 파울리는 오펜하이머가 어떤 문제를 내놓더라도 거뜬히 해결했다.

오펜하이머는 스물다섯 살의 나이에 버클리 대학 교수로 부임했다. 1929년의 주식시장 붕괴 한 달 전이었다. "수준 높은 문학적 교양과 더불어 그는 일찍이 미국에서는 볼 수 없었던 세련된 방식으로 물리학 수업을 이끌었다." 1930~1940년대의 위대한 이론물리학자였던 한스 베테는 그의 수업을 이렇게 기억했다. "그는 양자역학의 깊은 비밀들을 낱낱이 이해하고서도 가장 중요한 질문에는 아직 답이 나오지 않았음을 분명히 밝혔다." 게다가 그는 무척 박식했다. "특히나 그는 실험물리학자들에게는 거의 신화적인 인물이었다."고 그의 친구이자 위대한 실험물리학자인 I. I. 라비는 기억했다. "그는 자신의 뛰어난 지식을 실험물리학 분야에 펼쳐 놓더니 이어서 실험물리학자들은 따라갈 수 없는 추상적인 이론의 바다로 뛰어들 수 있었다."

"나는 학파를 만들려 하지는 않았다." 오펜하이머는 이렇게 회상한다. "정말로 나는 그 이론(양자론)을 전파했을 뿐이다. 그것은 내가 사랑했고 계속해서 배우고 있었고 아직 많이 이해되지는 않았지만 내용이 풍부한 이론이었다." 굳이 학생들을 모으려고 하지 않았는데도 그가 학생들에게 끼친 영향은 엄청났다.

오펜하이머의 학생들은 가능한 한 그의 방식과 비슷하게 보고 배우고 걷고 말하려고 애썼다. 심지어 그가 생각할 때 내는 남-남-남 소리까지 따라 했다. 그는 학생들을 식당이나 공연장으로 데리고 다녔고 그리스어로 플라톤을 읽어 주었으며 지독히 매운 칠리 고추나 고급 와인을 즐기는 법 그리고 남의 담배에 불을 붙이는 법을 가르쳐 주었다. 라비는 혼잡스러운 방 안에서도 오펜하이머의 학생이 누군지 알아낼 수 있다고 했다.

1934년 남동생에게 보낸 편지에(이 편지에 "캘리포니아의 많은 물리학자들"의 인사도 함께 실렸다) 오펜하이머는 이렇게 썼다. "내가 보기에 (…) 너도 지금 물리학에 흠뻑 빠져 있구나. 이 학문으로 인해 우리의 삶은 분명 더 위대해지지." 오펜하이머가 자기 학생들에게 전해 주었던 메시지도 바로 그것이었다. 그는 의도적이든 아니든 버클리 대학에 이론물리학과를 설립했다. 케임브리지 대학에 있는 러더퍼드의 캐번디시연구소나 코펜하겐에 있는 보어 연구소의 노선을 따라 만들어진 이 학과는 최신 물리학 연구소와 독특한 개성의 연구자들이 함께 어우러진 곳이었다. 1930년대에 훌륭한 미국인 물리학자가 없다는 말을 듣고서 파울리는 이렇게 응수했다. "아, 아직 오펜하이머와 그의 님-님-님 제자들을 모르시는지요?"

오펜하이머는 데이비드 봄이 제자로 있던 짧은 시간에 두 가지 이론을 전해 주었다. 하나는 오펜하이머의 지적인 삶 전부가 담긴 것이었고 또 하나는 봄의 생명을 거의 앗아 갈 뻔했던 것이다.

첫 번째 이론은 보어와 그의 제자들이 내놓았던 양자론이었다. 봄은 칼텍을 떠나던 1941년만 해도 양자론을 아주 미심쩍어하는 "확신에 찬 고전주의자"였다. 봄은 친구이자 동료인 버클리 대학의 대학원생 조 와인버그와 밤늦도록 논쟁을 벌이곤 했다. 와인버그는 양자론의 신봉자였는데, 봄은 수학을 강조하는 와인버그의 태도를 "피타고라스 식 신비주의"라고 몰아세웠다. 봄은 이렇게 말했다. "물리학은 초기의 모습에서 많이 바뀌었다. 그때는 현상의 설명을 통해 이 세상의 물리적 모습을 보여 주었다. 이제는 수학적인 것이 본질로 간주된다. 진리는 공식 속에 있다는 분위기다." 비유하기를 좋아했던 봄으로서는 그와 같은 이론은 결코 받아들일 수 없다고 여겼다.

하지만 오펜하이머는 대단히 매력적이었다. 오펜하이머를 통해 양자론을 서서히 받아들이다가 부정해 버리곤 하는 과정을 반복하면서 봄은 평생에 걸쳐 양자론과 씨름했다. 그 여파가 물리학의 역사 속으로 흘러 들어 왔고 부지불식간에 존 벨이 하게 될 연구의 발판을 마련해 주었다.

봄은 다른 이론도 재빨리 흡수했다. 그때까지 정치에 관심이 없던 오펜하이머가 순진한 데다 냉소주의와 대공황에 지쳐 있던 자기 학생들에게 1936년부터 알려 주기 시작했던 이론이었다. 봄은 버클리에 온 지 1년 후인 1942년 11월에 공산당에 가입했다. 물리학과에서 새로 사귄 친구들의 권유 때문이었다. 몇 달이 지나자 모임이 따분하고 겉돈다고 여겼지만 공산주의의 원래 사상에 대해서는 더욱 흥미로워졌다. 오펜하이머도 '동료 여행자'—공산주의자에 공감하는 사람을 완곡하게 부르는 말—였음을 시인하긴 했지만, 의기양양하게 이렇게 보고했다. "1939년 이후로는 동료들과 그다지 여행을 많이 하진 않았습니다." 1939년은 나치와 소련 간에 협정이 맺어진 해였다. 그래도 이런 변화가 그를 숭배하는 학생들에게 분명히 드러나지는 않았다.

그런데 어느 날 그가 사라졌다. '맨해튼 프로젝트'라는 정부의 비밀 활동을 하고 있었던 것이다. 그의 학생들은 전시의 버클리 대학에서 교수도 없이 남아 있었다. 대학원생들도 사라지기 시작했다. 마치 죽어서 하나님의 품에 안긴 것만 같았다. 사실 그들은 이보다 더 행복했다. 다른 세상 같은 붉은빛의 뉴멕시코 고원에서 중요한 비밀 프로젝트를 추진하고 있는 오펜하이머의 품에 안겨 있었으니 말이다. 대학에 남은 학생들은 비밀 프로젝트가 진행 중이며 오펜하이머가 담당하고 있다는 것만 알았다. (하지만 후일 봄은 이렇게 밝혔다. "우라늄을 다룬다는 것을 알고서 우리는 그 프로젝트가 핵폭탄 제조일지 모른다고 추측은 할 수 있었다.") 봄의 친구들 대부분, 즉 오펜하이머의 좌 편향 학생들 가운데서도 극좌파에 속하는 학생들은 오라고 하지 않았다.

1943년 3월 오펜하이머가 봄을 로스앨러모스로 데려와 달라고 부탁했을 때 맨해튼 프로젝트의 총책임자인 레슬리 그로브즈 장군은 봄을 데려올 수 없다고 말했다. (오펜하이머가 회상하기로 이런 종류의 정보를 주고받기 위해 "우리는 사각형의 문자 암호표를 이용했다.") 이유라고는 봄의 친척들이 나치 독일에 남아 있다는 것이 고작이었다. 하지만 오펜하이머나 심지어 그의 학생들도 몰랐던 더 큰 이유가 있었다.

버클리 대학의 이론 및 실험물리학과를 이끌던 오펜하이머와 어니스트 O. 로렌스는 1942년 초 막 시작되고 있던 원자폭탄 프로젝트에 참여했다. 동시에 미군은 버클리 대학 교정을 비밀리에 조사했다. 1년 후 오펜하이머가 봄을 로스앨러모스로 데려와 달라고 요청하고 있을 때, 미군의 비밀 감시망에 어떤 미확인 남자('과학자 X')가 지역 공산주의 지도자인 스티브 넬슨(오펜하이머의 아내인 키티의 친구이기도 하다)의 집을 찾아간 사실이 포착되었다. 그는 넬슨에게 공식 하나를 알려 주었으며 분명 돈을 건네받았다.

샌프란시스코의 아름다운 프리시디오 지하 기지에서 첩보 활동을 이끌던 보리스 패시 대령은 이렇게 회상했다. "정보가 별로 없었습니다. 확실한 것이라곤 그 남자의 이름이 조(Joe)이고 그의 누이들이 뉴욕에 살고 있었다는 사실뿐이었습니다." 그들은 버클리방사능연구소를 철저히 조사하기 시작했다. 늠름한 조반니 로시 로마니츠, 그러니까 삼촌이 오클라호마 출신의 유명한 연방주의자인 그가 '과학자 X'의 첫 용의자로 지목되었다.

로시는 봄, 조 와인버그, 그리고 맥스 프리드먼과 함께인 경우 외에는 좀체 드러나지 않았다. 첩보 기관에서 곧 알아낸 정보였다. 봄과 그의 친구들은 강의실이든 공산주의자 전위 조직이든 어디에서나 함께 다녔다.

1943년 6월에 첩보 기관이 조사 결과를 보고한 바에 따르면 '과학자 X'는 버클리방사능연구소의 조 와인버그인 것으로 밝혀졌다. 7월이 되자 로시 로마니츠는 징집되어 처음에는 우라늄 분리 작업을 하다가 어니스트 로렌스의 거친 항의 덕분에 신병 훈련소로 옮겼다.

오펜하이머는 10월에 버클리 대학 사람들이 스파이들의 접근 목표가 되고 있다는 것은 "물리학자들 사이에서 잘 알려진 사실"이라고 로스앨러모스의 경비원들에게 무심코 말해 버렸다. 일주일 후 그는 워싱턴으로 불려 갔다. 그를 면담한 사람은 버클리 대학의 조사를 이끌었던 존 랜스데일 대령이었다. 이제 그는 전체 원자폭탄 프로젝트 보안 책임자가 되어 있었다. 상냥한 데다 착해 보여서 외모만 보면 군 첩보원이라기보다 이웃집 아저씨 같은 사람이었다. 랜스데일은 누가 '접근'을 당했는지 또는 누가 접근한 스파이였는지를 오펜하이머가 털어놓을 생각이 없다는 것을 곧 알아차렸다. 오펜하이머가 이런 말을 꺼냈기 때문이다. "[잘못한 것이 없다고] 확신하는 사람을 끌어들이는 건 비열한 짓이라고 여깁니다."

랜스데일은 한동안 아무 성과도 없이 이런저런 질문을 하던 중 이렇게 말했다. "이곳에선 매일 정보가 쉴 새 없이 흘러나옵니다. (⋯) 우리가 어떻게 해야 할까요? 그냥 가만히 앉아서 그자가 마음을 돌이키기를 바라고만 있어야 할까요 (⋯)?"

오펜하이머는 그 문제에 지적인 관심이 있다는 듯 이마를 찌푸리며 고개를 끄덕였다. "저로선 말하기가 어렵습니다." 그가 말을 받았다. "왜냐하면 제 성향이 그러니까요." 그러고 나선 랜스데일에게 "이만하면 알아들으실 텐데 (⋯)"라는 신호를 자신의 그 유명한 푸른 눈빛으로 보냈다.

"그런데" 랜스데일이 말했다. "우리에게 도움을 줄 만하다고 여기는 정보가 있습니까?"

"방을 걸으면서 생각해 보겠습니다."

이렇게 말하고서 오펜하이머는 일어나 몇 걸음을 떼더니 갑자기 말했다. "말씀드릴 수 있는 것은, 글쎄요, 전 봄에 대해서는 잘 모르겠고, 우리가 지금 이야기하는 그런 쪽의 일을 와인버그가 할 것인지에 대해서는 매우 회의적으로 봅니다." 이어서 그는 와인버그보다 나이가 많은 독일 학생인 베르나르트 페테르스에 관해 말했다. 첩보 기관이 미처 수집하지 못한 내용이었다. 오펜하이머는 샌프란시스코의 피셔맨즈 워프(Fisherman's Wharf)라는 부두에서 하역 노동자로 일하고 있던 페테르스를 알게 되어 물리학과로 데려왔다. 후에 오펜하이머는 그 무렵 "그가 세상에 대해 말하는 태도"로 보아 "비밀리에 어떤 전쟁 관련 프로젝트에 가담해 있는 위험한 인물"로 여기기 시작했다고 털어놓았다. 이러한 짐작 말고는 대화는 아무 결론 없이 끝났다.

"대령님" 오펜하이머가 말했다. "원하는 정보를 알려 드릴 수 있으면 저도 좋겠습니다. 정말로 그런 정보를 알려 드릴 수 있으면 좋겠습니다. 그럴 수 있으면 좋을 텐데 말입니다."

"그런데, 제가 개인적으로 교수님을 무척 좋아한다고 말씀드리고 싶습니다. 그리고" 랜스데일이 멋쩍은 듯 웃으며 말했다. "저더러 대령님이라고 딱딱하게 부르지 않으시면 좋겠습니다. 진급한 지 얼마 안 돼서 그렇게 불리면 아직은 어색해서입니다."

"처음에 만났을 때는 대위였던 걸로 기억하고 있습니다." 오펜하이머가 머리를 들더니 반쯤 벌린 입에 담배 파이프를 가져가며 말했다.

"그때도 중위에서 진급한 지 얼마 되지 않았던 때였습니다. 그런데 저는 군 복무를 그만두고 다시 변호사 일을 하고 싶습니다. 그러면 이런 일로 골치를 썩이진 않겠지요."

오펜하이머가 이해가 된다는 듯 고개를 끄덕이며 말했다. "대령님은 정말 힘든 일을 맡으셨습니다."

50년이 더 지나서도 오펜하이머가 소련과 어느 정도 관련이 있었는지에 관한 논쟁은 전보다 더 혼란스럽게 제기되고 있다. 2002년 제럴드 섹터와 리오나 섹터 부부는 『신성한 비밀: 소련의 첩보 활동이 미국 역사를 바꾸었다』라는 제목의 책을 썼다. 이 책은 물리학자들 사이에서 논란을 일으켰으며 많은 이들은 즉각 그 책을 신랄하게 비난했다. (급기야 저자들은 자신들의 책이 "침묵을 지키자는 모의"로 인해 타격을 입었다고 하면서, 민감하게도 「뉴욕 타임스」가 책 소개를 하면서 내용을 '잘못' 전달했다는 주장까지 하게 되었다.) 저자들이 내놓은 오펜하이머에 대한 정보는 수도플라토프라는 전 KGB 요원에게서 나온 것인데, 이 사람은 그가 한 다른 고백을 보건대 늘 진실을 말하는 사람은 아니었다.

하지만 온갖 혼란과 모순되는 이야기들 가운데서 섹터 부부는 책 별첨에 1944년 10월 4일 날짜로 KGB 국장에게 보낸 보고서 하나를 실었다. 내용은 이랬다. "1942년에 미국의 우라늄 관련 과학 활동을 이끄는 R. 오펜하이머 교수가, 우리 당 소속 기관의 등록 회원이 아닌데도 그 프로젝트의 시작에 대해 알려 주었다. (…) 그는 우리가 여러 정보원들을 통해 알아낸 사항을 조사하는 데 도움을 주었다."

1944년 1월 오펜하이머는 산타페로 가는 기차 안에 있었다. 그가 탄 객실에는 로스앨러모스의 보안 요원인 페르 데 실바가 동승하고 있었다. 그는 이전의 학생들에 관해 오펜하이머를 추궁하기 시작했다. 특히 봄과 그의 친구들 가운데서 누가 '정말로 위험'하다고 여기는지 오펜하이머에게 캐물었다. 데 실바는 이렇게 보고했다.

"오펜하이머는 그럴 만한 인물로 데이비드 조셉 봄과 베르나르트 페테르스를 지목했다. 하지만 그의 진술에 따르면, 어쨌든 봄은 기질과 성향으로 볼 때 위험한 축에는 속하지 않으며 위험하다고 해도 다른 이들이 영향을 끼칠 수 있다는 정도라고 믿는다며 넌지시 피력했다. 하지만 페테르스에 대해서는 '정상적이지 않은 사람'이어서 어떤 행동을 할지 예측할 수 없다고 했다. 그는 페테르스를 '완전히 빨갱이'로 묘사했고 그의 배경은 직접적인 행동을 저지르는 성향임을 드러내 주는 사건들로—독일에서 나치와 시가전을 벌인 적이 있고 다하우 포로수용소에 감금되어 있다가 탈출한 전력—"가득하다고 진술했다."

1944년 3월에 오펜하이머가 버클리 대학을 방문하자 봄이 만나러 왔다. 봄과 조 와인버그는 오펜하이머가 없는 동안 전설적이던 그의 강의를 힘겹게 대신 맡고 있었다. 봄은 상황이 달라져서 자신도 프로젝트 Y(맨해튼 프로젝트)로 옮겨 갈 수 있을지 물었다. 왜냐하면 당시 그의 상황에서 "이상한 불안감"을 느꼈기 때문이었다. 무심결에 그런 표현을 내뱉은 것이 공교롭긴 했지만 봄답게 오펜하이머 앞에서 진지한 표정으로 답을 요구했다.

오펜하이머는 차차 알려 주겠다고 대답했다. 얼마 후 그는 데 실바 소령—두 달 전에 오펜하이머에게서 봄이 "정말로 위험한" 인물이라는 말을 들었다고 주장한 바로 그 사람—에게 봄이 로스앨러모스에 오는 것을 반대하는지 물었다.

데 실바는 그 사건을 정식으로 보고하는 글에 이렇게 썼다. "서명자인 본인은 그렇다고 대답했다."

하지만 봄은 자기 나름의 방식으로 전쟁 관련 임무에 가담했다. 미군은 플라스마에 대해 알고 싶었다. 이것은 별을 구성하는 물질이자 북극광, 번개, 성 엘모의 불, 그리고 심지어 피자 가게의 네온사인이 내는 특이한 빛과 관련된 물질이었다. 고대 그리스의 우주(땅, 물, 공기, 불로 이루어진 우주)와 비슷하게 플라스마는 고체, 액체, 기체 다음의 제4원소이다. 기체는 뜨거워져 그 속의 원자들 대부분이 양이온과 전자로 분리되어 자유롭게 떠돌아다니는 상태일 때 플라스마가 된다. 봄은 한 금속 내의 전자들―금속의 어느 일부가 아니라 전체에 걸쳐 핵과 핵 사이를 떠돌아다니는 전자들― 또한 플라스마가 된다는 것을 발견했다.

그는 플라스마 상태의 전자들이 나타내는 집단적인 행동에 매료되었다. 플라스마는 어떤 비유를 오랫동안 비밀스레 품고 있었다. 봄이 보기에 플라스마는 완전한 마르크스주의자의 상태를 상징했다. 그는 미국 내에서 선도적인 플라스마 이론가일 뿐 아니라 '플라스마 진동' 및 지금도 봄 확산이라고 알려져 있는 현상과 같은 신비스러운 분야의 전문가가 되었다.

전쟁이 끝난 후 봄은 오펜하이머의 추천으로 프린스턴 대학의 교수가 되었다. 그것도 대학에서 몇 개의 조그마한 숲과 빈 들판 너머에 있는 고등연구소에서. 오펜하이머가 숨겨 오던 엄청난 비밀은 이제 히로시마와 나가사키에 폭발한 뒤였다. 봄은 오펜하이머의 다른 비밀은 여전히 모르고 있었다. 정당하건 아니건 그들 둘과 친구들까지도 첩보 활동의 표적이 되게 만들었던 그 비밀 말이다.

봄은 자신이 오랫동안 숙명으로 여겼던 양자역학을 소규모 대학원 강의에서 가르칠 수 있는지 물리학과에 물었다. 수업 준비를 위해 그는 베르나르트 페테르스가 오래 전에 적었던 오펜하이머의 강의 노트를 다시 펼쳤다. 수용소를 탈출하여 부두 노동자로 일하다가 오펜하이머의 권유로 버클리의 상아탑으로 왔던 친구의 노트를.

19

프린스턴의 양자론

—1946~1948년—

"내가 어렸을 때 매일 하던 기도에는 진심으로 온 영혼과 온 마음으로 하나님을 사랑하라는 표현이 들어 있었습니다." 1987년 한 인터뷰에서 봄은 이렇게 회상했다. "(…) 이를 통해 일체성의 개념에 대해 이해—꼭 하나님에 대해서라기보다는 삶의 방식에 관한 이해—하게 된 것은 내게 엄청난 영향을 미쳤습니다."

오펜하이머의 강의를 적어 놓은 페테르스의 노트를 파헤치다가, 봄은 마침내 양자론 안에서 그러한 일체성의 분위기를 재발견했다. 읽고 또 읽을수록 보어가 전쟁 전에 쓴 철학적인 분위기의 논문들 속에서 심오한 물리학적 인식이 샘솟았다. 그러자 봄은 『양자론』이란 제목의 교과서를 쓰기 시작했다.

양자론을 가르칠 때에는 대체로 고전물리학의 관점에서 양자에 접근하는 방식이 적용된다. 하지만 봄은 그 이론의 아주 특이하고 파악하기 어려운—매우 비고전적인—측면에서 접근하는 법을 찾아냈다. "스핀(회전)의 개념이 특히 매력적이었다." 그는 이렇게 회상했다. "어떤 것이 한 방향으로 회전하고 있을 때, 그것이 다른 방향으로 회전할 수도 있을 테지만 두 방향이 합쳐져 제3의 방향으로 회전한다는 개념이 흥미로웠다. 왠지 나는 그것이 마음의 작동 과정을 설명해 준다고 느꼈다." 그는 "자신이 스핀의 상태에 있음을 비유적으로 표현할" 수 있었다. "구체적으로 설명할 수는 없습니다. 그것은 몸 안의 어떤 긴장감과 관련이 있는데 (…)"

양자역학—봄은 이것을 양자화된 운동, 통계적 인과성, 그리고 분리할 수 없는 일체성이라는 세 가지로 분석했다—을 통해 "나는 자연에 대한 직관적인 인식에 가까이 다가갔다."

그는 이렇게 회상했다. "어렸을 때에도 나는 운동의 본질이 무엇인가라는 물음, 진정으로 불가사의한 그 문제에 사로잡혔다." 그는 자기 학생들에게도 인식이 실제로 작동하는 방식에 대해 생각해 보게 했다. "만약 어떤 위치에 놓인 물체를 생각한다면 동시에 우리는 그 물체의 속도를 생각할 수는 없다. (…) 빠르게 달리는 차를 찍은 흐릿한 사진을 보면 차가 움직인다는 것을 알 수 있다. (…) 하지만 움직이는 차를 고속 카메라로 찍은 선명한 사진을 보면 차가 움직인다고 느껴지지 않는다." 불확정성의 원리는 매우 비직관적이고 이상하긴 하지만 "사실은 우리의 인식 방법과 상당히 일치한다."고 봄은 학생들에게 말했다.

태양계의 행성들과 포탄의 운동이 우리에게 미분방정식을 안겨다 주었다고 봄은 학생들에게 말했다. 우리가 지금 당연하다고 여기는 연속적인 운동의 개념은 18세기에 탄도학과 천문학의 발달과 함께 생겨난 것이다. "고대 그리스인 대부분은 연속적인 운동의 개념을 이해할 수가 없었습니다." 그는 학생들에게 당시 상황을 상기시켰다. "제논의 역설을 배운 분들은 무슨 뜻인지 잘 알 겁니다. 제논의 역설 중 가장 유명한 것으로 날아가는 화살에 관한 역설을 들 수 있습니다. 매 순간마다 화살은 특정한 위치를 차지하고 있기에 그 순간에 움직이고 있을 수는 없다는 역설입니다."

인과성에 대해서도 연속적인 궤적의 경우와 마찬가지로 "다시 양자론은 덜 정교한 방향으로 후퇴하여 일상적인 경험과 맞닿게 되었습니다."라고 봄은 단언했다. 일상적인 경험이란 "원인과 결과 사이의 정확한 관계를 파악하지 못하지만, 그 대신 대체로 어떤 원인이 있으면 어떤 경향이 생기는 편이라고 여기는" 경우를 말한다. 그는 다음과 같이 말함으로써 학생들을 안심시켰다.(어쩌면 놀라게 했을 수도 있다.) "일반적인 견해와 달리 양자론은 고전 이론에 비해 철학적인 근거에서 덜 수학적입니다. 왜냐하면 이미 살펴보았듯이 그 이론은 이 세상이 매우 확정적인 수학적 계획에 따라 만들어져 있다고 가정하지 않기 때문입니다."

양자화된 운동과 통계학적 인과성을 매끄럽게 연결시킴으로써 봄은 가장 심오한 개념, 즉 분리할 수 없는 일체성의 개념에 다다랐다. "한계가 분명한 거시 세계에서조차" 봄은 이렇게 지적했다. "물체와 환경 사이의 분리는 추상적 사고의 결과임을 우리는 알고 있습니다." 한 예로 박테리아를 들었다. "몇 시간이 지나면 박테리아의 구성 물질 대부분은 몸 밖으로 빠져나가고 주변에 있는 다른 물질로 대체됩니다. 그러는 동안 박테리아는 포자로 변할 수도 있습니다.

어째서 우리는 이런 현상을 놓고서 원래 있었던 것과 똑같은 생명체가 연속적으로 존재한다고 볼 수 있습니까?" 물체와 환경이 미시적인 영역에서 경계가 흐려지는데도 인과성과 연속성이 우리로 하여금 그렇게 여기게 만들기 때문이다. "하지만 계의 작용이 몇 개의 양자들의 이동에 의존하고 있는 계에서는" 봄은 설명을 이어 나갔다. "그 세계를 부분들로 분리한다는 생각은 허용될 수 없습니다. 왜냐하면 그 부분들(예를 들면 파동이나 입자)의 특성이 해당 부분에 고유하다고 볼 수 없는 요소에 의존할 뿐 아니라 그런 성질을 완벽하게 제어하거나 예측할 수 없기 때문입니다."

"그는 위대한 교사였습니다." 1949년 봄 (일주일에 3일 밤은 영화를 보러 가는 봄의 일정과 겹치지 않으려고 포드가 알맞은 시간에 맞추어) 데이비드 봄이 열었던 저녁 양자론 세미나에 참석했던 켄 포드는 이렇게 회상했다. "그는 우리에게 표준적인 문제 해결에 대해 가르치지 않았습니다. 대신 방정식 뒤에 숨은 의미들을 우리가 이해하도록 애썼습니다."

"그는 자기 연구실에 있을 때 '이제 그만 나가세요'라고 말한 적이 없습니다. 그래서 다들 그를 좋아했습니다." 포드는 웃으며 이렇게 말했다. 한편 봄의 제자인 유진 그로스는 이렇게 썼다. "우리는 엄청나게 오랜 시간을 함께 보냈습니다. 독신인 스승을 두니 이점이 많았습니다." 포드는 이렇게 말했다. "그는 자신의 행복이나 외모에 아무 관심이 없었습니다. 사교 생활도 없었지요. 그의 삶은 물리학 그 자체였습니다."

말년에 옛날을 되돌아보며 봄은 물리적 관점에서부터 철학적 관점에 이르기까지 "실재를 일관된 전체로서 이해하는 것"이 평생의 연구 목표였다고 느꼈다. 아울러 그는 마음을 전체의 한 부분으로 이해하길 원했다. 스스로 의기양양하게 일컫기로, 그의 책『양자론』가운데 세 페이지는 "사고 과정과 양자 과정의 유사점을 일대일로 훌륭하게 비교한" 내용을 자세히 다루고 있다. 그 내용 중 일부, 이를테면 논리와 사고의 대응 관계를 고전물리학과 양자역학에 대비해 설명하는 내용은 대단히 탁월하다. 디랙의 매제인 유진 위그너의 비판대로 그 교과서는 "너무 장황한" 측면도 있었다. 하지만 봄의 설명에 따르면 생생한 이미지는 "양자론에 대한 '느낌'을 키우는 데 도움이" 될 수 있다.

"만약 어떤 사람이 특정한 주제를 고찰하고 있는 바로 그 순간에 관해 자신이 무슨 생각을 하고 있는지 관찰하려고 한다면" 봄은 자신이 즐겨하는 비유를 시작했다. "자신의 사고가 앞으로 진행될 방식에 그가 예측할 수 없고 제어할 수 없는 변화를 초래한다는 점이 일반적으로 인정된다." 그의 학생들은 이러한 논의가 이상한 방향으로 이어지게 될 것을 예상할 수 없었다. 봄은 설명을 계속했다. "만약 (1)사고의 순간적인 상태를 입자의 위치와 비교한다면, (2)사고 변화의 일반적인 방향을 입자의 운동량과 비교한다면, 우리는 대단히 유사한 점을 찾게 될 것이다."

하지만 그는 비교를 통한 유추에 머물지 않았다. 그러한 가능성에서 짐작되는 성질을 강조함으로써 그는 양자역학적 한계가 인간의 사고에 어떤 역할을 할지 모른다는 보어의 사상을 이끌어 냈다.

교과서의 내용은 이렇게 계속된다. "비록 이런 가설이 틀릴 수도 있고 심지어 뇌의 기능을 고전적인 이론만으로 설명할 수 있을지도 모르지만, 사고와 양자 과정 사이의 유사성은 매우 중요한 결과를 내놓게 될 것이다. 즉 양자론과 매우 유사한 고전적인 체계를 갖게 될 것이다. 적어도 이로 인해 매우 건설적인 영향이 생길 것이다. 예를 들면 양자론의 효과들을 숨은 변수의 관점에서 설명할 수단을 마련해 줄지도 모른다."

숨은 변수라고? 어떤 다른 교사나 다른 교재에서 그런 개념을 언급한 적이라도 있었는가? 주의 사항이 조심스레 덧붙긴 했지만 "(하지만 그렇다고 해서 숨은 변수의 존재가 증명되는 건 아니다)" 그 개념은 기존의 사고방식과는 완전히 다른 차원의 발상이었다.

1927년 솔베이 회의에서 드 브로이는 양자역학에서 여러 경우의 수가 함께 나타나는 문제를 설명하기 위해 숨은 인과 구조를 제시했다. 불가사의한 작용을 하지만 언뜻 보기에 실체가 없는 듯한 양자론의 살갗에다 근육과 뼈를 갖추어 주기 위해서였다. 드 브로이의 주장은 무시되었다. 그의 아이디어가 코펜하겐 정신과 잘 맞아떨어지지 않았기 때문이다. 그 이론은 줄곧 무시만 당하다가, 숨은 인과 구조가 존재할 수 없다는 폰 노이만의 증명이 6년 후에 나오면서 그런 취급을 당한 것이 정당화되었다. 이로써 양자역학의 내부에 자리 잡은 불가사의한 이론적 문제점은 더더욱 해결될 기미가 없어졌다. 폰 노이만은 20세기의 너무나도 위대한 인물이었기에, 분주했던 아인슈타인이나 무명의 그레테 헤르만을 제외하고는 거의 누구도 폰 노이만이 실수를 할 수 있으리라고 의심하지 않았다. 드 브로이는 폰 노이만의 증명이 나오길 기다릴 것도 없었다. 그 증명이 나올 무렵 이미 마음을 돌이켰으니 말이다.

자신의 교과서 초반부에서 봄은 '모든 정황들이' 양자역학의 연이은 성공과 아울러 핵의 구조와 상대성이론도 양자역학이 궁극적으로 밝혀낼 것을 가리키고 있다고 썼다. 그는 이렇게 결론지었다. "이를 부정할 결정적인 증거를 찾기 전에는 (…) 그렇게 볼 수밖에 없기에, 숨은 변수를 찾는 일은 분명 아무런 소용이 없을 것이다."

그러면서도 봄은 책 곳곳에서 숨은 변수에 관한 내용을 거듭 꺼내면서 숨은 변수가 왜 가망 없는 이론인지 다음에 자세히 설명하겠다는 말을 매번 덧붙였다. 그는 이러한 약속을 자기 책 『양자론』의 사소한 부분이 아니라 핵심으로 삼았다. 이런 점만으로도 특이한데, 숨은 변수에 반대하는 봄의 주장은 10년째 잊혀져 있던 아인슈타인, 포돌스키, 로젠의 문제를 되살려 내고 있다는 점에서 더욱 놀라지 않을 수 없다.

EPR(또는 봄 식으로 하면 ERP)에 대한 향후의 모든 논의를 위해 중요한 과정으로서, 그는 사고실험을 스핀의 관점에서 재구성했다. 이로 인해 사고실험이 너무나도 정교해진 까닭에 원래의 사고실험은 역사적으로 원본이라는 의미만 남게 되었다. (각 방향에 대한 두 가지 선택 사항, 즉 업 스핀과 다운 스핀을 도입함으로써 거의 무한한 값을 가질 수 있는 위치와 운동량을 다룰 때보다 훨씬 단순해졌다.)

봄은 EPR 사고실험에 대한 논의를 시작하면서, 한 분자에 함께 결합해 있던 두 원자(따라서 "스핀이 어떤 분명한 방향을 갖고 있는 한" 서로 반대 스핀을 갖는 두 원자)를 제시했다. 분자가 미묘하게 '분리되면서' 이제 두 원자는 서로 멀어진다. 이제 둘 중 한 원자를 슈테른–게를라흐 자석에 통과시켜 이 원자의 스핀 방향을 측정한 다음 이 방향을 임의의 좌표로(x, y 또는 z로. 하지만 "이 방향을 둘 이상 섞으면 안 된다") 삼는다.

그러면 이 사고실험의 이전 버전들에서도 늘 그렇듯이, 첫 번째 원자를 측정함으로써 두 번째 원자에 아무런 방해를 가하지 않으면서도 그것(두 번째 원자)의 스핀 방향을 알아낼 수 있다. 원자들이 어떤 식으로 서로 분리되든 슈테른–게를라흐 자석이 갖게 될 각도에 미리 대비할 수는 없다. 아마도 첫 번째 원자에 대해 어떻게 하기로 선택하든 두 번째 원자는 아무런 상관이 없을 것이다. 그리고 첫 번째 원자에 행한 임의의 측정은 측정되지 않은 두 번째 원자의 기존 상태의 일부만을 겨우 드러낼 뿐이다. 첫 번째 원자는 임의의 한 방향으로 측정되었기 때문에, 측정되지 않은 원자는 분명 세 차원 모두를 갖는 방향의 스핀을 갖는다. 봄은 이렇게 설명했다. "파동함수는 기껏해야 한 번에 이 세 성분 중 하나만을 완벽히 정확하게 특정할 수 있기에, 파동함수는 두 번째 원자에 존재하는 실재의 요소들을 전부 완벽하게 기술하지 못한다는 결론에 이르게 된다."

봄은 이런 해석이 "양자역학에 관해 일반적으로 인정된 해석을 심각하게 비판하고" 있음을 알았지만, 치명적인 공격이라고 여기지는 않았다. 왜냐하면 이 세계는 개별적으로 그리고 분리되어 존재하는 '실재의 요소'에 의해 올바르게 분석될 수 있다고 보는 가정이 이미 자리 잡고 있었기 때문이다. EPR 논문은 이 가정에 대해 의문조차 제기하지 않았지만 아인슈타인은 1909년 이후 줄곧 이 가정이 참인지 고심해 왔다.

그리고 이러한 분리 가능성은 봄이 무엇보다도 믿지 않는 개념이었다. 이런 까닭에 숨은 변수는 양자론과 모순된다고 그는 설명했다. 인과적이고 분리 가능한 요소들로 구성된 계는 일종의 고전적인 구조로서, 만약 봄이 책의 다른 부분에서 양자론의 "서로 얽혀 있는 잠재성들"이라고 기술한 개념이 등장하면 붕괴될 수밖에 없다.

봄은 이렇게 말했다. "따라서 결국 역학적으로* 정해진 숨은 변수에 관한 어떤 이론도 양자론의 모든 결과를 내놓을 수 없다."

---

* '역학적(mechanical)'이란 '인과법칙을 따르는 분리 가능한 부분들'을 의미한다. 봄 책의 다른 부분에 나오는 한 주에는 이렇게 적혀 있다. "'양자역학(quantum mechanics)'이란 용어는 매우 부적절한 명칭이다. 아마도 '양자비역학(quantum non-mechanics)'이라고 불러야 마땅할 것이다."

20
강의를 정지시킨 프린스턴
─1949년 6월 15일~12월─

봄이 주머니에 든 동전들을 짤랑이며 복도를 걷고 있을 때였다. 플라스마에 관한 질문을 곧잘 하던 대학원생 한 명이 그를 깜짝 놀라게 했다. 하원 반미활동조사위원회에서 봄이 진술을 한 지 닷새가 지난 때였다. "교수님, 저는 그저…." 그가 보기에 봄은 고민에 잠긴 가엾은 얼굴을 하고 있었다. "교수님?"

봄은 동전 짤랑이기를 멈추지 않았다. "무슨 일이지?" 몇 초가 지난 후 그가 물었다.

"교수님, 괜찮으십니까?" 이 대학원생은 물리학 건물 복도에서 한낮에 자기 교수에게 그런 질문을 하는 것이 이상하다고 느꼈다. 대학원생들이 주변의 여러 강의실에서 쏟아져 나오고 있던 그때에 말이다.

"베르나르트 페테르스라고 알고 있나?" 봄이 물었다.

대학원생은 자신이 들은 이야기를 떠올려 보았다. "부두 노동자로 일하다가 오펜하이머 교수님 눈에 띄었다는 그 사람 말인가요?"

봄이 고개를 끄덕였다. "놀랍게도 다하우 수용소를 탈출한 사람이지. 그리고 자기 아내를 샌프란시스코에 있는 의과대학에 보낸 사람이기도 하고. 우리는 버클리에서부터 친구였네." 봄은 말투가 더 빨라지고 있었다. "매우 똑똑한 데다 우리들 누구보다도 나이가 많고 산전수전 다 겪은 사람이지. 게다가 오펜하이머 교수님과도 친구처럼 지냈는데 지금 교수님은…" 봄의 목소리가 흔들렸다. "오펜하이머 교수님과 하원 반미활동조사위원회에 대해 들어 본 적이 있나?"

시계가 울리고 수업이 시작되자 복도는 갑자기 텅 비었다.

대학원생은 고개를 가로저었다.

"도저히 이해가 안 되네." 봄이 재빨리 말했다. "하지만 분명 베르나르트가 교수로 있는 로체스터 대학 신문에는 온통 그 이야기네. (…) 그들이 오펜하이머 교수님에게 버클리에서 내 친구였던 조 와인버그와 로시에 대해 물었네." 봄이 설명했다. "교수님은 내가 예상한 대로 내 친구들을 보호해 주셨지." 짤랑짤랑. 봄의 동전 짤랑이는 소리는 누구에게나 익숙했다. 하지만 이번에는 복도가 조용한 터라 더욱 소리가 크고 집요하게 들렸다. "하지만 분명 오래전에 교수님은 베르나르트 페테르스가 열성 공산당원이라 감시가 필요하다고 말했네." 봄이 주머니에서 손을 뺐다. 동전을 몽땅 움켜잡은 한쪽 손으로 느슨하게 주먹을 쥐고 흔들며 눈도 찡긋거리며 말했다. "신문에 온통 그 이야기네."

"저런…." 대학원생이 말했다. "오펜하이머 교수님이 진술을 철회할까요?"

"아니, 아니, 아니, 아니, 아니, 말도 안 되는 소리야. 교수님이 거듭 한 말이야. 자기 말이 전부 사실이라면서. 가엾은 베르나르트. 늘 베르나르트는 오펜하이머 교수를 가장 좋은 교사이자 자기 친구로 여겼건만 교수님은 언제라도 그 친구를 연방 수사관에 넘겨줄 만반의 준비를 하고 있었어.

나에 대해서도 교수님이 뭐라 했을지 몰라." 봄이 작은 목소리로 말했다.

봄이 하원 반미활동조사위원회에 불려간 지 네 달 후인 1949년 9월 23일에 해리 S. 트루먼 대통령은 소련이 '원자 장치'를 실험했다고 선언했다. 샌프란시스코, 뉴욕, 워싱턴에 있는 요원들과 KGB 사이에 놓인 수천 가닥의 통신선을 해독한 결과 버클리와 로스앨러모스가 소련 스파이 활동의 주요 목표였음이 드러났다. 그리고 이 스파이들이 얼마나 첩보 활동을 잘했는지는 시베리아 상공을 비행한 조종사들이 확인해 주었다. 이들은 미국으로 돌아와 소련에서 원자폭탄을 제조했고 또한 성공적으로 폭발했다고 가장 먼저 알렸다.

12월 초 어느 날 밤 봄은 위원회 질문에 대해 답변을 거부했으므로 '국회 모독죄'로 체포되었다. 집행관은 보석을 얻을 수 있도록 그를 트렌턴에 있는 감옥으로 데려갔다. 어둠 속에서 지나가는 풍경은 연말의 음울한 나목들의 모습이었다. 봄은 슬픈 표정으로 네온등을 바라보면서 플라스마에 대해 생각했다. 수백만의 과열된 개별 입자들이 하나의 완벽한 집단을 이루어 행동하며 그에게 '코카콜라를 마시자'라고 말하고 있었다.

집행관은 이야깃거리로 봄에게 물리학에 대해 물었다. 그리고 자신은 헝가리 출신이지만 지금은 충성스러운 미국인이라고 말했다.

"당신이 국가에 불충한 사람이 아니길 바랍니다."라고 그는 봄에게 말했다.

트렌턴에서 돌아온 날 아침에 보니 대학은 그의 강의를 정지시켰고 캠퍼스에 발도 들여놓지 못하게 했다. 대학원생들 몇 명이 프린스턴 대학 총장을 찾아가 그 결정을 철회해 달라고 요청했다. "짧은 대화를 주고받은 후" 학생들 중 하나인 실반 슈베버가 당시를 회상했다. "우리는 꾸중을 들었고 '학생들, 지금은 전시나 마찬가지네!'라는 말을 듣고 쫓겨 나왔다."

따라서 봄은 하원 반미활동조사위원회 덕분에 급여는 받으면서 1년 반 동안 도서관에 가서 플라스마에 대해 생각하고(이 기간 동안 그는 공식적으로는 프린스턴 대학을 떠나 있는 상태였기에, 네 편의 논문을 프린스턴의 동료 교수 및 학생들과 함께 써야 했다) 양자론에 대해 사색하는 것 말고는 다른 할 일이 없었다.

21
양자론
—1951년—

1년 반이 지난 후 어느 저녁 봄은 여전히 프린스턴 주위를 거닐고 있다. 이번에는 물리학의 새로운 신동인 머리 겔만이 동행하고 있다. 스물두 살의 그는 예일 대학의 학부 과정을 아주 빨리 끝낸 뒤 M.I.T.에서 박사 학위를 받고 바로 근처의 고등연구소에서 박사 후 과정을 밟고 있었다.

둘은 작은 커피숍에서 걸음을 멈추었다. 봄에게는 좋은 일도 있었고 나쁜 일도 있었다. 마침내 무죄 판결을 받긴 했지만(대법원은 1950년 12월에 수정 헌법 제5조는 봄처럼 유죄를 인정받지 않기 위해 답변을 거부한 사람도 보호한다고 결정했다) 프린스턴에서 교수직에 재임명되지는 못했다. 하지만 그들은 당분간 그 이야기는 꺼내지 않고 있다. 봄은 잔뜩 흥분해 있다. 교과서인 『양자론』의 집필을 마치고 의견을 구하려고 사람들에게 책을 보냈던 것이다. "아인슈타인 박사님이 날 불렀네!" 봄이 말했다. "그 책에 대해 나와 이야기하고 싶어하셨지. 그리고 보어 박사님은 아직 답장이 없지만 파울리는 보내왔네. 그는 정말로 열정적인 반응을 보였네!" 의기양양한 미소가 얼굴에 가득했다.

둘은 주황색 가로등 아래 저녁 어스름 속으로 향했다. 겔만도 덩달아 들떠 있었다. "아인슈타인 박사님을 설득할 수 있다고 생각하십니까?"

봄이 활짝 웃었다. "두고 보면 알겠지."

이틀 후 둘은 다시 커피숍 앞에 있다. 봄은 에너지가 다 빠져나간 듯 보인다. 걷고 싶지도 않고 어디로 가고 있는지도 모른다.

겔만이 침묵을 깨트린다. "아인슈타인 박사님과 만난 건 어땠습니까?"

"그분 때문에 생각이 바뀌었네." 봄은 또박또박 말하면서 커피를 테이블에 올려놓는다. 겔만이 예상했던 것보다 상황이 약간 더 심각했다.

봄이 커피잔을 보며 말한다. "책을 쓰기 전의 나로 되돌아왔네."

"뭐라고 하시던데요?" 겔만이 물었다.

"내가 보어의 관점을 아주 멋지게 설명해 주었다고 하셨어. 여전히 미심쩍어하시면서 말이야." 봄은 커피를 한 모금 홀짝이며 고등연구소의 자기 연구실 창가에 서 있던 그 노인이 담배를 피우며 조용히 이야기하던 모습을 떠올린다. 마치 빛 속에서 피어오르는 담배 연기처럼 그가 천재적인 설득력으로 자연스럽게 자신을 진정시키던 모습도 떠오른다. "결국 아인슈타인 박사님은 내 이론이 불완전하다고 여겼어. 하지만 그이론이 전체적으로 볼 때 우주에 관한 최종적인 진리가 아니라는 의미보다는 오히려 만약 핵심 부품이 빠지면 시계가 불완전하다는 의미에서 그렇게 여기셨지."

봄은 씁쓸한 표정을 지으며 커피잔을 비운다. 둘은 일어서서 테이블 위에 돈을 올려놓는다.

이어서 봄이 말한다. "아인슈타인 박사님의 말은 양자론에 문제가 있다는—이전—나의 직관적 인식과 매우 가까웠어. 현상 너머의 본질을 파악할 수 없는 이론인 거지." 그는 어깨를 으쓱하더니 살며시 웃음을 지었다. "알다시피 난 마르크스주의자야. 결정론적인 이론을 좋아하지." 그가 고개를 들어 보니 가로등의 흐릿한 주황빛 때문에 별빛이 희미했다.

다음은 알베르트 아인슈타인이 영국 맨체스터 대학의 P. M. S. 블래킷에게 보낸 것이다.

1951년 4월 17일

블래킷 교수께

프린스턴 대학의 데이비드 봄 박사는 제가 개인적으로나 그의 과학적 업적을 통해서나 잘 아는 사람인데, 교수님이 재직하고 있는 대학과 관련된 연구소에 지원했다는 말을 들었습니다.

봄 박사는 총명한 데다 과학 연구에 매우 열심이며 남달리 독창적인 과학적 판단력을 갖춘 사람입니다. 어느 과학자 모임에 속하더라도 소중한 인재가 될 것입니다. 봄 박사가 가급적이면 미국 밖에서 일할 기회를 얻기 바라는 두 번째 이유가 있습니다. 봄 박사는 결코 정치 활동에 적극적인 사람이 아닙니다. 하지만 동료들을 염려하여 청문회의 질문에 답하기를 거부했습니다. 이런 존경스러운 태도 때문에 오히려 그는 고소를 당했고 뒤이어 프린스턴 대학의 교수직도 잃었습니다. 정확하게는 재임용을 거부 당했습니다.

봄 박사의 지원을 우호적으로 고려해 주신다면 정말로 감사드리겠습니다.

알베르트 아인슈타인 올림

∞

"나는 3년 동안 양자론을 강의했다." 봄은 이렇게 적었다. "그리고 무엇보다도 그 이론의 주제 전반과 특히 보어의 심오하고 미묘한 해석을 더 잘 이해하기 위해서 그 책을 썼다. 하지만 집필을 마치고 나서 내가 쓴 내용을 다시 살펴보았더니 꽤나 실망스러웠다."

당시 그의 마음을 무겁게 짓누르던 문제에 대해 나중에 직접 이렇게 설명했다. "파동함수는 실험이나 관찰—즉 궁극적으로 더는 다른 어떤 것으로 분석 또는 설명할 수 없는 현상들의 집합으로 취급되는 행위—의 결과를 가지고만 논의될 수 있었다. 따라서 그 이론은 현상을 넘어설 수 없었다."

이후 봄은 이를 넘어설 수 있게 하는 이론을 혼자 힘으로 만드는 연구에 착수했다.

22
숨은 변수 그리고 도망
─1951~1952년─

"양자론에 대한 통상적인 해석은 자기모순이 없긴 하지만 실험적으로 검증할 수 없는 가정을 포함하고 있다." 봄은 자신의 유명한 논문 서두에 이렇게 썼다. "즉 개별 계 하나를 가장 완벽히 파악하려면 실제 측정 과정에 대해 확률적인 결과만을 알아내는 파동함수를 통해야 한다는 가정 말이다." 이때가 1951년이었다. 조금 있으면 『양자론』이 서점에 모습을 보일 터였다. 하지만 이 책이 인쇄되고 있을 때 저자는 물리학 분야의 가장 권위 있는 학술지인 『피지컬 리뷰』에 2부에 걸친 긴 논문을 실어 자기 책의 주요 논점을 직접 반박하고 있었다.

봄은 논문을 계속 써 나갔다. "이 가정이 참인지 알아볼 유일한 방법은 (현재로선) '숨은' 변수들로 양자론을 달리 해석하는 것뿐이다. 이 변수들은 원리상으로 한 개별 계의 정확한 행동을 결정하지만, 실제로는 현재 실시 가능한 종류의 측정을 통해 (정확한 값이 아니라) 평균값을 내놓는다." 그는 잠시 책상에서 물러나 앉아 거의 빈 종이를 바라보았다. 고작 몇 줄이 서툰 글씨로 휘갈겨져 있었다. 자신이 쓰려고 하는 내용을 스스로도 좀체 믿을 수가 없었다.

"본 논문 그리고 한 편의 후속 논문에서는 그러한 '숨은' 변수에 의한 양자론 해석을 제시한다." 그의 설명에 따르면 그것은 새로운 이론이 아니라 단지 재해석이다. "밝혀진 바에 의하면 이 변수에 관한 수학 이론이 현재의 보편적인 형태를 유지하는 한, 제시되는 이 해석은 통상적인 해석과 마찬가지로 모든 물리 현상에 대해 완전히 동일한 결과를 내놓는다. 그럼에도 불구하고 제시되는 이 해석은 일반적인 해석보다 더 넓은 개념 틀을 제공한다. 왜냐하면 이 해석에 따라 모든 현상을 심지어 양자 수준에서도 정확하고 연속적으로 기술할 수 있기 때문이다."

양자역학의 모든 개념들을 자신의 세계관에 포함시켜 버린 이러한 관점은 극적인 방향 전환이었다. 하지만 봄은 자신만만했다. "이러한 넓은 개념 틀을 도입하면 통상적인 해석을 할 때보다 그 이론에 대한 더 보편적인 수학적 공식화가 가능하다." 이어서 그는 당시 예상되고 있듯이 양자역학이 작은 핵의 지름보다 더 짧은 거리에서는 작동하지 않을지 모른다는 자신의 희망에 대해 설명했다.

"어쨌든 그러한 해석이 있을 수 있다는 그 가능성만으로도 양자 수준의 정밀도로 개별 계들을 정확하고 이성적이며 객관적으로 기술하려는 노력은 계속되어야 한다."

그는 이 논문을 1951년 미국 독립기념일 직전에 『피지컬 리뷰』에 보냈다. 코펜하겐에 맞서는 봄의 길고 외로운 싸움은 이렇게 시작되었고 이 싸움이 결국 존 벨의 중요한 성취로 이어지게 된다.

봄은 『피지컬 리뷰』에서 우선 네 쪽을 할애하여 주로 불확정성 원리에 관해 차분하고 집중적으로 다룬 다음에 "슈뢰딩거방정식에 관한 새로운 물리학적 해석"이란 소제목을 달고서 자신의 생각을 논하기 시작한다. 다른 이의 저작을 열심히 읽는 편이 아니었기에 그는 이 논문을 끝내고서도 파동함수에 관한 이 '새로운 물리학적 해석'이 양자 입자를 인도하는 드 브로이의 안내 파동을 더 구체적으로 실현해서 사실상 부활시킨 것인 줄을 몰랐다.

안내 파동 해석은 슈뢰딩거방정식을 시냇물—비록 특이하게 구불구불 흐르며 눈에 보이지 않는 물길이긴 하지만—과 같이 형체가 있는 어떤 것으로 여겼다. 기존의 해석처럼 측정하는 순간 단 하나의 가능성으로 불가사의하게 '붕괴되는' 여러 가능성들의 집합으로 보지는 않았던 것이다. 봄과 드 브로이가 상상하기엔 양자 입자들은 이런 보이지 않는 시냇물 속의 작은 나뭇가지와 같다. 이 나뭇가지들은 큰 물결을 타고 떠다니다가 모여 있는 나뭇잎들에 갇혀 빙글빙글 돌기도 하고 물 아래의 돌무더기 속으로 숨어들어 가기도 한다. 실제 시냇물이 실제 나뭇가지에 가하는 힘은 주로 중력이나 전자기력으로 환원되는데, 슈뢰딩거방정식의 시냇물 속에 든 양자 입자들도 마찬가지다. 하지만 이 방정식에 따른 결과 전부가 그런 힘들로 설명될 수는 없기에, 봄은 그 나머지 힘을 임시로 "'양자역학적' 포텐셜"이라고 불렀다.

이 포텐셜은 "객관적으로 실재하는 장(場)"과 관련되어 있었는데, 봄은 이것에다 "Ψ 장"이란 별명을 붙였다. 이 장은, 그가 논문의 후반부에 대담하게 썼듯이 EPR 시나리오에서와 마찬가지로 "멀리 떨어진 물체들의 양자역학적 상관관계의 근원에 대한 단순한 설명"을 제시한다. "'양자역학적' 힘은 Ψ 장이라는 매체를 통하여 한 입자에서 다른 입자로 통제 불가능한 교란을 순식간에 전송할지 모른다." 어떤 장으로 매개되든 아니든 순식간에 일어나는 효과는 아인슈타인이 받아들일 수 없던 바로 그 '유령 같은' 원거리 작용이다.

"당연히" 봄은 이렇게 썼다. "전자기장, 중력장뿐 아니라 Ψ 장도 입자에 작용을 가하지 않을 이유는 없다. (…) 그리고 어쩌면 아직 발견되지 않은 다른 장들도 그럴 수 있을 것이다." 받아들일 용의가 있는 이들에게는, 이 보이지 않는 시냇물 속의 괴상한 미지의 힘 속에서 양자론의 온갖 기이함—해롭고 메스꺼운 주관성은 제외하고라도—이 솟아 나올 수 있었다.

다행히도 봄의 논문 전반부(순간적으로 작용하는 장으로 EPR에 관한 "단순한 설명"을 담고 있는 후반부가 아니라)는 봄의 생각을 극적으로 바꾸게 만든 아인슈타인을 언급하는 내용을 담고 있다. 첫 페이지에는 이런 내용이 있다. "아인슈타인은 (…) 양자 수준에서도 확실하게 정의할 수 있는 요소들이"—봄이 가정하고 있는 것과 같은—"분명 존재한다고 늘 믿었다. 단지 확률적 행동이 아니라 각 개별 계의 실제 행동을 결정하는 요소들이 존재한다고 믿었던 것이다." 마찬가지로 "아인슈타인은 늘 현재의 양자론이 불완전하다고 여겼다." 그리고 봄은 논문의 전반부를 맺으며 다음과 같이 적었다. "수차례에 걸쳐 고무적이고 흥미로운 토론을 해 주신 아인슈타인 박사님께 감사드린다."

논문은 그나 아인슈타인이 그런 토론을 벌이면서 했을 법한 다음 발언으로 끝을 맺는다.

한 이론의 목적은 어떻게 실시하는지 이미 알고 있는 관찰을 통해 나온 결과들의 상관관계를 밝히는 것뿐 아니라 새로운 종류의 관찰 및 그 관찰의 결과들을 예측할 필요성을 제시하는 데 있다. 실제로 한 이론이 새로운 종류의 관찰 및 그 관찰의 결과들을 올바르게 예측할 필요성을 더 잘 제시할수록, 이 이론이 현상의 실제 특성들을 잘 드러낼 수 있다는 확신이 더 커진다.

이렇게 논문을 끝맺는 것은 이상하다. 왜냐하면 논문의 서두는 "그것은 모든 물리적 현상들에 대하여, 통상적인 해석에 의할 때와 완전히 동일한 결과를 내놓게 된다."라는 안심시키는 표현으로 시작했으니 말이다.

"내가 이런 걸 쓰게 되었다니 스스로도 믿기지가 않아." 봄은 자기의 새 이론에 대한 설명을 마치면서 손을 내둘렀다. 얼굴은 흡사 기도하는 이의 표정이었다. 그는 오랜 친구인 모르트 바이스가 사는 롱아일랜드 저택의 거실에서 창을 등지고 앉아 있었다. 저녁이 내려앉고 있었다. 창밖에는 노란 컨버터블 차량 한 대가 어둠 속에서 빛을 내며 달리고 있었다. "지난 30년 동안 모두들 오직 한 가지 해석만이 존재한다고 여겼는데 이제야 돌파구를 찾았단 말이야!"

바이스가 빙긋 웃었다. 봄이 흥분하는 모습을 보니 펜실베이니아 주립대학에서 함께 지낼 때가 떠올랐다. 자신이 일하던 식당에서 팔고 남은 달콤한 파이를 가져와 함께 먹으면서 밤늦도록 책을 읽고 토론도 하고 서로 현대 물리학을 가르쳐 주던 그 시절이 생각났다. 이제 봄은 학부 학생일 때 품었던 당돌한 꿈을 실현하고 있었다.

"내 짐작에" 바이스가 말했다. "넌 산책을 하면서 그걸 다 알아낸 것 같은데."

봄이 히죽 웃었다. "도대체 건물 안에서 어떻게 생각을 할 수 있는지 난 이해가 안 돼."

대학 때에도 봄은 산책을 하면서 "산소를 왕창 들이키는" 습관과(매일 점심 식사 후 언덕길을 두 시간 산책했으며 저녁에는 캠퍼스 안에서 걸어 다녔다) 단 음식을 매우 좋아하는 것으로 유명했다. 바이스가 반갑다며 건넨 아이스크림을 허겁지겁 먹어 치운 걸로 봐서 그 성향은 아직도 전혀 바뀌지 않았다.

둘은 시간을 더 거슬러 올라가 어렸을 때 펜실베이니아 주의 월크스배리에서 함께 했던 여행을 떠올렸다. 보이스카우트는 유대교 율법에 맞는 음식을 제공하지 않는다며 봄의 아버지가 둘이 야영할 수 있도록 마련해 준 텐트를 갖고 떠난 여행이었다. 어릴 적 친구 샘 새비트는 이제 말(馬) 그림책의 삽화가가 되었으며, 한때는 방과 후 함께 물리학을 공부했던 또 다른 친구는 학교를 중퇴하고 탄광에서 일했다. 그런 탄광 마을에서 자랐지만 봄과 바이스는 부모가 유대인 중산층이던 까닭에 그런 운명을 맞을 위험은 없었다.

둘은 봄의 책에 대해서도 이야기했다. "오펜하이머는 여러 사람들에게, 책 집필을 마치고 나서 내가 할 수 있는 최상의 행동은 구덩이를 파고 그 책을 파묻는 것이라고 말했대." 하지만 오펜하이머가 봄을 위해 추천서를 써 준 데 이어 아인슈타인에게서도 추천서를 받은 덕분에 봄은 마침내 브라질의 상파울루에서 교수직을 얻을 수 있었다.

"노란 컨버터블 차가 집 옆으로 지나가는 걸 본 적 있니?" 봄이 갑자기 물었다.

"그럼." 깜짝 놀라며 바이스가 물었다. "그런데 왜?"

"난 미행을 당하고 있어." 봄이 말했다.

그날 밤 봄은 어둠을 틈타 플로리다를 향해 떠나기로 결심했다. 그리고 펜실베이니아 역까지 가는 통근 열차에 바이스도 함께 올랐다. 머리 위의 손잡이를 잡고 가느라 상의의 어깨 부분이 위로 불룩 솟은 채로 봄은 자기의 이론에 대해 이야기했다. 가끔씩 손을 풀고 이리저리 흔들어 대면서.

맞은편에 있는 사람이 신문을 읽고 있었다. 바이스의 눈에 봄의 사진이 들어왔다. 장난기가 있으면서도 여윈 얼굴에 슬픈 눈빛을 하고 있었고, 사진에는 이런 제목이 달려 있었다. "그에게서 알아낸 것이라곤 이름뿐이었다." 바이스는 너무 비현실적인 일을 겪자 한바탕 웃음을 터뜨리고픈 마음이었다. "데이브, 저기 봐. 네 이름을 알리기 위해 굳이 『피지컬 리뷰』가 나오길 기다리지 않아도 되겠어!"

봄이 어깨너머로 그 신문을 보았다. 눈이 동그래졌다. 그러더니 재빨리 시선을 돌렸다.

"네가 용감한 일을 한 것 같아." 바이스가 나직이 말했다.

"네 아버지는 내가 마지막에 정치적으로 비참한 꼴을 당할 거라고 늘 여기셨지." 봄이 말했다.

"나도 알아. 아버지와 네가 밤늦도록 공산주의 대 자본주의 논쟁을 벌이는 동안 나는 위층으로 자러 가곤 했지. 논쟁이 끝나고 나서도" 그가 당시를 기억하며 고개를 흔든다. "네 집까지 차로 데려다 주겠다는 걸 사양했어. 그 늦은 밤에 늘 집까지 걸어갔어." 봄을 바라보던 그가 이마를 갑자기 찌푸렸다. "데이브 (…) 네 코가 (…) 이전과 달라졌어. 맞지?"

봄이 약간 재미있다는 표정으로 그를 바라보았다. 옛 기억이 떠올랐다. 폭설이 내리는 어느 늦은 밤 펜실베이니아 주립대학 건물의 창들이 보였다. 산책에서 돌아오던 둘이 숨을 내쉬자 허공에 김이 하얗게 피어올랐다. 어쩐 일인지 열려 있던 기숙사의 어느 창문을 향해 바이스가 눈덩이를 던졌다. 봄이 현관문을 열고 들어가자 눈덩이에 맞아 화가 단단히 나 있던 누군가가 기다리고 있다가 주먹을 날렸다.

"아니" 자기 코가 부러졌는지 손을 뻗어 만져보면서 봄이 말했다. "그렇지 않아."

바이스가 진지하게 말했다. "데이브, 정말 유감이야. 그래도 산소를 왕창 들이마시는 너의 중요한 습관은 변함없으면 좋겠어."

봄이 웃음을 터뜨렸다. "걱정 마."

"넌 한 번도 억울해하질 않는구나." 바이스가 말했다.

둘은 펜실베이니아 역에서 내렸다. 봄은 플로리다행 기차에 몸을 실었다. 자신을 바라보는 이들의 실제 눈길 또는 그러리라고 짐작되는 이들의 눈길을 멀리하고서.

10월에 봄은 상파울루로 향했다. 비행기 좌석에 앉을 무렵 활주로에 비가 떨어졌고 이어서 비바람이 타원형의 이중 유리창을 두들겼다. 봄은 푸른색과 갈색이 교차하는 체크무늬 좌석에 앉아 비를 바라보며 비행기가 곧 뜨기를 간절히 바랐다.

그는 여권을 신청해 놓고 발급을 기다리고 있을 때에도 마음을 졸였다. 평상시보다 너무 오래 걸리는 거 아냐? 오펜하이머와 상의한 후 아인슈타인은 떠나는 데 아무 지장이 없을 거라고 봄을 안심시켰다. "아마도 오펜하이머 박사는 이번 상황을 매우 가볍게 여기고 있네. 실은 나도 심각한 문제는 없으리라고 여기는 편이네." 위대한 두 스승이 희망을 심어 준 덕분인지 여권은 별 어려움 없이 발급되었다.

비행기가 움직이기 시작했다. 창밖을 보니 삭막한 풍경이 휙휙 스쳐 지나갔다. 그런데 비행기가 멈추어 섰다. 조종사가 이렇게 알렸다. "승객 한 분의 여권에 문제가 생겨 비행기는 다시 승강장으로 돌아갑니다."

봄은 한 줄기 전류가 폐를 뚫고 흐르다 위장에 부딪히는 느낌이었다. 어떤 이유에선지 그는 손이 하얘질 정도로 안전벨트를 꽉 쥐고 있었다. 그는 진정하려고 애썼다.

여승무원이 다가오고 있었다. 표정을 보니 오렌지 주스에 얼음을 넣고 싶은지 물어보려고 오는 것 같았다. 가슴이 너무 심하게 뛰어 스스로 깜짝 놀랐다. 안전벨트를 쥔 손이 아파 왔지만 놓을 수가 없었다. 아마도 오펜하이머 박사는 이번 상황을 매우 가볍게 여기고 있네. (…)

여승무원이 지나쳐 갔다.

아마도 (…)? 무슨 일이 있었던 거지?

여승무원은 봄 쪽으로는 눈길도 주지 않았다. 봄의 좌석을 몇 줄 지나서 멈추더니 한 승객에게 몸을 굽혔다. 영어를 잘 못하는 듯 보이는 작은 인도인이 그녀를 따라 비행기를 내렸다.

비행기는 다시 활주로로 접어들기 시작했다. 봄은 몸을 숙여 머리를 무릎 위에 올렸다. 비행기는 마치 기적과도 같이 활주로에서 떠올라 비 내리는 하늘 속으로 솟구쳤다.

"세상에, 이륙이 이렇게나 끔찍한데" 옆자리에 앉은 여자가 자신도 십 년감수했다는 듯 말했다. "제 언니는 비행기가 자동차보다 안전하다고 해요. 믿기시나요?"

봄은 자세를 고쳐 앉으며 옆 승객에게 가볍게 고개를 끄덕였다. 간신히 위기를 넘겼건만 위장은 아직도 거북했다. 마른침을 삼키고 숨을 들이마시며 마음을 진정시키려고 애썼다.

"왜 그 외국인을 비행기에서 내리게 했을까?" 옆 승객이 생각에 잠긴 채 혼잣말을 했다.

23
브라질에서 만난 봄과 파인먼
—1952년—

공항에 마중 나온 사람이 없다는 것을 다시 한 번 두려움에 떨며 실감하고 나자 브라질이 무시무시하게 느껴졌다. 손짓 발짓으로 길을 물어 호텔에 도착한 후 그는 객실 침대에 앉아 조그만 책을 뒤적이며 포르투갈어를 배워 보려고 애썼다.

이튿날 봄은 새로 배운 포르투갈어 단어들을 더듬거리며 제이미 티옴노에게 연락을 취했다. 프린스턴 대학원생인 그는 봄을 아베니다 안젤리카에 있는 새집으로 데려갔다. 이어서 그는 루아 마리아 안토니아에 있는 대학의 희고 큰 기둥으로 봄을 데려가서 대학 안내를 해 줄 학생을 소개했다. 벽에는 대학의 문장(紋章)이 새겨져 있었고 그 밑에는 이런 글씨가 쓰여 있었다. 벤세아스 펠라 시엔시아(VENCERÁS PELA CIÊNCIA).

봄이 물었다. "무슨 뜻인지? 시엔시아(Ciência)는 과학(science)?"

"네, 네, 진정한 과학, 그러니까 지식이란 뜻입니다. 이 구절은 '지식을 통해 정복하라'는 뜻입니다. 아시겠어요?" 학생은 발걸음을 옮겼다. "물리학과 건물을 보여 드리겠습니다."

봄은 잠시 VENCERÁS PELA CIÊNCIA란 구절을 바라보며 자신의 논문을 생각하고 있었다. 몇 달 후면 『피지컬 리뷰』에 실릴 논문이었다.

강의를 시작했을 때 그는 그곳에서 입수할 수 있는 자료만으로 열심히 임했다. 하지만 부족함을 느꼈다. 그는 자신이 제시한 숨은 변수들의 스핀 현상에 관해 티옴노와 함께 연구했다. 이전에는 물리학 잡지를 별로 열심히 읽지 않았지만 이제는 세상 반대편에서 건너오는 그 잡지들이 다른 물리학자들과 연결해 주는 몇 안 되는 수단이었다. 대학에서 연구를 마치고 아베니다 안젤리카에 있는 자기 집으로 가면 상해 가고 있는 음식 냄새 때문에 속이 메스꺼웠다. 그 냄새는 식사 때뿐 아니라 잠잘 때도 그를 떠나지 않았다. 자주 토하고 체중이 줄자 더욱 여위고 초췌해 보였다. 얼굴의 주름도 더 늘었다.

어느 후텁지근한 날 밤에 그는 침대에 누워 생각했다. 나는 브라질에서만 통하는 열역학 제6법칙을 알아냈어. 즉 움직여야 할 것은 모조리 정지해 있고 정지해 있어야 할 것은 모조리 움직인다.

어느 날엔 바다에 나가서 느낀 점을 친구인 한나 로위에게 이렇게 썼다. "난 출렁이는 바다에서 파도가 부서지는 모습이 좋아. 이런 따뜻한 바다와 일체감을 느껴. 때로는 바닷물 속에 내가 용해되어 아주 먼 물가로 퍼져 나갔으면 싶어."

또 어느 날엔 온갖 종류의 위장병을 호소하며 병원에 누워 있었다. 고열에다 창백한 얼굴을 하고서.

그의 학생이자 공동 연구자인 토드 스테이버가 브라질을 떠나 매사추세츠로 갔는데 얼마 후 스키 사고로 죽었다는 소식이 봄에게 전해졌다. 제이미 티옴노는 리우데자네이루로 돌아갔다. 봄은 새로 친구를 사귀지 않았고 새로운 요리법도 배우지 않았으며 "내 연구가 가치 있다는 확신마저도 흔들리는" 걸 느꼈다.

봄은 브라질에 도착한 지 세 달 후인 12월에 벨루오리존치에서 열린 브라질 과학아카데미의 어느 회의에서 파인먼을 만났다.

리처드 파인먼은 안식년을 맞아 상파울루에서 대서양 해안을 따라 조금 위쪽에 있는 리우에서 강의를 하고 있었다. 전형적인 백인 남자처럼 구는 그 낯익은 얼굴을 보고 아울러 온갖 사연과 그의 웃음소리까지 듣게 되다니 꿈만 같았다. 봄은 자신의 우주에 어떤 질서가 회복되는 느낌이었다. 파인먼이 그곳에 있었던 것이다.

회의가 끝난 후 파인먼이 말했다. "이봐, 데이브, 어디 다른 데로 가자고. 어디 좋은 술집 알고 있어?"

봄은 몰랐다. "좋아. 정말 대단한데!" 파인먼이 전혀 비꼬는 기색 없이 말했다. "어쨌든 가자고!"

파인먼이 택시를 잡더니 기사에게 포르투갈어로 물었다. 인조가죽 시트에 앉은 봄은 파인먼이 하는 말을 약간만 알아들었다. ("어디 삼바도 추고 어디 좋은 어떤.") 기사는 고개를 끄덕이며 앞을 바라보고 있었지만 열심히 듣더니 미터기를 만지면서 장황하게 대답했다.

"벰 봄(Bem bom, 포르투갈어로 '매우 좋다'는 뜻—옮긴이)" 파인먼은 택시 기사에게 그렇게 말한 다음 다시 자리에 등을 기대며 "오케이, 좋아!"라고 외쳤다. "기사님이 우릴 사바시 지구로 데려다 주실 거야. 그곳이 우리가 갈 데거든."

봄은 다시 대학생이 된 듯한 짜릿한 느낌이 들었다. 서른 살 중반의 두 총각인 딕(파인먼의 애칭—옮긴이)과 그가 다시 만나 함께 있으니 말이다. 그리고 둘이 함께 놀러 가면서 브라질의 도시를 구경하는 것도 나쁘지 않았다. 재미있어, 맞지? 오케이, 좋아! 그는 옷을 차려입지 않는 편이 좋았다. 파인먼은 언제나 낡은 옷을 입고서도 봉고 드럼을 치는 공연장에서부터 물리학 회의 그리고 나이트클럽까지 마음껏 드나들었다. 자리에 맞지 않는 옷차림을 하고서도 자리에 맞는 옷차림을 한 것보다 늘 더 좋아 보였다. 봄이 보기에 파인먼은 아인슈타인과 마찬가지로 정말 희한한 옷차림(양말을 신지 않은 옷차림)을 하고서 프린스턴을 이리저리 휘젓고 다녔다. 그래도 괜찮았다. 단지 괜찮은 정도가 아니라 전체적인 신비의 일부였다. 파인먼은 스스로 신비를 만들어 내는 탁월한 재주가 있었다.

"그런데, 데이브" 파인먼이 말했다. "상파울루에서 가르치는 일은 어때?"

봄이 고개를 끄덕이더니 눈썹을 추켜세우며 대답했다. "아 (…) 뭐 그럭저럭 (…) 좋은 학생들도 여럿 있고. (…)"

"데이브, 다들 그냥 외워서 아는 것뿐이란 걸 너도 알잖아? 리우에 있는 학생들도 몽땅 암기만 했지 도무지 그 의미를 이해하고 있지 않아. (…) 여기서 우리가 가르쳐야 할 게 너무 많아. 가르칠 게 너무나 많다고."

"여기에 물리학을 뿌리내리게 하는 일에 어쨌든 우리가 일조하고 있잖아." 봄이 말했다. "상파울루 대학의 물리학과는 채 20년도 되지 않았어."

"그래, 가르친다는 건 흥미로운 일이야." 파인먼이 말을 받았다. "너도 알겠지만 난 정말 가르치지 않고서는 살아갈 수 없을 거 같아. 프린스턴에 있을 때 고등연구소의 뛰어난 인재들이 어떻게 되는지 똑똑히 볼 수 있었지. 엄청난 두뇌에 맞게 특별히 선택되었던 그들이 고작 숲 속의 멋진 건물에 들어앉아서는 가르칠 수업도 없고 아무런 의무도 없이 지냈지. 그 가엾은 녀석들은 그저 혼자서 온통 생각만 하고 있을 뿐이야." 그가 웃음을 터뜨렸다. "그렇게 지내면 아무 일도 안 하는 것만큼이나 숨이 턱턱 막힐 거야."

봄도 웃음을 터뜨렸다. "프린스턴고등연구소. 이번 세기의 가장 침체된 두뇌들이 머무는 고향이지."

"네게도 자극을 줄 사람이 있어야 해! 고등연구소에 있는 이들에게는 아무것도 없어. 좋은 학생도, 실험물리학자들과 어울릴 일도, 영감의 불꽃을 당길 아무것도 없단 말이야." 파인먼이 손가락으로 딱 소리를 내며 말했다.

"하지만 여기서는 (…)" 봄이 천천히 말을 받았다. "내가 정체될까 봐 걱정이야. 영어를 잘 못 알아듣는 이들에게 물리학을 가르치다 보니, 상상력이 좀체 솟아나지 않아. 언어 장벽 때문에 사람들에게 진정으로 가까이 다가가기가 어려워질까 조금 두렵기도 하고."

"데이브, 넌 잘 해낼 거야. 그것도 네 생각보다 더 빨리."

택시 기사가 차를 멈추더니 파인먼에게 포르투갈어로 뭐라고 말했다. "오케이. 좋습니다." 봄이 지갑에 손을 뻗고 있는데 파인먼이 돈을 지불했다. "오늘 밤 이 술집에서 훌륭한 삼바 연주자가 공연을 할 거래. 아, 데이브, 난 삼바에 완전히 빠졌어. 스쿨에도 들어갔어."

두 사람은 고층 건물이 늘어선 거리를 벗어나 어둠침침한 술집으로 들어갔다.

"물고기 떼라는 의미의 스쿨 말이야." 파인먼이 설명했다. "프린스턴과 같은 의미의 스쿨이 아니고."〔영어 school은 '학교'의 뜻과 더불어 '(물고기, 고래 등의) 떼, 무리'라는 뜻도 있다.—옮긴이〕

"아 (…) 그럼, 드럼을 연주하는 거니?"

"그게 아니고, 삼바 밴드와 함께 연주하려고 프리기데이라(frigideira)라는 훌륭한 악기를 배우고 있어. 장난감 프라이팬 같이 생겼는데 조그만 쇠막대로 두들겨 소리를 내." 술집의 스툴에 앉은 파인먼이 손을 움직여 그 악기를 흉내 냈다. "멋진 악기야. 우리는 리우 카니발에 공연할 새 음악을 준비하고 있어. 정말 재미있는 축제지. 너도 옷을 차려입고 나와 봐. 난 메피스토펠레스 복장을 해 볼까 싶어."

어느새 봄은 온통 질투심에 사로잡히고 말았다. 파인먼과 처음 만난 후부터 조금씩 그의 마음에서 자라나던 감정이었다. 파인먼은 브라질에서도 무척 행복했다. 그는 이곳 생활을 오케이, 좋아!라고 여겼다. 봄은 위장병, 병원 신세, 교통 문제, 식당 문제, 포르투갈어로 의사소통하는 문제, 그리고 여권 문제 등 어려움투성이였다. 슬프고 가슴 아프게도 그는 파인먼이 부러웠다. 활기 넘치는 성격, 어떤 상황에서도 유연한 태도, 그리고 만사를 자기 뜻대로 잘 굴러가게 하는 수완이 정말로 부러웠다.

"딕, 그들이 내 여권을 빼앗았어."

"그들이라니 누구?"

"미국 영사관. '여권의 등록과 검사'를 위해 그곳으로 오라더군. 그래서 갔더니 내 여권을 빼앗고서 내가 미국으로 돌아가고 싶으면 돌려 주겠대. 그 외에는 자기들이 갖고 있겠다고 했어." "저런 (…)" 파인먼이 얼굴을 찡그렸다. "왜 그러는 거 같아?"

"날 여기에 묶어 두고 싶은 거야. 자기들의 중요한 비밀을 소련에 넘기고 싶지 않은 거지. 마치 내가 비밀을 알고 있다는 듯이 말이야."

파인먼이 호탕하게 웃었다. "이런, 데이브. 그런 말도 듣고 했으니 이젠 빨갱이들과 더 어울리진 말라고."

"이틀 전 그들이 내 여권을 뺏은 날 저녁에 차 한 대가 한 시간 넘게 집 주변을 돌고 있는 걸 내 룸메이트가 봤대."

"저런 (…)" 파인먼이 또 얼굴을 찡그리며 말했다. 이어서 "음, 아마 어떤 사람이 길을 헤맸겠지. 이 남미의 도시들은 아주 혼잡하잖아. 특히 밤엔."

봄은 어깨를 으쓱거린 후 눈썹을 추켜올렸다. "딕, 난 감시를 당하고 있어. 지금 여기서도 말이야." 봄이 딱 잘라 말하자 파인먼은 그게 진실인지 아니면 피해망상에서 나온 말인지 구분할 수가 없었다.

파인먼은 팔짱을 끼며 몸을 뒤로 젖혔다. "글쎄, 잘 모르지만, 데이브 (…)"

하지만 봄은 물러서지 않았다. "알고 보니 난 미국을 벗어난 게 아냐. 심지어 여기에서도."

"넌 미국에 돌아가지 못할 거야. 그렇지 않겠어? 내가 볼 땐 그래. 음, 그런 일은 나도 마음이 편치 않아. 그런데 데이브, 나한테도 말해 주지 않았지만 네가 『피지컬 리뷰』에 뭔가 재미있는 걸 보냈다는 소문이 있던데."

갑자기 봄이 환해졌다. 파인먼도 금세 알아차릴 정도로 표정이 확 변했다.

"그게 뭔지 알려 줘." 파인먼이 팔짱을 낀 채 몸을 뒤로 젖히며 말했다. 파인먼의 눈썹이 흐트러진 머리카락 쪽으로 치켜 올랐다.

"슈뢰딩거방정식에 대한 WKB 근사법을"—유용한 반(半)고전적인 계산법(파동함수를 지수함수로 보고 근사적으로 계산하는 방식—옮긴이)을—"살펴보면서, 왜 입자들이 실제로 경로를 가질 수 없을지 생각하고 있었어." 파인먼은 아래쪽 눈꺼풀이 찌그러졌고 머리가 비스듬히 기울었다. "그런데 만약 입자들이 경로를 가진다면, 즉 완전히 결정론적인 방식으로 움직인다면 그 근사법을 어떻게 변환시켜야 양자론이 내놓은 결과에 들어맞게 할 수 있을까?"

파인먼은 미심쩍어하면서도 줄곧 들어 주다가 어느 순간 이렇게 외쳤다. "데이브, 정말 제정신이 아니군. 결정론과 양자 도약을 조화시킬 수는 없어. 넌 터무니없는 소릴 하고 있어."

"아냐, 딕, 잠깐만. 완전히 타당한 주장이야. 알아듣게끔 설명해 줄게. 핵심은 슈뢰딩거방정식에서 자연스레 도출되는 새로운 종류의 포텐셜 에너지에 있어. 그걸 양자 포텐셜이라고 이름 붙였어."

술을 여러 잔 들이켜고 손을 수도 없이 휘젓고 나중에는 냅킨에다 글씨를 써 가며 설명한 후에야, 봄은 자신이 적절한 요점을 잘 설명해서 모든 게 논리적으로 모순이 없다는 것을 파인먼에게 설득했다고 여겼다. 파인먼은 나중에 친구인 수학자 미리엄 예빅에게 보낸 편지에 이렇게 썼다. "그건 오싹할 정도로 감동적이었어."

파인먼의 인정을 받고서 봄은 신이 났다. "딕, 완전히 새로운 이론이란 얼마나 흥미롭냐? 넌 늘 새로운 아이디어에 대해 생각하고 그런 걸 찾는 데 관심이 있었잖아. 내가 보기엔 넌 베테의 꾐에 빠져서 코넬 대학이라는 우중충한 곳에 갇혀 온종일 끝도 없이 계산만 하고 있는 것 같아. 베테는 정말 인간 계산기지."

파인먼의 표정이 진지해졌다. "데이브, 한스 베테는 과학자로서도 아주 뛰어나고 인간성도 정말 좋은 사람이야." 그가 히죽 웃어 보였다. "내가 아는 사람 중에 가장 위대한 인간 계산기이기도 하고. 한스와 함께 수학 계산을 하는 게 난 좋아. 우린 서로 경쟁해. 누가 더 빨리 더 나은 답을 내놓는지 말이야. 정말 재미있어. 내가 늘 지긴 하지만."

봄은 파인먼의 솔직한 태도에 흐뭇해하며 언젠가 자신이 전통적인 양자론에서 벗어나는 데 그가 실제로 도움을 줄 수 있을 거라고 생각했다. 똑똑한 사람들이 왜 술집에서는 별 재미가 없냐고 늘 투덜대는 파인먼이긴 했지만 말이다.

"데이브" 파인먼이 말을 이었다. "네가 그 이론을 이끌어 낸 게 기뻐. 대단한 이론이야. 하지만 그건 내 것이 아냐. 난 그런 식으로 접근하지 않아. 알다시피 난 해결할 문젯거리가 있는 게 좋아. 그런데 내가 보기에 네 이론에는 전혀 문제가 없어. 양자역학이 제대로 작동해. 문제될 게 뭐가 있겠어? 좋았어, 데이브." 봄이 이 관용적인 질문에 막 대답을 하려는데 파인먼이 말했다. "네가 어떤 걸 파악했고 그게 대단하다고 난 믿어. 넌 그걸 하면 돼. 네가 하고 싶은 것이라면 말이야."

"난 맥주를 마시고 싶은데, 너도 맥주 어때?" 파인먼이 말했다. "두아스 세르베자스" 그가 바텐더에게 말했다.

"아냐" 봄이 허겁지겁 말했다. "난 소 우마 세르베자." 그러고 나서 물었다. "그런데 딕, 미국에서 들은 소식 있니?"

"별로 없어. 넌?"

"나도 마찬가지야. 별로 많지는 않아. 아인슈타인 박사한테서 편지를 받은 날은 정말 끝내줬지. 파울리도 편지를 보냈는데 내 아이디어가 논리적이라고 실질적으로 인정해 줬어. 하지만 편지가 여기까지 오는 데 시간이 너무 오래 걸려."

"정말 그렇긴 해." 파인먼이 말을 받았다. "한동안 페르미와 대화를 주고받았는데, 너도 알겠지만 우린 중간자에"—1947년에 새로 발견된 불가사의한 입자에—"대한 이야기를 편지로 써서 교환했어. 좋은 생각을 멀리 보내 놓고서 한없이 기다리는 게 정말 짜증스러웠어." 그가 맥주를 벌컥벌컥 마셨다. "하지만 이젠 즉시 연락할 수가 있지." 그가 히죽 웃었다. "햄 무선으로 칼텍에 연락할 수 있어."

"뭐?"

"어떤 사람을 알게 되었는데 맹인인 그는 햄 무선 기사야. 그가 일주일에 한 번씩 장치를 제공해 줘."

"미국에 있을 때처럼 그렇게 사람들과 물리학에 대해 이야기할 수 있다니 정말 놀라워. 난, 난 소외된 된 느낌이야. 정보란 게 발표되는 순간에도 이미 뒤떨어지는데 하물며 여기까지 도달하게 될 때는 더 말할 것도 없지."

파인먼이 고개를 끄덕였다. 맥주잔의 둥근 테두리 위로 손가락을 빙빙 돌리면서. "그런데, 외로워질 때면 가끔씩 난 다시 결혼을 했으면 싶어."

"그렇구나. 나도 그래. 여기 오기 전에 결혼을 해야겠다고 생각했어. (…)"

"그러다가도 이런 생각이 들어. 여기 상큼한 아가씨들이 저렇게 많은데!" 파인먼이 술집 전체를 향해 결연히 팔을 흔들며 말했다.

"그래 (…)" 봄이 말했다. "그런데 어쨌든 여기서 부족한 건 단순한 동료애가 아니라 과학적인 동료애야. (…) 잠시 동안 적어도 티옴노라도 곁에 있었는데, 하지만 지금 넌 티옴노와 연락을 주고받긴 하잖아."

"응, 그래. 무슨 말인지 알아. 일주일에 한 번 햄 무선으로 티옴노와 연락을 해도 외롭긴 마찬가지야." 파인먼이 말했다. 테이블에 팔꿈치를 괸 채 봄을 바라보며 웃고 있는 파인먼의 얼굴이 슬퍼 보였다.

봄은 질투심이 사라지는 것을 느꼈다. 파인먼, 모든 물리학자들과 여자들이 숭배하는 데다 활기차고 여유롭게 사는 파인먼조차도 외로우니 말이다.

새벽이 오기 직전에 봄과 파인먼은 술집에서 나와 인도에 서 있었다. 파인먼은 농담을 하면서 택시가 아닌 차들을 불렀다. 봄은 세 달 만에 처음 웃는 사람처럼 껄껄거렸다.

"그가 내 평생 친구란 생각이 든다." 봄은 집에 돌아와 그렇게 적었다.

24
전 세계에서 온 편지들
──1952년──

다시 상파울루에 돌아오던 날 봄은 파울리의 편지를 받았다. 1951년 12월 3일에 보낸 편지였다.

당신의 이론이 내놓은 결과가 통상적인 파동역학의 결과와 완벽하게 일치하고 아울러 측정 도구와 관찰 시스템 둘 다에서 당신의 숨은 파라미터들의 값을 측정할 방법이 없으므로 그 이론에는 어떤 논리적 모순도 찾을 수 없다고 봅니다.

봄은 '관찰 시스템'이란 구절을 보면서 빙긋 웃었다. 파울리는 그 나름의 방식으로 봄에게 그 이론이 괜찮다고 알리고 있었다. 그리고 파울리가 문제점을 찾을 수 없다면 어느 누구도 찾을 수 없을 것이다. 봄은 계속 읽어 나갔다.

"하지만 현재의 상황으로는 당신의 '별도의 파동역학적 예측'은 현금으로 바꿀 수 없는 수표입니다."

봄이 앉아 있는 의자에서 몸을 뒤로 젖히며 그 부분을 다시 읽었다. 숨은 변수들은 현금으로 바꿀 수 없는 수표다. 알고 보니 이 표현이 파울리에게 기대할 수 있는 최상의 것이었다. 파인먼이 보였던 반응이 파인먼에게 기대할 수 있는 최상의 반응이었듯이.

봄은 자신의 개별 부분들이 아니라 전체 상태에 직접적으로 의존하는, '양자 포텐셜'에 의한 "멀리 떨어진 입자들 사이의 순간적인 상호작용"(비국소성)에 대해 말하기를 주저하지 않았다. 봄은 이렇게 적었다. "이 변수들이 얼마나 근본적으로 새로운 의미인지를 강조하고 싶다. (…) 그 변수들은 보어의 미묘한 주장에서도 오직 애매하고 간접적으로만 제시되었다." 보어가 희미한 베일을 쳐 놓은 곳에다 봄은 빛을 환히 비추었다. "양자론과 고전 이론을 둘 다 직관적으로 이해할 수 있는 개념으로 융합함으로써" 말이다. 이로써 "두 이론이 어떻게 다른지가 분명하고 확실하게 드러나게 되었다. 나는 그런 통찰력은 그 자체만으로도 중요하다고 본다." 봄의 이 말이 인정받으려면 벨의 출현을 기다려야 했다.

한편 루이 드 브로이는 봄의 논문을 받았을 때 답장을 하지 않았다. 대신에 그는 프랑스어 학술지에 그 논문과 반대되는 내용을 실었다. 이 소식이 어리둥절해하고 있던 봄에게 흘러들었다. 그는 오랜 친구인 미리엄 예빅에게 보낸 편지에서 드 브로이는 "내 논문을 제대로 읽어 보지도 않았어. 다만 파울리의 비판을 반복하면서 내 이론을 부정했지. 그런 반대가 유효하지 않다는 내 결론에 대해서는 언급하지도 않고 말이야. 드 브로이는 조금 멍청한 짓을 한 셈이야. 내 논문이 도착하기 다섯 달 전에 급히 쓰다 보니 그렇게 된 거야."라고 말했다.

그는 브라질의 우편제도가 늑장을 부린다고 의심하기 시작했으면서도 다른 답장이 오기를 기다리며 파울리의 편지만 읽고 또 읽었다. 이때 그는 미리엄에게 이렇게 썼다. "내가 걱정하는 건 핵심 인물들이 내 논문에 대해 입을 다물자고 공모를 하는 거야. 그러면 아마도 덜 핵심적인 인물들은 내 논문에 비논리적으로 드러난 것은 없지만 그건 실제적인 관심사가 아니라 철학적인 관점일 뿐이라고 짐작하게 돼."

1월이 왔다. 1952년 호『피지컬 리뷰』가 분명 발간된 걸로 알고 있었지만 그에겐 아직 도착하지 않았다. "내 논문을 어떻게 여기고들 있을지 짐작하긴 어려워. 하지만 결국에는 큰 영향을 미칠 거니까 그런 생각만으로도 난 기뻐." 기대에 가득 차서 미리엄에게 써 보낸 내용이었다.

1월이 저물어 갈 무렵 봄은 위장 장애가 더 악화되어 점점 더 비싼 식당에서 식사를 해야 했다. 편지가 도착하는 순간을 기다리며 하루하루를 보내면서. 또 어디에 가든 미국의 정보 요원들이 자신의 삶을 망쳐 놓는 걸 절감하면서. 그는 미리엄에게 보낸 편지에 이렇게 썼다. 그의 논문을 외면하게 만드는 "물리학계의 이런 어리석은 형식주의와 실용주의 정신과 싸우고자 간절히 바라면서도 뜨거운 칼날이 심장을 후벼 파는 것처럼 마음이 아파."

한편 그의 오랜 친구들—오펜하이머의 다른 대학원생들—도 모조리 어려운 처지에 빠져 있었다. 로시 로마니츠는 일자리를 얻을 수 없었고 조 와인버그는 러시아에 비밀 정보를 넘겨준 '과학자 X'로 몰려 기소되어 있었다. 봄베이의 한 연구소에서 가르치고 있던 베르나르트 페테르스는 여권 기간이 만료되고도 갱신이 되지 않았다. 그는 다시 독일 시민이 되고 말았다.

남미의 겨울이 올 때쯤 편지가 한 통 도착했다. 코펜하겐에서 온 것이 아니라 당시 영국 맨체스터에 있던 보어의 조수 로젠펠트가 보낸 편지였다. 파울리가 2년 후(1954년)에 평했듯이 로젠펠트는 "보어와 트로츠키를 곱한 값의 제곱근"이 되었다. 파이스는 그를 일컬어 "상보성 신념의 옹호자로 자처할 뿐 아니라 창시자보다 더 철저히 그 이론을 지지하는 인물"이라고 했다. 봄과 달리 로젠펠트는 자신의 양자론과 변증법적 유물론을 강하게 지지하는 자신의 견해 사이에 모순이 없다고 분명히 여겼다.

1952년 5월 30일(30st) 맨체스터에서

[봄은 5월 '30일' (30th라고 해야 옳다.―옮긴이)을 보고 웃더니 편지를 읽어 나갔다.]

친애하는 봄 박사께

저는 상보성이라는 주제에 관해 당신을 비롯해 어느 누구와도 논쟁을 벌이고 싶지 않습니다. 왜냐하면 그 주제에는 논쟁거리라곤 아예 없으니 말입니다. 하지만 보내 주신 친절한 편지에 기꺼이 답하고자 합니다. 당신이 제기한 몇 가지 점들에 관해 우호적인 토론을 벌이려는 뜻입니다.

당신께선 이 문제에 대한 저의 단정적인 태도가 지나치다고 여기는 것 같습니다. 물론 저나 심지어 보어 박사님도 실수를 할 수 있다는 것을 제가 깜빡 잊을 수도 있긴 합니다. 하지만 이 주제에 관해 보어 박사님과 함께 연구하면서 겪은 경험을 말씀드릴 테니 마음을 누그러뜨려도 좋을 것입니다. 장(場)의 측정 가능성 문제를 연구하면서 우리는 최종적으로 확고한 자리에 이르기 전에 상상할 수 있는 모든 오류를 다 겪어 보았습니다. 이처럼 오류를 통한 교정 과정을 겪었기 때문에 우리는 연구 결과를 매우 확신하고 있습니다. 한 가지 예만 알려 드리겠습니다. 우리는 심지어 (진공상태에서의) 맥스웰 방정식의 유효성에 대해서도 의문을 던지는 데 주저하지 않았습니다. 이 방정식이 틀릴 수 있다는 어떤 주장(나중에 잘못된 주장으로 밝혀지긴 했지만)이 제기되었을 때였습니다. 이런 말씀을 드리는 까닭은 우리의 태도에는 전혀 독단적인 면이 없으며 우리가 상보성을 일종의 마법적인 주문처럼 여긴다는 당신의 의심이 전혀 근거 없다는 점을 밝히기 위해서입니다. 오히려 당신을 숭배하는 파리 사람들에게서 그런 원시적인 정신 상태가 확연히 드러난다고 나는 항변하고 싶은 마음입니다.

당신이 말한 대로, 상보성 원리를 이해하기가 어려운 까닭은 대부분의 사람들이 어렸을 때부터 종교나 이상주의적인 교육철학의 영향을 받아서 지니게 된 본질적으로 형이상학적인 가치관 때문입니다. 이런 상황을 해결하려면 분명 그런 사안을 회피하지 말고 그런 형이상학적 가치관을 떨쳐 버리고 사물을 변증법적으로 보는 법을 배워야 합니다.

(…) 무엇보다도 자연 그 자체 외에 다른 어떤 것의 안내도 받아들이지 않아야 합니다.

잘 지내시길 바라며

로젠펠트 올림

봄은 루아 마리아 안토니아 위에 자리 잡은 자기 연구실에 앉아 있었다. 아래쪽 거리에서 들려오는 상파울루의 혼잡한 차량 소리에 짜증과 피로를 느꼈다. 거의 반년을 기다렸건만 코펜하겐에서 얻은 답변이라고는 이런 우스꽝스러운 소리("심지어 보어 박사님도 실수를 할 수 있습니다")가 고작이었다. 로젠펠트가 드 브로이의 태도를 알았더라면 "당신을 숭배하는 파리 사람들"이라고는 말하지 않았을 텐데, 라고 봄은 생각했다.

내 이론을 위해 싸우지도 못하고 어떻게 이런 춥고 습한 곳에서 죽치고 있어야 한단 말인가? 그는 지식을 통한 정복(Vencerás Pela Ciência)이란 문구를 쓰라린 마음으로 떠올렸다. 정말 당연한 말이었다. 지식을 통해 정복하라.

∞

"우리는 둘 다 데이브의 친구니까 서로를 알아야 해." 미리엄 예빅은 봄이 브라질로 떠나기 한 달 전에 유진 그로스에게 보낸 편지에서 그렇게 썼다. 그로스는 데이브의 첫 강의를 듣고서 그에게 흠뻑 빠져 버린 대학원생이었다. "데이브 봄은 절제된 태도로 광대한 파노라마를 열어젖혔다."고 수십 년 후 그로스는 회상했다. 그로스는 이후 봄과 함께 초기 네 편의 논문을 쓰게 되는데, 봄이 첫 강의에서 설명한, 가능성이 풍부한 플라스마 분야를 탐구하는 논문들이었다.

1952년 초에 미리엄과 그녀의 남편이자 역시 봄의 친구인 물리학자 조지는 차를 몰고 M.I.T.로 갔다. 그곳에서 박사 후 과정을 밟고 있는 그로스와 그의 아내 소니아를 만나기 위해서였다. 미리엄 내외를 향해 다가오는 그로스의 모습이 매우 낯익어 미리엄은 깜짝 놀랐다. 그녀는 프리스턴의 웅장한 옛 파인 홀에서 공부할 때, 그로스가 놀라우리만치 봄과 비슷하게 주머니에 동전을 짤랑거리며 오락가락 거니는 모습을 본 적이 여러 번 있었던 것이다.

두 부부는 금세 친구가 되었다. "우리는 이야기를 나누며 사흘을 보냈어요."라고 후에 미리엄이 회상했다. 두 남자는 친구인 봄보다는 좀 더 현실적이고 실용적인 물리학자였고, 소니아는 전공이 화학인데도 수학자인 미리엄과 통하는 점이 많았다. 미리엄도 대학 시절에 일정 기간 낮에는 유리에 바람을 불어넣어 모양을 만드는 걸 배웠고 밤에는 액체질소 냉각 탱크를 지킨 적이 있었기 때문이다.

마침내 『피지컬 리뷰』의 신간에 실린 내용이 주제에 올랐다.

미리엄이 말했다. "사람들이 언제 데이브의 이론에 반응을 보이기 시작할 것 같아? 온갖 새로운 소식에서 아주 멀리 떨어져 있으니 데이브는 무척 답답할 거야."

그로스의 친절한 듯 냉소적인 얼굴이 찌푸려졌다. "데이브가 반응을 듣게 되긴 할지 모르겠어."

미리엄이 말했다. "넌 정말로 사람들이 그냥 무시해 버릴 거라고 생각해? 폰 노이만 말대로 불가능한 일을 그가 해냈어. 그건 정말 가치 있는 일이라고."

"하지만 물리학은 철학이 아냐." 조지가 빠른 말투로 끼어들었다. "통상적인 양자역학 해석으로 모든 게 설명되는데 굳이 새로운 해석을 궁리한다는 건 너무 번거로워."

"터무니없는 소리야!" 미리엄이 말했다. "그가 옳다면 어떻게 되는데?"

"물리학은 수학처럼 확실하고 지적이지는 않아."

"그건 이론이라고, 유진! 얼마나 더 확실하고 지적일 수 있겠어? 이론일 뿐이라고."

봄의 숨은 변수 이론 때문에 그로스는 지쳐 있었다. 그 이론을 위해 온갖 계산을 해야 하는 게 버거웠다. 그 이론이 수학적으로 그다지 아름답지 않기도 했지만, 그로스는 이전의 양자역학 해석에 익숙해져 있었다. 그래도 새로운 해석을 받아들이려는 유일한 까닭은 만약…

"미리엄, 데이브는 꼭 결과를 얻을 거야." 그가 말했다. "데이브는 꼭 결실을 맺을 거라고!" 자기 말을 강조하려고 주먹으로 책상을 쾅 내리쳤다. "그는 이전에 누구도 바라지 않았던 일을 사람들이 하기를 원해. 즉 일상생활에 아무 영향도 없는 철학적인 이유 때문에 한 세계관을 다른 세계관으로 바꾸게 하려고 해. 하지만 그가 결실을 얻는다면, 단순한 취향의 문제나 수학 계산이 복잡하다는 건 아무 문제가 안 돼. 모두 새로운 이론을 받아들일 거야. 그렇지 않더라도 어쨌든 그는 끝까지 밀고 나갈 거야."

"그로스 말이 맞아." 조지가 다시 끼어들었다. "데이브가 스핀 현상을 자기 이론에 포함시킬 수 있을까? 그런 걸 어물쩍 넘어갈 데이브가 아닌데."

그로스가 웃음을 터뜨리고 나서 말했다. "언젠가 파티에서 데이브가 빈정거리면서 유령과 악마의 존재에 관한 정교하고 설득력 있는 이론을 구성했어." 그때를 떠올리자 즐거운지 그로스는 머리를 마구 흔들었다. "어찌나 설득력이 있던지, 논리적이고 지적인 이론 체계를 얼마나 잘 세우던지 정말 믿을 수 없을 정도였어."

"하지만 고작 그게 다야." 조지가 말했다.

"그러니까" 미리엄도 끼어들었다. "지금 데이브의 새 이론이 유령과 악마의 존재를 정교하고 설득력 있게 증명하고 있다는 말이야?"

그로스가 히죽 웃었다. "그런 말이 아냐. (…) 어쨌든 재미있네. 그런데 유령이란 말은 아인슈타인이 데이브의 이론 같은 것을 다루면서 쓴 용어야. 그는 게스펜스터펠터(Gespensterfelder)라고 불렀어. '입자를 안내하는 유령 파동'이란 뜻이지."

"하지만 아인슈타인은 그걸 발표하지는 않았어." 조지가 말했다. "그리고 분명 사람들이 자기 말을 믿으리라고 기대하지도 않았지."

생각에 잠긴 미리엄이 말했다. "데이브의 문제점은 다른 사람들의 생각을 신경 쓴다는 거야. 그것도 너무 심하게 말이야."

그로스가 갑자기 진지해지며 말했다. "차분하면서도 열정적으로 너무나 집중해서 연구에 몰입하는 사람이다 보니 자기가 발견한 것을 다른 이들과 나누고 싶어서 그런 거야. 그는 깜짝 놀랄 정도로 경쟁심이나 악의가 없어." 그의 이마에 주름이 잡혔다. "생각해 보니 그가 내게 얼마만큼이나 영향을 끼쳤는지 설명할 언어는 이런 구식 표현뿐이야. 그는 속세의 성자야."

그날 저녁 미리엄은 봄에게 그로스가 한 말을 편지로 썼다.

봄은 그 내용을 부정적으로 보고 이렇게 답했다. "내 절친한 친구가 나를 떠나 시류를 쫓아가는 것 같아." 결과라고! 때로는 결과를 얻기까지 수십 년이 걸려. 아인슈타인과 상대성이론! 코페르니쿠스, 이런 세상에! 요즘에는 시시한 것밖에는 아무것도 얻지 못한다. 파인먼과 줄리언 슈윙거도 그들의 '양자전기역학'을 통해 "결과"를 얻긴 했다. 하지만 "그런 작은 성과도 수천 명의 이론물리학자들이 20년이나 노력해서 얻은 결과였어. 나는 1~2년 후에 뉴턴, 아인슈타인, 슈뢰딩거, 그리고 디랙을 전부 합친 것에 버금갈 혁신적인 과학 이론을 혼자서 내놓을 거야. (…) 파이스 그리고 '프린스턴고등연구소'의 다른 이들의 하찮은 생각은 내겐 전혀 중요하지 않아. 지난 6년 동안 그곳에서 아무런 연구 성과도 나오지 않았어."

소문에 의하면 닐스 보어는 처음에 놀라운 업적일까 싶어 잔뜩 놀랐다가 이내 마음을 가라앉히고는 그 이론을 "아주 바보 같은" 것이라고 무시했다고 한다. 폰 노이만은 그 이론이 논리적이며 심지어 '매우 아름답다'고까지 평가했는데, 이는 논문이 발표되기 전에 파울리가 했던 것보다도 더 큰 칭찬이었다. 하지만 봄은 그런 칭찬이라도 주워 담을 기분이 아니었다. 폰 노이만의 칭찬에 대해 미리엄에게 설명하면서 봄은 이렇게 적었다. "(지조 없는 부랑자 같은 소리!)"

다른 친구가 봄의 이론에 의혹을 제기했을 때 봄은 미리엄에게 이렇게 두서없이 불만을 토로했다. "마치 어떤 이가 등 뒤에서 너에게 총을 쏘아 놓고서는, 자신은 총신에 직각으로 총알이 나올 것이라고 추론하는 정리를 사용했으므로 다른 사람이 맞을 줄 알았다며 용서를 비는 꼴이야."

슈뢰딩거는 "체면상 직접 나한테 편지를 쓰지 않고 조수로 하여금 이런 내용을 보냈어. 자기 스승은 역학적 모형을 양자론에서 찾을 수 있다는 내 주장을 타당하다고 보지 않는다고 했어. 그런 모형은 수학적 변환 이론을 포함할 수 없기 때문이라더군."—수학적 변환 이론은 디랙과 요르단이 양자역학을 일반화하여 내놓은 이론—"모두가 그것이 양자역학의 진정한 핵심이라고 알고 있다면서 말이야. 그의 스승은 내 논문을 읽어 볼 필요도 없다고 여긴 게 분명해. 왜냐하면 내 논문에는 내 모형이 그러한 변환 이론의 결과들을 설명할 뿐 아니라 그 이론의 한계까지 명시적으로 지적하고 있으니까. (…) 포르투갈어로 슈뢰딩거를 웅 부후(un burro, 당나귀라는 뜻—옮긴이)라고 불러 주고 싶어. 해석은 네게 맡긴다."

그러고 나서도 봄은 덧붙였다. "올바른 길을 간다고 난 확신해."

25
오펜하이머에 맞서다
──1952~1957년──

전쟁이 나기 직전 젊은 막스 드레스덴은 미시간 대학에서 박사 학위를 따기 위해 암스테르담을 떠나 앤아버로 향했다. 미시간 대학은 파울리와 하이젠베르크의 옛 학교 친구인 오토 라포르테 그리고 '스핀'을 발견한 네덜란드 물리학자 사무엘 호우트스미트와 헤오르헤 윌렌베크(이들모두는 히틀러 때문에 미국으로 망명했다)의 지도 아래 금세 젊은 물리학자들의 아지트가 되었다. 드레스덴은 미국에 평생 살러 왔으며 이후 사반세기 동안 뉴욕주립대학 스토니 브룩에서 인기 있는 유명 인사가 되었다. 거기서 드레스덴은 보어의 '추기경'인 크라메르스에 관한 훌륭한 전기를 썼다. 양자물리학의 위대한 시대에 관한 방대한 이야기를 담은 작품이었다. 그 책은 특이했다. 왜냐하면 책의 주인공은 가까운 친구들과 동료들이 승리를 구가하는 동안 거듭 좌절을 겪었기 때문이다. (크라메르스는 행렬역학, 디랙방정식, 그리고 양자전기역학을 거의 발견할 뻔했지만 매번 마지막 단계에서 상상력 부족으로 실패하고 말았다.)

하지만 1952년 드레스덴이 캔자스 대학에 교수로 부임했을 때(그는 농담을 잘할 뿐 아니라 물리학, 미술 및 문학에도 폭넓은 관심을 가진 인물로 잘 알려져 있었다) 학생들이 데이비드 봄의 논문을 선물했다. 우선 그는 학생들에게 말했다. "아, 그런데, 폰 노이만이 밝힌 바에 따르면 (…)" 하지만 학생들이 그 논문에 흠뻑 빠져 있는 걸 알고 그도 읽어 보았다. 놀랍게도 언뜻 보아서는 아무런 치명적인 오류를 찾을 수 없었다. 폰 노이만의 주장을 다시 검토해 보았더니 폰 노이만의 주장이 봄의 숨은 변수에는 적용되지 않는다는 생각이 떠오르기 시작했다.

드레스덴은 오펜하이머에게 의견을 물어보았다. "그건 청소년의 탈선이라고 보네." 오펜하이머는 그 논문을 읽지도 않고서 말했다. "시간 낭비할 필요는 없지." 하지만 드레스덴이 그 문제로 애를 먹고 있다고 털어놓자 오펜하이머는 프린스턴고등연구소에서 봄의 이론에 관한 세미나를 열겠다고 했다.

이 세미나 개최는 알고 보니 터무니없는 짓이었다. 파이스도 봄의 이론은 "청소년 탈선"이라고 했고 어떤 이는 "공공에 폐를 끼치는 짓"이라고도 했다. 사람들은 봄의 물리학보다 그의 정치 이념에 대해 더 수군거렸다. 사람들의 외면 속에서도 드레스덴은 자신은 답변할 수 없지만 봄의 해석에는 어려운 물리학적 질문이 담겨 있다고 주장했다.

오펜하이머는 그 상황을 이렇게 요약했다. "봄이 틀렸다고 증명할 수 없다면, 우리는 다함께 그를 무시해야만 한다."

오펜하이머가 내린 이 칙령을 물리학자들은 고분고분 받아들였지만 한 수학자가 그에게 맞섰다. 이 사람이 바로 비극적인 삶을 산 존 내쉬 (영화 「뷰티풀 마인드」의 주인공)였다. 1949년 말경 봄이 프린스턴 대학 교정을 거닐면서 양자론과 씨름하고 있을 동안, 내쉬는 자신의 가장 위대한 업적, 곧 내쉬 부등식이라고 불리는 게임 이론을 발견했다. 10년 후 그는 프린스턴고등연구소에서 양자론을 놓고서 오펜하이머와 설전을 벌였다. 이 수학자는 폰 노이만의 (독일어로 쓰인) 유명한 책을 읽고서 양자론을 배웠다.

이 논쟁에서 남은 기록은 내쉬가 1957년 여름 오펜하이머에게 보낸 편지 한 통이 전부다. 그는 자신이 아주 공격적이었다고 사과하면서도 "(양자론을 연구하는 일부 수학자들도 포함하여) 대부분의 물리학자들이" 그가 보기에 "너무나도 독단적인 태도에 빠져 있다"며 성토했다. 내쉬는 그들이 "'숨은 변수'를 어떤 식으로든 궁금해하거나 믿는 사람들만 보면 (…) 어리석은 사람이나 기껏해야 아주 무식한 사람으로" 취급한다고 여겼다. 행렬역학에 관한 하이젠베르크의 1925년 논문을 읽고 나자 상황이 분명해졌다. "내가 보기에 하이젠베르크 논문의 가장 훌륭한 점은 관찰 가능한 양에 제한을 가했다는 것이며 (…) 저는 관찰 불가능한 실재에 관해 이전과는 다른 더 만족할 만한 밑그림을 찾고자 합니다."

내쉬의 전기 작가인 실비아 나사는 이렇게 전한다. "10년 후 정신과 의사들에게 행한 강연에서 내쉬는 자신의 정신 질환이 바로 그런 시도 때문에 생겼다고 밝히면서, 1957년 여름에 자신이 양자론의 모순을 해결하려고 시작했던 시도를 일컬어 '가능성 면에서 무모했으며 심리적인 면에서도 파괴적'이었다고 털어놓았다."

1958년 2월이 되자 그렇지 않아도 비정상적인 내쉬의 정신 상태는 끔찍하리만치 악화되었다. 정신이 망가졌다가 오랜 기간에 걸쳐 서서히 회복되는 긴 투병 생활을 거치면서도 마침내 그는 1994년 노벨상을 받았다. 무려 반세기 전에 발견한 내쉬부등식의 공로를 인정하여 주어진 상이었다.

양자론이 봄의 삶을 거의 파멸로 이끈 듯 보였지만 이야기는 아직 끝나지 않았다. 그의 이론은 내쉬의 경우처럼 결국 대환영을 받게 되지는 않았지만, 멀리 떨어진 곳의 어느 무명 물리학자의 손에 들어가면서 벨의 정리라는 불가사의한 수학 부등식을 내놓게 된다. 그리고 이 부등식은 다른 어떤 등식보다 훨씬 더 중요하다는 것이 밝혀진다.

26
아인슈타인의 편지
—1952~1954년—

막스 보른은 1952년 5월 초 아인슈타인에게 보낸 편지에서 죽음에 대해 이야기했다. 그 무렵 둘 다 70대 초반이었는데 크라메르스를 비롯한 후배들 몇몇도 최근에 세상을 떠났다. "그래서 우리 같은 늙은이들은 더욱 외로워진다네. 그래서 아직 살아 있는 몇 안 되는 이들과 인연의 끈을 이어 나가려고 편지를 쓴 거라네." 보른은 자기 아내의 안부 인사를 전했다. 또 이 내외는 아인슈타인의 양녀 마고에게도 안부를 전해 달라고 했다.

아인슈타인이 재빨리 답장을 보냈다.

보른에게

(…) 자네 말이 맞네. 나도 죽지 않고 있는 익티오사우루스가 된 느낌이네. 소중한 우리 벗들 대부분, 아울러 감사하게도 덜 소중한 벗들까지도 이미 가 버렸네. (…)

봄이 (25년 전 드 브로이처럼) 양자론을 결정론적으로 해석할 수 있다고 믿는다는 걸 자네도 아나? 내가 보기에 너무 무모한 시도 같아. 하지만 물론 자네는 나보다 더 잘 판단할 수 있겠지.

오랜 벗 아인슈타인

그달 말에 보른의 아내 헤디가 답장을 보냈다.

존경하는 알베르트 아인슈타인 박사님께

(…) 노년이라고 해도 그다지 병만 많지 않다면 그리 나쁘지는 않습니다. 이무기가 되는 것이 왜 싫으신가요? 익티오사우루스는 어쨌거나 활기 넘치는 짐승으로서 지난 오랜 삶의 경험을 되돌아 볼 수 있습니다.

어쨌든 우리 늙은 내외는 박사님과 마고를 변함없는 애정으로 늘 생각하고 있답니다. 비록 우리가 다시 만날 수 없더라도 말입니다.

늘 건강하시기를

헤디 올림

보른은 1969년 죽기 전에 아인슈타인과 주고받은 편지를 모은 서간집에 주를 달면서 이렇게 적었다. "오늘날에는 봄의 시도나 이와 비슷한 드 브로이의 시도에 대해 좀체 듣기 어렵다."

아인슈타인은 1년 반이 지나서 다시 봄을 언급했다. 보른이 70세를 맞아 에든버러 대학에서 은퇴를 하게 되었는데 이를 축하하는 기념식에서 발표할 논문집에 그런 언급이 있었다.

1953년 10월 12일

보른에게

(…) 자네에게 바칠 논문집을 위해 물리학에 관한 자장가를 조금 썼는데, 이건 봄과 드 브로이한테도 약간 놀라움을 안겨 주었던 것이네. 그것을 쓴 의도는 양자역학에 관한 자네의 통계적 해석이 필요불가결함을 밝히기 위해서네. 슈뢰딩거도 최근에 그런 해석을 피하려고 애쓰긴 했지만 말이네. 아마 자네도 읽어 보면 즐거울 거네. 어쨌든 우리가 부는 비눗방울에 대해 설명을 해야 하는 것이 우리의 운명인 듯하네. 물론 이런 운명은 '주사위 놀이를 하지 않는 신'이 획책한 거라네. 그런 말을 한 덕분에 나는 양자론자들뿐 아니라 굳건한 무신론자들에게서도 엄청난 분노를 사고 말았지.

자네 아내에게도 안부 전해 주게.

A. 아인슈타인

아인슈타인의 '자장가'에는 보른의 해석이 최종적인 결론인지에 대한 그의 회의적 시각이 또 한 번 담겨 있었다.

1953년 11월 26일

아인슈타인에게

어제 대학 은퇴 기념식에서 축하 글이 발표되었네. 그렇게나 많은 친구들과 동료들이 글을 보내 주어서 정말로 기뻤네.

잠시 시간을 내어 몇 가지 논문만 읽었는데, 물론 자네 것을 맨 먼저 읽었네. 그리고 내 진심 어린 감사의 답장을 받는 이도 자네가 처음이네. (…)

우연히도 파울리가 (드 브로이의 50세 생일을 축하하는 기념 논문집에서) 아이디어를 하나 내놓았는데 그것이 철학적으로뿐 아니라 물리학적으로 봄을 몰락시키는데 (…)

내 아내도 진심으로 감사의 마음과 안부를 전하네.

막스 보른

1954년에 봄은—보른이 두서없이 썼듯이 철학적으로도 물리학적으로도 몰락한 상태에서—더욱 필사적으로 브라질을 떠나려 했다. 친구들에게 보낸 고뇌에 찬 서한에는 상한 음식 때문에 병이 난 사정이며 쉴 새 없이 진행되는 무자비한 건축 공사 때문에 잠을 못 이룬다는 이야기, 그리고 지적인 면에서 아무런 자극을 받을 수 없는 분위기 등이 적혀 있었다. (탄압의 상징인) 미국과 (혼란의 상징인) 브라질이 그의 무의식에 떠올랐다.

알고 보니 파울리의 가혹한 아이디어는 봄의 연구가 '억지스러운 형이상학'을 대변한다는 내용이었다. 안타깝게도 봄의 이론은 워낙 미움을 받는 터라 가벼운 반대 의견만 제기되어도 위압적으로 여겨질 정도였다.

마침내 아인슈타인이 봄의 불행에 관해 듣게 되었고 그는 1954년 1월에 특유의 실질적이면서도 이해심 넓은 내용의 편지를 보냈다. 편지 내용은 이랬다. "봄 박사, 이러지도 저러지도 못하는 절망감이 담긴 자네 편지를 릴리 로위가 전부 보여 주었네. 가장 가슴 아팠던 건 자네가 위장 장애를 겪는다는 사실이었네. 나도 직접 겪어 봐서 얼마나 고통스러운지 잘 안다네."

위대한 인물에게서 이러한 공감과 온정을 받자 봄의 격한 감정도 누그러들었다. 봄은 어린애 같은 삐뚤삐뚤한 글씨로 네 쪽에 걸쳐 자신의 불행에 대해 답장을 썼다. 잠시 여담으로 브라질 정부가 완전히 부패해 있음을 설명하는 짧은 구절은 다음과 같이 슬프면서도 웃긴 문장으로 끝났다. "이제는 저 자신의 문제로 돌아가고 싶습니다." 나단 로젠은 그에게 이스라엘의 하이파에 있는 테크니온으로 와 달라는 "특별히 좋다고 할 수는 없는" 제안을 했다. 로젠은 그곳에 막 도착해 앞으로 유명한 물리학센터가 될 작은 공과대학을 세우게 된다. 봄은 그 제안을 수락하기로 결정했지만 브라질이나 미국이 자신을 보내 줄지 여부는 알 수가 없었다. 이스라엘행 비자를 발급받을 수 있도록 아인슈타인이 (얼마 전에 이스라엘의 대통령을 맡아 달라는 제안을 받기도 했으니) 추천서라도 써 줄 것인가?

봄은 약간 희망에 젖어 아인슈타인에게 이렇게 썼다. "새로운 방향으로 생각하기 시작했습니다." 봄은 여전히 양자론에 대한 인과론적 토대를 탐구하고 있었다.

아인슈타인은 늘 그렇듯이 친절하면서도 풍자적으로 답장을 보냈다. 이 답장의 마지막 구절은 1년 후 그가 죽고 나자 더욱 절절한 메시지로 남게 된다.

1954년 2월 10일

봄 박사께

자네 편지를 받고 깊은 감명을 받았네. (…) 로젠이 자네를 그곳으로 부르려 한다는 말을 듣고 정말로 기뻤네. 그래서 이미 그에게도 편지를 보냈네. 물론 나도 이 계획이 성사되도록 기꺼이 모든 조치를 할 참이네. 그러니 내가 도움을 줄 방법이 있다고 여기면 언제라도 주저 말고 내게 알려 주게.

소외된 환경에서 사는 자네 생활은 내게 생생한 인상을 남겼네. 나는 자네가 알린 내용은 남김없이 상세히 적은 거라고 믿네.

자네가 현상의 객관적인 설명을 추구하는 일에 몰두해 있고 또 그 일이 지금껏 느꼈던 것보다 훨씬 더 어렵다는 것을 알고 있다는 말을 들으니 기쁘네. 그 문제가 대단히 어렵다고 해서 좌절을 느껴서는 안 되네. 만약 신이 이 세상을 창조했다면 가장 신경 썼던 것은 분명 이 세상을 쉽게 이해하지 못하도록 만드는 일이었을 거네. 지난 50년 동안 그걸 뼈저리게 느꼈네.

건투를 비네.

알베르트 아인슈타인

봄 이야기에 덧붙이는
에필로그
—1954년—

봄이 오펜하이머를 용서하기까지는 오랜 시간이 걸렸다. 그것도 오펜하이머가 하원 반미활동조사위원회에 출석하여 어느 정도 망가지고 난 이후에야 가능했다. 어찌 되었든 오펜하이머가 고초를 겪고 나니까 용서하기가 쉬웠을 것이다.

하지만 1954년 오펜하이머의 고생은 단지 시작일 뿐이었다. 봄은 미리엄에게 보낸 편지에서 이렇게 썼다.

친구한테서 방금 들은 이야긴데, 오펜하이머 교수가 곧 위원회에 소환될지 모른대. (물론 아마도 그는 빠져나갈 방법을 알고 있겠지.) (…) [그런 일이 생긴다니] 그토록 대단한 사람한테 말이야. 『타임』지 표지에 교수의 얼굴이 실렸는데 한없이 슬픈 표정이었어. 그럴 만한 사연이 있었겠지. 전에도 말했듯이 오펜하이머 교수는 그림 속 예수 그리스도 같아 보였어. 예수 그리스도와 유다를 합쳐 놓은 모습 아니면 예수처럼 보이려고 애쓰는 유다의 모습이 지금 오펜하이머 교수와 더 잘 맞아떨어질 거야. 다른 사람인데도 어쩌면 그렇게 잘 어울리는지 신기할 정도야. 그렇지 않나?

봄은 이스라엘에서 가르치다가 좀체 만족하지 못하고서 1957년에 영국으로 옮겼다. 이때 하이파의 테크니온 공대에서 그가 아끼는 총명한 대학원생인 야키르 아로노프를 데리고 갔다. 아로노프와 함께 쓴 논문은 물리학을 깊이 이해하는 데 기여했다고 호평을 받았지만, 그의 관심은 (마침내 공산주의를 버리고 난 이후) 크리슈나무르티라는 영적 스승의 영향을 받으며 불가사의한 철학적 사색으로 향하기 시작했다. 그는 진지한 표정에 손을 부드럽게 휘저으며 폭넓고도 아름다운 (꽤 모호하기도 한) 표현으로 복잡한 사상을 펼쳐 나갔다.

봄은 자신의 베스트셀러인 철학적이면서 물리학적인 책 『전체와 접힌 질서(Wholeness and the Implicate Order)』에 이렇게 썼다. "과학 및 물리학 연구를 하면서 나의 주된 관심은 일반적인 실재의 본성과 더불어 특별히 의식을 일관된 전체로서 이해하는 것이었다. 이 이해는 결코 완성된 정지 상태가 아니라 운동과 펼침의 끊임없는 과정이다."

한편 파인먼은 전 세계적으로 훨씬 더 유명해졌다.

1964년 11월에 그는 오래 전에 자주 들르던 눈 덮인 이타카로 갔다. 그곳에서 일반인을 위한 코넬 대학의 연례 "메신저 강연"을 했다. 주제는 '물리법칙의 특징'이었고 이 강연은 나중에 책으로도 발간되었다. 명쾌한 해설, 유머 감각, 그리고 그의 독특한 억양은 오랫동안 브루클린에서 멀리 떨어진 곳에서 지냈어도 전혀 빛이 바래지 않았다. 연단을 휘젓고 다니는 그의 모습을 보러 강연장에 몰려온 청중들은 그에게 흠뻑 빠졌고 깊은 감명을 받았다. 강연을 통해 자연에 대한 그의 사랑이 온전히 드러났고 아울러 만물의 오묘한 섭리와 더불어 구체적이고 실제로 관찰할 수 있는 현상 하나하나에까지 그가 얼마나 애착을 갖고 있는지도 엿보였다. 이로써 청중들은 당대의 위대한 물리학자인 그가 그러한 주제에 대해 어떻게 생각하는지 개괄적으로 알 수 있었다.

여섯 번째 강연은 제목이 '확률과 불확정성'이었다. 양자역학에 대해 이야기할 시간이 되자 그는 청중들에게 이렇게 말했다. "우리의 상상력은 극한으로까지 확장됩니다. 공상 과학에서처럼 실제로 없는 것을 상상해 내는 것이 아니라 실제로 있는 현상들을 이해하기 위해서입니다."

이해하기 어려운 내용이라고 청중들에게 미리 겁을 준 뒤 그는 이렇게 장담했다. "하지만 이 어려움은 실제로는 심리적인 것이며 여러분들이 '어떻게 그럴 수가 있지'라고 스스로 여기기 때문에 생기는 영원한 고정관념일 뿐입니다. 모든 현상을 익숙한 개념을 통해 이해하려는 지극히 헛되며 어찌할 수 없는 성향에서 비롯된 결과입니다. 저는 양자역학을 우리에게 익숙한 개념과 유사한 비유를 들어 설명하지는 않을 것입니다. 대신 간단하게 설명하겠습니다."

"상대성이론을 이해하고 있는 사람이 고작 열두 명뿐이라고 신문에서 알린 그런 시기가 있습니다. 저는 그런 시기가 있었다고 믿지 않습니다. 오직 한 사람만이 그걸 이해하던 때가 있었을지 모릅니다. 왜냐하면 그 사람이 논문을 쓰기 전까지는 그런 발상을 한 사람은 오직 그뿐이었으니까요."(처음 단 한 사람 이외의 다른 사람들은 언급하지 않는 것이 파인먼의 전형적인 성격이었다.) "하지만 사람들이 그 논문을 읽은 후에는 많은 사람들이 이런저런 방식으로 상대성이론을 이해했습니다. 분명 열두 명은 넘습니다. 한편 저는 어느 누구도 양자역학을 이해하지 못했다고 장담할 수 있습니다."

"그러니 이 강연을 너무 심각하게 받아들이지 마시고, 제가 설명하려는 어떤 모형의 관점에서 이해하면 된다고 여기시고 편안히 강연을 즐겨 주십시오. 자연이 어떻게 작동하는지 알려 드리겠습니다. 자연이 이렇게 작동한다는 걸 그저 인정하고 나면 자연이 멋지고 매력적임을 알게 될 겁니다. 스스로에게 '하지만 어떻게 그럴 수가 있지?'라고는 말하지 말아 주세요. 그랬다가는 아직 아무도 벗어나지 못한 미로에 빠져 '헤어날 수 없게' 되니까요. 어떻게 그럴 수 있는지는 아무도 모릅니다."

파인먼은 유명한 이중 슬릿 실험을 설명했다. 여기서 (예를 들면) 전자들로 이루어진 빔이 두 개의 구멍이 있는 스크린을 통과한다. 맞은편 막에는 전기장치가 있어서 각각의 전자가 도착하면 이를 감지한다. 도착하는 전자는 입자이면서도 마치 파동처럼 서로 간섭을 일으킨다. 이런 현상은 단 한 개의 전자가 스크린을 통과할 때에도 생긴다. 이중 슬릿 스크린을 통과하는 각각의 전자들이 많이 모여 이루어진 빔이 맞은편 스크린에 있는 검출기와 부딪히는 패턴은 입자들이 남기는 패턴(각 슬릿을 지나서 맞은편 스크린에 맺히는 넓은 덩어리 형태의 무늬)이 아니다. 대신에 회절된 줄무늬가 나란하게 배열된 모양이 나타나는데, 이것은 파동의 대표적인 특성이다. 이로써 개별 전자들이 일반적인 입자들의 궤적과 다르게 행동함을 알 수 있다. 마치 단일 전자가 어떤 식으로든 두 개의 슬릿을 모두 통과하거나 파동에 의해 '안내'를 받는 듯하다. 하지만 살펴보기 위해 전자의 경로에 빛을 비추면 간섭현상은 사라지고 단지 보통의 입자처럼 행동하고 만다.

"여기서 이런 의문이 듭니다. 실제로 그런 현상이 어떻게 일어나는가? 어떤 메커니즘이 그런 결과를 생기게 하는가? 하지만 아무도 그 메커니즘을 모릅니다. 아무도 제가 드린 설명 이상으로 이 현상을 더 깊이 설명할 수가 없습니다. 어느 누구도 더 나아갈 수가 없습니다. (…) 물리학은 손을 들고 말았습니다. 비록 원래 목적은—다들 그러리라고 여겼지만—이 현상을 충분히 이해함으로써 어떤 상황이 주어지면 미래에 무슨 일이 일어날지 예측할 수 있도록 하는 것이었지만 말입니다."

하지만 어쨌든 이론이 있긴 있다고 파인먼은 말했다. 이 이론에 의하면 전자의 운동을 결정하는 것은 "전자 빔의 발생원에 있는 어떤 매우 복잡한 원인인데, 그곳에 숨은 바퀴, 숨은 기어 장치가 있습니다."(요점을 빠뜨렸군. '전체성'의 옹호자인 봄이 들었다면 그렇게 말했을 것이다.)

파인먼이 계속 설명했다. "그게 바로 숨은 변수 이론입니다." 청중을 둘러본 뒤 다시 말했다. "그 이론은 참일 리가 없습니다." 전자가 어느 구멍을 통과할지 우리가 미리 알 수 있는지 여부, "그리고 우리가 빛을 켜 놓았는지 껐는지 여부는 그것과 아무런 관련이 없습니다." 계속된 그의 설명에 따르면, 한쪽 또는 다른 쪽 구멍을 통과하는 전자들의 효과를 단지 합친다고 해서 그 간섭현상을 설명하기는 불가능하다. 이것은 (파인먼이 언급하지는 않았지만) 존 벨이 그해 초에 밝혀낸 바에 따르면 당연한 결과였다.

"자연이 확률적으로 작동하는 것처럼 보이는 까닭은 우리가 숨은 기어를, 즉 숨은 복잡한 원인을 모르기 때문이 아닙니다. 자연의 그런 속성은 내재적입니다. 그런 면에 대해 누군가는 이렇게 말했습니다. '전자가 어디로 움직일지는 자연조차도 알지 못한다.'"

파인먼은 존 벨이 1964년에 분명히 밝힌 내용을 언급하지 않았다. 그 내용이 파인먼의 주장과 다른 핵심적인 차이는 봄의 이론에 의할 경우 입자의 행동이 멀리 있는 물체의 영향을 받을 수 있음을 지적한 부분이다. 파인먼의 강연과 벨의 정리가 있기 두 해 전에 봄은 이렇게 썼다. "내 이론은 비록 현재의 불완전한 상태로나마, 이 이론을 터무니없다고 여기는 이들이 가한 기본적인 비판에 답을 제시한다.

숨은 변수에 관한 이론들을 살펴보는 일은 독단적인 선입관에서 벗어나기 위해 현재 꼭 필요하다." 그는 이런 주장을 굽히지 않았다. "그러한 선입관은 우리의 사고를 비합리적으로 제한할 뿐만 아니라 마찬가지로 우리가 수행할 실험에도 제약을 가한다."

발견

1952~1979년

1976년 존 F. 클라우저와 존 벨에게 영감을 받아 만든 2의 기계

27

변화의 물결

──1952년──

노던 아일랜드 대학 출신의 스물세 살 난 빨간 머리 청년 존 벨은 버크셔 다운스에 있는 전형적인 잉글랜드 식 호스텔의 마당에서 오토바이 부품들에 둘러싸인 채 앉아 있었다. 오토바이를 분해, 수리 및 조립하는 것이 영국원자력연구소 가속기 설계팀의 주된 취미 활동이었다. 이 팀 소속의 젊은이들은 입자들을 고속으로 가속한 다음 서로 충돌시켜 산산조각내는 이론을 고안하느라 여념이 없었다. (파괴의 에너지로 인해 물질의 구성을 밝혀 줄 새로운 입자들이 생겨났고 새로운 가능성이 탐구되었다.) 때로는 오토바이도 박살이 났다. 그의 입 주위에 새로 난 붉은 수염이 오토바이 사고에서 난 영광의 상처를 가리고 있었다.

이때가 1952년이었다. 그는 고속과는 아무 관련이 없는 흥분에 휩싸여 있었다. 봄의 논문을 막 읽고 난 터였다. 벨이 꿈꾸고 있었던 것을 봄이 실현했던 것이다. 즉 관찰 행위의 영향을 받지 않으면서도 기존의 양자역학 해석과 마찬가지의 결과를 내놓은 이론을 봄이 제시했던 것이다.

벨은 위대한 폰 노이만이 숨은 변수 이론을 불가능한 것으로 선언했을 때 "틀림없이 무언가가 잘못되었다."고 여겼다. 벨은 그레테 헤르만이 무려 17년 전에 알아냈지만 이제는 역사 속에 묻혀 버린 것과 똑같은 논리적 오류를 곧 찾아내게 된다.

"내 집안사람들이 가졌던 직업은" 벨은 이렇게 회상했다. "목수, 대장장이, 노동자, 농부, 그리고 마부였다. 아버지가 처음 가졌던 직업은 마부였다. 아버지는 여덟 살 나이에 학교를 그만두었는데, 이 때문에 조부모님께서 가끔씩 벌금을 물으셨다." 그의 집안은 여러 세대에 걸쳐 아일랜드에서 살았다. "하지만 우리는 개신교도였기에 토박이 아일랜드 사람들은 우리를 식민지 주민이라고 여겼다." 이런 상황을 벨의 부모는 굳이 드러내지 않았다. 벨의 어머니인 애니는 가톨릭교도인 친구들이 많았으며 뜨개질 솜씨를 발휘해 딸들에게도 첫 영성체 의복을 직접 만들어 주었다.

벨은 대공황기에 어린 시절의 대부분을 보냈고 전시에는 벨파스트의 도서관에서 보냈다. 집에서 그는 가운데 이름을 따서 '스튜어트'로 불리거나 아니면 '교수님'으로 불렸다. 그가 열한 살 때는 누이인 루비와 두 남동생을 포함하여 많은 아일랜드 아이들이 돈이 없어 학교를 그만두던 시기였다. 하지만 스튜어트는 과학자가 되고 싶다고 어머니에게 말했다. 제2차 세계대전이 막 시작되던 시기였다. 독일 공군의 영국 폭격 기간 동안 아버지가 군대에서 집으로 돈을 부쳐 주었기에, 어쨌든 벨의 고등학교 학비를 그럭저럭 댈 수 있었다. 전쟁이 한창 불타오르던 무렵 열여섯 살의 나이로 고등학교를 졸업한 다음 벨은 벨파스트에 있는 퀸즈 대학의 물리학과에서 연구실 기술자로 일자리를 얻었다. 그곳에서 인정 많은 교수들이 읽을 책을 가져다주고 강의에도 참석할 수 있도록 해 주었다. 이듬해 벨은 퀸즈 대학교에 학생으로 입학했고 마침내 전쟁도 끝이 났다.

벨은 빌 월킨쇼에 따르면 "뛰어난 젊은이"였다. 가속기 설계팀의 책임자였던 그는 벨을 이렇게 회상했다. "예리한 통찰력을 지닌 존과 알고 지내는 사이가 되어 매우 기뻤다." 2년 전에 그는 핵반응로 관련 연구(하웰에 있는 원자력연구소를 위한 연구이기도 했다)를 갓 시작하던 스물한 살의 벨을 낚아채어 왔다. 그 연구의 리더였던 클라우스 푹스가 맨해튼 프로젝트의 비밀을 러시아에 넘겨준 혐의로 체포된 이후였다. 월킨쇼는 벨의 독립적인 성향을 높이 평가했으며, 같은 연구팀에 있던 총명한 스코틀랜드 여성인 매리 로스가 회상한 대로 "존의 켈트 식 기질을 문제 삼지 않았다." 벨은 입자들의 운동 상태에 특히 관심이 컸는데, 이것이 그 연구에는 필수적이었다. 입자들을 가속하기 위해 여러 가지로 설정된 상황에 따라 입자들이 어떤 궤도를 갖게 될지를 계산하는 것이 벨의 일이었다. 아마도 이 때문에 벨도 봄과 마찬가지로 비록 관찰자가 존재하지 않더라도 입자들이 분명한 경로를 갖는다고 보는 양자역학적 해석에 깊은 관심을 갖게 되었을 것이다.

매리는 벨의 가장 친한 친구이자 평생에 걸친 공동 저자가 된다. 둘은 버크셔 다운스에서 처음 만난 지 2년 만에 결혼했다. "언제나 그는 이해가 잘 되는 이론을 좋아했어요." 그녀는 이렇게 회상했다. "어렸을 때도

『모든 소년 소녀를 위한 수영법』이란 책을 읽고서 그대로 따라 했을 정도예요." 벨은 사교댄스와 스키도 비슷한 방법으로 배웠다. 벨파스트에서 고등학교를 다닐 때도 "그는 벽돌쌓기에 관한 이론 과정을 들었어요." 그녀는 이 점도 잊지 않는다. "하지만 제가 아는 한 실제로 해 보지는 않았어요."

영국원자력연구소의 소장은 최근에 기사 작위를 받은 존 콕크로프트 경이었다. 그는 벨이 어렸을 때 캐번디시연구소에서 어니스트 월튼과 함께 원자를 쪼갰다. (콕크로프트도 벽돌쌓기에 관심이 있었기에, 일요일이면 차를 몰고 나가 농부들에게서 오래된 벽돌들을 모아 케임브리지 대학의 낡은 물리학과 건물을 수리했다. 그는 다른 단과대학 수리에 쓰이던 공장에서 만든 번드르르한 벽돌들은 거들떠보지도 않았다.) 노벨상 수상에 빛나던 콕크로프트-월턴 기계는 이제 입자들을 기계 속으로 더 많이 그리고 더 빨리 투입해 주는 예비 트랙에 지나지 않았다. 캐번디시나 버클리와 같은 안이한 물리학 연구소들이 고에너지 물리학의 최첨단을 달리던 시대는 제2차 세계대전이 끝나면서 사라졌다. 이제는 미국의 롱아일랜드에 있는 국립 브룩헤이븐연구소가 동부 연안 아홉 개 대학의 컨소시엄 형태로 구성되어 연방 정부의 자금 지원을 바탕으로 세계에서 가장 빠른 가속기를 자랑하고 있었다. 아울러 스탠퍼드선형가속기센터(SLAC)가 바짝 뒤따르고 있었다.

유럽의 물리학자들도 세계대전의 폐허에서 막 벗어나 희망적이고 진취적인 연구를 갈망하던 터여서 입자가속기에 대한 기대와 관심이 차츰 커지고 있었다. 통합된 유럽에는 입자물리학을 위한 유럽 센터가 있어야 한다고 드 브로이가 제안했다. 벨이 봄의 논문을 처음 읽고 있을 무렵에 열한 나라가 유럽입자물리연구소(CERN)의 설립에 조인했다. 가속기 설계자들이 제네바 공항 근처의 CERN 본부에 와서 기존의 어느 가속기보다 더 크고 빠른 다국적 가속기에 관해 조언을 해 주었다. 설계자 가운데에는 빌 월킨쇼와 존 벨도 있었다. 그 둘은 1952년에 가속기 제작에 꼭 필요한 기술이며 근래에 발견된 '강집속' 원리의 전문가로서 참여했던 것이다.

벨은 폰 노이만의 책을 읽은 적이 없었다. 20년 전에 쓰인 그 책은 영어로 번역되지 않아 유용한 자료라기보다는 역사적인 기념물로 남아 있었다. 그래도 벨의 기억에 따르면 그는 숨은 변수를 부정하는 정리를 알고는 있었다. 그것은 "보른이 쓴 멋진 책인 『원인과 우연에 관한 자연철학』을 통해서였다. 그 책은 내가 읽은 물리학 책 중에 최고였다." 막스 보른은 세세한 부분까지는 언급하지 않고 폰 노이만의 결과를 확실하게 설명해 주었다.

벨은 30년 후 이렇게 썼다. "그 책을 읽고 나서 나는 좀 더 실질적인 쪽으로 관심을 돌렸다." 하지만 곧 그는 폰 노이만의 증명을 자기 스스로 알아보아야만 한다는 걸 깨달았다. 이 일에도 행운이 따랐다. 가속기 설계팀의 동료인 프란츠 맨들은 독일어에 능한 데다 그 주제에 관심도 있었다. 맨들 역시 함께 토론을 벌일 흥미로운 동료가 옆에 있어서 다행이라고 여겼다. 여러 달 동안 둘은 폰 노이만의 증명과 봄의 논문들을 놓고서 함께 연구하며 열띤 토론을 벌였다.

"그가 얼마나 들떠 있었는지 생생히 기억이 난다." 벨의 아내 매리는 오랜 세월이 흐른 후 이렇게 적었다. "직접 이런 말도 했다. '그 논문들은 내게 계시와도 같았다.' 논문을 다 소화하고 나자 이론 분과에서 그 내용에 대해 강연도 했다. 그럴 때면 물론 프란츠 맨들이 불쑥 끼어들었는데, 그 둘은 이미 열띤 토론을 수도 없이 벌였다."

벨은 이렇게 회상했다. "프란츠는 (…) 폰 노이만이 무슨 말을 하고 있는지를 내게 알려 주었다. 나는 폰 노이만의 증명 중에서 비합리적인 공리가 무엇인지 짐작이 갔다."

지도 교수들이 보기에 벨은 이론물리학자임이 더 분명해졌다. 그러자 원자력연구소에서도 그가 영국 최고의 물리학자들 밑에서 급료를 받으면서 박사 후 과정을 밟도록 조처를 해 주었다. 1953년에 벨은 북쪽에 있는 버밍엄 대학 물리학과로 가서 루돌프(곧 루돌프 경이 된다) 파이얼스 교수 밑에서 연구했다.

파이얼스는 물리학의 새로운 주제를 즉각 이해하고 이에 대해 예리한 질문을 던질 수 있는 뛰어난 능력이 있었다. 그는 지적인 연구와 원만한 인간관계 그리고 학생들이 자기 집에서 지낼 수 있도록 배려하는 분위기를 마련했다.(상냥하면서도 위엄이 있는 러시아 출신 아내인 제니아가 학생들의 자질구레한 생활까지 모두 챙겨 주었다.)

벨이 버밍엄에 도착하고 얼마 지나지 않아 파이얼스는 그에게 세미나를 열라고 요청했다. 봄의 논문과 폰 노이만의 실수를 논하고 싶은 마음이 가득하면서도, 벨은 두 가지 세미나 주제, 즉 가속기 그리고 양자역학의 기초를 제시해 페어얼즈가 고르게 했다. 파이얼스 교수는 과학자로서 평생 보어와 파울리와 함께 양자역학의 기초에 관해 논했기에 그 주제를 다룬 책을 다시 펼칠 필요가 없다고 여겼다. 벨은 봄에 관한 논의는 자신의 앞길에 좋지 않을 거란 낌새를 채고서 가속기에 관한 세미나를 열었다.

10년이 지나서야 벨은 그 주제를 다시 집어 들게 된다.

28
불가능 증명을 통해 증명된 것
—1963~1964년—

1952년 제네바 공항에 세우기로 계획했던 양성자 싱크로트론이 1959년에 그곳에서 가까운 스위스의 메이린에 세워졌다. 그것은 둘레가 반 마일인 원형의 지하 터널로서 양성자를 가속해서 충돌시킨 후 그 결과를 분석하기 위한 장치였다. 이듬해 미국의 브룩헤이븐도 자체 양성자 싱크로트론을 갖추게 되었다. 1960년대까지는 이 두 기계가 세계에서 가장 유명한 가속기였다.

CERN은 이제 단조로운 상자 모양의 건물들로 이루어진 거대한 연구소가 되었다. 어디가 어딘지 분간하기 어려운 실험실과 사무실 건물의 황갈색 측면에 상표처럼 보이는 크고 검은 숫자를 써 놓아 각각 어떤 건물인지가 눈에 들어왔다. 이런 숫자 표기 체계는 꽤 불규칙해서 건물들이 마치 방목 중인 소처럼 이리저리 흩어져 있는 듯 보였다. 예를 들면 카페테리아가 포함된 500번대 이하 건물들이 얽혀 있는 구역은 60번대 이하 건물들과 뒤섞여 있었다. 그리고 65번 건물은 멀리 있는 다른 수백 개 건물과 동떨어져 604번 건물 주변을 보호라도 하듯이 에워싸고 있었다. 지도를 아무리 쳐다보아도 숨겨진 질서라고는 좀체 파악할 길이 없었지만 얽히고설킨 거리들은 익숙한 이름을 달고 있었다. 아인슈타인 길이 데모크리토스 길과 나란히 이어지다가 파울리 길과 교차했고 그다음에는 유카와 길이 나타났다.(이 길은 일본의 물리학자인 유카와 히데키의 이름을 땄다. 그는 1935년에 원자핵을 서로 결합시키는 힘인 강력을 매개해 주는 입자인 중간자의 존재를 예측했다.) 보어 길은 카페테리아 앞에 있는 큰 잔디밭 주위를 감싸고 있었다.

건물들이 뒤죽박죽 얽힌 CERN은 미로나 다름없다. 황갈색 복도들이 끝없이 다른 복도로 이어지다가 막다른 길이 나온다. 기계장치를 가려 주는 플라스틱 블라인드가 쳐진 복도를 따라 격자처럼 구획된 작은 사무실들이 놓여 있다.

이곳에 처음 일하러 온 젊은 과학자들은 종종 고립감과 소외감을 느낀다. 이들은 함께 연구하기 위해 소규모의 자생 연구팀 중 한곳에 가입해야 한다. 이론물리학자들도 작은 팀의 일원으로 연구한다. 어떤 이들은 처음에 적응을 잘 못하다가 몇 달 후에 떠나고 만다. 잘 버틴 사람들조차 초반의 경험은 그리 달갑지 않다. 벨은 CERN에서 연구하던 처음 몇 년 동안 매리에게 곧잘 이런 농담을 했을 정도다. 자신은 여섯 달이 지나서야 복도에서 마주치는 사람들에게 "안녕하세요?"라고 편안하게 말할 수 있었노라고.

하지만 마침내 CERN은 음식을 함께 나누며 정겹게 지낼 수 있는 곳이 되었다. 사람들은 녹색 식물이 자라고 큰 유리창으로 햇빛이 비쳐 드는 큰 카페테리아에 모여 서로 기꺼이 이야기를 나눈다. 둥근 테이블들이 연구실의 대부분을 가득 채웠고 작은 라벤더 화분이나 굽은 철제 다리의 황갈색 플라스틱 의자들이 테이블을 둘러쌌다. 이곳에서는 특히 유럽의 대학과 달리 모두들 서로 편하게 터놓고 지냈으며 어떤 질문이든 마음껏 할 수 있었다.

존 벨은 새처럼 생긴 CERN의 카페테리아 의자에 등을 기대고 앉아 눈을 가늘게 뜨고 맞은편 테이블에 있는 사람을 쳐다보고 있었다. "저는 교수님의 불가능 증명(양자역학에서 숨은 변수는 존재할 수 없음을 밝히려는 증명―옮긴이)이 옳다고 보지 않습니다." 그의 얼굴에는 재미있다는 표정이 살짝 스쳤다.

조세프 마리아 야우흐는 모욕감을 느꼈다. 그는 근처 제네바 대학에서 온 권위 있는 교수로서, 방금 폰 노이만의 유명한 숨은 변수의 부존재 정리에 관한 세미나를 마치고 나온 참이었다. 야우흐는 쉰 살이었고 벨은 고작 스물셋이었다. 비록 야우흐도 벨이 CERN에서 떠오르는 신예 물리학자로서 이미 양자장 이론 분야에서 훌륭한 연구를 해낸 것은 알고 있었지만, 그것은 자신이 10년 전에 프리츠 롤리히와 함께 그 주제로 유명한 책을 써 널리 인정을 받은 것에 비할 수는 없었다. 그리고 핵물리학과 가속기 물리학 분야에서 벨이 연구하는 다른 주제들은 그에게 폰 노이만의 불가능 증명이란 주제에 관해 특별한 지식을 제공해 주지도 않은 터였다.

벨로서는 야우흐가 그 주제를 드러내 주어 홀가분했다. CERN에 있는 벨의 친구 중 누구도 그가 이 주제에 관심을 갖고 있는 줄 몰랐으며, 설사 그가 말했더라도 아무도 그 주제에 관심을 갖지 않았을 것이다. 야우흐가 미처 답을 하기 전에 벨은 위태로운 각도로 앉은 채 말을 이었다. "아시다시피 이 주제를 언급하는 이들은 그리 많지 않지만 봄은 10년 전에 불가능한 일을 해냈습니다. 그건 이미 이루어졌습니다. 숨은 변수 이론이 등장한 겁니다. 폰 노이만의 정리에는 오류가 있음이 분명합니다. 봄이 제시한 안내 파동의 존재가 그걸 밝혀 줍니다."(벨은 봄의 숨은 변수 이론을 언급하면서 이것과 비슷하게 드 브로이가 1927년에 꺼낸 개념을 사용했다. 두 경우 모두 실제 입자들은 비국소적인 양자 파동에 의해 '안내'된다.) "따라서 폰 노이만 정리를 강조하기 전에 반대편 이론이 어떤지 알아보아야 합니다."

"봄의 이론과 그 전에 드 브로이의 이론은 양자 현상을 '사실적'으로 해석하고 싶은 사람들이 내놓는 매우 순진한 해법입니다." 야우흐가 맞받았다. 그는 벨에게 근엄한 눈길을 던지며 말을 이었다. "중요한 논의 주제이긴 하지만 우선 숨은 변수에 대한 탐구는 과거의 관념, 즉 19세기의 사고방식인 결정론에 뿌리를 두고 있음을 인정하지 않고서는 논의가 더 진전될 수 없다고 봅니다. 그것은 미래지향적인 이론이 아닙니다. 그런 과거는 한참 전의 일이니 이제는 새로운 증거로 뒷받침된 새로운 형태의 과학적 사고에 자리를 내주어야 합니다."

"네, 그럼요." 벨이 말했다. "봄과 드 브로이가 한 말이 바로 그겁니다."

야우흐가 맞받았다. "안내 파동이란 양자 현상을 과거의 고전적 이상과 조화시키려는 하찮은 개념이라는 건 자명합니다." 벨을 바라보는 그의 얼굴은 마치 수업 도중에 엉뚱한 내용을 고집하는 학생을 노려보는 교사의 표정이었다.

"그렇죠." 벨이 말했다. "하지만 그렇게 하는 게 무슨 문제죠?" 그는 의자 앞쪽으로 몸을 털썩 기울였다가 다시 뒤로 젖히며 야우흐 맞은편에 있는 테이블에 팔꿈치를 올려놓았다. "그 이론을 통해 우리는 확실한 해를 갖는 몇 가지 방정식을 얻게 됩니다. 양자 현상이 잘 이해가 되지 않는다고 제멋대로 결과를 끼워 맞추지 않고서 말입니다. '정통' 양자물리학의 주관성과 '관찰자'를 개입시킬 필요가 없어집니다." 그는 머리를 약간 흔들며 말을 이었다. "드 브로이의 이론이 비웃음 속에 내팽개쳐진(봄은 아예 무시당한) 것은 정말 수치스러운 일입니다."

"'비웃음 속에 내팽개쳐졌다'란 표현은 당신이 내심 말하고 싶은 그대로의 표현은 아닌 것 같군요." 야우흐가 말했다. "아무튼 더 나은 이론을 위해 덜 나은 이론이 사라지는 것은 과학적인 과정입니다."

벨의 파리한 눈썹이 이마 위로 불쑥 치켜 올라갔다. "그건 정상적인 과학이 아니었습니다. 그들의 주장은 반박된 게 아니라 단지 짓밟혔을 뿐입니다."

야우흐는 얼굴에 손을 가져가 안경을 벗고 눈을 비벼 댄 후 말했다. "드 브로이가 그랬듯이 인과적인 구조가 어떤 모습일지에 대해 고찰할 수는 있습니다. 알려진 사실에 어긋나는 예측을 내놓지 않는 이론을 통해서라면 말입니다. 그 논쟁은 실험 결과와 일치하면서도 인과적인 이론을 구성하기 전까지는 끝나지 않습니다. 물론 아직껏 아무도 그런 이론을 내놓지 못했지요."

"그런 이유를 들어 그 이론을 무시해선 안 됩니다!" 벨이 아일랜드 억양을 잔뜩 드러내며 외쳤다. "왜 사람들은 그걸 제대로 다루지 않고 단지 틀렸다고 지적만 합니까? 왜 폰 노이만은 그 문제를 직접 살펴보지 않았습니까? 그런 이유 때문인가요? 더욱 이상한 것은 왜 사람들은 '불가능 증명'에 줄기차게 매달립니까? 교수님은 왜 그걸 증명하려고 하십니까? 파울리와 하이젠베르크는 봄의 이론을 '형이상학적'이라느니 '관념적'이라고 낙인찍는 끔찍한 비판을 언제 멈출 겁니까? 안내 파동은 왜 교과서에 실리지 않습니까? 정답은 아니더라도 현재 널리 퍼진 무사안일주의를 극복하기 위해 그걸 가르칠 수는 없습니까? 애매모호함, 주관성, 그리고 비결정론을 우리에게 강요하려면 실험 결과에 의해서가 아니라 사려 깊은 이론적 선택을 통해서 그래야 하지 않습니까?" 벨의 이마에 주름이 잡혔다. 그는 흥분하여 온몸을 부르르 떨었다.

야우흐는 학자답게 머리를 약간 기울였다. 안경에 반사되는 햇빛 때문에 그의 예리한 눈이 가려졌다. "어떤 시기까지 알려진 모든 사실들과 잘 들어맞는 이론은 거의 언제나 둘 이상입니다." 그가 스위스-독일 억양으로 차분히 말했다. "외적인 인정은 어떤 이론이 진리인지에 대한 유일한 기준이 아닙니다. 아인슈타인이 '자서전'에서 직접 밝혔듯이 두 번째 기준이 있습니다. 그건 논리적 단순성을 포함한 내적인 완전성입니다. 이 두 번째 기준이 없으면 터무니없는 이론이 되고 맙니다."

"숨은 변수 프로그램이 흥미롭다는 점을 제시한 것도 바로 그 '자서전'입니다." 벨이 말했다.

전혀 아랑곳하지 않고서 야우흐가 하던 말을 계속했다. "지금 상황은 프톨레마이오스와 코페르니쿠스의 추종자들의 대립과 매우 비슷합니다. 그때도 지금처럼 의문이 경험적인 근거만으로는 해결될 수 없었습니다. 왜냐하면 두 가지 체계(천동설과 지동설을 말한다.—옮긴이) 모두 관찰된 현상을 올바르게 설명할 수 있었으니 말입니다." 지구를 우주의 중심에 두려고 하다 보니 프톨레마이오스의 체계는 더욱더 복잡하고 어색해졌다. 반면에 코페르니쿠스는 태양을 중심에 둠으로써 그런 왜곡을 제거하고 이 세상과 밤하늘을 아주 명쾌하면서도 단순하게 설명해 냈다. 야우흐가 보기에 봄의 이론은 천동설처럼 억지스럽고 인공적인 반면에 코펜하겐 해석은 코페르니쿠스의 지동설처럼 명쾌했다. "그때나 지금이나 새로운 견해는 더 이상 유효하지 않은 이유로 반박을 당하곤 합니다."

벨은 정말로 약간 화가 난 듯 보였다. 숨을 한 번 들이마신 뒤 그가 말했다. "제가 쓰고 싶은 책들 중에…." 그가 약간 빈정대듯 웃더니 말을 이었다. "저는 여섯 권의 책을 쓰고 싶은데, 실제로는 한 권도 안 쓸지도 모르지만." 그가 다시 의자에 등을 기댔다. "하여튼 그중 한 권은 숨은 변수 이론의 역사, 특히 그 이론에 대한 특이한 반응 뒤에 자리 잡은 사람들의 심리에 대해 다룰 겁니다. 왜 사람들은 드 브로이와 봄의 탐구를 그토록 못 견뎌했는지를 파헤칠 겁니다." 다시 몸을 앞으로 숙이며 또랑또랑한 목소리로 말을 이었다. "25년 동안 사람들은 숨은 변수 이론이 불가능하다고 말해 왔습니다. 봄이 그렇지 않음을 보여 주자 그렇게 말하던 사람들 중 일부는 이제 그것이 하찮은 것이라고 말했습니다. 정말로 환상적인 말 비틀기가 아닐 수 없습니다. 처음에는 그런 이론이 결코 있을 수 없다고 철석같이 믿던 사람들이 이제 그것이 '하찮다'고 말하고 있습니다." 그는 어이가 없다는 표정을 지으며 테이블에 놓았던 양손을 들어 올렸다.

"봄조차도 자신의 이론을 고수하지 않았습니다." 야우흐가 차분히 말했다. "그도 자신이 제안한 '양자 포텐셜'이 꽤나 억지스럽다는 걸 알던 겁니다." 양자역학의 파동함수는 아무리 먼 곳이라도 퍼져나갈 수 있다. 만약 파동함수가 퍼져나가면서 주위에 미치는 영향을 순식간에 다른 모든 곳에 전송할 수 있다면, 멀리 떨어진 요소들 중 어느 것이 한 실험 결과와 관련이 되는지 알 수가 없어진다. 야우흐가 말을 이었다.

"그렇다면 달의 위상이 미치는 영향이나 태양이 어느 성단에 속하는지 여부 또는 실험자의 의식 상태 같은 것도 고려해야 한단 말입니까? 만약 원자 현상을 인과적으로 파악하는 데 숨은 변수가 필요하다면 그럼 거기서 멈추지 말고 다른 온갖 초자연적인 인과관계들은 왜 다 끌어들이지 않습니까? 그러면 온갖 문이 활짝 열리겠군요."

벨은 생각이 먼 데 가 있는 듯한 표정을 짓고 있더니 살며시 머리를 끄덕였다. "봄의 이론에 따르면 끔찍한 일이 생기긴 합니다." 그가 혼자 읊조리듯 말했다. "우주 어딘가에서 누군가가 자석을 움직이기만 해도 소립자의 경로가 순식간에 바뀌어 버리게 될 테니 말입니다."

벨이 수긍을 해 주자 야우흐의 표정이 누그러졌다. "그렇고말고요."

"제가 궁금한 건" 벨이 말을 이었다. "이런 점이 봄의 이론이 지닌 하나의 특이한 결점일 뿐인지 아니면 어쨌든 전체 상황에 내재된 성질인지 하는 것입니다."

"글쎄요. 내 생각에 우리가 안심하고 말할 수 있는 건" 야우흐가 바로 대답했다. "그게 봄 이론의 결점이며, 그것도 아주 끔찍한 결점이라는 겁니다."

"하지만 아인슈타인-포돌스키-로젠 논문을 떠올려 보십시오." 벨이 말했다. 야우흐로서는 벨이 왜 그처럼 들떠서 말하는지 알 수 없었다.

"글쎄요. 그 아이디어에 어떤 오류가 있는지는 보어가 실제로 설명했습니다."

"보어가 그랬다고요?" 반문하는 벨의 입가에 차츰 미소가 번졌다.

"물론입니다." 야우흐가 대답했다. "그가 아인슈타인을 비롯한 몇몇이 걷고 있던 그릇된 길을 없애 버렸습니다. 이제 그들에게는—물론 우리에게도—택할 길이 더 줄어들었는데, 그중 하나로 온 우주에 가득한 근본적인 상보성을 이해할 길을 찾아낼지도 모릅니다."

"음 (…)" 벨은 마음속으로는 웃음이라도 터뜨리고 있는 듯한 표정이었다. "EPR 상관관계에 대한 아인슈타인의 입장은 이해가 되지만, 아무리 열심히 살펴봐도 보어의 입장은 좀체 이해가 되지 않던데요."

"상보성에 대해 말할 때 마음 깊이 굴욕감이 든다는 걸 굳이 숨긴 적은 없습니다." 야우흐는 이렇게 말한 다음 잠시 멈추고서 적절한 표현을 찾으려고 애썼다. 곧이어 애매모호하기로 유명한 보어의 설명을 무색하게 할 만큼 이렇게 말했다. "온 세상에 가득한 상보성 원리—어떤 개념을 이 세상의 실제 대상들에게 동시에 적용하는 것을 금지하는 원리—의 또 하나의 예를 EPR 상관관계 내에서 보지 못합니까? 실재에 대한 우리의 개념적 이해에서 이러한 한계에 좌절하는 대신에, 반대되는 측면들의 이러한 통합을 통해 우리는 자연을 이해하려는 고군분투 속에서 변증법적 과정들의 가장 심오하고 만족스러운 결과들을 찾을 수 있습니다."

"네, 네" 벨이 말했다. "보어는 만족하는 것 같았지만 저는 그런 애매모호한 원리 때문에—'양자 시스템'과 '고전적 수단' 사이의 구별로 인해—혼란스러워하니 아예 관심을 끊겠습니다. 그가 '상보성'의 철학을 내놓은 까닭은 이러한 모순과 애매모호성을 해결하기 위해서가 아니라 우리가 그걸 순순히 받아들이도록 하기 위해서였습니다."

"상보성 원리는 의심할 바 없이 극미한 세계의 물리 현상에 대한 우리 경험의 총체이자 핵심입니다." 야우흐가 반박했다. "우리 지식의 한계를 표현하는 원리라기보다" 야우흐가 벨을 바라보며 말했다. "그것은 실제 사실과 부합하는 명확한 언어를 통해 본질적으로 물리 현상을 있는 그대로 드러내 줍니다."

벨은 야우흐가 진심으로 저런 말을 하는지 의아해하는 표정으로 그를 바라보았다. "저는 상보성에 대해 의문을 갖고 있는데요." 그는 화제를 살짝 바꾸려는 어투로 말했다. "왜냐하면 제가 보기에 보어는 그 용어를 일상적인 의미와 반대로 사용했기 때문입니다." 그는 머리를 갸웃거리며 빙긋 웃었다. "예를 들어 코끼리를 한번 생각해 보죠. 앞에서 보면 머리와 몸통 그리고 두 다리가 있습니다. 뒤에서 보면 엉덩이, 꼬리 그리고 두 다리가 있습니다. 옆에서 보면 또 다른 모습이고 위나 아래에서 볼 때도 다른 모습입니다. 이런 다양한 관점이 상보성이란 단어의 일반적인 뜻입니다. 각각의 관점이 다른 관점을 보충해 주기에 모든 관점들은 서로 일관성 있게 어울리며 전체적인 '코끼리'의 개념을 만들어 냅니다." 벨은 손짓을 해 가며 설명하고 있었다. 그러더니 차분한 눈빛으로 말을 이었다. "하지만 보어는 그러지 않았습니다. 제 느낌에 보어가 그 용어를 일상적인 뜻으로 사용했다고 어떤 이가 여긴다면 아마 보어는 그 사람이 자기 논점을 파악하지 못하고 자기 생각을 시시하게 만들어 버렸다고 간주할 겁니다. 보어는 서로 모순되는, 서로 합쳐져 전체를 이루거나 전체에서 도출되지 않은 요소들을 우리가 사용해야만 한다고 우기는 것 같습니다. 제가 보기에 그가 말하는 '상보성'이란 일상적인 뜻과 반대로 모순성을 뜻합니다."

"심오한 진리에 반대되는 것 또한 심오한 진리라고 한 보어의 말을 들었나 보군요." 야우흐가 말했다.

"네." 벨이 말했다. "그리고 '진리와 명확성은 상보적'이라는 말도 들었습니다. 분명 그는 경구를 말하듯이 그렇게 주장했죠. 아마 그는 낯익은 단어를 익숙한 의미와 반대되는 뜻으로 쓰는 데서 묘한 만족을 느끼는 것 같습니다. 그렇게 하면 양자 세계의 기이한 성질, 일상적인 인식 및 고전적 개념의 비적합성이 부각되는 데다가 19세기의 순진한 결정론과는 얼마나 다른 차원인지도 뚜렷이 강조가 되니까 말입니다."

야우흐가 말을 받았다. "현대의 양자물리학과 과거의 고전물리학의 차이는 그리 극단적이지 않습니다. 동의하겠지만 우연은 자연 속 어디에서나 존재하며 우리는 자연현상이 확실성을 가진 채 일어난다는 증거를 어떤 과학 분야에서도 갖고 있지 않습니다. 그렇긴 하지만 어떤 현상은 매우 높은 확률로 일어나기에 온갖 실질적인 목적에서 그런 현상은 확실하게 일어난다고 가정하는 편이 합리적입니다. 따라서 과학의 치밀한 검증을 통해 일어날 확률이 압도적으로 높은 현상은 확실히 존재한다고 말할 수 있는 겁니다. 일단 이런 관점이 받아들여지면 고전물리학과 양자물리학의 차이는 훨씬 줄어든다고 나는 믿는 편입니다. 이전에는 도저히 서로 조화될 수 없는 두 진영으로 분리되어 있는 것처럼 보였지만 이제는 그게 똑같은 한 대상의 상보적인 두 측면이란 점이 더 분명해지고 있습니다."

"글쎄요. 아마 보어라면 그렇게 말했겠군요. 하지만 우리에게는 수학이라는 멋진 도구가 있고 다만 그걸 이 세상의 어느 부분에 적용해야 할지 우리가 모르고 있을 뿐이라는 사실은 도무지 의식하지 못한 것 같습니다."

"수학을 어디에 쓸지 우린 잘 알고 있습니다." 야우흐는 언짢은 감정을 조심스레 억누르며 말했다. "보어는 측정 장치를 고전적인 것으로 보아야 한다고 주장한 겁니다"

"네. 분명 그는 자신이 그 문제를 해결했으며 그렇게 함으로써 원자물리학뿐 아니라 인식론, 철학, 인문학 일반에도 기여했다고 확신했지요." 벨이 미소를 머금은 채 말을 이었다. "보어가 쓴 글 중에 놀라운 구절이 있는데 교수님도 본 적이 있으신가요? 그 글에서 보어는 고대 극동의 철학자들을 깔보는 듯한 태도를 보였습니다. 그들이 실패했던 문제를 자기가 해결했다는 투로 말하면서요. 보어라는 사람은 제가 보기에 정말로 특이합니다. 무진장 헷갈리는 사람이죠. 제가 보기에 보어에게는 두 가지 면이 있습니다. 하나는 측정 장치가 고전적이라고 주장하는 매우 실용적인 면이고 또 하나는 자신이 한 업적을 엄청나게 부풀리는 매우 오만하고 거들먹거리는 면입니다."

"글쎄요. 보어의 업적은 아무리 높게 평가해도 지나치지 않습니다." 야우흐가 더욱 언짢은 기색을 드러내며 말을 이었다. "당신 주장은 너무 극단적인 것 같군요. 상보성 원리는 (…) 인류의 과학사를 통틀어 아주 위대한 발견이라고 할 수 있습니다. 다른 많은 과학 분야에도 엄청난 영향을 끼치기도 했지요."

"보어의 위상이 참으로 어마어마하다는 점을 저도 부정하진 않습니다. 하지만 이건 좀 이상하지 않습니까? 무슨 말이냐 하면, 제가 알 수 있는 한 그가 말한 고전적 장치와 양자 시스템 사이의 구분이 어디에서 일어나는지에 대한 논의는 전혀 없으니 말입니다. 제가 보기에는 그러한 구분이 꼭 뒤따라야 한다는 게 양자역학이 지닌 가장 의아스러운 점입니다. (…) 그런데 숨은 변수 이론은 그런 구분을 없앨 수 있는 한 가지 방법입니다. 만약 기본적인 양자 입자들에게 확실한 성질— '숨은 변수'—을 부여한다면, 고전적인 측정 장치들이 확실한 성질을 갖느냐를 놓고 고민할 필요가 없어집니다. 모든 게 확실한 성질을 갖게 되니까 말입니다. 단지 큰 물질은 작은 물질보다 다루기가 더 쉬운 것뿐이죠."

"다시 숨은 변수 이야기를 꺼내는군요." 야우흐가 의자에 등을 기대자 뒤에 있던 치렁치렁한 식물의 잎들이 휘었다. "내가 보기엔 그 이론은 프랑스의 법정을 닮은 것 같군요. 즉 피고가 검사에게 직접 자신의 무죄를 증명하지 않는 한 유죄로 의심받는 법정 말입니다. 그건 어쨌거나 검사에겐 손쉬운 방식이겠죠. 마치 숨은 변수가 물리학자에게 손쉬운 방식이듯이 말입니다. 일에 시달리는 검사처럼 봄은 확률이라면 마치 범죄를 대하듯 견딜 수 없어하고, 반드시 특정한 범인을 찾아내야 한다고 여깁니다. 하지만 범인들은 도처에 널려 있단 말입니다! 피고들이 너무 많다 보니 조사를 어떻게 해야 할지 갈피를 못 잡는 상황이라고요." 야우흐가 어색한 웃음을 지으며 말을 이었다. "자연을 이해하려는 탐구 과정의 몇몇 중요한 시점에서 우리가 밝혀낸 것이라고는 확률이라는 개념으로 우리를 괴롭히는 심오하고도 우주에 만연한 거대한 음모의 작은 한 부분일 뿐이라는 겁니다."

벨은 먼 곳으로 시선을 돌리고 있었다. "모든 숨은 변수 이론은 제대로 작동하려면 굳이 끔찍하게 비국소적이어야 합니까?" 야우흐의 이 질문은 입자가 언제나 위치와 실제 상태를 갖도록 양자역학을 완성시키려면 비국소성, 즉 아인슈타인이 제시한 유령 같은 원거리 작용에 의존해야 하는지 묻는 것이었다.

벨은 테이블로 몸을 웅크리더니 반짝이는 표면 위의 어떤 무늬를 손가락으로 짚어가면서 이렇게 말했다. "아인슈타인-포돌스키-로젠 실험이"—이제 그 무늬를 손가락으로 톡톡 치면서—"중요합니다. 왜냐하면 원거리에 걸친 상관관계를 드러낸 실험이니까요. 그 셋은 논문의 마지막에 이렇게 주장했습니다. 양자역학적 설명이 완전해지려면 어떻게든 비국소성이 나타날 수밖에 없다고 말입니다. 봄과 달리 양자론이 국소적이라는 전제에서 나온 생각이긴 하지만요."〔양자역학이 완전한 이론이라고 보고 그 이론에 따르면, 어쩔 수 없이 비국소성(원거리에 걸친 상관관계. 얽힘 현상)이 나타난다. 그런데 세 저자는 상대성원리에 의해 정보가 빛의 속력보다 더 빨리 전송될 수 없으므로 비국소성은 존재할 수 없는 (불가능한) 성질로 보았다. 따라서 그들은 양자역학이 불완전한 이론일 수밖에 없다는 결론에 이른 것이다.—옮긴이]

야우흐가 놀란 표정으로 벨을 쳐다보았다. "정말 고집이 세군요!" 그는 머리를 절레절레 흔들었다. "정말이지"—그의 얼굴에 믿기지가 않는다는 듯한, 그리고 꽤 지친다는 듯한 미소가 떠올랐다—"정말이지 당신은 대단한 사람이오."

이후 10년이 지나면서 숨은 변수 문제를 계속 생각한 사람은 벨만이 아니었다. 야우흐도 이 토론이 오래 전에 있었던 프톨레마이오스의 천동설과 코페르니쿠스의 지동설 논쟁과 유사한 데 대해 계속 관심을 기울였다. 천동설에서는 터무니없는 개념인 주전원(周轉圓, 그리스의 천문학자 프톨레마이오스가 천구상에서 행성들의 역행과 순행을 설명하기 위해 제시한 행성의 운동 궤도—옮긴이)이 나오는데, 원 위에 그려진 이런 원들을 필요한 수만큼 합치면 어쨌든 행성의 궤도를 예측할 수는 있었다. 갈릴레오가 『두 가지 주요 우주 체계에 관한 대화』를 쓰던 1630년과 매우 비슷한 때라고 여긴 야우흐는 '1970년 가을 제네바 호수 연안에 있는 한 별장에서' 『양자는 실재인가?: 갈릴레오 식 대화』란 제목의 책을 쓰기 시작했다.

야우흐는 갈릴레오의 책에 나오는 세 인물을 다시 등장시킨다. 지혜로운 필리포 살비아티, 탐구자인 지오반프란체스크 사그레도, 단순한 심플리치오가 그 셋이다. 이들을 다시 등장시킨 까닭은 "아마 300년 전과 마찬가지로 중요한 역사의 전환기에 지혜를 얻기" 위해서였다. 살비아티는 이제 보어의 '상보성'을 대변하는 현자로 나오고 심플리치오는 숨은 변수 이론을 긍정적으로 여기는 인물로 나온다.

"이 책에 쓰인 많은 구절들은" 야우흐는 책 서문에서 이렇게 썼다. "서한이나 발표된 자료에서 얻은 실제 대화나 문장들을 어느 정도 충실히 다시 살린 것이다. 하지만 세 명의 대화자는 실제 인물을 나타내고 있지는 않다. 그들은 복합적인 인물들로서 각각 현시대의 경향을 대변한다. 실제로 책을 읽으면서 자신의 모습이 '인용'되었다고 여기는 독자가 있다면, 책의 내용이 자기 모습을 그대로 보여 준다며 만족스러워하길 바라는 마음이다."

(레닌을 인용하면서 '전체성'에 대해 말하는) 어느 한 문단에서 심플리치오를 봄으로 여길 수도 있지만, 벨과는 아무런 관련성도 찾을 수 없다. 심플리치오는 엉뚱한 소리를 하는 하찮은 인물로 그려질 뿐이다. 그렇긴 해도 야우흐가 벨을 만난 지 5년 이내에, 즉 벨이 야우흐가 그토록 사랑했던 '상보성'이라는 이중적 세계관에 유명한 반대 세력으로 부상했던 시기에 이 책을 쓰기 시작한 것은 사실이다.

심플리치오를 통해 실제로 알 수 있는 것은 벨이 주장하는 세계관이 지닌 위력을 야우흐가 좀체 이해하지 못하고 있다는 사실이다.

야우흐의 주장은 어떤 면에서는 설득력 있는 통찰력을 보이다가 또 어떤 면에서는 애매모호한 이중성을 보이며 오락가락했다. 이런 점은 그의 옛 스승인 파울리와 어느 정도 닮아 있다. 알고 보니 그가 오락가락했던 까닭은 파울리와 마찬가지 이유 때문이었다. 첫째 날―그 책은 나흘간의 대화로 이루어져 있다―의 끝 무렵에, 대화에서 언제나 마지막 말은 남겨 두고 끊임없이 이야기를 늘어놓던 살비아티는 독자들에게 "인간 정신의 원형적 구조를 상징적으로 나타내는 관념과 이미지 체계"에서 새로운 과학 개념을 찾으라고 격려했다. 한편 사그레도는 언제나 대화의 마무리 말(살비아티의 심오한 지혜를 숭배하는 진부한 표현)을 하던 사람답게 살비아티의 주장에 대해 "모든 사람들이 깊이 생각해 보아야 한다."
고 응답한다.

이런 명령에 독자들은 어리둥절할지 모르지만, 관련된 해설이 주에 나와 있다. 그 부분은 "C. G. 융의 심리학에서는 (…)"으로 시작한다.

이 해설을 통해 심플리치오가 셋째 날에 다른 둘에게 설명하는 긴 꿈이 왜 논의의 절정을 이루는지가 분명하게 밝혀진다. 융의 이론에 나오는 아니마와 더불어 '숫자 3에서 4로의 이동'이 갖는 중요성(융 학파에서 3은 불완전성을, 4는 완전성을 뜻한다.—옮긴이)에 대한 논의가 포함된 그 주의 설명에 따르면 그 꿈은 "심플리치오가 아직 준비가 되어 있지는 않지만 상보성 원리를 상징적인 차원에서 받아들이고 있다는" 내용이라고 한다.

주는 다음과 같이 이 꿈이 어떤 교훈을 전해 준다는 점도 설명한다. "자기 영혼을 잃는다면 온 세상을 다 얻어도 무슨 소용이 있겠는가? 분명 얻음과 잃음에는 두 가지 방식이 있는데 (…) 심플리치오는 아직 그 둘을 구분할 능력이 없다."

책은 끝 부분에 이르러 장황해진다. 마지막 바로 앞 단락에서 살비아티는 이렇게 선언한다. "따라서 미시 세계의 물리학은 인간의 도덕과 사회 행동을 포함하여 우리가 경험하는 모든 현상을 더 잘 이해하게 해 주는 통찰력으로 이어진다. (…)" 이어서 그는 이렇게 언급한다. "나는 특히 이 말을 심플리치오에게 전한다."(사그레도가 끼어들어 이렇게 말한다. "존경하는 살비아티여, 당신의 말은 우리로서는 도저히 따라갈 수 없는 지고한 의미들로 가득 차 있습니다.")

이와 비슷하게 벨의 논문 「양자역학에서 숨은 변수의 문제에 관하여」의 두 번째 문단은 특히 어떤 한 사람을 대상으로 한 듯하다.

이 문제[양자역학에서 숨은 변수의 문제]가 정말로 흥미로운지 여부가 토론의 주제로 이어져 왔다. 본 논문은 그 토론에 관한 것이 아니다. 대신에 그 문제를 흥미롭게 여기는 사람들, 특히 이들 중에 다음과 같이 믿는 사람들을 위한 논문이다. 즉 "그러한 숨은 변수의 존재에 관한 질문은 양자론에서 그러한 변수가 수학적으로 불가능하다고 보는 폰 노이만의 증명으로 이미 확실한 답이 주어졌다고 믿는" 사람들[여기서 벨은 야우흐를 주에 포함시킨다]을 대상으로 한 논문이다. 폰 노이만과 그의 후계자들이 실제로 증명한 내용이 과연 어떤 것인지를 확실히 밝히고자 한다.

벨은 특유의 자신만만한 평가로 서문을 다음과 같이 맺는다. "독자적인 비판을 가하는 모든 저자들처럼, 본 저자는 이전의 모든 논의들이 빛을 잃어버릴 만큼 단순명료하게 기존의 견해를 새롭게 고칠 수 있다고 여긴다."

이 장담은 나중에 실제로 실현된다. 하지만 벨은 먼저 캘리포니아로 가는 여행길에 올랐다.

존 내외가 1963년 11월 23일 스탠퍼드에 도착했을 때 사람들은 충격에 휩싸인 채 테라코타 지붕과 노란색 벽, 줄지어 선 종려나무와 콜로네이드(지붕을 떠받치도록 일렬로 세운 돌기둥─옮긴이) 사이를 이리저리 오가고 있었다. 존 F. 케네디가 저격당한 다음날이었다.

아내 매리는 그곳 SLAC의 가속기팀에서 곧 연구를 시작했지만 존은 종종 연필 한 자루와 종이를 만지작거리며 혼자 지냈다. 그는 여러 날 동안 작은 도형들을 그렸는데, 그러는 내내 특별히 헷갈리는 단어 퍼즐이나 두뇌 게임을 풀려고 애쓰는 사람처럼 보였다. 논문 주제로 삼고 있는 온갖 비밀스러운 입자들—원자핵을 결합시켜 주는 파이중간자와 원자핵이 붕괴될 때 생기는 중성미자—이 그의 마음속에 이리저리 날아다녔다. 그의 마음속은 야우흐의 (숨은 변수의) 불가능 증명과 이에 대한 자신의 의심에 휩싸여 있었다. 오랜 세월이 지난 후 그가 한 표현대로, "그러한 불가능 증명에 의해 증명된 것은 상상력의 부족"이 아닐까 의문을 품었던 것이다.

마침내 아내 매리가 물었다. "당신 요새 뭘 하고 있는데?"

"응, 그런데, 이게 참 이상하단 말이지." 존은 몇 시간 만에 처음 책상에서 눈을 떼며 말했다. "2분의 1 스핀인 입자(전자와 같이 원래의 상태로 돌아오려면 두 번 '회전'해야 하는 입자) 두 개로 이루어진 단순한 시스템과 놀고 있었는데, 당신도 알겠지만 너무 심각하게는 아니고, 단지 양자적 상관관계를 국소적으로 설명해 줄 수도 있는 입력과 출력 사이의 단순한 관계를 알아내려고 했을 뿐이야." 매리는 깜짝 놀라 남편을 바라보았다. 양자적 상관관계에 대한 국소적 설명이라? 하필이면 그런 걸! "하지만" 존이 말을 이었다. "시도해 본 결과 전부 실패야. 봄의 이론은 비국소적이고, 앞서 나왔던 드 브로이의 이론도 마찬가지야. 도저히 가망이 없을 것 같은 느낌이 차츰 들어."

"그런데 왜?" 매리는 그가 휘갈겨 써 놓은 내용이 뭘까 싶어 허리를 숙였다. 종이 한 장을 옆으로 제치고 그 아래 종이를 살펴본 다음 물었다. "왜 갑자기 이런 걸 하려고 해?"

"요제프 야우흐가 숨은 변수를 부정하는 폰 노이만 정리를 역설하고 다녀. 그래서 오기가 생겼다고나 할까."

"그래서 당신도 폰 노이만 정리를 살펴보는 거네." 그녀가 웃으며 말했다.

"여기 봐. 이 부분 좀 볼래?" 종이의 맨 위쪽 아래, 존의 멋진 필체로 쓰인 여러 계산식과 사이사이에 포함된 설명이 여러 줄 있는 부분을 존이 가리켰다. "이게 야우흐에게 주는 내 답이야."

매리는 책상 옆에 있던 의자를 당겨서 계산식을 읽기 시작했다. 계속 읽어 나가면서 천천히 고개를 끄덕일 때마다 웨이브가 있는 그녀의 단발머리가 얼굴을 스쳤다. 그녀는 종이를 한 장 한 장 넘기며 아무 말도 없이 읽어 나갔다. 그 모습을 바라보는 존의 얼굴에는 애정과 기대가 함께 어려 있었다.

"그러고 보니, 정말로" 그녀가 고개를 들며 말했다. "폰 노이만의 가정은 당신 말을 듣고 나니 꽤 엉터리 같아 보여."

벨은 그레테 헤르만과 같은 결론에 이르렀다. 아인슈타인이 조수인 베르그만과 바르그만에게 알려 주었던 것과 똑같은 내용이었다. 물론 아인슈타인은 이 내용을 외부에 발표하지 않았고 그레테도 비공식적으로 그 내용을 언급했을 뿐이어서 널리 알려지지는 않았다.

"그럼, 당신이 보기에도 내가 밟은 과정에 오류가 없는 거지?"

"전혀. 모조리 옳은 데다 명쾌하기까지 해." 활짝 웃은 다음 그녀는 종이를 내려놓고 말했다. "그런데, 이 그림들은 (…)?" 그녀가 책상 위를 가리켰다.

"내가 야우흐와 이 문제를 논의할 때 계속 제기되었던 이상한 점은 봄의 이론이 얼마나 비국소적인가 하는 거야. 그의 이론에 따르면 아인슈타인−포돌스키−로젠 역설은 아인슈타인이 가장 싫어했던 방식으로, 즉 '유령 같은' 원거리 작용을 사용하여 해결이 되고 말아.〔아인슈타인은 그런 (비국소적인) 원거리 작용이 불가능하므로 양자역학이 불완전하다고 주장하기 위해 EPR 역설을 제시했는데, 봄의 이론은 아인슈타인의 예상과 달리 그런 비국소적인 작용이 실제로 가능함을 보여 주고 있다는 뜻—옮긴이〕 그게 정말 이상해."

"그럼 당신이 궁금해하는 건" 매리가 말했다. "양자역학의 예측과 맞아떨어지려면 숨은 변수 이론이 비국소적이어야만 하는지 여부인 거네."

"바로 그거야. 그래서 EPR 사고실험을 검사하고 있었던 거지."

"당신은 아인슈타인이 틀렸다고 보는가 봐." 매리가 말했다.

"그래도 원거리 작용은 아직 폐기처분 되지는 않은 것 같아." 존이 말했다.

벨은 숨은 변수에 관한 폰 노이만의 증명 오류에 관한 첫 논문을 완성했다. 매리가 내용을 다시 확인한 다음 그 논문을 『리뷰즈 오브 모던 피직스』에 보냈다. 데이비드 봄이 심사위원을 맡게 되었다.* 봄은 자기 교과서의 50쪽에 걸쳐 다룬 주제인 측정의 역할을 벨이 더 깊게 다루어 주길 제안했다. 그러자 벨은 다음과 같은 한 문단을 덧붙였다. "숨은 변수를 도입하든 도입하지 않든 간에, 측정 과정의 분석에는 특별한 어려움이 뒤따른다. 따라서 매우 제한적인 목적에 엄격히 필요한 정도로만 그것에 착수한다." 그는 이 원고를 다시 저널에 보냈다.

이번에도 폰 노이만의 유령이 세 번째로 등장해 그가 어리석은 실수를 했다는 사실을 사람들이 알지 못하게 막았다. 그게 아니더라도 적어도 다시 한 번 지연시키기는 했다. 사정은 이랬다. 벨이 수정해서 보낸 논문이 접수 과정에서 잘못 분류되었다. 그러자 얼마 후 편집자가 벨에게 논문을 다시 보내 달라는 편지를 보내긴 했는데, 벨에게 직접 보내질 않고 SLAC로 보냈다. 스탠퍼드의 그 연구소에 있던 어느 누구도 그 편

* 논문이 이와 같은 과학 저널에 제출되면 저널의 편집자는 그걸 해당 분야의 전문가에게 보낸다. 이 '심사위원'이 논문을 읽고 (익명으로) 의견을 제시한다. (따라서 저널의 상급 편집자는 그 저널이 다루는 모든 분야에 걸친 난해하고 수시로 바뀌는 내용의 전문가일 필요는 없다.)

지를 벨에게 전해 줄 만큼 남의 일에 신경을 많이 쓰는 편이 아니었다. 마침 그가 안식년을 맞아 스탠퍼드 대학을 잠시 떠나 브랜다이스 대학에 가 있던 터여서 그 논문은 2년 동안 『리뷰즈 오브 모던 피직스』의 논문 더미 속에 잠자고 있었다. 그러던 중 1966년에서야 벨은 저널에 편지를 보내 어떻게 된 일인지를 물었다.

물론 1964년에는 벨도 이렇게 될 줄은 알 수가 없었고, 다만 숨은 변수 방법에 본질적인 어려움을 야기하는 원인이 바로 국소성에 대한 집착임을 더욱더 확신하게 되었다. 마침내 어느 주말에 그동안 해 오던 생각을 종합하여 벨은 자신의 불가능 증명을 만들어 냈다. 즉 숨은 변수 이론은 국소적일 수 없다는 증명을 내놓았던 것이다.

그가 내놓은 유명한 공식이 바로 벨의 부등식이다. 멀리 떨어진 한 쌍의 입자는 어느 정도의 상관관계를 나타낼 수 있다. 국소성과 분리 가능성이라는 요건이 함께 작용하는 경우 상관관계의 정도는 어떤 수준 아래로 제한된다. 만약 상관관계가 이 한계를 넘어선다면, 국소성이나 분리가능성 중 하나가 붕괴되었다는 뜻이다. 얽힌 입자들은 당혹스러울 정도로 빈번하게 이런 성질을 위반한다. 그 입자들은 우리가 상식선에서 그러리라고 여기는 것보다 훨씬 더 깊은 상관관계를 갖는다. 우주의 실재는 비국소성 아니면 분리 불가능성이라는 형태를 띠는 것이다.

놀랍게도 지난 40년 간 줄곧 사고실험으로만 제시된 탓에 '형이상학'이라는 비난을 받아 오다가 이제야 드디어, "위에 언급한 사례는" 벨은 이 부등식에 대해 이렇게 썼다. "약간의 상상력만 동원하면 실제로 측정을 통해 검증할 수 있는 이점이 있다."

이렇게 해서 1964년 벨이 쓴 한 쌍의 논문 중 두 번째 논문이 『피직스』의 창간호(이자 마지막 이전 호)에 당당히 실렸다. 이제 세상에서 누가 그걸 제대로 읽어 줄지가 관건이었다. 하지만 이미 독자층은 마련되어 있었다. 봄의 논문이 발표된 바로 그해에 그 논문의 중요성을 벨이 거의 유일무이하게 알아보았듯이, 안목 있는 독자가 벨의 논문을 즉시 알아보았다. 그런데 믿기지 않게도 그 독자는 M.I.T.의 철학과에 속한 이였다.

29
약간의 상상력
—1969년—

아브너 시모니

아브너 시모니

숨은 변수에 관한 이론들을 살펴보는 일은 독단적인 선입관에서 벗어나기 위해 현재 꼭 필요하다. 그러한 선입관은 우리의 사고를 비합리적으로 제한할 뿐만 아니라 마찬가지로 우리가 수행할 실험에도 제약을 가한다.

1962년 데이비드 봄

∞

세 종류의 세계, 즉 큰 세계, 중간 크기의 세계, 그리고 여러 작은 세계가 있다. 큰 세계는 별, 태양, 행성, 달, 지구, 그리고 지구의 모든 구성 물질 등으로 이루어진 자연의 세계다. 중간 크기의 세계는 인간 사회의 세계로서 국가, 정부, 군대, 종교, 공장, 농장, 학교, 가족, 그리고 인간이 만든 다른 모든 것들이 이 속에 포함된다. 여러 작은 세계는 개별 인간들이다. 각각의 남자, 여자, 그리고 어린이는 하나의 작은 세계다. 물론 이들 각각은 인간 사회라는 중간 크기의 세계에 의해 형성되고 아울러 그 영향을 받는다. 이런 영향은 특이하고 놀라운 방식으로 일어날 때도 종종 있다.

마찬가지로 각각은 자연이라는 큰 세계에 의해서도 형성되고 아울러 그 영향을 받는다. 이런 영향은 때로는 아무도 예측할 수 없는 방식으로 일어나기도 한다.

『티발도와 달력의 구멍』(우리나라에서 출판된 책 제목은 『어! 달력에 구멍이 뚫렸어요』이다. ─옮긴이)이라는 책은 이렇게 시작된다. 이 책은 1582년의 어느 이탈리아 소년의 이야기인데, 이 아이는 그레고리 교황이 율리우스력을 고치려고 그해 10월에서 열흘을 빼 버리자 자기 생일도 없어졌음을 알게 되었다. 율리우스력은 태양년보다 우연히 11분 14초가 더 길었기 때문에 수정하지 않으면 부활절이 마구마구 여름을 향해 갈 수밖에 없었다. 이 '달력의 구멍'을 통해 자기 생일이 사라져 버렸다는 걸 알게 되자 티발도는 생일을 되찾기 위해 나선다. 이 멋진 '아동 도서'는 한 어린이의 이야기를 통해 과학과 사회를 재미있게 알 수 있도록 해 준다. 책 표지를 넘기면 이 책의 저자가 보스턴 출신의 이론물리학자인 아브너 시모니이며, 세피아 톤의 삽화는 파리에 사는 판화 제작자인 그의 아들의 솜씨라는 것을 알게 된다.

과학은 진리 탐구인데, 이 과학의 탐구자들은 개별 인간들로서 중간 크기인 세계의 그물망 속에서 활동하고 때로는 그 속에 갇히기도 한다.

위에 나온 이 어린이 이야기의 첫 부분은 본서를 포함하여 어떤 과학책의 시작 부분에도 잘 들어맞는 내용이다.

아브너 시모니는 벨이 쓴 그 논문의 재판(再版)이 어떻게 해서 자기 손에 들어왔는지 몰랐다. 그리고 자기 연구실에 앉아서 손에 자줏빛 잉크 자국이 스미도록 그 논문을 읽으면서도 자신이 행운을 잡았다고는 미처 깨닫지 못했다. 몇몇 친구들이 브랜다이스 대학—벨이 그 논문의 초고를 썼을 뿐 아니라 관련 강연을 한 곳—에 있었는데, 이 친구들이 논문 발송 대상 목록에 시모니의 이름을 올려놓았음이 분명했다. CERN 출신의 J. S. 벨은 들어 본 적이 없던 사람인 데다 산술적인 오류도 그의 눈에 뜨였기에 "또 괴상한 편지 한 통"이 온 것이 아닐까 여겼다.

하지만 괴상한 편지 같진 않아 하는 생각이 들면서 왠지 모르게 그 논문을 읽게 되었다.

2년 전인 1962년 봄에 시모니는 (M.I.T.에서 자신의 첫 전공인 철학을 가르치고 있으면서 동시에) 프린스턴 대학에서 물리학 박사 학위를 받았다. 다시 물리학을 공부하기 시작했을 때 지도 교수는 그에게 EPR 논문을 주면서 "잘못된 게 무엇인지 이해할 때까지 계속 읽어 보라."고 말했다. 시모니는 물리학자의 실용주의적 태도와 철학자의 섬세함을 함께 발휘하여 그 논문을 차근차근 읽고 또 읽었다. 치명적인 오류는 드러나지 않았다. "지도 교수는 내게 예방접종을 하고 싶었던 것이다." 시모니는 나중에 재미있는 표현으로 이렇게 말했다. "하지만 때로는 예방접종이 병을 일으키기도 한다."

벨의 논문을 읽게 되면서 그 병은 합병증으로 발전했다. 사소한 산술적 실수들을 무시하고 나자 벨이 내놓은 믿기지 않는 결과들이 숨겨진 넓은 숲속에서 나타나는 한 마리 호랑이의 아름다움과 카리스마를 지닌 채 드러났다. 아주 그럴듯했던 EPR의 전제—이 세계는 유령과 같이 작동하지 않고 국소적으로 인과적이며, 얽혀 있지 않고 객관적으로 실재하며 서로 연결되지 않은 낱개로 분리될 수 있다는 전제—가 마침내 아주 대담한 새로운 양자론 해석과 만나게 되다니! 오직 한 사람만이 옳게 파악하고 있을 듯한 이런 해석과 마주치다니 말이다. 시모니는 이렇게 생각했다. 이전과 반대되는 이론이 나왔다면 실험으로 검증해 보아야 할 텐데.

차츰 가슴이 두근두근했다. 몸을 앞으로 수그리고 논문을 다시 한 번 자세히 훑었다. 꼬리를 흔들며 마음속을 어슬렁거리는 호랑이를 언뜻언뜻 떠올리며 시모니는 저자인 벨이 제안했던 이 실험을 약간의 상상력을 발휘해 실제로 시도할 방안을 궁리했다. 어떻게 하면 될까?

그는 7년 전에 발표된 봄의 논문을 기억했다. 뛰어난 제자인 야키르 아로노프와 함께 봄은 얽힘 현상에 대해 곰곰이 생각하고 있었다. 1935년에 슈뢰딩거의 마음을 가득 채우고 있었던 그 주제였다. 그랬다. 얽힘은 입자들이 서로 가까이 있을 때, 이를테면 헬륨 원자의 두 전자 또는 로젠의 수소 분자의 두 원자들의 경우에 존재한다. 하지만 양자론의 불완전성을 드러내려고 고안한 사고실험에서 제시된 것처럼 아인슈타인, 포돌스키, 로젠은 입자들이 무한히 멀리 떨어져 있을 때에도 얽힘이 유지된다고 가정했다. 하지만 누구도 그것이 가능함을 증명하지는 못했다. 사실 입자들이 접촉된 상태에서 벗어나 서로에 관한 기억을 모조리 잃어버리고 각 입자가 흥미로울 것 없는 단순한 '곱의 상태'로 나누어져 버리면 EPR 주장은 아무 의미가 없다. 이와 달리 얽힌 상태는 두 개별 상태의 단순한 곱이 아니다. 얽힌 상태의 두 입자는 각각의 개별 상태를 갖지 않고 전체가 하나의 상태를 갖는다.

봄과 아로노프가 쓴 논문이 시모니의 관심을 끈 까닭은 이 두 과학자가 오랫동안 아무도 거들떠보지 않던 이 문제를 독창적으로 다시 살폈기 때문이다. 둘은 7년 전에 콜롬비아 대학의 치엔 시웅 우(줄여서 마담 우)가 편집자에게 보내 『피지컬 리뷰』에 실렸던 짧은 편지 한 통을 기억해 냈다. 그녀는 한국전쟁 직후 죽은 대학원생인 어빙 샤크노프와 함께 포지트로늄에 대해 연구하고 있었다. 이 입자는 전자와 그 반물질인 양전자가 일시적으로 결합되어 생긴 흥미로운 물질이었다. 마담 우와 샤크노프는 필연적으로 포지트로늄이 스스로 붕괴될 때 생기는 고에너지 광자(엑스선보다 에너지가 더 큰 감마선)를 이용하여 정교한 실험을 했다.

봄과 아로노프는 그녀의 데이터를 살펴본 다음 얽힘 현상을 염두에 두고서 그 값을 재해석했다. 그 결과 두 개의 감마선이 서로 얽힌다는 의견을 내놓았다. 시모니는 이렇게 말했다. "봄과 아로노프는 완전히 다른 목적에서 실시된 한 실험 결과를 훌륭하게 이용한 덕분에 굳이 새로운 실험을 하지 않아도 되었다. 양자 고고학의 모범 사례인 셈이다!"

봄과 아로노프는 감마선들이 실제로 얽혀 있는 듯 보인다는 점을 밝혀냈다. 하지만 그 상황이 벨의 정리가 제시한 내용, 즉 국소적으로 분리된(각각 자신만의 실제 상태를 지닌) 입자들과 양자론이 직접적으로 불가해한 충돌을 일으킨 상황처럼 정말로 극단적이었을까? 시모니는 자신이 아는 실험물리학자들 중에 누가 우―샤크노프 실험을 다시 수행하여 더욱 정밀하고 일반적인 결과를 얻어 낼 수 있을지가 궁금해졌다. 실험 목적은 실로 흥미로운 비국소적 상관관계를 예견한 벨의 부등식을 검증하는 것이었다. 아로노프가 M.I.T.를 방문했을 때 시모니는 조심스레 이 주제를 꺼냈다. 큰 키에 날씬한 미남인 데다 똑 부러진 성격이었던 아로노프는 자기와 봄이 밝혀야 할 건 이미 다 밝혔노라고 말했다. 얼마 동안 시모니는 그 주제를 제쳐 두었다.

몇 년 후 1960년대 말에 맨해튼에서 콜롬비아 대학의 천체물리학과 대학원생인 존 클라우저가 고다드우주연구소의 도서관에서 벨의 논문을 우연히 보게 되었다. "그동안 많은 사람들에게 일어났던 것과 똑같은 일이 내게도 생겼다." 클라우저는 오랜 세월이 흐른 후 이렇게 말했다. "그건 나로서는 너무도 충격적인 내용이었다. 도저히 이해가 되지 않았다. 어쩌면 믿을 수가 없었다고 해야겠다." 시모니의 마음속에 어른거렸던 호랑이가 이제 또 다른 이에게 나타난 셈이다. 그날 밤 클라우저는 플러싱 베이에 있는 집으로 돌아갔다. 그곳에서 그는 경주용 요트를 거처로 삼아 라 과디어 공항을 오가는 비행기들의 굉음을 들으며 살고 있었다. 밤새 벨의 이론을 머릿속에서 떨칠 수가 없었다. "나는 이렇게 생각했다. 그걸 믿지 못하겠다면 반대되는 예를 내놓아야겠다. 그런 예를 찾으려고 했는데" 클라우저가 말을 이었다. "실패하고 말았다. 그때 난 이 결과가 내 삶에서 가장 놀라운 것임을 알아차렸다."

아마도 너무나 놀라운 결과였을 것이다. "나는 아직 그 논문이 내포하고 있는 극단적인 의미를 받아들이기가 어려웠다." 클라우저는 이렇게 회상했다. "두 가지 매우 다른 예측"—본질적으로 얽힘 현상, 그리고 입자들의 상태가 서로 무관한 국소성 및 분리 가능성의 세계인 '국소적 실재론'—"가운데 어느 것이 참인지를 드러내 줄 실험 증거를 보기 전까지는 말이다. 벨의 논문은 (다른 부분에서는 명확하면서도) 그 예측에 대한 실험적 측면에서는 아주 애매모호했기에 나는 그가 허풍을 떠는 게 아닐까 여겼다." 그는 여러 책을 통해 적절한 실험을 찾는 한편 자신이 직접 실험을 해 보자는 생각이 들었다. 사고실험이 아니라 불완전하지만 실제로 존재하는 실험 장치로 그 결과를 재현함으로써 벨이 제시한 결과를 좀 더 일반적인 방법으로 다시 도출하고 싶었던 것이다.

"내 논문 지도 교수는"—클라우저가 전공이 아닌 주제에 흥미를 보이는 것을 점점 더 참지 못하고서—"이렇게 말했다. '자넨 시간 낭비를 하고 있네.' 내가 진정한 천문학자가 되길 바라신 것이다." 하지만 결국 그는 다른 길을 가고 만다.

한편 시모니는 M.I.T.의 임시 철학 강사직을 그만두고 철학과 더불어 물리학을 가르치려고 보스턴 대학으로 향하고 있었다. 박사 학위를 받기 위해 집중했던 물리학 분야는 통계역학이었는데 보스턴 대학에 있는 친구는 그가 도착한 직후 이렇게 말했다. "너와 함께 연구할 멋진 통계역학 전공 대학원생이 한 명 있어."

마이클 혼이라는 그 대학원생이 얼마 후 연구실로 찾아왔다. "나는 더 이상 통계역학을 하지 않네." 시모니가 말했다. 그의 생각은 이미 자주색 등사 잉크로 인쇄된 벨의 논문에 빠져 있었다. 하지만 큰 키에 부드러운 말씨의 미시시피 출신 청년 혼이 왠지 마음에 들었다. "연구실에 들어간 지 정확히 5분 만에 교수님이 벨의 논문을 건네주었다."라고 혼은 기억했다.

"실험을 하나 고안할 수 있는지 알아보게. EPR 역설의 전제는 아주 그럴듯하니까 뭔가 결과가 나올 걸세."

혼은 우—샤크노프 데이터—이 둘의 목적에서는 그런 실험을 고려할 필요가 전혀 없던 데이터—를 설명하기 위해 국소적인 숨은 변수 이론을 세울 수 있다는 걸 간파했다. 하지만 감마선의 광자들 사이의 상관관계는 너무나 약했다. 혼은 이렇게 회상했다. "그게 시모니 교수에게 처음으로 관심을 끈 일이었다." 벨의 정리에 따라 얽힘 현상을 자세히 살펴보려면 실험 설정을 고안해야 했다.

한편 클라우저는 시모니와 혼에 대해서는 전혀 모른 채 똑같은 목표를 열심히 추구하고 있었다. 마담 우와의 대화는 아무 소득이 없었다. 그런데 M.I.T.의 데이브 프리처드 교수가 하고 있다는 금속 원자의 산란에 관한 실험이 그가 찾던 유형의 실험인 것 같았다. 클라우저가 직접 찾아가서 자신이 찾고 있는 게 무언지 설명하자 프리처드는 버클리 출신의 박사 후 연구원으로 얼마 전에 도착한 카를 코허에게 물었다. "카를, 자네의 실험이 바로 저 친구가 말하는 이론을 검증하기 위한 것 아닌가?"

"물론이죠! 그것 때문에 실험을 했습니다."

콜롬비아 대학으로 돌아오자 클라우저는 도서관으로 달려가 코허의 실험을 상세히 다룬 『피지컬 리뷰 레터스』* 최근 호를 살펴보았다. 그 실험은 매우 존경받던 버클리 대학 교수인 유진 커민스의 지도 아래 실시된 것이었다.

클라우저가 살펴보니, 그 실험을 통해 검증하려고 했던 EPR 사고실험에서와 마찬가지로 코허와 커민스는 두 분석기**가 서로 평행인 경우와 서로 수직인 경우에 대해서만 얽힌 입자들을 측정했다. 우연히도 두 분석기가 직각으로 정렬되지 않은 중간적인 경우에서만 벨의 부등식은 국소성과 분리 가능성을 가정한 모든 해법이 실패함을 드러낸다.

---

* 제2차 세계대전 후 물리학자의 수가 폭발적으로 늘자 덩달아 물리학 논문도 급증했다. 이에 따라 『피지컬 리뷰』는 1958년부터 『피지컬 리뷰 레터스』를 발간했다. 이 학술지는 '레터스(letters)' 즉 중요하지만 짧은 논문들을 싣는 대안적인 공간이었다.

** '분석기'는 EPR 실험의 양 끝단에 설치된 두 실험 장치를 가리키는 일반적인 명칭이다. 봄과 벨 버전일 경우 2분의 1 스핀을 가진 원자는 그 스핀이 업 상태인지 다운 상태인지를 측정하는 슈테른-게를라흐 자석으로 분석되었다. 코허와 커민스 버전은 2분의 1 스핀 입자를 사용하지 않았기에 다른 속성의 분석기가 필요했다. 하지만 원리는 동일하다.

하지만 코허와 커민스의 광원―원자 다단천이(atomic cascade)라는 현상에 의해 칼슘 원자에서 차례차례 방출되는 가시광선의 두 얽힌 광자―은 클라우저가 필요로 하는 바로 그것인 듯 보였다. 만약 고에너지의 빛(버클리 실험에서는 자외선 광자)을 쬐면 원자는 그 에너지를 흡수하여 들뜨게 된다. 들뜬 상태는 안정되지 않기에 원자는 다시 에너지를 잃기 시작하는데, 이 현상은 광자의 방출을 통해 불연속적으로 일어난다. 원자 다단천이는 원자가 에너지를 두 단계로 잃을 때 일어난다. 즉 처음에는 낮은 에너지의 광자를 방출하고 이어서 이 첫 번째와 얽힌 상태인 두 번째 광자를 방출할 때 생긴다.

코허와 커민스는 이 두 광자의 편광(도)을 측정함으로써 원자 다단천이 광자의 얽힘 현상을 확인했다. 편광은 17세기에 처음 알려졌지만 1811년까지는 마땅한 명칭을 얻지 못한 현상이었는데, 전자기파의 기울기 내지 '경사'의 값이 편광도이다. 각각의 전자기파는 물결파나 음파와 달리 두 가지 방향으로 진동한다. 즉 수직으로 진동하는 전자파의 성분과 수평으로 진동하는 자기파의 성분을 함께 갖는다. (이런 관계를 시각적으로 파악하기 위해 등지느러미는 전기장을 나타내고 측면 지느러미는 자기장을 나타내는 물고기를 상상해 보자. 전자기파는 이 물고기처럼 전자파와 자기파 사이의 관계나 진행 방향을 바꾸지 않고서도 기울어질 수 있고, 이때 기울어진 각도가 그 전자기파의 편광도이다.)

편광은 파동 개념이면서도 입자 개념인 스핀과 비슷한 점이 있다. 위(up)와 아래(down)라는 관점에서 기술할 수 있는 스핀과 마찬가지로 편광은 수직 성분과 수평 성분이라는 두 종류로 분해될 수 있다.[*] 다른 기

---

[*]사실 스핀과 편광은 조심스레 말하자면 동일한 근본적인 물리적 상황을 두 가지 방법으로 기술하는 것일 수 있다. 즉 광자의 운동 방향의 '스핀 업'은 광파의 오른손 방향 원형 편광을 입자 관점에서 기술하는 것이다. (원형 편광은 수직 성분과 수평 성분을 복잡하게 합친 결과다.)

울기도 이 두 방향을 합침으로써 기술할 수 있다.(예를 들면 45도 편광은 수직 성분의 절반과 수평 성분의 절반을 합친 결과이다.)

물론 이런 기울기는 직접 눈으로 볼 수는 없다. 하지만 편광제라는 어떤 물질들은 빛의 수평 성분이나 수직 성분 중 하나를 통과시킨다. 코허와 커민스는 폴라로이드 시트를 사용했다. 이것은 일련의 얼룩진 유기 분자들이 나란히 늘어서 있는 투명한 물질이다. 이 분자들은 수직일 때는 수직으로 편광된 빛을 흡수한다. (눈이나 물에서 반사된 빛은 수직으로 편광되어 있다. 따라서 폴라로이드 선글라스의 분자들은 반사된 빛을 포착하기 위해 수직 줄로 배열되어 있다.) 분자들이 옆으로 기울어져 있으면 수평으로 편광된 빛을 흡수한다. 어느 경우에서나 분자들은 반대로 편광된 빛을 그냥 통과시킨다.

코허와 커민스가 알아낸 바로는, 원자 다단천이 광자들의 각 쌍은 동일하게, 즉 둘 다 수직으로 아니면 둘 다 수평으로 편광되었다. 이 실험 설정이 벨의 부등식을 검증할 수 있을까? 클라우저는 이런 의문을 품었다.

오랫동안 걱정을 하던 천체물리학 논문 지도 교수도 클라우저의 열정에 두 손을 들고서 이렇게 말했다. "그럼 벨에게 직접 편지를 보내서 물어보면 어떻겠나?" 클라우저는 벨뿐 아니라 봄 그리고 드 브로이에게도 편지를 보내 어떻게 생각하는지 물어보았다. 그의 제안을 셋 다 긍정적으로 여겼다. 하지만 이들 중 누구도 자신들 외의 다른 누군가가 그 문제를 풀었다는 소식은 들은 적이 없었다.

특히 벨은 "이 무모한 미국 학생"이 자신의 논문에 처음으로 아주 진지한 반응을 보인 것에 감동하여 이런 답장을 보냈다. "양자역학의 보편적 성공을 감안할 때 내가 그러한 [기존] 실험의 결과를 의심하기는 매우 어렵습니다. 하지만 나는 [당신이 알려 준] 이 실험이 실시되고 그 결과가 기록되면 좋겠습니다. 이 실험은 아주 중요한 개념들을 매우 직접적으로 검사하는 것이군요.

더욱이, 세상을 뒤흔들게 될 뜻밖의 결과가 나올 가능성은 언제나 있기 마련입니다."

클라우저는 국소적인 숨은 변수를 찾을 것으로 완전히 기대하고 있었지만 더 흥미로운 편지는 좀체 받을 수 없었다. "매카시즘의 시대는 이제 먼 과거가 되었다." 클라우저는 이렇게 회상했다. "대신에 베트남전쟁이 내 세대의 정치적 사고를 지배했다. 이런 혁명적인 사고의 시대에 사는 젊은 학생으로서 나는 당연히 '세상을 흔들고' 싶었다." 양자역학의 기존 성과를 뒤집으면 분명 그렇게 될 것이다.

한편 매사추세츠에서는 부스스한 머리카락에 지저분한 염소수염을 기른 리처드 홀트라는 하버드 대학원생이 1967년 월드시리즈에서 레드삭스 야구팀이 패하는 소식을 들으며 선반에 페인트를 칠하고 있었다. 얼마 후 자신이 어떤 일에 홀리게 될지는 짐작조차 하지 못한 채로. 그는 프랑크 핍킨 교수의 어수선한 지하 실험실 뒤쪽에서 버려진 장치들로 가득한 조그만 방 하나를 청소하고 있었다. 박사 학위 논문을 위한 실험 공간을 만들기 위해서였다. 그 작은 방은 이전에 벽을 코르크로 덮어 놓고 눈먼 박쥐들이 날아다니는 경로 주변에 장애물을 설치한 상태에서 박쥐의 음파탐지 기관을 실험하려고 사용되었다. 홀트가 (그곳 연구자들이 부르는 이름인) 박쥐 동굴에다 옮겨 놓고 있던 장치는 들뜬 상태에서 수은의 지속 시간을 측정하기 위해 만든 것이었다. 이 시간은 원자 다단천이에서 나오는 두 가시광선 광자—수은 원자가 중간 상태로 진입할 때 방출하는 광자와 그것이 에너지를 다시 잃을 때 방출하는 광자—의 도달 시간의 차이를 잼으로써 알 수 있다. 홀트는 그것을 "물리학의 빵

과 버터"(가장 중요한 것이라는 뜻—옮긴이)라고 말했다

어느 날 키가 작고 친절한 보스턴 대학의 한 교수가 거북딱지로 만든 안경을 쓰고서 박쥐 동굴에 찾아왔다. 교수 옆에는 큰 키에다 수염을 길렀으며 말씨가 사근사근한 대학원생이 서 있었다. 시모니는 그때를 이렇게 회상했다. 오랫동안 제자 마이클 혼과 함께 "서로 상관된 저에너지 광자들로 이루어진 광원을 찾아 헤매던 일이" 드디어 끝났다. 둘은 홀트를 빵과 버터에서 떼어 놓아야겠다고 결심했다.

홀트도 이미 벨의 논문을 읽은 터였다. 그 논문을 "멋지다"고 여긴 어느 교수의 권고에 따라서였다. 그는 이렇게 말했다. "도서관에 가서 그 논문을 읽긴 했지만 그때는 뭐가 중요한지 도무지 알 수 없었다." 하지만 시모니가 그 중요성을 역설하고 혼이 재미있을 거라고 말하는 걸 듣고 나자 "그 논문이 나를 다시 사로잡았다."

홀트는 이렇게 회상했다. "나는 어쩐지 흥미를 느꼈다. 따라서 그게 연구할 가치가 있다고 박사 학위 논문 지도 교수를 설득하려고 이렇게 말했다. '음, 뭐냐 하면, 교수님, 여섯 달만 그걸 해 보고 그다음에 진짜 물리학으로 돌아가죠.'"

그 실험은 무려 4년 넘게 걸렸다.

모든 준비가 착착 진행 중인데 이상한 소식을 담은 미국물리협회 소식지가 날아왔다. 콜롬비아 대학에서 어떤 이가 똑같은 실험을 수행할 계획이라는 내용이었다. 시모니는 열심히 실험 준비를 하고 있는 혼을 불러 "우리 정보가 새나갔다."는 나쁜 소식을 알렸다. 이어서 그는 이전 지도 교수이자 디랙의 매제인 유진 위그너에게 연락했다. "그러자 위그너는 이렇게 말했다. '음, 이 친구에게 연락해 보게! 그는 아직 실험에

대해 논문을 작성하지 않았고 자네도 작성하지 않았으니 그 친구와 함께 연구할 수 있을지도 모르지 않나.'" 여전히 어리벙벙한 채로 시모니가 전화를 걸었다. 혼의 기억에 따르면 수화기를 내려놓았을 때 클라우저는 "누군가가 흥미를 갖는다는 사실에 감격하면서" 이미 공동 연구팀에 속해 있었다.

평화 애호가였던 시모니는 거의 40년이 지날 때까지 "그 결합에는 어떤 내막이 있었다는" 사실을 혼에게 알리지 않았다. 클라우저가 시모니와 혼과 함께 연구하길 원했던 까닭은 결국 박쥐 동굴의 실험 장치 때문이었다. 그는 자신의 실험 장치가 없었지만 그래도 끝내 실험을 하고는 싶었던 것이다. "그건 클라우저의 박사 논문 주제가 아니었다." 혼은 이렇게 말했다. "그래서 그걸 숨겨야 했다. 만약 그가 콜롬비아 대학에서 누군가에게 말했다면 이런 답을 들었을 테다. '하지만 당신은 전공이 천체물리학 아니었던가요?'"

클라우저가 논문 작성을 마치고 나서 그 논문이 천문학 박사 학위에 적합하다는 점을 설득시키기 전에 2주 동안 틈이 났다. 이때 그는 혼과 시모니의 논문을 탐독했으며 홀트도 그에게 실험 장치를 보여 주었다. "모두 함께해서 대단한 성과가 있었다." 시모니는 그때를 이렇게 회상했다. "이런저런 논의를 함께 하면서 우리는 여러 세세한 점들을 발견하고 개선해 나갔다."

이 세세한 점들 가운데는 실험물리학계의 해결사라고 할 수 있는 홀트의 업적이 있었다. 시모니, 혼, 클라우저는 원자에서 방출되는 광자들이 서로 완전히 반대 방향으로 날아간다고 여기고서 계산을 하고 있었음을 알아차렸다. 하지만 시모니가 설명했듯이 광자들은 아무 방향으로나 향했다. 혼이 실질적이지만 복잡한 수학 계산이 필요한 "무거운 기계"라고 한 실험 장치를 다루는 법을 홀트는 알고 있었다.

한편 자신의 실험 장치를 만들겠다는 클라우저의 꿈은 뜻밖에도 실현 가능성이 높아지게 되었다. 그는 버클리 대학에서 일자리를 제안 받았는데, 그 대학의 유진 커민스의 실험실 어딘가에 카를 코허가 만든 EPR 증명 장치가 있었다. 물론 클라우저는 벨의 부등식을 연구하라고 고용되지는 않았다. 레이저 개발에 대한 업적으로 5년 전에 노벨상을 받았던 찰리 타운스가 그에게 우주의 초기 상태를 연구하는 전파천문학 분야에 일자리를 마련해 주었던 것이다.

그래서 이 사실을 연구팀에 간단히 알리고 박사 학위 논문 심사를 마친 다음에 클라우저는 자신의 배인 시너지 호의 밧줄을 풀었다. 정박지인 플러싱 베이를 떠나 희망을 가득 안고 버클리를 향해 출발했다. 텍사스 주의 갤버스턴까지 항해한 다음 배를 트럭에 싣고 미국 남서부를 횡단하고 다시 로스앤젤레스 남쪽 바다에 배를 부려 환상적인 캘리포니아 해안을 따라 버클리까지 갈 계획이었다.

한편 시모니는 이런 갑작스런 사태에도 전혀 흔들리지 않고("적어도 우리는 변화의 물결을 일으키고 있었다") 클라우저를 여전히 연구팀의 일원으로 여기면서 자신과 혼 그리고 홀트의 적절한 도움으로 보스턴에서 연구가 착착 진행되고 있다는 사실을 알려 주었다. 동부 해안을 따라 마련된 여러 정박지에 들를 때마다 큰 키에 금발인 이 항해자는 공중전화 앞에서 몸을 구부린 채 '논제로(non-zero) 입체각' 따위의 전문적인 내용을 놓고서 토론을 벌였다. 그러다가 마침내 허리케인 카미유가 다가오는 바람에 포트 로더데일에서 시너지 호를 트럭에 실었다. 클라우저는 로스앤젤레스까지 차로 이동한 다음에 베니스 비치에서 배를 다시 물에 띄웠다. 그는 이렇게 기억했다. "버클리에 도착하니 논문이 완성되었다."

「국소적 숨은 변수 이론을 검증하기 위해 제안된 실험」이라는 제목 하에 그 논문은 10월 중순 『피지컬 리뷰 레터스』에 발표되었다. '구현할 수 있는 실험에 적용될 수 있도록' 벨의 정리를 자신들이 일반화시켰다는 사실을 밝히면서 네 명의 공저자는 "코허-커민스 실험을 수정하면 결정적인 검증이 이루어질 수 있다."고 선언했다.

하지만 커민스는 코허와 함께한 자신의 실험이 그런 수정을 위한 출발점이라고 여기지 않았다. 사실 커민스는 그 실험을 단지 "학부의 양자역학 수업에 필요한 멋진 시현 방법"으로 계획했을 뿐이다. 코허는 이런 목적에 더욱 맞게끔 바퀴가 달린 카트 위에다 이미 그 실험 장치를 장착하는 일에 착수했다. "알고 보니 그리 쉬운 일은 아니었다." 커민스는 이렇게 회상했다. "그렇다고 아주 어렵지는 않았다. 결과도 대단치 않았다." 커민스는 키가 커서 클라우저와 만날 때 같은 눈높이로 마주 볼 수 있었으며, 이미 확신에 차 있어서 클라우저가 추가 연구가 필요한 까닭을 열정적으로 설명할 때도 전혀 동요하지 않았다. 커민스는 이렇게 말했다. "그 실험은 아무 의미도 없어요. 이제 그만하죠."

도움의 손길은 뜻밖의 곳에서 찾아왔다. 숨은 변수가 아니라 빅뱅의 우주 배경 복사파를 찾으라고 클라우저를 고용했던 그 사람이었다. 클라우저는 고마움을 느끼며 이렇게 회상했다. "찰리 타운스 교수님이 나서서 (엉터리 결과라며 여전히 투덜거리고 있던) 진 커민스에게 그 프로젝트를 인정해 달라고 말했습니다."

"온 세상이 이 실험을 놓고서 대단히 난리 법석을 떠는 걸 보고 아주 깜짝 놀랐다." 커민스는 이렇게 말했다. "정말 놀랐다. 왜냐하면 알다시피 그건 단지 얽힌 상태를 나타내는 것일 뿐이니 말이다. 얽힌 상태는 초창기부터 양자역학에서 존재해 왔다. 헬륨 원자의 두 전자를 기술해 보면 두 전자는 얽힌 상태에 있다. 그리 대단한 일이 아니다."

마침내 상황이 변하고 있었다. 벨이 이미 예상했듯이 얽힘 현상은 예전에는 불가능한 것으로 여겨지다가 어느새 무시해도 좋은 사소한 현상으로 치부되어 가고 있었다. 하지만 양자역학에 관해 커민스가 처음 배웠던 것 중 하나는 반대자가 존재한다는 사실이었다. 특히 얽힘 현상 자체를 의미 있게 여기지 않고 단지 원거리 작용의 개념을 도입함으로써 양자론을 부정하려 했던 어떤 이가 존재한다는 게 놀라웠다. 커민스는 자기 가족들이 아인슈타인과 친구처럼 지낼 때 열여섯 살이었다. 이후 아인슈타인이 세상을 떠날 때까지 7년 동안 커민스 가족은 매달 그가 살던 머서 스트리트에 갔다. 그의 어머니는 피아노를 연주하고 아인슈타인은 우아하게 바이올린을 켰다. "아인슈타인 박사님은 우리를 매우 잘 대해 주었다." 커민스는 이렇게 회상했다. "마치 친할아버지처럼 누이와 날 대했다. 하지만 양자역학은 결코 옳을 리가 없다고 여겨 매우 감정적으로 대했다. 그래서 계속 흠집을 내려 했고 EPR은 1930년대에 나온 그런 노력의 일환이었다.

물론 그가 틀렸음을 보어가 밝혀냈으니 그것으로 관련 논의는 끝났어야 했다."

이런 주장은 대부분의 물리학자들에게는 큰 영향력을 미쳤다. 비록 그들이 보어가 밝혀낸 내용을 제대로 설명하려면 아주 애를 먹겠지만 말이다. 하지만 찰리 타운스는 자기 나름의 특별한 경험이 있던 터라 그런 위엄 있는 사람의 말이라고 해서 곧이곧대로 받아들이지는 않았다. 봄이 자신의 숨은 변수 이론으로 폰 노이만과 보어와 싸우고 있던 바로 그 무렵 타운스는 나중에 레이저라고 불리게 될 것을 개발하는 초기 단계에 있었다. 폰 노이만과 보어는 각각 확신에 가득 차서 그 프로젝트가 성공할 리가 없다고 그에게 말했다. 이유인즉 하이젠베르크의 불확정성 원리 때문에 그 목적에 맞게 광자를 완벽히 정렬할 수 없기 때문이라고 했다. 『레이저는 어떻게 만들어졌는가?』라는 제목의 자서전에서 타운스는 이렇게 적었다. "내가 보어를 설득했는지는 잘 모르겠다."

아무튼 타운스가 지지와 격려를 보내 주고 논문 작성을 위한 프로젝트를 찾던 한 대학원생의 도움도 받게 되면서 클라우저는 코허의 오래된 실험 장치를 낱낱이 파헤치기 시작했다. 그 대학원생인 스튜어트 프리드먼은 이렇게 회상했다. "커민스한테 들은 말로는, 콜롬비아 대학 출신인 그 친구(클라우저)한테서 연락이 왔는데 그가 코허-커민스 실험에 관심이 있다고 말했다고 한다. 그는 아주 정밀하게 그 실험을 하고자 했다는데 커민스는 내게 '세상에, 그건 정말 엄청난 시도지'라고 말했다."

이런 열렬한 권고도 있고 해서, 열린 마음의 프리드먼은 클라우저의 프로젝트에 참여하게 되었다. "이전에는 그런 주제를 들어 본 적이 없었다. 하지만 꽤 흥미로울 거란 생각이 들었다." 프리드먼은 이렇게 말했다. "그리고 난 결심했다. 그래, 잘 될 거야." 지난날의 온갖 고생을 되돌아보며 그는 미소를 머금으며 이렇게 회상했다. "존은 언제나 아주 낙관적이었다. 비록 우리가 하는 일이라곤 코허가 만든 그 낡은 장치를 조금 고치는 것뿐이었는데 말이다.

알고 보니 그의 짐작이 옳았다."

모든 단계—슈뢰딩거의 파동방정식 속에 추상적으로 존재하던 얽힘 현상에서부터 아인슈타인이 상상으로 짐작했던 EPR에 이르기까지, 그리고 검증 가능한 모순을 찾으려는 벨의 면밀한 조사에까지, 그 후로 그런 모순을 실험으로 확인하기 위한 혼, 시모니, 클라우저, 그리고 홀트의 계획에 이르기까지—가 한발 한발 성공을 향해 다가가고 있었다. 하지만 아직까지는 이론물리학자들의 손에 모든 게 좌지우지되었다. 그러다가 1969년이 되어서야 실험물리학자가 얽힘의 시대를 펼쳐 나가기 시작했다.

"실험물리학자와 이론물리학자를 어떻게 구분하는가?"라고 30년 후에 클라우저는 묻는다. 요트 경주 트로피와 기념패로 가득 찬, 캘리포니아 북부의 사막에 있는 집에 있을 때였다. 교과서의 두꺼운 책등을 손가락으로 훑으면서 그는 자신의 질문에 이렇게 답하기 시작한다. "이론물리학자는 많은 교과서를 갖는다.(실험물리학자에게는 공학 관련 교과서가 추가된다.)" 교과서를 손가락으로 두드리며 이렇게 덧붙였다. "많은 아주 많은 『피지컬 리뷰 레터스』를 갖게 된다는 뜻이다." 실제로 벽을 온통 차지하고 있는 서가는 연한 녹색의 그 잡지들로 빼곡하다. "그리고 위대한 인물들의 전기와 그들이 쓴 책을 갖는다." 클라우저는 나무판자로 지어진 연구실 문 쪽을 손으로 가리킨다. "하지만 실험물리학자는"—이때 그가 몸을 돌린다. 그쪽으로는 부엌문 옆에 있는 복도에 바닥에서 천장까지 이어진 책꽂이가 있다. 책꽂이에는 반짝이는 형광 색의 얇고 좁은 책등을 단 자료들이 줄지어 빽빽이 꽂혀 있었다— "목록을 갖는다." 빙긋 웃고 나서 다시 말을 잇는다. "갖고 있지 않은 무엇인가를 만들어야 할 때면 난 그것을 여기서 찾는다. 그러면 무엇이든 만들 수 있다."

우편 주문은 거의 필요치 않다. 그가 어슬렁대는 차고 겸 기계공장 바깥에는 부속 건물이 한 채 있는데 그 속에는 전자 부품 자투리가 흘러넘치는 마분지 상자, 다양한 치수의 전선, 온갖 잡다한 회로기판, 관, 연결장치, 자석, 기어, 각도자, 그리고 폐기된 기계장치들이 수북했다. "실험물리학자가 되려면" 그는 이렇게 설명한다. "어떤 것이라도 만들 수 있어야 한다. 제분기와 선반도 만들어야 한다. 하지만 무엇보다도 실험물리학자가 되려면 폐품 저장소가 있어야 한다."

왜냐하면 "어떤 물리학과에 가더라도 가장 중요하고 소중한 것은 널찍한 공간이다." 그는 이렇게 설명한다. "각자 자기가 하고 싶은 실험이 있는데 그걸 위해 다들 자신만의 공간을 원한다. 그래서 일단 실험이 끝나고 나면 온갖 것들을 성급히 내다 버린다. 사용한 장치의 각 부분에 꼬리표를 달지 않기 때문에, 내다 버리는 물건들이 얼마나 소중하게 쓰일지 다들 알지 못한다. 하지만 만약 그걸 안다면…!

물론 폐품 저장소를 갖고 있다고 해서 다는 아니다. 어디에 뭐가 있는지 알아야 한다. 폐품 저장소가 있는 사람은 모든 게 어디 있는지 훤히 알고 있다. 이를테면 저쪽에 1932년도의 포드 엔진 두 개, 1957년도의 폰티악 엔진이 하나, 그리고 (…) 있다는 사실을 말이다."

받침대 위에 올리면 사람 가슴까지 오는 높이에다 길이로는 5미터 남짓인 실험 장치를 클라우저와 프리드먼이 옥신각신하면서 이리저리 달그락대던 이야기를 들어 보자. 실험실 바깥에서는 연일 베트남전 반대 시위가 일어난다. 국가방위군이 출동해 버클리 대학 학생들에게 최루가스를 쏘아 댔고 히피들은 손에 꽃을 쥐고 있었고 행동 대원들은 돌을 던진다. 더티 워드 가이(Dirty Word Guy, 1960년대 대학 시위 기간의 상징적인 인물—옮긴이)는 학생회관 계단에서 소란스럽고 음란한 자유 발언을 할 권리를 줄곧 주창한다. 프리드먼과 클라우저의 실험실은 새로운 물리학과 건물인 버지 홀에 있다. 그 모든 소란에서 동떨어진 아주 깊고 창문도 없는 지하 2층의 실험실이다.

그 실험은 '잭이 지은 집'(영국의 유명한 자장가 가사로 아래 내용과 비슷한 형식으로 불린다.―옮긴이)과 비슷하다.

이것들은 광자를 붙잡는 광전관.
이것들은 광자
　　　광자가 편광프리즘을 통과해 날아갈 때
　　　광자를 붙잡는 광전관이
　　　광자의 수를 센다네.
이것은 광자를 방출하는 원자
　　　광자가 편광프리즘을 통과해 날아갈 때
　　　광자를 붙잡는 광전관이
　　　광자의 수를 센다네.
이것은 원자를 들뜨게 하는 전등
　　　원자가 광자를 방출하여
　　　광자가 편광프리즘을 통과해 날아갈 때
　　　광자를 붙잡는 광전관이
　　　광자의 수를 센다네.
이것은 전등이 원자를 들뜨게 해 주는 진공관
　　　원자가 광자를 방출하여
　　　광자가 편광프리즘을 통과해 날아갈 때
　　　광자를 붙잡는 광전관이
　　　광자의 수를 센다네.

존 F. 클라우저, 스튜어트 J. 프리드먼, 그리고 이들의 실험 장치

프리드먼과 클라우저의 벨 실험 장치 내부

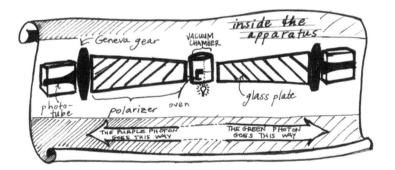

클라우저는 핵심적인 내용부터 짚고 시작한다. "원자 빔. 그건 너무나 간단하다. 그건 실제보다 훨씬 더 멋져 보인다. 난로 위에 물을 끓이면 김이 뭉게뭉게 피어난다. 마찬가지로 금속도 아주 뜨겁게 가열하면 증발시킬 수 있다.

그런데 만약 진공 속에서 그렇게 하면 아주 놀라운 현상을 보게 된다. 심지어 진공도가 보통인 공간 속에서도 금속 원자들의 평균 자유 경로가"―서로 충돌하지 않고서 이동하는 거리가―"그 공간을 가득 메운다는 걸 금세 알 수 있다. 물을 끓이면 물 분자는 떨어져 나와 공기 속으로 퍼져 나가 구름을 형성한다. 하지만 진공 속에서는 공기가 전혀 없기 때문에 벽에 부딪힐 때까지 계속 날아간다.

따라서 가장 쉬운 실험은 한 조각의 탄탈럼* 포일을 반으로 접는 것이다. 그러면 일종의 주름이 접히며 공간이 생기는데 그 속에다 어떤 물질의 작은 알갱이를 넣는다. 이것을 유리병(진공) 속에 넣는다. 여기에 전류를 흘리면 탄탈럼 포일이 뜨거워진다. 만약 그 속에 작은 구리 알갱이나 아니면 알루미늄이나 칼슘 알갱이―녹는점이 낮은 물질―를 넣었다면, 잠시 후에 그것은 모두 증발한다. 따라서 그 속을 살펴보면 구리, 알루미늄, 칼슘 등 무엇이든 유리 벽면에 가득 붙어 있는 모습이 보인다. 만약 구멍이 하나 뚫린 얇은 시트를 그 속에[가열기의 출구에] 넣고서 또 한 장의 시트를 그 속에[앞의 시트 다음에] 넣으면 원자 빔을 생성할 수 있다!" 그러면 증발하여 유리관 속에 가득 달라붙지 않고 원자 기체가 좁아져 빔이 된다. "이게 전부다."

"물론 우리의 가열기는 조금 더 복잡한 장치다." 프리드먼은 비누 조

---

* 탄탈럼은 내화성 금속이다. 증발시키기가 매우 어렵기에 아주 높은 온도에 이르기까지 가열할 수 있다는 뜻이다.

각보다 조금 큰 크기에 가열 코일이 감겨 있는 탄탈럼 가열기를 보여 주며 말한다. 윗부분에는 원통형의 구멍이 나 있는데 증발되어 빔이 될 물질—이 경우에는 칼슘—을 그 속에 놓은 다음 구멍을 메울 수 있다. 증발된 칼슘은 가열기 앞에 있는 미세한 구멍을 통과하면서 빔 형태를 띤다. 클라우저와 프리드먼은 칼슘 약 15그램을 "근사한 원통형의 작은 덩어리"로 잘라 가열기에 닿지 않게 하면서 그 속에 넣는다. 일단 원통형의 놋쇠 진공실 내부가 닫히고 나면 가열기는 세 시간에서 다섯 시간 정도 걸려 칼슘을 기화점까지 가열한다.

한창 뜨거워진 가열기 내에서 칼슘 원자들이 구멍을 통해 쏟아져 나오기 시작하면서 (고체 칼슘 농도의 1조 분의 1에 불과한) 세제곱센티미터당 백억 개의 원자들이 넉넉히 들어 있는 이 빔은 평균 시속 약 3000킬로미터의 속력으로 날아가 곧장 실험 장치의 중심부로 향한다. 이때 두 번째 원통형 놋쇠 진공실에서 바닥의 렌즈로부터 발사된 한 줄기 빛이 날고 있는 칼슘 원자 빔을 급습한다. 이 빛을 받아 들뜬 상태가 된 각 원자는 서로 얽힌 광자들을 방출한다. 하나는 연한 녹색이고 다른 하나는 보라색이다.

이런 들뜬 상태를 만드는 광원을 찾기란 쉽지 않았다. "전등을 만들려고 온갖 기술들을 다 섭렵했다." 프리드먼은 이렇게 회상한다. "이젠 다행히도 그런 걸 몰라도 좋다. 요즘엔 레이저를 사용하니 말이다." 하지만 당시로서는 미세하고 강렬하며 완벽하게 조절할 수 있는 빔인 레이저가 나오려면 여러 해를 기다려야 했다.

프리드먼은 계획된 대로 두 광자의 다단천이가 일어나도록 원자를 들뜨게 할 충분한 에너지를 얻기 위해 빛을 어떤 필터에 통과시켰다. 자외선에 가까운 빛을 통과시키면 옅은 녹색과 자주색 빛이 나왔다. 완벽한 전등, 렌즈, 편광기, 그리고 광전관을 찾는 일 외에도 2275옹스트롬(A), 5513옹스트롬, 4227옹스트롬* 등의 파장이 이후 30년 동안 그의 마음에서 떠나지 않게 된다.

"모든 게 아주 커야 했다." 프리드먼은 이렇게 말한다. "근본적인 문제는 전등에서 많은 빛을 얻어야 하는데 그러려면 거대한 편광기가 있어야 하지만, 거대하면서도 효율이 높은 편광기는 존재하지 않는다는 점이었다." 이미 클라우저는 폴라로이드 시트가 벨의 정리를 검증하는 데 효과적이지 않다는 걸 알아차렸다. 하버드에 있는 홀트는 방해석을 사용하고 있었다. 아름다운 이 천연 결정을 통해 어떤 물질을 보면 살짝 겹쳐진 두 개의 영상이 나타난다. 두 영상이 나타나는 까닭은 방해석이 입사광선을 반대로 편광된 두 개의 나란한 광선으로 분리하기 때문이다. 하지만 방해석은 프리드먼과 클라우저에게 필요한 거대한 크기로는 존재하지 않는다.

겹친 판을 이용한 편광기는 본질적으로 일반 유리를 여러 장 겹쳐서 만든 것이다. "부서지기 쉽고 덩치가 크기 때문에" 프리드먼은 학위 논문에서 이렇게 설명한다. "그런 편광기는 대체로 더욱 편리한 편광 물질을 구할 수 없을 때에만 사용된다." 한 장의 유리는 브루스터 각(만화경의 발명자인 브루스터의 이름을 딴 용어)인 60도보다 약간 적게 기울어져 있을 때 유리 표면에 평행하게 편광된 빛만을 반사시킨다. 표면을 통과하는 빛은 반사된 빛에 대해 직각으로 편광된다. 통과하는 이 빛을 겹쳐진 판들이 여과시켜 수직 편광 성분을 골라낸다. 그런 판들을 충분히 길게 겹쳐 놓으면, 판마다 계속 반사를 거듭하면서 마지막 단에서는 수직 편광

---

* 옹스트롬 단위(A)는 1나노미터의 10분의 1(1미터의 100억 분의 1)이다.

성분으로만 이루어진 여과된 빔이 방출된다.

현미경 슬라이드용으로 설계된 종이처럼 얇은 유리가 이런 목적에 적절한 듯했다. 이 유리는 통과하는 소중한 광자들 중 극소수만 흡수하기 때문이다. 사실 그 유리는 너무 얇아서 대책 없이 구겨지고 휘어진 판 형태로 배달되었다. 하지만 연마용 톱을 조심스레 사용하여 이 휘어진 판들 가운데서 평평한 구역을 스무 개 잘라 냈다. 통과하는 광선을 수용할 수 있도록 유리판의 크기는 거의 1제곱피트에 이르렀다.

서로 다른 각도에서 편광을 측정하기 위해서(EPR 논문에 나와 있는 대로 위치나 운동량 중 하나를 측정하기 위해, 그리고 EPR의 봄 버전 및 벨 버전에서처럼 스핀을 X축 방향이나 Y축 방향으로 측정하기 위해) 편광기는 움직일 수 있어야 했다. 프리드먼과 클라우저는 데이브 레더에게 연락했다. 둘과 비슷한 나이에다 큰 키에 과묵하고 수염을 기른 이 기계 제작자는 연안에서 수백 킬로미터 떨어진 해군 레이더 선에 한 번 가면 한 달 동안 머물며 장비를 수리하면서 자신의 실력을 갈고닦았다. 레더는 온갖 장치를 다 만들었다. 예를 들면 탄탈럼 가열기와 같은 작은 장치뿐 아니라 브루스터 각을 유지하게끔 유리판들을 설치한 큰 장치도 만들었다. 이 장치에서는 이 유리판들을 장착한 [클라우저가 '관(棺)'이라고 부른] 푸른색의 긴 합판 상자를 기울여 놓음으로써 판들이 그 각을 유지할 수 있었다.

그 장치는 관을 연속적으로 회전시키지 않고 대신 로티세리 방식으로 작동했다. 즉 제네바 기어라는 부품을 이용하여 한 번 회전하는 동안 열여섯 번(즉 22.5도마다 한 번씩) 멈추도록, 그리고 이런 식으로 실험을 백두 번 실시할 수 있도록 설정되어 있었다. 프리드먼은 이렇게 말한다. "그건 큰 시계와 같았다. 제네바 기어라는 아이디어는 공학 문제에 대한 산업혁명 시대의 해법이 가득 담긴 『기발한 기계장치들』이라는 책에서 얻었다." 한 세기 전 시계 제작자들의 발명품인 제네바 기어는 지금도 영사기에 사용된다. 대충 제작된 회전식 이동 영상을 정교한 계산에 따라 실행과 정지가 반복되는 영상으로 변환시키는 데 그 기어가 쓰이는 것이다. 홈이 파인 바퀴가 연속적으로 돌면서 작은 바퀴에 달린 톱니와 맞물렸다 풀렸다를 멋진 리듬으로 반복한다.

제네바 기어에 달려 있는 각각의 관 내부에는 프레임 하나가 팽팽한 전선 고리에 매달린 편광판들을 고정시키고 있다. 레더는 주말이면 어부로 부업을 삼던 이답게 연어잡이용 낚싯줄(많은 스테인리스 강철 케이블)과 그 낚싯줄을 연습해 보기 위한 낚싯대 안내 책자까지 만들었는데, 바로 그 낚싯줄을 전선 고리로 삼았던 것이다.

"훌륭한 단일 광자 계수(single-photon counting) 방법이 막 개발된 시점에서 우리는 단일 광자 계수를 해야 했다." 프리드먼은 이렇게 회상한다. "RCA 사가 퀀티콘이라는 광전관을 막 개발했다. 나도 그들과 합류해서 실제로 광전관에 대해 많은 걸 배웠다. 내가 광전관에 대해 아주 많이 알았기에 그들이 내게 일자리를 제안했을 정도였다."

이 광전관 가운데 두 개가—판을 겹쳐 만든 분광기의 양 끝에 하나씩 있다—광자를 붙잡았다. 각각의 광자가 광전관의 안쪽 면에 있는 알칼리 금속과 충돌하여 전자를 방출하도록 만들어져 있었다. 세슘(한 세기 전에 분젠이 짙은 파란색의 스펙트럼을 찾음으로써 발견한 원소)은 주기율표의 가운데 아래쪽에 있는 원소로서 원자 크기가 가장 크다. 리튬이나 나트륨 같은 다른 알칼리 금속들도 그 주변에 있는 주기율표 상의 다른 원소들보다 훨씬 크다. 알칼리 금속 원자가 매우 큰 까닭은 가장 바깥 궤도에 있는 단 한 개의 전자가 핵과 아주 멀리 떨어져 날고 있기 때문이다. 이 전자는 핵의 인력을 아주 미약하게 느낄 뿐이다.

광자는 (일함수라고 하는) 적은 양의 에너지만 있으면 넓은 범위에 걸쳐 도는 이 전자를 핵에서 떼어 내 전선을 통해 광전증폭관으로 쏜살같이 날려 보낸다. 그러면 광전증폭관은 다섯 개의 전자를 계수기에 보낸다. 그러면, 클라우저가 묘사하듯이 "전자광학이 제대로 작동한다면 5 또는 10나노세컨드 길이의 멋지고 뾰족한 펄스가" 계수기에 표시되면서 광자의 도착을 알리게 된다.

하지만 광전관은 암전류가 생기지 않도록 하려면 차가워야 한다.

암전류라고?

클라우저는 빙긋 웃으며 설명한다. "설명하자면 이렇다. 이상적으로는 존재하지 않아야 할 전류다. 학생들이나 이론물리학자들이 보기에는 '광전증폭관은 광자를 넣으면 광자의 개수가 출력된다. 전자장치가 있으면 작은 펄스가 표시되고, 그 펄스를 세면 광자가 몇 개인지 알게 된다'고 단순하게 여긴다." 그가 순진하게 웃는다.

"하지만 실제로는 다르다. 많은 광자를 넣어도 그리 많은 개수가 출력되지 않는다. 어느 때는 전혀 광자를 넣지 않았는데도 개수가 출력되기도 한다."

"이것이 바로 암전류다." 실험물리학은 생명체만큼이나 복잡하다. "(광전관의 내부에 알칼리 금속으로 코팅된 부분인) 광음극의 넓이가 넓을수록 암전류가 세진다. 따라서 이상적으로 보자면 작은 음극관이 더 좋다. 그리고 광전관이 뜨거울수록 암전류는 커진다. 관 내부의 전자들은 에너지가 분포 곡선을 이루는데, 어떤 전자들은 에너지가 높다. 분포 곡선의 끝 부분에 있는 일부 전자들은 (바깥 궤도의 전자 하나를 떼어 내는 데 드는 에너지의 양인) 일함수보다 에너지가 더 높기 때문이다. 이들 전자는 저절로 원자핵의 인력을 끊고 탈출한다. 이 전자들을 광자가 방출한 전자와 어떻게 구별할 수 있을까? 전자 하나는 전자 하나일 뿐이긴 하지만, 그리 많은 전자들이 탈출하지 않아도 상당한 암전류가 생긴다.

이외에 다른 요인들도 있다. 열이온 방출 현상이 생기면 전자들이 떨어져 나간다. 또한 알칼리 금속으로 칼륨이 있는데, 이 칼륨 중에는 원자량이 41인 것도 있다.(칼륨의 표준 원자량은 약 39—옮긴이) 이 칼륨은 방사능 물질이어서 붕괴될 때 전자를 방출한다.

이 모든 것들이 암전류를 만든다. 어떤 것이든 암전류를 만든다. 빌어먹을 광전관 내에서는 온갖 현상, 온갖 마법이 일어나고 있다."

그래서 클라우저와 프리드먼은 각각의 작은 광전관을 한 수평관 속에 넣은 다음 얼음을 가득 채우고 겉을 스티로폼으로 절연한 놋쇠 탱크 속으로 이 수평관을 집어넣고 납땜으로 고정했다. 클라우저가 '붉은' 광자(여기서 붉다는 것은 '낮은 파장'을 뜻하는 속어다)라고 부른 것을 광전관이 붙잡으려면 영하 78도 아래로 냉각시켜야 했기 때문이다. 그러려면 드라이아이스와 알코올 혼합물이 필요했다. "겨울철 보스턴에서 사람이 죽으면 딱 그런 모습이다." 클라우저는 웃으며 말한다. "하지만 지금은 (…) 굳이 그런 걸 다루지 않아도 된다. 아무튼 그런 건 우리가 실험을 제대로 할 수 있도록 암전류를 낮추기 위한 방법이다."

모든 단계가 서서히 진행되었다. 모든 요소를 연구하고 검사하고 다시 생각하고 다시 제작했다. "모든 걸 검사할 시간은 없다고 다들 늘 말한다." 클라우저가 다시 말을 잇는다. "하지만 사실 시간이 없는 게 결코 아니다. 시간을 절약할 수 있느냐가 관건이다. 자연이 어떻게 돌아가는지 열렬히 알고 싶기에 실험 장치를 직접 만들어 온갖 것을 다 실험해 보고 싶기 마련이다. 사람들은 언제나 모든 걸 단번에 완성하고는 작동시켜 어떻게 되나 알아보려고 한다. 하지만 첫 번째 시도에서는 십중팔구 제대로 작동하지 않는다.

실험물리학은 결코 단순치가 않다. 특히 구석기시대의 하드웨어로 연구할 때는 더 말할 것도 없다. 어떤 장치를 갖고 있더라도 온갖 기능을 다 활용할 수 있어야 한다."

2년 동안 실험 장치 제작과 검사를 마친 후, 본실험은 두 달에 걸쳐 280시간 동안 진행되었다. 프리드먼은 이렇게 회상했다. "준비가 완료되고 나서 그 장치는"(응축 물질을 제거하여 진공을 유지하는) "액체질소 트랩을 채울 때 외에는 아무런 어려움 없이 작동되었다." 그리고 마땅히 그랬어야 했겠지만, "축전기도 폭발하지 않도록 만전을 기했다."● 백두 번의 계수(counting) 사이클을 마치고 나면 그 장치는 자동으로 멈추었고 (클라우저가 폐품 더미에서 찾아낸 구식 전화 교환 장치인) 시퀀서가 다른 분광기에게 22.5도 회전하여 작동하도록 명령을 내렸다. 이때 도미노가 작동하는 듯한 잡음과 작동 과정은 30년이 지나서도 클라우저의 마음속에 생생하게 남아 있었다. 그는 이렇게 회상했다. "그 거대한 2마력짜리 모터가 관(棺)들을 돌렸고 텔레타이프가 달그락거리는 소리를 냈다." 천공 과정에서 생긴 종잇조각들이 바닥에 흩어졌고 종이테이프가 아코디언처럼 접히며 바구니 속에 들어갔고 아울러 칼슘 빔을 감시하는 수정 진자 감시용 직렬 프린터 속으로도 차르르륵 소리를 내며 들어갔다.

데이터 기록과 재정렬을 마친 다음 그 장치는 새 사이클을 시작했다. 전등을 다시 쬐어 원자 빔이 방출되면 서로 반대 방향인 얽힌 광자 쌍들이 일정 각도로 기운 유리판들을 따라 광전관으로 들어갔다. 그러면 전

● 축전기는 전하를 저장하는 기본적인 전기장치이다.

자들이 계수기로 들어가 출력된 수에 따라 검은 바퀴가 작동되었고 어지럽게 꼬인 두꺼운 전선들이 앞뒤로 비틀리면서 계수기에 연결되었다 풀렸다 했다.

한편 클라우저는 가끔씩 타운스에게서 연락을 받았다. ("존, 이제 우린 천문학을 전혀 하지 않고 있네.") 클라우저는 감사하는 마음을 담아 이렇게 회상했다. "하지만 그분이 예산의 용도를 바꾸어 준 덕분에 나는 급여를 받을 수 있었다." 그러나 프리드먼의 기억에 따르면 벨의 이론을 직접 검증하던 둘 사이는 "서로 다투는 일이 잦았다. 우리는 무엇을 실험해야 할지 그리고 어떻게 해야 할지를 놓고서 정말로 의견이 맞지 않았다."

프리드먼의 회상에 따르면 클라우저는 처음에 이런저런 이야기를 해주었는데, 그중에 『사이언티픽 아메리칸』에서 주관하는 종이비행기 대회에 클라우저가 나갔다는 내용이 있었다. 종이와 접착제의 양에 관해 허용된 엄격한 규칙을 따르면서 "클라우저가 고안한 것은 야구공을 쏙 빼닮은 모양이긴 하지만 아주 멀리 날 글라이더였다. 그는 종이에 접착제를 붙여 네모난 덩어리 모양으로 만든 다음 그걸 선반 위에 올려놓고 기계를 이용해 구형으로 만들었다. 심지어 야구공에 나 있는 실밥 자국을 그 위에다 칠하기까지 했다. 그리고 실제 야구 투수로 하여금 그걸 던져서 띄우게 할 참이었다." 프리드먼은 웃음을 터뜨리더니 머리를 흔들었다. "대회 관계자들은 야구공이 '비행'을 하는지 여부를 놓고 오랫동안 토론을 벌인 끝에 그에게 대회 참가 자격이 없다는 걸 애써 설득했다."

"존은 늘 그런 식이었다."

"그는 똑똑한 사람이다." 커민스는 후에 이렇게 회상했다. "하지만 고집불통인 데다 너무 급진적이다. 너무 고집이 세고 모든 걸 자기 식대로 하고 싶어했다. 그래서 가엾은 프리드먼을 고생시켰다. 더군다나 클라우저는 몸집이 큼지막하지만 프리드먼은 약간 작다 보니 아마 겁을 먹어 조금 주눅이 들었을 것이다."

지하 실험실 바깥의 대학 상황은 훨씬 나아졌다. 프리드먼은 이렇게 말한다. "우리는 늘 배를 타러 나갔다. 배를 타고 있으면 모든 게 좋았다. 우리는 항해를 하면서 참으로 좋은 시간을 보냈다."

30
결코 단순하지 않은 실험물리학
──1971~1975년──

리처드 홀트

마침내 첫 번째 실행이 종료되었다. 프리드먼과 클라우저의 지하 실험
실에는 IBM 1620 중앙처리장치를 장착한 컴퓨터, 온갖 전자장치들, 프
린터와 전선들이 가득 차 있었다. 원자 빔 부서의 하워드 슈거트가 어떤
회사의 쓰레기통에서 주워 온 것들이었다.

　클라우저는 컴퓨터가 실험 결과를 읽어 낼 수 있도록 프로그램을 로
딩하고 있었다. 실험 장치에서 나온 결과는 천공 종이테이프 위에 기록
되었다. 그 프로그램도 천공카드들을 이어 놓은 약 2미터 길이의 종이
테이프였다. 명령 줄이 카드마다 찍혀 있었다.

클라우저의 프로그램은 카드 한 장씩 비스듬하고 긴 카드 판독기 속으로 그르르르 소리를 내며 사라지고 있었다. "어이, 스튜어트" (텔레타이프 기계의 입구에서 쏟아져 나온 바람에 가득 얽혀 있는) 종이테이프가 가득 찬 바구니를 든 프리드먼이 문을 열고 들어오자 그가 말했다. "방금 커민스에 관한 대단한 이야기를 들었어."

"아, 그래?" 프리드먼이 시끄러운 프린터와 그 자체가 거대한 컴퓨터인 전자장치 선반 사이에 있는 의자에 앉으면서 말했다. 그는 얽힌 종이테이프를 풀기 시작했다.

"커민스가 한밤중에 헬륨 누출 탐지기를 들고 이 건물 지붕에 올라갔다는 이야기야." 클라우저가 말했다.

프리드먼이 얽힌 종이테이프에서 시선을 거두고 클라우저를 쳐다보았다.

"그런데 말이야." 클라우저가 말을 이었다. "그는 언덕에서부터, 그러니까 사이클로트론의 목표물에서부터 방사능 기체를 이동시키는 과정이 포함된 어떤 실험을 허가 받으려고 학교 당국에 신청을 해 놓았어. 아무리 기다려도 답변이 없자 마침내 자기가 직접 가서 해 버리자고 결심을 한 거지. 그래서 파이프를 15미터 높이로 끌어올려 설치를 해 놓았는데, 그게 새는 거지." 클라우저는 콘솔과 카드 판독기 사이를 오가며 이 이야기를 했다. "그런데 커민스는 이런 생각을 한 거야. '젠장! 이런 일로 주목받고 싶진 않아'라고 말이야. 그래서 밤중에 고치러 올라간 거야." 마지막 카드가 판독기 속으로 사라졌다. 클라우저는 다시 콘솔로 천천히 다가갔다. "그걸 고치면 자기가 하려는 실험을 마치게 돼.—아직 책임자들한테서 아무 소식 없긴 하지만—그리고 멋진 결과를 얻어 발표를 하고 나면 마침내 학교 당국에서 연락이 오는 거지." 활짝 웃으며 말을 이었다. "'당신의 신청은 불허되었습니다'라고 말이야."

프리드먼도 웃음을 터뜨렸다. "커민스가 그 위원회를 그렇게 무시한다는 것만 봐도 위원회가 형편없는 데란 걸 알 수 있어. (…) 좋았어. 종이테이프가 준비됐어."

"집어넣자." 클라우저가 말했다. 그리고 아주 천천히 종이테이프 판독기를 거친 테이프가 감개에 말려 들어갔고 반대편에서는 천공카드가 나왔다.

둘은 방으로 돌아와 천공카드 위 숫자들에 뚫린 깔끔한 구멍의 배열을 통해 실험 결과를 파악하기 시작했다. 클라우저는 광자 동시 발생의 수 변화에 따라 그래프를 하나 그렸다. 동시 발생—한 광전관에서 (원자 다단천이에서 방출되는 첫 번째 광자인) 녹색 광자를 검출하고 동시에 다른 광전관에서 보라색 광자를 검출하는 것—은 두 편광기의 정렬을 바꾸어 감에 따라 그 수가 많아졌다 적어졌다 했다. 두 편광기가 서로 평행이면 동시 발생이 많았고 여러 각도로 약간 기울어져 있을 때는 동시 발생이 적었다. 서로 수직일 때는 거의 제로였다.

양자역학은 이 관계에 대해 부드러운 뱀 모양의 진동을 예측한다. 이 진동은 일종의 사인곡선으로서 편광기가 서로 평행일 때 원점에서 둥근 마루가 나타나고 45도를 지나면서 재빨리 값이 떨어져 90도에서 골에 이른 다음 다시 값이 오르기 시작해, 편광기가 다시 평행이 될 때 180도에서 다시 둥근 마루가 나타난다. 광자들은 서로의 거리와 관계없이 연결되어 있다. 평행한 편광기를 통해 어느 한 광자의 위치만 알면 다른 광자의 편광 상태를 알 수 있다.

하지만 클라우저의 연필 아래 나타난 곡선은 모스크의 유리창 모양처럼 부채꼴이었다. 국소적인 숨은 변수가 존재한다면, 얽힘 현상이 없다면, 양자역학이 틀렸다면 나올 수 있는 바로 그런 모습이었다. 광자들은 여기저기 흩어진 패턴을 따르는 듯 보였다. 매우 결정적인 결론을 내놓을 수 있도록 완벽한 직선에 가까운 지그재그 모양이 아니라 아주 두루뭉술한 모양이었다.

"와우!" 클라우저가 곡선을 쳐다보며 말했다. 나중에 그는 이렇게 회상했다. "그 무렵 나는 사람들이 내놓은 숱한 임시변통식 숨은 변수 이론의 예측들에 대한 계산을 마쳤는데 그때는 마치 내가 답을 찾아낸 듯한 기분이었다."

"좋았어. 꼼꼼히 살펴보자고." 프리드먼이 이마를 찌푸리며 말했다. 그는 곧 천공카드에 찍힌 숫자들을 그래프 상의 점들과 비교하기 시작했다.

"'세상을 뒤흔들 가능성은 언제나 있기 마련이다.'" 클라우저는 (자주 그러듯이) 벨이 1969년에 보낸 편지에서 말한 구절을 읊었다. 프리드먼이 히죽 웃더니 눈썹을 치켜뜨고 말했다. "두고 보면 알겠지." 그러고선 머리를 흔들더니 천공카드를 본 다음 다시 그래프를 보았다.

바로 그때 커민스가 들어왔다. "어떻게 돼 가고 있어? 스튜어트, 존? 첫 번째 실행은 마친 거야?"

프리드먼이 클라우저를 바라보았다. 클라우저는 프리드먼을 바라보았다. 프리드먼이 클라우저의 그래프를 집어 들었다. "이걸 봐."

커민스가 이마를 찌푸리며 진지한 표정으로 바라보았다. "이거 확인한 거야?"

"응, 두 번이나." 클라우저가 말했다.

"물론 우리에겐 데이터가 더 필요해." 프리드먼이 덧붙였다.

"맞는 말이야." 커민스가 그래프를 책상 위에 내려놓으며 말했다.

클라우저가 그걸 다시 집어 들었다. "아직은 꽤 부족하지만 그래도 오차 범위 안에는 든 것 같아."

커민스가 무덤덤하게 말했다. "글쎄. 다시 한 번 실행해서 이것과 비교할 데이터를 얻는 게 어때?" 그러고선 이제 가만히 쉬고 있는 실험 장치가 있는 등 뒤쪽으로 엄지손가락을 들어 가리켰다. "곧 다시 만나서 논의해 보자고."

"응, 그래." 커민스가 떠날 때 클라우저가 말했다. "당연히 실험은 더 해야겠지. 하지만 이 그래프도!"

프리드먼이 빙긋 웃으며 클라우저를 바라보았다. "걱정 마, 존. 만약 답이 있다면, 실험을 더 해 보면 반드시 찾아낼 거야."

두 사람은 조심조심 새로운 칼슘 덩어리를 가열기 속에 밀어 넣었다. 붉은 광전증폭기 주변에 드라이아이스를 더 많이 채웠다. 액체질소 트랩을 다시 채웠다. 텔레타이프에 종이테이프를 더 많이 넣었다. 실내의 불을 끈 다음 전체 과정을 다시 실행하기 시작했다.

실험 장치에서 일정 간격으로 갑자기 거슬리는 소리가 났지만 익히 듣던 터라 잠시 아무 말 없이 지켜만 보고 있었다. 1분 30초가 지나자 모터들이 윙윙대며 작동을 시작했고 텔레타이프가 달그락거렸으며 큰 '관'이 열여섯 번에 걸쳐 나누어서 도는 회전을 천천히 시작했다. 이어서 그 익숙한 잡음들 속에서 유리판이 유리판과 맞닿는 소리, 이어서 유리판이 금속과 맞닿는 소리가 났다.

"저 소리 들었어?"

"우우우, 별로 좋은 소리는 아닌데."

클라우저가 실험 장치를 껐고 프리드먼이 실내의 불을 켰다. 관의 크고 푸른색 합판 뚜껑을 열었다. 거대하고 투명한 척추처럼, 얇은 유리판들이 줄지어 깔끔히 정렬되어 있었다. 단 하나만은 예외였다. 얼핏 보면 분간할 수 없었지만 그 유리판의 금속 프레임이 광자의 경로와 삐뚜름한 각도로 놓여 있었다.

"이런 젠장." 클라우저가 너덜너덜해진 연어 낚싯줄을 관의 안쪽 면에서 빼냈다. "선이 끊어졌어." 이 때문에 편광기 판이 삐뚤어져 광자의 진행을 막기도 하고 경로를 벗어나게도 해서 몇 시간 동안 데이터를 엉터리로 만들었던 것이다.

프리드먼은 손상된 판을 제거하며 말했다. "이것 때문에 웃기는 곡선이 나왔던 거라고."

"판을 새로 끼워 넣자." 클라우저가 빙긋 웃으며 말했다. "하지만 양자역학적인 결과가 나온다면 난 물리학을 그만둘 테야."

"저는 양자역학적인 결과를 얻어야 했습니다." 하버드 대학의 홀트는 시모니에게 이런 농담을 던졌다. "왜냐하면 제 실험을 통해 국소적 숨은 변수를 지지하는 결과가 나오면 노벨상은 받게 되겠지만 하버드에서 박사 학위는 못 받을 테니까요."

하버드 대학 전체는 편협했을지 모르지만 홀트의 논문 지도 교수인 프랑크 핍킨은 그렇지 않았다. 다른 사람들이 너무 심각하게 여기는 것을 재미있는 시각으로 볼 줄 아는 태도와 진지한 열정을 겸비한 사람이었다. (이런 장점이 그의 끔찍한 강의를 상쇄했다. 물리학과의 아주 괴짜들만이 열심히 그의 강의를 듣긴 했지만.) "핍킨 교수님은 이런 근본적인 문제에 대해서는 불가지론자로 일관했다." 홀트는 이렇게 회상했다. "이런 문제가 제기되면 어김없이 실험을 하길 좋아했지 머리를 싸매고 고민하느라 시간 낭비를 하지 않았다." 핍킨 교수는 열다섯 명의 대학원생들을 지도했다.

이들은 점점 더 세분화되고 있던 소립자물리학, 핵물리학, 원자물리학 분야에서 다양한 실험을 진행하고 있었다. "일주일쯤 후에 찾아가 보면 교수님은 무엇이 부족한지를 정확히 집어냈다." 홀트는 이렇게 기억했다. "아주, 아주 똑똑한 분이었다."

홀트는 시민운동에 자극을 받아 노스캐롤라이나에 있던 한 흑인 학교에서 수학과 물리학을 가르치고 있었다. 이때 핍킨 교수가 전화를 걸어서는 수은 다단천이 장치에 대해 알려 주었다. 제자 하나가 만들었는데 요즘은 방치되어 있는 것이라고 했다. 핍킨은 홀트가 그런 작지만 깔끔한 장치에 관심이 있으리란 걸 알고 있었다. "나는 책상 위에서 할 수 있는 물리학이 좋았다." 홀트는 이렇게 말했다. "당시는 100여 개의 항목명이 적힌 종이를 수북이 쌓아 놓고 연구하던 분위기였다. 나는 그러기 싫었다." 버클리 대학에 있는 실험 장치와 달리 홀트의 장치는 부피가 1세제곱피트도 되지 않았다.

큰 진공실 내에서 원자 빔을 방출시키기 위해 자외선 전등을 사용하는 대신에 홀트의 실험 장치 자체가 일종의 전등이었다. 수은 증기가 가득 찬 유리관 내에 전자총이 밀봉되어 있었는데 이것이 네온사인처럼 수은 증기를 들뜨게 만든다. 전등이 방출하는 광자들—버클리 실험에서 나온 것보다 약간 더 얇은 녹색과 더 짙은 녹색—은 서로 얽힌 상태였다. (버클리 실험과는 다르지만 베르틀만의 양말과는 마찬가지로, 서로 반대 방향의 편광이 상관관계를 보였다.) 버클리를 떠나기 전에 홀트가 작업하던 모습을 보았던 클라우저는 그 유리관 제작을 "결코 사소하지 않은 유리 불기 재주"라고 회상했다.

수은은 칼슘보다 복잡했다. 다섯 배나 무거운 데다 동위원소(동일한 원자의 서로 다른 형태들)의 종류도 원자량이 204인 것에서부터 196인 것까지 다양하다. 홀트가 광원으로 쓴 것은 비교적 드문, 원자량이 198인 수은이었다. 따라서 "이 극도로 순수한 상태로 분리된 수은 동위원소를 유리관 안에서 증류시켜야 했다. 그건 눈으로 볼 수도 없다. 그것의 존재를 알 수 있는 방법은 거기에다 고주파방전을 하는 것뿐이다." 그러면 그것의 스펙트럼 선이 분광기에 나타난다.

영국의 캐번디시연구소에서처럼 하버드의 리만연구소에서도 자체 제작 방식이 권장되었다. "기계 제작소에서 구입한 것도 있었지만" 홀트는 이렇게 회상했다. "가능하다면 직접 제작하는 것이 권장되었다." 핍킨도 구두쇠 학자이긴 했지만 이런 방식의 최고봉은 작은 체구의 케네스 베인브리지였다. 당시 일흔에 가까웠던 그는 최초의 원자폭탄 실험 책임자로 유명했다. 그는 손가락 일부가 없다. 방사능 물질이 묻어서 잘라 버렸기 때문이다. 베인브리지는 실험에 쓰려고 하버드 스퀘어에서 값싼 냄비를 사곤 했다.

프리드먼과 클라우저의 실험에서와 마찬가지로 홀트의 실험 장치 양쪽 끝에는 광전관들이 각각 설치되어 있다. 그런데 "어느 아주 슬픈 날에 한 개가 빠져서 깨져 버렸다." 핍킨이 자신의 고에너지 물리학 연구팀이 일하고 있는 곳으로 홀트를 데리고 올라갔다. 그곳은 돈을 아끼면서 자체 제작을 하지 않아도 되었다. "광전증폭기가 박스 단위로 있는 곳이었다! 핍킨 교수가 내게 말했다. '가장 좋은 걸로 하나 고르게.'"

홀트는 가끔씩 자신도 그곳에서 함께 연구하길 바라긴 했다. 하지만 그러지 않아도 홀트 주변의 지하 연구실에는 흥미로운 실험을 하는 이들이 가득했기에, 그가 어떤 문제를 들고서 박쥐 동굴을 나와 물어보면 실질적인 조언을 얻을 수 있었다. 홀트보다 앞서 그 실험 장치를 만들었던 대학원생은 "실제로 연구실에 슬리핑백을 가져왔지만, 나는 그렇게

까지 하고 싶지는 않았다." 대신 그는 날마다 종일 일하다가 밤늦게 자러 갔다.

"다들 나를 걸어 다니는 숨은 변수라고 부를 정도였다."

프리드먼이 어두운 버클리 대학의 지하 실험실로 향하는 문을 천천히 열었다. 연어 낚싯줄을 수리하고 더욱 원만히 작동하도록 시스템을 다시 조작했다. 실험 장치는 이제 또 다시 실행되고 있었다. "빛이 없다고 걱정하지는 마." 클라우저가 실험 장치 뒤에서 말했다. "붉은 광자 계수기*에 다시 빛이 꺼졌기에 전체 시스템을 정지시킨 상태야." 프리드먼이 실내등을 켜 보니 클라우저는 과열된 광전관 위에 몸을 숙이고 있었다. 광전관을 검사하는 그의 얼굴엔 걱정스러우면서도 재미있다는 표정이 함께 어려 있었다. 마치 금발의 캘리포니아 시골 아이가 개구리를 잡아서 꼼지락거리는 데도 아랑곳하지 않고 손 위에서 뒤집어 보는 듯한 모습이었다. "너무 과열되었어." 그가 말했다. "휴식의 시간을 줘야 할 때야."

프리드먼이 끄덕였다. "세상에, 붉은 광전관이 그렇게나 고생하고 있었다니."

"그건 그래." 클라우저가 말했다. "하지만 홀트와 핍킨이 우릴 이기면 이 녀석 탓이야."

"응, 글쎄, 그렇다고 모든 게 끝나는 건 아냐." 프리드먼이 말했다. "과학은 협력이라고. 안 그래? 우리는 단지 답을 찾기 위해 노력하는 것뿐이야."

---

*더 긴 파장의 광자. 이 경우에는 실제로 녹색 빔을 세는 장치를 말한다.

"그래. 맞는 말이야." 클라우저가 말했다. "하지만 나는 하버드보다 먼저 답을 찾고 싶단 말이야!" 이 말을 던지고서 빙긋 웃었다. 하지만 속으로는 이렇게 생각하고 있었다. 경쟁자가 없다면 쫓기는 느낌을 받지 않으면 훨씬 더 좋을 텐데. 그는 다시 내려다 보았다. 멍청한 광전관. "시모니 교수가 오늘 이탈리아에서 전화를 걸어 결과가 나왔는지 물었어."

시모니는 바레나에서 열리는 회의에 가 있었다.

"아, 맞다. 시모니 교수가 우리 실험에 대해 이야기하지 않을까?"

"응. 그리고 벨이 더욱 일반적인 부등식을 내놓았대. 그것으로 시모니 교수는 우리 실험이 단지 국소적 숨은 변수 이론들뿐 아니라 국소성과 실재성에 기반을 둔 어떤 이론도 검증하게 될 것이란 점을 밝힐 수 있었어." 여기서 실재성이란 대략적으로 말해 객관성(관찰자의 마음과 무관한 존재) 및 분리 가능성(멀리 떨어진 물체들과 무관한 존재)과 같은 뜻이다. "대단한 일이지."

프리드먼이 흥미롭다는 듯 고개를 끄덕였다. "그런 내용을 내 학위 논문에 넣으면 멋질 거야."

"그럼. 시모니 교수 말이 벨이 훌륭한 강연을 했대. 이런 내용이었대. '이론물리학자들은 고전적인 세계에 살면서 양자역학적인 세계를 탐구한다'라고 말이야." 둘은 함께 거대한 실험 장치를 바라보았다. "실험물리학자들도 마찬가지야." 프리드먼의 이 말을 듣고 클라우저가 웃으며 말한다. "옳은 말씀. 경계가 어딘지는 아무도 모르니까 양자론은 잠정적인 거야. 벨은 이렇게 말했지. '양자론이 어떻게 진화할지를 추측해 보는 건 타당한 듯하다. 하지만 물론 누구도 그런 추측에 동참할 의무는 없다.'"

프리드먼이 웃음을 터뜨렸다. "벨의 강연을 들어 보고 싶어."

"그래. 그는 키가 3미터나 될 게 분명해."

"그건 그렇고, 존. 뭔가 알아낸 게 있어." 닐 영과 같은 부스스한 머리카락과는 대조적이게도 프리드먼의 표정이 사뭇 진지했다.

"그게 뭔데?" 클라우저가 물었다. 보기와는 달리 덤덤한 목소리였다.

"음, 벨의 부등식을 가장 크게 위반하는 경우는* 22.5도와 67.5도일 때 일어나." 편광기들이 이 각도만큼 분리되어 있을 때, 숨은 변수가 존재한다고 할 때 예상되는 지그재그 선에서 가장 멀리 떨어진 곳에서 양자역학적 사인곡선이 나타난다는 말이다. "이걸 이용해서 실험을 하면 훨씬 더 단순한 결과를 낼 수 있어." 그가 자기 생각을 종이에 대충 적어 클라우저에게 건넸다.

클라우저가 자세히 보더니 고개를 끄덕이기 시작했다.

"이 두 각도에서만 한 번 더 실행해 보고 싶어. 그게 가장 중요하니까 말이야." 프리드먼이 이렇게 제안했다.

"좋아."

"또 이런 생각도 하고 있었어." 프리드먼이 천천히 말했다. "(…) 음, 알고 보니 홀트는 좋은 계수율을 얻지 못하고 있어. 그저께 전화 통화를 했는데, 너도 알겠지만 홀트는 우리 것과 같은 장치가 없잖아. 논문 지도 교수가 무지 구두쇠거든. 조금 전에 말한 내가 새로 알아낸 내용을 홀트한테 알려 주면 어떨까 싶어. 그럼 도움이 좀 될 거 같아."

---

* 벨의 부등식에서, 만약 국소적 실재론(국소적 숨은 변수 해석)이 옳다면, 즉 기존의 양자역학(코펜하겐 해석)이 틀리다면 실험에서 얻은 측정치를 이 부등식에 대입했을 때 부등식이 성립되고, 반대로 국소적 실재론이 틀리다면 부등식이 성립되지 않는다(위반된다). 따라서 벨의 부등식을 가장 크게 위반하는 경우란 국소적 실재론이 틀리고 양자역학(코펜하겐 해석)이 옳다는 점이 가장 강하게 드러나는 실험 상황을 뜻한다.—옮긴이

클라우저는 마치 외계인의 말을 들은 듯한 표정으로 그를 쳐다보았다.

그리고는 어깨를 으쓱했다. "글쎄, 상대편에게 비밀을 알려 주면 우리 팀이 어떻게 이길지 잘 모르겠네."

한편 얽힘 현상을 연구하고 싶은 실험물리학자들은 즉석에서 공동 연구자가 된 클라우저, 혼, 시모니, 그리고 홀트 이외에도 더 많아지고 있었다. 이 넷이 쓴 논문은 1969년 말 텍사스 남동부에 있는 비공식적이지만 거창한 이름인 브라조스밸리철학협회에서 논의된 이후 에드 프라이의 관심을 끌게 되었다. 프라이는 온순한 성격의 젊은 실험물리학자이자 텍사스 A&M 대학의 신임 교수였다.

"그날 밤 즉시" 35년 후 프라이의 회고에 따르면 그는 자신이 하고 싶은 게 무엇인지 알아차렸다. 레이저가 막 사용되기 시작하던 때였는데 어떤 레이저는 5461 옹스트롬 근처의 파장, 즉 밝은 에메랄드 빛 녹색까지 낼 수 있었다. 우연하게도 그것은 수은의 원자 다단천이를 일으킬 수 있는 색이었다. 자주색을 내는 광자가 나타나더니 뒤이어 자외선을 내는 광자가 나타나 서로 얽힘 현상을 보였다. 레이저 빔의 순도가 높기 때문에 실험이 훨씬 더 깔끔해졌고 얽힘 현상도 더 간단하게 발생했다.

프라이는 친구이자 이론물리학자인 짐 맥과이어의 권유로 그날 밤에 그 철학협회의 모임에 갔다. 둘은 얽힘 현상이라는 개념에 열광했다. 그 주제가 얼마나 인기가 없는지는 둘 다 몰랐다. "우리는 흥분과 열정에 함께 휩싸여 있었다."고 프라이는 회상했다.

이들의 흥분과 열정은 금세 사그라지고 말았다. 아무도 프라이가 구상하는 멋진 실험에 자금을 지원하려고 하지 않았기 때문이다. 그의 연구비 지원 신청에 대한 검토 보고서는 "학교의 문화를 여실히 나타내 주는 창이었다." 그는 이렇게 회상했다. "버클리와 하버드 대학에서 이미 낭비된 시간과 돈의 액수가 보고서에 적시되어 있었다."

. 아무래도 얽힘 현상에 대한 추가 실험은 불가능해 보였다. "나는 완전히 기가 꺾였다."

"홀트와 핍킨은 자신들의 실험 결과를 아무에게도 말하지 않았다." 클라우저는 이렇게 회상했다. "그들이 무얼 하는지 우리는 몰랐다. 그래서 우리는 우리의 실험만 해 나갔고 1972년에 실험을 완료하고 발표했다." 발표한 매체는 『피직스 리뷰 레터스』였다. "그건 아주 흥미로운 결과였다." 프리드먼은 이렇게 말했다. "여유 있게 숨은 변수를 배제시키는 결과였다. 아주 결정적이었다." 클라우저-프리드먼 실험 장치의 정교한 고전적 메커니즘이 얽혀 있는 유령 같은 결과를 내놓고야 말았다.

프리드먼은 1972년 5월 박사 학위 논문을 완성한 후 ("이 실험실에서 나온 것 중 가장 엄청난 논문이었다." 그는 이렇게 회상한다. "이 프로젝트는 모든 것이 엄청났다.") 프린스턴 대학이 제안한 자리를 받아들였다. 그리고 홀트를 직접 만나러 하버드로 갔다. 우선 그는 지하 박쥐 동굴 위에 있는 핍킨의 연구실로 갔다. 그곳에는 아무도 없던 터라 프리드먼은 혼자 앉아서 기다렸다. 그런데 책상 위에 놓인 홀트의 학위 논문이 눈에 들어왔다. 얇은 판지로 깔끔하게 표지를 한 논문이었다. 호기심에 논문을 들고 읽기 시작했다.

홀트 논문의 초록은 그가 "클라우저 등이 제안한 선형 편광 상관관계 측정"을 실시했다는 말로 시작했다. 그다음에는 (프리드먼의 논문과 마찬가지로) 벨 부등식의 프리드먼 버전이 나왔고 이어서 홀트는 자신의 결과를 그것과 비교했다. 프리드먼은 그 숫자를 두 번 쳐다보았다. 그의 눈썹이 치켜 올라갔다. 홀트는 프리드먼이 한 것과 벨 부등식을 약간 다르게 설정했을 뿐이었지만 그 결과는 거의 부등식의 범위 안에 들었다. 부등식을 위반했던 프리드먼의 실험 결과와는 달랐다. "이 값은 양자역학에 따른 예측과는 상당히 어긋난다."라고 홀트는 결론을 내렸다. 프리드먼의 버클리 실험과는 정반대로 이 실험에서는 얽힘 현상이 드러나지 않았다.

프리드먼은 계속 읽어 나갔다. 눈썹은 이제 아래로 내려와 있었다. 어떻게 된 거지? 그는 궁금해졌다. 계수율에는 문제가 없었다. 프리드먼 부등식이 필요로 하는 두 각도에서 측정하여 통계적으로 의미 있는 결과가 나왔으니 말이다.

두 가지 각도였다. 프리드먼은 자기가 벨 부등식을 단순화시킨 버전을 홀트에게 전화로 알려 주었던 게 떠올랐다. 실제로 그 후에 홀트는 자칭 "일종의 루브 골드버그 장치(특정 작업을 수행하도록 설계된 매우 복잡한 기계—옮긴이)"를 제작해 광자 동시 발생을 오직 22.5도와 67.5도에서만 측정했다. 실험실 내의 한 엔지니어가 (버클리 팀이 사용한 적이 있던) 제네바 기계를 사용해 보라고 설득했을 때도 홀트는 얌전히 들었을 뿐 그 말에 따르지 않았다. 오랜 세월이 흐른 후 그는 웃으며 이렇게 회상했다. "젊고 고집불통이었던 터라 난 더 단순하게 할 수 있다고 여겼다."

프리드먼은 픕킨의 연구실에 앉아서 생각했다. 클라우저가 말한 '세상을 뒤흔들 결과'를 그가 찾았거나 (…) 아니면 내가 그에게 엄청난 피해를 입혔거나 (…) 두 가지 각도에서만 측정한다면 어떤 체계적인 오류를 찾아내기가 더 힘든 법이다.

픕킨이 들어왔다. 프리드먼은 일어나서 약간 어리벙벙한 심정으로 악수를 했다. "홀트의 논문을 읽었군요." 픕킨이 말했다.

프리드먼이 고개를 끄덕였다.

"그걸 발표할지 말지 우리는 계속 논의하고 있습니다. 뭐가 잘못되었는지 만족할 만한 제안을 해 주는 사람이 아무도 없습니다. 하지만 홀트가 발표하려고 할 때마다 전 신중하자고 말하고, 내가 그걸 발표하는 게 우리의 의무라고 여기면 그 친구가 걱정스러워합니다. 이건 그 내용에 관한 가장 최근의 출간 전 논문입니다." 그러면서 핍킨은 프리드먼에게 그 논문을 건넸다. 저자 명칭 난에는 이렇게 적혀 있었다. "F. M. 핍킨 그리고 W. C. 필즈(20세기 초반에 활동했던 미국의 유명 코미디언이자 배우. 여기서는 홀트의 별명인 듯하다.—옮긴이), 하버드 대학교." 프리드먼이 빙긋 웃었다.

바로 그때 홀트가 문을 열고 들어왔다. "W. C.!" 핍킨이 약간 빈정대는 웃음을 지으며 말했다. "이쪽은 스튜어트 프리드먼 씨네."

"안녕하세요. 프리드먼 씨. 드디어 뵙게 되네요." 홀트가 손을 건네며 말했다.

"네, 홀트 씨. 저는 지금 프린스턴에서 일하고 있는데 여길 한번 들러야겠다고 생각했습니다."

"우리 실험 결과를 보셨군요." 그가 프리드먼의 손에 들려 있는 진홍색 표지의 논문을 가리키며 말했다. "그걸 어떻게 할지 모르겠습니다. 이 대학 교수인 밥 파운드를 어제 복도에서 만났더니 이러더군요. '그러니까 그걸 발표할 건가?' 전 이렇게 말했죠. '글쎄요. 그럴까 생각 중입니다'. 그랬더니 그 교수는 먼 곳을 바라보면서 이러더군요. '아, 젊고 전도유망한 물리학자였는데 어쩌다가 (…)'"

핍킨이 큰 소리로 웃음을 터뜨렸고 홀트도 따라 웃었다. 프리드먼은 약간 불편한 느낌이 들었다.

"그러니까 아무도 오류를 찾아낼 수 없단 말입니까?" 그가 물었다.

"그렇습니다. 그런데 홀트 군, 자네가 오늘 그걸 발표하고 싶지는 않은 것 같군." 핍킨이 말했다.

"아, 네. 아시다시피 처음에 성공하지 못하더라도 계속 시도를 거듭하는 겁니다. 그러다가 안 되면 그만둬야죠. 바보같이 계속 해 봐도 소용이 없으니까요." 이렇게 말하면서 홀트는 어깨를 으쓱하고 빙긋 웃었다.

"자네가 W. C. 필즈가 아니라 W. C. 파울리라면 더 좋았을 텐데 말이네." 핍킨이 넌지시 말했다.

"파울리가 그 정도로 시대를 초월한 지혜의 상징이라고 여기십니까?" 홀트가 물었다.

앞서 2년 동안 홀트는 그 실험의 오류를 찾으려고 해 보았지만 별 성과가 없었다. "나는 무슨 문제가 있을 수 있는지 온갖 이상한 추측을 다 해 보았다."고 그는 회상했다. 확실한 범인은 결코 나타나지 않았다. 상황을 더욱 혼란스럽게 만드는 일이 생겼다. 그다음 해인 1974년 이탈리아 시실리에서 벨의 부등식을 검증하는 한 연구팀이 홀트의 결과와 일치하는 결과를 발표했던 것이다. 양자역학이 내놓은 예측과 첨예하게 어긋나는 결과였다.

시실리 실험은 사실 우―샤크노프 실험의 한 종류였는데 이에 대해 마이클 혼은 1968년에 다음과 같이 단언했다. "그 실험은 다시 고려해 볼 필요가 없다. 타당하지 않은 실험이다. 그건 숨은 변수 방법으로 재현할 수 있다."(우의 실험에서 드러난 얽힘 현상은 너무나 약하기에 비양자적인 방법으로, 그러니까 유령 같은 현상이 아닌 국소적인 숨은 변수로 설명할 수 있다는 뜻이다.) 클라우저도 비슷한 결론에 이르렀다. 그런데 우의 제자인 레너드 카스데이가 두 가지 가정을 추가하면 그 실험이 얽힘 현상을 뚜렷이 나타낼 것이라고 주장했다. 하지만 시모니는 그 주장을 전혀 타당하지 않다고 여겼다.

그리고 텍사스의 프라이는 그런 혼란스러운 상황이 오히려 "대단히 힘을 북돋아 준다."고 느꼈다. 이제 그의 실험이 더 이상 돈과 시간의 낭비로 여겨질 리가 없게 되었으니 말이다. 1974년 "레이저를 구입할 충분한 돈"을 갖고서 프라이는 연구를 시작했다. 이때 클라우저의 격려를 받긴 했지만 아직 그의 제자인 란달 톰슨의 도움은 받지 않고 시작했다. 그 실험이 제자의 앞길에 나쁜 영향을 미칠 수 있다고 여겨 참여하지 못하게 했기 때문이다.

한편 "우리는 아무런 확신도 없는 상태였다."고 클라우저는 자신과 프리드먼의 당시 처지를 회상했다. "나도 믿기지 않는 상황이었다. 그 반대 경우가 참일 거라고 예상했기 때문이었다. 나는 그것 때문에 매우 혼란스러웠다." 존 벨의 말처럼 "양자역학으로 인해 밝혀진 또 어쩌면 그것 때문에 감추어진" 그 상황을 깊이 이해하고자 노력했던 다른 많은 사람들이 공감했던 말을 사반세기가 지나서 클라우저도 따라 했다. "나는 아직도 그게 이해되지 않는다."

혼과 시모니도 그 실험에서 어떤 결론을 내려야 할지 여전히 고심하고 있었다. 혼은 보스턴 외곽의 스톤힐이라는 작은 대학에서 교수가 되었다. "우리는 늘 함께 있었다." 혼은 이렇게 회상했다. "우리는 토론하고, 토론하고 또 토론했다. 또한 클라우저와 나는 주로 전화로 의견 일치를 보기 위해 토론에 토론을 거듭했다." 벨 부등식의 논리적 기초가 무엇인지, 그리고 그들이 실제로 증명한 것이 무엇인지에 대한 토론이었다. "우리 셋 모두는 72쪽, 73쪽, 74쪽에 이르는 긴 논문을 통해 그 내용을 논했다."

"특수상대성이론을 통해" 클라우저는 이렇게 설명했다. "아인슈타인은 서로 연관된 두 요소인 '시간'과 '거리'를 우선 정의하지 않고서는 '언제? 그리고 '어디에?'라는 보편적 질문을 제기할 수 없다고 언급했어." 유명하게도, 아인슈타인은 최상의 정의는 조작적 정의[한 용어를 측정하기 위한 조작(절차)을 명시함으로써 그 용어를 정의하는 것—옮긴이]라고 여겼다. 이를 테면 시간은 시계로 측정하고 거리는 자로 측정하는 식이다.

아인슈타인-포돌스키-로젠 논문은 양자역학에 객관성을 부여하려는 취지에서 '무엇?'이라는 질문에 대해 위와 같은 방식으로 답하려고 했다. EPR 논문에는 이렇게 적혀 있다. "만약 어떤 계를 전혀 방해하지 않고서 어떤 물리량을 확실히 예측할 수 있다면, 이 물리량에 대응되는 물리적 실재의 요소가 존재한다."

하지만 벨의 해석은 '실재의 요소'에 관한 이러한 EPR 식 정의가 부적절함을 밝혀냈다. 얽힘은 존재하며, 아울러 이 현상은 '무엇?'이라는 질문에 새로운 답을 제시하기 위한 지침을 필요로 한다. 클라우저는 자신과 혼의 생각이 그런 노선이었다면서 이렇게 말했다.

"네가 보고 있지 않을 때 의자는 존재할까? 아마 우리는 무언가를 '아주 큰 상자 속에 집어넣을 수 있는 것'으로 정의해. 그러고서 의자란 (…) 이를테면 니스가 칠해진 것과 같이 어떤 성질을 갖는지에 따라 측정될 수 있어. 성질을 정의해야 그 물체를 분간해. 그렇지 않아?

'그렇지 않다!'라고 양자역학은 말하고 있어. 성질을 측정한다고 해서 그 성질들이 실제 물체와 관련된 것이라고 예상할 수 없다는 뜻이지."

클라우저는 말을 이었다. "바로 이것 때문에 화가 났어."(혼은 이런 입장이었다. "글쎄, 그게 원래 그렇지 뭐.") "'숲에 나무가 쓰러질 때 아무도 듣지 않으면 소리가 날까?'라고 버클리 주교가 한 질문에 양자역학이 '그렇지 않다'라고 답한 것이나 마찬가지야.

만약 의자가 담긴 상자를 닫으면 그 의자는 그 속에 여전히 존재할까? 신발은 어떨까? 신발가게에서 돌아오는 길에 상자 속의 신발 색이 바뀐다면 정말 놀라운 일일 거야. 이온은 어떨까? 원자에서 전자를 떼어 내면 이온이 생겨. 이온은 물질이라고 우리는 가정해. 심지어 여러 이온 중 단 하나를 볼 수도 있어. 이온을 전위 장벽"—전자를 가두는 우리—"속에 넣고 빛을 쬐면 형광을 발해. 첫 번째 이온에다 두 번째 이온을 추가하면 형광이 두 배로 커져. 이런 식으로 계속 추가할 수 있지. 그런데 이온을 상자에 넣고서 뚜껑을 닫으면 이온이 그 속에 들어 있을까?"

"얽힌 상태에 있는 두 개의 광자가 있다면 어떻게 될까?" 클라우저가 히죽 웃으며 눈썹을 추켜올렸다. "네가 들고 있는 상자 속에 하나를 넣고 또 내가 들고 있는 상자 속에 다른 하나를 넣으면 어떻게 될까? 둘 다 상자 속에 있을까? 한 광자가 어떤 물체에 미치는 영향을 측정할 수 있어. 그러니까 광자는 물체처럼 보여. 뚜껑을 닫으면 그게 상자 속에 있을까?"

"의자와 신발에 대해서는 그렇다고 쉽게 확신을 할 수 있어. 심지어 이온까지도 그래. 하지만 광자는 어려워. 이런 것들이 전부 물체일까? 과학자라면 정의를 정확하게 내려야 해."

"니스는 네가 그걸 '측정'하든 말든 또는 네가 니스를 잘 측정하는 사람이든 아니든, 의자에 붙어 있어. 나는 내가 측정한 것을 알 수도 있고 모를 수도 있어. (…)(사실, 나는 이 전자의 스핀을 측정했다'면서 그것에 대해 실제로 안다고 여기는 건 오만한 거야. 실제로는 슈테른-게를라흐 장치에서 어떤 결과를 얻었다는 뜻일 뿐이니까. 네가 실제로 뭘 측정했는지는 모르는 거야.)"

"그런데 지금 갑자기 광자의 경우에는 그것의 편광이 네가 어떻게 측정하는지, 그리고 네가 무엇을 찾는지 여부에 의존한다니! 만약 광자에 대해 내가 잘못 알고 있는 것이라면 과연 의자나 신발도 옳게 이해할 수 있을까?"

"물리학자들은 의자와 신발에 대해 널 안심시키려고 '그런 애매모호한 점은 걱정하지 마라. 그건 너무 작기 때문에 거시 세계에 영향을 미치지 않는다'고 말해. 하지만 그건 크기로 실상을 무마하려는 술책일 뿐이야! 원자는 어디로 사라지지 않고 그곳에 있어. IBM은 실리콘 기판에 원자들을 집적시켜 'IBM'이란 글자를 새겼어. 너도 읽을 수 있을 정도야. 1930년대 사람들이 볼 수 없었던 것이라고 해서 존재하지 않는다는 뜻은 아니야."

3000킬로미터나 떨어진 전화선을 통해 혼과 이런 논의를 하면서도 클라우저는 새로운 실험을 하나 했다. 시모니는 이 실험을 "아주 중요한" 것이라고 단언했다. 광자의 객관성에 대해 사색하면서("우리는 벨의 정리를 굳건하게 해 줄 답을 알아야 한다.") 클라우저는 광자가 은이 반쯤 도금된 거울에서 반사하든 그걸 통과하든 실제로 입자처럼 행동할 수 있지 파동처럼 절반으로 나누어지지 않는다고 확신했다.

하지만 분명 물체처럼 보이는 이 광자도 얽힌 상태가 되면 자신만의 뚜렷한 성질을 갖지 않는다. "그건 니스의 원재료가 소나무냐는 식의 질문이 아니다. 대신에 그게 니스인가, 니스란 무엇일까, 니스는 존재하는가, 나무는 존재하는가와 같은 식의 질문이다." 클라우저가 허공에 대고 손사래를 쳤다. 그런 질문이 날 쫓아다닌다고!

클라우저는 자신과 혼의 논문에 나오는 불확실한 결과를 요약하면서 이렇게 말했다. "'무엇'이라는 의문사를 정의하려고 애썼지만 자꾸만 수렁에 빠져들었다." 두 사람은 1974년에 그 논문을 완성하면서 "A. 시모니 교수와 여러 차례 소중한 토론을 했음"을 인정했다. 이 둘이 내놓은 벨 부등식의 클라우저-혼 버전은 아직도 표준으로 자리 잡고 있다. 사실 어떤 실험도 그걸 검증하지 못했고, 이상하게도 지난 20년 동안 이런 종류의 실험들은 속도와 아름다움 면에서 프리드먼-클라우저 실험보다 훨씬 더 향상되었지만, 현재 버클리 대학의 올드 르콩테 홀의 '폐품' 다락방에 내팽개쳐진 그 거대하고 무거운 실험 장치에 비해 벨의 부등식을 검증하는 데서 더욱 멀어지고 있다.

그러면 홀트의 실험은 어떤가? 클라우저는 "폐품을 끌어모아 만든 그 실험 장치"를 거듭 작동시켜, 수은의 변환은 칼슘보다 더 연구하기 어렵다는 사실을 알아냈다. "정말 암울했다. 계수 시간이 무려 400시간이나 걸렸다. 정말 끔찍했다." 그건 프리드먼과 클라우저의 실험 또는 홀트의 실험의 두 배였다. "그래서 실험이 몇 주씩이나 이어졌다." 하지만 1976년 마침내 그는 얽힘 현상을 증명하는 양자역학적 결과를 얻었다. 몇 달 후 에드 프라이는 오랫동안 꿈꾸었던 자신의 실험 결과를 발표했다. 클라우저는 "안도의 한숨을 내쉬었다." 프라이도 얽힘 현상이 존재함과 아울러 국소적이며 실재론적인 해석이 옳지 않음을 증명했던 것이다. 에메랄드그린 색 레이저를 이용하여 프라이와 그의 제자인 톰슨은 한 시간 반 이내에 데이터를 수집했다. 암울함과는 정반대였다.

이렇듯 실험물리학자들이 차츰 얽힘 현상을 파악해 나가고 있었다.

31
설정이 바뀌다
—1975~1982년—

알랭 아스페

CERN의 벨 연구실 문에는 모딜리아니가 그린 목이 길고 모자를 쓴 여인의 그림이 있었다. 그 여인의 눈과 더불어 벨의 눈이 스물일곱 살의 알랭 아스페를 바라보았다. 콧수염을 기른 상냥한 이 대학원생은 물통에 대해 열심히 이야기하고 있었다.

　이때가 1975년 초였다. 프랑스 출신인 아스페는 카메룬에서 가르치는 일을 하며 3년간 '복무'한 다음 유럽에 막 돌아온 참이었다. 돌아오자마자 그는 스스로 밝혔듯이 무언가에 홀딱 반해 버렸다. "1974년 10월" 그는 이렇게 회상했다. "나는 '아인슈타인-포돌스키-로젠 역설'이라는 존 벨의 유명한 논문을 읽었다. 첫눈에 그것에 반해 버렸다. 도전해 보고 싶은 가장 흥미로운 주제였다." 그는 곧바로 벨의 정리를 자신의 모교인 오르세에 있는 남파리 대학의 박사 학위 논문 주제로 삼기로 결심했다.

한편 클라우저는 일자리를 찾으려 애쓰고 있었다. "적어도 열 개 이상의 대학에 지원을 했는데 전부 실패했다." 다음 세대가 양자역학의 기초에 의문을 제기하게끔 부추기는 사람을 교수로 채용하는 것을 대학들이 꺼렸기 때문이다. 마침내 클라우저는 오클랜드 동부의 구릉 지역에 있는 로렌스 리버모어 국립연구소에서 첫 일자리를 얻었다. (데이비드 봄의 첫사랑이었던) 플라스마를 연구하는 일이었다.

"플라스마 물리학은 전혀 모릅니다." 클라우저는 취업 면접에서 당당히 밝혔다. "하지만 실험물리학을 어떻게 하는지는 잘 압니다. 저는 아주 유능한 실험물리학자입니다."

"플라스마 물리학은 차차 배우면 됩니다." 면접관의 대답이었다. 그는 1976년에 그곳에 고용되어 10년 동안 머물렀다. 스스로 훌륭하다고 밝힌 실험물리학자의 재주는 그곳에서 잘 발휘되었다. 하지만 그에겐 그런 재주만큼이나 훌륭하지만 이제껏 발휘되지 못하고 있던 재주가 또 있었다. 클라우저는 복잡한 주제를 학생들에게 분명하고 생생하게 그리고 차분하게 가르치는 재주를 지녔는데, 이런 능력은 대부분의 교수들에게서도 드물었다. 이와 같은 능력을 함께 발휘할 수 있었던 대학교수직을 얻은 것은 30년이 지나 처음으로 그 일에 지원하고 나서야 실현되었다.

"1960~1970년대엔 평판이 좋은 물리학자들은 양자역학에 대해 문제를 제기하지 않았다." 2000년에 프라이는 이렇게 설명했다. "클라우저는 그런 태도에 정면으로 맞섰는데, 그럴 수 있었던 이유 중 하나는 내 생각에 그가 이론을 논하지 않고 실제로 실험을 행하는 사람이었기 때문이다."

프라이는 학자로서 행운이 뒤따랐다. 자기 실험을 수행하면서도 종신 교수직을 허락 받았던 것이다. 30년 후 텍사스 A&M 대학의 물리학과 학장으로 있을 때 그는 대학에서 너그럽게 종신교수직을 허락한 까닭이 하버드 대학에 있는 홀트의 지도 교수인 프랑크 핍킨이 나서 준 덕분임을 알게 되었다. 종신교수직 결정위원회가 벨의 정리를 실험하고 있던 프라이를 제외시키려고 한다는 것을 알고서 그의 친구 한 명이 핍킨에게 그 대학이 있던 텍사스의 칼리지 스테이션 시로 와 달라고 부탁했다.

"만약 여러분께서 저에게 참고하라며 프라이의 파일만 보냈다면 저도 금세 그를 제외시켰을 겁니다." 핍킨이 위원회에서 말했다. "하지만 하루를 그의 실험실에서 보내고 나니 이 친구가 큰일을 해낼 것이고 반드시 성공하리란 걸 확실히 말씀드릴 수 있게 되었습니다." 원자물리학의 저명한 학자인 핍킨은 회의적이었던 위원회를 마침내 설득했다.

벨은 자신의 연구에 영감을 받아 실시된 여러 실험들이 오명을 뒤집어쓴다는 걸 똑똑히 알고 있었다. 하지만 아스페는 아직 그런 걸 몰랐다. 1972년에 서부 아프리카로 향하기 전에는, 아스페의 회상에 따르면 "내가 받은 고전물리학 교육은 무척 훌륭했다. 하지만 양자역학에 대한 교육은 매우 형편없었다." 그 주제의 수업은 물리적 의미에 대한 논의는 거의 없이 단지 방정식 풀이만 하는 것이었다. 실험에 덧붙은 오명 같은 건 더 말할 것도 없었다.

그래서 아스페는 적도 근처의 카메룬에서 3년을 보내면서 양자역학을 독학했다. 프랑스 물리학자인 클로드 코앙타누지가 최근에 쓴 교과서를 가지고서. 그 책의 장점은 두 가지였다. "첫째, 그건 실제 물리학을 설명하고 있다." 아스페는 이렇게 말했다. "둘째, 양자역학의 기초에 대해 중립적이다. 세뇌하는 내용이 없다. '보어가 모든 걸 해결했다'는 식의 구절이 없다." 그 결과 "나는 누구한테서도 세뇌를 당하지 않은 채 방정식을 풀 수 있었다.

나는 아인슈타인과 벨에게 완전히 설득당했다."라고 그는 말했다. 하지만 무슨 실험을 해야 하지? 벨의 1964년 논문의 마지막 줄을 읽으면서 아스페는 "아직 중요한 실험이 남아 있음"을 깨달았다.

그는 벨에게 자신의 아이디어를 말하러 부리나케 제네바로 향했다.

벨은 경고성 분위기를 띤 논문을 완성했다. 만약 광속 신호가 입자들을 서로 연관시킬 시간이 충분하다면 얽힘의 신비가 대부분 풀릴 것이라는 내용이었다. 벨이 쓴 내용에 따르면, 상상하건대 양자역학은 광속으로 신호를 교환함으로써 "측정 장치의 설정이 어떤 상호 관계에 이르도록 미리 충분히 이루어질" 때에만 작동한다. "그럴 경우에는 봄과 아로노프가 [1957년에] 제안했던 유형의 실험, 즉 설정이 입자의 비행 동안 변하는 실험이 매우 중요해진다."

이런 실험의 실질적인 문제점은 프리드먼-클라우저 실험 장치 양단에 있는 거대하고 부서지기 쉬운 유리판 겹침형 분광기가 설정을 빨리 바꿀 수 없다는 것이다. 아스페는 멋진 (더 중요하게는 비용이 적게 드는) 대안을 내놓았다. 그 주된 내용은 물이었다.

아스페가 벨에게 설명을 시작했다. "서로 다른 방향의 두 편광기 앞에 스위치 장치를 두는 설정을 통해 각 편광기는 다른 것으로 대체됩니다." 어떤 주어진 시간에 그 스위치가 빔이 두 편광기 중 하나로만 향하도록 해 준다는 뜻이다. "스위치는 입사광이 한 편광기에서 다른 편광기로 재빨리 방향을 바꾸도록 해 줍니다." 광속 신호가 실험 장치의 멀리 떨어진 양단 사이에 어떠한 '상호 관계'도 생길 틈을 주지 않으면서 말이다. 아스페는 칠판에다 "두 스위치가 무작위로 작동하고 서로 상관되어 있지 않은" 상황에 맞는 적절한 부등식을 썼다.

아스페의 '스위치'는 물이 가득 차 있는 유리병 두 개로서 서로 12.8미터 이상 떨어져 광자를 생성하는 칼슘 빔이 나오는 양쪽에 각각 위치해 있었다. 각 물통은 인간의 귀로 들을 수 없는 높은 주파수의 음파를 전달했다. (물통의 양쪽에 있는 변환기가 전기 신호를 이 초음파로 바꾸었다.)

음파는 광파(빛)와 달리 매체가 필요하다. 우주 공간에 소리가 없는 것도 이 때문이다. 음파는 매체에 압력을 가했다 풀었다를 반복하면서 진행한다. 따라서 음파가 지나가는 공기나 물은 교대로 빽빽해지다 옅어지기를 반복한다. 물이 초음파로 인해 옅어지면 광자는 위쪽 편광기를 통과할 수 있다. 물이 빽빽해지면 광자는 굴절되어 앞의 편광기와 반대로 설정된 다른 편광기로 향한다. 음파의 주기는 광자가 빔 발생원에서 스위치까지의 거리인 6.4미터를 이동하는 시간보다 훨씬 빠르다. "두 경로 사이의 전환은 10나노세컨드마다 일어납니다."라고 아스페는 설명했다. 한편 광자가 그 두 지점 사이를 이동하는 데는 네 배의 시간이 걸린다.

그게 이상적인 방안은 아님을 인정한다면서도 그는 이렇게 말했다. "그 이유는 변화가 완전히 무작위로 일어나지는 않고 준주기적으로 일어나기 때문입니다. 그렇긴 하지만 양쪽의 두 스위치는 서로 다른 주파수의 서로 다른 발전기에 의해 구동됩니다." 두 물통이 서로 다른 비율로 진동하며 실제로 그 비율이 자꾸 변동한다는 뜻이다. 아스페는 이렇게 말했다. "스위치가 서로 상관되어 있지 않은 방식으로 작동한다고

가정하는 편이 지극히 타당합니다."•

열심히 설명을 하고 나서 아스페는 대답을 기다리며 가만히 서 있었다. 벨은 살짝 짓궂게 이런 질문을 했다. "정규직 직업이 있습니까?" 아스페는 고작 대학원생일 뿐이었다. 하지만 프랑스의 특성상 미국의 경우와는 완전히 다르게도 에콜 노르말 쉬페리에르의 그의 직위는 정규직이었다. 이런 장점에도 불구하고 그런 실험을 하는 건 쉽지 않았다.

"심각한 다툼이 생길 겁니다." 벨이 경고했다. 하지만 벨이 염려하는 것은 학자로서의 경력에 오명을 쓰게 되는 것만이 아니었다. "허구한 날 개념에만 매달려서는 안 됩니다. 당신은 실험물리학자입니다. 실험이 근본입니다. 그러므로 당신은 그런 실험을 하는 게 그다지 위험하지 않습니다. 저는 이론물리학자여서 그런 주제는 취미로 남을 수밖에 없습니다.

만약 줄기차게 그것에 대해 생각만 한다면 미쳐 버릴 위험성이 있습니다."

프리드먼은 이후 벨의 이론에서 멀어졌다. 하지만 자신의 학위 논문 실험은 30년 후에도 뇌리에서 떠나지 않았다. "벨 실험은 널(null) 실험—예상했던 것과 아무런 차이가 없음을 측정하는 실험—이었다. 그리고 내 경우에는 스물네 번의 널 실험을 했다. 존재하지 않을 것으로 예상한 것이 실제로 존재하지 않는다는 걸 알아냈다는 말이다. 그런 식으로 내 연구 경력이 시작되었다."

<hr>

• (1982년 크리스마스에 『피지컬 리뷰 레터스』에 발표된) 이 실험은 실시하기가 너무 어려웠기에 아스페와 그의 제자인 장 달리바르는 기계 제작인인 제라르 로제를 저자 명단에 올렸다.

프리드먼이 자신의 '변함없는 주제'에 대해 2000년에 이렇게 말했다. "올바른 답이 무엇인지 안다면 정말로 큰 도움이 된다. 만약 그런 답을 얻지 못하면 실험 장치가 잘못되지 않았나 하는 의심이 들지 모른다. 아마도 그게 문제일 것이다."

"나는 그런 일로 꽤 평판을 얻었다. 아주 재미있는 분야에 뛰어들어" 프리드먼이 히죽 웃었다. "재미있는 결과를 전혀 건지지 못하고 떠난 걸로 이름을 날렸으니 말이다." 그 주제에 대한 최종적인 결론을 끝내 내리지 못하고서.

홀트도 벨과 EPR을 제쳐 두고 자기 실험 장치의 원래 목적인 '빵과 버터 물리학'으로 방향을 바꾸었다. 그는 천이된 광자를 통해 원자의 지속 시간을 측정하고, 레이저로 스펙트럼을 측정하고, (본질적으로 수소 이외의 원자일 경우) 양자역학으로서는 너무나 복잡한 원자의 에너지 준위를 측정하는 연구를 했다. 과거를 회상하면서 그는 이렇게 말했다. "저는 CHSH〔Clauser-Horne-Shimony-Holt, 클라우저—혼—시모니—홀트〕 프로젝트에서 비교적 사소한 역할을 맡았습니다." 이어서 빙긋 웃더니 "하지만 저의 잘못된 결과로 세상을 들끓게 했습니다."

그렇다 보니 프리드먼은 그 경험을 계기로 과학이 어떻게 진행되는지 사색하기 시작했다. "어떤 흥미로운 과학 원리에 따르면, 책 속에 있는 답을 찾기보다는 잘못된 답이더라도 실제로 내놓는 것이 연구 현장에 더 큰 자극이 될 수 있습니다. 잘못된 결과는 사람들을 흥분시키고 걱정하게 만들기 때문입니다.

물론 그런 일이 실제로 일어나길 바라서는 안 됩니다만, 이론물리학자는 못 쓰게 될 잠정적인 새 이론을 내놓아도 괜찮습니다. 그렇지만 실험물리학자는 매우 조심해야 하며 오차 한계가 현실적인 범위 이내여야 합니다. 하지만 안타깝게도 이런 실험이라 하더라도 강한 상관관계를 찾으려 할 때마다 시스템 상의 온갖 상상 가능한 오류가 대체로 그런 상관관계를 약화시키고 자꾸만 숨은 변수 범위로 향하게 만듭니다. 어려운 실험이었습니다. 당시에 어찌 되었든 제가 가진 그런 장비로는 (…) 글쎄요, 제가 뭔 말을 할 수 있겠습니까?" 어깨를 한 번 으쓱한 다음 이렇게 보탰다. "결국 실패하고 말았으니까요."

하지만 어느 실험이 옳은지는 명확히 드러날지라도 이 실험들이 설명하고자 했던 양자역학은 명확히 드러나지 않는다. 홀트는 이렇게 말했다. "사실 저는 과학자이므로 자연이 말하는 것을 답이라고 믿고 싶지 내가 이전에 안다고 여겼던 것은 믿고 싶지 않습니다. 그리고 저는 양자역학이 매우 경이롭다고 늘 생각해 왔는데, 왜냐하면 그것은 우리 과학의 대사제들이"—여기서 빙긋 웃으며—"찾을 수 있는 (…) 놀라운 소식, 일종의 숨겨진 지식이니 말입니다.

그렇다고 그걸 비밀로 남겨 두고 싶다는 말은 아닙니다." 그러고선 이렇게 말을 이었다. "하지만 모든 게 명백하기만 하다면, 그냥 주위를 둘러보고 우주가 어떤지 알 수 있다면, 글쎄요, 그건 별로 재미있지 않을 겁니다. 양자역학은 매우 미묘합니다. 그게 매력이죠.

제 경우, 그러니까 물리학에 대한 관심은 이런저런 질문에 대한 답을 직접 알고 싶었기 때문입니다. (…) 그리고" 덤덤하면서도 살짝 애처롭게 말을 이었다. "아직도 전 답을 모릅니다. (…) 그게 정말로 답답합니다. (…) 제 생각엔 사람들이 양자역학의 참뜻을 알게 되기까지는 많은 시간이 걸릴 겁니다. 이 근래의 실험들이 전부 보여 준 바에 의하면 우리는 관찰되지 않은 물체의 상태에 대해 양자역학적인 사고방식을 적어도 잠정적으로나마 받아들여야 합니다. 하지만 그건 아주 만족스럽지 못한 해결책입니다.

양자역학은 어떤 관점에서 보더라도 아직은 미완성의 학문입니다. 하지만 저는 예상치 못한 방향에서 어떤 게 나타나리라고 믿습니다. (…) 우리는 원래 제기된 대로 그 문제를 풀지 않아도 될지 모릅니다. 문제가 어느 날 그냥 사라져 버릴 겁니다. 우리가 잘못된 질문을 하고 있었다는 걸 알게 되면 말입니다."

1975년에 마이클 혼도 벨의 이론에 관한 연구를 그만두어야겠다고 생각하고 있었다. 그와 시모니는 멋진 새 실험 장치에 홀딱 반했는데, 중성자 간섭계라는 그 장치는 비엔나에 있는 헬무트 라우흐가 발명한 것이었다. 빛의 입자 특성을 보여 준 클라우저의 실험 장치와는 대조적으로 라우흐의 장치는 물질의 파동 특성을 극적으로 보여 주었다.

혼이 생생하게 설명하듯이, 19세기 초반에 위대한 물리학자인 토머스 영은 '밝기가 같은 두 광선을 합치면 〔즉 중첩시키면〕 어두운 부분을 만들 수 있고, 조금 다른 조건 하에서 원래 광선보다 네 배나 밝은 빛을 만들 수 있음을 보여 주었습니다." 혼이 웃으며 이렇게 덧붙인다. "그러니까 1 더하기 1이 0이고, 다른 조건 하에서는 4라는 것입니다." 이것이 이른바 간섭이며 이를 통해 파동의 존재를 알 수 있다.

하지만 라우흐는 이러한 대표적인 파동 현상을 물질 입자로 보여 주고 있었다. 중성자 빔, 즉 핵 반응로의 뜨거운 중심부를 빠져나오는 입자들의 흐름이 마치 파동처럼 서로 간섭을 일으키고 있었다.

중성자 간섭계는 중성자들에게 반대 방향의 두 가지 V 자형 경로를 마련해 주었다. 마치 아이가 친구에게 공을 던질 때 바닥에 튕겨서 보내거나 아니면 천장에 튕겨서 보내는 두 가지 방식과 비슷하다. 간섭계에 들어간 후 중성자가 '바닥'을 치든 '천장'을 치든 최종 목적지는 똑같았다. 따라서 두 중성자는 같은 점에서 출발하지만 다른 경로를 따라 이동하고 결국에는 다시 만나게 된다. 이 두 경로를 함께 보면 다이아몬드 모양을 이루었다. 서로 만날 때 두 중성자는 간섭을 일으켰다.

놀랍게도 심지어 단 하나의 중성자가 간섭계에 들어가도 그 자신과 간섭을 일으킨다. 이것은 다른 많은 양자역학적 난제들과 마찬가지로 시각화하기가 불가능하다. 마치 한 중성자가 두 경로를 동시에 이동하는 듯하다.

혼과 시모니는 이전 10년 동안을 두 입자의 얽힘에 관한 수수께끼에 빠져 있었다. 이제 둘은 한 입자가 보이는 이 마법과도 같은 결과에 홀리고 말았다. 혼은 이렇게 회상했다. "시모니 교수와 나는 둘 다 그것이 아주 소중한 장치가 되리라고, 사람들이 그 장치를 오랫동안 활용하게 되리라고 여겼다." 혼과 시모니가 알아차린 대로 우선 그것은 중성자와 같은 2분의 1 스핀 입자가 제자리에서 두 번의 완전한 회전을 하면 원래 위치로 되돌아오는지를 밝히는 데 이용될 수 있었다. 이 장치의 흥미로운 가능성들을 기초 양자역학에 관심을 가진 다른 이들도 간파했다. 시모니와 혼이 논문을 발표하기 전에, 둘이 있는 애머스트 칼리지에서 매사추세츠 고속도로를 따라 조금 떨어진 곳에 있는 허브 번스타인이 그런 실험을 제안했다. 아울러 라우흐는 비엔나에서 혼 또래인 안톤 차일링거라는 젊은 오스트리아 물리학자와 함께 그 실험을 하느라 여념이 없었다.

차일링거는 얼마 후 시실리 섬의 에리체에서 열린 벨 물리학 회의에 나타났다. 혼은 벨과 시모니를 비롯해 열다섯에서 스무 명 정도 모인 사람들 중에 그가 포함되어 있었음을 기억하고서 이렇게 말했다. "두 입자에 대해서 말하지 않는, 즉 한 입자에 대해 말한 사람이 딱 한 명 있었는데 그가 바로 차일링거였다."

그 무렵 혼도 한 입자에 관심이 있었다. "우리는 금세 죽이 맞았다."라고 그는 당시를 기억했다. 미국 남부 출신의 부드러운 목소리를 지닌 혼과 카리스마 넘치는 오스트리아인인 차일링거는 둘 다 키가 컸고 수염을 길렀다. 이 둘은 함께 웅크린 채 깊은 대화에 빠져 있었다. "우린 여러 날 동안 이야기를 나누었다. 그는 중성자 간섭계에 관해 내게 자세히 설명해 주었고" 혼은 이렇게 회상했다. "나는 그 무렵 특히 그가 모르고 있던 것을 알려 주었다. (…)"

"국제 과학계에 실제로 처음 참여한 자리였다." 차일링거는 그때를 이렇게 회상했다. "거기서 처음으로 벨의 정리, EPR 역설, 얽힘 현상 등에 관해 들었다. 말할 필요도 없이, 그런 게 무슨 뜻인지 전혀 이해하지 못했다. 하지만 그게 매우 중요하다는 느낌이 들었다."

그 주제에 매료된 그는 얽힘 현상에 관해 혼에게서 최대한 많이 배우려고 했다.

혼은 집에 돌아오자 곧장 M.I.T.에 있는 클리프 셜의 실험실로 갔다. 중성자 간섭계가 있다는 소문이 났던 곳이다. 혼에 비해 키가 무척 작았지만 인기 많고 유명한 사람이었던 그는 이미 중성자 회절이라는 새로운 분야를 개척했다. 겉보기에는 입자처럼 보이는 중성자의 파동 특성을 활용하는 분야였다. (셜은 이 연구 덕분에 노벨상을 받긴 하지만, 1975년으로서는 20년을 더 기다려야 했다. 같이 연구한 어니 월런은 함께 상을 받을 만큼 오래 살지 못했다.)

"중성자 간섭계라는 근본적인 양자 실험 장치를 만들고 있다고 들었는데 저도 함께하고 싶습니다!" 혼이 셜에게 말했다. "저도 낄 수 있을까요?"

"그럼요." 셜이 대답했다. "저쪽 책상을 쓰세요."

"그래서 난 곧장 자리에 앉았다." 혼은 이렇게 회상했다. "그때부터 스톤힐에서 매주 강의가 없는 화요일이면 그곳에 갔다. 그리고 이후 12년 동안 종종 주말에도 들렀고, 모든 공휴일과 크리스마스 휴가 기간 그리고 여름방학에는 내내 그곳에 가 있었다." 이론물리학자도 아니고 그렇다고 딱히 실험물리학자라고만은 할 수 없는 그에게 그 기간은 '재미난 12년'이었다. '나는 중간적인 존재로 그곳에 있었다. 그래서 그곳 사람들이 납덩어리를 옮기고 싶을 때면 나도 함께 끼어 납덩어리를 날랐다." 그리고 실험의 세부 사항을 계획하느라 번득이는 아이디어가 필요할 때에도 너그러운 성격의 혼은 도와주었다.

혼이 셜의 실험실에서 터를 잡은 직후에 차일링거도 가족과 함께 나타났다. 중성자 간섭계로 실험을 하려고 그곳에 왔던 것이다. 아울러 또 다른 목적도 있었는데, 혼은 웃으면서 이렇게 회상했다. "최대한 큰 미국 차를 구입하기 위해서였다. 요트 크기만 한 거대한 스테이션왜건인 올즈모빌 같은 종류의 차를 사려고 했다."

그다음에 온 (실제로는 모교로 되돌아온) 사람은 다니엘 그린버거였다. 재치 있고 땅딸막한 체구의 이 사람은 뉴욕 브롱크스 출신으로서 중성자 간섭계가 발명되기 몇 년 전부터 그런 장치를 찾고 있었다. 그는 중성자의 간섭에 중력이 어떤 영향을 미치는지 알고 싶어했는데, 이 실험은 중성자 간섭계가 작동되기 시작한 직후에 미주리 주에서 이루어졌다.

그는 초기의 중성자 간섭계 학회에서 혼과 차일링거를 만난 적이 있었다. 그린버거는 이렇게 회상했다. "우리는 정말 죽이 잘 맞았다. 그래서 나는 정기적으로 M.I.T.에 가기 시작했고 클리프는 우리 셋을 도와주었다." 셜은 "멋진 사람"이었고, 그린버거는 그의 실험실에 드나들었던 10년간이 "내내 즐거웠다는 점에서, 그리고 훌륭한 동료들과 재미있는 일을 했다는 점에서 내 연구 인생의 전성기였다."고 밝혔다. 아울러 10년간의 이 연구를 통해 세 가지 입자의 얽힘은 이전의 어떤 것보다 더 강하다는 점이 발견되기도 했다.

읽힘 현상의
전성기
1981~2005년

안톤 차일렁거, 다니엘 그린버거, 마이클 혼의 모자 (위쪽부터 시계 방향)

32
슈뢰딩거 100주년
──1987년──

존 벨의 자화상

벨은 최고의 물리학연구센터에서 연구하는 최고의 물리학자가 되었다. 베르틀만은 이렇게 회상했다. "그는 CERN의 예언자라고 불렸다. 그의 주위에는 그리고 그의 연구실에는 어떤 오라가 휘감고 있었다." 이런 명성은 벨의 정리와는 별 관계가 없었다. 근처 제네바 대학에서 1981년에 양자역학으로 박사 학위를 받았던 니콜라스 지생은 이렇게 회상했다. "CERN에 가서 아무나 붙잡고 존이 물리학에 끼친 공헌이 뭐냐고 물으면 양자물리학의 기초에 대한 그의 연구를 대는 사람은 거의 없을 것이다."

이 예언자에게 왔던 사람들은 그의 연구실에 있는 삐거덕거리는 손님용 의자에 엉거주춤 앉아 있거나 아니면 벨이 버베나(허브의 일종—옮긴이) 차 한 잔 마시는 곳이라고 불렀던 CERN의 "매점"에서 정각 4시에 그를 만났다. 벨의 한 동료가 표현한 대로 이들이 본 벨은 "모든 면에서 우호적"이었다. 하지만 우호적인 성향이 벨의 전부는 아니었다. "벨에게는 어떤 활기가 넘쳤고 대체로 평온한 표정 아래에 강한 열의가 드러났다. 그에게는 물리학을 연구하는 것이 근본적으로 중요한 도전 과제였는데 가끔이긴 하지만 어떤 주제를 만나면 흡사 폭발하듯 열정이 솟구쳐 올랐다."

베르틀만은 벨이 자기 옆얼굴을 그린 그림을 갖고 있다. 겨울 모자에 턱수염과 안경이 전부인 이 그림은 간결하고 정확한 몇 가닥의 선으로 자신 있게 단숨에 그린 자화상이다. "글을 쓸 때도 벨은 그랬다." 베르틀만은 이렇게 말했다. "그는 한 문장을 마음속에서 완벽하게 구성할 수 있었다. 사람들은 그를 두려워했다. 그는 아주 과격해질 때도 있었기 때문이다. 하지만 나는 그를 아버지처럼 여기고서 농담을 주고받곤 했다.

하지만 양자역학에 관한 자신의 연구는 내게 전혀 말한 적이 없었다. 그가 그 분야에 관여했다는 걸 알고는 있었지만 나는 (CERN에서 그가 약간 미칠 정도로 몰입했다는 양자역학에) 별 관심이 없는 평범한 물리학자였다. 그런 면에서 벨의 강한 성격을 엿볼 수 있다. 그는 적절한 때가 언제인지 그리고 적절한 때를 언제까지 기다려야 할지를 본능적으로 알았다."

1981년 "양말 논문이 나오자마자 나는 양자역학에 전문가가 되어 있었다." 베르틀만은 반어적으로 이렇게 말했다. "그래서 나는 그 논문을 금세 읽었다." 알고 보니 양자역학에 약간 미친 사람은 존 벨만이 아니었다. "날 놀라게 한 것은 아인슈타인과 슈뢰딩거가 그 문제에 대해 가졌던 시각이었다. '시도해 볼 새로운 모형이 생겼다'는 식의 태도가 아니었다. 마음 깊숙이에서 그렇게 느낀 것이다. 둘은 내적 진리를 찾고 있었다. 나는 그들의 편지를 읽고 감동을 받았다.

그런데 알다시피 당시에는 정통 양자역학에 의문을 제기하는 것은 죄라고 여기는 분위기였다." CERN에서도 이런 분위기는 1980년대 내내 강하게 남아 있었다.

1987년 어느 날 저녁 벨 내외와 베르틀만 내외가 석조 테라스에 앉아 있었다. 어린나무들로 둘러싸인 CERN 카페테리아 바깥에 있는 장소였다. "쥐라 산맥이 알프스와 만나는 지점으로 해가 지고 있었다." 베르틀만은 이렇게 회상했다. "아름다운 붉은빛이 사방에 가득했다. 존의 붉은 머리카락 같은 긴 파장의 햇빛이었다. 정말 아름다운 저녁이었다." 벨과 매리는 저녁 식사를 하러 집으로 갈 참이었다. 베르틀만 내외는 아내의 미술 작품이 한쪽 구석에 아담히 진열되어 있는 남편의 연구실로 갈 참이었다. 평화로운 휴식의 시간이었다. 모두들 햇빛의 마지막 온기를 살갗에 느끼면서 의자에서 느릿느릿 팔다리를 쭉 펼쳤다.

"결정이 어떻게 내려지든 간에" 베르틀만이 입을 뗐다. "제 생각에 벨 박사님은 양자역학에 대한 연구 업적으로 노벨상을 받을 자격이 있습니다."

벨은 눈을 감은 채 꼼짝도 하지 않더니 무덤덤하게 대답했다. "아니, 그렇지 않네." 이어서 그는 작은 체구에 성격이 온화한 실험물리학자인 그의 친구 잭 스타인버거가 최근에 CERN에서 한 실험에 대해 언급했다. "스타인버거의 실험은 아주 멋지네. 아주 멋지게 실시되었지. 하지만 널(null) 실험이네. 널 실험으로는 노벨상을 받기가 어렵지." 잠시 입을 다물고 스타인버거에 대해 생각하고 나서 다시 말을 이었다. "하지만 그의 연구는 너무 훌륭하니까 꼭 노벨상을 받아야 되고말고. 그렇게 될 거네. 하지만 내 경우에는, 노벨상 규칙에 있듯이 나의 부등식 정리가 인류에게 기여한 바가 있다고 보기 어렵네." 그는 눈을 찡그리고 산머리에 걸린 석양을 바라보았다.

"전 그렇게 생각하지 않는데요."

벨은 즐거운 표정을 지으며 베르틀만을 바라보았다.

"그건 아무런 소득이 없는 결과가 아닙니다. 박사님은 새로운 것 즉 비국소성의 존재를 증명했으니까요. 그렇기에 전 박사님이 노벨상을 받을 자격이 있다고 봅니다."

벨은 이마를 찌푸린 채 턱을 가슴에 받치고 있었다. 베르틀만이 그렇게 우기는 것에 기분이 좋아 보였다. 하지만 그는 저녁놀에 붉어진 한쪽 팔을 들고 양 다리를 앞으로 쭉 펼친 채로 어깨를 으쓱거리며 말했다. "누가 비국소성에 관심을 갖겠나?"

해가 차츰 차츰 산 아래로 가라앉자 산은 더욱 어두워졌다. 곧 완전한 어둠이 내려앉았다.

스타인버거는 1년도 지나지 않아 벨이 예상했던 대로 노벨상을 받았다. 그의 멋진 널 실험 때문이 아니라 거의 30년 전에 했던 연구 때문이었다. 하지만 곧 벨은 비국소성에 대한 물리학자들의 태도를 극적으로 바꿀 어떤 이를 만나게 될 터였다.

1987년 8월에 돌기둥이 있고 실내가 아름답게 장식된 비엔나 대학의 한 강연장에서 슈뢰딩거 탄생 100주년을 기념하는 회의가 열렸다. 벨은 매력적이고 자신감 넘치는 오스트리아 사람 차일링거와 함께 패널에 속해 있었다. 벨은 12년 전에 시실리에서 마지막으로 차일링거를 보았는데, 열정적인 중성자 물리학자였던 그는 그때 처음으로 얽힘 현상을 접했다.

　물리학은 사건이 실제로 어떻게 일어나는지를 밝혀야 한다는 입장을 견지하던 사람답게, 벨은 양자역학에 무언가 결정적으로 중요한 것이 빠져 있다고 말했다. 대체로 그는 양자역학을 순순히 인정하면서도 한 편으로는 부족하다고 여겼다. 한편 차일링거는 아인슈타인, 슈뢰딩거 그리고 지금 옆에 앉아 있는 사람이 "양자역학이 촉발한 세계관의 급진적인 변화"를 분명하게 이해했다는 점에서 그들을 아주 높이 사긴 했지만 코펜하겐 해석의 단순성을 좋아했다. 그는 파동함수가 지식(또는 곧이어 유명하게 될 용어인 정보)을 기술하는 수단이 될지 모른다는 발상에 끌렸다. 그렇게 되면 역설은 대부분 사라질 것이고, 이러한 정보처리를 통해 비국소성 또는 비분리 가능성에 바탕을 둔 실재와 원인을 이론물리학자들이 탐구할 수도 있게 될 터였다. 그러면서도 차일링거는 "인식론과 존재론 사이에는 차이가 없다. 존재와 인식은 서로 연결되어 있다."라는 양자역학의 가르침에 차츰 의심이 들었다.

　"벨 박사는 아주 보수적이어서 최대한 신중하려고 했다." 차일링거는 나중에 이렇게 말했다. 그런 점을 차일링거도 매우 높이 샀다. "하지만 나는" 그가 말을 이었다. "낭만적인 성향이어서 최대한 급진적이고 싶었다." 보어 사후의 다음 세대 물리학자들은 코펜하겐 해석의 극단적인 속성을 억누르는 편이었지만 그는 그런 면을 제대로 인식하고서 받아들였다.

　그는 개별적인 사건이 설명될 수 있을지에 대해서 의문을 품었다. 벨과는 정반대의 관점이었다. 하지만 차일링거가 보기에 벨은 새로운 사조의 양자물리학 이론가에 속한 인물이었다. 수학적으로는 정확하지만 물리학적으로는 애매모호한 파동방정식이 기술하는 세계의 참모습 또는 그 불가해성에 관해 어떤 관점을 지녔든 간에, 이들은 오랫동안 무시되어 온 벨의 비국소성에 대해 긍정적이고도 즐거운 연구에 집중하게 될 터였다. 한편 차일링거에게 필요한 것은 완벽한 얽힌 입자 발생원이었다. 1987년이 바로 그것을 찾게 되는 해였다.

33
셋까지 세기
—1985~1988년—

마이클 혼

마이클 혼은 콘트라베이스를 연주한다. 한국전에 참전했다가 돌아오지 않은 형의 악기였다. 콘트라베이스를 켜기 전에는 여름 방학이면 미시시피 대학의 삼인조 밴드에서 드럼을 연주했다. 이제 그는 그때의 타이밍과 싱코페이션 감각을 콘트라베이스에 적용한다. 콘트라베이스는 거의 타악기에 가까워 연주자의 손가락이 복잡한 리듬을 따라 지판 위를 오르내려야 한다.

  안톤 차일링거도 콘트라베이스 연주자인데, 만약 보어가 살았다면 그의 스타일을 가리켜 상호 보완적인 방식이라고 불렀을 것이다. 어렸을 때 그는 사람의 목소리보다 더 깊은 저음을 활로 긁어 내는 콘트라베이스로 고전음악을 연주하는 법을 배웠다. 그 악기가 낼 수 있는 성큼성큼 걷는 듯한 리듬을 혼이 잘 소화해서 표현하면 차일링거도 그걸 알아차렸다. 혼은 이렇게 말한다. "차일링거는 연주하기 전에 어떤 소리가 날 것인지 안다. 하지만 그의 타이밍은 재즈 연주를 하기에는 너무 엄격하다. 한편 나는 '걸으면서' 연주할 수는 있었지만 '말하면서' 연주할 수는 없다."(다니엘 그린버거는 음악이 아니라 물리학 연구에서 그 삼인조의 세 번째 멤버인데, 그도 제2차 세계대전 시기에 유행했던 곡들을 피아노로 연주하길 좋아한다.)

차일링거가 슈뢰딩거 탄생 100주년에 벨과 함께 패널로 나타나기 몇 년 전인 어느 겨울날, 상호 보완적인 두 콘트라베이스 연주자는 셜의 실험실에 앉아 있었다. 마침 그때 둘은 다가올 여름에 소련 국경 근처에서 열릴 어떤 회의의 안내 포스터를 보게 되었다.

EPR 50주년 기념

핀란드 요엔수

1985년 7월

"이런, 핀란드에 가 본 적 있니?" 차일링거가 물었다.

"아니" 혼이 대답했다. "핀란드에 가 본 적 없는데."

"그럼 핀란드에 가자!" 차일링거가 말했다.

하지만 지난 10년 동안 멋진 단일 입자 실험만 했던 터라 "두 입자에 관해서는 할 말이 전혀 없는데." 혼이 말했다. "이건 두 입자에 관한 거 잖아. 안 그래?"

둘 다 말이 없었다.

조금 후 차일링거가 말했다. "분명 무언가 관련성이 (…)"

혼이 고개를 끄덕이기 시작했다. "두 입자 편광의 상관관계와 중성자 간섭계 사이에 말이지."

그날 오후 둘은 서로 연결된 다이아몬드 형태의 두 간섭계가 벨의 부등식을 검증할 수 있음을 알아냈다. 만약 서로 얽힌 두 입자가 반대 방향으로 날아가 서로 반대편에 놓인 두 간섭계로 각각 들어간다면 그 결과는 클라우저-프리드먼 실험의 경우와 비슷한 방식으로 얽힘 현상을 보여 줄 것이다.

만약 실험자가 간섭현상을 찾는다면 각 입자가 간섭계의 두 면을 횡단하여 자기 자신과 간섭을 일으킨다는 걸 알게 될 것이다. 하지만 그 대신 실험자가 두 입자 중 하나가 간섭계를 통과해 나간 어떤 경로('바닥' 또는 '천장')를 측정하기로 결심하면 그는 그걸 측정하지 않고서도 다른 입자는 다른 간섭계를 통과해 반대 경로를 택한다는 것을 알게 된다.

이런 통찰력에 힘입어 혼과 차일링거는 핀란드로 향했고, 그린버거는 뉴욕 시의 세계무역센터 꼭대기에서 열리는 또 다른 회의에 참석하러 갔다. 하지만 두 곳 다 어느 누구도 서로 정확히 반대 방향으로 움직이는 얽힌 입자들을 발생시킬 빔 발생원을 내놓지 못했다. 그것이 있어야만 이중 다이아몬드 형태의 간섭계가 작동을 할 수 있을 텐데 말이다. "중성자를 이용할 수가 없어." 혼이 설명했다. "한 쌍의 중성자를 만들 방법이 없어. 중성자가 반응기에서 나와도 우리는 클라우저와 홀트가 했던 것처럼 천이를 사용할 수가 없어. 왜냐하면 광자를 방출하는 원자가 남아 있기 때문이지." 이 원자가 운동량의 일부를 빼앗기 때문에 광자들은 서로 반대 방향으로 날아갈 수 없다는 것이다. "그래서 우리는 아무런 잔여물도 남기지 않는 포지트로늄 붕괴에 다시 주목했어." 이것이 특히 흥미로운 까닭은 포지트로늄이 때때로 세 개의 감마선으로 붕괴되기 때문이었다.

"입자가 세 개일 경우 벨의 정리가 어떻게 되는지 살펴본 사람이 없니?" 나중에 그린버거가 물었다.

"그건 잘 모르겠어." 혼이 말했다. "아마 없을 거 같은데."

"그럼 내가 한 번 연구해 볼게." 그린버거가 말했다.

"좋아." 차일링거가 말했다. 특이한 포지트로늄 붕괴가 그의 호기심을 한껏 자극했다.

클리프 셜은 자신이 1987년에 은퇴하면 차일링거가 그의 뒤를 잇기를 바랐다. "하지만 M.I.T.는 생각이 달랐다." 그린버거는 이렇게 회상했다. "대학 당국은 그 전체 실험실을 축소시키길 원했다." 그래서 차일링거는 비엔나로 돌아갔다. 하지만 그는 풀브라이트 장학금을 주선해 주었는데, 그린버거가 "그것에 맞는 유일한 사람이었기 때문이다."

이제 홀로된 혼이 어느 날 셜의 실험실을 지나가고 있는데 누군가의 책상에 놓인 『피지컬 리뷰 레터스』 최근 호가 눈에 들어왔다. 뒤적여 보니 이중 다이아몬드 실험이 나와 있었다. 이론부터 실제 실험 내용까지 자세히 나왔는데, 루파만자리 고슈라는 사람이 양자 광학의 선구자인 뉴욕 로체스터 대학의 레너드 맨델과 함께 박사 학위 논문으로 실시한 실험이었다.

고슈와 맨델은 빛이 한 결정체에 부딪힐 때 얽힘 현상이 잠재하게 된다는 것을 발견했다. 이 멋진 현상은 볼품없는 명칭인 '동시 파라미터 하향 변환'이라는 과정에 의해 일어났다. 이 하향 변환은 알고 보니 혼, 차일링거, 그린버거가 찾고 있던 두 입자 간섭계 실험을 수행할 이상적인 방법이었다. 광선이 어떤 결정체를 비추면 (이유는 밝혀지지 않았지만) 극

소수의 광자들이 둘로 분열되는데, 나뉜 광자는 원래의 광자가 가진 에너지의 절반을 갖는다. 만약 그 빛이 자외선이라면 나뉜 광자는 낮은 에너지 상태로 보이며 결정체의 다른 쪽 면에 여러 가지 후광을 나타낸다. 맨델과 고슈는 나뉜 광자의 각 쌍이 색깔과 비행 방향에 있어서 서로 얽혀 있음을 발견했다.[*]

혼은 차일링거에게 전화를 걸어 이렇게 말했다. "이 논문을 읽어 봐. 이 사람들이 우리의 실험을 하고 있어. 너도 함께 참여하고 싶어할 만한 실험 같은데."

그때까지는, 혼이 언급했듯이 차일링거는 "레이저를 사용해 본 적이 없었다." 하지만 그는 얽힘을 쉽게 일으킬 수 있는 광원이 있다는 데 대단한 흥분을 느끼고서 로체스터 대학에 전화를 걸었다. 혼이 "물론 그런 하향 변환 장치를 구성하려면 많은 기술과 많은 비밀 작업이 있을 거야. 하지만 『피지컬 리뷰 레터스』를 봐도 그들이 어떻게 그런 장치를 마련했는지 알 길이 없어."라며 답답해하자 차일링거가 직접 알아보기 위해서 전화를 걸었던 것이다. 차일링거는 맨델에게 이렇게 물었다. "제가 무슨 레이저를 구입하면 좋을까요? 그 결정체는 어디서 얻은 겁니까? 어떻게 결정을 잘랐는지요? 또 어떻게 결정체가 밝게 빛나게 만들었습니까?" 이런 수소문 끝에 결국 차일링거도 자신의 광원을 찾아냈고 10년 후 그는 물리학계를 뒤흔들게 된다.

한편 1987년 봄과 여름 동안 그린버거는 비엔나의 원자연구소에 있는 차일링거의 연구실을 함께 쓰면서 세 입자 사이의 상호 관계를 살펴보고 있었다. 그는 이렇게 회상했다. "세 입자는 아주 복잡했다.[**]" 하지만

---

[*] 매릴랜드에 있는 얀후아 시(Yanhua Shih)가 동시에 비슷한 발견을 했다. 이 내용은 캐롤 앨리 교수의 지도 하에 작성한 박사 학위 논문에서 발표되었다.

"차츰 나는 감을 잡기 시작했다." 그는 차일링거와 실험 전략을 논의했고 멀리 있는 혼에게서도 제안을 받았다. "매일 아침 나는 그 연구실에 가서 이렇게 말하곤 했다. '어제보다 더 나은 벨의 정리를 얻었어.'"

혼은 그린버거가 보이는 새로운 집착에 그다지 흥미를 느끼지 않았다. "1970~1980년대는 논문을 참조하느라 대부분 다 지나갔다고 시모니 교수님이 말씀하시지 않았어? 저널에 논문이 산더미처럼 실려 있어. 부등식은 나도 엄청나게 봤다고." 그래도 그린버거가 혼의 집에 찾아왔을 때를 혼은 이렇게 회상한다. "우리는 주방에 앉아 이야기를 나누었고 그는 이렇게 말하곤 했다. '새로운 부등식을 얻었어.' 그런 이야긴 지겹게 들었기 때문에 난 별로 흥미가 없었다."

어느 날 비엔나에서 그린버거는 이마를 잔뜩 찌푸리고 차일링거의 연구실에 들어왔다. "차일링거, 아주 혼란스러워. 아무것도 남은 게 없단 말이야. 벨의 정리가 너무 훌륭하니까 입자들에게는 자유가 전혀 없어." 부등식은 더 이상 필요하지 않았고 단지 '예' 아니면 '아니오'를 묻는 단 하나의 질문이 필요했을 뿐이다.

벨의 부등식은, 대충 말하자면 얽힘 현상을 국소적인 숨은 변수로 설명하려면 어떤 종류의 결과가 실제로 일어나는 것보다 더 자주 발생해야 할 필요가 있다. 그린버거는 차일링거와 혼의 도움으로 세 입자의 얽힘을 그러한 국소적이고 객관적이며 분리 가능한 숨은 변수로 설명하려면 절대 일어나지 않는 어떤 것이 필요하다는 것을 알았다. 일반적인 두 입자 벨 정리 실험에서는 국소적인 숨은 변수의 존재를 반박하는 사례

**그 까닭 중 하나는 '삼체(three-body) 문제' 때문이었다. 즉 물리학자는 임의의 두 '물체'의 경로—예를 들면 지구와 태양의 경로—는 예측할 수 있지만, 만약 달과 같은 세 번째 물체도 고려하면 더 이상 이 셋의 경로를 완벽하게 예측할 수 없게 된다.

가 수천 번의 측정을 거쳐 천천히 드러난다. 하지만 세 입자의 경우에는 단 한 번의 측정만으로도 객관적이고 국소적인 실재론이 틀렸으며 양자역학이 옳다는 것이 드러날 터였다. 부등식은 성립하지 않았다.

"글쎄, 그럴 리가 없어." 차일링거가 말했다.

"우리가 그걸 생각해 보자." 그린버거가 회상했다. "바로 그때 우리가 뭘 했는지 알아차렸다. 우린 머리를 뭔가에 얻어맞은 것 같았다."

1989년에 하이젠베르크의 불확정성 원리를 기념하는 회의가 시실리에서 열렸다. 주제에 알맞게 제목은 '불확정성의 62년'이었다. 여기서 데이비드 머민은 그린버거가 "한 입자가 한 쌍의 입자로 붕괴되고 이 한 쌍 중 각각의 입자가 다시 한 쌍의 입자로 붕괴되는 현상이 왜 흥미로운지에 관하여 이해할 수 없는 말을 하는 것을" 들었다. 머민은 몇 년 전에 벨의 정리를 명쾌히 기술한 논문으로 파인먼의 칭찬을 들었던 사람으로서 그린버거와도 오랜 친구 사이였다.(처음에 이들은 "코넬 대학 영문학과에 다니는 아내의 남편 사이"로서 만났다.)

'불확정성의 62년' 회의에서 그린버거는 자신이 어떤 것을 보여 줄 거라고 공언했다. 이에 대해 머민은 "나는 그게 불가능한 것이라고 확신했다. 그린버거는 모든 확률이 1이자 0인 벨 정리의 한 버전을 보여 줄 거라고 말했다."(1의 확률이란 어떤 것이 반드시 일어난다는 뜻이고, 0의 확률이란 어떤 것이 절대 일어나지 않는다는 뜻이다.) "그래서 난 더 듣지 않았다. 어떤 오류가 있었던 거라고 여긴 데다 어쨌건 난 지쳐 있었다. 그래서 더 관심을 기울이지 않았다."

그 자리에는 또 마이클 레드헤드라는 영국인 수리철학자도 참석했다. 그는 동료 두 명과 함께 이미 3년이나 지난 그린버거–혼–차일링거 결과를 수학적으로 엄밀하게 구성하려는 60쪽짜리 논문을 썼다. 정작 이 셋은 공개적으로 발표하지도 않았던 결과인데 말이다. 이 출간 전 논문은 두 가지 유익한 효과가 있었다. 첫째, 이 논문에 자극 받아 그린버거는 「벨 정리를 넘어서」라는 제목의 도트 매트릭스 프린터로 찍힌 세 쪽짜리 논문을 발표했다. 둘째, 머민을 긴장하게 만들었다. "수학적 엄밀성은 내가 보기에 그 논의에는 적절하지 않았다." 그는 이렇게 말했다. "그러니까 그린버거가 물리적인 요점을 파악했든 아니든 그게 수학과는 무관하다는 뜻이다. 벨의 정리에 관한 모든 논의는 수학의 관점에서 보면 정말 단순하기 그지없지만, 물리학의 관점에서 보자면 아주 미묘하다." 그리고 60쪽짜리 논문의 어디쯤에서 머민은 마침내 그린버거, 혼, 차일링거가 벨 정리를 놀랍도록 단순화시킨 버전을 내놓았다는 것을 알아차렸다.

마침 머민은 (코넬 대학에서 저온물리학을 연구하는 이답게) 물리학과와 실험실 어디서나 볼 수 있는 잡지인 『피직스 투데이』에 가끔씩 칼럼을 쓴다. '실재의 요소에는 무슨 오류가 있는가?'라는 제목을 단 1990년 6월 호 그의 기사는 EPR 역설과 이 역설의 유령 같은 속성을 "새롭고 멋지게 뒤튼" 그린버거, 혼, 차일링거의 연구 결과를 전례 없을 정도로 자세히 설명했다.

EPR과 비슷하게 두 입자를 측정하면 세 번째 입자의 결과를 충분히 예측할 만한 정보를 얻는다. "유령 같은 원거리 작용 내지 닐스 보어의 형이상학적 간계가 없는 경우" 머민은 이렇게 언급한다. "멀리 떨어진 두 입자에 대한 (…) 측정은 우리가 측정하려는 입자를 '방해'하지 않는다." 따라서 EPR의 기준에 따라 이 측정의 결과는 '실재의 요소'가 된다.

이제 입자가 세 개이므로 다뤄야 하는 실재의 요소는 여섯 개이다. 각 입자에 대해 수평 및 수직으로 측정된 스핀이 모두 여섯 가지이기 때문이다. "모두 여섯 가지 실재의 요소가 존재한다." 머민은 이렇게 주장한다. "왜냐하면 이 여섯 가지 값이 각각 무엇인지 미리 예측할 수 있기 때문이다. 그러기 위해 예측된 값을 실제로 보일 입자를 방해하지 않으면서 아주 멀리 떨어진 채로 측정을 함으로써 말이다."

이어서 그는 삽입구에 다음과 같은 내용을 넣었다. "이 결론은 매우 이단적이다. 왜냐하면 양자역학에서는 동일한 입자가 갖는 스핀의 두 성분이 동시에 존재할 수 없기 때문이다. 그런 주장은 일종의 국소적 숨은 변수 이론이나 마찬가지다.

이단이든 아니든, 각 측정의 결과는 임의적으로 멀리 떨어져서 측정된 다른 결과들로부터 1의 확률로─즉 100퍼센트의 가능성으로─"예측될 수 있기 때문에, 편견이 없는 사람이라면 양자 신학을 버리고 실재의 요소에 좀 더 우호적인 해석에 매우 끌리게 될지도 모른다."

하지만 EPR의 벨 버전에서처럼 실재의 요소들은 "몇 가지 추가적인 실험에 대한 단순명쾌한 양자역학적 예측으로 인해 타당성을 잃었으며, 그에 수반되는 형이상학적 해석에 의해 완전히 부정되기에 이르렀다. GHZ〔그린버거, 혼, 차일링거〕 사례에서는 그 몰락이 특히나 더욱 효과적으로 제시된다."

"실재의 요소여, 잘 가거라!" 머민은 의기양양하게 주장한다. "더군다나 서둘러 가거라. 그런 것이 존재한다는 그럴듯한 가정은 단 한 가지 측정으로 반박될 수 있으니 말이다."

그린버거-혼-차일링거의 주장을 이해하고서 머민은 제일 먼저 존 벨에게 관련 내용을 담은 편지를 써 보냈다.

벨은 이렇게 답했다. "정말 감탄해 마지않을 수밖에 없습니다."

34
"'측정'에 반대하여"
—1989~1990년—

불확정성이 발표된 지 1년 후에 태어난 존 벨이 1989년의 '불확정성의 원리 62년' 회의에서 자신의 연구 인생에 관해 강연을 했다. 머민은 이렇게 평했다. "이제껏 들었던 것 중에서 더없이 멋진 강연이었다.(이에 비할 만한 강연으로는 리처드 파인먼이 1965년 코넬 대학교에서 한 메신저 강연뿐이었다.)" •
(전부 6회에 걸쳐 진행된 그 강연에서 파인먼은 청중들을 자연법칙의 세계에 흠뻑 빠지게 만들었다.) "'측정'에 반대하여"라는 제목의 그 강연은 알고 보니 벨이 평생

• 나중에 『물리법칙의 특징』이란 제목으로 발간된다.

몸담았던 과학에 반기를 드는 내용이었다. 그것은 아주 애매한 구성의 강연이었기에 그걸 듣는 물리학자들은 그 애매함에 불평을 터뜨렸다. 그 강연은 1년 후 『피직스 월드』에 실렸다. 머민은 이렇게 평했다. "그 기사는 그의 총명함과 재치는 전달해 주지만 그의 낭랑한 목소리는 전달해 주지 못한다."

"62년이 지난 지금, 우리는 분명 양자역학의 진지한 부분을 정확히 공식화한 이론을 갖고 있어야 합니다." 벨은 강연을 이렇게 시작했다.

'정확히'라고 해서 '정확히 옳은'이란 뜻은 물론 아닙니다. 다만 이론물리학자들의 재량에 전적으로 맡겨 그 이론이 수학적인 용어로 충분히 구성되어야 한다는 뜻입니다. 실제 응용에 필요한 근사계산이 나올 때까지는 말입니다. '진지한'이라고 한 것은 물리학의 어떤 실질적인 부분이 다루어져야 한다는 뜻입니다. 비상대론적 '입자' 양자역학이라면 (⋯) 충분히 진지하다고 할 수 있습니다. 왜냐하면 그것은 〔디랙이 즐겨 말했듯이〕 '물리학의 대부분과 화학의 전부'를 다루기 때문입니다. 또 '진지한'이라고 한데는 '실험 장치'가 세상의 나머지와 분리되어 블랙박스 속으로 제한되지 않아야 한다는 뜻도 있습니다. 실험 장치가 마치 원자로 구성되어 있지 않거나 양자역학의 규칙을 따르지 않는 것 같아서는 안 된다는 말입니다. '정확히 공식화된 이론을 가져야 하지 않을까?'란 질문에 대해 보통 아래 두 가지 반문 중 하나 또는 둘 다가 제기됩니다. 제가 이 둘에 대해 답변해 보겠습니다. 다음 두 가지입니다. 굳이 왜? 좋은 책을 찾아보면 되지 않는가? 아마 '굳이 왜?'라고 하는 사람 중 가장 유명한 사람은 디랙일 것입니다.

벨은 "2급 난이도 문제"와 "1급 난이도 문제"의 차이를 구분하는 디랙의 방식에 대해 설명했다. 2급 난이도 문제란 디랙이 보기에 가능한 한 빨리 해결되어야 할 문제이고[*], 1급 난이도 문제란 현재로선 해결될 만한 여건이 성숙하지 않은 문제다.

적어도 디랙은 이런 질문들로 고심하는 사람들에게 큰 위안을 줍니다. 그는 그런 질문들이 존재하며 해결하기 어렵다는 것을 압니다. 다른 많은 유명한 물리학자들은 그렇지 않습니다. (…) 비록 일반적인 이론 구성에 어떤 모호성을 인정하더라도, 그들은 통상적인 양자역학이 '온갖 실질적인 목적에서 볼 때' 훌륭하다고 주장할 것입니다. 저도 그 점에 동의합니다.

통상적인 양자역학은 (제가 아는 한)
온갖 실질적인 목적에서 볼 때 훌륭합니다.

서두에서 제가 직접 이걸 주장하고 그것도 칠판에 큰 글씨로 써 놓았는데, 이건 이번 논의가 진행되는 동안 거듭 주장될 것입니다. 그래서 편의상 앞으로 '온갖 실질적인 목적에서 볼 때(For All Practical Purposes)'는 줄여서 FAPP라고 하겠습니다.

벨은 양자론을 '직감적으로' 이해한 이런 물리학자들의 성급함도 수긍이 되었다. 하지만….

[*]전문적인 내용에 관한 주: 디랙의 '2급 난이도' 문제의 한 예로는 양자전기역학의 무한대 문제가 있다.

무언가로부터 무언가가 도출되는 것을 아는 게 좋지 않습니까? 비록 그것이 꼭 FAPP가 아니더라도 말입니다. 예를 들면 양자역학이 정밀한 이론 구성을 거부한다는 사실이 밝혀졌다고 가정해 봅시다. 이 경우 FAPP를 넘어서는 이론 구성이 시도된다면, 우리는 고집스레 요지부동으로 그 주제의 바깥을, 즉 관찰자의 마음, 힌두 경전, 신, 심지어 오직 중력을 가리키는 손가락을 보게 될까요? 그렇다면 아주, 아주 흥미롭지 않겠습니까?

좋은 책을 찾아보면 되지 않는가?

하지만 어떤 좋은 책 말입니까? 사실 돌이켜 보면 '아무 문젯거리가 없다'고 보는 사람이 기존의 문헌에 나와 있는 해결책을 기꺼이 인정하는 경우는 거의 없습니다. 대체로 아무 문제가 없는 훌륭한 이론 구성은 의문을 품는 사람의 머릿속에 있는 법입니다. 비록 자신의 이론을 논문에 담기에는 현실적인 일들로 너무 바쁘긴 하지만 말입니다. 제 생각에, 좋은 책의 이론 구성에는 이런 신중함이 고스란히 스며 있습니다. 제가 알고 있는 좋은 책들은 물리학적 정밀함은 그다지 신경 쓰지 않습니다. 이 점은 그 책들에 사용된 어휘를 보면 분명히 알 수 있습니다.

"물리학적 정밀함과는 거리가 멀다고" 본 벨의 어휘 목록에는 물리학자들이 늘 쓰는 온갖 용어가 포함되었다. "계(시스템)", "장치", "환경"처럼 "세계의 인공적인 구분을 암시하는" 용어들이었다. 또 "관찰"과 "정보"도 이와 비슷하게 부정확했다.

아인슈타인은 '관찰 가능한' 것이 무엇인지를 결정하는 것은 이론이라고 말한 바 있습니다. 저는 그의 말이 옳다고 여깁니다. '관찰'은 이론과 결부된 복잡한 활동입니다. 그리고 그런 개념은 근본적인 이론의 구성에서 드러나지 않아야 합니다. '정보'? 누구의 정보? 무엇에 관한 정보? 이에 관하여, 좋은 책들에는 나쁜 어휘 목록이 많은데 그중 가장 나쁜 것이 '측정'입니다. 여기에 대해서는 따로 한 항목을 할애해 설명해야겠습니다.

벨은 '측정'의 개념이 양자론의 '근본적인 해석 규칙'으로 등장하는 디랙의 『양자역학』에서 여러 문장을 인용했다. 예를 들면 디랙은 이렇게 적고 있다. "측정은 언제나 해당 계로 하여금 측정되고 있는 변수들의 〔특정한 상태〕로 도약하도록 만든다."

이 문맥 속의 '계'는 우리가 측정하고 있는 어떤 물체 이를테면 입자다. '변수'란 우리가 측정하고 있는 속성으로서 이를테면 입자의 위치다. 무뚝뚝하고 우직한 탐구자인 디랙이 기술한 양자역학의 이 근본 규칙에 따르면, 한 양자 입자의 위치를 측정하는 일은 그것이 어디에 있는지를 알아내는 일이 아니라 그것이 어딘가에 존재하도록 만드는 일이다. 특정한 상태로의 이 '도약', 즉 애매하기로 유명한 '파동함수의 붕괴'라는 현상은 전자가 한 에너지 준위에서 사라져 다른 에너지 준위로 옮기는 보어의 '양자 도약'과 관계가 있다. 도약은 양자론으로 설명되지 않는다. 단지 그 현상은 그렇게 일어날 뿐이다. 우리가 이해할 수 있는 영역 너머에서.

"아마도" 벨은 이렇게 결론지었다.

양자론은 '측정의 결과'에만 관심을 가질 뿐 그 외의 것에 대해서는 아무런 할 말이 없습니다. 정확히 무엇이 어떤 물리 시스템으로 하여금 '측정자'의 역할을 하도록 해 줍니까? 이 세계의 파동방정식은 단세포 생명체가 등장하기까지 수십억 년 동안 기다려 왔단 말입니까? 아니면 파동방정식은 더 나은 계 (…) 이를테면 박사 학위를 가진 사람이 나타날 때까지 더 오래 기다려야 했습니까? 만약 양자론이 고도로 최적화된 실험실이 아닌 상황에서 적용되는 것이라면 우리는 '측정과 같은' 과정이 항상 어디에서나 진행된다고 인정할 수 없지 않을까요? 항상 그런 도약이 일어나지 않는 게 아닐까요?

양자역학의 근본 공리인 '측정'의 개념이 지닌 첫 번째 문제점은 그것이 이 세계를 '계'와 '장치'라는 두 요소로의 분리(벨이 여기서 말하는 분리는 하이젠베르크가 틈 즉 슈니트(Schnitt)라고 한 것과 똑같은 용어다)를 고착시킨다는 것입니다. 두 번째 문제점은 그것이 일상생활에서 도출된 의미, 즉 양자적 상황에서는 전혀 적합하지 않은 의미를 담고 있다는 것입니다. 어떤 것이 '측정'된다고 말한다면, 해당 물체의 어떤 기존 속성을 참조함으로써 그 결과를 판단하지 않는다고 보기는 어렵습니다. (…)

심지어 전문적이지 않은 실질적인 면에서 보더라도, 제 생각에 '측정'이란 용어를 (…) '실험'이란 용어로 바꾸는 편이 좋다고 봅니다. (…) 실험은 전혀 오해의 소지가 없습니다. 하지만 가장 근본적인 물리학 이론인 양자역학만이 실험 결과를 올바르게 파악한다는 발상은 여전히 실망스럽습니다.

고대로부터 자연철학자들은 주위의 세계를 이해하려고 노력했습니다. 그런 노력의 와중에 그들은 최소한의 요인으로 파악되는 단순한 상황을 인위적으로 고안해 낸다는 위대한 발상을 하게 되었습니다. 분리를 통한 정복을 이루었던 것입니다. 실험과학이 태어났습니다. 하지만 실험은 수단일 뿐입니다. 목표, 즉 이 세계를 이해하고자 하는 목표는 여전히 남습니다. 양자역학이 실험실 상황에만 적용되도록 제한을 가하는 것은 위대한 임무를 배신하는 것입니다.

하지만 어떻게 해야 측정이 양자역학의 방정식과 맞아떨어질까? 양자역학은 이런 주제에 대해서는 침묵만 지키는데 말이다. 벨은 이 답으로 '훌륭한 책' 세 권을 구분해서 설명한다. 첫 번째 책으로 그는 레프 란다우가 쓴 『양자역학』이라는 유명하고 권위 있는 책을 든다. 이 책은 란다우가 평생의 동료였던 에프게니 리프시츠와 함께 쓴 책이다.

이 책을 선택한 데는 다음 세 가지 이유가 있습니다.
(1) 정말로 좋은 책입니다
(2) 매우 훌륭한 계보를 지닌 책입니다. 란다우는 보어의 제자였습니다. 보어는 양자론에 대한 체계적인 설명을 직접 쓴 적이 없었습니다. 아마도 란다우와 리프시츠의 저작이 보어의 사상을 가장 잘 담고 있을 것입니다.
(3) 그 주제에 관하여 제가 꼼꼼하게 정독한 책은 오직 이 책뿐입니다.
세 번째 이유가 가능했던 까닭은 친구인 존 샤이크스가 그 책을 영어로 번역할 때 제가 전문적인 내용에 대한 감수를 맡았기 때문입니다. 제가 이 책을 추천하는 까닭은 독자 여러분이 지불하는 금액의 1퍼센트가 제게 주어진다는 사실과는 아무런 관련이 없습니다.

란다우와 리프시츠는 "측정은 언제나 계를 특정한 상태로 도약하게 만든다."고 했던 디랙의 의견에 동의한다. 더군다나 원자의 속성을 기술할 가능성은 "고전역학을 따르는 물리적 대상 (…) 의 존재를 필요로 한다." 이것은 단지 원자가 너무 작기 때문만이 아니라 원자가 다른 어떤 것과 상호작용을 하지 않고서는 실제로 특정한 속성을 갖지 않기 때문이다. 고전적인 장치들은 불가해하게도 잠시 양자적 실체인 원자에게 결단성, 분석 가능성, 구체성을 빌려 준다. 그리고 우리는 그런 과정을 '측정'이라고 부른다.

하지만 장치 그 자체는 기계든 컴퓨터이든 비결정론적인 양자적 실체인 원자로 이루어져 있다. 어떻게 이런 불확실한 요소들이 모여 기계의 정상적이고 '고전적인' 특성을 보이게 될까? 이 질문은 란다우의 책에는 언급되어 있지 않다. 단지, 시대에 뒤떨어졌지만 필요하긴 한 고전물리학과 양자론 사이의 관계는 "물리 이론 가운데서 매우 흔치 않은" 것이라는 언급만 달랑 적혀 있을 뿐이다.

벨은 이렇게 설명을 계속한다. 란다우의 "애매하게 정의된 파동함수 붕괴는 좋은 의도에서, 그리고 신중하게 사용되면 FAPP에 적합합니다. 하지만 정확히 언제 어떻게 붕괴가 일어나는지, 무엇이 거시적이고 무엇이 미시적인지, 무엇이 양자적이고 무엇이 고전적인지에 관해 그 이론이 원리적으로 애매하다는 점은 여전히 남습니다. 우리는 이렇게 물을 수 있습니다. 실험에서 드러난 사실이기에 그런 애매성을 지지할 수밖에 없을까요? 아니면 이론물리학자들이 더 열심히 노력하면 상황이 나아질까요?"

이어서 그는 또 다른 『양자역학』 책을 두 번째로 든다. 이 책은 CERN에서 만난 오랜 친구인 쿠르트 고트프리트가 쓴 것이다.

이번에도 이 책을 선택한 데는 다음 세 가지 이유가 있습니다.

(1) 정말로 좋은 책입니다. 이 책은 CERN 도서관에 네 권이 있었습니다. 그중 두 권은 도난을 당했는데, 이걸로 봐도 그 책의 우수함을 알 수 있습니다. 나머지 두 권은 너무 많은 이들이 읽은 바람에 너덜너덜해지고 있는

상태입니다.

(2) 매우 훌륭한 계보를 지닌 책입니다. 쿠르트 고트프리트는 디랙과 파울리에게서 영감을 받았습니다. 그를 직접 가르친 스승으로는 (…) 줄리언 슈윙거, 빅토르 바이스코프 (…) [등입니다.]

(3) 저는 그 책의 일부 내용을 여러 번 읽었습니다.

세 번째 이유에는 다음과 같은 사연이 있습니다. 저는 종종 [벨과 같은 시기에 소장직을 맡아 CERN에 온] 빅토르 바이스코프와 양자론에 관한 즐거운 토론의 시간을 가졌습니다. 그는 늘 '쿠르트 고트프리트의 책을 읽어야 한다'고 내게 말하곤 했습니다. 그러면 전 언제나 '쿠르트 고트프리트 책을 읽었다'고 대답했습니다. 하지만 빅토르는 다음에 만나도 늘 '쿠르트 고트프리트의 책을 읽어야 한다'고 말했습니다. 그래서 마침내 그 책의 몇 부분을 읽고 또 읽고 또 읽었습니다. (…)

입자는 파동함수에 의해 수학적으로 기술된다. 이 파동함수는 거의 언제나 서로 모순되는 듯한 여러 상태들의 총합이다. 이 상태들은 모두 동시에 참이며 우리의 상식으로는 납득되지 않는 방식으로 서로 상호작용을 한다. 고트프리트는 자신의 책에서 이것을 어떻게 이해해야 하는지를 설명한다. 그의 설명에 따르면 거시적 상태들 사이의 상호작용에 관한 '직관적으로 해석 불가능한' 수학적 용어들은 반드시 제거되어야 하며, 또 양자론이 '비어 있는 수학적 형식주의'가 되어야 한다고 보았다. 기이한 항들이 제거될 때 생겨나는 이 새로운 총합은 여러 선택 사항들이 담긴 단순한 목록으로 해석된다. 즉 '고양이는 죽어 있으면서 동시에 살아 있다' 또는 '입자는 여기 있으면서 동시에 저기 있다'처럼 수수께끼 같은 명제를 대하고서 이 문장들을 '고양이는 죽었거나 아니면 살아 있다'나 '입자는 여기 아니면 저기 있다'와 같은 이해할 수 있는 명제로 해석한다.

"하지만 이를 통해" 회의적인 벨은 이렇게 선언했다. "원래의 이론, 즉 '비어 있는 수학적 형식주의'는 근사적으로나마 받아들여지는 것이 아니라 폐기되고 대체됩니다."

세 번째 '훌륭한 책'을 이와 비슷한 식으로 처리한 후 벨은 마지막으로 '정밀한 양자역학'을 수립하기 위한 두 가지 시도를 설명했다. 고전적 세계와 양자적 세계의 분리라는 개념을 도입하지 않고서도 이 두 이론은 '계'와 '장치'를 둘 다 다룰 수 있다. 첫 번째인 드 브로이−봄 비국소적 숨은 변수 이론은 관찰 여부와 관계없이 실제 위치와 운동량을 가지며, 불가해한 유령 같은 파일럿 파동(안내 파동)의 안내를 받는 세계가 존재한다고 상정한다.

둘째로 기라르디−리미니−베버 이론에서, 파동함수의 붕괴는 형이상학적으로 곤혹스러운 현상에서 수학적으로 정밀한 현상으로 전환된다. 기안카를로 기라르디와 그의 동료들은 슈뢰딩거방정식이 저절로 '붕괴'되도록 그 방정식을 수정했다. 몇몇 입자들의 경우 효과는 적게 나타나긴 하지만 그래도 이 이론은 통상적인 양자역학에 비해 큰 물체를 더 잘 다룰 수 있다. 벨은 이렇게 말했다. "이 이론은 상태를 더 신속하게 가리킵니다. 즉 고양이가 죽었거나 살아 있는 상태가 아주 빨리 결정됩니다."

벨은 청중들이 이 두 이론을 덮어놓고 부정하지 못하도록 파인먼의 이 말을 마지막에 넣었다. "목을 길게 빼기 전에는 어떤 점에서 우리가 어리석은지 모르는 법입니다."

적어도 두 명의 물리학자는 "불확정성의 원리 62년" 회의를 떠나면서

"소심한 겁쟁이가 되지 마십시오!"라는 말이 계속 귀에 울렸다. 회의 후 만찬 자리에 모인 군중의 소음 가운데서 이 소리를 들은 머민이 주위를 둘러보니 "존 벨이 선배들의 관점에 갇혀 자신의 연구 주제를 제한하지 말라며 젊은 물리학자를 격려하고 있었다."

6월이 오자 애머스트 칼리지의 교수인 조지 그린스타인과 아서 자이온스는 서부 매사추세츠의 멋지고 푸른 구릉지에 양자론의 기초에 관심 있는 열두 명의 양자물리학자들을 데려와 일주일 동안 (전문 요리사가 제공하는 식사를 하면서) 남학생 회관에서 함께 지냈다. 물리학자의 아들인 그린스타인은 신사적인 데다 흰 수염이 매력적인 천문학자로, 특히나 일반인들에게 과학을 소개하는 데 남다른 재능을 지녔다. 자이온스는 세부적인 내용보다는 큰 그림에 관심이 많은 사려 깊은 물리학자였다. 참석자 중에는 벨, 그린버거, 혼, 차일링거, 시모니 그리고 머민이 있었다. 어떤 회의에서든 제일 뜻깊은 일은 커피나 맥주를 마시면서 대화를 하고 복도에서 우연히 누군가와 만나고 저녁을 들면서 토론을 하는 것이기에, 그린스타인과 자이온스는 자신들이 개최한 회의를 오로지 그런 이벤트로 채우기로 했다. "미리 예정된 강연도 짜인 일정도 회의 기록도 없었다." 머민은 이렇게 회상했다. "그저 마음껏 대화를 나눌 뿐이었다."

이 목가적인 일주일 동안 '제대로 된' 그린버거-혼-차일링거 논문의 여러 세부 사항들이 가닥을 잡았다. 이때는 이 세 명만이 참여했으나 이후 시모니가 공동 저자로서 도움을 주었고 이어서 머민의 비판적인 조언이 추가되었다. 머민은 「실재의 요소에 어떤 오류가 있는가?」라는 논문을 편집자에게 보냈다. 회의 기간이 절반쯤 지났을 때 자이온스가 점심시간에 『피직스 투데이』 최신 호를 들고 나타났다. 세 입자의 얽힘이라는 극적인 현상을 소개한 머민의 논문에 전 세계의 물리학자들은 깜짝 놀랐다. 〔혼이 집에 도착해 보니 클라우저가 보낸 엽서가 와 있었다. 클라우저는 『피직스 투데이』를 읽기 전에는 GHZ 논문에 대해서는 전혀 몰랐다. 더군다나 그 논문이 출간 전 판인지 재판인지도 몰랐다. "이런 엉큼한 친구 같으니!" 그는 이렇게 적었다. "GHZ 논문의 재판(또는 출간 전 판)을 보내 줘. 머민은 이게 아주 엄청난 논문이라고 생각하는 것 같아."〕

애머스트 칼리지의 쿠르트 고트프리트는 벨이 "'측정'에 반대하여"라는 강연을 통해 자신의 책에 가한 "놀랍도록 가시 돋친 공격"에 대응할 기회를 잡았다. "창시자들 이후 양자역학의 가장 심오한 탐구자이자 CERN의 옛 친구가 내 책에 지대한 관심을 가져 주어서 참으로 기뻤다." 그러면서도 내심 이렇게 여겼다. "존 벨이 정통 양자역학에 가한 비판은 화려한 말솜씨에 비해 그다지 위력적이지 않았다."

그리하여 그 회의에서 중요한 토론이 벌어졌다. 머민은 이렇게 회고했다. "벨은 양자역학에는 어떤 심오한 측면에서 모든 고전 이론들이 지녔던 자연스러움이 부족하다고 주장했다." 고전적인 물리학의 해석에는 아무 문제가 없었다. 예를 들면 고트프리트가 벨에게 인정했듯이 "아인슈타인의 방정식들은 달리 해석할 여지가 없다. 해석을 위해 아인슈타인에게 도움을 청할 필요도 없다." 한편 양자역학에서는 고트프리트가 인정하듯이 심지어 가장 위대한 고전물리학자라도 "도움이 필요하다. '아, 한 가지 잊은 게 있는데, 20세기 초반 괴팅겐 시절에 큰 활약을 보인 위대한 사상가 막스 보른에 따르면 〔슈뢰딩거방정식에서 파동의 제곱〕은'" 확률로 해석되어야 한다. 전혀 그렇게 볼 근거가 없는 듯한데 말이다. 벨은 양자역학에는 어떤 심오한 요소가 빠져 있는 게 분명하다고 여겼다. 머민은 이렇게 말했다. "고트프리트는 이런 점을 절실히 느끼지 않았다." 또 시모니는 이렇게 회고했다. "벨은 고트프리트가 모든 실질적인 목적에 적합한[FAPP] 해법을 이론적으로 완전한 해법과 혼동한다며 거세게 몰아세웠다." 한편 CERN 출신이자 이 둘의 친구인 빅토르 바이스코프가 중재자 역할을 맡았다. 고트프리트의 대답은 벨의 기준은 고사하고 자기 스스로의 기준도 충족하지 못했기에, 이후 10년 동안 그 주제에 관한 진지한 사색을 통해 마침내 완전히 새로 쓴 책을 다시 내놓았다. 실제로 그 책은 아인슈타인-포돌스키-로젠 역설로 시작한다.

한편 혼은 애머스트에서의 벨에 관해 이렇게 말했다. "이 분야에서 활약한 모든 이들 가운데서 양자역학에 대해 아마도 그가 가장 평가가 인색했다. 그는 양자역학을 아주 불만족스러워했으며, 세상에 대한 객관적이고 실재론적 관점을 아주 강하게 지지했다." 그린스타인은 이렇게 회상했다. "그건 정말로 처절한 싸움이었다. 그렇긴 해도 모두에게 자신들이 논쟁하고 있는 주제는 중요한 문제였다." 그는 특히 벨의 이런 면에 깜짝 놀랐다고 했다. "벨은 아주 신사적인 기품과 더불어 불타는 열정과 진지함을 겸비하고 있었다. 마치 이 세상 사람이 아닌 듯 완전히 다른 사람으로 보일 때도 있었다." 머민과 고트프리트는 벨이 피상적 인식에 대해 보이는 분노를 구약 시대의 선지자들이 보였던 분노에 견주었다.

어느 날 오후, 회의에 이어서 바깥나들이에 나섰을 때의 풍경에 대해 그린스타인은 이렇게 회고했다. 시모니가 "크로켓의 규칙과 전략을 제시했는데 마치 양자역학을 연구할 때처럼 철저했다." 그리고 머민과 바이스코프는 피아노 한 대를 함께 연주했다. 그런데 적수인 벨과 고트프리트가 마주 서 있는 모습이 그린스타인의 눈에 들어왔다. 그린스타인이 걱정스레 다가가 보니 둘은 다정하게 서로의 사진기를 이리저리 비교해 보고 있을 뿐이었다.

머민과 고트프리트는 오랜 시간 차를 타고 코넬 대학으로 돌아오면서 "존 벨은 인격적으로나 지적인 면으로나 물리학계에서 정말로 독특한 사람이라는 데 의견을 같이 했다. 그는 과학자이자 철학자며 휴머니스트였다. 그는 심오한 사상을 아주 깊이 중요시하는 사람이었으며 (…) 무슨 주제든지 간에 우리와 함께 몇 마일씩 걸으며 강연을 하다시피 설명할 수 있는 몇 안 되는 물리학자 중 한 명이었다."

3개월 후인 1990년 10월 1일에 벨은 제네바에 있는 자택의 부엌에서 뇌졸중으로 사망했다. 너무 갑작스럽고 예상치 못한 일이어서 베르틀만은 장례식에 참석하지도 못했다. 그때 고작 62세였고 자신이 평생 앓았던 끔찍한 편두통에 대해 아내 매리 말고는 누구에게도 귀띔조차 하지 않았다.

그가 죽던 해에도 벨의 정리는 여전히 비밀스러운 어떤 것이었으며 양자물리학 분야 중 구석진 변방에 위치한 애매하고도 불명확한 주제일 뿐이었다. 하지만 10년 후에는 그것이 『피직스 리뷰 레터스』의 관심 사안 중 가장 주요한 주제가 되었으며, 여러 대학들은 벨의 정리를 바탕으로 하는 주제의 연구만을 위해 설립된 특별한 실험실을 앞다투어 짓게 된다. 현재 이 새롭고도 전도유망한 분야를 연구하는 이들이 보기에는 참으로 가슴 아프고 쓰라린 결과가 아닐 수 없다. 벨이 성경에서 말하는 한평생인 70년을 다 채우고 죽었더라면 그가 반쯤 취미로 삼아 시작한 일이 그처럼 놀라운 결실을 맺게 된 것을 볼 수 있었을 테니 말이다.

하지만 세상을 떠나기 전 벨은 옥스퍼드를 방문했다. 그곳에서 벨은 박사 후 과정을 밟는 한 학생을 만나게 된다. 당시엔 아무도 몰랐지만 얽힘에 관한 그 학생의 아이디어는 엄청난 변화를 촉발하게 된다.

35
이것이 실질적인 용도로
쓰일 수 있다는 말인가?
─1989~1991년─

아르투르 에케르트

옥스퍼드 대학교 클래런던 실험실의 도서관에 아르투르 에케르트가 앉아 있었다. 율 브린너의 젊은 모습으로 오인될 만한 (비록 그 유명한 번쩍이는 대머리는 나중에야 나타나지만) 이 박사 후 과정의 물리학자는 처음으로 EPR 논문을 읽고 있었다. 그는 유럽 전역에서 건너온 식구들로 이루어진 어느 폴란드인 가족에게서 태어났다. 그는 친구에게 몇 편의 논문을 건네받은 이후 가고 싶은 대학을 일찌감치 마음에 품고 있었다. 그 논문들은 옥스퍼드 대학교의 총명하지만 외톨이 물리학자인 데이비드 도이치가

1985년에 쓴 것이었다.

"그 무렵 양자 컴퓨팅에 관심을 가진 사람은 이 세상에 아마 두어 명 정도였을 것이다." 에케르트는 이렇게 회상했다. "데이비드가 그중 한 명이었다. 그가 쓴 논문들은 사실 당시 어느 누구도 진지하게 읽어 보지 않았다." 한편 양자 프로세스가 어떤 고전적인 계산도 시뮬레이션할 수 있다는 것을 폴 베니오프가 1980년에 보여 주었다. 1년 후 벨에 관한 머민의 논문을 읽은 파인먼이 '컴퓨터로 물리학을 시뮬레이션하기'라는 유명한 강연에서 컴퓨터 과학자들의 분발을 촉구했다. 벨의 부등식에 따르면 오직 양자 컴퓨터만이 자연을 완전히 시뮬레이션할 수 있다. 왜 냐하면 양자 컴퓨터라야 얽힘 현상을 활용할 수 있기 때문이다.

젊은 파인먼이 병렬 컴퓨터를 이용해서 (크고 무거운 증폭기와 분류기들로 수행되던) 맨해튼 프로젝트의 계산 속도를 극적으로 향상시키긴 했지만, 양자 컴퓨터로 가는 세 번째 단계를 수립한 사람은 바로 도이치였다. 그는 자칭 (두 개의 파동을 합치면 하나의 새로운 파동이 생기는 파동역학의 중첩 원리를 이용한) 양자 병렬화라는 과정을 통해 누구도 상상치 못했던 엄청난 계산 속도를 낼 방법에 대해 설명했다. 이 방법으로 수많은 경우의 수들을 동시에 계산할 수 있다.

도이치는 머리숱이 적고 나약해 보이는 사람으로서 밤에만 깨어 있었고 옥스퍼드를 벗어나는 일이 거의 없었다. 그는 양자역학과 특히 양자 컴퓨터를 통해 우주가 서로 다른 여러 세계로 끊임없이 나누어지고 있다는 것을 증명할 거라고 여겼다. 도이치가 보기에 양자 병렬화는 모든 평행 우주들을 동시에 계산할 수 있는 기계의 능력을 의미했다. 그는 명랑하고 현실적인 성격인 에케르트의 조언자 겸 친구가 되었다.

에케르트의 취미는 암호학이었다. "나는 공개 키(key) 암호 체계를 좋아했다. 그것에 푹 빠졌다." 피에르 드 페르마가 17세기에 개발했던 "정수론의 멋진 한 분야"가 1970년대에 영국 정보국의 암호 작성법으로 활용되었다. 에케르트는 웃으면서 이렇게 말했다. "너무나 순수한 분야이기에 결코 현실적인 응용으로 더럽혀질 리가 없을 거라고 여겼던 많은 수학자들은 큰 충격을 받았다." (비밀 버전이 나온 지 몇 년 후에) 그 시스템을 재발견한 M.I.T.의 민간인 세 명의 이름을 따 RSA라고 불린 그 암호 체계는 암호 해독자들의 고민을 멋지게 해결해 주었다.

깰 수 없는 암호라 하더라도 결국은 그 키만큼만 안전할 뿐이다. 그런데 키는 배달원이나 아니면 어떤 연락망에 의해 여러 곳에 분산되어야하는데, 이것은 결코 도청으로부터 안전할 수 없다. RSA의 기본 아이디어는 만약 메시지를 암호화하는 (어떤 방정식의 일부인) 수학 함수가 되돌리기가 매우 어려운 것이라면 키가 일급비밀이지 않아도 된다는 것이다. 예를 들면 두 수를 곱하기는 매우 쉽다. 이 두 수는 곱셈의 결과로 생기는 큰 수의 '인수'라고 한다. 이 큰 수에서 시작하여 되돌아가 원래의 인수들이 무언지 알아내기는 매우 어렵다.

이보다 조금 더 복잡한, 되돌리기 어려운 함수는 페르마가 소수와 모듈러 연산 사이의 깔끔한 관계를 발견하면서 시작되었다. (모듈러 연산은 본질적으로 일종의 나눗셈이긴 하지만 어떤 수가 다른 수 안에 몇 번 포함되느냐가 아니라 그 나머지가 답인 연산이다. 예를 들면 11 모듈로 2＝1이다. 왜냐하면 2는 11 안에 다섯 번 포함되면서 나머지가 1이기 때문이다. 마찬가지 추론으로 11 모듈로 5의 값은 1이다.)

RSA의 경우 발신자인 '앨리스'는 '밥'에게 보낼 메시지를 긴 자릿수의 수로 암호화한다. 앨리스는 그 숫자를 한 번에 하나씩 택해서 거기에 암호화 지수로 거듭제곱을 취한다. 그런 다음 이 값을 두 소수를 곱해서 생긴 매우 큰 값으로 나눈다. 그 지수나 매우 큰 값이 비밀일 필요가 없다. 이 나눗셈의 나머지가 암호다. 암호와 공개 키가 주어져 있을 때 두 소수의 곱을 인수분해하여 평문(암호화되기 전의 원래 문장—옮긴이)을 복구하는 것은 여러 컴퓨터를 동원해도 거의 불가능하다. 특히 매우 큰 수가 200자릿수 규모이면 더욱 그렇다. 하지만 놀랍게도 만약 암호를 (밥만이 알고 있는 개인 키인) 복호화 지수로 거듭제곱을 한 다음 동일한 매우 큰 수로 나누면 그 나머지가 평문이 된다. 이로써 도청 문제가 시원하게 해결될 수 있다.

하지만 비록 어렵긴 해도 큰 수를 소수로 인수분해하는 것이 물리적으로 불가능하지는 않다. 기존의 컴퓨터를 사용하면 엄청나게 오랜 시간이 걸릴 뿐이다. 만약 어떤 악의적인 도청자가 큰 수를 인수분해하는 더 빠른 방법을 알아냈다면 RSA 암호도 풀리게 될 것이다.

그런데 마침 에케르트가 클래런던 도서관의 정적 속에서 EPR 논문의 '실재의 요소'라는 다음 유명한 구절을 처음 읽으면서 충격에 휩싸여 있었다. 만약 어떤 계를 전혀 방해하지 않고서 어떤 물리량을 확실히 예측할 수 있다면, 이 물리량에 대응되는 물리적 실재의 요소가 존재한다. "내 머릿속에서 이런 생각이 번쩍 들었다. 와, 이건 암호 해독에 관한 거야!" 암호 해독자는 '계를 전혀 방해하지 않으면서' 암호 값을 알고 싶어 한다. 만약 누군가가 암호를 엿본다는 낌새가 들면 앨리스와 밥은 결코 그 암호를 사용하지 않게 될 테니 암호 해독자의 작업은 헛수고가 되고 말 것이다.

에케르트는 "국소적 실재론이 완벽한 도청이 가능하도록 해 준다는" 점을 알아차렸다. 그의 마음이 벅차올랐다. "앗! 하지만 그런 이론은 부정되지 않았는가!" 그렇다면 얽힌 암호는 결코 도청할 수 없는 암호가 될 것이다. 그는 자리에서 벌떡 일어나 벨의 1964년 논문을 찾으려고 클래런던 도서관을 뒤졌다.

앨리스와 봅이 일련의 긴 얽힌 광자들을 공유하면 어떻게 될까?

"만약 클라우저-혼-시모니-홀트 부등식이 위반된다면"(즉 앨리스와 봅의 광자들이 얽힌 상태에 있다면) 에케르트는 차츰 알아차리기 시작했다. "그렇다면 암호 해독자는 결코 입자들을 건드릴 수 없다." 엿보려는 시도가 있기만 하면 얽힘이 깨지기 때문이다. 그러니까 그 부등식은 말하자면 "입자들이 건드려지지 않았음을 보증하는 서명인 셈이다."

"그걸 알게 되어 매우 기뻤다." 에케르트는 이렇게 회상했다. 하지만 알고 보니 지적인 면에서 아무런 두려움이 없는 도이치를 제외하고는 "어느 누구도 이것에 대해 이야기하길 바라지 않았다. 사람들은 이 주제는 거들떠보지도 않았다."

그러던 중 벨이 몸소 옥스퍼드에 강연을 하러 왔다. 강연이 끝난 후 에케르트는 잔뜩 흥분한 채로 벨에게 다가가 자신의 생각을 설명했다. 그것도 (영국 왕실의 영어를 비롯하여 여러 유럽 언어의 억양이 혼합된) 호감이 가는 말투로.

벨은 의기양양한 이 젊은 대학원생을 지그시 바라보았다. 벨은 언제나 양자역학의 기초를 깊이 파헤치지 말라고 학생들을 설득했다. 너무 어렵기만 할 뿐 인기가 없는 주제이기 때문에 학생들이 일자리를 얻지 못할까 걱정해서였다. 에케르트가 하는 말은 벨이 전혀 예상치 못한 것이었다. "이것이 실질적인 용도로 쓰일 수 있다는 말입니까?"라고 벨이 물었다.

"방금 말씀드렸듯이 저는 그럴 수 있다고 봅니다."

그러자 벨이 말했다. "그건 정말 믿기 어렵군요."

둘은 오래 이야기하지는 못했다. "나는 고작 대학원생일 뿐이었고 벨의 주변에는 많은 이들이 몰려와서 이야기를 나누고 싶어 했다." 에케르트는 이렇게 아쉬워했지만 벨은 옥스퍼드를 떠나면서 얽힘의 역사에 새 장이 열리고 있음을 알았다.

36
새로운 밀레니엄을 맞으며
──1997~2002년──

니콜라스 지생

만약 여러분이 한 세기가 저물고 다음 세기가 올 무렵에 아래로 제네바 호수가 내려다보이는 높은 곳에 살면서 그 도시와 주변을 가끔씩 스위스제 고성능 쌍안경으로 훑어보았다면, 어떤 물리학자들이 벌이는 재미 있는 활동을 목격했을지도 모른다. 어떤 이들은 자전거를 타고 또 다른 이들은 피아트 자동차를 타고서 다들 스위스콤 통신회사의 중앙전화국 으로 향하고 있었다. 정확히 말해 이 현상이 양자 얽힘은 아니었지만 어 쨌든 이것도 일종의 상관관계로서 휴대전화 몇 대로 가능한 일이었다. 그 높은 곳에서 여러분은 이 의심스러운 상관관계의 원인이 무엇인지,

그리고 물리학자들이 왜 제네바 시 전체를 담당하는 전화선에 접근하고 싶은지 궁금하게 여겼을지 모른다.

다른 장소에서는 다른 이상한 일들이 벌어지고 있었다. 인스브루크에서는 세계에서 가장 오래된 조각상인 성스럽고 통통한 빌렌도르프의 '비너스' 사진을 완전히 암호화해서 비밀스럽게 전송하는 작업이 진행되었다. 그리고 로스앨러모스에서는 물리학자들이 자칭 '부등식'이라고 부르는 한 방정식을 이용하여 어느 도청자의 활동을 여러 번 포착했다. 정체불명의 위험한 이 도청자는 이브라는 신화적 분위기의 코드명으로만 알려진 인물이었다.

분명 무언가 이상한 일이 벌어지고 있었다.

1990년대 중후반에 안톤 차일링거는 얽힘 이론을 실제로 구현하는 데 세계적인 선구자로 떠올랐다. 고에너지 레이저 광자들을 어떤 결정에 통과시켜 저에너지의 얽힌 광자들로 분리하는 기술인 하향 변환 때문에 가능한 일이었다. 이제 얽힘 현상에 관한 그러한 연구들은 물리학자의 앞길을 가로막는 역할에서 벗어나 전 세계에서 똑똑한 박사 후 과정 학자들과 대학원생들을 오스트리아의 알프스 도시 인스브루크에 있는 그의 실험실로 불러 모았다. "1990년대 초에는 실험해 볼 수 있는 위대한 것들의 목록을 만들기가 쉬웠다. 얽힌 입자의 쌍을 만들 편리한 광원이 있었기 때문이다." 혼은 그답게 자신의 역할을 애써 드러내지 않으면서 설명했다. "차일링거가 그만한 명성을 얻은 까닭은 그가 직접 그런 일들을 행했기 때문이다." 믿음직스럽게도 얽힘에 관한 기념비적인 연구가 매년 한 건 또는 두 건씩 눈 덮인 산 한가운데 있는 차일링거의 크고 엉성한 연구소에서 이루어졌다.

양자 텔레포테이션은 차일링거와 그의 연구팀이 1997년 인스브루크에서 이룬 업적으로서 이름도 이상하지만 실제로는 이름보다도 조금 더 미묘한 현상이다. 이상한 나라의 앨리스에게 광자가 하나 있는데 앨리스가 그 광자의 상태를 밀워키에 있는 봅에게 알리고 싶어 하는 상황을 가정해 보자. 둘은 얽힌 광자 쌍의 각 한쪽씩을 갖고 있다. 앨리스가 자기가 가진 이 한쪽 광자를 전송하려는 그 광자와 얽히게 만든다. 이로 인해 봅이 지닌 (이미 얽혀 있는) 한쪽 광자는 앨리스가 전송하려는 광자의 상태를 갖게 된다. 이 결과는 이론상으로는 완벽하게 일어나야 하지만, 양자역학의 불완전성 때문에 실제로는 네 번 실행에 약 한 번꼴로만 일어나고 나머지 경우 그 광자는 뒤집히거나 또는 완벽한 상태일 때와 위상이 달라져 있다. (광자를 뒤집는 것이나 위상을 바꾸는 것은 봅이 쉽게 행할 수 있는 일이다. 앨리스가 아무 표시도 없는 잘린 조각을 봅에게 우편으로 보내는 경우를 상상하자. 봉투를 뜯고 그 종이를 보아도 봅은 그것이 위아래가 뒤집힌 것인지 앞뒤가 바뀐 것인지 모른다.) 양자 텔레포테이션이라는 유령 같은 과정을 완성하려면 앨리스는 그녀가 처음 보낸 것과 똑같은 광자가 되도록 봅에게 그가 받은 결과를 뒤집어야 할지 여부를 알려 주어야 한다. 따라서 '고전적인 통신' 이를테면 전화 통화가 없이는 아무것도 이루어지지 않는다.

1998년에 얽힘 교환(또는 차일링거가 때때로 부르는 명칭인 얽힘의 텔레포테이션)이라는 또 다른 기적을 차일링거와 그의 연구팀이 실현해 냈다. 이번에는 이상한 나라의 앨리스에게 두 개의 얽힌 광자가 있고 밀워키에 있는 봅에게도 두 개의 얽힌 광자가 있는 상황을 가정하자. 이 둘이 인스브루크에서 만난다면 각자 두 광자 중 하나만을 가지고 와서 이들을 서로 얽히게 만든다. 그러면 새롭게 얽힌 이 두 광자는 이전의 파트너 광자와 함께 갖고 있던 기억을 전부 잃는다. 남겨 놓고 온 광자도 마찬가지로 이전의 얽힌 광자와 함께 갖고 있던 기억을 모두 잃는다. 한편 각각 이상한 나라와 밀워키에 남아 있는 두 광자는 이제 서로 얽히게 된다. 한 번도 만난 적이 없는데도 말이다.

2000년에 차일링거는 빌렌도르프의 '비너스'를 암호화한 사진을 보냈다.(이번에는 어떤 건물에 있는 컴퓨터인 '앨리스'로부터 광섬유를 통해 몇 채 떨어진 건물에 있는 또 다른 컴퓨터인 '봅'에게 보낸 경우였다.) 암호화된 사진은 화려한 색조의 무작위적으로 보이는 점들로 이루어져 있었지만, '봅'이 암호를 풀자 작고 통통한 다산의 여신의 원래 모습이 거의 완벽하게 재현되었다. 검은색 배경을 바탕으로 황토 빛깔이 그대로 드러났다.

한편 뉴멕시코 주의 상그레 데 크리스토 산의 붉은 바위와 소나무 숲속에서 폴 크위앗이 그의 연구팀을 이끌고 자신들의 앨리스와 봅에다 다양한 암호 해독 전략을 시도하고 있었다. 그는 귀여운 새를 닮은 모습에 안경과 멜빵 차림이었고 엄청난 열정과 백과사전식 지식의 소유자였다. 클라우저-혼-시모니-홀트 부등식은 에케르트가 지난 1991년에 상상했던 대로 교활한 '이브'의 존재를 정말로 믿음직스러울 정도로 간파해 냈다.

"'저는 양자 엔지니어지만 일요일에는 원리를 다룹니다.'"(엔지니어는 어떤 원리나 법칙에 의존하기보다는 경험이나 기술에 의존하는 사람임을 전제한 표현이다. 즉 벨은 평일에는 엔지니어로 살지만 일요일에는 원리나 법칙, 즉 이론적인 면을 다룬다는 뜻이다. 벨이 실험물리학자로서의 측면과 이론물리학자로서의 두 측면을 함께 지니고 있음을 비유적으로 표현하기 위해서 한 말로 보인다.—옮긴이) 니콜라스 지생이 강연의 서두에서 꺼낸 말이었다. 벨이 세상을 떠난 지 10년이 지난 때였기에, 그 모임은 비엔나에서 열리는 회의의 한 형태로 벨을 기념하는 자리였다. 베르틀만과 인스브루크에서 얼마 전에 그곳으로 이사 온 차일링거가 조직한 회의였다.

"이 말은 존 벨이 1983년 3월에 그의 '지하 세미나'에서 처음 꺼낸 말이었습니다." 지생은 미소를 머금고 스위스 식 불어 억양으로 설명을 이어갔다.

이 구절을 저는 결코 잊지 않을 겁니다! 존 벨, 위대한 존 벨이 스스로를 엔지니어라고 밝혔습니다. 어떤 것의 작동 원리를 모르고서도 그것이 작동하게 만드는 사람이 엔지니어인데 말입니다. 하지만 나는 존 벨을 위대한 이론물리학자라고 생각합니다.

1983년 3월에 보(Vaud) 지역 물리학연구자협회는 스키와 물리학의 환상적인 결합이라고 할 수 있는 한 주간의 연례 과정을 열었습니다. 주제는 양자역학의 기초였습니다. 이러한 기초에 유독 관심을 가진 사람들에게는 잘 이해가 되지 않게도, 존 벨이 초청을 받긴 했지만 강연할 기회는 좀체 없었습니다. 그래서 친구들과 더불어 박사 후 과정의 학생들인 우리는 그를 설득해 저녁 강연을 해 달라고 했습니다. 저녁 식사 후 다른 교수들도 와인을 즐기면서 강연을 듣는 가벼운 자리로 말입니다. (…)

강연회가 열린 곳은 지하실이었는데 천장이 너무 낮아서 학생들은 바닥에 앉아야 했습니다. 완벽한 지하 세미나의 분위기가 마련된 셈이었습니다. 존 벨은 쥐 죽은 듯 조용한 좌중을 향해 '저는 양자 엔지니어지만 일요일에는 원리를 다룹니다'라는 첫마디로 강연을 시작했습니다.

회색 머리카락에 여위고 지적인 얼굴을 한 지생은 현실 세계로 뛰어든 마법사처럼 보였고 실제 옷차림도 그런 분위기였다. 그는 벨이 주의를 준 것과 반대 방향으로 자신의 길을 걸어갔다. 물리학과 수학 두 분야를 함께 전공하면서 1981년에 그가 쓴 박사 학위 논문의 주제는 파동함수를 '붕괴'시키기 위해 관찰자나 장치를 필요로 하지 않는 슈뢰딩거 방정식의 대안적인 버전에 관한 것이었다.(이 논문 덕분에 양자역학의 독단에 의문을 제기하는 활동을 공식적 임무로 권장하는 기관인 드 브로이 재단의 상을 받았다.) 지생은 어린 동생들을 부양하기 위해 통신 설비를 가동하는 일을 했다. 시모니는 광섬유 분야에 종사하면 산학연계에 도움이 될 수 있다고 격려해 주었다. 지생은 막 동트는 광섬유 통신 혁명을 즐기면서 부업으로 이단적인 논문을 계속 발표했다.

1988년이 되자 수리 양자 철학자로 활동해 오던 그는 아울러 광섬유의 하드웨어-소프트웨어 인터페이스 분야의 전문가가 되어 있었다. 그래서 제네바 대학은 그에게 응용물리학부의 광섬유 부문을 이끌어 달라고 요청했다. 그곳은 본질적으로 스위스 전화 회사의 산학 연구팀이었다. 지생은 그곳을 양자 암호화 기술의 최첨단 연구센터로 탈바꿈시켰다. 그의 목표는 양자 암호화 기술을 실험실 수준에서 벗어나게 하는 것이었다. 그런데 마침내 1997년 지생과 그의 연구팀은 일직선으로 6마일 떨어진 두 광자 사이의 얽힘을 증명했다. 얽힌 광자들은 제네바 시내에 있는 스위스콤 중앙전화국에서 시작하여 거의 9.5마일 길이인 상용 전화선을 따라 '앨리스'와 '봅'에게로 날아갔다. 앨리스는 베르넥스 시의 남서부에 있는 작은 전화국에 있었고 봅은 벨레부라는 마을에 있는 호수를 따라 북쪽에 위치한 전화국에 있었다. 이로써 지생의 인생이 지닌 두 가지 면, 즉 양자 철학자와 전신 엔지니어 또는 원론적인 것과 실질적인 것이 합쳐졌다.

이 실험에서 고전적인 통신은 평소보다 훨씬 더 큰 역할을 했다. "이 실험을 하려면 우선 그 사람이 그곳에 있는지부터 확실히 파악해야 합니다."(얽힘 현상을 검증할 사람이 앨리스나 봅이 있는 전화국에 가 있는지 확인해야 한다는 뜻—옮긴이) 지생이 미소를 지으며 설명을 이었다. "아마 그는 자전거를 타고 그곳에 올지도 모릅니다. 아니면 늦을까? 커피를 마시러 나갔을까? 이런 종류의 사소한 것들도 꼼꼼히 챙겨야 하기에 모두가 한 실험실 내에서 실험을 하는 경우보다 조금 더 복잡해집니다. 하지만 그래도 재미있습니다."

암호 또한 잠겨 있는 중앙전화국에 들어가는 유일한 수단으로서 비양자적 역할을 수행했다. "그다음으로 30초 안에 이름을 비롯한 모든 정보를 경찰에게 알려야 합니다." 인터컴을 통해서다. 지생은 설명을 계속했다. "만약 그러지 못하거나 담배를 피우러 잠시 나갔다 들어올 때이 규칙을 지키지 않으면 몇 분 지나 경찰이 옵니다. 당연한 일입니다. 왜냐하면 그곳에 있는 사람은 광섬유를 통해서 모든 데이터에 접속할수 있기 때문입니다. 지겨운 데이터이든 그리고 (⋯)" 그는 잠시 멈추다니 다시 말을 이었다. "다른 데이터들도."

20년도 채 지나지 않아 그는 광섬유가 실험실 기반의 장치에서 벗어나 전 세계적인 광통신 네트워크로 발전하는 모습을 지켜보았다. 따라서 지생은 얽힘 현상도 비슷한 과정을 밟을 것으로 기대했다. 얽힘 현상이 오랫동안 입어 왔던 애매함과 부정적인 망토를 이제는 벗어던졌으니말이다.

"양자역학은 현재 약 85년째 이어져 오고 있습니다." 지생이 말을 이었다. "그렇긴 하지만 주로 역설의 이론이자 수학적 이론, 그리고 직관에 반하는 이상한 개념으로 간주되어 왔습니다. 그래서 실제로 정량적으로 부정적인 관점에서 이해되었습니다. 다음과 같은 규칙을 지닌 이론으로 말입니다. 즉 이것과 저것을 동시에 측정할 수는 없다. 기초적인 양자 과정을 근원적으로 이해할 수 없다. 광자를 복제할 수 없다. (…) 모두 부정적인 규칙들뿐이었습니다."

지생은 얽힘에 기반을 둔 양자 암호화 기술이 그러한 인식을 바꿀 출발점이라고 보았다. "1991년 아르투르 에케르트의 발견이 (…) 물리학계를 뒤바꾸었습니다. 얽힘 현상과 양자 비국소성이 인정되었던 것입니다." 부정적이던 것이 긍정적인 것으로 바뀌었으며 "물리학자들 사이에 (물론 실제로는 주로 젊은 층이자 컴퓨터 과학자를 겸한 소수의 물리학자들이긴 하지만) 일종의 심리적 혁명을 초래했습니다. 이들은 양자역학이 고전물리학과 매우 다르며 급진적으로 새로운 어떤 것을 할 수 있는 가능성을 열어 준다는 점을 차츰 알아차렸습니다.

저는 이러한 심리적 혁명이 매우 중요하다고 생각합니다. 이 혁명으로 말미암아 양자역학에 대해서 물리학자들이 일반적으로 지니고 있는 관점이 바뀌고 있기 때문입니다."

"저는 양자 엔지니어지만 일요일에는 원리를 다룹니다." 이 말은 새로 박사 학위를 받은 지생에게 넓은 가능성의 세계를 열어 주었다. 벨에게 헌정한 그의 비엔나 강연의 제목은 '양자 엔지니어의 삶에서 맞는 일요일들'이었다. 큰 구도에 대해 생각하려고 매주 휴식의 시간을 갖는 실험 물리학자의 모습을 그대로 표현한 제목이었다. 이 큰 구도를 그는 물리학자와 엔지니어 사이의 대화의 형태로 설명했다. 이러한 면은 지생과 그의 연구팀에게만 고유한 것이 아니었고 혁신적인 스위스의 인지과학자이자 철학자 겸 물리학자인 앙투안 수아레즈에게서도 드러난다. 그는 1988년 존 벨을 만난 이후 "양자역학과 상대성이론 사이의 긴장을 깊이 탐구하는" 극적인 실험이라는 발상에 사로잡혔다.

상대성이론은 철두철미하게 분리 가능한 실제 대상들에 관한 국소적인 이론인 반면, 얽힘 현상은 그러한 성질들이 실제로 자연에서 공존할 수 있다는 걸 부정하는 듯 보인다. 하지만 어느 누구도 그 두 이론이 철저하게 서로 모순된다고는 밝혀내지 못했다. 따라서 결국 양자역학의 국소성(또는 이 성질의 결여)에 대한 논의는 아직도 헤아릴 수 없이 불가해한 (두 이론 사이의) 이러한 관계에 대한 논의인 셈이다.

지생의 이야기에 따르면 어느 멋진 일요일에 "물리학자들은 아인슈타인이 유령 같은 원거리 작용이라고 부른 현상—비국소적인 '파동함수의 붕괴'—의 속력을 검사할 방법을 생각했습니다." 파동함수의 붕괴를 통해 거대한 수증기 같은 양자 파동은 측정을 하는 순간에 특정한 장소의 미세한 입자로 바뀐다. 그런데 얽힘의 경우에는 한 입자에 대한 측정 행위가 다른 입자의 파동함수를 붕괴시키는 듯하다. 만약 분명히 원인이 결과보다 먼저 일어난다면, 그리고 만약 앨리스가 자신의 얽힌 입자를 측정하는 행위가 멀리 떨어진 밥의 얽힌 입자에 영향을 주는 것이라면, 둘이 자신들의 입자를 정확히 동시에 측정하면 상관관계가 마땅히 사라질 것이다.

하지만 상대성이론에 의하면 정확히 동시에는 아주 교묘한 표현이다. 아인슈타인의 위대한 통찰 가운데 하나는 시간이란 단지 '시계로 측정하는 것'일 뿐 우리가 흔히 생각하듯이 절대적인 신과 같은 고정불변의 개념이 아니라는 것이다. 더군다나 움직이는 시계는 정지해 있는 시계보다 더 천천히 간다. 시간이 더 빨리 움직이면 시계는 더 늦게 째깍거리는데, 점점 더 빨라지다가 빛의 속력에 이르면 시간은 멈춘다. 관찰자의 운동 상태와 이로 인해 관찰자의 시계가 얼마나 빨리 가느냐에 따라, 어떤 관찰자는 사건이 '정지'˙해 있다고 하는 반면에 또 다른 관찰자는 동일한 사건인데도 속력이 다르다고 보고할지도 모른다.

물리학자들은 서로 다른 운동 상태에 있는 관찰자들을 서로 다른 '기준 좌표계'에 있다고 한다. 이에 대한 고전적인 사례로 '움직이는 기차의 기준 좌표계'를 '정거장의 기준 좌표계'와 비교하는 것을 들 수 있다. 그리고 두 사건이 '정확히 동시에' 일어난다고 하는 동시성의 개념은 관찰자들이 동일한 기준 좌표계에 있을 때에만 의미를 갖는다.

지생은 설명을 계속했다.

엔지니어는 두 가지 측정이 '정말로 동시에' 일어나도록 자신의 시스템을 조정하는 과제를 반깁니다. 이렇게 하기는 결코 만만치 않습니다. 〔베르넥스에 있는〕 앨리스와 〔벨레부에 있는〕 봅이 각각 직선거리가 10킬로미터가 넘는 광섬유로 거의 20킬로미터나 떨어져 있으니 말입니다!

하지만 엔지니어는 상대성이론에 대해서 듣고서 이렇게 묻습니다. "어떤 기준 좌표계에다 그 실험을 맞추어야 할까요?"

"그런데, 음, 정말로 모르겠군요!" 물리학자도 시인합니다. "일단 가장 분명한 걸로 정합시다. 스위스 알프스를 기준 좌표계로 삼자고요! 그리고 우주배경복사(우주의 질량 중심)도!" (…)

"좋네요." 엔지니어가 말합니다. 하지만 "정확히 어디에 맞추어야 합니까? 빔 분할기**에? 검출기에? 컴퓨터에? 관찰자에?"

물리학자가 깜짝 놀랍니다. 이제 그는 붕괴가 실제로 존재한다는 가정에

---

* 하지만 '정지'라고 해도 실제로는 매우 빠르게 움직인다. 왜냐하면 지구가 태양 주위를 돌고 있기 때문이다.

** 빔 분할기는 얽힌 광자들을 서로 다른 방향으로 발사한다. (이 경우에는 하나는 베르넥스로 또 하나는 벨레부로)

의문을 품습니다. 그러자 많은 질문들이 뒤따릅니다. 이 질문들에 대한 각각의 가설적 대답도 원칙적으로 검사할 수 있다고 그는 봅니다.

다음번 일요일에 이 물리학자는 친구인 데이비드 봄과 산책을 합니다. (…) 둘은 엔지니어의 질문, 즉 기준 좌표계를 어디로 정해야 하는지에 대해 이야기했습니다. 분명 그곳은 붕괴를 일으키는 장치여야 합니다. 하지만 붕괴를 일으키는 곳이 정확히 어디란 말입니까? 몇 분 동안 아무 말이 없던 물리학자는 이렇게 말합니다. "분명 검출기야! 되돌릴 수 없는 사건이 일어나는 곳은 바로 그곳이라고!"

"그럴 수도 있긴 해." 봄이 대답합니다. "하지만 난 빔 분할기라고 봐." (정말로 봄의 안내 파동 모형에서는 되돌릴 수 없는 선택은 빔 분할기에서 이루어집니다. 이 모형에서 검출기는 단지 이런 선택을 드러내는 역할일 뿐입니다.) (…)

이 실험은 실제로 1999년 제네바에서 실시되었습니다. 이 실험에 대한 심사 보고서는 환상적인 내용에서부터 절망적인 내용까지 담겨 있어서 흥미롭습니다. (…) 의심할 바 없이 많은 물리학자들이 더는 논의하기 꺼렸던 (존 벨은 결코 그러지 않았지만) 파동함수의 붕괴를 다루었으니 말입니다. (…)

"그 실험의 결과는 유령 같은 원거리 작용이 일어나는 속력의 하한선을 밝혀냈습니다." 빛의 속력의 수천 배에 해당하는 값이라고 지생은 언급했다. 그는 청중들에게 이런 점을 상기시켰다. "오랫동안 소리의 속력은 측정할 수 있는 것 중에서 가장 빠르고 빛은 순식간에 어디에나 존재한다고 다들 여겼습니다."

화창한 일요일이 다시 한 번 찾아옵니다. 그 물리학자는 팔걸이의자에 앉아서 이런 생각을 합니다. 정말 흥미진진한 주제야! 하지만 상대성이론을 더 깊이 적용해 보면 어떻게 될까? 각각의 검출기가 자신의 기준 좌표계에서 자신의 광자를 다른 검출기보다 먼저 측정하도록 검출기들을 상대운동시키면 어떻게 될까? 그렇다면 분명 광자 검출기 쌍의 각 검출기는 다른 검출기보다 먼저 자신의 상태를 선택한다고!

"그러면 양자물리학과 상대론 사이의 긴장이 다시 일어나게 돼."라고 물리학자는 혼잣말을 합니다. 존 벨의 좋은 친구인 아브너 시모니는 이 긴장을 '평화로운 공존'이라고 불렀습니다. 그 긴장이 어떤 검증 가능한 모순을 낳지 않지 않기 때문입니다.

"하지만" 그 물리학자는 혼자인데도 큰 소리로 중얼거립니다. "일단 파동함수 붕괴가 실제로 존재하는 현상이라고 가정하고서 구체적인 모형을 고려한다면, 모순은 실제로 존재하며 검증할 수 있어." (…) 만약 두 측정 모두 다른 측정보다 먼저 일어난다면, 유령 같은 원거리 작용의 속력이 아무리 크더라도 양자 상관관계는 사라져야 마땅합니다! (원거리 작용이 아무리 큰 속력으로 전달되더라도 그것 역시 시간의 선후 관계에 따른 현상이다. 그런데 두 검출기를 상대운동시켜 각 검출기가 서로 다른 것보다 먼저 측정하도록 되면, 시간의 선후 관계가 사라지고 만다. 따라서 이런 경우에는 원거리 작용의 속력이 크더라도 양자 상관관계가 존재할 수 없다는 뜻이다. ─옮긴이) 그 물리학자는 잔뜩 흥분한 채 크기의 정도를 계산하기 시작합니다.

이것은 수아레즈가 꿈꾸어 온 실험이었다. 그는 이 실험을 위해 1992년 이래로 자금을 모으고 마땅한 실험물리학자를 계속 찾고 있었다. 그러던 중 그는 인스브루크에 가서 (당시 그곳에 있던) 차일링거와 크위앗과 이야기를 나누었지만 그 둘은 그런 실험에 필요한 장거리 전송 능력이 없었다. 마침내 1997년 수아레즈는 지생을 소개받았는데 지생의 '실험실'에는 제네바의 광섬유 전화선이 모두 갖추어져 있었기에 드디어 실험을 시작할 수 있었다.

수아레즈는 시속 112마일의 속력이라면 결과를 볼 수 있을 만큼 충분한 고속임을 알아차렸다. 그는 당시를 이렇게 회상했다. "지생이 자기 강연 내용 중의 일련의 아이디어를 이야기하면서 이렇게 외쳤습니다. '페라리 한 대만 있으면 가능합니다! 그러니 뛰어난 엔지니어인 수아레즈 씨, 실험을 실시합시다.'

'하지만' 곧바로 지생은 이렇게 투덜댑니다. '이 끔찍한 이동 검출기를 정말로 작동시켜야 할까요? 그러려면 액체질소가 필요한데 그게 엄청 무겁거든요!'"

일단 이 문제가 해결되고 나자 "이 실험은 1999년 봄 제네바에서 이루어졌다."고 지생은 보고했다. "앨리스의 기준 좌표계와 봅의 기준 좌표계 사이의 상대속도와 무관하게, 두 광자가 일으키는 간섭현상이 목격되었다." 앨리스는 자신의 기준 좌표계에서 자신의 광자를 먼저 측정하고, 봅 쪽에서도 자신의 광자를 먼저 측정한다. 그런데도 여전히 상관관계가 존재한다.

"존 벨이라면 이 결과를 어떻게 생각했을까?"

나중에 지생은 사적인 강연에서 이렇게 설명했다. "정말로, 양자역학은 이런 상관관계가 존재한다는 걸 예측할 뿐 그런 현상이 왜 생기는지는 전혀 설명하지 못합니다. 만약 어떤 사건이 먼저 생기고 그것이 다른 사건에 영향을 주는 것이 당연하다고 여긴다면 (내 짐작에 많은 물리학자들은 이런 상관관계를 해석할 때 위와 같은 관점을 고수하고 있지만) 그런 순진한 설명은 우리의 실험 결과 앞에서는 설 자리가 없어집니다."

"따라서 그런 관점을 버려야 합니다. 하지만 그렇다면 무슨 관점을 가져야 한단 말입니까? 솔직히 말해 저도 마땅한 관점을 갖고 있지 않습니다. 이런 결과들이 아주 당혹스럽긴 하지만, 저도 기존의 관점을 몽땅 버려야 한다는 발상은 편하게 받아들일 수 없습니다. 대부분의 물리학자들은 수학적 도구를 보완할 어떤 유형의 정신적 관점을 갖고 있습니다." 지생은 당혹감에 사로잡히지 않고 오히려 가능한 한 자세히 얽힘의 모든 면을 탐구할 추가 실험을 계획했다.

"제가 존 벨에게서 얻은 중요한 교훈 덕분에 저는 한편으로는 양자 엔지니어가 되었고 다른 한편으로는 원리를 잊지 않는 사람이 되었습니다." 이어서 다음과 같이 강연을 끝맺었다. "여러 형이상학적 가정들 자체는 틀린 것이 없습니다. 하지만 검증될 수 있는 가정이어야 좋은 법입니다."

37
어떤 불가사의, 아마도
—1981~2006년—

양자 연산(quantum computing)이라는 아이디어는 1981년 '연산의 물리학'이라는 주제로 열린 M.I.T. 회의에서 나오자마자 얽힘의 개념과 만났다. 파인먼은 참석한 컴퓨터 과학자들에게 다음과 같은 기조연설을 했다.

"제가 어떤 생각을 품고 있는지 지금 당장 말씀드리자면, 우리는—." 파인먼은 잠시 멈추더니 행여 누가 엿들을까 걱정하는 표정으로 주위를 둘러보았다. "(비밀, 비밀입니다. 문을 닫으세요!)—우리는 양자역학이 나타내는 세계의 참모습이 무언지 이해하는 데 늘 아주 큰 어려움을 겪어 왔습니다." 그는 이제 거침없이 터놓겠다는 표정을 하고 있었다. "적어도 저는 그렇습니다. 왜냐하면 이제 한참 늙었는데도 아직도 그 학문이 명쾌하게 파악되지 않기 때문입니다. 맞습니다. 저는 아직도 양자역학이 불편합니다. (…)" 파인먼은 우상파괴자로 유명했다. 하지만 청중들이 바라는 바는 그런 게 아니었다. 아인슈타인과 보어가 세상을 떠난 이후로 그 주제에 대해 솔직하게 자기 견해를 밝힌 양자론자들은 거의 없었다.

"아시다시피 모든 새로운 사상은 한두 세대가 지나야만 진정한 문제점이 없다는 게 분명해집니다. 하지만 제가 보기에 양자역학에 진정한 문제점이 없다는 게 분명해지지 않았습니다. 솔직히 진정한 문제점이 무엇인지 저는 정의도 할 수 없는 터라 그런 게 없다는 생각이 들기도 하지만, 없다고 확신하지는 못합니다. 그런 까닭에 연구를 통해 알아보고 싶은 겁니다.

양자역학의 세계관이 불가사의한가 아닌가라는 질문을 컴퓨터와 관련하여 제기함으로써 제가 어떤 걸 배울 수 있을까요?" 파인먼에게 있어서 양자 컴퓨터가 지닌 위대한 의미는 그것을 만들고 작동시킴으로써 벨이 제시한 서로 관련된 입자들에 대한 수수께끼를 풀 수 있을지 모른다는 것이었다.

"저는 양자역학의 난제들을 하나하나 해결해 나갔습니다만" 이어서 파인먼은 벨의 부등식에 관해 언급했다. "이 특별한 부등식 앞에서는 어찌할 바를 몰랐습니다. 어떤 것이 다른 것보다 더 크다는 단순한 수치적인 관점으로는 도저히 풀 수 없는 문제 같았습니다." 그가 어깨를 으쓱했다.

"(…) 제가 하고자 하는 바는" 그가 다시 컴퓨터 과학자들에게 말했다. "여러분들이 이 문제에 큰 관심을 가져 주시고 가능한 한 양자역학의 진정한 해답들을 소화해서, 그걸 설명하기 위해 물리학자들이 만든 관점과는 완전히 다른 관점을 여러분이 만들 수 있는지 알아보는 것입니다."

"사실"—파인먼은 주름진 이마로 청중들을 올려다보았다—"사실, 물리학자들에게는 좋은 관점이 없습니다." 그는 청중들의 놀란 얼굴을 바라보며 빙긋 웃었다. "(…) 그래서 저는 다른 해결책이 있는지 알고 싶습니다. (…) 아마도 지금의 물리학이 이대로 아무 문제가 없는 건지"—그가 다시금 어깨를 으쓱했다—"저는 잘 모르겠습니다."

그는 잠시 말을 멈추었다. 그는 아마도가 아니라 확실히 알고 싶었다. 파인먼은 회의를 주관한 위대한 컴퓨터 과학자 에드 프레드킨과 그 주제에 대해서 토론을 한 적이 있었다. "프레드킨이 늘 추진하는, 물리학을 컴퓨터로 시뮬레이션하기 프로젝트는 내가 보기에는 훌륭한 작업처럼 보였습니다. 그와 나는 훌륭하고 심도 깊은 그리고 끝없이 이어지는 토론의 시간을 가졌습니다."—다시 빙긋 웃은 후 말을 이었다—"그리고 나는 늘 양자 컴퓨터의 진정한 사용 목적이 (…) 양자역학 현상의 해명이라고 주장했습니다. (…)"

"안타깝게도" 파인먼이 한꺼번에 말을 쏟아내며 이렇게 마무리했다. "고전물리학 이론을 통한 해석은 도무지 만족스럽지가 않습니다. 왜냐하면 자연이 고전적이지 않기 때문입니다. 제기랄! 여러분이 자연을 시뮬레이션하고 싶다면 양자역학적으로 시뮬레이션하는 게 나을 겁니다. 정말이지 그건 멋진 문제입니다. 왜냐하면 그리 만만하지가 않으니까요."

1993년에 로스앨러모스 대학의 박사 후 과정을 밟고 있는 세스 로이드가 당시의 기술로 실제로 제작할 수 있는 양자 컴퓨터에 관한 혁신적인 설계안을 제시했다. 말총머리에다 등산을 좋아하는 그는 매사추세츠 서부의 어느 가문 출신이었는데, 마드리갈(16세기 영국에서 유행한 노래 형식—

옮긴이) 가수, 의사, 실내악 음악가, 대학 총장 등을 배출한 집안이었다. 새로운 천 년이 다가올 그 무렵, 로이드의 변함없는 동료이자 역시 암벽 등반과 바이올린 연주가 취미인 이삭 추앙도 양자 연산을 실제로 해냈다. 그는 로이드가 제안한 기계의 하나로 액체 유리병 속에 든 분자들을 이용했다.(그 분자는 숫자 15를 정확하게 3과 5로 인수분해했다.)

벨 연구소에서 은둔형 과학자인 피터 쇼어와 재치 많은 로브 그로버가 1994년과 1996년에 각각 기존의 어떤 고전적인 컴퓨터보다 엄청나게 더 빠르게 실행되는 미래의 양자 컴퓨터를 위한 알고리즘을 알아냈다. 그로버의 알고리즘을 이용하면 양자 컴퓨터는 보통 걸리는 시간보다 극히 짧은 시간에 데이터베이스를 검색할 수 있다. 쇼어의 알고리즘은 양자 암호 해독을 위한 지극히 어려운 연산의 바탕이 된다.

모든 은행과 모든 인터넷에서 사소하든 중요하든 실행되는 수많은 일상적인 연산들은 현대적인 암호화 기법, 주로 RSA에 의존한다. 도이치와 에케르트는 이렇게 설명한다. "현재의 RSA 암호화 메시지는 양자 인수분해 엔진이 가동되고 나면 해독되고 말 것이다. (…) 그런 기술이 천천히 실현될 거라는 확고한 믿음만이 현재의 RSA 시스템이 기댈 수 있는 희망이다. (…) 어느 누구도 예를 들어 천 자리 숫자를 고전적인 수단으로 인수분해할 방법을 고안해 낼 수 없다. 그런 계산에는 우주의 예상 나이보다 더 오랜 시간이 걸릴 터이니 말이다. 이와 달리 양자 컴퓨터는 수천 자리 숫자를 불과 몇 분의 1초 만에 인수분해할 수 있다."

위대한 교사인 존 휠러의 표현대로 만약 그것(it)이 비트(bit)에서 나온다면—즉 현상이 정보로 이루어져 있다면—우주가 그 데이터를 저장하고 처리할 때 우주는 연산을 하고 있는 셈이다. 로이드의 책 『우주를 프로그래밍하기』에서 그는 독자들에게 이런 점을 상기시킨다. "우주는 양자 시스템이다. 그리고 우주의 거의 모든 요소들은 서로 얽혀 있다." 따라서 그의 설명에 따르면, 만약 우주가 일종의 컴퓨터라고 한다면 그것은 양자 컴퓨터인 셈이다. 불확정성은 새로운 세부 사항과 구조가 생겨날 수 있는 씨앗 역할을 한다. 그리고 얽힘을 통해서 "양자역학은 고전역학과 달리 무에서 정보를 창조할 수 있다."

이처럼 우주에 만연해 있는 얽힘은 양자 컴퓨터 과학자에게는 축복이면서도 골칫거리다. 양자 컴퓨터가 주변 환경과 얽히면 무작위적인 결과(컴퓨터 프로그래머가 원치 않으며 제어할 수도 없는 요소들이 서로 얽혀 있는 결과)를 내놓는다. 양자 오류 정정은 원치 않는 얽힘을 또 다른 얽힘을 통해 해결한다. 내부에 든 중요한 연산 입자를 보호하는 얽힌 입자들의 껍질이 그런 예다.

"양자 연산을 진지하게 연구하기 시작하면서 우리는 얽힘의 본성에 대해 많은 것을 배웠다." 에케르트는 2005년에 이렇게 설명했다. "지난 6년 동안 우리는 지난 70년 동안 배운 것보다 얽힘 전반, 특히 얽힘의 구조에 대해 훨씬 더 많이 배웠다. 그 결과 엄청난 발전이 있었다. 주로 수학적인 발전으로서 얽힘을 정량화하고 그것을 측정하고 검출하는 방법을 찾는 데 많은 발전이 뒤따랐다."

사람들이 "얽힘이 무슨 소용이 있습니까?"라고 물으면 에케르트는 이런 이야기를 한다. 19세기의 위대한 이론물리학자인 (또 에케르트가 현재 근무하는 케임브리지 대학에서 연구했던) 제임스 클러크 맥스웰도 "전기가 무슨 소용이 있습니까?"라는 질문을 받은 적이 있었다. 에케르트는 맥스웰의 대답으로 자신의 답변을 대신한다. "글쎄요. 그건 잘 모르겠지만 영국 정부에서 곧 전기에다 세금을 부과할 건 확실합니다."

이 주제에 관한 대학원 1학년 수준의 교과서(『양자 연산과 양자 정보』)를 이삭 추앙과 함께 쓴 마이클 닐슨은 이렇게 설명한다. "양자 정보과학은 얽힘 현상이 에너지와 마찬가지로 정량화할 수 있는 물리적 자원이며 이를 통해 정보처리 업무를 수행할 수 있음을 밝혀냈다. 어떤 시스템은 얽힘이 적게 일어나고 또 어떤 시스템은 많이 일어난다. 얽힘을 더 많이 활용할수록 시스템은 양자 정보처리에 더 적합해질 것이다." 그는 현시대와 18세기가 비슷하다고 한다. 즉, 그 당시 증기 엔진과 다른 새로운 기계로 인해 에너지를 더 깊이 이해하게 됨으로써 에너지를 지배하는 열역학법칙이 등장하게 되었다. 지금은 양자 컴퓨터가 또 하나의 자원인 얽힘 현상을 더욱 깊이 이해할 수 있도록 해 주므로, 희망하건대 현재로서는 설명할 길 없는 그 현상을 언젠가는 훤히 꿰뚫어 보게 될 것이다.

물리학 대학원 학위를 받아 우쭐해진 이들은 답이 없는 질문에 대한 답을 늘 알고 싶어 한다. 벨이 『양자역학에서 말할 수 있는 것과 말할 수 없는 것』이라는 제목의 책을 쓴 것도 그런 맥락에서였다. 러더퍼드의 강의록을 방금 읽은 그의 친구가 다음과 같은 의문을 품는 경우를 살펴보자. "그걸 읽은 후에 내 마음은 양성자 생각으로 가득 찼다. 여러분이 그걸 생각할 때 어떻게 여길지 마음의 눈에 무엇이 보일지 궁금하다. 누군가가 그것에 대한 실체를 알아낼 수 있을지 의심스럽다." 세월이 한참 흘러, 그 질문에 대한 신속하고 피상적이지만 올바른 대답이 나왔다. 즉 양성자 또는 중성자의 '실체'는 쿼크다. 하지만 러더퍼드 친구의 질문은 본질적으로는 해결되지 않는다. 쿼크가 무엇인지 알아낼 방법이 있는가? 이것은 입자가 아니며 또한 파동도 아니다. 어떤 식으로는 완전히 결정론적이다가 또 다른 식으로는 완전히 무작위적이다. 그것은 직관적인 이해를 늘 뒤집어 버린다.

"50년 내내 진지한 생각을 해 보았지만 나는 그 질문, 즉 '광양자란 무엇인가?'에 가까이 다가가지 못했다. 요즘 아무나 그 비밀을 알고 있다고 떠벌리지만 그건 오산이다." 아인슈타인은 세상을 떠나기 5년 전인 1951년에 이런 내용을 절친한 친구인 베소에게 써서 보냈다. 보어의 마음은 상보성, 쌍대성(duality), 불확정성을 고수하고 있었지만 (아인슈타인과의 논쟁에서 늘 보어 편을 들었던) 러더퍼드는 한때 그에게 이렇게 일갈했다. "보어 박사, 이 사람아, 자네는 불가해한 자연 앞에서 너무 자기만족에 빠져 있네."

위대한 실험물리학자인 I. I. 라비는 제레미 번스타인과의 면담에서 이 문제를 이렇게 설명했다. "전자−양전자 쌍* 만들기처럼 기적 같은 일이 있습니다! 놀랍게도 이젠 전자와 같은 물질을 실제로 만들어 냅니다. 경이로운 일입니다. 그것이 어떻게 만들어지는지는 모릅니다. 그냥 나타날 뿐입니다. 마치 유령이 현실 세계에 나타나듯이, 그건 일종의 물질화입니다. 그렇습니다. 몇 개의 전자가 생길지 그리고 얼마의 확률로 생길지는 계산할 수 있습니다. 그렇지만 어떻게 그게 생겨났습니까? 그게 무엇으로 이루어졌습니까? 실험물리학자로서 저는 이런 질문에 대해 해답이 나오길 기대합니다.

양자론은 저를 맨 처음 물리학의 세계로 이끌게 했던 그런 질문에 답을 주지 못합니다.

저는 사물의 본질이 무엇인지 알고 싶었습니다."

그리고 물론 벨도 그랬다. 그는 입자가 '측정'에 어떻게 반응하는지가 아니라 그 입자의 본질이 무엇인지 알고 싶었다. 숨은 변수의 비국소성

---

* 충돌의 에너지에서 생기는 물질과 반물질

에 관한 논문을 쓰고 난 후 여전히 스탠퍼드 대학에 있으면서 벨은 그 대학의 교수인 마이클 나우엔버그와 공동으로 1964년에 또 다른 논문 한 편을 썼다. 둘이 쓴 논문인 「양자역학의 도덕적 측면」은 이런 굉장한 구절로 끝난다.

전 우주에 대한 [복잡한 슈뢰딩거방정식에 의해 기술되는 양자 상태]를 상상하기는 쉽다. 모든 시간대에 걸쳐 그리고 어쨌든 모든 가능한 세계를 포함하고 있는 우주의 선형적 진화를 묵묵히 탐구하면서 말이다. 하지만 양자역학의 일반적인 해석 공리들은 오직 계가 다른 어떤 것과 상호작용을 할 때에만, 즉 '관찰될' 때에만 작동한다. 우주로서는 그 외의 다른 아무것도 없다. 통상적인 종류의 양자역학은 할 말이 아무것도 없다. 확률 파동으로부터 단일의 고유한 과거사를 꺼낼 수도 없고 그렇게 하는 게 아무 의미도 없다.

이런 점을 고찰해 볼 때 우리의 견해로는 양자역학은 기껏해야 불완전하다는 결론에 이를 수밖에 없다.[*]

우리는 다른 계에 의한 '관찰' 없이도 어떤 주어진 계의 사건을 의미 있게 파악할 수 있는 새로운 이론을 고대한다. 이러한 결론에 부합하는 중요한 시험 케이스는 의식과 우주를 하나의 전체로서 포함하고 있는 계이다. 실제로 우리 필자들은 대다수 물리학자들과 마찬가지로 의식이 물리학의 영

---

[*] "이런 소수 견해는 양자역학 그 자체만큼이나 오래되었다. 그래서 새로운 이론은 한참 후에야 나올지 모른다. (…) 우리는 우리의 관점이 소수 견해일 뿐만 아니라 그런 질문에 대한 현재의 관심도 미미하다는 점을 아울러 강조한다. 전형적인 물리학자들은 그런 질문에는 이미 오래 전에 답이 나왔으며, 20분 정도만 시간을 주면 자신이 그걸 충분히 이해할 수 있다고 여긴다." (이것은 벨의 주이다.)

역에 들어오는 것에 대해 어느 정도 당혹감을 느끼며, 우주를 전체로서 고려한다는 것이 설사 신성모독까지는 아니더라도 적어도 불손한 일이라고 여긴다.

하지만 이것은 단지 논리적인 시험 케이스일 뿐이다. 우리가 보기에는 물리학은 다시금 자연에 대한 더욱 객관적인 해석을 도입할 것이고 그 한참 후에야 의식을 차츰 이해하게 될 것이다. 그리고 전체로서의 자연은 물론 이러한 발달에 중심적인 역할을 하지는 않을 것이다. 파동 묶음의 감소〔'파동함수의 붕괴'〕를 일으키는 궁극적인 원인이 의식의 작용이라는 논리적 가능성은 남는다. 또 양자역학적 상태 함수가 여전히 역할을 할 수도 있다. 사건의 실제적인—가능성과는 완전히 다른—진행 과정을 기술하는 변수('숨은 변수')의 도움을 받으면서 말이다. 비록 이런 접근법은 멀리 떨어진 계를 합리적으로 설명하는 데 심각한 어려움을 겪긴 하겠지만.

더군다나, 사물을 보는 새로운 방식은 우리를 깜짝 놀라게 할 상상력의 도약을 포함할 것이다.

어찌 되었든 양자역학적 설명은 대체될 것이다. 이런 점에서 그 이론은 인간이 만든 모든 이론들과 마찬가지다. 특이하게도 그 이론의 최후 운명은 그 내부 구조에 명백히 잠재해 있다. 그 자체에 파괴의 씨앗을 지니고 있는 것이다.

에필로그
다시 비엔나에서
—2005년—

비엔나 대학교의 솟구치는 아치 아래에서 또 하나의 회의가 성대하게 열리고 있다. 비엔나는 파울리와 슈뢰딩거가 태어나서 자란 곳이기도 하다. 차일링거가 트위드 코트에다 등에는 배낭을 멘 차림으로 걷는다. 그의 옆에는 납작한 중절모를 쓴 혼이 있고, 그린버거가 이런 말을 하고 있다. "우리는 실은 주정뱅이가 선으로 그려 놓은 이차원 세계 안에서 사는 아주 똑똑한 파리 같아."

벤치에는 시모니와 지생이 앉아 있다. 그린버거가 '미스터 양자역학'이라고 부르는 사람인 시모니에게 지생이 질문을 하나 던진다. "요즘엔

한 번도 만난 적이 없는 두 광자가 서로 얽혀 있다는 건 흔해 빠진 이야기입니다. 존 벨이 지금 상황을 짐작했을 거라고 보시는지요?"

"벨은 그런 게 가능할지 전혀 몰랐지요." 시모니가 대답한다.

마침 베르틀만이 옆을 지나간다. 주의 깊은 관찰자라면 그가 바지 한쪽 끝자락 밑에는 녹색과 검정색이 섞인 줄무늬 양말을 신었고 다른 쪽 끝자락 밑에는 붉은색과 검정색이 섞인 줄무늬 양말을 신은 모습을 볼 수 있다.

지생은 자신이 이 분야에 뛰어들게 된 것은 1978년에 시모니가 클라우저와 함께 쓴 검토 논문 때문이었다고 그에게 말한다. "저는 그걸 인도에 있는 호텔에서 차를 마시면서 읽었답니다." 당시 그는 전문 다이버인 형과 함께 스쿠버다이빙을 하기 위해 여행을 하고 있었다.

1997년에 클라우저는 시모니의 생일을 기념하여 논문을 한 편 썼는데 제목은 「작은 돌과 살아 있는 바이러스의 드 브로이 파동 간섭」이었다. 이전에 그는 에드 프라이의 제자와 함께 원자 간섭계를 개발했는데, 그때 사용한 기술이 언젠가는 바이러스처럼 양자적 기준으로 볼 때 아주 큰 것의 양자역학적 성질을 증명할 수 있으리라고 그는 믿었다. 그는 중성자 간섭계를 비롯해 근본적인 양자 실험에 관심을 가져 달라고 호소했는데 마침 차일링거가 그의 소리에 귀를 기울였다.

얼마 전에 차일링거의 연구팀은 (60개의 탄소로 이루어진) 길고 우둘투둘한 풀러린 분자를 이중 슬릿 격자에 통과시켜 물질의 파동 특성을 극적으로 밝혀냈다. 차일링거는 '작은 돌과 살아 있는 바이러스'를 간섭시킨다는 클라우저의 꿈을 재빠르게 뒤쫓고 있었다. 아주 세심한 실험을 할 수만 있다면 한 물체가 두 장소에 동시에 존재하는 것을 비롯한 양자역학의 여러 불가사의를 증명할 수 있으리라고 믿으면서 말이다. 세심한 실험은 물론 비용이 많이 드는 데다 물체가 커질수록 양자적 행동을 드러내기가 어려워진다. "양자역학과 고전역학의 경계는 단지 돈 문제일 뿐이다."가 차일링거의 슬로건이다. 아마 비엔나 대학교도 그의 말에 귀를 기울이고 있는 듯하다.

지생에게도 놀라운 실험 하나가 있다. 두 개의 얽힌 광자가 함께 출발한다. 하나는 혼란스럽고 서로 상관관계가 없는 광자들로 가득 찬 상자 속으로 들어가고 다른 하나는 그 상자를 지나친다. 그 상자에서 나오는 광자는 상자를 지나친 광자와 여전히 얽혀 있다. "이것은 놀라운 변화입니다." 지생이 시모니에게 말하고 있다. "'얽힘 현상은 아주 애매모호하고 아주 허약하다. 그걸 연구하지 마라'라고 저는 들었습니다. 하지만 얽힘 현상은 탄탄합니다. 지금은 얽힌 양자를 몇 킬로미터의 광섬유로 쉽게 전송합니다!"

한 학생이 끼어든다. "슈뢰딩거와 드 브로이도 지금 살아 있다면 무척 좋아할 겁니다."

지생이 말한다. "네, 맞습니다. 하지만 그들은 여전히 이렇게 물을 겁니다. 경계가 어디인가? 언제 그것이 고전적인 상태가 되는가? 차일링거라면 이렇게 대답할 겁니다. 경계는 없다, 우리도 양자로 이루어진 존재다. (…) 하지만 저는 그게 무슨 뜻인지 아직은 모릅니다." 그는 잠시 멈추더니 다시 잇는다. "그래도 계속 하다 보면 언젠가 알아낼 거라고 생각합니다. 제가 알아낼 거라고 믿지는 않지만, 제가 하는 실험들이…"

"그 실험들이 보탬이 될 겁니다." 그 학생이 말한다.

"그 실험들이 보탬이 될 겁니다." 지생도 따라 말한다.

지생은 끔찍하게도 형이 물에 빠져 죽은 후부터는 스쿠버다이빙을 그만두었다. 하지만 에케르트는 몇 년 전에 열렬한 스쿠버 다이버가 되어 두 번째로 교수직을 맡은 싱가포르에서 더 많은 시간을 보냈다. 길고 넓은 계단에서 찍은 회의 참가자 단체 사진에 에케르트는 다른 사람들 뒤쪽에 서 있어서, 그곳에 있긴 했지만 사진기의 눈에는 완전히 보이지 않았다. 그때 그는 몇몇 학생들과 얽힘 현상에 관해 열띤 토론을 하고 있었다. 사진 속에서 크위앗은 제일 뒷줄에 있는 사각기둥에 한 팔로 매달린 채 건물을 올라가는 모습으로 찍혀 있다. 〔그는 로스앨러모스의 고원과 협곡 지역에서 살다가 이제 막 일리노이의 평야 지대로 온 터라, 그의 강연 제목은 다음과 같았다. '얽힘 산(Mt. Entanglement)에 오르기, 또는 모든 공간 도함수가 0인 곳에서 살면 어떻게 될까?' 〕 그는 뒤돌아 에케르트를 보며 이렇게 말한다. "숨은 변수가 여기 있군요."

그 대학의 치솟아 오르는 아치 유리창 아래에서 젊은 교수 두 명이 심오한 대화에 빠져 있다. 이들은 양자론의 기초에 관해 연구하고 논쟁하는 신세대 학자들이다. 구체적으로 말해 양자 정보 이론가들로서, 양자 암호화 기술 및 양자 연산으로부터 이끌어 낼 수 있는 심오한 가르침에 집중하고 있다.

둘 중 나이가 많으며 매력적이고 활기 넘치는 텍사스인인 크리스 푹스는 벨 연구소에서 일한다. 그는 자비로『파울리 사상에 대한 고찰 (Notes on a Paulian Idea)』을 발간했다. 인터넷상에서 오랫동안 떠돌던 내용을 묶어 낸 이 책은 그가 이 분야의 모든 이들과 논쟁하고 회유하고 가르치면서 주고받았던 개성 있는 산문체의 이메일 모음이다. 제목에 나오는 파울리 사상은 이 책의 서두에 붙이는 명문 구절에 요약되어 있다. 그 위대한 인물이 직접 한 말을 인용한 것이다. "새로운 유형의 사상에서는 더 이상 무심한 관찰자를 가정하지 않고 (…) 자신의 불확정적인 효과로 새로운 상황을 창조하는 관찰자를 가정한다."

그 책은 머민의 멋진 서문과 함께 시작한다. 몇 년 전에 벨 회의의 강연에서 그가 말한 내용을 다시금 적고 있다. "최근까지 나는 지식/정보에 관해서는 완전히 벨의 편이었다." 비록 벨은 진지한 물리학에서는 이런 개념이 결코 등장해서는 안 된다고 말했긴 하지만 말이다. "하지만 곧 나는 못된 무리들과 만나게 되었다. 나는 양자 연산에 관심 있는 무리들과 어울리기 시작했는데, 그들 대다수가 보기에 양자역학은 자명하게 그리고 아무 문제될 것 없이 전부 정보에 관한 이론이었다." 코펜하겐 해석의 옛 수호자와 새로운 수호자―그의 친구인 고트프리트와 푹스―의 논쟁으로 인해 머민은 그 교리에 더욱 공감하게 되었다.

"지난 10년 동안 양자역학을 정보처리에 응용하는 분야에 대한 관심이 매우 커졌다. 이는 양자역학이 지닌 심오한 지적 풍요로움 때문이기도 하며, 아울러 비밀 유지에 관한 우리 문화의 집착과 사회학적으로 의미 있는 공감대가 우연히 형성되었기 때문이기도 하다." 이어서 머민은 이런 내용을 서문에 적고 있다. "크리스 푹스는 이 분야의 양심이다. 그는 이러한 연구의 진짜 목표를 늘 마음에 새겨 두고 있다. 만약 여러분이 보안 데이터 전송, RSA 암호 해독, 신속한 검색, 결 어긋남(decoherence)과의 고군분투, 더욱더 교묘한 트릭 개발하기 등과 관련이 있다고 여긴다면, 여러분이 작성하고 있는 멋진 알고리즘이나 후보 큐비트〔양자 컴퓨터를 위한 양자 비트〕에서 잠시 눈을 떼고 가끔씩 몇 시간 동안 이 책을 훑어보기 바란다."

양자역학이란 건드림에 민감한 세계의 사고 법칙이다. 이것이 푹스의 모토로 책 전반에 울려 퍼지고 있다. "계의 그런 활기―건드림에 대한 민감성―가 그것의 Ψ―슈뢰딩거방정식에 대한 해답―이상의 것을 말하지 못하게 한다." 회의에서 행한 강연 내용과 마찬가지다. "이것이 그 계의 진정한 본질이다. 우리의 임무는 그런 아이디어에 더 나은 표정을 부여하는 것이며 아울러 우리가 세계를 변형하고 조작할 수 있게 그런 아이디어가 열어 나갈 가능성을 이해하기 시작하는 것이다." 그는 이렇게 짐작한다. "언젠가 우리는 양자론에서 어떤 존재론적 내용을"—그 이론이 명확히 다루는 지식이 아니라 존재에 관한 내용을—"가리킬 수 있을 것이다. 하지만 그런 존재론적 명제는 세계 그 자체보다는 세계와의 인터페이스와—세계에 대해 알아가면서 세계를 바꾸어 가는 과정과—더 많은 관련이 있을 것이다." 이어서 그는 웃으며 이렇게 적는다. "그것이 무슨 의미든지 간에."

그의 옆 창가에 긴 금발머리에 키가 큰 친구가 서 있다. 검은 AC/DC 티셔츠를 입은 이 친구의 이름은 테리 루돌프다. 임페리얼 칼리지 런던의 교수인 그는 호주에서 자랐다. 그는 파울리의 환생이랄 수 있는 지생과 대화하면서도 끝내 자기 입장을 고수한다. 하지만 그가 하이젠베르크의 환생인 것은 아니다. "나는 아인슈타인이 옳다고 믿는 정신 나간 모임에 속해 있어." 그는 이렇게 말한다. 스무 살의 나이로 퀸즐랜드 대학에서 수학과 물리학을 전공하고 있던 대학 4학년 때 그는 물리학에 대해서 그다지 흥미를 느끼지 못했다. "내가 그 강의에 들어갔던 건 교수가 시험에 대해 말해 줄까 싶어서였지. 대신에 교수는 우리에게 벨의 부등식에 관한 머민의 논문을 알려 줬어. 난 그게 틀렸다고 너무나 확신하고 있었기 때문에 시험에 거의 낙제할 뻔했다니까. 어디에 오류가 있는지 알아보려고 2주 동안 씨름했지.

세상이 그런 식으로 작동한다는 거, 그게 현대 물리학의 가장 중요하고 심오한 특징이야." 푹스는 양자론이 우리에게 알려 줄 응답은 "존재론적 내용"일 거라고 생각한다고 말하자, 루돌프는 이렇게 말한다. "그래도 여전히 밑바탕이 되는 실재가 있을 수 있어. 왜냐하면, 너도 알겠지만 파동함수가 지식이라고 하더라도 '무엇에 관한 지식'이냐는 질문이 여전히 남아."

"나는 지식보다 믿음이라는 단어가 더 좋아." 푹스가 말한다. "양자 세계의 고유한 점은 독립된 실재라는 개념을 사람들이 받아들이지 못하게 만든다는 거야. 거의 모든 측정이 오직 통계적 언어로만 표현될 수 있다는 데서 이런 점이 가장 잘 드러나."

"알았어. 그런데 독립적 실재에 관한 게 아니라면 도대체 무엇에 관한 통계적 언어인 거지?" 루돌프가 묻는다.

"우리가 물을 수 있는 질문에 대한 답은 그 정도라고 봐. 그 정도면 적당해. 물리 이론에 더 이상 뭘 바라?" 푹스는 조금 누그러진 표정으로 말을 잇는다. "그래, 그래, 네가 그 이상을 바란다는 걸 나도 알아. (…)" 짓궂게 빙긋 웃고 난 다음에 이렇게 덧붙인다. "하지만 그 이상을 알아낼 수는 없을 거야."

"내가 보기에 양자론은 너무 인간 중심적이야." 루돌프가 말문을 열었다. "그건 온통 관찰자와 그 관찰자가 세상을 어떻게 보느냐에 달려 있어. 하지만 실제로 난 이렇게 믿어."—그의 호주 영어 억양이 더 강해진다—"비록 우리가 진화를 하지 않았더라도, 그러니까 지구가 태양에 조금 더 가까이 있어서 이 인간 원숭이들이 출현하지 않았더라도, 우주는 여전히 여기 있으며 무언가가 여전히 진행되고 있으리라는 걸 말이야. 그리고 그 이론이 어떠하든지 간에, 분명 한 무리의 잘난 원숭이들의 베팅 전략에 의존하지는 않아."

푹스와 루돌프의 논쟁은 양자론의 탄생 이후 다양한 형태로 진행되어

온 핵심적인 주제다. 하지만 둘의 의견이 일치하는 점은 이전보다 훨씬 더 흥미롭다.

"양자론의 거의 모든 공식적 구조는 (…) 결코 물리학이라고 할 수 없다." 푹스는 1998년에 이렇게 적었다. "그것은 우리가 아는 것을 설명하기 위한 공식적 수단일 뿐이다." 양자론의 여러 특이한 점들은 정보이론과 강한 유사점을 보인다. 정보이론은 정보의 전송을 설명하기 위한 연산 이론과 나란히 발전해 온 위력적인 아이디어들의 집합이다. 루돌프와 푹스는 이른바 양자론이 실제로 대부분 정보이론이며, 양자적 실체 그 자체보다는 그 실체에 관한 우리의 지식에 대한 이론이라는 데 동의한다.

정보이론이 양자역학에서 떨어져 나갈 수 있다면, 무엇이 남을 것인가?

루돌프의 답변은 이렇다. "우리가 해야 할 일은 우리가 세상을 지각하는 방식과 관련된 모든 정보이론적 측면들을 양자역학으로부터 제거하고 나서 내가 존재하지 않을 때의 객관적인 세계를 설명할 양자역학을 찾아내는 것이다."

푹스의 답변은 이렇다. "정제되고 남은 것은—정보이론적인 의미를 제거한 양자론은—사상 처음으로 '양자적 실재'를 꾸밈없이 드러내 줄 것이다."

어떻게 해야 그게 가능할까?

"한 가지 방법으로서 만약 고전적 이론에 매우 단순한 정보이론적 제한을 가하면, 그 결과 나온 이론은 상당히 양자역학처럼 보일 거야." 루돌프는 이렇게 설명한다. 존 벨이 한때 그랬듯이 그는 본질적으로 숨은 변수 모형을 다루며 그것이 어째서 잘못인지 살핀다. "알다시피 양자역학은 상대성이론에서와 같은 기본적인 원리가 없어. 상대성이론에서는 물리학의 법칙이 모든 관성 관찰자들에게 똑같이 작용한다는 단순한 원리가 있어. 바로 여기에서 수많은 결과들을 이끌어 낼 수 있어. 그런데 그 원리에 정보이론적 제한이 가해진다고 해 봐. 관찰자가 한 입자의 위치와 운동량을 정확히 알 수 없다는 제한 말이야. 제한이 가해진 결과 생긴 이론은 양자역학과 아주 비슷해지게 되지."

푹스도 동의하며 이렇게 말한다. "우리가 해야 할 일은 더 많은 구조, 더 많은 정의들, 더 많은 공상 과학적 상상을 양자역학에 보태서 그걸 이해하는 게 아냐. 대신 그런 것들을 통째로 내다 버리고 새로 시작하는 거야. 우리는 냉정하게 우리 자신에게 물어보아야 해. 이런 특이한 수학적 구조를 띤 이론에서 우리가 어떤 심오한 물리적 원리들을 이끌어 낼 수 있는지를 말이야. 그 원리들은 분명 신선하면서도 매력적일 거야. 영혼을 휘저을 정도로 말이야.

중학교에 다닐 때 나는 마틴 가드너의 책 『백만 명을 위한 상대성이론(Relativity for the Million)』을 읽었는데, 그때 이해한 내용이 아직까지도 나를 지탱해 주고 있어. 내가 매일 대하는 세계에서 보자면 낯선 개념들이었지만, 너무나 명쾌해서 수학과 산수를 별로 잘 모르는데도 충분히 이해가 되었어. 하지만 양자론에는 그런 기초를 기대할 수 없지. 중학생이나 고등학생들에게도 그 이론의 본질—수학적 내용이 아니라 본질—을 설명하여 충분히 이해하게 만들 수 있기 전까지는, 우리가 양자론의 기초를 이해하지 못한 것이라고 난 믿어."

벨의 부등식에 관한 머민의 논문을 읽은 지 1년 후, 루돌프는 물리학에 관한 학위 논문을 완성하였다. 이 논문은 물리학자가 되는 중요한 첫

걸음이었다. 그걸 기념하여 1년 동안 전 세계를 돌아다니기로 결심했다. 아프리카에 가고 싶었다. 아프리카는 외할머니와 어머니가 살았던 곳이었다. 그리고 유럽에도 가고 싶었다. 오스트리아 티롤 산악 지역의 멋진 봉우리에 숙모와 삼촌이 살고 있었기 때문이다. 그리고 북아메리카에도 가고 싶었다. 이후 그는 그곳에서 마침내 박사 학위를 따게 되고 벨 연구소에서 일하게 되며 크리스 푹스와도 만나게 된다. 이 여행을 위해 호주를 막 떠나기 직전에 어머니가 그에게 놀라운 이야기를 하나 해 주었다.

외할머니는 아주 순진한 아일랜드 가톨릭교도였는데 스물여섯 살 때 나이가 훨씬 많은 멋진 남자와 관계를 가진 후 임신을 했다고 한다. 처녀의 몸으로 딸을 낳은 후 아이 아버지가 달라고 하자 아이를 그에게 주었다. 하지만 딸과 떨어져 지낸 지 2년이 지난 후 더블린의 한 공원에서 유모가 이끄는 유모차에 실려 있는 자기 딸과 우연히 마주쳤다. 외할머니는 유모차에 있는 딸을 낚아챈 다음 그 길로 딸과 함께 멀리 남아프리카로 떠났다.

그런데 1년 전에 처음으로 얽힘 현상에 대해서 알게 되어 그 결과 물리학 연구에 헌신하게 된 스물한 살의 루돌프는 이 이야기를 통해 비로소 자기 외할아버지가 슈뢰딩거란 사실을 알게 되었다.

용어 설명 —

- CERN: 제네바 근처에 있는 유럽핵입자물리학연구소.(CERN의 C는 실제로는 Conseil을 뜻한다. 실제 이름은 바뀌었지만 약자는 원래대로 남았다.)

- CH 부등식: 1974년에 클라우저와 혼이 (시모니와의 대화에서) 내놓은 더 엄격하고 실험실에서 검증하기는 어려운 향상된 부등식.

- CHSH 부등식: 실험실에서 검증할 수 있는 벨 부등식의 버전. 클라우저, 혼, 시모니, 홀트의 이름에서 따온 명칭(1969년).

- EPR: 아인슈타인(Einstein), 포돌스키(Podolsky), 로젠(Rosen)이 1935년에 발표한 「물리적 실재에 대한 양자역학적 기술은 완전한가?」라는 논문의 약자. 그들은 이 질문에 '아니다'라고 대답했다. 즉 실재는 비국소성('유령 같은 원거리 작용'이라고도 한다)과 멀리 떨어진 물체의 분리 불가능성('얽힘'이라고도 한다)을 갖지 않아야 한다고 본 것이다. EPR 추론의 개요를 보려면 이 용어 설명 뒤에 나오는 '보충 설명'을 보기 바란다.

- GHZ: 1988년에 처음 발간된 그린버거, 혼, 차일링거의 논문으로서 부등식 없이 벨의 정리에 관해 논하고 있다. 이들은 세 입자가 얽혀 있을 때 단 한 번의 측정에 의해 국소적 실재성이 반박됨을 보였다. (이와 달리 오직 두 입자만이 얽혀 있을 때에는 벨의 부등식을 이용하여 반박을 하는데 이때는 더 오랜 시간이 걸리고 수천 번의 측정을 해야 한다.)

- h: 플랑크 상수에 대한 설명을 보기 바란다.

- p: 운동량의 줄임말(위치는 'q').

- q: 위치에 대한 기호(운동량은 'p').

- RSA: 암호화의 한 방법으로서 1977년에 M.I.T 교수인 리베스트, 셰미르, 아델만이 개발했다. 암호화된 메시지의 수신자인 '밥'이 발표하는 '공개 키'는 한 수학함수에 따라 만들어지는데, 이것은 어떤 한 방향으로는 쉽게 풀리지만 밥만이 아는 여분의 키가 없이는 반대 방향으로는 풀기가 어렵다.

  RSA의 작동 원리를 알기 위해 이런 비유가 종종 사용된다. 밥은 자물쇠가 열린 상자를 '앨리스'에게 보내는데, 이 자물쇠의 열쇠는 밥만 갖고 있다. 그녀가 자신의 메시지를 상자 속에 넣고 자물쇠를 잠근다. 이제 심지어 그녀도 그 메시지를 꺼낼 수 없고 다른 어떤 암호 해독자도 그것을 꺼낼 수 없으며 오직 밥만이 꺼낼 수 있다.

- x, y, z 좌표(직교좌표라고 한다): 어떤 것의 위치를 삼차원 그래프에 표시해 주는 수들의 집합. 이차원 표면에 그릴 경우 x 축은 왼쪽에서 오른쪽으로, y 축은 위아래로, 그리고 z 축은 그 면에 수직으로 향한다.

- ν: 그리스 문자 뉴로서 '주파수'의 기호.

- $\hbar$ (하-바): 플랑크 상수를 2π로 나눈 값.

- Ψ: 그리스 문자 프사이로서, 양자적 실체를 기술하는 슈뢰딩거의 파동방정식을 나타낸다.

- 가속기: 대전한 입자들을 빛의 속력 가까이 가속한 다음 충돌시켜 이 충돌 에너지에서 무엇이 생성되는지를 알아보는 기계.

- 각운동량: 물체가 계속 회전하고자 하는 경향. 내재적 각운동량에 대해서는 스핀을 참조하기 바란다.

- 간섭: 파동의 근본적인 성질로서 19세기 초반에 토머스 영이 발견했다. 파동이 소멸 간섭을 일으키면 마루와 골이 서로를 상쇄시킨다. 그 결과 평평한 수면, 음향 사각지대, 또는 예상치 못한 어둠이나 사라짐이 생긴다. 파동이 보강 간섭을 일으키면 마루와 마루가 합쳐져서 각 파동의 높이보다 더 큰 파동이 생긴다.

  전자기파는 눈으로 볼 수 없다. (이 전자기파 덕분에 물체를 볼 수 있지만) 볼 수 있는 것은 전자기파의 간섭 결과뿐이다. 간섭이 일어나면 검출 스크린 상에 줄무늬가 나타나고 간섭이 없으면 단 하나의 점만 남는다.

- 결정론: 마르키 드 라플라스가 (18세기 말경에) 설명한 유명한 라플라스의 악마는 결정론에 대해 이렇게 설명하고 있다. "우리는 우주의 현재 상태를 과거 상태의 결과와 미래 상태의 원인으로 볼 수 있다. 어떤 주어진 순간에 자연을 움직이게 하는 힘들과 자연을 이루는 존재들의 상호 위치를 전부 아는 지성체가 있고 이 지성체가 그 모든 데이터를 분석할 수 있다면, 우주의 가장 큰 물체 및 가장 가벼

운 원자의 운동도 하나의 공식으로 변환될 수 있다. 왜냐하면 그러한 지성체는 모든 것을 확실하게 알기에 미래도 과거와 마찬가지로 그의 눈앞에 드러날 것이기 때문이다."

- 고전적인: 양자론 이전의 물리학과 관련된, 또는 양자론 이전의 사고와 일치하는.

- 관측 가능성: 양자역학적 시스템의 기본 성질. (이 용어는 측정의 중요성 그리고 측정 전에는 어떤 일이 벌어지는지 알 수 없다는 점을 아울러 강조한다. 물리학자, 수학자, 철학자가 기차를 타고 스코틀랜드를 여행하다가 양이 가득한 들판을 보고 나누는 다음 대화와 일맥상통한다. 물리학자는 이렇게 말한다. "저것 봐. 스코틀랜드의 양은 얼굴이 검어." 수학자는 이렇게 덧붙인다. "적어도 이 들판에서는 그렇지." 철학자는 이렇게 말한다. "기차를 향한 쪽의 얼굴은 그렇지." 양자역학은 철학자의 견해를 취한다.)

- 광양자: 광자로 알려진 입자에 대해 아인슈타인이 붙인 이름으로서, 빛(또한 몇 킬로미터 거리의 전파에서부터 원자 크기의 감마선에 이르기까지 임의의 전자기 스펙트럼 구역)의 소립자다.

- 광자: 광양자에 대한 설명을 보기 바란다.

- 국소성: 한 물체가 오직 국소적인 연쇄 작용에 의해서만 다른 물체에 영향을 미치는 상태. 따라서 그 영향은 빛의 속력보다 더 빨리 전달될 수 없다.

- 국소적: 멀리 떨어져 있지 않은. 국소적 연결의 사례는 고막을 울리는 음파나 망막에 부딪히는 빛 또는 여러분을 미는 어떤 사람 등이다. 비어 있는 정장 모자에서 토끼 꺼내기, 다른 사람의 마음 읽기, 긍정적인 사고를 통해 멀리 떨어진 사건에 영향 주기 등은 비국소적인 사건이다.

- 국소적 실재(성)(또한 아인슈타인의 분리 원리): 양자역학이 나오기 전까지 이 개념은 과학적 설명의 목표였다. 세계는 개별 존재들로 나누어질 수 있고 이 존재들은 간접적이든 직접적이든 접촉 없이는 다른 존재에 영향을 미칠 수 없다는 성질을 말한다. (아인슈타인은 1935년 슈뢰딩거에게 이렇게 썼다. "내 앞에 두 개의 상자가 있는데 분리 원리란 두 번째 상자는 첫 번째 상자 안에서 일어난 어떤 일과도 독립적임을 뜻하네.")

- 기저 상태: 입자가 안정된 낮은 에너지를 갖는 상태.

- 대응 원리(1920년까지는 유추 원리로 불렸다): 양자역학이 고전역학에 대응되어야 한다는 보어의 기본 원리. 따라서 고전역학이 성공적으로 설명하는 거시적 현상을 양자역학이 설명할 수 있어야 한다.

- 들뜬 상태: 원자나 핵이 전자기복사를 흡수하여 에너지를 얻은 상태. '기저 상태'

에 대한 설명을 보기 바란다.

- 뮤중간자 또는 뮤온: 무거운 전자로서 파이중간자나 파이온과는 매우 다르다. 혼동이 생긴 까닭은 유카와 히데키가 '무거운 양자'(파이온)를 예측한 지 고작 3년 후에 뮤온이 발견되었는데, 이것이 유카와가 예측한 내용을 만족시키는 것처럼 보였기 때문이다. 실제로 파이온(스핀 0으로서 광자와 같은 입자)은 뮤온(입자 1/2로서 전자와 같은 입자)으로 붕괴된다.[*]

- 방사능: 크고 불안정한 원자핵이 붕괴되는 현상. 저절로 일어나는 현상이지만 주어진 한 원자의 방사능 붕괴 확률은 잘 알려져 있다. 복사에 대한 설명 3을 보기 바란다.

- 벨의 정리 / 벨의 부등식: 양자역학이 다음 두 개념 중 어느 하나와는 양립할 수 있지만 둘 다와는 양립할 수 없음을 발견한 정리.
  1. 국소성
  2. 어떤 형태의 독립적이고 분리 가능한 실재성
  양자 수준의 세계는 이상하고도 불가해하게 서로 연결되어 있다. 특수상대성이론을 부정하는 이들은 이런 속성의 핵심이 비국소성이라고 말하고, 다른 이들은 양자적 대상들은 관찰하지 않을 때는 실재가 아니라고 말한다. 그리고 양자 수준에서의 핵심적인 속성이 얽힘이라고 조심스레 말하는 이들도 있다. 즉 양자적 '대상'들 사이의 관계가 대상 그 자체보다 더 근본적이고 객관적이라고 보는 것이다. 벨 정리의 '부등식'은 서로 연결되어 있지 않은 두 입자가 서로 상관관계를 가질 수 있는 정도를 제한하는 수학 명제이다. 논리적으로는 분명 당연한 진리이지만 양자역학에서는 이 부등식이 성립되지 않는다.

- 보스-아인슈타인 응축: 보존(보존과 페르미온에 대한 설명을 보기 바란다)은 매우 차갑다. 보존은 이리저리 움직여 다닐 만큼 에너지가 충분하지 않을 때는 동기를 이루어 동일한 양자 상태를 이루며 나뉘지 않는 비교적 거대한 양자적 실체를 형성한다.

- 보존과 페르미온: 보존은 짝수의 스핀을 가진다. 즉 (플랑크 상수를 2π로 나눈 값인) $\hbar$의 배수에 해당하는 내재적 각운동량을 지닌다는 뜻이다. 페르미온은 반(半)정수 스핀을 갖는다. 즉 $\hbar/2$의 배수에 해당하는 내재적 각운동량을 지닌다는 뜻이다. 페르미온은 파울리의 배타 원리를 따르기에 스핀이 정반대인 다른 페르미온과 짝을 이룬다. 예를 들면 전자도 스핀이 1/2인 페르미온이다. 한 쌍의 페르미온은

---

[*] "누가 그것을 주문했는가?"라고 I. I. 라비는 말했다.

하나의 보존(스핀 0 또는 1)을 만든다. 세 개의 페르미온은 하나의 페르미온(스핀 1/2 또는 3/2)을 만든다.

광자도 보존이긴 하지만 다른 어떤 것들에 의해 만들어지지 않는다. 광자를 비롯한 여러 보존이 네 가지 힘(전자기력, 강력, 약력, 그리고 추측하건대 중력)을 전달한다. 이 보존들은 보존되지 않는다. 즉 이들은 끊임없이 생성되고 파괴된다.

- 복사: 원자에서 방출되는 파동이나 입자. 이 단어는 복사원에 따라 다음과 같이 서로 다른 점을 강조한다.

  1. 보통의 원자는 전자가 높은 에너지 준위에서 낮은 에너지 준위로 떨어지면서 전자기 복사, 이 경우에는 가시광선을 방출할 때 에너지를 잃는다.

  2. 원자는 핵으로부터 복사선을 방출할 때도 에너지를 잃는다. 이 경우의 복사는 엑스선보다 파장이 더 짧고 강한 광자가 내는 감마선으로서 에너지가 훨씬 더 높다.

  3. 방사능 원자가 스스로 붕괴되는데—이 과정에서 더 가볍고 더 안정된 원자로 변한다—이때 광자와 중성자로 이루어진 알파파가 나오거나 전자로 이루어진 베타파가 나온다.

- 분리 가능성 또는 독립성: 과학사가인 돈 하워드의 분석에 따르면, ("그것은 국소성과 실재론을 충족하지 않는다."라는 주장에서 드러나는) 양자역학에 대한 아인슈타인의 반박은 "양자역학은 국소성과 분리 가능성을 충족하지 않는다."라고 하면 더 정확한 뜻이 된다. 분리 가능성이란 아인슈타인의 표현에 따르면 "공간적으로 떨어져 있는 상호 독립적인 존재('그러한 존재')라는 가정"이다. 분리 가능한 것은 분명한 상태 또는 자신의 고유한 성질을 갖는다. 아인슈타인은 나아가 이렇게 설명한다. 그런 가정이 없다면 "물리적 사고가 우리에게 친숙한 의미에서는 불가능할 것이다. 또한 그러한 명쾌한 분리가 없다면 어느 누구도 물리학 법칙이 어떻게 성립되고 검증될 수 있는지 알지 못한다. (…)"

  그는 이 분리 가능성을 다음과 같이 국소성과 연결시킨다.

  "공간적으로 떨어져 있는 물체(A와 B)가 서로 독립적일 경우, 이 개념은 다음 특징을 갖는다. A에 가해진 외부의 영향은 B에 즉각적인 영향을 미치지 않는다. 이것을 '국소적 작용의 원리'라고 한다." 아인슈타인에 따르면 서로 관련되어 있는 위의 두 원리는 장이론에 가장 잘 적용된다.

  분리 가능성의 반대는 얽힘 현상으로서, 이때 멀리 떨어진 물체들이 자신만의 고유한 성질을 갖지 않는다.

  국소성의 반대는 원거리 작용으로서, 이때는 물체들이 자신들의 고유한 성질을 갖고 있다가 멀리서 일어난 영향에 의해 바뀔 수 있다.

- 분리 불가능성(또는 얽힘이라고도 한다): 양자역학에 의해 예측된 성질로서, 물질

과 빛의 작은 조각들이 비록 서로 물리적으로 떨어져 있더라도 어떤 식으로든 통일된 상태를 유지하는 것을 말한다.

- 불확정성의 원리: 하이젠베르크가 1927년에 발표한 공식인 $\Delta p \Delta q \geq 1/2 \, \hbar$ 에 따르면, 운동량(p)의 불확정도 곱하기 위치(q)의 불확정도가 매우 작지만 0이 아닌 수(플랑크 상수를 4π로 나눈 값)보다 크거나 같다. (…) 이 식을 살펴보면 어떤 불확정도도 0일 수 없다. 즉 어떤 양도 완벽하게 알 수 없다는 뜻임을 알 수 있다.

- 비국소성: 물질과 빛을 이루는 작은 조각들이 아무런 수단에도 의하지 않고서 빛의 속력보다 더 빠르게 서로 영향을 미치는 성질. 아인슈타인은 비웃듯이 이를 '유령 같은 원거리 작용'이라고 불렀다.

- 비인과성: 결과에 원인이 없는 상태.

- 사고실험(思考實驗, gedanken experiment): 독일어와 영어가 섞인 단어로서 '생각으로 하는 실험'이란 뜻이다. 논리와 물리학의 법칙을 적용하여 가상의 물리적 상황을 설명하는 실험이다.

- 상보성: 1927년에 처음 설명된 보어의 관점으로서, 양자 세계의 모순적인 속성은 내재적이며 따라서 양자역학적 결과는 언제나 고전적인—하지만 모순적인—용어로 기술해야 한다는 견해다. 예를 들어 특히 시공간 해석은 인과적 해석을 배제하고 그 반대 경우도 마찬가지다. 만약 인과성이 에너지 보존의 법칙 및 운동량 보존의 법칙에 의해서 유지되면 불확정성 원리가 나타난다. 즉 어떤 양자적 대상을 위치(시공간)의 관점에서 설명하는 동시에 운동량 또는 에너지(인과성)의 관점에서 설명할 수는 없다.

- 상태: 어떤 물체의 상황 또는 속성. 이것은 '관측 가능량'의 목록으로 적힐 수 있다. 고전물리학에서는 물체의 위치와 운동량이 우선 그 물체의 상태이다.

- 소립자: 1930년대까지만 해도 이것은 전자, 광자, 중성자, 중간자로 이루어진 작은 목록이었다. 이후로 파이온과 뮤온이 우주에서 떨어져 내렸으며 중성미자가 핵에서 검출되었다. 이제는 광자, 중성미자, 중간자는 더욱 작고 더 근본적인 입자인 쿼크로 이루어져 있다고 본다. 글루온이 쿼크들을 서로 결합시키는데, 이 입자도 소립자다.
한편 $E = mc^2$(1905년에 발표된 아인슈타인의 방정식으로서 물질이 에너지로 에너지가 물질로 변환될 수 있음을 의미한다)에 따라, 만약 입자를 아주 강하게 충돌시키면 충돌 에너지로 인해 다른 입자가 생길 수 있다. 1928년의 디랙방정식은 반물질 즉 양의 전자와 음의 양성자를 예측했다. 만약 양전자와 전자가 만나면 둘은 빛을 내며 서로 소멸한다. 물질이 에너지로 변하는 것이다. 반대 과정은 더욱 놀랍다.

광자가 순식간에 양전자와 전자로 변한다. 빛이 물질로 변하는 것이다! 따라서 진정으로 '근본적'이며 나눌 수 없는 입자를 찾기란 더욱더 어려워지고 있는 듯하다.

● 숨은 변수(숨은 파라미터, 안내 파동 이론 또는 양자론의 인과적 해석이라고도 한다): 입자가 독립적인 실재성을 갖는 양자역학의 한 버전.
일반적인 양자역학의 기본 실체들은 입자이면서 동시에 파동인 반면, '숨은 변수'에서의 입자는 언제나 입자 상태다. 분리 가능하며 독립적인 입자에 관한 이 이론은 양자역학의 결과들을 내놓을 수 있다. 슈뢰딩거방정식으로 기술되는 '파일럿 파동'이라는 또 다른 실체에 의해 안내되기 때문이다. 이 이론의 문제는, 존 벨이 알아낸 대로 이 파일럿 파동이 멀리 떨어진 채 입자에 작용해야만 한다는 것이다.(달리 말해서 국소적 숨은 변수 이론은 실재를 기술할 수 없다는 뜻이다.)

● 슈뢰딩거의 고양이: 중첩에 대한 설명을 보기 바란다.

● 슈테른-게를라흐 실험: (이상하게 생긴 자석에 의해 생긴) 비등방성(非等方性) 자기장을 통과하는 은 원자들은 자기장에 대해 양자화된 반응을 보인다. 즉 은 원자들은 연속적으로 휘지 않고 위 또는 아래 한쪽으로 휜다. 1921년에 오토 슈테른과 발터 게를라흐가 고안하고 실험했다.

● 스펙트럼 선: 무지개 스펙트럼에 나타나는 좁은 색의 띠. 어떤 원소도—분젠 버너로 가열하여 프리즘이나 분광기로 보면—그것의 고유한 스펙트럼에 의해 확인이 가능하다.

● 스핀: 양자 입자들은 완전히 정지하고 있을 때조차 회전하는 물체의 성질을 갖고 있다. 이것을 '내재적 각운동량'이라고도 하며(보통의 각운동량은 회전하거나 커브를 따라 움직일 때 느끼는 운동량이다), 그 값은 오직 $\hbar$의 정수배 또는 반정수배이다. 전하를 띤 물체가 움직이면 언제나 자기장이 생기기 때문에 '스핀'으로 인해 전자도 일종의 매우 작은 자석이 된다. 보통의 물질이 보이는 훨씬 큰 자기장도 스핀에 근원을 두고 있다.
스핀 1/2 입자의 예가 전자다. 전자의 내재적 각운동량 값은 +1/2 $\hbar$ 또는 −1/2 $\hbar$다. 광자는 스핀이 −1이며 파이온은 스핀이 0이다.

● 실재론: 아인슈타인은 이렇게 적었다. "만약 누군가가 양자역학에 상관없이 물리학 개념의 특성이 무엇인지 묻는다면, 무엇보다도 그는 물리학의 개념들은 인식 주체와 무관하게 (…) 실재하는 외부 세계에 관한 것이라는 점을 떠올린다."
존 벨은 한 인터뷰에서 이렇게 말했다. "물리학자들은 관념적인 입장을 추구하는 식자층의 논쟁 과정에서만 실재의 존재에 대해 의문을 갖게 될지 모른다. 하지만 나는 그들이 가슴 깊이 실재가 존재함을 알고 있다고 생각한다. 문제는 원자 규모에서 실재의 개념을 정확하게 정립하는 것이다. 우리가 알기에 이것은 현상을 예측할 때 작동하는 방식과 일치한다.

- 실증주의: 관찰할 수 있는 양만이 의미 있다고 보는 견해.

- 알고리즘: 컴퓨터가 주어진 문제를 풀기 위해 따르는 명령 집합.

- 알파 입자: 헬륨 핵(두 개의 양성자와 두 개의 중성자)으로서 +2 전하를 가진 단일 입자처럼 행동한다.

- 양성자: 중성자와 크기 및 질량이 거의 같으며 원자핵 내에 들어 있고 양전하를 갖는다.

- 양자 상태: 한 양자적 대상의 실제 상태 또는 물리적 상황.* 이것은 한 대상에 관해 알 수 있는 모든 것의 목록으로 볼 수 있다.
  일반적인 고전적 상태는 이론상으로 완벽히 알려져 있다. 예를 들면 한 개가 갖는 성질은 모두 나열할 수 있다. 개의 위치는 세 개의 공간 좌표와 한 개의 시간 좌표로 나타낼 수 있고, 운동량이나 에너지 등도 이와 같이 나타낼 수 있다. 하지만 슈뢰딩거의 파동방정식(Ψ)으로 기술되는 양자 상태는 이 성질(관측 가능량) 가운데 최대 절반만 알려진다. (위치가 알려지면 운동량이 알려지지 않으며, 시간이 알려지면 에너지가 알려지지 않는다.)

- 양자 암호화 기술: 풀 수 없는 암호를 만들기 위해 키를 비밀리에 분배하는 방법. 양자 키 분배에는 주로 두 가지 버전이 있다. 초기의 버전은 스티븐 와인버그와 이후 찰리 베넷과 질레 브루사드가 개발한 것으로서 하이젠베르크의 불확정성 원리에 바탕을 두고 있다. 1991년에 나온 에케르트의 양자 얽힘 기반 버전은 초기의 이 미국인 및 캐나다인의 연구와 독립적으로 개발된 것으로서 (암호의 송신자와 수신자를 뜻하는 관례적 명칭인) '앨리스'와 '밥' 사이에 공유된 서로 얽힌 입자들로부터 생긴 키로 이루어져 있다. (용어 설명에 이어 '보충 설명'을 보기 바란다.)

- 양자역학: 1925년에 생긴 명칭으로서 가장 근본적인 입자와 빛의 성질을 연구하는 학문.

- 양자전기역학(QED라고도 한다): 전하를 띤 물질(예를 들면 전자)과 빛의 상호작용

---

*상태라는 용어는 너무 모호해서 양자역학의 여러 창시자들 특히 슈뢰딩거는 이 용어의 사용에 불만을 표시했다. 크라메르스는 더 명확하게 상태 대신에 물리적 상황이란 용어를 사용했다.

에 초점을 맞추어 개선된 양자역학. 계산 과정에서 생기는 불가해한 무한 때문에 고생하던 중 물리학자들은 매우 정확한 예측을 위해 무한대 값을 없애는 방법으로 이 이론을 도입했다.

- 양자화: 에너지와 물질이 무한히 더 작은 조각으로 나누어질 수 없고, 나누어질 수 없는 궁극적인 조각인 양자(고대 그리스에서 '원자'라고 여겼던 것)가 존재한다는 사실.

- 양전자: 전자의 반(反)물질로서 양의 전하를 가진다.

- 얽힘: 둘 이상의 물질이나 빛이 떨어져 있어도 긴밀히 연결되어 있는 상태. 이 용어는 EPR 역설에 대해 1935년에 슈뢰딩거가 영어와 독일어를 사용해서 쓴 답변에서 나왔다. 8월에는 '얽힘(entanglement)'이라고 표현했고 12월에는 '페르슈랜쿵(Verschränkung)'[영어로는 '상호연결(cross-linkage)'이라고 옮기면 뜻이 잘 전달된다]이라고 표현했다.

- 에너지 보존: 에너지는 생기지도 없어지지도 않고 단지 형태가 바뀔 뿐이다.

- 역학: 물체가 어떻게 움직이고 힘에 의해 작용을 받는지를 연구하는 학문.

- 운동량(줄여서 'p'): 특정 방향으로 움직이는 물체의 속력 곱하기 질량. (위치는 줄여서 'q'라고 한다.)

- 원거리 작용: 17세기에 뉴턴이 정의한 문제로서, 중력은 한 물체와 멀리 떨어진 다른 물체에 아무 매개체 없이 작용하는 힘인 것처럼 보였다. 그는 이 현상이 '불가해한' 것이라고 적었다.
  하지만 그렇다면 중력, 전기력 및 자기력과 같이 먼 거리에서 작용하는 힘들은 이 작용 외에 다른 어떤 방법으로 전달될 수 있는가? 19세기에 역사상 위대한 실험물리학자였던 마이클 패러데이는 이 비밀의 단서가 자석 위에 놓인 종이에 뿌려진 쇳가루에 있음을 알아냈다. 쇳가루들은 한쪽 극에서 나와 다른 쪽 극으로 들어가는 여러 줄의 선, 즉 '역선(力線, line of force)'을 이루었다. 패러데이는 자기력을 전달하는 이 선들을 '흔들리는 수면 위의 진동 또는 소리를 울려 퍼지게 하는 공기'에 비유했다. 이 두 경우에는 작용이 먼 거리에 걸쳐 즉시 일어나지 않고 국소적인 접촉의 연쇄로 일어난다. 그는 자신의 '역선' 개념을 중력 작용, 전기 및 (그가 전기력선의 진동이라고 선언했던) 빛에까지 확장시켰다.
  그가 제시한 시각적인 표현인 '역선' 대신에 지금은 애매한 용어인 '장(場)'이 대체로 사용된다.

- 원자: 이 용어의 그리스어 뜻처럼 더 이상 쪼개질 수 없는 것은 아니지만, 자신의

속성을 유지하는 원소의 가장 작은 조각이다.

- 위상: 두 파동은 마루가 서로 완벽히 일치할 때 '동일 위상(in phase)'이 되고, 이로 인해 보강 간섭이 일어난다. 파동이 완전히 '반대 위상(out of phase)'이 되면 소멸 간섭이 일어나 서로 상쇄된다.

- 위치(기호 q): 공간 속의 장소. 고전물리학에서 입자의 위치는 세 가지 수에 의해 특정된다. 양자물리학에서는 파동에 의해 특정되는데, 이 파동은 많은 경우 임의로 모든 방향으로 멀리 뻗어 있다. 이로 인해 불확정성 원리가 생긴다. 양자 상태에 대한 설명을 보기 바란다.

- 이온: 하나 이상의 전자를 잃은 원자.

- 입자: 고전역학의 경우 입자는 질량(즉 무게)이 있지만 크기는 없는 가상의 점이었다. 그것은 단지 점일 뿐이었기에 움직일 수 있었지만 회전할 수는 없었다. 그러다가 이 용어는 수학적인 점이든 아니든 '원자보다 작은 어떤 것'을 뜻하게 되었다. 소립자를 보기 바란다.

- 입자물리학: 소립자들 사이의 관계를 연구하는 학문. 소립자에 대한 설명을 보기 바란다.

- 장(場): 위협적인 느낌을 주는 이 물리학 용어는 실제로는 이 영어 단어의 일상적인 뜻과 크게 다르지 않다. 장은 보이든 안 보이든 간에 무언가가 생겨나는 연속적인 공간으로 정의된다. 예를 들면 양귀비 밭, 학문 분야, 놀이터 등이다. 종종 이 장들은 효과에 의해서만 인식될 수 있다. 예를 들면 공기 중 기압 차의 장을 눈으로 볼 수 없지만 바람을 느낄 수 있고 풀이 휘는 모습을 볼 수 있다. 전파, 빛, 엑스선 등의 현상은 전자기장 내에서 일어나는 파동이다.

- 전자: 음전하를 띤 입자로서, 훨씬 더 무거운 양성자와 크기는 같지만 극성이 반대인 전하를 띠고 있다. 전자는 핵 주위를 돌면서 원자의 크기와 모양뿐 아니라 공간 내의 전자의 개수와 분포에 따라 전기적 성질을 결정한다. 금속 내의 전자들은 '전자구름'을 형성하여 핵 주위에 떠다닌다. 이런 흐름을 구리선에 연결하면 우리가 사용하는 전기를 얻는다.

- 주파수[그리스어인 ν(뉴)로 표기된다]: 초당 회전수. 파동의 경우에는 주어진 지점에 1초 동안 지나가는 마루의 수. 전자기 스펙트럼의 좁은 영역을 감지하는 우리 눈은 주파수에 민감하다. 주파수에 따라 우리는 무지개의 색을 분간한다. 파란색은 주파수가 높고 빨간색은 주파수가 낮다. 한편 음파는 공기 중의 압력 차이에 의한 파동이다. 높은 주파수의 소리는 날카롭고 낮은 주파수의 소리는 묵직하다.

- 중간자: 파이중간자, 뮤중간자에 대한 설명을 보기 바란다.

- 중성미자: 전자와 관련된 매우 작은 입자로서 질량이 (거의) 없는 것처럼 보인다.

- 중성자: 매우 작지만 전기적으로 중성인 입자로서 원자핵 내에 존재한다.

- 중성자 간섭계: 물질의 파동 특성을 보여 주는 훌륭한 장치로서, 이 장치 내에서 하나의 중성자는 빛과 마찬가지로 서로 다른 두 경로를 지나가 자신과 간섭을 일으키는 것처럼 보인다.

- 중첩: 두 개의 단순한 파동이 서로 합쳐지면 또 하나의 새로운 파동이 생긴다. 이로 인해 간섭이 생긴다.
  '슈뢰딩거의 고양이'는 양자 세계의 이 개념과 관련된 고전적인 사고실험이다. 그의 방정식은 항상 중첩을 예측하기 때문에 슈뢰딩거는 그것이 실재를 명확하게 기술할 수 없다고 주장했다.
  예를 들면 방사능 원자는 대체로 중성자를 방출하는 상태와 중성자를 방출하지 않는 상태가 중첩된 상태에 있다. 사고실험은 다음과 같다. 슈뢰딩거의 고양이가 독약 병이 든 상자 안에 갇혀 있고 그 병은 양자 사건, 즉 중성자의 방출에 의해 열린다. 일정한 시간이 흐른 후 원자는 분명 중성자를 방출한 상태와 중성자를 방출하지 않은 상태의 중첩 상태이다. 이것은 따라서 그 독약이 동시에 병 안에 있음과 병 밖에 있음의 중첩 상태라는 뜻일까? 따라서 결국 그 고양이는 죽은 상태와 살아 있는 상태의 중첩 상태에 있다는 뜻일까?
  하지만 고양이 상자를 여는 사람은 누구라도 죽었거나 아니면 살아 있는 고양이를 보게 된다. 그렇다면 관찰 행위가 '파동함수를 붕괴시켜' 고양이가 죽었거나 아니면 살아 있게 만들었을까?
  슈뢰딩거는 이 귀류법을 이용하여 다음 세 가지를 증명했다.
  1. 중첩은 파동 개념으로서 양자 입자에 적용되면 모순을 일으키는 듯 보인다.
  2. 측정은 양자역학에 핵심적인 요소다.
  3. (언제나 중첩 상태인) 양자 사건과 (그렇지 않은) 거시적 사건의 경계선이 불명확하다.

- 직교좌표: 그래프 위의 일반적인 x, y, z 좌표. 17세기에 르네 데카르트가 한 위치를 원점과의 거리에 따라 정하기 위해 도입한 체계다.

- 쿼크: 양성자, 중성자, 그리고 이들을 결합시키는 중간자 등의 구성 입자.

- 큐비트(qubit): 양자 비트. 비트('이진수')는 정보의 단일 단위로서 0 또는 1이다. 큐비트는 0, 1 또는 0과 1의 중첩이 될 수 있다. (이 용어는 1995년에 케니언 대학의 벤 슈마허가 만든 신조어다.)

- 파동함수: 슈뢰딩거방정식의 해로서 주어진 양자적 실체의 상태를 기술하는 함수다. 그리스 문자 프사이 Ψ로 표시되는 이 함수는 (특히 파동의 실재에 대해 불가지론을 주장하는 이들에 의해) 프사이 함수로도 알려져 있다.

- 파이중간자 또는 파이온: 1935년에 유카와 히데키는 원자핵 속의 양성자와 중성자를 묶어 놓는 힘은 기존에 알려진 두 힘인 중력이나 전자기력보다 훨씬 커야 함을 알아냈다. 광양자가 전자기력을 전달하듯 그는 이 강한 힘을 전달하는 '무거운 양자'를 제시했다. 중간자로 알려진 이 무거운 양자가 1947년에 확인되자 일본에서만 교육 받은 유카와는 일본에서는 최초로 노벨 물리학상을 받았다. 사실 그는 중성자를 예측하기 3년 전에 자신의 성을 아내의 성으로 바꾸었기에 유카와라는 성으로 유명해지게 되었다.

- 페르미온: '보존과 페르미온'에 대한 설명을 보기 바란다.

- 편광: 전자기장이 '기울어지는' 현상으로서 전자기파의 성질 중 하나다. 물결파와 음파와 달리 전자기파는 두 방향으로 진동한다. 전기장이 어느 한 방향으로 (예를 들면 위아래로) 진동하면 자기장은 이 방향과 수직(좌우)으로 진동한다. 그리고 파동은 이 두 방향에 수직으로(앞으로) 진행한다.
  이것을 시각적으로 알아보려면 전자기파를 물고기라 보면 된다. 전기장은 등지느러미, 자기장은 옆지느러미인 셈이다. 물고기가 기울어져 있더라도 지느러미의 방향과 물고기의 진행 방향의 관계는 바뀌지 않으며, 이 기울어진 각이 편광도이다.

- 포지트로늄: 하나의 전자와 하나의 양전자(전자의 반물질)로 이루어진 일시적인 입자다. 전자와 양전자는 서로 회전하다가 순식간에 빛(감마선)을 내며 소멸한다.

- 플라스마: 물질의 네 번째 상태로서 우주 내의 많은 물체들이 이것으로 이루어져 있다.(예를 들면 별) 플라스마는 원자가 전자를 붙들어 둘 수 없을 정도로 기체를 가열하여, 전자가 동기를 이루어 집단적으로 이동하며 흐르기 시작하면서 생긴다. (금속에도 이러한 '전자의 바다'가 생기지만 그 속의 원자핵은 플라스마의 전자처럼 자유롭게 흐르지 않고 격자 형태로 배열되어 있다.) 지구상에서 일어나는 불도 차가울 때는 기체 상태이다가 뜨거울 때는 플라스마 상태를 오간다.

- 플랑크 상수('h'): 빛의 에너지(양자의 관점)와 빛의 주파수(파동의 관점)의 비. 파동과 입자 사이의 간격을 수학적으로 이어주는 상수다. 이 비율은 일정하며 모든 양자물리학 방정식에 등장한다. 매우 작은 값으로 $6.626 \times 10^{-34} \mathrm{kg} \cdot \mathrm{m}^2/\mathrm{sec}$〔초당 킬로그램 제곱미터 즉 줄·세컨드 ($J \cdot s$)〕이다.

- 하향 변환(또는 동시 파라미터 하향 변환이라고도 불린다): 높은 에너지의 광자들이

어떤 종류의 결정을 통과할 때 낮은 에너지의 광자가 생기는 현상.

● 행렬: 행과 열로 늘어놓은 숫자들의 배열로서 하나의 실체로 취급된다.

● 핵: 원자의 무거운 중심부로서, 이것이 없으면 원자는 거의 비어 있을 것이다. 핵은 양성자와 중성자로 이루어진다.

● 회절: 파동의 근본 성질로서 '둘로 쪼개짐'이란 뜻의 라틴어에서 유래했다. 파동이 대략 그 파장 크기 정도의 틈이 있는 장애물에 부딪히면 진행하는 파가 나누어져 그 틈으로부터 반원이 퍼져 나간다.

보충설명—

• EPR(아인슈타인-포돌스키-로젠 논문, 1935년)

하이젠베르크와 보어는 늘 양자역학이 그 자체로 완전하다고 말했기에, 아인슈타인-포돌스키-로젠 논문은 서두에서 "물리적 실재의 모든 요소는 그 물리 이론에서 그 요소에 상대되는 요소를 가져야 한다."라는 표현으로 전혀 악의 없이 완전한 이론에 관해 정의했다.

그들은 '물리적 실재'를 다음의 방법으로 판단했다. "만약 어떤 계를 전혀 방해하지 않고서 어떤 물리량을 확실히 예측할 수 있다면, 이 물리량에 대응되는 물리적 실재의 요소가 존재한다."

이어서 아인슈타인과 슈뢰딩거, 포돌스키가 역설이라고 여긴 내용이 뒤따른다. (로젠은 역설이란 표현을 좋아하지 않았다.)

1) 불확정성 원리, 예를 들면 운동량에 대한 지식이 위치에 대한 지식을 방해한다고 말하는(또는 1927년 솔베이 강연에서 보어가 말한 대로 '인과성'—에너지 및 운동량 보존으로 요약되는—을 원하면 '시공간 설명'이 방해되는) 원리를 고려해 볼 때,

   a) "양자역학은 불완전하다."—아인슈타인

  또는

   b) "두 성질은 동시적 실재가 아니다."—보어

2) 아인슈타인이 틀렸다고 가정하고 양자역학이 완전하다는 전제 하에 그 상황을 분석하자.

3) 로젠의 상관된 수소 원자들 중 하나를 측정함으로써 건드리지 않고서도 다른 하나에 대해 알 수 있다는 점에 주목하자.

   a) 원자들이 서로 떨어져 있을 때에도 우리는 하나의 운동량(p)을 측정하면 대칭성에 의해 다른 하나의 운동량(-p)을 즉시 알 수 있다.

   b) 하지만 운동량 대신에 첫 번째 원자의 위치를 측정할 수도 있다. 이 경우에

도 두 입자의 파동함수 및 첫 번째 원자의 알려진 위치를 통해 두 번째 원자의 위치를 알아낼 수 있다.

  c) 두 번째 원자는 고립된 상태인데도 자신의 위치 또는 운동량을 알려 줄 준비가 되어 있다. 비록 이 두 성질을 함께 측정할 수는 없지만—장님들 중 한 명이 혼자서는 코끼리 전체를 설명할 수 없는 우화에서처럼—위치와 운동량 둘 다 실재의 요소라고 보는 것이 현재로선 가장 단순한 설명인 듯하다.

4) 이제 우리는 양자역학적 상황에 대한 면밀한 연구의 결론만을 보고해야 하기에, 이런 결론에 다다른다. 즉 만약 양자역학이 완전하다면 위치와 운동량은 (비록 알아낼 수는 없더라도) 모든 이들이 믿는 바와 상반되게도 동시적 실재를 분명히 갖는다.

5) 이로써 (이 보충 설명에서 말한) 아인슈타인 관점의 부정은, 아인슈타인과 포돌스키 및 로젠이 적은 대로 "유일한 다른 대안의 부정으로 이어진다." 즉 보어의 관점의 부정으로 이어진다는 뜻이다. (1a 와 1b를 보기 바란다.)

6) 그러므로 우리는 아인슈타인의 관점, 즉 양자역학은 불완전하다는 결론을 얻는다.

● GHZ (그린버거-혼-차일링거 논문, 1988년. 머민의 『피직스 투데이』 논문, 1990년. 그린버거-혼-시모니-차일링거 논문, 1990년.)

우선 세 입자 a, b, c가 공통의 한 입자원에서 서로 갈라지는 세 방향으로 나온다. 세 검출기 A, B, C가 서로에 대해 그리고 입자원으로부터 멀리 떨어진 곳에 놓여 있다. 각 검출기는 측정의 설정이 두 가지(수평 또는 수직)여서 각 측정의 결과에 대해 두 가지 가능성(+1과 −1)만을 갖는다. 만약 입자들이 1/2스핀이면 검출기는 아마 슈테른-게를라흐 자석과 마찬가지로 x 축을 따라서 수평으로 측정하거나 y 축을 따라서 수직으로 측정한다. 그리고 '+1'이란 결과는 위쪽 스핀(spin up)을 뜻한다.

각 검출기만을 살펴보면 이 결과들(+1 또는 −1)은 동일한 빈도로 일어난다. 하지만 어떤 관찰(즉 세 입자의 양자역학적 상태에 대한 관찰) 후에는 흥미로운 상관관계가 나타난다. 검출기 A와 B가 y 축을 따라 측정하고, C만이 x 축을 따라 측정하도록 설정한 경우를 살펴보자. 이때는 위쪽 스핀이 언제나 홀수 개만 얻어지는 결과가 나온다. 즉 어떤 경우든 셋을 곱하면 +1이 되는 것이다. 따라서 A와 B에서의 결과가 주어지면 C에서의 결과는 예측할 수 있다.

"유령 같은 원격 작용 내지는 닐스 보어가 말한 형이상학적 속임수가 없을 경우" 머민은 이렇게 언급한다. "멀리 떨어진 두 y 성분 측정은" x 축을 따라 측정하려는 "입자를 '방해'할 수 없다." (머민의 『피직스 투데이』 1990년 6월 9일 호 논문을 보기 바란다.) 그러므로 EPR에 따라 입자 'c'의 이러한 수평 측정 결과에 '실재의 요소'

가 부여된다. 비슷한 설정에 의해 우리는 다른 두 입자의 결과를 예측할 수 있다. 또는 마찬가지로 y 축을 따라 셋 중 어떤 것의 결과도 예측할 수 있다. 아래의 도표는 이 결과들을 요약하고 있다. 다시 실행해도 이와 동일한 결과가 나온다.

우리는 여섯 개의 실재의 요소를 다룬다. 각 입자의 스핀이 수평 또는 수직으로 측정되기 때문이다. 머민은 이렇게 주장한다. "모두 여섯 개의 실재의 요소가 존재한다. 왜냐하면 이 여섯 가지 값이 각각 무엇인지 미리 예측할 수 있기 때문이다. 그러기 위해 예측된 값을 실제로 보일 입자를 방해하지 않으면서 아주 멀리 떨어진 채 측정을 실시함으로써 말이다."

"이 결론은 매우 이단적이다. 왜냐하면 양자역학에서는 동일한 입자가 갖는 스핀의 두 성분이 동시에 존재할 수 없기 때문이다. 그런 주장은 일종의 국소적 숨은 변수 이론이나 마찬가지다.

이단이든 아니든 각 측정의 결과는 임의적으로 멀리 떨어진 채 실시된 다른 측정 결과들로부터 1의 확률로"—즉 100퍼센트의 가능성으로—"예측될 수 있기 때문에, 편견이 없는 사람이라면 양자 신학을 버리고 실재의 요소에 좀 더 우호적인 해석에 매우 끌리게 될지도 모른다."

하지만 EPR의 벨 버전에서처럼 실재의 요소들은 "몇 가지 추가적인 실험에 대한 단순명쾌한 양자역학적 예측으로 인해 타당성을 잃었으며, 그에 수반되는 형이상학적 해석에 의해 완전히 부정되기에 이르렀다." 이어서 머민은 이렇게 말한다.

"GHZ(그린버거, 혼 그리고 차일링거) 사례에서는 그 몰락이 특히나 더욱 효과적으로 제시된다."

"이단적이긴 하지만 실재의 요소들이 정말로 존재한다고 가정하면 (…)" 우리는 여섯 가지 모두를 동시에 측정할 수는 없지만, 세 가지를 함께 곱한 값에 대한 양자역학적 예측을 살펴볼 수는 있다. 이 값은 일정하다.

검출기의 설정			양자역학적 예측	
A	B	C	홀수 개로 나타나는 값	결과들의 곱
수평	수직	수직	+1	+1
수직	수평	수직	+1	+1
수직	수직	수평	+1	+1
수평	수평	수평	−1	−1

수평으로 정렬된 검출기를 이탤릭체로 표시함으로써 우리는 실재의 요소를 드러낸 검출기의 기호로서 각 실재의 요소를 표시할 수 있다. (따라서 '수평으로 정렬된 A 검출기에 의해 측정된 입자'는 **A**가 된다.) 그러면 도표의 첫 세 줄의 결과를 통해 다음 세 식이 얻어진다.

$$\textbf{A}B C = +1$$
$$A\textbf{B}C = +1$$
$$AB\textbf{C} = +1$$

만약 이 세 식을 모두 곱하면 동일한 시스템에 대한 다음과 같은 또 하나의 예측을 얻게 된다.

$$A^2 B^2 C^2 \textbf{ABC} = +1$$

하지만 $(-1)^2$과 $(+1)^2$은 +1과 같기에 제곱항들은 사라지고 다음 식이 얻어진다.

$$\textbf{ABC} = +1$$

"평판이 안 좋은 실재의 요소를 적용하지 않고서" 머민의 언급에 따르면 우리는 이 세 결과의 곱을 간단한 양자역학 계산에 의해 알아낼 수 있다. 만약 도표의 마지막 줄에 나와 있듯이 모든 검출기가 x 성분을 측정하는 사고실험 장치에서 이 측정을 실시하면 다음 결과가 나온다.

$$\textbf{ABC} = -1$$

"실재의 요소여, 잘 가거라!" 머민은 의기양양하게 주장한다. "더군다나 서둘러 가거라. 그런 것이 존재한다는 그럴듯한 가정은 세 x 성분에 대한 단 한 가지 측정으로 반박될 수 있으니 말이다. 실재의 요소가 존재하려면 세 결과의 곱이 항상 +1이 되어야 하지만, 여기서는 세 결과의 곱이 −1이 되고 말았다."

"이것은 두 입자의 EPR 실험에 관한 벨의 정리에서 제시된 결과보다 더 확실하게 실재의 요소의 존재를 반박하고 있다. 벨은 한 그룹의 측정에서 추론된 실재의 요소들은 두 번째 그룹의 측정에 의해 얻어진 통계와 양립될 수 없음을 보였다. 그러한 반박은 단 한 번의 실행으로는 얻어질 수 없고 실행 횟수가 늘수록 확실성이 커져 간다. 따라서 두 입자에 대한 EPR 실험의 한 단순한 버전의 경우, 실재의 요소라는 가설이 참이려면 적어도 55.5% 이상의 빈도로 한 그룹의 결과들이 나와야 하지만, 양자역학은 그 결과들이 오직 절반의 횟수만큼만 나오도록 한다." 따라서 두 경우는 서로 달라진다.

"한편 GHZ 실험에서는 실재의 요소가 참이려면 한 그룹의 결과들이 항상 일어나야 하지만, 양자역학은 결코 그런 결과들이 일어나지 않도록 한다."

● 얽힘 기반 양자 암호화 키 분배 (에케르트, 1991년)
완벽하게 안전한 비밀 키를 분배하는 방법

1. 앨리스와 밥이 길게 이어진 얽힌 광자들을 공유한다.
2. 둘이 다음 세 가지 베이스 사이를 무작위로 바꾸면서 자신들의 광자 편광을
   각각 측정한다.
   a. 수직 또는 수평
   b. 대각선을 따라 오른쪽 또는 왼쪽 방향
   c. 원을 따라 오른쪽 또는 왼쪽 방향
3. 앨리스는 밥에게 전화를 걸어 자신이 만든 측정의 순서를 알려 준다.(그녀는 이
   렇게 알려 준다. '위아래, 위아래, 대각선, 원, 원 (…)' 둘은 그 결과를 논의하지 않는다.)
4. 밥은 동일한 광자 쌍에 대해 매번 동일한 베이스를 사용한다는 점을 알려 준
   다. 얽힘 현상 때문에 둘은 그런 경우에 대해 동일한 결과를 얻었다는 걸 안다.
   (만약 밥이 '원, 대각선, 대각선, 위아래, 대각선 (…)'이라고 측정했다면 세 번째 것, 즉
   둘 다 자신들의 광자를 대각선상에서 측정한 경우를 함께 지닌다.)
5. 이 동일한 결과들이 코드의 키가 된다.
6. 도청이 있었는지 검사하기 위해 둘은 동일하지 않은 베이스로 측정한 광자 쌍
   을 이용하는데, 이 광자 쌍을 벨의 부등식을 사용하여 분석한다.
7. 만약 그 부등식이 광자들이 여전히 얽혀 있음을 알려 주면, 도청이 없었음을
   알게 된다.
8. 앨리스는 자신의 메시지를 그 키로 암호화한다. 그러면 그녀가 원하는 어떤
   방법으로든, 예를 들면 신문광고 등을 통해 밥에게 그 메시지를 줄 수 있다.

주 ——

주에 사용된 축약 표시

"(…)"은 인용문에서 처음으로 확인되는 표현을 인용문의 마지막 표현과 분리시킨다.

불러온 인용문 앞뒤에 인용 부호를 생략한 것은 직접 인용이 아니라 풀어쓴 구절임을 뜻한다.

편지는 '보낸 이–받는 이' 순으로 표시된다.(즉 러더퍼드–보어는 러더퍼드가 보어에게 보낸 편지라는 뜻이다.)

20세기의 모든 날짜는 월/일/년 순으로 적혀 있다. 21세기의 날짜는 원래 방식으로 표시되어 있다.

긴 이름에 대한 줄임말

AE   알베르트 아인슈타인(Albert Einstein)

AQHP   양자물리학사 아카이브(Archive for the History of Quantum Physics)

AZ   안톤 차일링거(Anton Zeilinger)

dB   루이 드 브로이(Louis de Broglie)

Eh.   파울 에렌페스트(Paul Ehrenfest)

EPR   아인슈타인–포돌스키–로젠(Einstein-Podolsky-Rosen)

ES   에어빈 슈뢰딩거(Erwin Schrödinger)

FRS	왕립협회 회원(Fellow of the Royal Society)
JRO	J. 로버트 오펜하이머(J. Robert Oppenheimer)
QM	양자역학(Quantum Mechanics)
Somm.	아르놀트 좀머펠트(Arnold Sommerfeld)
vW	카를 프리드리히 폰 바이츠재커(Carl Friedrich von Weizsäcker)
WH	베르너 하이젠베르크(Werner Heisenberg)

독자에게 드리는 글

10 "과학은 실험에 의존하긴 한다. (…) 대화다." : WH, *Physics and Beyond*, xvii.

14 좀머펠트는 비현실적이지 않았습니다. (…) 관심이 없었습니다.: Bohr, 1961 interview in Pais, *Niels Bohr's*, 229.

14 알겠지만 (…) 늘 바뀌기 때문이네.: Bohr-Richardson, 1918 in Pais, *Niels Bohr's*, 192.

15 "그건 앞으로 더 (…) 다룰 뿐입니다." : 천문학자 C. 노르트만이 1922년에 인용한 AE. Clark, 353.

들어가며: 얽힘

20 어떤 논문이 유명하다고 인정받으려면: Web of Science, 2006. 스탠퍼드 대학의 고에너지 물리학 출간 전 논문 데이터베이스 스파이어스(Spires)에서는 이런 가이드라인을 제시한다. 알려진 논문: 총 10~49회 인용. 잘 알려진 논문: 50~59회. 유명한 논문: 100~499회. 저명한 논문: 500회 이상(www.slac.stanford.edu/spires/). (S. 렌더는 『피지컬 리뷰』의 다른 논문들에 인용된 『피지컬 리뷰』 논문들에 대해 연구했다. 그의 결론에 따르면, "『피지컬 리뷰』의 모든 논문 중 거의 70퍼센트가 10회 미만으로 인용되었다." 그리고 "인용의 평균 횟수는 8.8회다."『피직스 투데이』 2005년 6월호.) 과학사가인 올리벌 프레레(Olival Freire)는 고에너지 물리학 논문에 관한 스파이어스의 가이드라인을 양자물리학의 기초—고에너지 물리학과는 다른 분야로서 연구하는 물리학자도 훨씬 적다—에 관한 논문들에 대한 통계자료와 비교하는 것은 "액면 그대로 받아들이면 안 된다."고 언급한다.(그 가이드라인은 단지 EPR & 벨 정리에 대한 인용 횟수가 얼마나 인상적인지만을 강조한다.) Freire, "Philosophy

Enter the Optics Laboratory: Bell's Theorem & Its First Experimental Tests (1965-1982)", *Studies in History & Philosophy of Modern Physics*, 37, 577-616.

20 가장 많이 인용된 논문: Howard, "Revisiting", 24.

22 닐스 보어, 평생지기: 이제는 고전이 된, 보어 사상에 대한 요약 설명인 그의 1927년 "코모 강연"에 나와 있다. (*The Quantum Postulate & The Recent Development of the Quantum Theory*), Bohr, *Atomic Theory*, 52-91.

23 "이 추상은 (…) 꼭 필요하다.": Bohr, *Atomic Theory*, 57.

23 보어의 열렬한 지지자: 베르너 하이젠베르크. 이 견해들은 하이젠베르크의 초기 물리철학 논문(1930년대 이후)에서도 찾을 수 있다. 『양자물리학의 철학적 문제들(Philosophical Problems of Quantum Physics)』을 보기 바란다. 물리철학에 관한 그의 (재미있는) 논문들을 읽을 때 한 가지 주의 사항이 있다. 파울리가 종종 불평한 대로 하이젠베르크는 '철학'이 있었던 게 아니라 당시 무엇이 자신의 물리학에 적합한지 생각했다.(그 때문에 그토록 놀라운 성과를 낼 수 있었다.) 그의 철학적 활동은 전부 공개 강연이었다. 나치 기간에는 이 강연들에 그의 견해에 대한 순수한 설명을 넘어 필수적으로 다른 의제들(예를 들면 이론물리학의 우파들이 살아남도록 지키는 일)이 뒤따랐다. "소립자는 (일상생활의 현상들처럼) 실제적이지 않다."고 한 그의 유명한 1959년 인용문을 보기 바란다. (WH, *Physics and Philosophy*, London: Allen & Unwin, 1958; Jammer, *Philosophy of Quantum*, 205.)

23 볼프강 파울리: 양자역학의 기초에 관한 파울리 사상을 가장 잘 요약한 내용(그가 쓴 *Writings on Physics & Philosophy* 전체에 걸쳐 나온다)은 그의 유명한 케플러 논문의 (현대물리학에 관한) 마지막 부분에 나와 있다.(Pauli, *The Influence of Archetypal Ideas on the Scientific Theories of Kepler*, 1952, reprinted in Pauli *Writings on Physics & Philosophy*, 258-61.)

23~24 "양자론을 처음 접하고서도 (…) 볼 수 없다.": WH, *Physics and Beyond*, 206.

24 알베르트 아인슈타인: 돈 하워드는 일련의 훌륭한 논문—「*Nicht Sein Kann Was Nicht Sein Darf* 또는 초기단계의 EPR, 1909~1935」를 포함하여—에서 아인슈타인이 양자역학에 대해서 느끼는 문제는 그 이론이 분리 가능성을 결여하는 것임을 강조한다.

24 "서로 독립적이지 (…) 않고": AE-Lorentz, 5/23/09, in Howard, "*Nicht*", 75.

24 "아주 불가사의한 (…) 영향력": AE, 1925 in Cornell and Wieman, Nobel Prize lecture, 2001, 79.

24 "원거리의 유령 같은 행동": AE-Born, 3/3/47, *B-E Letters*, 157. 1927년에 아인슈타인은 이것에 대해 다음과 같이 말했다. "원거리 작용의 매우 특이한 메커니즘으로서, 이것은 공간 속에 연속적으로 분포하는 파동이 두 입자에 작용하지 못하도록 한다."(다음을 참고할 것. Howard, "*Nicht*", 92.)

24 "일종의 텔레파시 연결 (…)": AE-Cassirer, 3/16/37, in Fine, 104n.

24 에어빈 슈뢰딩거: 그는 글을 잘 썼기에 양자론에 관한 훌륭한 논문을 많이 남겼다. 가장 유명한 것으로 1935년에 발간된 '고양이' 논문이 있다.(Wheeler and Zurek, 152-67.)

24 루이 드 브로이: 그의 '파일럿 파동 이론' 또는 '이중 해결의 이론'은 1927년 『주르날 드 피지크(Journal de Physique)』에 완벽한 형태로 등장했다. 영어로 쓰인 dB의 이론에 관한 개요, 108-25.

25 "관찰자가 없는 양자론": 데이비드 봄의 숨은 변수 이론을 자기 식으로 확장한 존 벨의 다음 논문 제목에서 따온 표현. "Quantum Field Theory Without Observers, or Observables, or Measurements, or Systems, or Wave Function Collapse, or Anything Like That" (Bell, 173).

25 폴 디랙: Dirac, "Evolution of the Physicist's Picture of Nature", *Science American* (May 1963).

25 막스 보른: 다음을 참고할 것. *B-E Letters*: AE's amused letter 3/18/48 (162-64). AE의 뛰어난 논문인 QM & Reality에 관한 보른의 1948년 5월 9일의 답장 (173-75). Pauli-Born 1954 (221-27).

26 "진리와 (…) 상보적이다.": Bohr; e.g., Peierls in *NBCV*, 229; cf. Pais, *Niels Bohr's* 11, 24.

26 "저는 애매모호하게 (…) 틀리겠습니다.": Wheeler to Bernstein (Bernstein, *Quantum Profiles*, 137).

1 베르틀만의 짝짝이 양말 1978년과 1981년

27 존 벨이 라인홀트 베르틀만을 처음 만났을 때: Bertlmann to LLG, Nov. 10-18, 2000.(LLG는 이 책의 저자인 Luisa Ludlow Gilder의 약자다.—옮긴이)

27 합성수지 신발: Renate Bertlmann to LLG, Feb. 28, 2001.

28 "저는 존 벨입니다.": Bertlmann to LLG, Nov. 10-18, 2000.

28 "존 벨은 누구나 (…) 묻곤 했지요.": Peierls, "Bell's Early Work", *Europhysics, News* 22 (1991), 69.

28~29 "존은 어떤 주장이 (…) 집어냈답니다.": John Perring in Burke and Percival, 6.

29 '꺼림칙함' (…) '더러움' (…) '비전문적인': 데이비스가 양자역학의 문제는 순전히 철학적인지 물었을 때, 봄은 이렇게 대답했다. "나는 전문적인 문제점들이 있다고 생각합니다. 달리 말해서, 나는 전문적인 이론물리학자이기에 명쾌한 이론을 만들고 싶습니다. 그리고 내가 볼 때 양자역학은 흐릿한 이론입니다." (Davies, *Ghost*, 53-54.) "나는 그것이 틀렸다고 생각하는 것은 주저합니다. 하지만 그것이 꺼림칙한 이론임을 알고 있었습니다."(Bernstein, *Quantum Profiles*, 20.)

29~30 "공간적으로 떨어져 있으며 (…) 알 수 없다.": AE, *QM & Wirklichkeit*, translated in Howard, "Einstein on Locality", 187. (하워드는 *B-E Letters* 속의 이 논문의 영어 번역판이 여러 곳에서 오류가 있음을 알고서 이 논문에서 자신의 번역판을 내놓는다.)

30 "아무도 보지 않으면 (…) 말인가?": 아인슈타인이 파이스에게 던진 질문. Pais, *'Subtle'*, 5.

30 "저는 라인홀트 (…) 연구를 합니까?": Bertlmann to LLG, Nov. 10-18, 2000.

31 3년 후 (예를 들어 장소, 에커의 대화 및 베르틀만의 생각): Bertlmann to LLG, Nov. 10-18, 2000. Bell, "Bertlmann's Socks and the Nature of Reality", *Journal de Physique*, Colloque C2, suppl. au #2, Tome 42 (1981), pp. C2 41-61. Bell, 139-58.

35 "어떻게 된 겁니까?"에 이어지는 벨과의 전화 통화: Bertlmann to LLG, 2000년 가을.

37 벨은 쌍둥이에 대해 말하길 좋아했다.: Bernstein, *Quantum Profiles*, 63. '짐 쌍둥이'에 대한 더 이상의 내용은 다음 책에서 참고할 것. Lawrence Wright, *Twins: And What They Tell US About Who We Are*, New York: Wiley, 1997, 43-48.

38 "간단한 수식만 (…) 단순화시켰다." : Mermin, Boojums, xv.

38 "우화와 논증 강의 (…) 어떤 것" : Ibid., 82.

38 기계의 가운데에는 상자가 하나 있다. (…) : Ibid., 82ff.

40 "이 통계는 아무런 (…) 들게 만든다." : Ibid., 87-88.

40 "검출기들이 서로 연결되어 (…) 하면 된다." : Ibid., 88.

40 하지만 유전자 가설에 따른 (…) 결과와 다르다. : 그 결과들은 만약 유전자의 다른 구성을 갖는, 입자들을 추가하면 더 이상해지고 더 극단적이 될 뿐이다. (만약 그리고 싶다면, 여러분이 직접 이에 따른 예측을 해서 39~40쪽에 있는 '사례 1'과 '사례 2'에 요약되어 있는 '실제' 결과들과 비교해 보면 흥미로울 것이다.)

42 젊은 비흡연자들의 수 (…) 이상이다. : d'Espagnat ; Bell, "Bertlmann's Socks" (1981) ; Bell, 157.

43 "텔레비전이 프랑스의 출생률 (…) 우려가 있습니다." : Bell, "Atomic-Cascade Photons & QM Nonlocality", 7/10/79, in Bell, 105-6.

44 아인슈타인의 말에 따르면 공간은: "우리는 애매한 단어인 '공간'을 전적으로 피하며 (…) 그 단어 대신에 '기준틀의 실질적인 강체에 대해 상대적인 운동'으로 대체한다." (AE, *Relativity*, 10.)

44 시간은 시계로 재는 것: "만약, 예를 들어 '기차가 여기 7시에 도착한다'고 내가 말한다면, 그것은 '내 시계의 바늘이 7시를 가리키는 것과 기차의 도착이 동시에 일어나는 사건'이라는 뜻이다." (AE, 1905, reprinted in Stachel, 125.)

45 벨-머민 기계와 흡사한 어떤 장치를 제작: A. Aspect, J. Dalibard, and G. Roger, "Experimental test of Bell's inequalities using time-varying analyzers", Physical Review Letters 49, 91-94, 1804-7 (1982).

45~46 "제가 알기에 물리학에서 (…) 아이디어를 접하고서" : Feynmann-Mermin 3/30/84, in Feynmann, *Perfectly Reasonable Deviations from the Beaten Track* (New York : Basic Books, 2006).

46 매사추세츠 공과대학에: "Simulating Physics with Computers" in Hey, 133ff.

논쟁 1909~1935년

2 양자화된 빛 1909년9월~1913년6월

52 아인슈타인은 1905년에: AE, "On a Heuristic Point of View Concerning the Production & Transformation of Light", *Annalen der Physik* 17: 132-48.

53 아인슈타인은 빛(그리고 물질)의 입자 (…) 궁리하고 있었다.: 돈 하워드의 훌륭한 논문들에 매우 감사드린다. 특히 "*Nicht*"에서 양자역학에 관한 아인슈타인의 논문에 나오는 분리 가능성 주제를 집중 조명해 준 데 대해 감사드린다.

53 "저는 빛의 성질에 (…) 바쁩니다.": AE-Laub ('월요일'로 날짜가 적혀 있다) 1908 in Clark, 145-46.

53 "자신보다 남을 (…) 진솔한 사람": AE-Zangger, 11/1911 in Einstein and Maric, 98.

53 "하지만 플랑크에게는 결점이 (…) 서툴다.": AE-Laub, "Monday" 1908 in Clark, 145.

53 "놀랍도록 심오한": AE-Laub, "Monday" 1908 in ibid., 145-46.

53 "나는 무엇보다도 (…) 말이다.": AE-Laub, 5/19/09 in Pais, 'Subtle', 169.

54 '상호 독립적인 에너지 양자': AE, 1905 in Stachel, 191.

54 "자외선 재앙": Eh., "Which Features of the Hypothesis of Light Quanta Play an Essential Role in the Theory of Thermal Radiation?" 10/1911 in Klein, *Paul Ehrenfest*, 174, 245-51. 에렌페스트의 이 표현은 다음 부제목에서 나온 것이다. "Avoidance of the Rayleigh-Jeans Catastrophe in the Ultraviolet." (레일리-진스 법칙은 상자 안에 갇혀 있는, 파동과 같은 복사파를 다루는 법칙으로서 영국 물리학자 레일리 경과 제임스 진스에 의해 유도되었다.)

54 "이러한 양자 문제는 (…) 가져야 한다.": AE-Laub, "Monday" 1908 in Clark, 145-46.

55 "광양자에 대해 분명 (…) 보지 않습니다.": AE-Lorentz, 5/23/09 in Howard, *Revisiting*, 6.

55 그 선생님은 루스 박사로 (…): Folsing, 27.

55 "제 생각에는 (…) 빛 이론입니다.": AE, Salzburg, 1909 (Holm, trans.) in Weaver, 295-309.

56 "저는 강연자와는 다른 (…) 합니다.": 이어서 강연 후 플랑크, 슈타르크 및 아인 슈타인이 언급한 내용. Weaver, 309-12.

58 "나는 아직 광양자 (…) 시도할 것이다.": AE-Laub, 12/31/09 in Pais, 'Subtle', 189.

58 "복사파의 수수께끼는 (…) 없다.": AE-Laub, 12/28/10 in ibid.

58 "이 양자란 것이 실제로 (…) 없으니 말일세.": AE-Besso, 5/13/11 in Bernstein, *Quantum Profiles*, 158-59.

58 "현재 나는 오로지 (…) 있네.": AE-Somm., 10/29/12 in Pais, 'Subtle', 216.

58 "빛의 간섭 성질과 (…) 타협안들보다 말이다.": AE-Wien, 5/17/12 in Levenson, 279.

59 1913년 6월 어느 날 취리히의 더운 저녁 무렵: 아인슈타인과 에렌페스트 그리고 라우에의 만남은 여기에서 다루어지고 있다. Klein, *Paul Ehrenfest*, 294-95.

59 "경이로운 성공을 (…) 하나이네.": AE-Laue, 6/10/12 in Folsing, 323.

59 준수하고 사려 깊고 강직한: Nobel Biography ; Clark, 142, 144, 195.

60 시가가 너무 독해: Clark, 144.

60 '작은 거장': 아인슈타인이 취리히 대학의 알프레드 클라이너에게 보낸 편지. Ibid., 195, 이 편지에 대한 주는 빠져 있다.

60 한편 에렌페스트는: Klein, *Ehrenfest*, 특히 92-93.

60 "거긴 안개가 물속에 (…)" 그리고 "(…) 권리청구항이지!": Casimir, 68.

60~61 "아인슈타인의 말을 듣다가 (…) 좋아하는 사람이니까." Laue-Eh., 1/18/12 in Einstein and Maric, xvii.

61 닷새 내리 이야기를 나누었다.: 에렌페스트의 일기, Klein, *Ehrenfest*, 294.

61 "이제 알겠네!": 라우에가 자일리히에게, 3/13/52 in Clark, 195.

61 "양자론은 더 성공을 (…) 법이지.": AE-Zangger, 5/20/12 in Pais, 'Subtle', 399.

61 "그리고 아인슈타인은 이렇게도 (…) 않더군.": 아인슈타인이 P. 프랑크에게, Bernstein, *Quantum Profiles*, 204.

3 양자화된 원자 1913년 11월

62 둘은 그 낮은 산을 오르고 있었다.: "슈테른과 폰 라우에가 우에틀리베르크 산을 오른 때는 보어의 논문이 발표되고 얼마 지나지 않아서였다." 파이스는 슈테른이 알려 준 내용을 회상하며 이렇게 적었다. "정상에서 둘은 앉아서 (…) 새로운 원자 모형에 대해 이야기했다. 이어서 그들은 '우에틀리 서약'을 만들었다. 이상하기 짝이 없는 보어의 원자 모형이 옳다고 밝혀지면 자신들은 물리학계를 떠나겠다는 맹세였다. 실제로 옳다고 밝혀졌지만 그들은 떠나지 않았다."(Pais, *Inward*, 208.) 「빌헬름 텔」에서 실러는 잘 알려진 대로 뤼틀리 서약을 시로 읊었다. ("폭군의 권력에도 한계는 있다. (…)") 「빌헬름 텔」을 자신들의 목적에 맞게 바꾼 물리학자들의 사례에 대해서는 다음을 참고할 것. Born, *My Life*, 87.

62 우에틀리베르크 헬: Moore, 152에 나와 있는 표현.

63 "잡으려 하기보다 (…) 적다.": Frisch, 42-47.

63 '아름다운 날들': Pais, '*Subtle*', 486.

64 이해할 수 없었던 원자의 안정성: Bohr, "On the Constitution of Atoms and Molecules", *The London, Edinburgh, and Dublin Philosophical Magazine and Journal of Science*, 26, 1 (July 1913): 476 (September 1913): 857 (November 1913).

65 "터무니없는 소립니다.": Pais, *Neils Bohr's*, 147, 154. Jeans, 1913: "The only justification put forward for Dr. Bohr's bold postulates is the weighty one of success." Dresden, 24.

65~66 "말도 안 됩니다!(…)" "매우 흥미롭군요. (…) 않는다고 말했습니다.": 이 세미나에서 라우에와 아인슈타인이 나눈 대화는 1964년 목격자들에 의해 드레스덴에 보고되었다. Dresden, 24.

68 "현재 키르히호프와 나는 (…) 발견을 했다네.": Bunsen in Mary E. Weeks and Henry M. Leicester, "Some Spectroscopic Discoveries", *Discovery of the Elements*, Easton, PA: Journal of Chemical Education, 1968, 598.

69 "이후로 미지의 원소들": "Chemical Analysis by Observation of Spectra", Kirchhoff and Bunsen, *Annalen der Physik und der Chemie*, 110, 161-89 (1860): 인터넷에 번역되어 있다.

69 "나는 아주 운이 좋게도 (…) 기대한다." Weeks and Leicester, "Some Spectroscopic Discoveries", 599.

69 『분광학 핸드북』: Vol. 1, 800 pgs; Pais, *Neils Bohr's*, 139-41.

69 "스펙트럼은 경이로운 (⋯) 상황과 비슷했다.": Bohr to Kuhn; Pais, *Niels Bohr's*, 142.

69 보어가 태어났던 큰 저택: Ibid., 43-48, etc.

69 "고대인들이 하늘의 (⋯) 단어다.": Bunsen and Kirchhoff, *Chemical News* 2, 281 (Nov. 24, 1860).

70 "믿는 사람들은 주의 군사니": Pais, *Inward*, 437.

70 야외 활동 체질: 『선데이 디스패치(Sunday Dispatch)』 1927년 8월 26일자에는 러더퍼드의 원기 왕성하고 상냥하면서 활동적인 모습을 "과격하게 촌스러운"이라고 묘사한다(Eve. 324).; 보어는 등산뿐 아니라 나무 베기와 같은 온갖 노동을 즐겨 했다.

70 "이건 지금까지의 (⋯) 것 같습니다." Bohr-Rutherford, 7/6/12 in Pais, *Niels Bohr's*, 138.

70 "술집 여종업원에게 (⋯) 한": 보어가 글을 명쾌하게 쓰는 가모프에게 불필요하게 경고한 내용.(GG, *My World Line*, 66-67.) Rutherford-Bohr, 1913: "긴 논문은 독자들을 놀라게 한다. 영국에서는 독일과 달리 말을 매우 짧고 간결하게 하는 것이 관례다. 독일에서는 가능한 한 말을 길게 비트는 것이 미덕인 것처럼 보이는 듯하다."(Eve. 220.)

71 "자네의 이론을 어떻게 (⋯)": Hevesy-Bohr, 9/23/13 in Pais, *Inward*, 208.

71 "아인슈타인이 평소 (⋯) 약한 칭찬": Pais, *Neils Bohr's*, 154.

72 "실험치와 정확히 일치하는": Bohr, Nature 92, 231, 1913 in Pais, *Neils Bohr's*, 149.

72 "안 그래도 큰 아인슈타인의 눈이 (⋯)": Hevesy-Rutherford, 10/14/13 in Eve, 226.

72 "깜짝 놀라 내게 (⋯) 걸작입니다.": Hevesy-Bohr, 9/23/13 in Klein, *Paul Ehrenfest*, 278.

72 "아인슈타인이 그렇게 (⋯) 기뻤습니다.": Hevesy-Rutherford, 10/14/13 in Eve, 226.

72 "원자론에 관한 보어의 (⋯) 말겠습니다.": Eh.-Lorentz, 8/1913 in Klein, *Paul*

Ehrenfest, 278.

72 "이제 자네들은 (…) 건져 냈군!": Casimir, 68.

72 "완전히 괴물 같은": "이 성공이 초기 연구에 도움이 될 거라고 생각하는 것이 끔찍하고 여전히 완전히 괴물 같지만, 보어 모형은 새로운 승리를 향해 가는 것이다. 어쨌든 나는 뮌헨 물리학의 이후 성공이 이 길을 따라 가기를 진심으로 바란다!" Eh.-Somm., 5/1916 in Klein, *Paul Ehrenfest*, 286.

73 "'고전적인 영역' (…) 일반적인 관점": Eh., "Adiabatic Invariants and the Theory of Quanta", 1917 in Bolles, 24.

73 "부드러운 목소리지만 (…) 단서를 달면서": G. P. Thomson, Niels Bohr Memorial Lecture, 1964; French and Kennedy, 285; 보어는 "대화 상대가 제대로 이해하도록 끊임없이 노력을 기울였다. 성공할 가능성은 거의 없었지만 언제나 지칠 줄 모르는 희망을 품고서"(vW, "A Reminiscence from 1932" in French and Kennedy, 185.)

73 전자 궤도들로 이루어진 복잡하고 어지러운 그림: 다음을 참고할 것. Kragh, "The Theory of the Periodic System", French and Kennedy, 50-60.

74 "에렌페스트가 설득을 (…) 말일세.": AE-Borns, 12/30/21; *B-E Letters*, 65.

4 종잡을 수 없는 양자 세계 1921년 여름

75 "그걸 정말로 (…) 존재한다고 믿느냐고?": 하이젠베르크는 이 말을 파울리가 했다고 한다. 하지만 학창 시절에 파울리가 하이젠베르크의 말을 따랐다는 그의 설명은 진실이라고 보기 어렵다. 어쨌든 둘은 이 의문점을 논의했으며 그 해답에 의견을 같이했다.(WH, *Physics and Beyond*, 35-36.)

75 하이젠베르크는 열아홉 살이었다.: 12/5/01; 파울리의 생일, 4/25/00.

76 라포르테는 이제 막: 다음 책에 나오는 사진과 내용에 들어 있다. H.R. Crane and D.M. Dennison, *Biographical Memoirs* vol. 50, 268-85. (Washington, D.C.: National Academy Press, 1979.)

76 '함께 고생하는 동료': *W. W.'s physics class*: Enz, 54.

76 "파울리가 내 세계에 (…) 그때뿐이었어.": WH, *Physics and Beyond*, 29.

76 "아마 모든 (…) 몰라.": Pauli on orbits, Ibid., 36.

76 비밀스러운 얼굴: Ibid., 24.

76 "여느 시골 소년 같은": Born, *My Life*, 212.

77 1920년에 파울리는 (…) 썼다.: "엔사이클로피디아(Encyclopedia)에 실을 파울리의 글은 분명 완성되어 있었고, 그 논문의 무게는 2.5킬로그램이라고 알려져 있다. 이것은 또한 그의 지성의 규모를 나타내기도 한다. 이 어린 친구는 총명할 뿐 아니라 부지런하기도 하다.": Born-AE, 2/12/21 in *B-E Letters*, 53-54.

77 하이젠베르크는 라포르테의 단순명쾌한 (…): "물리학에 대해 이야기할 때 우리는 종종 친구인 오토 라포르테와도 함께 했는데, 냉철하고 실용적인 성향이었기에 그는 볼프강과 나 사이에 좋은 중재자가 되었다. (…) 우리 셋이 자전거 여행을 가기로 했던 것은 (…) 아마 라포르테 때문이었다." WH, *Physics and Beyond*, 28.

77 "그 여행 기간에 (…) 끼쳤다.": Ibid., 29.

78 "보어는 원자의 (…) 이해할 수가 없어.": 파울리, 자전거 여행하기 반년 전. Ibid., 26.

78 "글쎄" 라포르테가 말을 받았다.: "철학은 특별히 해당 목적을 위해 고안된 명명법을 체계적으로 잘못 사용한다. 모든 절대적인 주장들은 선험적으로 반드시 거부되어야 한다. 우리는 직접 지각할 수 있는 용어와 개념만을 사용해야 한다. (…) 아인슈타인의 뛰어난 장점은 이런 관찰 가능한 현상만을 다루었기 때문이다." Ibid., 30; 또 34쪽도 참고할 것.

78 아, 마흐.: "아주 그럴듯하게 들리는 너의 제안은 이미 마흐가 했던 것이야."(파울리가 라포르테에게, Ibid., 34.) 1920년대에 파울리가 하이젠베르크에게 보낸 편지들은 농담 삼아 말하는 종교적인 은유와 전문 용어로 가득 차 있다. 이런 편지들 속의 파울리는 하이젠베르크가 자신의 회고록에서 묘사한 모습에 비해 덜 심각하고 공손하다. 하이젠베르크는 이렇게 적었다. "파울리는 내게 큰 영향을 미쳤다. 내 말은, 파울리는 매우 강한 성향이어서 (…) 극도로 비판적이었다는 뜻이다. 그가 내게 '너는 완전히 바보야' 같은 말을 얼마나 자주 했는지 모른다. 그게 내게 큰 도움이 되었다."(Cassidy, 109.)

78 "나는 가톨릭 대신에 (…) 유효하다고 가정해.": Pauli-Jung, 3/31/53; Enz, 11 and 13. 파울리의 가운데 이름은 마흐의 이름을 따라 에른스트였다.

79 "(…) 과도한 단순화야.": Pauli in WH, *Physics and Beyond*, 34.

79 "마흐는 직접 볼 수 (…) 생긴 일이 아냐.": Pauli to Laporte in ibid.

79 "상황을 실제보다 (…) 법이긴 해.": Laporte to Pauli in ibid.

79 "원자 신비주의": 좀머펠트는 "수리적인 관련성을 믿는다. (…) 그래서 우리들 중 상당수는 그의 과학을 원자 신비주의라고 불렀다."(Pauli to WH in ibid., 26.)

80 '구(球)들이 내는 원자적인 음악': Somm., *Atombau und Spektrallinien* in Cassidy, 116. 나중에 파울리는 케플러의 이런 관점에 실제로 매우 흥미를 느꼈다.

80 "성공이 의미를 정당화시키는 법이야.": 하이젠베르크의 반양자에 관한 하이젠베르크와 파울리의 대화, 11/19/21 in Cassidy, 125.

80 "굉장히 통일성 있는 (…) 보장하지는 않아.": 파울리가 하이젠베르크에게 한 말, WH, *Physics and Beyond*, 26의 "악의적인 미소"에 나온다.

80 "어떻게 해야 (…) 모르겠어.": "장 자크 루소의 정신에 따라 살기"에 관한 파울리의 농담을 하이젠베르크가 회상한 내용과 늦게 일어나는 파울리의 습성을 놀린 내용. 다음을 참고할 것. WH, *Physics and Beyond*, 28; 보른은 파울리의 잠자기 습성을 *B-E Letters*에서 묘사한다. 다음과 비교하라. WH, *Physics and Beyond*, 27.

80 "쟤는 텐트에서 자서": 하이젠베르크는 이런 생활을 다음 책에서 멋지게 묘사하고 있다. WH, *Physics and Beyond*, 27-28.

81 어렸을 때 그는: Cassidy, 14-17.

81 파울리의 어린 시절: Enz, 7-10, 15, 51, 53. 파울리의 어린 시절은 "언제나 구질구질한 것이었다."("아주 비엔나 식 표현") (Enz, 11.)

83 보른은 협동 작업에 헌신적이었고: Greenspan, 5-8, 155-58.

83 둘의 '절친한 친구': *B-E Letters*, 234의 마지막 표현.

83 "어둡고 우울했으며 (…) 기간이었노라"고: Born in Greenspan, 75.

83 "이론물리학은 자네가 (…) 없을 걸세.": AE-Born, 3/3/20 in *B-E Letters*, 25.

83 칼 모양의 자석을 이용해서: 슈테른, 게를라흐 그리고 이들의 실험에 대해서는 Pauli-Gerlach: Enz, 78-79; 프랑크푸르트의 게를라흐에 대해서는 Bernstein, *Hans Bethe*, 12; *B-E Letters*, 53; Greenspan 102-3; 업무 분담에 대해서는 Frisch, 24, 44. I. I. 라비는 나중에 이렇게 말했다. "나는 양자론—예전의 양자론—을 믿기가 어려웠다. 슈테른-게를라흐 실험에 대해 듣기 전까지는 말이다.

내 생각에 예전의 양자론은 어리석어 보였다. 나는 동일한 성질을 갖는 또 다른 원자 모형을 누군가가 만들 수 있다고 보았다. 하지만 슈테른-게를라흐 실험은 결코 외면할 수 없었다. 이것은 정말로 새로운 실험이었다. 공간 속에서 진행되는 그 실험은 합리적인 어떤 고전 메커니즘으로도 설명할 수 없다." Rabi to Bernstein, *The New Yorker*, 10/13/75, 75. 아인슈타인은 1922년에 이렇게 썼다. "현재 가장 흥미로운 것은 게를라흐와 슈테른의 실험이다. 충돌하지 않는 원자들의 방향은 복사파에 의해서는 결코 설명할 수 없다. (…) 이 실험대로라면 방향은 100년 이상 유지된다. 이에 대해 에렌페스트와 계산을 조금 해 보았다." (AE-Born, *B-E Letters*, 71.)

84~85 "아마도 양자론에 (…) 초래했다." : Bohr, *Atomic Physics*, 37.

85 "이해하기 어려운 (…) 매혹했다." : WH, *Physics and Beyond*, 35.

85 "절대 있을 수 (…) 것일세." : Somm. to WH and WH int. in Cassidy, 118-19, 122.

85 "양자론 전부는 (…) 되어 버리지." : Pauli to WH in WH, *Physics and Beyond*, 35.

86 하이젠베르크가 자전거를 타고 (…) : "자전거로 힘겹게 산 위로 오르면서 케젤베르크 능선에 도착하자, 우리는 산비탈을 따라 난 길로 힘들이지 않고 내려와 벨헨 호수의 가파른 서쪽 물가를 지났다. (…) 이 어두운 호수를 지나며 괴테는 눈으로 덮인 알프스를 처음 보았다" : Ibid., 29.

88 하지만 하이젠베르크는: 이 구절은 하이젠베르크의 십 대 시절을 카시디가 생생하게 묘사한 글 때문에 쓸 수 있었다. 특히 흥미로운 것은 청소년 운동의 창조적인 면과 파괴적인 면을 그가 분석하고 있는 부분이다. (Cassidy, Ch. 2-5.)

88 "끝 부분이 이렇게 (…) 순간이었습니다." : WH-mother, 12/15/30 in Cassidy, 289.

5 시가전차에서 1923년 여름

89 닐스 보어는 전 세계를: "좀머펠트는 현실적이지 않았고, 그것도 무척 현실적이지 않았다. 하지만 아인슈타인은 나보다도 더욱 현실적이지 않았는데, 그가 코펜하겐에 왔을 때 당연히 나는 기차역에 마중 나갔다. (…) 우리는 역에서 시가전차를 탄 후 매우 열심히 이야기를 나누는 바람에 목적지에서 꽤 멀리 지나쳤다. 그래서 기차에서 내려 새로 기차를 타고 왔던 길을 되돌아갔다. 그런데도,

몇 개의 역을 지나쳤는지 기억나지 않지만, 또 다시 목적지를 너무 멀리 지나쳤다. 아인슈타인이 언제나 너무 이야기에 열중하는 바람에 우리는 기차를 타고 계속 왔다 갔다 하기를 반복했다. 그의 관심이 어느 정도 회의적인지는 몰랐지만 어쨌든 우리는 전차를 타고 여러 번 앞으로 갔다 뒤로 갔다를 반복했으며 다른 사람들이 우리를 어떻게 여기는지는 신경 쓰지 않았다."(Bohr to Aage Bohr and Rosenfeld in 1961 in Pais, *Niels Bohr's*, 229.) (부두는 보어 연구소에서 고작 2마일도 안 되었다. 보어는 아인슈타인이 스웨덴에서 여객선을 타고 온 이 여행을 "당연히" 베를린에서 기차로 왔던 다른 여행과 혼동하고 있는 것 같다.)

89 갑자기 세계적으로 유명해진: *New York Times*, 11/18/19 in Pais, 'Subtle', 309.

90 "어제 입수한 (…) 보기 바라네.": Laue-AE, 9/18/22 in Pais, 'Subtle', 503.

90 1922년 6월 24일: Levenson, 270.

90 "몽상의 세계에 (…) 있었습니다.": Einstein to Rathenau, 1922 in Pais, 'Subtle', 12.

91 '신기한' 나침반: AE, "Autobiographical Notes" in Shilpp, ed., *AE: Philosopher Scientist*, 9.

91 '신성한 기하학 책': Ibid., 11.

91 아인슈타인은 (…) 플랑크의 집으로: Bolles, 57-62.

92 "아직도 젖과 꿀이 (…) 인상적이었네.": AE-Bohr, 5/2/20 in Pais, *Niels Bohr's*, 228.

92 "보어가 과학 사상가로서 (…) 어렵다.": 1922년경 아인슈타인이 쓴 다음 글, *The World as I see It*, 162.

92 "자네 같은 사람을 (…) 잊지 못할 거네.": Bohr-AE, 5/2/20 in Pais, *Niels Bohr's*, 228.

92~93 "저는 결코 (…) 않겠습니다.": Bohr, "The Theory of Spectra & Atomic Constitutions" in Dresden, 140.

93 "보어가 여기 있네. (…) 아이 같네.": AE-Eh., 5/4/20 in Pais, 'Subtle', 416f.

93 "저명한 물리학자들이 (…) 일이라네.": AE-Lorentz, 8/4/20 in Pais, *Niels Bohr's*, 228.

93 "옛날 경기병 (…) 않니?": Pauli to WH in WH, *Physics and Beyond*, 24.

93 좀머펠트는 모자를 쓰고 있지 않을 때면: O'Connor and Robertson, "Sommerfeld", MacTutor Web site, www-groups.dcs.st-and.ac.uk, Oct. 2003.

94 "그분은 학생들을 (…) 능력을 지녔다.": Born, "Arnold Johannes Wilhelm Sommerfeld", 런던왕립협회 회원들의 부고 8 (1952), 275-96.

94 "교수와 학생 (…) 힘든 것입니다.": AE-Somm., 9/29/09 in AE, *Collected Papers*, Vol. 5, 179.

94~95 "자네와 같은 시기에 (…) 말하고 싶네.": Bohr-AE, 11/11/22 in Pais, *Niels Bohr's*, 229.

95 "광양자 가설은 (…) 없습니다.": Bohr, Novel lecture, 1922 in ibid., 233.

95~96 "보어에게! (…) 알베르트 아인슈타인.": AE-Bohr, 1/11/23 in French and Kennedy, 96; 다음과 비교할 것. Pais, *Niels Bohr's*, 229.

94 상이 연기된 것은: Pais, 'Subtle', 508011.

96 블레그담스 15번가: 제2차 세계대전 무렵에 블레그담스 가의 주소가 변경되어, 현재 보어 연구소의 주소는 17번가에 있다.

96 보어의 새 연구소: Pais, *Niels Bohr's*, 170-71.

97 "보어는 다른 이들이 (…) 읽어 냅니다.": Hevesy-Rutherford, 5/26/22 in ibid., 385.

97 "우리는 어쩌다 보니 (…) 못 했는데 말일세.": "자네의 편지는 어쩌다 보니 우리가 빠지게 된, 새로운 원소에 관한 이 끔찍한 진흙탕 싸움에 빠진 우리 모두에게 얼마나 대단한 위안이 되었는지 모르네. 우린 단지 이론이 옳은지만 증명되길 바랐을 뿐 새로운 원소들을 찾는 화학자들끼리 경쟁이 생기리라곤 상상도 못했네. (…) 하지만 위르뱅은 72번 원소의 성질에 관한 중요한 과학적 논의에는 아무런 관심도 없이 전체 문제를 다른 쪽으로 돌리려 하네. 그는 오로지 자신의 우선권만 주장하네." Bohr-Rutherford; French and Kennedy, 64.

97 도빌리에: 알렉상드르 도빌리에는 1920년대 내내 모리스 드 브로이의 중요한 조수였다. 그가 내놓은 결과는 소르본느 대학의 조르주 위르뱅의 우선권을 지지했다. 위르뱅은 72번 원소가 71번과 마찬가지로 희토류에 속하며—보어의 예측처럼 그리고 코스터와 헤비시가 발견한 대로—티타늄(22)과 지르코늄(40)과 유사하지 않다고 주장했다. 루이 드 브로이와 도빌리에는 1921년에서 1925

년까지 이 주제 및 관련 주제에 관해 쓴 일련의 논문에서 자신들은 보어와 그의 연구소에서 알아낸 결과와는 모순되는 결과들을 거듭 발견했다고 주장했다. 라만과 포르만은 "음 (…) 드 브로이–도빌리에 주장은 보어 연구소에 대해 지나치게 열렬히 그리고 과학에 어울리지 않게 제기되었다고 언급한다. 또한 당시의 모든 일들은 적어도 독일인들이 보기에는 민족주의적으로 보였다고 언급한다. (당시 시대에 주목할 것.)

98 '셀티움', '오세아늄', '하프니움', '다니움', '자고니움': Pais, *Niels Bohr's*, 210.

98 아인슈타인이 폭소를 터뜨리자: "[아인슈타인]의 부드러운 말투와 낭랑한 웃음과는 매우 대조되는". Cohen; French, *Einstein*, 40.

98~99 "과학적인 면에서 보자면 (…) 바뀌기 때문이네.": Bohr-Richardson, 1918; Pais, *Niels Bohr's*, 192.

99 "나도 그 벽에 (…) 다룰 뿐이네.": 천문학자 노르트만이 인용, 1922; Clark, 353.

99 "이런 희한한 모형": 좀머펠트를 놀라게 만든 반정수를 사용하여 하이젠베르크는 즉석에서 만든 모형으로 결과들을 내놓았다.(Cassidy, 120-21.)

99 "하이젠베르크의 논문은 (…) 증명하긴 어렵네.": 하이젠베르크의 1921년 모형에 관한 보어의 견해. "Bohr Festspiele", Gottingen, June 1922 in ibid., 128-30.

99 "모든 게 그럴 (…) 마련해야 하네.": Somm.-AE, 6/11/22 in Cassidy, 123-24; Dresden, 37.

99 "문제는 실험에서 (…) 되진 않지.": Bohr, 1921 draft in Paris, *Niels Bohr's*, 193.

99 "나는 광양자 가설이 (…) 혼자뿐이긴 하지만.": AE-Besso, 7/29/18 in Dresden, 31.

100 "과학과 관련하여 미국에서 (…) 쓸모없어질 거라네.": Somm.-Bohr, 1/21/23. 콤프턴이 옳은지 확신하지 않으면서 어디를 가나 콤프턴 효과에 관해 강연을 했다고 말한다. Ibid., 160.

100 "자네도 내가 뭘 (…) 있으니 말이네.": Bohr-Rutherford on Compton, 1/27/24; Ibid., 31.

100 "광양자론은 빛이 (…) 분명해 보이네.": 1924 Bohr-Kramers-Slater paper;

Ibid., 140.

100 "그 이론은 주파수에 (…) 원천적으로 차단하네.": Bohr, *Zeitschrift für Physik* 13, 117 (1923); Dresden, 140.

100 "간섭 실험에 의해 (…) 보아야만 하네.": 1924 BKS paper; Dresden, 140.

100~101 "바로 그런 까닭에 (…) 가졌으면 한다네.": Somm.-Bohr, 1/21/23; Ibid., 160.

101 "아인슈타인이 광양자의 (…) 도달할 수 있네.": 보어가 한 말을 하이젠베르크가 회상. Ibid., 31.

101 "우리가 내릴 역을 지나쳤네.": 이 장의 첫 주를 참고할 것.

102 "아인슈타인 박사, 빛이 (…) 정말로 믿는가?": Bohr interview, 7/12/61 in Pais, *Niels Bohr's*, 232.

102 "그렇다면 마찬가지로 (…) 신고할 수 있는가?": Bohr interview, 7/12/61 in Pais. 파이스는 보어가 1920년에는 이 두 번째 질문을 했을 리는 없다는 점을 언급한다. Ibid.

102 "이 말은 꼭 해야겠네. (…)": 다음을 참고할 것. Gamow, *Thirty Years*, 215.

102 "현재 우리는 (…) 것을 말이네.": Bohr, 2/13/20 Copenhagen lecture; Dresden, 141.

102 "지금 빛을 설명하는 (…) 찾지 못했네.": AE in the *Berliner Tageblatt*, 4/20/24 in Pais, '*Subtle*', 414.

102~103 "우리는 원리를 알 (…) 소용이 없다네.": "하지만 추론의 출발점 역할을 할 수 있는 원리가 발견되지 않는 한 개별 사실은 이론가에게 아무런 소용이 없습니다. 정말로 이론가는 다소간 넓게 적용되는 고립된 경험적 일반화로서는 아무것도 할 수 없습니다. 아니, 이론가는 논리적 추론의 바탕이 되는 원리가 나타나기까지 경험적 탐구의 개별적 결과들을 어쩔 수 없이 계속 추구해야 합니다." 아인슈타인이 프러시아 과학아카데미에서 행한 취임 연설(1914), AE, *The World As I See It*, 128.

103 "보어와 한 번이라도 (…) 분명 똑같았다.": Franck interview, 7/10/62 in Pais, *Niels Bohr's*, 4.

103 "과학의 발전 단계 (…) 없다고 보네.": Bohr-Somm., 5/30/22 in Dresden, 43.

103 "(…) 도무지 이해가 안 되네.": 이 뒤에는 "유명한 논문들" 그리고 "너무나 터무니없는" 등을 비롯해 보어가 회상한 내용을 풀어서 쓴 내용이 나온다. 보어는 이렇게 계속한다. "그것은 가장 위대한 천재성의 발현 가운데 하나로서, 내가 이 논의들에 관해 (…) 조금 공손하게 알리는 거의 유일한 것이었다. 하지만 아인슈타인의 유머 감각 때문에 그에게는 무엇이든 가능하다고 사람들은 쉽게 말할 수 있었다."(1961 interview in Pais, *Niels Bohr's*, 231-32.)

104 "난 내가 택한 (…) 갖고 있네.": AE, 1917 ; Pais, 'Subtle', 411.

104 "이와 관련하여 (…) 싶은 마음일세.": Bohr-Darwin, 1919, 빛과 물질의 상호작용에 관하여, Bolles, 47.

104 "도대체 어떤 계산": 이것은 1913년 이후 물리학자들이 보어에게 줄곧 묻는 질문이다. 분명한 계산 없이 얻어진 끔찍한 결과들에 대해 아인슈타인은 보어의 연구를 이끈 '확고한 본능적 통찰력'에 경탄을 보냈다고 말한 바 있다. 다음을 참고할 것. Pais (*Niels Bohr's*, 205). 좀머펠트, 러더퍼드, 프랑크가 보어에게 주기율표에 관한 그의 연구 뒤에 놓인 수학에 대해 묻는 내용.

104 "수학적인 화학": "보어는 (…) 좀머펠트, 막스 보른, 그리고 다른 독일 이론물리학자들이 이상적이라고 여기는 '수학적 화학'에 확신이 거의 없었다. 대신 그는 일종의 직관적 이해에 의존했다." Kraigh, "The Theory of the Periodic System"; French and Kennedy, 59.

104 "모든 것이 언제나 계산으로 환원되지는 않네.": 호이트. "[보어는] 등장하는 모든 세세한 점에 있어서 좀머펠트가 옳지 않다고 여겼다." 프랑크. "보른은 [보어]가 보기에 너무나 수학적이었다." 하이젠베르크. "보어는 수학적인 성향의 사람이 아니었다. (…)" Pais, *Niels Bohr's*, 178-9.

105 '유추 원리' (…) '대응 원리' : Ibid., 193.

105 "마법의 지팡이": Somm., *Atombau & Spektrallinien*, 1922 in ibid.

105 "확고한 본능적 (…) 존경스럽네.": AE-Born about Bohr, 1922 in *B-E Letters*, 71.

105 "다른 이들이 지나쳐 (…) 말해야겠네.": AE, Pais, 'Subtle', 420.

106 "우린 전차를 타고 (…) 있었습니다.": Bohr interview, 1961 in Pais, *Niels Bohr's*, 229.

106 "당신의 연구가 (…) 알리고 있습니다.": Somm.-Compton in Moore, 160.

106 "실험 결과와 일치하는 (…) 더 중시하는": WH-Pauli, 1/15/23 in Dresden, 42.

6 빛 파동과 물질 파동 1923년 11월~1924년 12월

108~109 "이제 여러분도 (…) 것이 아닙니다.": Slater-mother, 11/8/23 in Dresden, 161.

109 "대단한 관심": Slater-parents, 1/2/24 in ibid., 164.

110 "한 책상당 (…) 계산을 한다.": *Berlingske Tidende*, 1/23/24 in Pais, *Niels Bohr's*, 260.

110 "보어 교수님은 제가 (…) 말해 주었습니다.": Slater-parents, 1/2/24 in Dresden, 164.

110 "광양자론은 병만 (…) 마찬가지입니다.": Kramers, 1923 in ibid., 143.

110 "물론 그 둘이 (…) 있으려니": Slater-parents, 1/2/24 in ibid., 164.

110 "자네가 생각하는 (…) 동의한다네.": 유명한 보어의 말.

110 "가상의 장(場)": Dresden, 162.

111 "물리학의 가상화": WH-Bohr, 파울리의 표현을 전한다, 1/8/25 in Cassidy, 190.

111 이 논문은 보어의 일생 중 가장 짧은 기간에 완성되었다.: Pais, *Niels Bohr's*, 235 and Dresden, 164.

111 "저는 아직 그걸 보지 못했습니다.": Slater-parents, 1/13/24 in Pais, *Niels Bohr's*, 235.

111 "에너지 보존의 (…) 만한 성과": Slater, *Nature* 116, 278 (1925); Dresden, 165.

111 "과학자로서 이런 (…) 수가 없군요.": Pauli-Bohr, fall 1924 in Enz, 158.

112 여행을 떠났다.: Cassidy, 172-3.

112 하지만 더 좋았던 것은 그해 봄에 보어가: WH, *Physics and Beyond*, 46-57.

112 "이제 모든 것이 (…) 찾아낼 걸세.": Bohr to Hoyt in Pais, *Niels Bohr's*, 264.

112~113 "복사파에 대한 보어의 (⋯) 함께하리니.": AE-Born, 4/29/24 in *B-E Letters*, 82.

113 유럽 전역의 신문들: 드레스덴은 덴마크, 독일 및 네덜란드 신문을 언급한다. Dresden, 207.

113 아인슈타인과 보어의 다툼: 파이스에 따르면 '다툼'이라는 단어는 아인슈타인이 썼다고 한다. Pais, '*Subtle*', 420.

113 "코펜하겐에 들렀을 때 (⋯) 대립하고 있더군.": Haber-AE, 1924 in Pais, *Niels Bohr's*, 237.

113 1924년 4월 (⋯) 시작되었고: Ibid., 259-60, 262.

113 친구들 사이에선 (⋯) 불리는: Dresden, 115ff, 282, 483, 526ff.

113 "세계 최고의 맥주": Gamow, *Thirty Years*, 49 and drawing, "Carlsberg Beer and Its Consequences", 50. 가모프 자신은 1928년에 무일푼으로 그 연구소에 와서 칼스버그 연구 회원으로 그곳에서 지냈다. Pais, *Niels Bohr's*, 19, 117, 256ff; Gamow, *My World Line*, 64.

114 "전통이 제 남편부터 시작되었대요.": 보어의 학생들의 덴마크 아내에 관해서는 Pails, *Niels Bohr's*, 168; Weisskopf, 8.

114~115 "제 남편 이야기를 (⋯) 라고 제가 말했죠.": 크라메르스 부인의 이야기는 그녀의 아이들이 기억한 내용이다. (["굉장히 들떠", "논쟁을 시작했는데 하루도 거르는 법이 없었어요.", "녹초가 되어 집에 돌아와서는 낙심한 마음에"]; Dresden, 289-98, 479; Pais, *Niels Bohr's*, 238), 드레스덴과 파이스의 풀어 쓴 표현.

116 "저는 크라메르스를 매우 (⋯) 정말 끔찍했습니다.": Slater interview, 10/3/63 in Pais, *Niels Bohr's*, 239. 슬레이터는 1951년 코펜하겐 회의에 참석했다. "한 가지 사건이 없었더라면, 나는 보어가 나이 들어 완전히 유순해졌을 거라고 여겼을 테고 아울러 25년 전에 보어 그리고 코펜하겐연구소에 관한 내 감정을 잊었을 테다. (⋯) [브릴루앙이 열역학과 정보이론에 관한 강연을 마쳤을] 때, 보어는 일어나서 정말로 비인간적으로 사납게 그를 공격했다. 성숙한 사람이 공개적으로 다른 사람을 그토록 감정적으로 그리고 이유도 없이 비난한다는 건 들어 본 적이 없다. 내가 판단할 수 있는 한 보어는 브릴루앙을 정말 심하게 대했다. 그 모습을 본 후, 1924년부터 시작된 보어에 대한 나의 불신이 정당한 것임을 다시 확인했다."(Dresden, 169.) 다음과 비교할 것. Gleick, 53-54; Beller, 259. 보어-크라메르스-슬레이터 이야기에 관해 이

상한 점은 슬레이터가 어떻게 크라메르스가 진정으로 사랑한 여인과 결혼했는가 하는 것이다.: Dresden, 527-28.

117 모리스는 아인슈타인의 (…) 받았다.: Bolles, 188.

117 "아마도 내 아이디어의 (…) 놀랐고": dB in Pais, 'Subtle', 436-38.

117 "읽어 보게. 정신 (…) 이론이네.": AE-Born in Klein's intro for Przibram, xiv.

118 "그는 거대한 (…) 걷어 냈습니다.": AE-Langevin, 다음 자료에 날짜는 나오지 않음. Moore, 187.

118 "현재의 양자론을 (…) 일치하지 않는다.": Kramers, 1923 in Raman and Forman, 294.

118 드 브로이는 (…) 보냈는데: Ibid., 295-96.

118 유명한 학자들이 (…) 한목소리를 냈다.: Blackett AHQP interview, 1962.

118 사티엔드라 나스 보스는 (…): O'Connor and Robertson, "Bose", *MacTutor History of Mathematics* Web site, www-groups.des.st-and.ac.uk, Oct. 2003. 2007년 5월 19일 접속.

118~119 "이 논문이 발간될 (…) 고맙겠습니다.": Bose-AE, 6/1924 in Bolles, 205.

119 "우리는 모두 당신의 제자입니다.": Ibid.

119 "제 논문에 대해 (…) 궁금합니다.": Bose-AE, 6/1924 in Pais, 'Subtle', 425.

120 "입자들의 상호 (…) 남을 것이다.": 아인슈타인, 1925년 프러시아 과학아카데미의 회의 보고(보스에 관한 두 번째 논문), 코넬과 위먼, 노벨상 강연, 2001. 아인슈타인은 이것을 입자의 분리 불가능성에 대해 열렬하게 불평을 터뜨리는 에렌페스트와 슈뢰딩거의 편지에 대한 답장으로 썼다. "이것은 완전히 옳네." Pais, 'Subtle', 430. 슈뢰딩거는 아인슈타인이 실수를 했다고 여겼고 이에 대해 아인슈타인이 다음과 같이 답변했다(2/28/25). "양자나 분자들은 서로 독립적으로 다루어지지 않네. (…) 내 계산에는 분명 아무 잘못도 없네." (Moore, 183; Howard, "Nicht", 67.)

120 "이러한 상호 영향은 (…) 말입니다.": Cornell and Wieman, Novel lecture, 2001.

120 "특정한 온도에서부터 (…) 진실이겠는가?": AE-Eh., 11/29/24; Pais, 'Subtle', 432.

121 "현대물리학은 여기서 (…) 수 없다.": Somm., *Atombau*; Dresden, 206. 논리쿠에트에 대해서는, *The Century Dictionary* (New York: The Century Co., 1913).

121 "교수님이 솔직히 (…) 표현입니다.": Pauli-Somm., 12/6/24 in Dresden, 206.

121 "온갖 모형들을 살펴보니 (…) 사실입니다.": Pauli-Somm., 12/6/24 in Cassidy, 194. 그는 나흘 전에 배타 원리에 관한 논문을 제출했다.

7 영화관에 간 파울리와 하이젠베르크 1925년 1월 8일

122 1925년 1월 8일: Cassidy, 190, 582 (주 40). 둘이 찰리 채플린 팬인 것에 대해서는 다음을 참고할 것. Cassidy, 196.

123 슈빈들리히(Schwindlig), 운진(Unsinn): 독일에서의 비평, 1921-22: "채플린의 믿기지 않는 난센스", "바보 같은 미국 광대놀음", "완전한 난센스", "아무것도 아님"— "비평가들은 투덜거렸지만 관객들은 웃음을 터뜨렸는데 그런 현상은 독일 영화에서는 전례가 없던 일이다." Saunders, 174-75 (철저하고 매력적인 책).

123 스키 사고: Cassidy, 193.

124 "보어 교황", "크라메르스 추기경": 보어를 처음으로 교황으로 언급한 곳, WH-Pauli, 6/8/24. 크라메르스를 처음으로 추기경으로 언급한 곳, Pauli-WH, 2/28/25 (하이젠베르크가 크라메르스를 보어의 곁에서 쫓아낸 1925년 7월이 마지막으로 언급된 때). Dresden, 268, 272. 다음과 비교할 것, 137n.

124 "보어를 만나기 전에는 (…) 것 같아.": 보어와의 만남에 대해 하이젠베르크는 이렇게 말했다. "과학자로서의 진정한 출발은 그날 오후부터였다." WH, *Physics and Beyond*, 38. "과학자로서의 내 삶의 새로운 단계는 보어를 만났을 때 시작되었다." Pauli, "역사에 관한 언급은 (…)", *Science* 103, 213 (1946); Enz, 88. 다음과 비교할 것. Dresden, 253.

124 "보어는 어느 누구보다도 (…) 걱정하고 있어.": WH to Kuhn in Dresden, 262.

125 "조금 특이한 (…) 않을 때에도.": 하이젠베르크는 이렇게 말했다. "크라메르

스는 보어가 그러듯 이 어려운 문제를 진지하게 여기지 않았다." WH, Mehra & Rechenberg interview ; Ibid., 266.

125 "교황님이 축하를" : WH-Pauli, 6/8/24, re : WH's "Zeeman Salad" (반양자적이고 반고전적인 그의 지만 효과 해석)에 "교황님이 축하를"이란 표현이 나온다. Ibid., 268.

125 '[코믹한] 고찰' : Pauli-Lande, 11/10/24 in Enz, 106.

125 하지만 파울리가 그렇게 부르지는 않았다.: "어떤 이는 '회전하는 전자'라고 말한다. 하지만 우리는 회전하는 물체라는 개념은 중요하지 않다고 보며 그런 표현을 마땅히 않다고 본다. 왜냐하면 그 경우 빛의 속도보다 더 빠른 경우를 고려해야 하기 때문이다. '자석 전자(Magnetelektron)'라는 표현을 쓰면 전자의 전자기장을 직접 강조하게 된다." Pauli, 1928, Ibid. in 114.

126 '파울리의 배타 원리' : Dirac, "On the theory of Q.M.", *Proc. Roy. Soc. A* 112, 661 (1926) ; Enz, 128 and Pais, *Inward Bound*, 273.

125 파울리의 금지 원리: WH, *Z.f.P.* 38 (5/1926) in Enz, 129. 'Your *Verbot*' : Eh.-Pauli, 1/24/27 ("Dear dreadful Pauli") in Enz, 120.

125 "수정은 왜 그렇게 두꺼울까? 원자들이 두껍기 때문이다. 원자들은 왜 두꺼울까? 모든 원자들이 전부 안쪽 궤도에 속하지는 않기 때문이다. 전자들은 왜 그럴까? 전자들끼리 서로 반발력이 생겨서? 아니다! 반발력이 있는데도 전자들은 강하게 대전한 핵 주변에 아주 빽빽하게 모여 있을 수 있으니 말이다." '전자들이 그러는 건 (…) 놀랍고도 불가해한' : Eh.-Pauli, 3/25/31 (일부 잃음) in Enz, 257-58. 다음을 참고할 것. Casimir, 85-86, "아름답고 새롭고 검고 격식 있는 정장"에 관한 놀라운 이야기가 나오는 부분.

126 "제가 알아낸 것은 (…) 한 켤레입니다." : Pauli-Bohr, 12/12/24 in Enz, 124.

126 "이 두 가지를 최종적으로 (…) 찾아낼 겁니다!" : Pauli-Bohr, 12/12/24 in Cassidy, 192.

127 오늘 너의 새 논문을 (…) 크리스마스!! : WH-Pauli, 12/15/24 in Enz, 124.

128 "완전한 반진 (…) 열광하고 있네." : Bohr-Pauli, 12/22/24 in Cassidy, 192, and Enz, 124. 카시디는 보어의 반응을 무턱대고 "열광적"이라고 여기지만 나는 Enz의 다음 견해가 옳다고 본다. "대체로 보어가 [그와 같은] 내용을 쓸 때, 그것은 조금은 회의적이라는 뜻이다."(124.)

128 "만약 양자론에 대해 어지럽게 (…)" : Bohr in Frisch, 95, Bernstein, *Quantum Profiles*, 20.

128 "그는 '철학이 없고' (…) 이루어 낼 것으로 믿습니다." : Pauli-Bohr, 2/11/24: Dresden, 260.

129 '양자역학' : Born, *Z.f.P.* 26, 379 (1924) in Pais, *Niels Bohr's*, 162: "보른은 양자물리학이 새로운 종류의 수학적 기반을 요구한다는 점을 (아마도 가장) 처음 인식한 사람이었다." "우리[보른과 하이젠베르크]는 보어가 양자 규칙을 고전역학과 기발하고도 기본적으로 불가해하게 결합한 것이 옳다는 점을 의심할 이유가 있었다. 그 결과 마침내 우리는 고전역학에 의지하여 새로운 양자역학을 수립했다." *B-E Letters*, 78-79.

129 "너랑 크라메르스가 쓰고 (…) 하지만 말이야." : Pauli-WH, 2/28/25 in Dresden, 269.

129 "우리, 그러니까 나랑 (…) 느낌이야." : 하이젠베르크는 이렇게 말했다. "이제 새로운 양자역학의 정신 속으로 한 단계 더 들어간 느낌이었다. 모두들 그 뒤에 새로운 종류의 역학이 있어야 함을 알았지만 그것에 대해 분명히 아는 사람은 없었다. (…) 이 시점에서 알지도 못한 채 행렬역학이 생겨났다." WH, Kuhn interview in Pais, *Niels Bohr's*, 274.

129 "파울리 효과" : 특히 다음을 참고할 것. Enz, 149-50 (저자는 파울리의 친한 친구인 피에르츠의 다음 말을 인용한다. "파울리 자신도 이 효과를 철저히 믿었다." 그리고 슈테른의 말도 인용한다. "파울리 효과, 그 중에서도 확인된 파울리 효과의 횟수는 엄청나게 컸다. [하지만 내 실험실에서는 일어나지 않았는데], 왜냐하면 그를 들어오지 못하게 했기 때문이다.")

129 "알다시피 이론물리학자는 (…) 뛰어난 이론가일 수밖에." : 가모프는 이렇게 말했다. "잘 알려져 있듯이 이론물리학자는 실험 장치를 다룰 수 없다. 만지기만 하면 고장이 난다. 파울리도 뛰어난 이론물리학자여서 그가 문지방을 넘어서기만 해도 언제나 실험실 안에 있는 것이 고장이 났다." Gamow, *Thirty Years*, 64.

130 '고분고분하게 만들기 위해서' : 슈테른의 친구인 한 실험물리학자는 "매일 자기 실험 장치에 꽃을 가져왔다. 그것을 고분고분하게 만들기 위해서였다. (…) 나는 더 고차원적인 방법이 있다. 프랑크푸르트에서 나는 실험 장치 옆에다가 나무망치를 가져다 놓았다. 그걸로 늘 실험 장치에 위협을 가했다. 어느 날 나무망치가 사라졌는데, 그러고 나니까 장치가 고장 났다. 사흘 후 다시 나무망

치를 찾기까지 말이다. (…)" Stern to Jost in Enz, 149.

130 "우린 포도주를 마셔.": Enz, 147-48.

131 "함부르크에 갔을 때 (…) 샴페인으로 바꿨지.": 파울리가 해리 레만에게 한 말인데, 레만이 다시 Enz에게 전해 준 말. 슈테른은 (요스트 인터뷰에서) 천문학자인 발테 바데에게 책임을 씌운다. 이 사람은 나중에 파울리와 친한 친구 사이가 되어 그와 함께 1927년에 혜성에 관한 논문을 발표했다. "바데, 그는 파울리가 와인이나 다른 술을 마시도록 꼬드긴 주범이다. 하지만 함부르크에 갔을 때 파울리는 엄격한 금욕주의자가 되어 어떤 술이든 술은 마시지 않았다. 더군다나 [술을 마시는] 사람들을 맹렬히 비난했다."(Enz, 147.)

131 "포도주가 나한테 잘 (…) 여자들 앞에서.": Pauli-Wentzel, 12/5/26 in Enz, 147. 아마도 파울리는 우리가 그를 보았을 때까지(1/8/25)는 자신의 이런 점을 알지 못했을 것이다. 하지만 크리스마스 무렵에는 확실히 그걸 알았다. "기쁘게도 저는 와인을 마시고도 박사님보다도 더 빨리 일어났습니다. 아울러 제가 [스핀]이란 용어를 쓰게끔 박사님이 저를 개종시키지 못한 점도 기쁩니다." Pauli-Bohr in Enz, 159.

131 "현재 물리학은 (…) 바라고 있어.": Pauli-Kronig, 6/21/25 in Enz, 111; Pais, *Niels Bohr's*, 275.

8 헬고란트의 하이젠베르크 1925년 6월

132 북방과 서방: 괴테의 페르시아 연작시인 『서동시집』의 첫 구절. 헬고란트에서 하이젠베르크의 유일한 동반자.

132 헬고란트: 하이젠베르크의 이야기 출처. WH, *Physics and Beyond*, 60-62; Pais, *Niels Bohr's*, 275-79.

133 "분명 지난밤에 (…) 보네요.": WH, 1963 interview in Pais, *Niels Bohr's*, 275; 다음도 참고할 것. WH, *Physics and Beyond*, 60.

133 간신히 열고서 바라보았다.: Ibid.

133 『서동시집』의 시들을 암송하며: WH, 1963 interview in Pais, *Niels Bohr's*, 275.

133 "제가 늘 생각하는 (…) 것 같습니다.": Bohr to WH in Sjaelland; 하이젠베르크가 헬고란트에서 떠올린 내용. WH, *Physics and Beyond*, 52, 60.

134 "이러한 수학적 방법은 (…) 매료되었다.": WH in 1967 in Dresden, 247.

134 "수학과 관련된 잡다한 (…) 충분했다.": WH, *Physics and Beyond*, 61.

134 "정말 (…) 등장할 거야.": WH-Kronig, 6/5/25 in Cassidy, 201.

135 "과학 연구는 아주 단단한 (…) 하니 말이다.": 하이젠베르크는 프레인의 희곡 「코펜하겐」에 관한 플레이빌의 내용에서 이 구절을 인용했다. 나는 이 구절을 확인할 수는 없었다.

135 "나 스스로도 깜짝 (…) 잘 수가 없었다.": WH, *Physics and Beyond*, 61.

135 "오랫동안 나는 (…) 오르고 싶었다.": Ibid.

135 파울리, 곧 '대체로 나의 가장 혹독한 비판자': Ibid., 62.

136 "내가 한 연구는 (…) 즐겁지 않다.": WH-Pauli, 6/24/25 in Enz, 131.

136 "양자론에서는 원자를 (…) 불가능했다.": WH 1925 in Beller, 24.

136 "그는 말도 안 되는 (…) 시작했다.": Born, 1960 int. in Pais, *Niels Bohr's*, 278.

136 "나는 도무지 관찰할 (…) 노력을 기울였다.": WH-Pauli, 7/9/25 in Beller, 54, Cassidy, 197.

136~137 "아마 1925년 7월 (…) 이상한 식이 나타났다.": Born, *My Life*, 217.

137 "자연과학 역사상 (…) 최초의 사례": Wick, 23. 실제로는 1922년에 그의 위대한 파동역학 논문에서 예시한 대로 슈뢰딩거가 처음이었다고 C. N. 양은 다음과 같이 언급한다. "1922년 슈뢰딩거가 허수 단위 i를 거의 무심코 도입했다가 (…) 그것이 심오한 개념으로 흘러 들어와 물리적 세계에 대한 이해의 아주 밑바탕에 놓이게 되었다."(Moore, 147.)

137 "복사량 목록": WH, "Quantenmechanik", *Naturwissenschaftein* 14, 990 (1926), Beller, 27에 번역 및 인용. WH-Pauli: "나는 그 행렬이 고작 행렬 물리학이라고 불린다는 소리를 들으면 언제나 화가 났다. (…) '행렬'은 존재하는 표현 중 분명 가장 어리석은 수학적 표현의 하나다."(Wick, 37.) 하이젠베르크는 자신의 양자역학을 정교하게 설명한 보른과 요르단의 논문이 코펜하겐연구소에 도착했을 때 보어에게 이렇게 말했다. "여기 보른에게서 논문이 왔습니다. 이것은 내가 전혀 이해할 수가 없습니다. 죄다 행렬이 들어 있는데 난 그게 무언지 모르기 때문입니다."(Rosenfeld, 1949 in Greenspan, 127.)

138 "가장 어려운 점이 (…) 않다는 점이야.": WH-Pauli, 10/23/25. 또 다음 내용을 참고할 것. *Dreimannerarbeit*: "그 이론의 추가적인 발전에 있어서 중요한 과제는 (…) 상징적인 양자 기하학이 시각화될 수 있는 고전 기하학으로 바뀌어야 한다는 것이다." Born, WH, Jordan, 1926 in Beller, 21n.

138 "나보다도 훨씬 (…) 수 있는": Born-AE, 7/15/25 in *B-E Letters*, 84.

138 "여러 달 내내 숨 가쁘게 진행되었다.": WH, *Physics and Beyond*, 62.

138 "지금 내가 하고 (…) 복잡해지고만 있다네.": Born-AE, 7/15/25 in *B-E Letters*, 83-84.

139 "아직도 기억이 생생한데 (…) 감탄스러웠다.": Born, *My Life*; Pais, *Niels Bohr's*, 279.

139 크나벤피지크(Knabenphysik): Wick, 24. 또 다음을 참고할 것. Pais, *Inward Bound*, 251.

140 "가장 순수한 영혼": Bohr; Ibid., 251.

140 "코펜하겐 쿠데타": Bohr-Franck and Franck-Bohr, 4/21/25 and 4/24/25; Dresden, 210-11; Pauli-Kramers, 7/27/25; Enz, 133; Dresden, 269-70.

140~141 "나는 그게 굉장한 (…) 간절한 소원을 담아.": Pauli-Kramers, 7/27/25 in Pais, *Niels Bohr's*, 238 and Enz, 133 and Dresden, 269-70.

141 "(…) 낙관적이시군요.": Kramers to WH, ca. 6/21/25 in Dresden, 276.

141 "다른 이들": Kramers-Urey, 7/16/25 in ibid., 277.

142 우울함의 늪 속으로 빠져들던: 다음을 참고할 것. Dresden, 276-85. 크라메르스가 코펜하겐을 떠나고 파울리의 우정이 끝나고 아울러 서로 이해하긴 하지만 팽팽했던 크라메르스와 하이젠베르크의 관계에 관한 슬픈 이야기.

142 "(…) 불만족스러운 단계": Bohr-WH, 6/10/25; Pais, *Niels Bohr's*, 279-80. 파이스는 보어가 8월 말 오슬로에서 강연을 했는데 그 강연에는 "새로운 양자역학에 대한 언급은 전혀 없었음을" 알려 준다.

142 "크라메르스가 박사님께 (…) 저질렀습니다.": WH-Bohr, 8/31/25 in Pais, *Niels Bohr's*, 280.

142 "하이젠베르크가 거대한 (…) (나는 아니네).": AE-Eh. in Woolf, ed., 267.

142 "괴팅겐의 지나친 박식함": Enz, 134 and Greenspan, 125.

142 "네가 늘 코펜하겐과 (…) 없으니까!": WH-Pauli, 10/12/25 in Dresden, 58.

142~143 "최근에 있었던 가장 (…) 수가 없다네.": AE-Besso, 12/25/25 in Pais, *Niels Bohr's*, 317; "마법과도 같은 계산": Klein 번역; French, *Einstein*, 149.

143 하이젠베르크는 환호성을 터뜨렸다.: "나는 수소에 관한 너의 새 이론에 환호성을 터뜨렸어. 그리고 네가 이런 이론을 내놓아서 얼마나 존경스러운지 몰라. (…) 진심으로 축하해!": WH-Pauli, 11/3/25 in Enz, 135.

143 이젠 더 이상 비참하지 않노라.: Bohr-Rutherford, 4/18/25, 보어-크라메르스-슬레이터 논문이 죽음을 맞이한 다음 날 (Dresden, 210); Mehra, 467. "[하이젠베르크] 때문에 (…) 아직 애매하긴 하지만 오랫동안 우리의 간절한 바람이었던 미래의 전망이 단번에 실현되었다." Bohr-Rutherford, 1/17/26 in Eve, 314; Pais, *Niels Bohr's*, 280.

9 아로사의 슈뢰딩거 1925년 크리스마스~1926년 새해 첫날

144 "실제로 완전히 (…) 수가 없었다.": ES-Pauli, 11/8/22 in Moore, 145. 저자는 요리사도 언급한다.

144~145 아인슈타인도 (…) 데려온 적이 있었다.: Pais, *Einstein*, 22.

145 「단일 전자의 (…) 성질에 관하여」: ES, *Z.f.P.* 12 (1922) in Moore, 146.

145 3년이 지난 (…) 강연을 했다.: Moore, 191-92. 하이젠베르크는 디바이가 일해야 할 시간에 입에 담배를 물고 장미에 물을 주는 것을 싫어했다. Cassidy, 271.

145~146 "그런 식의 강연은 (…) 배웠기 때문이다.": Bloch, 1976; Moore, 192.

146 "나는 움직이는 입자의 (…) 지나지 않는다.": ES, "On Einstein's gas theory", *Physikalische Zeitschrift*, 12/15/25 in Moore, 188. 다음의 것도 참고할 것. ES, "Are There Quantum Jumps?", *What is Life?*, 159.

146 다시 아로사에 돌아와 있었다.: Moore, 194-96.

146 바일의 아내도 (…) 셰러의 정부였다.: Ibid., 175-76.

146 자란 집은 분홍색: Ibid., 10, 12-19.

147 진주 구슬을 귓속에 끼우고: 이타 융거는 그가 이렇게 했다고 기억했다. Ibid., 200.

147~148 "현재 저는 새로운 (…) 자연스러운 방식으로.": ES-Wien, 12/27/25 in ibid., 196.

148 바일의 도움으로: Ibid., 196, 200.

148 "제 동료인 디바이가 (…) 찾아냈습니다!": Bloch, *Physics Today*, 1976; Ibid., 192.

148~149 "존경해 마지않는 교수님께 (…) 부쳐 왔다는 사실을 말입니다.": London-ES, 12/7/26 in ibid., 147-48.

149 "우선 이 말부터 (…) 아닐 걸세.": Enz, 140.

10 당신이 관찰할 수 있는 것 1926년 4월 28일 그리고 여름

150 아인슈타인은 (…) 섰다.: 아인슈타인과의 이 대화는 다음에 나와 있다. WH, *Encounters*, 112-22; 하이젠베르크는 다음 책에서 이것을 조금 다르게 썼다. WH, *Physics and Beyond*, 62-69.

150~151 "하지만 안개상자를 들여다 (…) 리는 없다네.": "그는 나의 수학적 기술에서는 '전자 경로'의 개념이 (…) 공간의 크기에 의존하며 등장하지 않았음을 내게 지적했다." WH, *Encounters*, 113; 또 다음을 참고할 것. WH, *Physics and Beyond*, 66.

151 반 시간 전 (…) 한 것이었다.: "아인슈타인은 (…) 청중 속에 있었고 (…) 나는 아인슈타인이 새로운 가능성에 관심을 갖기를 바랐다.": WH, *Encounters*, 112-3.

151 "이야기를 조금 (…) 가지 않겠나?": "그는 논의를 나눌 수 있도록 (…) 나를 집으로 초대해서(…)": Ibid., 113. "하이젠베르크는 자신이 보어와 함께 연구하기 위해 라이프치히 대학의 교수직 제안을 거절해야 하는지에 관해 아인슈타인에게 조언을 구했다. 아인슈타인은 그에게 보어와 함께 일하라고 권했다." Cassidy, 237.

151 "원자 속 전자의 (…) 것이 합리적입니다.": WH, *Encounters*, 113.

151 "어느 이론이든 관찰할 (…) 따를 수는 없네.": Ibid. 하이젠베르크는 아인슈타인의 이 말에 대한 자신의 "놀람"을 언급한다.

151 "하지만 아인슈타인 (…) 원리 아닙니까?": WH, *Physics and Beyond*, 63.

151 "아마 나도 그런 (…) 터무니없는 원리네.": Ibid. "1930년에 필립 프랑크가 보어-하이젠베르크 철학은 '당신에 의해 1905년에 만들어졌다'고 넌지시 말해주자 아인슈타인은 이렇게 대답했다. '좋은 농담이라도 너무 남발되어선 안 됩니다.'": Wick, 59.

152 "'관찰'이라는 바로 그 (…) 결정하는 것은 이론이라네.": WH, *Encounters*, 114.

152 새로운 문: "이런 생각은 매우 새로웠기에 당시 내게 큰 인상을 남겼다. 그런 생각은 내 이후의 연구에도 중요한 역할을 했다. (…)" Ibid.: 또 다음 책을 볼 것. WH, *Physics and Beyond*, 64.

153 "그래서 자네 이론에 따르면": 하이젠베르크가 기억하고 있는 아인슈타인의 의문: "전자는 갑자기 불연속적으로 한 양자 궤도에서 다른 궤도로 도약할지 모른다. 그러면서 광양자를 방출하거나. 아니면 무선송신기처럼 연속적으로 파동을 방출할지도 모른다. 첫째 경우에는 우리가 매우 자주 관찰한 간섭현상을 설명할 수 없다. 두 번째 경우에는 예리한 선스펙트럼을 설명할 수 없다." WH, *Encounters*, 114.

153 하이젠베르크는 보어가 (…) 생각했다.: "아인슈타인의 질문에 답하면서 나는 다시 보어(…)의 개념에 의지했다." Ibid.

154 "그렇다면 자네는 어떤 (…) 여기는가?": Ibid.

154 "마치 영화를 보는 (…) 생길 수 있습니다.": Ibid., 115.

154 "자넨 아주 얇은 (…) 알려 주어야 하네.": WH, *Physics and Beyond*, 68.

154 "자연을 우리 앞에 (…) 저는 압니다.": Ibid., 69.

154 "하지만 난 아직 (…) 말할 수 없네.": Ibid.

155 소녀는 어여쁜 열네 (…) 입고 있었다.: 1926년 여름에 슈뢰딩거에게서 배우면서 매혹되었던 이타와 로스비타에 관한 이야기는 다음을 보기 바란다. Moore, 223-25.

155 "아무것도 믿지 (…) 믿는 편이지.": 이타의 회상. Ibid., 224.

155 "개인적인 하나님이란 (…) 수 없어.": "개인적인 하나님이란 모든 인간적인 것들이 배제된 대가로만 얻어지는 세계관에서는 만날 수 없다." ES, *Acta Physica Austriaca* 1 (1948) in Moore, 379.

155 "공간과 시간 속에서 (…) 하는 셈이지.": ES, *Acta Physica Austriaca* 1 (1948) in Moore, 379.

155 "날씨가 꽤 더운 (…) 모습을 지켜보았다.": Alexander Muralt, 슈뢰딩거가 있던 대학의 학생, 1922-23; Moore, 148-49, 242.

156 슈뢰딩거는 (…) 바일에게 물었다.: Ibid., 224.

156 슈뢰딩거방정식: 자신의 방정식에 대한 슈뢰딩거의 해석은 1926년 동안에 바뀌었다. 1926년 1월에서 3월까지 슈뢰딩거는 파동을 직접적으로 물질로 해석했고 입자를 단지 부수 현상으로 해석했다. 1926년 4월부터 6월까지 그리고 1928년까지 "전하 농도는 파동함수의 제곱에 의해 얻어진다." "지금까지 내가 '파동방정식'이라고 불렀던 것은 사실은 파동방정식이 아니라 진폭에 관한 방정식이다." ES-Planck, 4/8/26 and 6/11/26; "물리적 의미는 양 자체에 있는 것이 아니라 그것의 이차함수에 있다." ES-Lorentz, 6/6/26; Przibram and Intro. to ES, *Interpretation*, 1-5.

156 "무슨 뜻이에요?" 이타가 물었다.: 슈뢰딩거는 그의 방정식에 관해 이타에게 아래와 같이 말했다. 비록 이 두 인용문이 이 대화에서 남은 전부이긴 하지만 말이다. "나는 모든 것을 한순간에 적지 않고 여기저기를 계속 바꾸다가 마침내 그 방정식을 얻었던 거야. 그 방정식을 얻었을 때 노벨상을 타게 될 줄 알았지." 슈뢰딩거가 이타에게 한 말, Ibid. "오직 재판을 요청하는 목소리가 컸기에 재발간된 여섯 편의 논문들을 참조하고서 내 젊은 친구〔이타〕는 저자에게 최근에 이렇게 말했다. '저런, 그걸 시작했을 때 아주 이치에 맞는 결과가 나올 줄 예상하지 못하셨군요.'" 파동역학 논문의 재판 서문에 슈뢰딩거가 쓴 글, Nov. 1926; Ibid., 200.

156 '물질파동': ES, 노벨상 강연, 1933 in Weaver, 349.

156 "그리고 물질은 (…) 광원이 되는 거야.": "작은 물체 그 자체는 말하자면 자신의 광원이 됩니다. (…) 여러분은 (…) 어두운 방에 광선이 비치면 먼지 알갱이가 어떻게 되는지 잘 알 것입니다. 언덕 위에 있는 가는 잎사귀나 거미줄 뒤에 해가 떠 있거나, 사람의 헝클어진 머리카락 뒤에 해가 떠 있으면 종종 회절된 빛에 의해 신비스러운 빛이 납니다.": ES, 노벨상 강연, 1933 in ibid., 348.

156 "먼지 한 톨이 (⋯) 후광일 뿐이지.": 슈뢰딩거는 이렇게 적었다. "원자의 무거운 핵은 원자보다 훨씬 더 작습니다. (⋯) 원자핵은 이러한 [전자] 파동 속에서 일종의 회절 현상을 반드시 일으키는데, 마치 미세한 먼지 알갱이가 빛 파동에서 일으키는 현상과 마찬가지로 말입니다. (⋯) 우리는 원자에서 간섭의 넓이와 회절 후광을 확인합니다. 실제로 원자는 말하자면 원자핵에 의해 붙잡혀 있는 전자 파동의 회절 현상일 뿐이라고 우리는 주장합니다." ES, 노벨상 강연, 1933; Ibid., 350.

158 "게다가 내가 보기엔 (⋯) 아니지만 말이야.": ES, "On the Relation of the Heisenberg-Born-Jordan Quantum Mechanics to Mine", *Annalen der Physik* 79, 734-56 (1926) in Moore, 211.

158 "슈뢰딩거 이론의 물리적인 (⋯) 가장 위대한 결과": WH-Pauli, 6/8/26; Ibid., 221: 카시디는 보어의 답변을 소개한다, Cassidy, 215. 또 다음을 참고할 것. Dresden, 70.

159 "수학적으로 같은 것": ES, "On the Relation" in Moore, 212.

159 "삼차원 공간의 관점에서 (⋯) 파악하고 있다.": ES, "Quantization as an Eigenvalue Problem, Part IV", *Annalen der Physik* 81, 109-39 (1926) in ibid., 219.

159~160 충돌 후의 상태는 (⋯) 얻을 수 있음: Born, "Quantum Mechanics of Collisons", *Zeitschrift für physik* 37, 863-67 (1926) in Greenspan, 139.

160 "막스 보른은 (⋯) 배신했어.": "당신은 다른 쪽으로 넘어갔습니다.": WH-Born; Dresden, 75.

160 "하지만 보른이 놓친 게 (⋯) 진리가 달라지게 돼.": ES-Wien, 8/25/26 in Moore, 225.

161 "다행히 (⋯) 쏠 일은 없었어.": ES, *Mein Leben* in ibid., 81.

161 "그런데 어느 날 밤 (⋯) 얽혀 있는 철조망의 가시": 슈뢰딩거, 전시 일기; Ibid., 81-82. 그는 그것을 "이 너무나도 황홀한 현상"이라고 묘사했다.

162 "원자를 시공간적으로 설명 (⋯) 아 리미네(*a limine*) 난 그런 관점을 거부해. (⋯) 물리학에는 원자 연구만 (⋯) 사실을 말이야.": ES-Wien, 8/25/26 in ibid., 225.

162 "어떤 현상을 시공간 (⋯) 보지 않아.": ES, "Quatization(⋯), Part II",

Annalen der Physik 79 (4), 489-527 (1926) in ibid., 208.

11 괴상하기 짝이 없는 양자 도약 1926년 10월

163 슈뢰딩거가 코펜하겐의 (…) 인정해야 하네.": 하이젠베르크는 이 이야기를 WH, *Physics and Beyond*, 73-76에서 다음과 같이 설명하고 있다. "보어 부인이 그를 간호하고 차와 케이크를 가져다주는 동안 닐스 보어는 침대 끝에 앉아서 '하지만 자네는 그걸 인정해야 하네'라며 슈뢰딩거와 줄곧 말하고 있다. (…)" WH, *Physics and Beyond*, 76.

163~164 둘은 사흘째 논쟁을 (…) 벌였던 것이다.: "슈뢰딩거와 보어의 대화는 기차역에서 시작해서 매일 아침 일찍부터 밤늦게까지 이어졌다." Ibid., 73.

164 "일반적으로 보어는 (…) 물씬 풍겼다.": Ibid. 이런 내용이 이어진다. "여기서 내가 바랄 수 있는 거라곤 두 사람이 새로운 수학적 방법에 대한 자신들의 특별한 해석을 놓고서 모든 능력을 발휘하여 다투는 대화 내용을 초라하게 받아 적는 것뿐이었다."

보어나 슈뢰딩거의 모든 인용문들은 하이젠베르크의 다음 회고록에서 나왔다. *Physics and Beyond*, 73-76. 하지만 아래 인용문들은 다르다.

167 "개별 분자들이 에너지 꾸러미를 (…) 괴상망측한 방식": ES, 1952; ES, *Interpretation*, 29.

167 "반대하려는 게 아니라 (…) 말이네만": 보어가 반대한다는 뜻을 말하기 시작할 때 즐겨 쓰는 방식.(다음을 참고할 것. Gamow, *Thirty Years*, 180, 215-16.) 파이얼스는 보어가 이런 말을 했다고 회상했다. "나는 비판하려고 이 말을 하는 게 아니라 당신의 주장은 순전히 터무니없기 때문입니다." (Peierls, "Some Recollections(…)", French and Kennedy, 229.)

168~169 "늦게 왔으며 (…) 칠 수밖에 없었다.": vW, "Reminiscence from 1932", French and Kennedy, 187.

169~170 "그토록 대단한 성공을 (…) 여길까 두려워해서였다.": ES-Wien, 10/21/26; Paris, *Niels Bohr's*, 299.

170 "일반적인 의미의 이해가 (…) 헷갈려 버린다.": ES-Wien, 10/21/26 in Moore, 228.

170 "슈뢰딩거 박사의 방문이 (…) 있었지만 말이다.": WH, *Physics and*

Beyond, 76.

170 "교육적인 (⋯) 맹주들에 맞서기": WH-Pauli, 11/4/26; Beller, 78.

170 "슈뢰딩거 박사와 (⋯) 가득 찼네.": Bohr-Fowler, 10/26/26 in Pais, *Niels Bohr's*, 300.

170~171 "우리가 쓰는 단어들로는 (⋯) 빼고 말일세.": Bohr-Kramers, 11/11/26 in ibid.

171 어떤 보스–아인슈타인 응축물들: 런던(London)과 티서(Tisza)가 1935년에 행한 연구는 "거시적 크기 규모에서 양자적 행동을 보이는 보스–아인슈타인 응축의 아이디어를 처음으로 세상에 공식적으로 드러낸 것이었습니다. 덕분에 이 현상은 세상의 큰 주목을 받았습니다. 비록 수십 년 동안 논쟁의 원인이 되기도 했지만, 헬륨 3과 헬륨 4 내의 초전도체와 초유동체의 놀라운 성질들이 보스–아인슈타인 응축과 관련이 있다는 사실이 현재 알려져 있습니다.": 코넬과 위먼, 노벨상 강연, 2001. N.B. 런던이 한때 슈뢰딩거의 조수(가까운 사이는 아니었다)였다는 사실은 우연인 것 같지만, 이 기념비적인 업적이 보어의 제자이자 모든 시대를 통틀어 가장 위대한 물리학자 중 한 명인 레프 란다우로부터 조롱을 받았다는 사실은 우연이 아니었던 것 같다.

171 슈뢰딩거의 독창적이지만 (⋯) 되살려 내게 된다.: "그래서 아주 많은 입자들이 정확히 동일한 상태에 있는 이런 상황에서는 파동함수에 대한 새로운 물리적 해석이 가능합니다. 전하 밀도와 전류는 파동함수에서 직접 계산할 수 있으며 파동함수는 고전적, 거시적 상황으로 확장되는 물리적 의미를 갖습니다." 파인먼의 놀라운 마지막 파인먼 강의, "The Schrödinger Equation in a Classical Context: A Seminar on Superconductivity", *The Feynman Lectures on Physics* (Reading, MA: Addison-Wesley, 1965), 21-6.

171 "자네가 옳다면 (⋯) 않긴 하네만.": Born-ES, 11/6/26, Beller, 36.

171 "취리히 지방의 미신": Pauli in Moore, 221.

171~172 "그 표현을 제가 (⋯) 괴로워질 겁니다.": Pauli-ES, 11/22/26 in ibid.

172 "우리는 모두 좋은 (⋯) 더 좋습니다.": ES-Pauli, 12/15/26 in ibid., 222.

172 "군대를 소집하는 사령관": JRO는 "내게 장난삼아 이렇게 말했다. 보른은, 군대를 소집하는 사령관인 것처럼, 슈뢰딩거의 생각이 얼마나 잘못되었는지를 모든 이들에게 설명했다.": Pascual Jordan interview; Beller, 46.

172 "자기 방식이 옳다고 (…) 미움을 받았다.": JRO interview 1963 in Smith and Weiner, 104.

172 "그들은 매우 열심히 (…) 성공을 거두었다.": JRO-Ferugusson, 11/14/26 in ibid., 100.

172~173 "나로서는 물리학적으로 (…) 밝혀졌으니 말일세.": Born-AE, 11/30/26 in Pais, 'Subtle', 443; Pais, *Niels Bohr's*, 288.

173 "그가 즐겨 (…) 유머 감각이 돋보였다.": Bohr, "Discussion with Einstein" in Bohr, *Atomic Physics*, 36. 보어는 적어도 글을 쓰는 데 있어서는 "표현이 분명한 구절"을 내놓지 않았다.

173 유령장: 크라메르스의 회고 (1923), Dresden, 143. 비그너의 회고, Woolf; Pais, *Niels Bohr's*, 287-88.

173 "양자역학은 분명 눈길을 (…) 나는 확신하네.": AE-Born, 12/4/26 in *B-E Letters*, 90.

173 "큰 타격을 받았다.": 보른 논평, Ibid., 91.

173 "내 심장은 '슈뢰딩거 이론'으로 (…) 원시적이네.": AE-Eh., 1/19/27 in Fine, 27.

173 "자연의 기본 입자를 (…) 모두 실패했네.": AE & Grommer, 프러시아 과학 아카데미의 회의 보고서, 1927 in Pais, 'Subtle', 290.

174 "아이들이 특별히 부탁하는 (…) 드실 겁니다.": Hedi-AE in *B-E Letters*, 94-95.

174 "제가 생각하기에, 농담에 (…) 경험하고 있습니다.": AE-Hedi, 1/15/27 in ibid., 95.

12 불확정성 1926년 겨울~1927년

175 다락방에 남자 두 명이 서로 떨어져 서 있는: "[슈뢰딩거의 방문 후] 몇 달 동안 양자역학에 대한 물리학적 해석은 보어와 나의 모든 대화에서 중심 주제를 차지했다. 그때 나는 연구소의 맨 위층에서 살았는데, 그곳은 아늑한 작은 다락방으로서 벽이 비스듬했고 창밖으로는 팰레드 공원으로 향하는 입구에 있는 나무들이 내려다보였다. 보어는 종종 밤늦게 이 다락방으로 오곤 했으며 우리는 온갖 종류의 사고실험을 구성했다.": WH, *Physics and Beyond*, 76.

175~176 "파동 또는 입자란 용어가 (…) 많이 사용됩니다.": "위치나 속도에 대해

이야기할 때, 언제나 우리는 이런 비연속적인 세계에서 결코 명백히 정의될 수 없는 단어들을 필요로 한다. (…) 사실을 설명하기 위해 우리가 사용하는 모든 단어에는 너무나 많은 c-수(c-수는 '고전적인 수'를 지칭하는 디랙의 용어였다)가 있다. '파동' 또는 '미립자'란 단어가 무슨 뜻인지는 누구도 더 이상 알지 못한다.": WH-Pauli, 11/23/26 in Beller, 88-89.

176 "하지만 수학적인 내용은 (…) 만들었으니까요.": "현재 존재하는 양자역학의 모든 물리학적 적용—디랙에 따르면 그런 것이 존재한다고 한다—은" 디랙의 현재 연구에 포함된다. WH-Jordan, 11/24/26; Cassidy, 236. "누군가가 이제 계산을 할 수 있다. 그렇다면 적어도 수학적으로는 그가 옳은 해답을 찾았다는 결정적인 증거가 된다.": WH, 1963 interview in Pais, *Niels Bohr's*, 302-3. 디랙은 변환이론(양자역학을 그가 일반화한 것으로서 1926년 후반에 완성되었다)을 상대성이론의 완전성에 비교하길 좋아했다. 다음을 참고할 것. Beller, 88. 다음과 비교할 것. Pais, *Inward*, 288-89.

176 "세상에서 가장 근사한 (…) 찾아야 하네": "보어는 입자와 파동 개념 모두의 동시적 존재성을 허용하려고 노력하고 있었다. 비록 그 두 가지가 상호 배타적이긴 하지만, 원자의 성질을 완전하게 기술하려면 두 가지 모두 필요하다고 주장하면서 말이다. 나는 그 방식이 싫었다. 나는 양자역학이 (…) 고유한 물리적 해석을 이미 내렸다는 사실에서부터 시작하고 싶었다."('심오한 진리'는 보어가 즐겨 쓰는 표현.); WH, *Physics and Beyond*, 76 and 102. 1927년 9월 16일 강연에 대한 보어의 주에는 그가 "고전적인 개념으로 표현된 원자에 관한 모든 정보"를 고집했다는 내용이 포함되어 있다.(Pais, *Niels Bohr's*, 311; 다음과 비교할 것. Pais, *Niels Bohr's*, 302-3, 309-10. 1926년에 이것은 도움을 요청하는 것이었지 아직은 확립된 주장이 아니었다.) "이 모순들이 그의 중요한 관심사가 되어 있었기에 그는 다른 누군가가 이 모순들에 대한 답을 찾을 수 있으리라고는 상상도 할 수 없었다. 심지어 세상에서 가장 근사한 수학적 방법을 찾아내리라고는 짐작조차 할 수 없었다." "보어는 이렇게 말하곤 했다. '수학적 방법은 도움이 안 된다. 우선 나는 자연이 어떻게 실제로 모순을 피하는지 이해하고 싶다.'" "그는 이렇게 느꼈다. '음, 한 가지 수학적 도구, 즉 행렬역학이 있다. 또 하나의 수학적 도구, 즉 파동역학이 있다. (…) 하지만 우리는 먼저 철학적 해석에 깊이 다다라야 한다'": WH, 1963 interview in Pais, *Niels Bohr's*, 302.

176 "저는 양자역학에 실제로 (…) 잘못되기를 바랍니다.": WH, 1963 interview in Pais, *Niels Bohr's*, 302-3.

177 "내가 자연의 신비에 (…) 이해해야 하네.": Bohr-WH, 4/18/25 in Cassidy, 195.

177 그는 두 가지 (…) 했으며; "보어는 (…) 어느 정도 매우 진지하게 해석하기를 바랐으며 아울러 두 가지 방법을 함께 구사하길 바랐다.": WH, 1963 interview in Pais, *Niels Bohr's*, 303.

177 "인식론적 교훈": "보어가 즐겨 쓰는 또 하나의 표현", Ibid., 8, 315.

177 "나는 '저기, 이게 (…) 화가 났다.": WH, 1963 interview in ibid., 303.

177 긴장되고 피로한 채: "우리 둘 다 매우 피로해졌고 신경이 날카로워졌다.": WH, *Physics and Beyond*, 77.

177 "그래서 나는 코펜하겐에 혼자 있었다.": WH, 1963 interview in Pais, *Niels Bohr's*, 304.

178 생각 부엌: "에렌페스트는 닐스 보어의 생각 부엌(Gedanken-küche)에 관해 많은 내용을 내게 알려 주었다. 그는 최고로 뛰어난 지성이자 매우 비판적이며 멀리 내다본다. 그리고 결코 원대한 설계를 잃지 않는다." AE-Planck, 10/23/19 (엽서) in Pais, 'Subtle', 416.

178 "실제에 더 가까이 (…) 느끼기도 했지만.": WH, 1963 interview in Pais, *Niels Bohr's*, 302.

178 "화학자가 어떤 용액에서 (…) 농축시키려고 했다.": WH, 1963 interview in ibid.

178 마음속으로 그는 전자 (…) 금세 알아차렸을 때: "나는 안개상자 속의 전자 경로에 대한 수학적 표현에 모든 노력을 집중했다. (…) 금세 나는 내 앞의 장애물을 넘어설 수 없다는 것을 알아차렸다." WH, *Physics and Beyond*, 77; 다음과 비교. Wick, 37. "우리는 일관된 수학적 방법을 갖고 있다. (…) 만약 그것이 옳다면, 그것에 추가되는 것은 무엇이든 분명 옳지 않다. 왜냐하면 그것은 그 자체로 완결되어 있기 때문이다.": WH, 1963 interview in Pais, *Niels Bohr's*, 303.

179 모르겠나? 관찰할 수 (…) 이론이네.: "분명 어느 날 깊은 밤에 나는 아인슈타인과 나눈 대화가 갑자기 기억났는데 특히 다음 구절이었다. '관찰할 수 있는 것이 무엇인지를 맨 먼저 결정하는 것은 이론이네.' (…) 나는 밤에 팰레드 공원을 산책하기로 마음먹고서 그것에 대해 더 깊게 생각했다.": WH, *Physics and Beyond*, 77-78.

179~180 "우리는 늘 꽤나 (…) 만들 수 있는가?": Ibid., 78.

180 "코펜하겐에서 계속 여러 사람에게 전달되었다.": WH-Pauli, 10/28/26; Cassidy, 233; Enz, 144: "하이젠베르크는 9일 후 코펜하겐에서 답장을 보내서 자기와 보어, 디랙, 그리고 훈트가 파울리의 편지를 놓고 실랑이를 벌였다고 했다."

180 "첫 번째 질문으로 (…) 어질어질해지고 만다.": Pauli-WH, 10/19/26 in Pais, *Niels Bohr's*, 304.

180 라플라스의 가상의 악마: 용어 설명의 '결정론' 항을 볼 것.

181 바이마르 공화국의 지식인들 (…) 악마를 부정했다.: 바이마르의 과학 분위기에 대한 100쪽에 이르는 분석은 다음을 참고할 것. Forman, "Weimar Culture, Causality, and Quantum Theory, 1918-1927: Adaptation by German Physicists and Mathematicians to a Hostile Intellectual Environment", Forman, "Weimar Culture".

181 '비합리성': 1920년대에 이 단어는 보어가 "양자 가설"을 설명하기 위해 가장 즐겨 썼던 것이다. 그는 이 단어를 기념비적인 코모 강연(1927년)에서 세 번 사용했고 원자론(1929년)의 서문에서 세 번 사용했다. 다음을 볼 것. Pais, *Niels Bohr's*, 316 and Mermin, *Boojums*, 188.

181 눈 깜짝할 사이에: "연구소에 돌아온 후 간단한 계산을 한 결과 그런 상황을 정말로 수학적으로 표현할 수 있음이 드러났다." WH, *Physics and Beyond*, 78.

182~183 "인과법칙— '현재를 정확히 (…) 잘못된 가정이다.": WH, *Zeitschrift für Physik* 43 (1927) in Beller, 99.

183 열네 쪽짜리 편지: WH-Pauli, 2/23/27 in Pais, *Niels Bohr's*, 304.

183 "내가 믿기에 (…) 존재하게 된다.": WH-Pauli, 2/23/27; Cassidy, 236.

183 '이미 알려진 결론': (alter Schnee) WH-Pauli, 2/23/27 in Beller, 83.

183 '무자비한 비판' (…) "꼭 물어보아야겠어.": WH-Pauli, 2/27/27 in ibid., 108-9.

183 "p와 q가 둘 다 (…) 파울리에게 보냈습니다.": WH-Bohr, 3/10/27 in Pais, *Niels bohr's*, 304.

183 보어는 그달 내내 목도리를 (…) 스키를 즐겼다.: "한 달 내내 굴브란스달렌 주변의 노르웨이 산에서 스키를 타며 보냈다. 바로 거기서 (그가 종종 말했듯이)

상보성 주장이 처음으로 그에게 떠올랐다.": Ibid., 310. 페르미 부인은 보어의 스키 타기를 "아름답다"고 묘사했다.: Pais, *Niels Bohr's*, 497. 한편 폰 바이츠재커는 이렇게 언급했다. "덴마크 숲에서는 산악 스키를 배울 수 없다." (vW, "Reminiscence from 1932", French and Kennedy, 185.) 이런 평가들은 보어의 서로 다른 면만큼이나 이렇게 말한 이들의 차이점을 보여 준다.

183~184 "박사님은 당시 매우 (…) 있었을 것이다.": Klein, 1968 int. in Pais, *Niels Bohr's*, 303-4.

184 파울리라면 (…) 말했을 테다.: 파울리는 실제로 나중에 코펜하겐에 왔는데 칼카르의 말에 따르면 그의 방문은 "하이젠베르크의 견해와 보어의 견해를 조화시키는 데 중요한 역할을 했다." in Pais, *Niels bohr's*, 310.

184 입자와 파동이 존재한다.: WH-Pauli, 5/16/27 in ibid., 309.

184 왜 우리는 물리적 (…) 상정할까?: "물리적 현상에 대한 우리의 일상적인 설명은 해당 현상이 그 현상을 방해하지 않은 채 관찰될 수 있다는 생각에 전적으로 바탕을 두고 있다. (…) 양자 가설은 (…) 독립적인 실재는 현상 때문도 그렇다고 관찰 행위 때문도 아닌 것이라고 본다." 보어의 코모 강연(1927년); Bohr, *Atomic Theory*, 53-54.

185 우리가 하는 일상적인 (…) 비합리적인 것이다.: Bohr (1929), *Atomic Theory*, 19; "입자, 파동; 공간과 시간, 인과성"에 대해서는 다음을 볼 것. 코모 강연, Bohr, *Atomic Theory*, 54-57.

185 만약 이것이 근본적인 한계라면 어떻게 될까?: 그다음으로 1927년 보어의 코모 강연에서 나온 세 인용문이 이어진다.(Bohr, *Atomic Theory*, 53-57.) "양자론은 원자적 현상에 적용될 때 고전적 물리학 개념이 갖는 근본적인 한계에 대해 인정한다는 특성이 있다."(53-54.) "양자론의 바로 그런 속성으로 인해 우리는 시공간 공동 작용 및 인과성 주장—이 둘은 함께 고전적 이론의 특징이다—을 상보적이지만 배타적 특성으로 간주한다."(54-55.) "[파동]뿐 아니라 고립된 물질 입자도 추상 개념이며, 양자론에서 이들의 성질은 이들이 다른 계와 벌이는 상호작용에 의해서만 정의될 수 있고 관찰될 수 있다. 그럼에도 불구하고 이런 추상 개념들은 (…) 경험의 기술에 필수적이다."(56-57.)

185 보어는 가슴 (…) 느꼈다.: 러더퍼드에게 보내는 편지(6/3/30)에서 보어는 이런 통찰—파동 개념과 입자 개념의 "상보성"에 대한—을 "받아들임과 열정의 결합"이라고 요약했다. 과학사가인 J. L. 헤일브론은 이 편지를 인용하면서 보어가 말한 "고양된 비관주의, 기꺼이 내려놓는 마음"(135)이란 표현을 언급한다.

185 그가 돌아왔을 때 하이젠베르크는: 하이젠베르크는 1951년에 이렇게 회상했다. "보어가 돌아와 그것에 관해 그와 논의했을 때 우리는 그 이론의 해석에 마땅한 단어를 곧바로 찾을 수 없었다. 그러는 중에 보어는 상보성의 개념을 내놓았다." Pais, *Niels Bohr's*, 310. (또 다음을 볼 것. 308-9 and WH, *Physics and Beyond*, 79.)

186 "보어 박사님한테서 (…) 지경이야.": WH, 1963 interview in Pais, *Niels Bohr's*, 308.

186 "보어 박사가 최근에 (…) 관점들을 내놓았다.": WH, *Zeitschrift für Physik* 43 (1927); Pais, *Niels Bohr's*, 308-9. 다음과 비교할 것. Wick, 41.

186 안샤울리히(Anschaulich): "안샤울리히란 단어가 물리적 또는 실험적으로 의미 있는 것을 가리키도록 다시 정의하기. 슈뢰딩거는 그 단어를 단지 '시각화할 수 있는' 또는 '묘사할 수 있는'의 뜻으로 여기는 걸 더 좋아했지만 말이다." Cassidy, 233. 다음과 비교할 것. Pais, *Niels Bohr's*, 304. (전체 제목은 이렇다. "On the Anschaulich Content of the Quantum-Theoretical Kinematics and Mechanics"―[역학(mechanics)은 운동과 운동을 생기게 하는 힘을 기술하는 수학이고, 운동학(kinematics)은 오직 운동만을 다루는 역학의 한 분야다.]

186 "보어 박사님은 양자론의 (…) 있긴 하지.": WH-Pauli, 5/16/27 in Pais, *Niels Bohr's*, 309.

186 "시각화할 수 없지만 더욱 일반적인 방법": WH-Pauli, 5/31/27; Beller, 70.

186 "안샤울리히라는 단어에 (…) 달랐다.": WH-Pauli, 5/16/27 in Pais, *Niels Bohr's*, 309.

186 그런 날이 하이젠베르크에게는 (…) 헌사: AE, *World as I See It*, 146ff; Pais, 'Subtle', 15.

186 "오늘날 인과의 법칙을 (…) 단언하겠는가?": AE, *World as I See It*, 156.

187 "의미심장하고 (…) 남달리 뛰어난 (…) 기여": Bohr-AE, re; uncertainty, 4/13/27; Pais, *Niels Bohr's*, 309.

187 "그 문제의 서로 (…) 되었으니 말입니다.": Bohr-AE, 4/13/27 in Jammer, *Philosophy of Quantum*, 126.

187 "현상에 대한 연속적인 (…) 선택해야 합니다.": Bohr-AE, 4/13/27 in ibid., 125.

187 "나는 인과성의 법칙을 부정했다.": WH in vW, "Reminiscence from 1932", French and Kennedy, 184.

187~188 "학회에 짧은 논문 (…) 이만 줄이네.": AE-Born in *B-E Letters*, 96.

188 「슈뢰딩거의 파동역학은 (…) 의미일 뿐인가?」: 인용문과 분석은 다음에서. Fine, 27, 99.

188 "박사님의 논문은 (…) 지지하고 있습니다만.": WH-AE, 5/19/27 in Pais, 'Subtle', 444.

188 "아마도 신이 이 원리를 (…) 저는 봅니다.": WH-AE, 6/10/27 in Pais, 'Subtle', 467. 다음과 비교할 것. Jammer, *Philosophy of Quantum*, 125-26.

189 실험물리학자인 발터 보테: 노벨상 전기 그리고 KWI 의학연구소의 역사 기록 (www.nobelprize.org). 보어-크라메르스-슬레이터 이론을 검증하기 위해 보테와 가이거는 충돌 후 입자들 사이의 "동시 발생"을 검사하는 완전히 새로운 기법을 고안했다. 반세기 후 이 기술은 벨의 정리를 검사하는 데 쓰인다. Dresden, 208.

189 "그 문제에 대해 (…) 행운을 잡았다.": Bothe, 노벨상 강연, www.nobelprize.org.

189 "물리학적 관점에서": AE: Fine, 99.

13 솔베이 회의의 라이벌 1927년

190~191 "여기 장식된 창살이 (…) 뒤틀린 표정들이다.": Greenspan, "Surprise in Writing a Biography of Max Born"; *AIP History Newsletter*, Vol. XXXIV, No. 2, Fall 2002. "얼굴을 찡그리는 에렌페스트"는 그녀의 다음 설명에도 나와 있다. *End*, 148.

191 "젊고 비타협적인 이들이 (…) 받아들이지 않았다.": de Broglie, 183.

192 "죄송스럽게도 (…) 못했습니다.": 솔베이에서 아인슈타인의 첫마디. Pais, 'Subtle', 445.

192 "그렇긴 하지만 (…) 말하고자 합니다.": 솔베이에서 아인슈타인의 두 번째 말. Whitaker, *Einstein*, 203.

192 "전자 하나가 (…) 상상해 봅시다.": 여기서 나는 솔베이에서 아인슈타인이 제기한 사고실험에 대한 보어의 설명을 따랐다.(*Atomic Physics*, 41-42; 다음과 비

교할 것. Whitaker, *Einstein*, 204 and dB, *New Perspectives*, 150.) 아인슈타인은 더 세밀하고 복잡한 버전을 회의 기록에 적었다. 하지만 보어와 드 브로이는 아인슈타인의 말로 설명한 표현은 매우 "단순"하고 간결했다고 회상했다. 따라서 나는 보어의 기억이 정확하다고 믿는다. (반면 아인슈타인이 글로 쓴 버전은 요점은 같지만 좀 더 형식적이었다.) (같은 회의 기록을 위해 보어는 자신이 실제로 한 말을 크라메르스가 받아 적은 내용이 아니라 40쪽의 코모 강연을 한 달 전에 보냈다. Pais, *Niels Bohr's*, 318n) 다음은 보어가 기억한 내용이다. "아인슈타인이 심각하게 느꼈던 분명한 어려움은 다음 사실이다. 즉, 만약 (…) 전자가 판의 한 점 A에서 기록된다면, 이 전자가 다른 점(B)에서 갖는 결과를 관찰하기란 불가능하다. 일반적인 파동 전파의 법칙이 그러한 두 사건 사이의 관련성에 관해 아무런 여지를 주지 않는데도 말이다." Bohr, "Discussion with Einstein"; Bohr, *Atomic Physics*, 42. 아인슈타인이 글로 쓴 버전. "[두 번째] 스크린을 향해 가는 산란된 파동의 운동은 어떤 선호하는 방향을 드러내지 않는다. 만약 프사이 제곱된 함수가 어떤 특정 입자가 특정 장소에서 특정 순간에 위치하는 확률로 여겨진다면, 하나의 동일한 기본적 과정이 스크린의 둘 이상의 장소에 작용할지 모른다."[즉 슈뢰딩거의 고양이와 같은 시나리오.] "하지만 이 입자가 특정 장소에 위치한다는 확률을 프사이 제곱 함수가 표현한다는 [보른] 해석은 원거리 작용의 매우 특이한 메커니즘 (…)": AE in Howard, "*Nicht*", 92.

193 "이 해석은 파동이 (…) 가정해야 합니다.": AE, Solvay in Howard, "*Nicht*", 92.

193 "제가 보기에 이 어려움은 (…) 원리와 충돌합니다.": AE, Solvay in Wick, 54. 다음과 비교할 것. Howard, "*Nicht*", 92.

193 "여호와께서 거기서 (…) 하셨음이라.": Eh. in Clark, 417.

193~194 "저는 지금 아주 (…) 아니라는 점입니다.": Bohr, 당시에 쓰인 크라메르스의 단편적인 기록; Whitaker, *Einstein*, 204. 다음과 비교할 것. Bohr in Pais, *Niels bohr's*, 318.

194 "안타깝게도 (…) 어긋나고 있었다.": Whitaker, *Einstein*, 205.

194 "당연하게도 다시 한 번 (…) 3시까지.)": Eh. Goudsmit et al., 11/3/27 in ibid., 209-10.

195 "보어(BOHR)는 (…) 패배시켰다.": Ibid.

196 전자를 따라갈 수는 없는 것일까?: Bohr, *Atomic Physics*, 42-47 ; Fine, 28-29 ; Whitaker, *Einstein*, 210.

196 "체스 게임에서처럼 (…) 아닐 수 없었다.": Eh.-Goudsmit, 11/3/27 in Whitaker, *Einstein*, 209-10.

196 "신이 세상을 (…) 하시지요.": WH, *Physics and Beyond*, 81. (내가 아는 한) 보어가 남긴 위대한 글은 「아인슈타인과의 대화」다. 여기서 그는 동일한 이야기를 들려주는데, 이번에는 하이젠베르크처럼 자신의 재주를 떠벌리지 않고 늘 그렇듯 자신의 복잡한 설명을 의도적으로 재미있게 사용한다. "온갖 다양한 방법과 의견에도 불구하고 매우 유쾌한 분위기가 논의를 생기 있게 했다. 자신의 입장에서 아인슈타인은 신적인 권위가 주사위 놀이에 의지한다고 우리가 정말로 믿는지 흉내 내듯이 물었다. 그 질문에 나는 고대 사상가들이 이미 대단한 주의를 당부했듯이 신성을 일상 언어로 표현하는 것의 위험성을 지적했다." Bohr, *Atomic Physics*, 47.

197 "아인슈타인 박사, 자네가 (…) 반박하고 있잖나.": WH, *Physics and Beyond*, 80. "토론이 정점에 달했을 때 에렌페스트가 다정스레 친구를 놀리면서 아인슈타인의 태도와 상대성이론의 반대자들의 태도가 얼마나 비슷한지를 귀뜀해 준 게 기억난다. 하지만 곧장 에렌페스트는 자신이 아인슈타인과 합의점을 찾기 전까지는 마음이 편할 수 없으리라고 덧붙였다." Bohr, *Atomic Physics*, 47. 특이하게도 보어는 두 가지 인용문을 모두 전한 데 반해 하이젠베르크는 첫 번째만 전한다.

197 "난 보어의 견해와 (…) 수밖에 없네.": Eh. to Goudsmit, mid-1927 in Pais, '*Subtle*', 443.

14 회전하는 세계 1927~1929년

198 "내 젊은 날의 우상": de Broglie, 182.

198 "양자역학이 이처럼 (…) 진심으로 믿네.": AE in ibid., 183-84.

199 미심쩍어하는 마음: 드 브로이는 아인슈타인이 어린아이에 대해서 한 말을 "아마도 그가 평소 바라던 것보다 더 멀리 나갔다."고 여겼다. Ibid., 184.

199 "선배로서 하는 말인데 (…) 믿지 않을 걸세.'": Planck to AE, 1913 (아인슈타인이 슈트라우스에게 알려 주었고 슈트라우스가 다시 파이스에게 알려 준 내용.) Pais, '*Subtle*', 239.

199 "하지만 계속하게! (…) 옳으니 말일세.": AE in de Broglie, 184.

199 낙심하고: Ibid.

200 양자 세계에서는 '위치'와 (…) 의아해하고: ES-AE, 5/30/28, Przibram, 29-30. (summaries of ES-Bohr, 5/13/28 and Bohr-ES, 5/25/28, 29.)

200 "우리 인류가 의존하는 (…) 의사소통이다.": Bohr to Peterson in Pais, *Niels Bohr's*, 445. "언어는, 말하자면 사람들 사이에 퍼지는 소통의 망이다." Bohr, 1933 in WH, *Physics and Beyond*, 138.

200 "보어는 개념이 어떻게 (…) 없는 듯했다.": Peterson, 1963 in Pais, *Niels Bohr's*, 445.

200~201 슈뢰딩거 박사에게 (…) A. 아인슈타인: AE-ES, 5/31/28 in Przibram, 31-32.

201 "마음 깊숙이 나는 (…) 있다고 여기네.": AE-Weyl, 4/26/27 in Howard, "*Nicht*", 87.

202 "장(場) 방정식이 (…) 그렇게 믿네.": AE-Weyl, 4/26/27 in ibid.

202 "이건 어쨌거나 양자역학이나 (…) 간청합니다.": Pauli-Kramers, 3/8/26 in Dresden, 63.

202 "(신의 채찍이란 뜻의) 가이셀 고테스 (…) 자랑스럽습니다.": Pauli-Kramers, 3/8/26 in Enz, 89.

202 "특이하고 고전적인 (…) 필요함을 암시하는": Pauli, 1925 in ibid., 106-7. "두 가지 값"에 대한 문자 그대로의 표현은 Zweiwertigkeit다. 파울리는 Zweideutigkeit의 뜻을 "암시성", "애매성", "이중 의미" 등으로 다양하게 정의했다. (Eindeutigkeit는 "명료함"이란 뜻이다.)

203 "전자석 복음의 선지자": Bohr-Eh., 12/22/25 in Dresden, 63.

203 기차 여행: 보어가 파이스에게 알려 준 내용. Pais, *Inward*, 278-79. (다음 책에도 나온다. *Niels Bohr's*, 242-43.)

203 하이젠베르크는 회전하는 (…) 크라메르스였다.: Dresden, 64.

204 "낱말 맞추기 퍼즐": Eh.-Dirac, 6/16/27 in Kragh, 46.

204 "디랙 때문에 머리가(…)돌을 정도라네.":AE-Eh., 8/26/26 in Pais, '*Subtle*', 441.

204 "현대물리학의 가장 슬픈 (…) 상심에 잠겼고.": WH-Pauli, 7/31/28 in Pais, *Inward*, 348.

204 "근본적으로 새로운 발상": Pauli-Bohr, 6/16/28 in Cassidy, 282.

204 『우라니아행 걸리버 여행기』: Pauli-Klein, 2/18/29 in Enz, 175.

204 "정하기 어려운 사례입니다. (…) 하지만 말입니다.": AE-Nobel committee, 9/25/28 in Pais, '*Subtle*', 515.

207 슈바이처 박사: Born, *My Life*, 240-41.

208 "병에 걸려도 (…) 알아 가고 있다.": AE, 3/23/29, *Nature* 123, 464-69; Clark, 491.

209 "파울리 효과!": GG in Rosenfeld, 3/3/71, "Quantum Theory in 1929: Recollections from the first Copenhagen conference." www.nbi.dk/nbi-history.html#firstconf.

209 "파울리 효과는 (…) 예일 뿐이네.": Eh. in Rosenfeld, 3/3/71, "Quantum Theory in 1929."

209 "이러한 내면적 긴장을 (…) 있고 다정했다.": Rosenfeld, 3/3/71, "Quantum Theory in 1929."

209 "제발 날 도와주게 (…) 뭔지도 모르겠네.": Eh.-Kramers, 11/4/28 and 8/24/28 in Dresden, 313.

209 "철학적인 사색을 할 때면 (…) 땅딸막한 청년": Peierls, *Bird of Passage*, 60.

209 "그건 인생에서 (…) 순간들 중 하나였다.": Rosenfeld, 3/3/71, "Quantum Theory in 1929."

210 "공자와 부처, 예수와 (…) 나눌 때였다.": 다음의 아름다운 휠러의 회고록에서, "Physics in Copenhagen in 1934 and 1935", French and Kennedy, 226.

15 솔베이에서 다시 만난 아인슈타인과 보어 1930년

보어로부터 시작하여 그가 제6회 솔베이 회의에서 아인슈타인과 토론한 이야기는 세월이 흐르면서 매우 복잡해졌다. 그래서 나는 가장 중요한 다음 인용문으로 이

주를 시작하는 것이 중요하다고 생각한다. 이 인용문은 1931년에 에렌페스트가 보어에게 쓴 편지 내용이다. 아인슈타인은 "내게 이렇게 말했네. 즉 이미 오랫동안 그는 불확정성 원리를 더 이상 절대 의심하지 않았으며, 따라서 예를 들면 결코 '불확정성 원리에 반하는' '무게를 잴 수 있는 광양자 방출 상자(light-flash box)'(단순하게 L-W 상자라고 하세)를 고안하지 않았다고 말일세. 대신 그는 전적으로 다른 목적으로 (…) 따라서 아인슈타인에게는 불확정성 원리 때문에 반드시 이것 또는 저것 중 하나만을 선택해야 한다는 것은 논의할 필요도 없는 것이네. 하지만 질문자는 방출된 입자가 마침내 날고 있게 된 다음에는 그것들 사이에서 선택할 수 있네." Eh.-Bohr, 7/9/31 in Howard, "*Nicht*", 98-99. 돈 하워드는 (잘못 번역된) 이 편지를 다시 살펴보고서 보어가 아인슈타인의 사고실험의 목적이 무엇이었는지 이해하지 못했음을 깨달았다.(Howard, "*Nicht*", 100.)

두 인용문, 즉 친구이자 추종자에게서 나온 한 인용문과 지적인 적수에게서 나온 다른 인용문을 더 살펴보면 어떻게 된 일인지 알아보는 데 도움이 될지 모른다. 휠러는 이렇게 말했다. "보어는 두 가지 면이 있다. 즉 무관심하거나 아니면 매우 관심을 갖거나. 이것은 모든 것에 적용되었다."(Wheeler to Bernstein, *Quantum Profiles*, 107.) 그리고 슈뢰딩거는 이렇게 적었다. "원자 문제에 대한 (…) 보어의 접근 방법은 (…) 매우 주목할 만하다. 그는 세상을 일상적인 방식으로 이해하는 것이 불가능하다고 확신했다. 따라서 대화는 거의 순식간에 철학적인 질문으로 돌변했기에, 그가 공격하는 견해를 여러분이 취하고 있는지 아니면 그가 옹호하려는 견해를 여러분이 공격하고 있는지 더 이상 알 수 없게 된다."(Schrödinger to Wien, 10/21/26 in Moore, 228.)

212 "상자가 있다고 해 보세."(광양자 방출 상자, part 1.): Bohr, "Discussion with Einstein", Bohr, *Atomic Physics*, 53.

212 불이 꺼져 있었다.: Rozental, 112; Frisch, 169; Peat, 185.

213 "반 광년 거리"(광양자 방출 상자, part 2): Eh.-Bohr, 7/9/31; Ibid., 99.

213 "이건 심각한 (…) 살펴봐야겠네.": 보어는 아인슈타인의 사고실험의 전반부만 가리킨다. "Discussion with Einstein", Bohr, *Atomic Physics*, 53.

213 "여기에 상대성이론까지 (…) 뿐인 데 말이지.": "대상과 관찰 도구 사이의 운동량과 에너지 교환의 통제가 배제된다는 견해에 대한 반대로서—만약 이런 측정 도구들이 그 현상의 시공간 틀을 정의하는 목적을 한다면—아인슈타인은 상대성이론이 고려되면 그러한 통제가 가능하다는 주장을 내놓았다." Bohr, "Discussion with Einstein", Ibid., 52-53.

214 "초광속의 (…) 원거리 작용": "B[상자]로부터의 그러한 물리적 효과가 날아가는 광양자에게 일어날 수 있다면, 그것은 초광속으로 전파되는 원거리 작용일 것이다." : AE-Epstein, 11/5/45 in Howard, *"Nicht"*, 102.

214 "물론 논리적으로야 (…) 색을 갖게 되고": AE-Epstein, 11/5/45 in ibid.

214 "양자역학적 설명은 (…) 되네.": "그래서 나는 파동함수가 (완벽하게) 실재를 기술하지는 못하고 단지 실제로 존재하는 것에 관한 (우리가 경험할 수 있는) 최대한의 지식만을 기술한다는 의견에 기울어진다. 양자역학이 사건의 실제 상태를 불완전하게 기술한다는 말의 뜻은 바로 이런 것이다." AE-Epstein, 11/5/45 ; Ibid.

214 "이 말에 보어 박사님은 (…) 흥분해 있었다." : Rosenfeld ; Pais, *'Subtle'*, 446.

215 "아인슈타인 박사가 내게 (…) 없다고 말일세." : Eh.-Bohr, 7/9/31 ; Howard, *"Nicht"*, 98.

215 "시각화와 인과성을 (…) 발전으로 여기려는": "시각화와 인과성을 체념하는 것은 (…) 원자적 개념의 출발점을 이룬 희망에 대한 좌절로 보일 수 있다. 그럼에도 불구하고 (…) 우리는 바로 이런 체념을 우리의 이해의 본질적인 발전으로 여겨야 한다." : Bohr, 1929, *Atomic Theory*, 114-15.

215 "논리적인 비일관성에서 벗어나기": "완전히 새로운 경험의 분야에 질서를 부여하는 과제를 다룰 때, 우리는 논리적 비일관성을 피하고자 하는 소망과 거리가 먼 것이라면 아무리 널리 퍼져 있는 어떤 익숙한 원리라도 신뢰할 수 없다." : 솔베이에서 자신의 승리에 뒤이은 대화에서 보어가 아인슈타인에게 한 말. Bohr, "Discussion(…)", *Atomic Theory*, 56. "비합리성": Forman, "Weimar Culture(…)", Raman and Forman, 16-19 ; Pais, *Niels Bohr's*, 316, and Mermin, *Boojums*, 188.

215 '전체성' : "원자물리학의 발달에 의해 우리가 얻은 주된 교훈은 (…) 원자 현상에서 전체성의 성질을 알아냈다는 것이다." : Bohr, 1957, *Atomic Physics*, 1.

215 "어떤 관찰도 반드시 (…) 대비해야 합니다." : Bohr, 1929, *Atomic Theory*, 115. 다음 페이지도 참고할 것. p.11 : "측정에 의해 생긴 방해의 크기는 언제나 알려지지 않는다."

216 "접근 방법과 표현의 차이로 (…) 어려움을 겪는다는" : Bohr, "Discussion", *Atomic Theory*, 58.

216 "에렌페스트 박사, 그럴 (…) 종말이 될 거네.": "밤새 그는 매우 기분이 안 좋았고, 이 사람 저 사람에게 그것이 옳을 리가 없으며 만약 아인슈타인이 옳다면 그건 물리학의 종말일 것이라고 말했다." Rosenfeld, 1968; Wick, 56. 파울리와 하이젠베르크는 "그다지 관심을 보이지 않았다.〔'아, 네. 괜찮을 겁니다.'〕"(Solvay 1927): Stern, 1961 in Pais, *Niels Bohr's*, 318.

216 모임방으로: Fondation Universitaire라는 장소. Clark, 417.

216 "다음 날 아침 보어가 승리했다.": "나는 1930년 여름 대부분을 코펜하겐에서 보냈다. 그리고 우리는 이 이야기에 매우 흥분했다. 우리는 트럼펫을 울리고 북을 쳐서 승리의 영웅〔보어〕을 환영하지는 않았지만, 우리—내가 생각하기에 가모프, 란다우, 그리고 다재다능한 예술가인 피에트 하인—는 멋지게 설계된 장치를 작업실에서 만들었다." Casimir, 315-16; 그 장치의 사진: French and Kennedy, 134.

217 둘은 (…) 함께: "아인슈타인이 큰 역할을 했던 논의의 결론이 나고 보니, 하지만 그의 주장이 지지될 수 없음이 분명해졌다.": Bohr, *Atomic Physics*, 53.

막간의 이야기: 붕괴 1931~1933년

219 "인간은 오직 운명만을 (…) 사랑한다.": Eduard Einstein in Pais, *Einstein*, 24.

220 '테텔': Pais, *Einstein*, 21-25.

220 "다 클 때까지는 (…) 마라.": AE-Eduard June 1918 in Michelmore, *Einstein*, 62; www.einsteinwebsite.de/biographies/einsteineduard.html.

220 "사춘기 이후 (…) 다가오고 있음을": AE-Besso; Levenson, 384.

220 "약간 정신을 딴 데 팔고 있는": "에두아르트가 피아노 연주에 보이는 열정이 기억에 남았다. 학교에 있을 때는 에두아르트가 보이던 온갖 의심, 불안, 모순, 그리고 약간 정신을 딴 데 팔고 있는 느낌이 내게 들다가도 그 애가 피아노를 칠 때면 그런 생각이 모두 사라졌다.": 에두아르트의 학교 동창생; Pais, *Einstein*, 23.

220 "광기 어린": Brian, 158 and 196; Michelmore, *Einstein*, 59, 123-24.

220 "황홀한 편지들": Eduard in Levenson, 382.

220 "정말로 좋은 영혼의 의사" : AE-Eduard 2/5/30 in Brian, 196

221 "남편은 늘 신경 (…) 무척 피폐해졌어." : Elsa-Vallentin in Levenson, 383.

221 "일상생활을 통해 우리가 (…) 존재한다는 것입니다." : AE, *The World As* (…), p.1 ; Michelmore, 148.

221 "이곳에서 보내는 겨울은 (…) 작정이다." : Elsa-Vallentin in ibid., 149.

221 "잘 알려진 대로 (…) 제약을 가한다." : AE, Tolman, and Podolsky, *Physical Review* 37, 1931, 780-81.

222 이제 톨먼과 포돌스키는 (…) 미래의 지식" : *Physical Review* 37, 602-15, 1931.

222 포돌스키는 (…) 자랐다. : Robert Podolsky, personal communication, 2002.

223 "이 논문의 목적은 (…) 된다는 것을 보여 준다." : AE, Tolman, and Podolsky, *Physical Review* 37, 1931.

223~224 "동네 술집에서 (…) 잘 설명하는지." : Born-AE, 2/22/31 in *B-E Letters*, 109-10. 보른은 이 편지의 (그로서는 이례적인) 정치적 낙관성을 슈바이처와 만나 기운을 차린 탓으로 돌린다. *B-E Letters*, 112.

224 "주간 뉴스영화에서 (…) 알 수는 없으니까요." : Hedi-AE, 2/22/31 in *B-E Letters*, 109.

224 "역 파울리 효과" : Somm. in Enz, 224.

224 "약간 취한 상태에서" : Pauli-Peierls, 1931 in ibid.

224 "수영을 할 수 (…) 찾은 술이야)." : Pauli-Peierls, 7/1/31 in ibid., 223-24.

225 "좀머펠트 교수는 담배를 무척 피우고 싶어 해." : Pauli-Wentzel, 9/7/31 in ibid., 224.

225 "네, 교수님" 그리고 "아니요, 교수님" : Pauli to Somm. in ibid., 55.

225 "제게 경외감을 (…) 박사님까지도요." : Pauli-Somm., 12/5/38 (좀머펠트의 70세 생일) in ibid., 55-56.

225 "즐거웠던 학창 시절" : Pauli-Somm., 12/5/38 in ibid., 56.

225 "만약 맞붙어 볼 (…) 평범한 화학자라니!" : Pauli to Franca Pauli (Franca가

1971년에 Enz에게 말해 준 내용) in ibid., 211.

225 사고실험을 (…) 베를린: 아인슈타인은 1931년 4월 11일에 폰 라우에의 초청을 받아 그가 선택한 다음 주제에 관해 세미나를 했다. "On the Indeterminacy Relations" in Pais, 'Subtle', 449.

225 라이덴으로: winter 1931-32 in Casimir, 316.

225 다시 브뤼셀로: 1933년 봄/여름: 로젠펠트에 대한 언급은 Jammer, *Philosophy of Quantum*, 172-73.

225~226 "광자에게 전혀 방해를 (…) 있게 되었다.": AE, 출처 불분명, Ibid., 170-71.

226 하이젠베르크는 자기 제자인 (…) 분석하라고 했다.: vW, *Zeitschrift für Physik* 70, 114-30 (1931) in ibid., 178-80.

226 "양자장 이론의 연습 문제": vW-Jammer, 11/13/67 in ibid., 179.

226 "시작 후 500시간 (…) 고정시킨다.": Eh.-Bohr, 7/9/31 in ibid.f, 171.

226 "이걸 분명히 밝히면 (…) 상태에서 말이네.": Eh.-Bohr, 7/9/31 in Howard, "Nicht", 99.

227 "답장을 보낼 필요는 없습니다.": Eh.-Bohr, 7/9/31 in Jammer, *Philosophy of Quantum*, 172.

227 보어는 영국 브리스틀에서 (…) 잘못 이해했다.: 10/5/31. 광양자 방출 상자에 대한 보어의 설명은 "나중에 그의 회고록 내용과 본질적으로 동일하다." ("Discussion with Einstein") 하워드는 만약 에렌페스트가 명쾌하게 설명해 준 1931년의 아인슈타인의 관점을 드러내 놓고 잘못 이해할 수 있었다면 보어가 1930년의 아인슈타인의 관점도 잘못 이해했을 것이라는 점을 지적했다. "Nicht", 100.

227 나단 로젠이 수소 (…) 영향을 미쳤다.: 로젠에 대한 애셔 페레의 추도사, 12/24/95.

227 "개인적으로 저는 (…) 틀릴지도 모릅니다.": AE-Nobel committee in Pais, 'Subtle', 516.

228 "광양자가 방출된 후 (…) 잴 수 있네.": AE, Leiden 1931 in Casimir, 316.

228 "대화의 시작은 자네가 (…) 있었던 것 같다.": Ibid. (다음과 비교할 것. Pais,

'*Subtle*', 449.)

228 "오늘 베를린에서의 (···) 내 동무다.": AE, 여행 일기, Michelmore, 162.

229 "솔베이 회의(1927년 10월) (···) 황금기라고 부른다.": WH, *Physics and Beyond*, 93.

230 모든 물질은 (···) 붕괴해 버렸을 것이다.: "보통의 물질은 10^{-10}초 동안의 짧은 삶을 산다." JRO, Feb. 1930 in Pais, *Inward*, 351.

230 "누구도 디랙의 이론을 (···) 않았다.": 블래킷, 일종의 인터뷰 형식 (그는 녹음을 거부했다), 12/17/62, Archive for the History of Quantum Physics, Berkeley History of Science Department.

230 "물리학에 관해 할 말은 (···) 우리에게 달렸다.":Rutherford to Mott in Weinberg, 109.

231 아무튼 다음 날 (···) 논쟁을 벌였다.: WH, *Physics and Beyond*, 125-29.

231 '유감스럽게' (···) 마음에 들었을 텐데.: Rutherford in Pais, *Inward*, 363.

231 카드 없이 하는 포커: WH, *Physics and Beyond*, 139.

231~232 "아마도 언어의 중요성을 (···) 설득할 수가 없다네.": Bohr, re: cardless poker in WH, *Physics and Beyond*, 139. 하이젠베르크는 이 인용문이 다음 구절로 끝난다고 회상했다. "그러면 믿을 만한 제안을 하는 것이 불가능해진다."

232 파울리에게 전보: 1956 in Pais, *Inward*, 569.

232 두 가지 전임 업무와 한 가지 비전임 업무: 크록크로프트의 한 학생; Hartcup and Allibone, 43.

232 실험물리학자 어니스트 월튼: Hartcup and Allibone, 39. 43쪽과 56쪽도 참고할 것.

233 "짙은 연기 (···) 화산인 것처럼": Bowdon in Hendry, 17-19.

233 적은 날짜가 서로 달랐기에: Hendry, 21.

233 "드 브로이의 연구와 (···) 이해하게 되었습니다.": AE, 9/29/32 in Pais, '*Subtle*', 516.

233 "원거리의 작용에 관한 (···) 목적에 알맞다.": Eh., *Zeitschrift für Physik* 78

(1932) in Jammer, *Philosophy of Quantum*, 117-18.

234 "터무니없는": Eh., *Zeitschrift für Physik* 78 (1932) in ibid.

234 "대단한 기쁨의 원천": Pauli, *Zeitschrift für Physik* 80 (1933) in ibid.

234 "보어와 자네가 두려워. (…) 발표하기로 했네.": Eh.-Pauli, 10/1932 in Enz, 257.

234 이타 융거: Moore, 223-25; 251-56.

234 슈뢰딩거의 미발표 노트: 에케르트의 학생인 케임브리지 대학의 마티아스 크리스탄들과 로렌스 이오아노우가 비엔나의 슈뢰딩거 기록 보관소에서 발견한다.

235 "일상적인 곡예": Gamow, *Thirty Years*, 167; 관객 사진은 156쪽을 보기 바란다.

235 "어지러울 정도의 성공 가도를 달리던": 스탈린이 자신의 군대가 매우 커지자 1930년에 한 유명한 표현.

235 "자본주의 국가의 과학자와 친해지게 할 수는 없다"는: Gamow, *My World Line*, 93.

236 보어의 강연에 감동을 받고서 (…): "빛과 생명"이란 제목의 그 강연은 다음에 실려 있다. Bohr, *Atomic Physics*, 3-12. 다음도 참고할 것. Daniel J. McKaughan "The Influence of Niels Bohr on Max Delbrück: Revisiting the Hopes Inspired by 'Light and Life'", *Isis* 96, 507-29 (2005).

236 정장용 모자: "막스 델브뤼크은 차분한 얼굴에 정장용 모자를 쓰고서 연극 진행을 아주 잘 했다."고 카시미어는 다른 "코펜하겐 스턴트"에서 적고 있다. ("언제나 좋은 공연이 있었다.") 카시미어는 자신도 기억하지 못하는 이유로 「파우스트」 공연을 보지 못했다. Casimir, 119-120.

236 「코펜하겐 파우스트」: Reprinted in the back of Gamow, *Thirty Years*. 폰 바이츠재커에 따르면 이 작품은 "본질적으로" 막스 델브뤼크이 썼으며(폰 바이츠재커는 무대 위의 모습, 예를 들면 무릎 책상과 스툴, 그리고 누가 보어와 파울리 역을 맡았는지 등에 대해서도 알려 준다. 다음을 참고할 것. French and Kennedy, 188-90), 아울러 파이얼스와 로젠펠트에 따르면 가모프가 직접 삽화를 그렸다고 한다.(French and Kennedy, 228.) (가모프로서는, 델브뤼크에게 "연극의 어떤 부분에 대한 해석을 친절히 도와주었다며" 고마움을 표시한 것 말고는 오직 "저자와 공연자들은 J. W. 폰 괴테―괴테의 운율을 이 작품이 그대로 살렸음―외에는 익명으로 남기를

원한다."고만 적었다. 그는 만약 저자와 삽화가가 드러나지 않는다면 자기 책의 로열티 중 일부는 공제되어 닐스 보어 도서관에 보낼 것이라고 제안한다.) 바바라 가모프가 그의 책을 영어로 번역했다.(Gamow, *Thirty Years*, 168-69.) 다음을 참고할 것. Segrè, *Faust in Copenhagen*.

238 "겉으로는 (…) 척하면서": vW, in French and Kennedy, 187.

238~239 "이런 말을 하는 것은 (…)": 파이얼스는 보어가 내뱉은 가장 심한 다음의 말을 전해 들었다. "나는 비판하기 위해서 이렇게 말하는 건 아니지만, 당신의 주장은 완전히 터무니없습니다."(French and Kennedy, 229.)

242 "보어에게 우리가 웃음을 (…) 있다는 것을 말이다.": vW, "A Reminiscence from 1932" in French and Kennedy, 190.

243 "아인슈타인 교수의 고속 모터보트": *Vossiche Zeitung*, 6/12/33. 다음의 아인슈타인 웹사이트에 인용. http://www.einstein-website.de/z_biography/tuemmler-e.html (May 19, 2006).

243 "공공의 적들에게 다시 팔지 말 것.": AE의 웹사이트에서 인용했다. 그곳에는 아인슈타인의 성과 없는 전후 탐색을 포함해 전체 이야기가 그려져 있다. Ibid.

243 패서디나에 있던 아인슈타인은(…): Pais, 'Subtle', 450.

243 다시 베를린으로 가 보면, 막스 플랑크가(…): Heilbron, 153; Einstein-Ludwik Silberstein, 9/20/34. 다음을 참고할 것. Cassidy, 307 and *B-E Letters*, 263.

243 한편 하이젠베르크는 (…): Cassidy, 315; Heilbron, 164.

243 4월에 파스쿠알 요르단 (…) 나치당에 가입했다.: Cassidy, 316; Enz: "요르단의 불안정한 정치적 지향이 파울리로 하여금 이렇게 말하게 했다. '아, 선량한 요르단! 그는 대단한 충성심으로 모든 정부에 봉사하네.'"(180.) 요르단은 자신이 당원이면 자신의 스승인 보른과 프랑크를 더 잘 보호할 수 있다고 믿었음이 분명했다. 그는 프랑크가 나치 정책에 반대하며 괴팅겐 대학에서 사임한 직후 나치당에 가입했다. 다음을 볼 것. Greenspan, 176.

244 모든 것은 붕괴한다. 중심은 유지될 수 없다.: Yeats, "The Second Coming."

244 한밤중에 전화벨이 (…) 셀바로 왔다.: Born, *My Life*, 250-54; 또 다음을 참고할 것. *B-E Letters*, 113-18.

244 "그렇게 우리는 (…) 접어들었다.": Born, *My Life*, 254.

244~245 "아내는 히틀러나 (…) 싫어 할 정도였다.": Born, *My Life*, 255-56.

245 바일이 보른의 딸들을 (…) 알아내어 찾아왔다.: 딸들과 개 트릭시와 함께 왔고 바일은 나중에 왔을지도 모른다. *B-E Letters*, 117 ; Born, *My Life*, 257.

245 (그녀와 남편은 이미 (…) 곳에 있었다.): Moore, 273.

245 "그리하여 (…) 함께 해 주었다.": Born, *My Life*, 258.

245 "잠시 등산을 하도록": Moore, 272-73.

245~246 "영향을 받을" 만큼 당국이 위압적으로 나오리라고 보지 않았다. 만약 보른이 돌아오면 "괴팅겐 물리학에 (…) 부탁드리고 싶습니다.": WH-Born in Cassidy, 308.

246 몇 안 되는 소중한 유대인 친구들: Cassidy, 483-85. 아마 그가 귀도 벡(Guido Beck)을 구해 냈던 것 같다.: Cassidy, 321-22.

246 "좋은 뜻을 품은 독일 동료들": Born-Eh. in Cassidy, 308.

246 낮에는 물리학을 (…) 밤을 즐겼다.: 예를 들어 파울리와 친구들(그의 조수인 크로니히와 선배 동료인 셰러)이 얼마 전에 함부르크 대학에서 파울리의 자리를 넘겨받은 "PQ-QP 파스쿠알"에게 보낸 엽서를 참고하기 바란다. "사랑하는 요르단! 우리는 취리히의 밤 생활을 연구하고 이어서 파울리의 새로운 방법을 따라 그것을 개선하려고 해. 둘을 서로 비교해 가면서 말이야. 안녕, 크로니히." "하지만 이 방법은 상황을 더 악화시킬지도 몰라! 안녕, 파울리." "너에 대한 좋지 않은 일들을 많이 들어서 너와 알고 지내고 싶다. 셰러." (Enz, 196-97.)

246 "난 꽤 운전을 잘 해." (…) 운전대를 놓아 버렸다.: Casimir, 144.

246~247 "내가 '데이브 (…) 어떻게 잊겠어?'": Ibid., 145.

247 "찜찜한": 로젠펠트가 기억해 낸 아인슈타인의 표현. 다음 책에 인용. Jammer, *Philosophy of Quantum*, 172-73.

247 "다음 상황에 대해서는 (…) 있단 말입니까?": Ibid.

248 "양자 현상의 낯선 특징들에 대한 그 나름의 설명": Rosenfeld in ibid., 173.

248 "머리만 허옇지 철부지 (…) 하고 있나?": Besso-AE, 9/18/32 in Brian, 236.

248 "멀리 여행을 갈 일이 있으면": Ibid.

248 "다음 해" : AE-Besso, 10/21/32 in ibid.

248 정신과 치료 (…) 정신병원 감금: 한스 알베르트의 첫 번째 아내인 엘리자베스 아인슈타인은 데니스 브라이언과의 인터뷰에서 이렇게 말했다. "어렸을 때 그 [에두아르트]는 천재여서 읽은 내용을 전부 기억했다. 그는 피아노를 아름답게 잘 쳤다. (…) 내 남편 [그의 형]은 그가 전기 충격 치료 때문에 망가졌다고 여겼다."(Brian, 195-96.)

248 1933년 5월에: Brian, 247. 그는 사진도 실었다.

249 "에렌페스트가 자네 편지를 (…) 위안을 삼는다네." : AE-Born, 5/30/33, Oxford, in *B-E Letters*, 113-14.

249~250 "고백하건대 그러한 해석은 (…) 여기지 않을 것입니다." : AE, 6/10/33 "Herbert Spencer Lecture" in AE, *World As I See It*, 131ff.

250 "친절한 편지에 매우 (…) 있을 거라고 보네." : Born-AE, 6/2/33, Selva-Gardena, in *B-E Letters*, 116.

250 "회의에서 교수님은 (…) 하셨습니다." : Dirac-Bohr, 9/28/33 in Pais, *Niels Bohr's*, 410. 드레스덴은 (313쪽에서) 에렌페스트의 불안감은 디랙의 1928년 연구로 인해 실제로 더 커지기 시작했다고 언급한다. 또 다음을 참고할 것. Enz, 255-56.

250~251 "자네가 했던 말은 (…) 느끼기 때문이네." : Ehrenfest to Dirac in Dirac-Bohr, 9/28/33: 디랙은 에렌페스트의 모든 움직임을 이야기한 다음 이렇게 끝맺는다. "이 마지막 구절을 나는 생생하게 기억하고 있다. (…) 그 말을 듣고 매우 놀랐다. (…) 내가 아무런 도움을 주지 못해서 너무나 자책이 된다." Pais, *Niels Bohr's*, 410.

251 몇 주 후 에렌페스트는 (…): Ibid.; Segrè, 252. (파이스는 그 사건이 대기실에서 일어났다고 말한다. 세그레는 공원 근처에서라고 말한다. 또 세그레에 따르면 바시크가 눈이 멀었을 뿐 죽지는 않았다고 한다.)

252 "나의 소중한 친구들 (…) 잘 지내길 바라며.: Ehrenfest in Pais, *Niels Bohr's*, 409-10.

253 "당시 우리는 셀바 (…) 무척 사랑했다." : Born, *My Life*, 264.

253 "외국으로 그리고 (…) 향해" : Ibid.

253 12월에 하이젠베르크와 슈뢰딩거 그리고 디랙은 (…): Moore, 288에 사진이

나와 있다.

253 "왜냐하면 그는 유대인도 (…) 없었기 때문이었다.": WH-mother, 9/17/33 in Cassidy, 310.

253 "다시 이곳에 오게 된다면 (…) 오면 좋겠습니다.": 슈뢰딩거의 축하 인사. Moore, 291.

253 "숫자와 관련된 (…) 있어야 하며": 디랙의 축하 인사. Moore, 290.

254 "신은 없고 (…) 선지자다.": Pauli; WH, *Physics and Beyond*, 87.

254 하이젠베르크는 환대를 베풀어 (…): Moore, 290.

254 노벨 평화상은 (…) 않았다.: Ibid., 289.

254 "노벨상에 관해 말하자면 (…) 좋았을 겁니다.": WH-Bohr in Cassidy, 325. 다음을 참고할 것. Born, *My Life*, 220-21. 보어에게 보낸 것과 같은 시기에 보른에게 하이젠베르크가 스위스에서 보낸 편지 내용. "괴팅겐에서 함께 협력하여—박사님, 요르단, 그리고 저—행한 연구 덕분에 저 혼자만 노벨상을 받는다는 사실이 저를 짓누릅니다. 박사님께 무슨 내용을 적을지 모르겠습니다."

254 독일에서 온 난민들이 (…): Pais, *Niels Bohr's*, 543-44; 헤베시가 폰 라우에와 프랑크의 노벨상 메달을 녹여서 그들을 보호한 이야기에 대해서는 480쪽을 볼 것. 프랑크의 매력적인 모습에 대한 묘사는 다음을 볼 것. Frisch, 95.

254 방사능 고양이: Pais, *Niels Bohr's*, 393.

254 열일곱 살의 멋진 (…): Pais, *Niels Bohr's*, 411-12.

255 "보어 형제 그리고 (…) 모습이 말입니다.": von-Neumann-Klara Dan, 9/18/38 (미발표 편지, Marina von Neumann Whitman의 모음집). 보어 저택과 온실의 조각상들은 덴마크의 신고전주의자인 베르텔 토르발센의 작품이다. 내게 이 훌륭한 편지를 보여 준 조지 다이슨에게 감사드린다.

16 실재에 대한 양자역학적 설명 1934~1935년

1. 그레테 헤르만과 카를 융

256 작은 지하실: Cassidy, 271-72; Teller, *Memoirs*, 56, 63; cf. Dresden, 264.

256 카를 프리드리히 폰 바이츠재커: Bernstein, *Hitler's*, 75, 144; Cassidy, 275, 295, 326.

256 "바로 그 순간 (…) 결심했다.": vW, "Reminiscence", French and Kennedy, 184.

257 "물리학의 철학적인 (…) 배우고 싶었던 이유가": vW, "Reminiscence", French and Kennedy, 184.

257 "물리학은 정직한 (…) 권리가 생긴다.": WH to vW; French and Kennedy, 184.

257 하이젠베르크는 물리학 (…) 의지했다.: Cassidy, 326.

258 "'비어 있는 내용'": 하이젠베르크가 1931년 비엔나의 꼼꼼한 인식론자들에게 말한 내용. 철학자들에게 행한 1928년의 강연에서 하이젠베르크는 이렇게 요청했다. "칸트의 기본적인 인식론 문제를 다시 펼쳐서 새롭게 시작하는 매우 어려운 임무입니다. 하지만 그것은 과학자의 임무가 아니라 여러분들의 임무입니다." Cassidy, 256-57.

258 "이제 이런 새로운 상황을 다룰 임무는 철학에 있다.": WH, *Berliner Tageblatt*, 1931 in Cassidy, 257.

258 그녀의 이름은 그레테 헤르만 (…): 하이젠베르크는 폰 바이츠재커보다 "한두 해 전에" 왔다고 한다. 그리고 카시디는 1932년이라고 증언하는데, 그렇다면 하이젠베르크가 신문에 낸 도전적인 기사를 읽자마자 그녀가 왔다는 뜻이 된다. 하지만 하이젠베르크가 기억하는 대화 내용은 그녀의 1935년 신문 내용과 밀접한 관련이 있다. 그리고 재머는 (*Philosophy of Quantum*, 207에서) 그녀가 1934년 봄 학기에 왔다고 말한다. 이 대화에 관한 (그리고 이 대화로 끝나는) 하이젠베르크의 장은 1930~34년으로 연도가 적혀 있다. "젊은 철학자인 그레테 헤르만이 원자물리학의 철학적 기반에 도전을 가할 목적으로 라이프치히에 왔다." (WH, *Physics and Beyond*, 117.) 사진이 함께 실린 일제 피셔의 다음 전기적 수필을 보기 바란다. 'Von der Philosophie der Physik zur Ethik des Widerstandes: Zum Nachlass Grete Henry-Hermann im Archiv der sozialen Demokratie", 다음에서 찾을 수 있다. www.fes.de, and Seevinck, "Grete Henry-Hermannn", 미발표 원고는 여기에 나와 있다. www.phys.uu.nl.

259 "물리학 지식이 커지면서 (…) 없는 겁니까?": Hermann, *"Die Naturphilo-*

sophischen Grundlagen der Quantenmechanik", *Abhandlungen der Fries'schen Schule*, New Series, Vol. 6, 1935, 99-102. 본 저자를 위해 미리엄 예빅이 2004년 번역. 또 다음을 볼 것. *Harvard Review of Philosophy* VII, 37; 이런 내용이 이어진다. "현재의 형식적인 방법과 결합되어 다시 정확한 예측이 가능해진다고 믿어도 되지 않겠는가? 모든 것이 이 질문에 대한 답에 달려 있다."

259~260 폰 바이츠재커의 얼굴은 (…) 기대가 컸다.: "비록 물리학도였지만, [폰 바이츠재커는] 우리의 대화가 철학적인 측면을 띠게 되면 언제나 특이하게 생기가 돌았다. (…) " WH, *Physics and Beyond*, 117.

260 "사실 자연은 (…) 말해 줍니다.": WH, *Physics and Beyond*, 120. 하이젠베르크는 이 인용문을 이렇게 시작한다. "이것은 자연이 우리에게 말해 주는 방식으로서 (…)"

260 "자연에 대한 (…) 무너뜨리는 속성": Bohr, *Atomic Physics*, 115.

260 "양자역학을 결정론에 (…) 가능할까요?": 이 질문은 EPR에 대한 하이젠베르크의 미발표 답변의 제목이었다. 그다음 두 단락은 이 질문에 대한 하이젠베르크의 답으로서 이 논문의 적절한 부분에 대한 카시디의 요약(261) 다음에 나온다.

261 "하지만 슈니트가 이동하게 (…) 없게 됩니다.": WH in a speech in Vienna, 11/27/35. EPR에 대해 그가 답변한 원고에 포함되어 있다. Cassidy, 261.

262 "그처럼 특징적인 성질들 (…) 알게 될 겁니다.": "하지만 노이만의 증명에서는 필요한 한 단계가 [자세한 분석에 의해] 빠져 있다. 한편 만약—노이만이 제시한 과정과 더불어—이 단계를 버리지 않으면, 다른 성질들이 (…) 존재할 수 없다는 증명되지 않은 가정을 내재적으로 갖게 되는 셈이다. 하지만 그러한 성질의 부존재는 증명되어야 할 주장이다.": Hermann, *Die Naturwissenschaften*, 1935. 본 저자를 위해 미리엄 예빅이 2004년에 번역했다.

262 "운동의 과정이 실제로 (…) 가능성": "운동의 과정이 의존하는 다른 성질들": Ibid.; *Harvard Review of Philosophy*, 38.

262 ⟨P＋Q⟩＝⟨P⟩＋⟨Q⟩: 그레테는 Erw(R＋S)＝Erw(R)＋Erw(S)라고 썼다. 'Erw'는 에르바르퉁(Erwartung), 즉 평균의 줄임말이다. 'Erw (X)' 와 '⟨X⟩'는 둘 다 'X값의 평균'을 뜻한다. 한 속성 값의 평균은 주어진 상황의 확률 값의 가중 평균이다. 이것은 양자역학의 기본 도구다.

262 "이 가정과 (…) 붕괴됩니다.": Hermann, *Naturwissenschaften*; Seevinck,

"Grete Henry-Hermann", 미발표 원고.

262 "그는 당신의 불확정성 (…) 읽어 내려고 합니다.": "불확정성 원리로부터 그 러한 증가의 불가능성을 읽어 낸다는 생각이 떠올랐다." Hermann, *Harvard Review of Philosophy*, 37.

262 "만약 한 입자의 위치와 (…) 결정되니 말입니다.": Ibid.

262~263 "하지만 이러한 주장은 (…) 않게 됩니다.": Ibid.; *Harvard Review of Philosophy*, 37-38. "이런 주관적인 해석은 파동과 입자의 이중성에서 이런 관계들을 도출하는 것과 양립할 수 없다.": Hermann; *Harvard Review of Philosophy*, 38. "단지 주관적으로 해석될" 때 불확정성 원리는 "물리적 계의 본성에 관해 아무것도 알려 주지 못하는 듯하다." 하지만 이러한 그레테의 주 장은 하이젠베르크가 입자와 파동의 이중성에서 불확정성 원리를 도출한 것 과 양립될 수 없다. Hermann; *Harvard Review of Philosophy*, 38. "당신은 불확정성을 객관적인 성질을 지닌 물리적 실재로 바꾼다." Grete to WH; WH, *Physics and Beyond*, 122.

263 "이러한 추론에 따라 (…) 정당하지는 않습니다.": Hermann, *Harvard Review of Philosophy*, 38.

263 "그렇게 선언하는 것은 (…) 여기면서 말입니다." Ibid., 이탤릭체.

263 "나는 그 원인들을 찾으러 여기 온 것입니다.": 그녀의 논문 나머지 부분은 이 탐구의 결과를 보여 주는데, 여기서 그녀는 자신이 보어의 대응 원리를 사용하 여 다음 내용을 증명했다고 믿었다. "측정 결과를 결정하는 성질은 이미 양자 역학 자체에 의해 주어져 있다." (Hermann, 이탤릭체, *Harvard Review of Philosophy*, 40.) '노이만 증명'에 관한 주장이 아니라 이 주장이 하이젠베르크 에게 인상적이었기에 그는 이 주장을 EPR에 대한 자신의 답변에서 사용했다. 하지만 보어는 그 주장이 논리적으로 모순이라고 여겼다. Cassidy, 260.

264 "자네의 오랜 그러면서도 (…) 영혼의 활동": Pauli-Kronig, 10/3/34 in Enz, 240.

264~265 "상담을 통해 (…) 알고 있지는 않았다.": 융, 1935년 가을 제5차 타비스 톡 강연 후의 토론; Enz, 243.

265 융은 그 '초보자'가 (…) 언급하지 않았다.: Ronald Hayman, *A Life of Jung*, NY: Norton, 2001, 327.

265 "여성과 잘 지내기보다는 (…) 적절할 듯합니다.": Pauli-Rosenbaum, 2/3/32; Enz, 241.

265 융이 강연에서 (…) 신이 났으며: "박사님이 저의 기질을 매우 잘 활용할 수 있었다니 기쁩니다. 그것을 매우 칭찬해 주셨을 때 저는 조금 미소를 짓지 않을 수 없었습니다. 그러면서 박사님이 제게 그렇게 말해 준 건 처음이라고 속으로 생각했습니다. (…) 박사님의 꿈 해석이 완전히 정확하지는 않다고 느낀 부분을 하나 말씀드리고 싶습니다. (아시다시피 저는 할 말이 있으면 무엇이든 '얼렁뚱땅 넘기지 않는' 편입니다.) 일곱 개의 곤봉에 대한 해석을 지적하겠습니다. 일곱 살 생일 때, 내 여동생이 태어났습니다. 따라서 7은 아니마의 탄생을 가리킵니다.": Pauli-Jung, 2/28/36; *A&A*.

265~266 "저는 꿈 해석과 (…) 알고 싶습니다.": Pauli-Jung, 10/26/34, 요르단의 논문을 포함하여; *A&A*.

266~267 한편 융은 (…) '과학적 증거': "정신 속의 적어도 한 부분은 시공의 법칙에 종속되지 않는다는 지적이 있다. 그것의 과학적 증거가 저명한 J. B. 린네 실험에 의해 마련되었다." Carl Jung, *Memories, Dreams, Reflections* (New York: Vintage, 1989), 304.

267 "이 실험은 정신이 (…) 알 수 있다.": Ibid., 304-5.

267 "우리에 갇힌 사자처럼 (…) 구상했다.": Kate Goldfinger interviewed by Mehra; Enz, 210.

267 "지극히 이성적으로 (…) 고분고분 따랐다.": Franca Pauli in Enz, 287. 1934년에 초심리학에 대한 파울리의 입장은 이러했다. "분명 나는 그것에 어떤 사실적 근거가 있는지 모르겠다. 만약 알았다면 내가 그것을 믿을지 하나님이 알 것이다.": Pauli-Jung, 4/28/34 in Pauli and Jung, 25.

267 "기본적으로 지난 날 (…) 동의했습니다.": Pauli-Jung, 11/24/50 in ibid.

268 "사실 요즈음 저는 (…) 비슷하게 말입니다.": Pauli-Jung, 5/27/53 in ibid.

268 "아인슈타인을 닮은 어떤 (…) 있는 곳이었다.": Pauli-Jung, 5/27/53 in ibid.

269 "양자역학적 특성은 (…) 얻는 과정인 관찰": Hermann, *Harvard Review of Philosophy*, 41.

2. 아인슈타인, 포돌스키, 로젠

270 나단 로젠은 1934년에: "Nathan Rosen-the Man & His Life-Work", Israelit, in Mann and Revzen, 5-10; 부고, Asher Peres, Technion Senate,

12/24/95; Pais, 'Subtle', 494-95. "내가 기억하기에 로젠은 신사적이고 부드러운 말씨의 소유자로서 혼자 두드러지기보다 사람들 속에 잘 섞여 지내는 사람이다. 이와 대조적으로 디랙과 위그너는 언제나 눈에 띄었다. 만약 누군가가 특별히 어리석은 말을 하면, 디랙은 '이제 재미있군요.' 그리고 위그너는 이렇게 말하곤 했다. '정말 바보 같군요! 어떻게 그런 주장을 할 수 있습니까? 그러면 로젠과 그의 아버지는 공손히 웃으면서 그 어리석음에서 유용한 진리의 알갱이를 뽑아 내려고 애썼다." 포돌스키의 아들인 밥이 1963년의 회의를 묘사하여 이메일로 알린 내용. LLG, Feb. 23, 2002.

270 "젊은 친구 (…) 어떻겠나?": interview with Rosen; Jammer, *Philosophy of Quantum Mechanics*, 181.

271 아인슈타인, 포돌스키, 로젠이 함께 벌인 토론: "보리스의 말대로 그가 공동 작업을 이끈 중심적인 주동자였다. 〔다음과 비교할 것. Pais, 'Subtle', 494: 로젠은 EPR의 주요 개념은 그에게서 나왔다고 말했다.〕 그는 새로운 아이디어를 내놓고선 나단의 반응을 살폈다. (…) 보리스는 추상적 개념을 택하여 그것을 수학 공식으로 바꾸는 재주가 있었다. 그래서 상관된 입자라는 아이디어를 내서 그것을 수학적으로 기술하는 일은 그가 맡았다. 내가 보기에 그 수학이 의미하는 바는 한 입자의 상태에 대한 측정이 즉시 다른 입자의 상태를 결정한다는 사실을 지적한 사람은 아인슈타인이었다." Bob Podolsky to LLG by e-mail, Jan. 9 and 25, 2002.

271 "언어 문제 때문에 (…) 포돌스키가 썼네.": AE-ES, 6/19/35; Fine, 35.

271 영어 단어는 약 500개: Michelmore, 197.

272 "뭔가를 알아냈다고 여기면": Bob Podolsky to LLG by e-mail, Jan. 9, 2002.

272 "우리는 물어보지도 (…) 집어넣었다네.": John Hart to LLG by e-mail, Dec. 7, 2001.

272 "만약 어떤 계를 (…) 존재한다.": EPR, *Physical Review* 47, 777.

272~273 "두 가지 이상의 (…) 못할 것이다.": Ibid., 780.

273 포돌스키는 (…) 떠나야 했다.: "아인슈타인의 논문들 가운데는 〔EPR〕의 초고가 없고, 아인슈타인이 그 논문 발표 전에 그것의 초고를 보았는지 여부를 해결해 줄 어떤 서신이나 다른 증거도 없다. 포돌스키는 논문 제출 무렵에 프린스턴이 있는 캘리포니아로 떠났기에 아마도 아인슈타인의 허락 하에 그가 스

스로 작성했다고 볼 수 있다." Fine, 35-36.

273 "아인슈타인이 양자론을 공격하다": *New York Times*, 5/4/35 in Jammer, *Philosophy of Quantum*, 189-91.

274 "왜 이걸 믿어야 하지?": 베르그만이 이 이야기를 시모니에게 말했다. Wick, 286.

274 "포돌스키는 늘 (…) 봅니다.": 아인슈타인이 포돌스키를 언급한 말. Bob Podolsky to LLG by e-mail, Jan. 9, 2002.

3. 보어와 파울리

275 "주님은 오묘하실 (…) 않도다.": AE in Pais, '*Subtle*', vi.

275 "이 논문은 우리에게 (…) 해결해야 했다.": Rosenfeld in Wheeler and Zurek, 142.

275~276 "그것에 대해 논하는 올바른 방법": Ibid.

276 "아냐. (…) 이건 안 돼. (…) 이해가 되는가?": Ibid.

276 "이제 모든 걸 (…) 밝혀냈으니 말이다.": 보어의 표현, 11/17/62 in Beller, 145.

276 "밤을 꼬박 새며 생각해 봐야겠는걸.": Rosenfeld in Wheeler and Zurek, 142.

276 "아인슈타인이 또다시 (…) sein darf: Paul-WH, 6/15/35 in Enz, 293.

276~277 불가능한 사실: Christian Morgenstern, *The Gallows Songs: Christian Morgensten's*, Galgenlieder, Max Knight, trans., University of California Press, 1964.

277 "나도 인정해 주겠어. (…) 해 주면 좋겠어.": Pauli-WH, 6/15/35 in Cassidy, 259, and Rüdiger Schack trans., Fuchs, 549.

277 "우리로선 사소한 (…) 알리고 싶어.": Pauli-WH, 6/15/35 (trans. by Rüdiger Schack) in Fuchs, 550-51.

277~278 "라우에와 아인슈타인과 같은 (…) 수 있을 거야.": Pauli-WH, 6/15/35 in ibid., 550.

278 "아인슈타인과는 무관하게 (…) 근본적인 점이야.": Pauli-WH, 6/15/35 in ibid., 297.

278 하지만 교수들의 저녁 (…) 답답해하고 있었다.: Moore, 296-98.

278 『피지컬 리뷰』에 발표된 (…) 주제지요.": ES-AE, 6/7/35 ; Moore, 304 ; Fine, 66.

279 두 달 후 자신이 (…) 맞추고 있었다.: Fine, 67 and Fuchs, 640.

279 "포돌스키! (…) 바지오포돌스키!": Bohr to Rosenfeld in Pais, 430-31.

279 "그들의 주장은 (…) 않는 듯하네.": Bohr, *Physical Review* 48, 696.

279 "물리적 실재에 관해 (…) 보여 줄 참이네.": Ibid., 696.

279~280 "따라서 나는 이번 (…) 설명하게 될 걸세.": Ibid.

280 "자연철학의 새로운 특징인 (…) 만큼 비슷하다네.": Ibid., 702. "종종 언급된 놀랄 만한 유사성"〔일반상대성과 상보성 사이의〕: Ibid., 701.

280 "오늘 아침 박사님은 (…) 것 같습니다.": Rosenfeld in Wheeler and Zurek, 142.

280 "우리가 차츰 (…) 신호라네.": Bohr to Rosenfeld in ibid.

280 "그렇다는 점이 (…) 말일세." "따라서 그 사례로부터 설명하겠네.": Bohr, *Physical Review* 48, 697.

280~281 "이 단순하고 사실상 (…) 구분하고 있다.": Ibid., 699.

281 "양자역학과 일반적인 (…) 부적절하다.": Ibid.

281 "적절한 양자 현상의 (…) 점을 다룬다.": Ibid.

281 "이 단순한 사례와 (…) 관심이 있다.": "이 마지막 주장은 E, P & R이 다룬 특별한 문제에도 마찬가지로 잘 적용된다. 위의 단순한 사례와 같이 (…) 우리는 (…) 단지 상보적인 고전적 개념들 (…) 구별에 관심이 있을 뿐이다.": Ibid.

282 "이제 우리는 (…) 않음을 알 수 있다.": Ibid., 700.

283 "사실 (…) 새로운 상황이다.": Ibid.

283 "우리는 각 실험 (…) 구별할 필요성": Ibid., 701.

283 "이 선택은 (…) 문제이다.": "물론 이 구별이 만들어지는 각 측정 과정 내의 장소는 두 경우[양자적 경우와 고전적 경우] 모두 대체로 편의의 문제이다.": Ibid.

283 "하지만 그것은 근본적으로 (…) 하기 때문이다.": "그것이 양자론에 근본적으로 중요하게 된 까닭은 모든 적절한 측정의 해석에 고전적 개념들을 필수불가결하게 사용해야 하는 데 뿌리를 두고 있다.": Ibid.

283 "입자와 측정 도구 (…) 다루어야 한다.": "입자와 측정 도구 사이의 반응을 더 자세히 분석할 수 없다는 것은 (…) 이런 종류의 현상 연구에 적합한 설정의 본질적인 성질이다. 여기서 우리는 고전물리학에서 다루던 것과는 완전히 다른 개별성을 다루어야 한다.": Ibid., 697.

283~284 "양자가 존재한다는 (…) 필요가 생긴다.": Ibid.

284 "저들의 주장은 (…) 보일 뿐입니다.": Rosenfeld in Wheeler and Zurek, 142.

284 "그들은 아주 교묘한 (…) 주장이네.": Bohr to Rosenfeld, in ibid.

284 "그 저자들은 실재에 (…) 대신에 말입니다." ("보어가 우리에게 권하듯이"): Rosenfeld in Wheeler and Zurek, 144.

284 "이 현상을 설명하는 데 (…) 싶은데.": "양자 현상에 대한 더욱 정확한 시간 설명을 시도하자마자 우리는 새로운 모순과 마주쳤다(…)": Bohr, *Physical Review* 48, 700.

4. 슈뢰딩거와 아인슈타인

284~285 "나는 실제 사건에 (…) 된다고 말일세.": AE-ES, 6/17/35 in Fine, 68.

285 그 논문은 "내가 원래 (…) 질식당해 버렸네.": AE-ES, 6/19/35 in ibid., 35.

285 "난 소시지를 주지 않네.": AE-ES, 6/19/35 in ibid., 38. 아인슈타인이 직접 말한 표현은 "(…)는 내게 소시지다." 즉 "신경 쓰지 않는다."

285~286 "내 앞에 상자 (…) 있음이 결정된다.": AE-ES, 6/19/35 in Moore, 304.

286 "물론 이 두 번째 (…) 받아들일 거네.": AE-ES, 6/19/35 in Fine, 69

286 "하지만 어느 탈무드 (…) 다를 뿐.": Ibid. and Moore, 304.

286 "보충적인 한 원리 (…) 수 없네.": AE-ES, 6/19/35 in Howard, *Einstein on*

Locality, 178.

286 "두 번째 상자의 (…) 불완전하네.": AE-ES, 6/19/35 in Moore, 304-5.

287 세 통: 1935년 7월 2일 보어는 EPR에 대한 자신의 답변을 하이젠베르크에게 보냈다. 하이젠베르크는 EPR에 대한 이 답변을 파울리와 에렌페스트에게 보냈다. 슈뢰딩거는 '아인슈타인 사례'에 대해 파울리에게 편지를 썼다.

287 "이 점에 대해 (…) 너무 복잡했다.'": ES-Pauli, 7/2/35 in Rüdiger Schack trans. in Fuchs, 551-52.

287 "하지만 저는 왜 (…) 슈뢰딩거로부터.": ES-Pauli, 7/2/35 in Moore, 306.

287 "이 단어는 (…) 용어가 아닙니다.": Ibid.

287 "제가 보기에는 (…) 알고 있습니다.": Pauli-ES, 7/9/35 in Rüdiger Schack trans. in Fuchs, 553.

287 "관찰자는 (…) 창조합니다.": Pauli, 1954, in *Writings on Physics*, 33.

287~288 파울리에 따르면 (…) 사실과 같다.": "아무런 원인도 없는 궁극적인 사실과 마찬가지로, 측정의 개별 결과는 (…) 법칙으로 이해되지 않는다.": Ibid., 32.

288~289 "박사님이 6월 17일과 (…) 없는 형편이고요.": ES-AE, 7/13/35 in Fine, 74.

289 "새로운 이론의 (…) 없습니다.": ES-AE, 7/13/35 in ibid., 75.

289 "이러한 측정만이 (…) 여겨지지 않습니다.": ES-AE, 7/13/35 in ibid., 76.

289 "내가 기꺼이 (…) 사실을 보네.": AE-ES, 8/8/35 in Moore, 305.

289 "이미 인정된 (…) 올챙이 같다네.": AE-ES, 8/8/35 in Fine, 59.

289~290 이어서 그는 자신이 '역설' (…) 해결책을 설명해 나간다.: AE-ES, 8/8/35 in Fine, 50 and 47n.

290 "하지만 자네는 (…) 설 수 있네.": AE-ES, 8/8/35 in Moore, 305.

290 "이런 관점은 (…) 보여 주고 싶네.": AE-ES, 8/8/35 in Fine, 77.

290 "내재적인 힘으로 (…) 기술하게 되네.": Ibid., 78.

290~291 "어떤 해석 방법에 (…) 않으니 말일세.": Ibid.

291 "모순 또는 역설 (…) 않는다.": ES-AE, 8/19/35 in Fine, 79.

291 「분리된 계들 (…) 논의」: ES, *Proceedings of the Cambridge Philosophical Society* 31, 555 (1935).

291 "나는 이 현상을 (…) 얽히게 된다.": Ibid., 555.

292 "전반적인 고백": ES, "The Present Situation in QM", *Naturwissenschaften* 23, 807-12; 823-28; 844-49 (첫 부분 발간 11/29/35) in Wheeler and Zurek, 152-67. 그 페이지를 "전반적인 고백"이라고 설명한 것은 12부에 있는 슈뢰딩거의 주에 등장한다.

292 "스물네 시간 (…) 아니었다.": ES-AE, 8/19/35 in Fine, 80.

292 젊고 불안정한 막스 보른을 격려: Greenspan, 24 and 67.

292 "잠이 들었는지": Cäcilie Heidczek-von Laue, 4/6/42 in Greenspan, 243.

293 페르슈랜쿵(Verschränkung): ES, "The Present Situation in QM", *Naturwissenschaften* 23, 827.

293 "논의 중인 주제의 (…) 여기지 않는가?": ES, "The Present Situation" in Wheeler and Zurek, 155.

294 "심지어 꽤 재미있는 (…) 해서는 안 된다).": ES, "The Present Situation" in Moore, 308.

294 「한 시간 내에 (…) 있다고 할 것이다.": Ibid.

295 "아인슈타인의 역설을 (…) 어려울 것 같습니다.": ES-Bohr, 10/13/35 in Moore, 312-13.

295 "저는 과학이라는 (…) 아름답습니다.": WH-mother, 10/5/35 in Cassidy, 330.

295~296 "최근 런던에서 (…) 편할 거라고 말했습니다.": ES-AE, 3/23/36 in Moore, 314.

296 "신의 카드를 (…) 믿을 수 없다.": AE-Lanczos, 3/21/42 in Dukas and Hoffmann, 68.

296 "신은 내가 확률 (…) 여전히 그렇습니다.": ES-AE, 6/13/46 in Moore, 435.

296~297 "박사님은 라우에와 (…) 누구도 의심하지 않네.": AE-ES, 12/22/50 in

Przibram, 39.

297 "이성적인 사람이라면 (…) 여기는 듯합니다.": ES-AE, 11/18/50 in Przibram, 37.

297 "아, 저는 지쳤습니다.": Bohr to Pais, 1948 in Pais, *Niels Bohr's*, 12.

297~298 "아주 똑똑하고 (…) 뭘 어쩌겠습니까.": Pais in *Niels Bohr's*, 434.

298 "좌표계에는 (…) 한답니다.": Bohr to Pais, 1948. "Discussion with Einstein"을 구술하기 전. Pais, *Niels Bohr's*, 13.

298~299 "이 축사의 주제에 (…) 박사와 다투었습니다.": Bohr, "Discussion with Einstein", 1949 in *Atomic Physics*, 66.

299 "얼굴에 장난꾸러기 (…) 못했으니 말이다.": Pais, *Niels Bohr's*, 13.

299 "둘은 얼굴을 (…) 표현일 것이다.": Ibid.

299 "하지만 알다시피 (…) 했거든.": Ibid.

299~300 "막스 박사님 (…) 정말로 확신하십니까?": ES-Born, 10/10/60 in Moore, 479.

300 "그의 사생활은 (…) 완벽하고 비상했습니다.": Born, *My Life*, 270.

300 그가 쓰던 칠판에는 (…) 광양자 방출 상자였다.: 다음에 사진이 실려 있다. French and Kennedy, 304.

탐색 그리고 고발 1940~1952년

17 프린스턴에 날아든 소환장 1949년 4월~6월 10일

303~304 "아인슈타인 박사님은 (…) 출석해야 할지 모르겠네.": Bohm in Peat, 92.

304 "마르크스주의자로서 자신은 양자역학을 믿기가 어렵다고": Gell-Mann, 170.

304 그는 (…) 보어의 글을 열심히 읽는 중이었다.: Bohm in Hiley and Peat, 33: "그 발전은 전부 1950년 무렵 프린스턴에서 시작되었다. 내가 『양자론』이라는 책 집필을 막 마쳤던 무렵이었다. 사실 나는 상보성 원리를 바탕으로 하여 보어의 관점이라고 내가 여겼던 내용에서 그 책을 썼다. 정말로 나는 3년 동안 양자론을 가르치면서 주로 전체 주제에 대해 그리고 특별히 보어의 아주 깊고 미묘한 해석을 더 잘 이해하기 위해 그 책을 썼다. 하지만 책이 완성되고 난 후

내가 쓴 내용을 다시 훑어보니 조금 불만스러웠다."

305 "아, 이런, 모든 걸 잃었다네.": Lomanitz interview in Peat, 92.

305 "박사님과 오펜하이머가 1952년 (…)": Pais, *Einstein*, 95.

305 아인슈타인에게 과자를 가져다주는 여덟 살 여자아이들: Jonn Blackwell, the *Trentonian*, 1933, http://capitalcentury.com/1933.html (Mar. 21, 2008).

305 "나는 죽음이다.": "바가바드기타 속에 크리슈나가 왕자에게 자기 임무를 다 하라며 설득하는 다음 한 구절이 내 마음에 떠다녔다. '나는 죽음, 곧 이 세계의 파괴자다.'" (JRO in Goodchild, 162.)

306 "위원회에는 FBI 사람도 한 명 있대.": Lomanitz interview in Peat, 92.

306 '진실을 말하겠다고 약속해 주게': "나는 그들이 진실을 말해야 한다고 말했다." "그들은 무슨 말을 했는가?" "'우리가 거짓말하지 않으리라고' 그들이 말했다.": JRO interviewed by the HUAC in In the matter(…), 151.

306 편집증 환자: Rossi interview in Peat, 92.

306 동전을 공중에 던졌다가 받기: Lipkin interview in Peat, 77-8.

306 "그분은 정말로 속임수도 (…) 느낄 정도야.": Gross in Hiley and Peat, 48-49.

306 "봄 씨 (…) 회원이었습니까?': 방사능 실험과 원자폭탄 프로젝트의 공산주의자 침입에 관한 청문회 (…) 버클리, 5/25/49, 321 in Bohm archive.

306 "저는 그 질문에 (…) 보기 때문입니다.": Ibid.

307~308 "당신은 정당이나 정치 (…) 어떻게 해야 하나요?': 청문회 (…) 버클리, 5/25/49, 325 in Bohm archive.

308 "동료들이 보기에 (…) 이유도 없다.": Peat, 95.

308 "조국을 보호": 청문회 (…) 버클리, 6/10/49, 352 in Bohm archive.

308~309 "제 생각에 어떤 경우 (…) 더 좋다고 봅니다.": 청문회 (…) 버클리, 6/10/49, 352-53 in Bohm archive.

309 "교수님은 그때 일을 (…) 위원회를 임명해야 한다.'": Ford to LLG by phone, Dec. 2000.

18 전쟁 중의 버클리 대학 1941~1945년

310 "나는 오펜하이머를 사랑했다.": "오펜하이머에 대한 봄의 감정은 존경을 넘어 그가 후에 설명한 대로 사랑으로까지 커졌다. 봄의 지적인 열망을 이해했을 뿐 아니라 그에게 격려와 지지를 보냈던 사람이 오펜하이머였다. 어쩔 수 없이 봄의 마음에는 자신보다 열세 살 위인 오펜하이머를 자신을 아껴 주고 이해해 주는 아버지로 여기는 면이 있었다." Peat, 43.

311 J. 로버트 오펜하이머는 (…) 자랐다.: Goodchild; and Smith and Weiner.

311~312 "수준 높은 문학적 (…) 분명히 밝혔다.": Bethe, *Science* 155, 1967.

312 "특히나 그는 (…) 뛰어들 수 있었다.": Rabi in Rabi et al., 6-7.

312 "나는 학파를 만들려 (…) 풍부한 이론이었다.": Goodchild, 26.

312 오펜하이머의 학생들은 (…) 수 있다고 했다.: Ibid., 27-29; Rabi et al., 5, 6, 19; Smith and Weiner, 133.

312 "캘리포니아의 많은 (…) 더 위대해지지.": JRO-brother 1/7/34 in Smith and Weiner, 170.

313 "아, 아직 (…) 모르시는지요?': Pauli in Regis, 133.

313 "확신에 찬 고전주의자": 이것이 봄의 표현인지 와인버그의 표현인지 불분명하다. Peat, 50.

313 "피타고라스 식 신비주의": Bohm in Peat, 52.

313 "물리학은 초기의 (…) 있다는 분위기다.": Bohm interview, *Omni*, 1/87. www.fdavidpeat.com/interviews/bohm.htm.

314 몇 달이 지나자 (…) 여겼지만: Peat, 56-58.

314 "1939년 이후로는 (…) 하진 않았습니다.": JRO. *In the Matter* (…), 114.

314 "우리는 그 프로젝트가 (…) 할 수 있었다.": Bohm; interview 6/15/79, Bohm archives, Birkbeck.

314 1943년 3월 (…) 없다고 말했다.: *In the Matter* (…), 119-20.

315 "우리는 사각형의 (…) 이용했다.": Ibid.

315 동시에: 버클리 조사의 '과학자 X'와 스티브 넬슨에 관한 설명은 다음을 볼 것.

In the Matter (…), 259; *Hearings of the Committee on Un-American Activities*, pp.v-vi, 1949, Bohm Archive.

315 "정보가 별로 (…) 사실뿐이었습니다.": Pash in *In the Matter* (…), 811.

315 1943년 6월에 (…) 것으로 밝혀졌다.: "조사 결과 우리는 조가 조셉 와인버그라고 알아냈으며 확신했다.": Pash in *In the Matter* (…), 811.

316 "물리학자들 사이에서 (…) 짓이라고 여깁니다.": 랜스데일이 오펜하이머와 가진 인터뷰의 모든 인용문은 다음에서 얻었다. *In the Matter* (…), 873-83. 다음은 제외, "그가 세상에 대해 (…) 위험한 인물", 121.

318 "침묵을 지키자는 모의": 그 책이 인기를 얻은 데 대한 모의자들의 반응, 2002, "Accuracy in Media" conference (www.aim.org).

318 "정말로 위험": DeSilva in *In the Matter*(…), 150.

318~319 "오펜하이머는 그럴만한 인물로 (…) 가득하다고 진술했다.": DeSilva in ibid.

319 "이상한 불안감": *In the Matter* (…), 149.

319 "서명자인 (…) 대답했다.": Ibid.

320 봄이 보기에 (…) 상태를 상징했다.: 다음을 볼 것. Peat, 66-68; 그는 "자신의 물리학 연구와 정치적 (…) 신념을 구분하지 않았다." Ibid., 135.

19 프린스턴의 양자론 1946~1948년

321~322 "내가 어렸을 때 (…) 가까이 다가갔다.": Bohm interview, *Omni*, 1/87.

322 "어렸을 때에도 (…) 사로잡혔다.": Bohm, *Wholeness*, ix.

322 "만약 어떤 위치에 (…) 생각할 수는 없다.": Bohm, *Quantum Theory*, 146.

322 "빠르게 달리는 차를 (…) 느껴지지 않는다.": Ibid., 145.

322 "사실은 우리의 (…) 일치한다.": Ibid., 146.

323 "고대 그리스인들 (…) 없다는 역설입니다.": Ibid., 147.

322 "다시 양자론은 (…) 편이라고 여기는": Ibid., 152.

323 "일반적인 견해와 달리 (…) 않기 때문입니다.": Ibid., 622.

323 "한계가 분명한 (…) 알고 있습니다.": Ibid., 167.

323~324 "몇 시간이 지나면 박테리아의 (…) 볼 수 있습니까?": Ibid., 163.

324 "하지만 계의 행동이 (…) 없기 때문입니다.": Ibid., 167.

324 "그는 위대한 (…) 그 자체였습니다.": Ford to LLG by phone, Dec. 2000.

324 "우리는 엄청나게 (…) 이점이 많았습니다.": Gross in Hiley and Peat, 46.

324 "실재를 일관된 전체로서 (…) 이해하길 원했다.: "과학적 및 철학적 연구에서 나의 주된 관심은 실재의 본질을 보편적으로 그리고 특히 의식을 일관된 전체로서 이해하는 것이었다." Bohm, *Wholeness*, p. ix.

325 "사고 과정과 (…) 훌륭하게 비교한": Bohm, *Quantum Theory*, 171.

325 논리와 사고의 (…) 설명하는 내용: Ibid., 169-70.

325 "너무 장황한": Wigner. 아브너 시모니를 통해 내게 전해졌다.

325 "양자론에 대한 (…) 도움이": Bohm, *Quantum Theory*, 171.

325 "만약 어떤 사람이 (…) 찾게 될 것이다.": Ibid., 169.

325 "비록 이런 가설이 (…) 마련해 줄지도 모른다.": Ibid., 171.

326 "(하지만 그렇다고 (…) 아니다)": Ibid., 171.

326 "모든 정황들이 (…) 소용이 없을 것이다.": Ibid., 115.

327 "스핀이 어떤 (…) 있는 한": Ibid., 614.

327 "이 방향을 둘 (…) 안 된다.": Ibid.

328 "파동함수는 기껏해야 (…) 결론에 이르게 된다.": Ibid., 615.

328 "양자역학에 관해 (…) 비판하고": Ibid., 611.

328 "서로 얽혀 있는 잠재성들": Ibid., 159.

328 "따라서 결론적으로 (…) 내놓을 수 없다.": Ibid., 623.

328 "'양자역학(quantum mechanics)'이란 (…) 마땅할 것이다.": Ibid., 167n.

20 강의를 정지시킨 프린스턴 1949년 6월 15일~12월

330 신문에 온통 그 이야기: 로체스터 신문 이야기는 다음에 실려 있다. *In the Matter* (…), 211. 봄은 오펜하이머가 페테르스에게 한 말을 들었을 때 자신이 얼마나 혼란스러웠는지 마틴 셔윈에게 말했다. Sherwin interview, Birkbeck College, Bohm Archives.

331~332 12월 초 어느 날 (…) 아니길 바랍니다.": "그 집행관은 친절했기에 봄이 조언을 해 달라고 하자 그는 보석을 얻기 위해 주도인 트렌턴까지 갈 수 있다고 대답해 주었다. (…) 트렌턴으로 가는 도중에 집행관은 과학에 대해 이야기하면서 자기 죄수인 봄에게 아인슈타인에 대해 물었다. 그는 헝가리 출신이라고 했으며 충성스러운 미국 시민이라고도 했다. 그는 봄이 국가에 불충한 사람이 아니길 바랐다." Peat, 98.

332 "짧은 대화를 주고받은 (…) 쫓겨 나왔다.": Schweber, *In the Shadow* (…), p. x. 슈베버와 친구들은 이후 오펜하이머에게 갔다. "그리고 고맙게도 그는 봄에게 연구소에 일자리를 마련해 주었다." 피트(Peat)가 쓴 봄 전기에는 이야기가 다르다. 즉 봄을 연구소에 보내길 원했던 사람은 아인슈타인이었으며, 오펜하이머는 연구소를 공산주의자의 피난처로 삼으면 어떻게 되겠냐는 우려 때문에 그 계획을 중단시켰다.(Peat, 104; 또한 피트의 긴 미주 331쪽을 참고할 것.)

21 양자론 1951년

334 교과서인 『양자론』의 (…) 나로 되돌아 왔네.": "나는 (…) 내 책들을 아인슈타인, 보어, 파울리, 그리고 다른 몇몇 물리학자들에게 보냈다. 보어에게선 답장이 없었지만 파울리에게선 열정적인 답장을 받았다. 그다음에 아인슈타인에게서 전화가 왔다. (…)" Bohm in Hiley and Peat, 35. 겔만은 이렇게 적고 있다. 데이비드는 "잔뜩 흥분한 채 불쑥 날 찾아와 (…) 아인슈타인이 책을 읽고서 전화를 걸어 그 내용이 자신에게 반대하는 사례 중 가장 좋은 설명이었기에 만나서 논의해 보자고 말했다는 것을 내게 전했다. 당연히 다음번에 데이비드를 만났을 때 나는 둘의 대화가 어땠는지 궁금해 죽을 정도였다. 그래서 어땠는지 물어보았다. 그는 좀 멋쩍어하며 이렇게 말했다. '그의 말을 듣고 내 생각이 바뀌었어. 책을 쓰기 전의 상태로 되돌아오고 말았어.": Gell-Mann, *The Quark & the Jaguar*, 170.

334 "내가 보어의 관점을 (…) 하시면서 말이야.": Bohm in Hiley and Peat, 35.

334~335 "결국 아인슈타인 박사님은 (…) 그렇게 여기셨지.": Ibid.

335 "아인슈타인 박사님의 말은 (…) 매우 가까웠어.": "그것은 (…) 양자론이 통계적 배열만을 다루고 있다는 나의 직관적인 인식과 가까웠다." Ibid. "아인슈타인은 양자론의 통계적 예측이 옳긴 하지만 빠져 있는 요소를 제공함으로써 원리적으로 통계학을 넘어—최소한 원리적으로는—결정론적 이론을 내놓을 수 있다고 여겼다. 아인슈타인과의 이번 만남은 내 연구 방향에 큰 영향을 미쳤다. 왜냐하면 그 후 나는 양자론을 결정론에 따라 확장할 수 있는지에 대해 진지한 관심을 갖게 되었으니 말이다."

335 "현상 너머의 (…) 이론인 거지.": Ibid., 33.

335 "알다시피 난 (…) 좋아하지.": "데이비드는 내게 말하길, 자신은 마르크스주의자여서 양자역학을 믿기가 어렵다고 했다.(마르크스주의자는 자신들의 이론이 완전히 결정론적이길 좋아하는 편이다.)": Gell-Mann, 170.

335~336 블래킷 교수께 (…) 아인슈타인 올림: David Bohm archive. 〔'박사(Dr.)'와 '씨(Mr.)' 사이의 바뀜은 원문에 그렇게 되어 있다.〕

336 "나는 3년 동안 (…) 꽤나 실망스러웠다.": Bohm in Hiley and Peat, 33.

336 "파동함수는 실험이나 (…) 넘어설 수 없었다.": Ibid.

22 숨은 변수 그리고 도망 1951~1952년

337~338 "양자론에 대한 통상적인 (…) 계속되어야 한다.": Bohm, *Physical Review* 85, 166, 1952.

339 그는 이 논문을 1951년 (…) 보냈다.: 그 논문은 1951년 7월 5일 『피지컬 리뷰(Physical Review)』에 접수되었다. Ibid.

339 "슈뢰딩거 방정식에 (…) 해석": Ibid., 169.

339 다른 이의 저작을 (…) 것인 줄을 몰랐다.: "이 논문이 완성된 후 저자의 관심은 드 브로이가 행한 양자론의 대안적 해석에 관한 유사한 제안에 모아졌다.": Ibid., 167.

339 "'양자역학적' 포텐셜": Ibid.

339~340 "객관적으로 실재하는 (…) Ψ 장": Ibid., 170.

340 "'양자역학적' 힘은 (…) 전송할지 모른다.": Ibid., 186.

340 "전자기장, 중력장뿐 아니라 (…) 있을 것이다.": Ibid., 170.

340 EPR에 관한 "단순한 설명": Ibid., 180.

340 "아인슈타인은 (…) 불완전하다고 여겼다.": Ibid., 166.

340 "수차례에 걸쳐 (…) 감사드린다.": Ibid., 179.

341 한 이론의 목적은 (…) 확신이 더 커진다.: Ibid., 189.

341 "그것은 모든 물리적 (…) 내놓게 된다.": Ibid., 166.

341 "내가 이런 걸 (…) 믿기지가 않아.": 미리엄 예빅이 기억하는 봄의 말: Peat, 113.

341 펜실베이니아 주립대학에서 함께 (…) 때가 떠올랐다.: Ibid., 28-29.

342 대학 때에도 봄은 (…) 걸어 다녔다): Ibid., 29-30.

342 둘은 시간을 더 (…) 떠난 여행이었다.: Ibid., 23-24.

342 "오펜하이머는 여러 사람들에게 (…) 것이라고 말했대.": Ibid., 84.

342 하지만 오펜하이머가 (…) 써 준 데: 이 사실은 그가 보안 청문회를 받을 때 불리하게 적용되었다. Goodchild, 261.

342 노란 컨버터블: "바이스는 자기 친구가 FBI를 피해 도망가고 있다고 느꼈다. 어느 날 저녁 봄은 바이스에게 창밖을 보고 노란 컨버터블 한 대가 오가는지 살펴 달라고 부탁했다. 바이스가 그 차를 보았다. '쫓기고 있니?'라고 묻자, '그래, 그들이 날 찾고 있어.'라고 봄이 대답했다.": Peat, 105.

343 그날 밤 봄은 (…) 않아도 되겠어!": 봄과 바이스는 "어두워지길 기다렸다가 지하철로 걸어갔다. (…) 열차에서 바이스는 어떤 사람이 신문의 뒤쪽 페이지를 읽고 있는 모습을 보았다. 앞쪽 페이지에는 봄의 사진과 함께 '그들이 알아낸 것은 그의 이름뿐'이라는 글이 적혀 있었다. 바이스는 봄이 마침내 신문에 이름을 냈다고 농담을 던졌다.": Peat, 105.

343 "네 아버지는 내가 (…) 집까지 걸어갔어.": Ibid., 27.

343~344 데이브 (…) 네 코가 (…) 코가 부러졌는지: Ibid., 30.

344 바이스가 진지하게 (…) 억울해하질 않는구나.": Ibid.

344 "아마도 오펜하이머 (…) 여기는 편이네.": AE-Bohm, 12/15/51 in Peat, 116.

345 비행기는 다시 승강장으로 (…) 따라 비행기를 내렸다.: Ibid., 120.

23 브라질에서 만난 봄과 파인먼 1952년

347 공항에 (…) 새집으로 데려갔다.: Peat, 121-23.

348 VENCEÁS PELA CIÊNCIA: 상파울루 대학 웹사이트를 보기 바란다. 웹사이트는 그 건물의 '정교함'에 대해 거듭 강조하고 있다.

348 강의를 시작했을 때 (…) 열심히 임했다.: "좋은 연구를 많이 할 기회가 있는 것 같습니다." Bohm-Einstein in Peat, 121.

348 열역학 제6법칙: Ibid., 122.

348 "난 출렁이는 바다에서 (…) 나갔으면 싶어.": Bohm-Loewy (봄은 당시 브라질로 떠날 준비를 하며 플로리다에 있었다) in ibid., 105.

349 "내 연구가 (…) 흔들리는": Bohm-Yevick, 11/1951 in ibid., 122.

349 봄은 브라질에 도착한 (…) 파인먼을 만났다.: Ibid., 125-26.

350 "좋은 학생들도 여럿": Bohm-Einstein in ibid., 121.

350 "데이브, 다들 그냥 (…) 있지 않아.": 파인먼은 무턱대고 암기만 하는 브라질 학생들이 문제라고 설명한다. *"Surely"*, 211-19.

351 "난 정말 가르치지 (…) 있을 뿐이야.": Ibid., 165.

351 "프린스턴고등연구소": Bohm-Yevick in Peat, 131-32.

351 "하지만 여기서는 (…) 조금 두렵기도 하고.": "언어 장벽 때문에 사람들을 가깝게 만나기가 오랫동안 어려워지리란 걸 알고서 조금 두려워. (…) 영어를 잘 알아듣지 못하는 사람들에게 물리학을 설명하니까 상상력이 좀처럼 솟아나지 않아. 이런 정체에 (…) 무슨 대책을 세워야겠어.": Bohm-Loewy, postmarked 10/17/51 in Bohm archive.

352 "물고기 떼라는 (…) 의미의 스쿨이 아니고.": "교육이라는 의미의 스쿨이 아니라 물고기 떼라는 의미의 스쿨": Feynman, *"Surely"* (…), 206.

352 "장난감 프라이팬 (…) 소리를 내.": Ibid., 206-8.

352 메피스토펠레스: 글릭은 1952년 카니발에서 파인먼이 메피스토펠레스 차림을 하고 있었다고 한다. *Genius*, 286.

352~353 "딕, 그들이 (…) 내 룸메이트가 봤대.": 봄의 여권은 수상한 복장을 한 사람들이 빼앗아갔다. 그의 룸메이트가 차 한 대가 돌고 있는 모습을 보았다. Peat, 124-25.

353 "알고 보니 난 미국을 벗어난 게 아냐.": Bohm-Phillips in ibid., 125.

354 WKB 근사법: 아인슈타인과의 대화로 인해 봄은 양자론을 결정론에 따라 확장하는 방법을 찾았다. "나는 곧 고전적인 해밀턴-야코비 이론에 대해 생각했다. 그것은 근본적인 방식으로 파동을 입자와 관련시키는 이론이다. (…) 어떤 근사(Wentzel-Kramers-Brillouin)를 하면, 슈뢰딩거방정식은 고전적인 해밀턴-야코비 방정식과 등가가 된다. (…) . 나는 스스로 이렇게 물었다. 이런 등가성의 증명에 있어서 만약 이런 근사를 하지 않으면 어떻게 될까? 즉시 나는 해당 입자에 작용하는 새로운 종류의 힘을 나타내는 추가적인 포텐셜이 있을 거라는 점을 알아냈다. 나는 그것을 양자 포텐셜이라고 명명했다.": Bohm in Hiley and Peat, 35.

354 파인먼은 미심쩍어하면서도 (…) 설득했다고 여겼다.: "내가 파인먼을 만났을 때 그는 그 아이디어가 터무니없다고 여겨졌지만, 충분한 대화를 통해 나는 그것이 논리적으로 모순이 없음을 그에게 설득시켰어.": Bohm-Yevick, 1/5/52 in Peat, 126.

354 "그건 오싹할 정도로 감동적이었어.": Bohm-Yevick, 1/5/52 in ibid.

354 파인먼의 인정을 받고서 (…) 인간 계산기지.": 봄은 파인먼에게 자극을 주고 싶었다. 그가 "아무 소용이 없다고 알려진 이론에 관한 길고 무시무시한 계산을 해야 하는 우울한 덫에서 벗어날 수 있도록 말이야. 대신 그는 베테를 비롯한 다른 인간 계산기들이 그를 붙들어 놓기 전에, 늘 그렇듯이 새로운 아이디어에 대해 깊이 생각해 보는 일에 관심을 가질 수 있어.": Bohm-Yevick or Bohm-Loewy (불확실함) in Peat, 126.

354~355 파인먼의 표정이 (…) 늘 지긴 하지만.": 파인먼은 베테와의 계산 게임을 다음 책에서 묘사하고 있다. "*Surely*", 192-95.

355 똑똑한 사람들이 (…) 했지만 말이다.: "'똑똑한' 남자가 술집에 들어가면 어떻게 완전히 바보가 될 수 있단 말인가?": Feynman, "*Surely*"(…), 187.

355 "난 해결할 문젯거리가 있는 게 좋아.": 이것이 물리학에 대한 파인먼의 전반

적인 태도였다. 봄이 한 인터뷰에서 밝힌 설명에 따르면, 파인먼이 숨은 변수를 연구하지 않은 까닭은 "그 안에서 문제를 찾아낼 수 없었기" 때문이라고 한다. Peat, 126.

355 "네가 어떤 걸 (…) 난 믿어.": 파인먼은 "그것이 논리적으로 가능하며 새로운 어떤 것을 내놓을 수 있다고 확신했어.": Bohm-Loewy, 12/10/51 in Peat, 126.

355 "내 아이디어가 (…) 인정해 줬어.": Bohm-Loewy, 12/1951 in ibid., 127.

356 "한동안 페르미와 (…) 써서 교환했어.": 글릭은 다음에서 파인먼과의 이 편지 교환에 대해 묘사한다. *Genius*, 282.

356 "햄 무선으로 칼텍에 (…) 장치를 제공해 줘.": 맹인 무선 기사에 관한 파인먼의 이야기는 다음 책에 나와 있다. Feynman, *"Surely"*, 211.

356 "가끔씩 난 (…) 했으면 싶어.": 브라질에서 파인먼이 느낀 외로움. 그는 편지로 프러포즈를 해서 짧은 두 번째 결혼 생활을 시작했다.: Gleick, 287.

357 "그가 내 평생 친구란 생각이 든다.": Bohm-Yevick, 5/8/52 in Peat, 126. "그가 옳았다. 1980년대 후반까지 봄은 미국 여행 동안 늘 파인먼을 찾아갔다."

24 전 세계에서 온 편지들 1952년

358~359 당신의 이론이 내놓은 (…) 없는 수표입니다.": Pauli-Bohm, 12/3/51 in Bohm archive.

359 "멀리 떨어진 (…) 상호작용": Bohm, *Physical Review* 85, 186: *Physical Review* 108, 1072.

359 "이 변수들이 얼마나 (…) 중요하다고 여긴다.": Bohm in Hiley and Peat, 38.

360 "내 논문을 제대로 (…) 그렇게 된 거야.": Bohm-Yevick in Peat, 128.

360 "내가 걱정하는 건 (…) 생각만으로도 난 기뻐.": Bohm-Yevick, 1/5/52 in ibid., 125.

360 1월이 저물어 갈 (…) 식사를 해야 했다.: Ibid., 124.

360 "물리학계의 이런 어리석은 (…) 마음이 아파.": Bohm-Yevick, 1/9/52 in

ibid., 130.

361 봄베이의 한 연구소에서 (…) 시민이 되고 말았다.: Schweber, 129.

361 "보어와 트로츠키를 곱한 값의 제곱근": Pauli-WH, 5/13/54 in Pais, *Niels Bohr's*, 360.

361 "상보성 신념의 옹호자로 (…) 지지하는 인물": Ibid.

361~362 친애하는 봄 박사께 (…) 로젠펠트 올림: Bohm archives.

363 "우리는 둘 다 (…) 알아야 해.": 2003년 8월에 M. 예빅을 본 저자가 인터뷰한 내용.

363 "절제된 태도로 (…) 열어젖혔다.": Gross in Hiley and Peat, 46.

363 그의 아내 소니아: M. Yevick interview, Aug. 2003.

363 프린스턴의 웅장한 (…) 있었던 것이다.: Miriam Yevick interview, Aug. 2003.

364 두 남자는 친구인 봄보다는 (…): "데이비드는 장황한 이야기와 더불어 철학을 물리학으로 바꾸길 좋아했다. 그는 종종 심오한 질문에 대해 논했지만 방정식은 사용하지 않았다. 유진은 훨씬 현실적인 물리학자였다. 그는 좀 더 회의적이었다. 그는 유머 감각과 더불어 냉소적인 면이 있었다. 조지는 유진이 옳을지 모른다고 생각하는 편이었다.": Miriam Yevick interview, Aug. 2003.

365 "미리엄, 데이브는 꼭 (…) 꽝 내리쳤다.: Ibid.

365 "그로스 말이 맞아. (…) 데이브가 아닌데.": "봄은 매우 우유부단했으며 그로스는 매우 결단력이 있고 (나처럼) 솔직했다. 봄이 그의 이론에 스핀을 포함시킬 수 없었던 사실이 큰 문제였다.": George Yevick interview, Aug. 2003.

365 그로스가 웃음을 터뜨리고 (…) 수 없을 정도였어.": "내 기억에, 어느 밤 모임에서 그는 농담조로 귀신과 악마의 존재에 관한 정교하고 '설득력 있는' 이론을 세웠다.": Gross in Hiley and Peat, 47. 그 전의 문장: "나는 데이브가 논리적이고 지적인 이론 체계를 세우는 (…) 특이한 능력에 놀란다."—귀신 이야기는 이 능력의 '비합리적인' 사례의 하나다.

366 그로스가 갑자기 진지해지며 (…) 속세의 성자야.": "그가 나와 다른 이들에게 미친 영향을 설명하기 위해 옛날식 표현을 쓸 수밖에 없다. 데이브의 본질적인 측면은 (…) 오로지 자연의 본성에 대한 차분하면서도 열정적인 탐구이다. 그

는 세속의 성자라고 할 수 있을 뿐이다. 그는 죄의식과 경쟁심이 전혀 없었기에 그를 이용하기란 쉬웠다. 대부분 그보다 나이가 어렸던 그의 학생들과 친구들은 정말로 그런 고귀한 존재를 지켜 주어야겠다는 강한 충동을 느꼈다.": Gross in Hiley and Peat, 49.

366 "내 절친한 친구가 (…) 것 같아.": Bohm-Yevick, 3/9/52 in Peat, 131.

366 "결과 (…) 성과도 나오지 않았어.": Bohm-Yevick, 1/1951 and 1/1952 and undated in Peat, 131.

367 "아주 바보 같은": Bohm-Yevick and Bohm-Phillips in Peat, 132.

366~367 처음에 (…) 잔뜩 놀랐다가: Peat, 129.

367 폰 노이만의 칭찬에 (…) 같은 소리!)": "폰 노이만은 그 개념이 논리적이며 심지어 '매우 아름답다고' 여긴다(지조 없는 부랑자)": Bohm-Yevick, undated in Peat, 132.

367 "마치 어떤 이가 (…) 비는 꼴이야.": Bohm-Yevick, undated in Peat, 131-32.

367 "체면상 직접 나한테 (…) 네게 맡긴다.": Bohm-Yevick, undated in ibid., 132.

367 "올바른 길을 (…) 확신해.": Bohm-Yevick, undated in ibid., 134.

25 오펜하이머에 맞서다 1952~1957년

368 전쟁이 나기 직전 젊은 막스 드레스덴은: 부고. C. N. Yang, *Physics Today*, June 1998.

368~369 거기서 드레스덴은 (…) 전기를 썼다.: Dresden, *H. A. Kramers: Between Tradition and Revolution*. New York: Springer-Verlag, 1987.

369 우선 그는 학생들에게 (…) 의견을 물어보았다.: Dresden, May 1989 APS speech in Peat, 133.

369 "그건 청소년의 탈선이라고 (…) 필요는 없지.": JRO to Dresden in ibid., 133.

369 "청소년 탈선": Pais to Dresden in ibid.

369 "공공에 폐를 끼치는 짓": 위의 책에서 드레스덴이 회상한 내용.

369~370 "봄이 틀렸다고 (…) 무시해야만 한다.": JRO to Dresden in ibid.

370 폰 노이만의 유명한 (…) 배웠다.: Nasar, *Beautiful* (…), 45, 81.

370 "양자론을 연구하는 (…) 찾고자 합니다.": Nash-JRO, 1957 in Nasar, *Beautiful Mind*, 220-21.

370 "10년 후 정신과 의사들에게 (…) 털어놓았다.": Ibid., 221.

26 아인슈타인의 편지 1952~1954년

372 "그래서 우리 같은 (…) 쓴 거라네.": Born-AE, 5/4/52; *B-E Letters*, 190.

373 보른에게 (…) 오랜 벗 아인슈타인: AE-Born, 5/12/52; *B-E Letters*, 192.

373 존경하는 알베르트 (…) 헤디 올림: HB-AE, 5/29/52 in *B-E Letters*, 193-94.

373 "오늘날에는 봄의 시도나 (…) 듣기 어렵다.": Born in *B-E Letters*, 193.

374 1953년 10월 12일 (…) A. 아인슈타인: AE-Born, 10/12/53 in *B-E Letters*, 199.

374~375 1953년 11월 26일 (…) 막스 보른: Born-AE, 11/26/53 in *B-E Letters*, 205-7. "파울리가 봄을 몰락시키는 아이디어를 내놓았는데 (…)": 휘태커는 이렇게 언급한다. "그건 희망 사항처럼 보인다. 파울리는 봄의 연구를 '억지로 꾸민 형이상학'이라고 묘사했지만 그의 물리학적인 주장은 놀랍도록 부실했다. 하이젠베르크처럼 그는 봄이 확립된 실험 결과들과 모순을 일으키지 않고서 양자 형식주의를 수정할 수 있다고 믿지 않았다. 그래서 그는 확률밀도와 파동함수 사이의 관계에 대한 설명을 요구했다. 봄과 그의 협력자인 비지어는 그런 설명을 실제로 내놓을 수 있었다. 하지만 이런 성과를 들지 않더라도 봄이 '몰락'했다고 말할 수는 없다.": Whitaker, *Einstein*, 251.

375 "봄 박사, 이러지도 (…) 잘 안다네.": AE-Bohm, 1/22/54 in Bohm archives.

376 "이제는 저 자신의 문제로 (…) 생각하기 시작했습니다.": Bohm-AE, 2/3/54 in Bohm archives.

376~377 1954년 2월 10일 (…) 알베르트 아인슈타인: AE-Bohm, 2/1954 in Bohm archives.

봄 이야기에 덧붙이는 에필로그 1954년

378~379 친구한테서 방금 들은 (…) 그렇지 않나?: Bohm-Yevick, 아마도 4/1954, in Peat, 160.

379 "과학 및 물리학 연구를 (…) 끊임없는 과정이다.": Bohm, *Wholeness*, p. ix.

379 1964년 11월 (…) "메신저 강연"을 했다.: Feynman, *Character of Physical Law*, ch. 6.

381~382 "우리의 상상력은 (…) 자연조차도 알지 못한다.'": Ibid., 127-47.

383 "내 이론은 비록 (…) 제약을 가한다.": Bohm, *Wholeness*, 109-10.

발견 1952~1979년

27 변화의 물결 1952년

387 노던 아일랜드 (…) 여념이 없었다.: "그는 젤라딘 로드 호스텔에 살았으며 정기적으로 분해를 하는 온갖 오토바이와 함께 사는 젊은이들 (…) 중 하나였다.": M. Bell in Bertlmann and Zeilinger, 3.

387~388 그의 입 주위에 (…) 가리고 있었다.: Whitaker, *Physics World*, 12/1998, 30.

388 "틀림없이 무언가가 잘못되었다.": Bell in Bernstein, *Quantum Profiles*, 65.

388 "내 집안사람들이 가졌던 (…) 주민이라고 여겼다.": Ibid., 12.

388~389 벨은 대공황기에 어린 (…) 전쟁도 끝이 났다.: Ibid., 12; Whitaker, *Physics World*, 12/1998, 29; and Bertlmann and Zeilinger, 7-9.

389 "뛰어난 젊은이": Walkinshaw in Burke and Percival, 5.

389 "예리한 통찰력을 (…) 매우 기뻤다.": Ibid.

389 "존의 켈트 식 (…) 않았다.": M. Bell in *Europhysicsics News* memorial edition.

389 입자들의 운동 상태에 특히 관심이 컸는데: Walkinshaw in Burke and Percival, 5.

389~390 "언제나 그는 이해가 (…) 해 보지는 않았어요.": M. Bell in Bertlmann

and Zeilinger, 5.

390 (콕크로프트도 벽돌쌓기에 (…) 거들떠보지도 않았다.): 콕크로프트의 벽돌쌓기에 대한 파이얼스의 묘사는 다음에서. *Bird of Passage*, 120.

391 설계자 가운데에는 (…) 있었다.: M. Bell in Europhys News memorial edition.

391 "보른이 쓴 멋진 (…) 관심을 돌렸다.": Bell, "On the Impossible Pilot Wave" (1982) in *Speakable*, 159-60.

391 이 일에도 행운이 따랐다.: Mandl in Burke and Percival, 10.

391 "그가 얼마나 들떠 (…) 수도 없이 벌였다.": M. Bell in Bertlmann and Zeilinger, 3-4.

391~392 "프란츠는 (…) 폰 노이만이 (…) 짐작이 갔다.": Bell in Bernstein, *Quantum Profiles*, 65.

392 가속기 그리고 양자역학의 기초: Whitaker in Bertlmann and Zeilinger, 17.

28 불가능 증명을 통해 증명된 것 1963~1964년

벨이 야우흐와 나눈 대화는 숨은 변수에 관한 그의 사상의 형성 과정에서 중요한 역할을 했다. 이에 대해 벨은 그 후 여러 차례에 걸쳐 야우흐에게 깊은 감사를 표했다. 하지만 어느 누구도 대화 내용을 명확히 전하지 못하고 애매하게 기술했을 뿐이다. 이 책에 나온 야우흐의 모든 인용문은 전부 그의 책『양자는 실재인가?』에서 나왔다. 이 책은 제네바에서 벨과 중요한 대화를 한 때로부터 7년 후인 '1970년 가을'에 제네바에서 있었던 양자역학의 실재성이란 주제에 관한 '대화' 모음이다. 하지만 이 책의 "많은 구절들은 실제 대화를 어느 정도 충실히 담은 것이다." (p. xii.) 벨의 답변들은 1964년부터 1986년까지 그가 출판한 저서에서 얻었다.

"사실 나는 오랫동안 이런 질문들을 피했다." 벨은 데이비스에게 이렇게 말했다. "왜냐하면 나보다 총명한 사람들이 그 문제에 대해 별 진전을 이루지 못한 데다, 나도 좀 더 실질적인 다른 문제를 다루고 있었기 때문이다. 하지만 이후 1963년 제네바에서 다른 일들로 바쁠 때, 나는 대학에서 야우흐 교수를 만났다. 그는 이 문제에 주력하고 있었으며, 그와 대화를 나누어 보니 그 주제에 관해 무엇인가를 해야겠다고 결심이 섰다." (Davies, *The Ghost in the Atom*, 56.) 벨은 번스타인에게 말하기를, 야우흐는 "실제로 폰 노이만의 유명한 정리를 강조하려고 했다. 나로서는 그게 황소에게 붉은빛을 쏘는 것과 같았다. 그래서 나는 야우흐가 틀렸음을 보여 주고 싶었다. 우리는 꽤 진지한 토론을 벌였다."(*Quantum Profiles*, 67-8.) "나는 아주 특별히 J. M. 야우흐 교수께 (…) 은혜를 입었다."("On the problem of hidden variables in QM"의 감사의 말씀에서 [1964년 씀], Bell, 11.)

394~395 "안녕하세요?"라고 편안하게 말할: M. Bell interview, fall 2000.

395 그는 (…) 세미나를 마치고 나온 참이었다.: Jammer, *Phil. of QM*, 303.

396 "아시다시피 이 주제를 (…) 있음이 분명합니다.": "나는 데이비드 봄의 논문에서 (…) 불가능한 것이 행해졌음을 알았다.": Bell, "On the Impossible Pilot Wave" (1982), *Speakable*, 160. "나는 [봄의 논문]이 매우 인상적이었다. 이후 나는 폰 노이만이 틀렸음이 분명하다는 점을 알게 되었다.": Bell, 1990 in Bernstein, *Quantum Profiles*, 65.

396 "봄의 이론과 그 전에 (…) 순진한 해법입니다.": 드 브로이의 이론은 "매우 독창적이며 (…) 현상.": Jauch, 74.

396 "우선 숨은 변수에 (…) 내주어야 합니다.": Jauch, x. "아직 [숨은 변수] 문제의 과학적 측면은 매우 흥미로우며 철저히 연구할 가치가 있다." Jauch, xi.

396 "안내 파동이란 (…) 자명합니다.": Bell, "Six Possible Worlds (…)" (1986), *Speakable*, 194. 벨은 '하찮은' 앞에 '거의'라는 단어를 적었다.

397 "그 이론을 통해 (…) 않고서 말입니다.": Ibid.

397 "'정통' 양자물리학의 (…) 없어집니다.": Bell, "On the Impossible Pilot Wave" (1982), *Speakable*, 160.

397 "드 브로이의 이론이 (…) 수치스러운 일입니다.": "드 브로이는 (…) 내가 보기에 수치스러운 방식으로 비웃음 속에 내팽개쳐졌다. (…) 봄은 (…) 그냥 무시되었다." Bell (1986) in Davies, *Ghost*, 56.

397 "그들의 주장은 (…) 뿐입니다.": Ibid.

397 "드 브로이가 그랬듯이 (…) 내놓지 못했지요.": Jauch, ix. 원래 그 문장은 반대로 되어 있다.

397~398 "왜 사람들은 그걸 (…) 그래야 하지 않습니까?": Bell, "On the Impossible Pilot Wave" (1982), *Speakable*, 160. "교수님은 왜 그걸 증명하려고 하십니까?"라는 표현은 벨이 야우흐에 대한 주를 다는 부분에서 불가능성 증명의 목록 제일 앞에 나온다. Ibid.

398 "이론은 거의 언제나 둘 이상입니다.": 야우흐의 책에서 심플리치오는 어떤 꿈을 꾸는데, 꿈속에서 그는 모든 언어로 적힌 모든 것이 담긴 도서관을 방문한다. 그래서 그는 "소립자에 관해 알려진 모든 사실을 설명해 줄 소립자 이론"을 요청한다. 도서관의 사서는 이렇게 말한다. "오늘날 알려진 모든 사실과 합치되는 이론들은 137가지나 됩니다." 야우흐는 이렇게 언급한다. "이게 요점입니다. 심플리치오에게 드러난 있는 그대로의 진리 말입니다. (…) 아인슈타인은 우리에게 진리의 두 가지 기준을 알려 주었습니다. 꿈에서 드러난 대로 두 번째 기준을 무시하면 터무니없는 결과가 나옵니다."(다음을 볼 것. AE, "Autobiographical Notes" in Schlipp, e.g., 13.) Jauch, 51-53 and 105 (note 15).

398 '자서전': 그들은 "숨은 변수 프로그램이 어느 정도 흥미롭다고 제안한다.": Bell, "On the Problem of Hidden Variables (…)" (1966), in *Speakable*, 12 (note 2) (다음을 볼 것. Schlipp, 81-87.)

398 전혀 아랑곳하지 (…) 있었으니 말입니다.": "그 상황은 (…) 관찰된 현상을 설명한다.": Jauch, *Are Quanta Real?*, xi.

398~399 "그때나 지금이나 (…) 당하곤 합니다.": Ibid.

399 "제가 쓰고 싶은 책들 (…) 말하고 있습니다.": Bell (1990); Bernstein, *Quantum Profiles*, 66.

399 "봄조차도 (…) 고수하지 않았습니다.": "인정해야만 할 것은 이 양자 포텐셜이 형식상 조금 억지스럽게 보인다는 점이다. 게다가 그것은 떨어져 있는 입자들 사이의 순간적인 상호작용을 의미한다는 비난을 받기도 한다." 봄은 "더 깊은 심층 양자역학적 수준으로 양자론에 대한 새로운 해석을 향해" 나아가고 있었다. Bohm & Aharonov, *PR* 108, 1072 (1957).

399~400 "그렇다면 달의 위상이 (…) 한단 말입니까?": "그것은 달의 위상, 태양이 어느 성단 속에 있는지 또는 내 의식 상태가 이러한 파라미터 값들과 무관하다는 점을 부인하지 않는다.": Jauch, 16.

400 "만약 원자 현상을 (…) 끌어들이지 않습니까?": Ibid., 100, n. 7.

400 "그러면 온갖 (…) 열리겠군요.": "당신의 숨은 변수들의 근원에 관한 온갖 종류의 이론들에 문을 활짝 연다.": Ibid., 16.

400 "봄의 이론에 따르면 (…) 될 테니 말입니다.": Bell in Bernstein, *Quantum Profiles*, 72.

400 "이런 점이 봄의 (…) 하는 것입니다.": Ibid. 역사적인 기록: 벨이 번스타인에

게 한 말에 따르면 그해 후반에 그가 안식년을 맞아 캘리포니아로 갔을 때, "내 머리는 야우흐의 주장으로 가득 찼으며, 나는 숨은 변수에 관한 전반적인 주제에 관한 검토 논문을 써서 그 모든 내용을 적어야겠다고 결심했다. 그것을 쓰는 동안에 나는 '국소성'이 문제의 핵심임을 점점 더 확신하게 되었다.": Ibid., 67-68. 벨이 국소성에 초점을 맞춘 기록 중 내가 찾을 수 있는 것은 이것이 가장 구체적인 언급이다. 이 언급을 통해 그 아이디어는 야우흐와의 대화 도중이라기보다 대화 후에 벨에게 생긴 것임을 짐작할 수 있다.

400~401 "물론입니다. (⋯) 찾아낼지도 모릅니다.": "나는 가능한 한 많은 오류를 제거하고자 노력한다. 그 결과 남은 소수의 가능성들 중에서 물리적 우주에 가득 찬 기본적인 상보성에 대한 이해를 열어 줄 하나를 찾게 될 것이다.": Jauch, 21-22.

401 "EPR 상관관계에 대한 (⋯) 되지 않던데요.": Bell, "Bertlmann's Socks (⋯)" (1981), *Speakable*, 155. 그는 보어가 가장 좋아하는 EPR에 대한 답변을 한 문장씩 분석하며 따라간다. "정말로 나는 이것이 무슨 뜻인지 거의 알지 못한다." 그는 궁금해했다. "보어는 그 주장을 부정하기보다 단지 그 전제— '원거리 작용이 없어야 한다는—를 거부하고 있는가?'

401 "상보성에 대해 말할 (⋯) 적은 없습니다.": Jauch, 19.

401 "온 세상에 가득한 (⋯) 찾을 수 있습니다.": Ibid., 48.

401 "보어는 만족하는 것 (⋯) 인해-혼란스러워하니": Bell, "Six Possible Worlds (⋯)" (1986), *Speakable*, 189.

401 "이러한 모순과 애매모호성을 (⋯) 만들기 위해서였습니다.": Ibid.

401 "상보성 원리는 의심할 (⋯) 드러내 줍니다.": "의심할 바 없이 (⋯) 총체이자 핵심이다.": Jauch, 96.

402 "제가 보기에 보어는 (⋯) 모순성을 뜻합니다.": Bell, "6 Possible Worlds (⋯)" (1986), *Speakable*, 190.

402 "심오한 진리에 반대되는 (⋯) 느끼는 것 같습니다.": "보어는 다음과 같은 경구를 좋아하는 것 같았다. '심오한 진리의 반대는 (⋯) 익숙한 의미와 정반대이다.'": Ibid.

402~403 "그렇게 하면 양자 세계의 (⋯) 되니까 말입니다.": Ibid.

403 "우연은 자연 속 (⋯) 분명해지고 있습니다.": Jauch, 54.

403 "우리에게는 수학이라는 (…) 것 같습니다.": Bell (1990) in Bernstein, *Quantum Profiles*, 52.

403~404 "분명 그는 자신이 (…) 거들먹거리는 면입니다.": Ibid.

404 "상보성 원리는 (…) 끼치기도 했지요.": Jauch, 18.

404 "보어의 위상이 (…) 않습니다.": "보어의 어마어마하고 정당한 위상": Bell, "6 Possible Worlds (…)" (1986), *Speakable*, 189.

404 "좀 이상하지 않습니까? (…) 없으니 말입니다.": Bell (1990) in Bernstein, *Quantum Profiles*, 52.

404 "제가 보기에는 (…) 점입니다.": Bell, "Six Possible Worlds (…)" (1986), *Speakable*, 188.

404 "숨은 변수 이론은 (…) 방법입니다.": Bell (1990) in Bernstein, *Quantum Profiles*, 84.

404 "만약 기본적인 양자 (…) 쉬운 것뿐이죠.": Ibid., 85.

405 "피고가 검사에게 직접 (…) 방식이듯이 말입니다.": Jauch, 16.

405 "일에 시달리는 검사처럼 (…) 여깁니다.": "일에 시달리는 검사 (…) 범인은 반드시 찾아야 한다.": Ibid., 17. 야우흐의 우화에서 숨은 변수 이론의 설계자는 '심플리치오'라고 불린다.

405 "피고들이 너무 많다 보니 (…) 부분일 뿐입니다.": Ibid., 17.

405 "끔찍하게 비국소적": Bell (1990) in Bernstein, *Quantum Profiles*, 72.

405 "아인슈타인-포돌스키-로젠 (…) 하지만요.": "아인슈타인-포돌스키-로젠 사고실험은 매우 중요하다. 왜냐하면 그것은 원거리의 상관 작용을 다루었기 때문이다. 그들이 논문 말미에서 주장한 바에 따르면, 만약 양자역학적 설명을 완성하면 비국소성이 나타나게 될 뿐이라고 한다. 그들 이론의 기본 바탕은 국소성이다.": Ibid.

406 야우흐가 놀란 표정으로 (…) 대단한 사람이오.: "얼마나 완고한가, 심플리치오여! 당신을 존경할 수밖에 없네! 당신의 반대는 우리로 하여금 물리학의 기초를 더 깊이 생각해 보라는 도전을 던져 주네. 그래서 난 당신에게 감사하다고 여기네.": Jauch, 42.

406 "아마 300년 (…) 중요한": Ibid., xii.

407 "이 책에 쓰인 (…) 바라는 마음이다.": Ibid., xi-xii.

407 (레닌을 인용하면서 '전체성'에 대해 말하는): Ibid., 23.

407~408 "인간 정신의 원형적 (…) 생각해 보아야 한다.": Ibid., 26.

408 "C. G. 융의 심리학에서는 (…)": Ibid., 26n (101).

408 긴 꿈: Ibid., 50-51, and notes, 104.

408 "자기 영혼을 잃는다면 (…) 능력이 없다.": Ibid., 104.

408 "나는 특히 이 말을 (…) 차 있습니다.": Ibid., 97.

409 이 문제 [양자역학에서 (…) 있다고 여긴다.": Bell, "On the Problem of Hidden Variables in QM" (1964, 1966 발간), *Speakable*, 1-2.

409 존 F. 케네디가 저격당한 (…): "가장 최악의 날이었다." 벨이 번스타인에게 한 말. *Quantum Profiles*, 67.

410 "그러한 불가능 (…) 부족": "불가능 증명을 통해 증명된 것은 상상력의 부족 이라는 점을 의심하는 사람들에게 루이 드 브로이가 오랫동안 영감을 주기 를.": Bell, "On the Impossible Pilot Wave" (1982), *Speakable*, 167.

410 "2분의 1 스핀인 입자 (…) 차츰 들어.": "그래서 나는 어떤 단순한 EPR 상황 에서라면 양자역학적 구성을 완성하고 모든 것을 국소적이게 해 주는 작은 모형 하나를 고안할 수 있는지 공식적으로 알아보기 시작했다. 우선 나는 2분 의 1 스핀 입자 두 개로 이루어진 매우 단순한 계를 다루기 시작했는데, 너무 진지해지지는 말고, 단지 양자적 상관관계를 국소적으로 설명해 줄지도 모를 입력과 출력 사이에 어떤 간단한 관계를 얻어내려고 했다. 하지만 시도한 모 든 것이 실패했다. 차츰 가능성이 없다는 느낌이 들기 시작했다.": Bell in Bernstein, *Quantum Profiles*, 72-73.

410 "요제프 야우흐가 숨은 (…) 생겼다고나 할까.: [스탠퍼드에] 오기 조금 전에, 나는 다시 양자역학의 기초에 대해 살펴보기 시작했다. 내 동료인 요제프 야 우흐와 나눈 대화 때문이었다. 그는 알고 보니 실제로 폰 노이만의 유명한 정 리를 더 굳건히 하려고 시도하고 있었다. 나는 그 때문에 오기가 생겼다. 그 래서 야우흐가 틀렸다는 것을 밝히고 싶었다. 우리는 꽤 치열한 토론을 벌였 다. 나는 야우흐의 연구에서 비합리적인 가정을 찾아냈다고 생각했다. 스탠 퍼드에서 고립되어 지내다 보니 시간을 내서 양자역학에 대해 생각해 보았 다. 내 머리는 야우흐의 주장으로 가득 찼으며, 나는 숨은 변수에 관한 전반

적인 주제에 관한 검토 논문을 써서 그 모든 내용을 적어야겠다고 결심했다. 그것을 쓰는 동안에 나는 '국소성'이 문제의 핵심임을 점점 더 확신하게 되었다.": Bell in Bernstein, *Quantum Profiles*, 67-68.

411 매리는 (…) 얼굴을 스쳤다.: "이 논문들을 살펴보면 그녀의 흔적이 어디서든 보인다.": 아내 매리의 도움에 감사하며 벨이 『스피커블(Speakable)』에 쓴 서문.

411 "그의 이론에 따르면 (…) 되고 말아.": Bell, "On the Problem of Hidden Variables in QM" (1966), *Speakable*, 11.

412 봄은 (…) 측정의 역할을 (…) 제안했다.: Jammer, 303.

412 벨이 수정해서 (…) 분류되었다.: Ibid.

413 벨의 부등식: "아마 나는 그 식을 머릿속에 떠올리고서 약 일주일 만에 종이에 적었다. 하지만 그 전주에는 이런 의문들에 관해 매우 진지하게 생각하고 있었다. 그리고 몇 년 전부터 그것은 내 머리에 끊임없이 떠올랐다.": Davies, *Ghost* 57: 또 다음을 볼 것. Bernstein, *Quantum Profiles*, 72.

413 "위에 언급한 사례는 (…) 이점이 있다.": Bell, "On the EPR Paradox" (1964), *Speakable*, 19.

29 약간의 상상력 1969년

415 숨은 변수에 관한 (…) 제약을 가한다.: Bohm, *Wholeness*, 109-10.

415~416 세 가지 종류의 (…) 일어나기도 한다.: Abner Shimony, *Tibaldo and the Hole in the Calendar* (New York: Springer-Verlag, 1998), 1.

417 몇몇 친구들이 (…) 뿐 아니라: "그 논문의 초고는 브랜다이스 대학에 머물 때 쓰였다.": Bell, "On the EPR Paradox" (1964), *Speakable*, 20.

417 "또 괴상한 편지 (…) 같진 않아.: Shimony to LLG, Spring 2000.

417 "지도 교수는 내게 (…) 일으키기도 한다.": Ibid.

418 이전과 반대되는 (…) 할 텐데.: 시모니의 말로 혼이 본 저자에게 알려 준 내용. June 2005.

418 그는 7년 전에 (…) 아로노프와 함께: "Discussion of Experimental Proof for the Paradox of EPR" (1957), *Physical Review* 108, 1070.

419 둘은 7년 전에 (…) 샤크노프와 함께: "Angular Correlation of Scattered Annihilation Radiation" (1950), *Physical Review* 77, 136.

419 "봄과 아로노프는 (…) 셈이다!": Horne, Shimony, and Zeilinger, "Down-Conversion Photon Pairs: A New Chapter in the History of QM Entanglement" (1989), *Quantum Coherence*, 361. 실제로 시모니는 이 구절이 혼의 말이라고 한다. 이에 혼은 깜짝 놀랐다.(Optical Society of America meeting in San Jose, CA, Sept. 2007.)

419 아로노프가 M.I.T.를 방문했을 때: Shimony to LLG, Spring 2000.

420 "그동안 많은 (…) 없었다고 해야겠다.": Clauser to LLG, Oct. 2000.

420 "나는 이렇게 생각했다. (…) 알아차렸다.": Ibid.

420 "나는 아직 그 논문이 (…) 아닐까 여겼다.": Clauser, "Early History of Bell's Theorem" (2000) in Bertlmann and Zeilinger, 78.

421 "내 논문 지도 교수는 (…) 바라신 것이다.": Clauser to LLG, Oct. 2000.

421 "너와 함께 연구할 (…) 하지 않네.": Shimony to LLG, Spring 2000.

421 "연구실에 들어간 지 (…) 건네주었다.": Horne to LLG, Nov. 2000.

421 "실험을 하나 고안할 (…) 나올 걸세.": Shimony to LLG, Spring 2000.

421 "그게 시모니 교수에게 (…) 일이었다.": Horne to LLG, Nov. 2000.

422 "카를, 자네의 실험이 (…) 실험을 했습니다.": Clauser in Wick, 119.

422 코허의 실험: Kocher & Commins, "Polarization Correlation of Photons Emitted in an Atomic Cascade" (1967) in *Physical Review Letters* 18, 575.

424 "그럼, 벨에게 직접 (…) 어떻겠나?": Clauser to LLG, Oct. 2000.

424 "이 무모한 미국 학생": Ibid.; Wick, 120.

424~425 "양자역학의 보편적 성공을 (…) 있기 마련입니다.": Bell-Clauser, 1969 in Bertlmann and Zeilinger, 80.

425 "매카시즘의 시대는 (…) 흔들고' 싶었다.": Clauser; Ibid.

425 한편 매사추세츠에서는 (…) 박쥐 동굴에다: Holt to LLG, Dec. 2001.

425~426 "물리학의 빵과 버터": Holt to LLG, Aug. 2004.

426 "서로 상관된 저에너지 (…) 헤매던 일이": Shimony to LLG, Spring 2000.

426 "멋지다 (…) 다시 사로잡았다.": Holt to LLG, Dec. 2001.

426 "나는 어쩐지 흥미를 (…) 물리학으로 돌아가죠.": Holt to LLG, Dec. 2001.

426 "우리 정보가 새나갔다.": Horne, 'What Did Abner Do?' at OSA meeting 2007.

426~427 "그러자 위그너는 (…) 모르지 않나.'": Shimony to LLG, Spring 2000.

427 "누군가가 흥미를 갖는다는 사실에 감격하면서": Horne to LLG, Nov. 2000.

427 "그 결합에는 (…) 있었다는": Horne at OSA meeting 2007.

427 "그건 클라우저의 박사 (…) 아니었던가요?'": Horne to LLG, Nov. 2000.

427 "모두 함께해서 (…) 개선해 나갔다.": Shimony to LLG, Spring 2000.

427~428 "무거운 기계": Horne to LLG, June 2005.

428 시너지 호: Clauser to LLG, Oct. 2000.

428 "적어도 우리는 변화의 물결을 일으키고 있었다": Shimony to LLG, Spring 2000.

428 "버클리에 도착하니 (…) 완성되었다.": Clauser to LLG, Oct. 2000.

429 「국소적 숨은 변수 이론을 검증하기 위해 제안된 실험」: Clauser, Horne, Shimony, and Holt (1969), *Physical Review Letters* 23, 880.

429 "학부의 양자역학 (…) 방법": Commins to LLG, Oct. 2000.

429 바퀴가 달린 카트: Clauser to LLG, Nov. 2000.

429 "알고 보니 그리 (…) 대단치 않았다.": Commins to LLG, Oct. 2000.

429 "그 실험은 아무 (…) 그만하죠.": Clauser to LLG, Oct. 2000.

429 "찰리 타운스 교수님이 (…) 말했습니다.": Ibid.

429~430 "온 세상이 이 실험을 (…) 일이 아니다.": Commins to LLG, Oct. 2000.

430 "아인슈타인 박사님은 (…) 끝났어야 했다.": Ibid.

430~431 하지만 찰리 타운스는 (…) 잘 모르겠다.": Townes, 69-71.

431 "커민스한테 들은 말로는 (…) 시도지'라고 말했다.": Freedman to LLG, Oct. 2000.

431 "이전에는 그런 주제를 (…) 짐작이 옳았다.": Ibid.

432 "실험물리학자와 이론물리학자를 (…) 만들 수 있다.": Clauser to LLG, Dec. 2001.

433 "실험물리학자가 되려면 (…) 사실을 말이다.": Ibid.

436 "원자 빔 (…) 이게 전부다.": Ibid.

437 "근사한 원통형의 작은 덩어리": Ibid.

437 "전등을 만들려고 (…) 사용하니 말이다.": Freedman to LLG, Oct. 2000.

438 2275옹스트롬, 5513옹스트롬, 4227옹스트롬: Ibid.

438 "모든 게 아주 (…) 않는다는 점이었다.": Ibid.

438 겹친 판을 이용한 (…) 대체로 사용된다.": Freedman, "Experimental Test of Local Hidden-Variable Theories", Ph.D. thesis, 5/5/72, Berkely.

439 연안에서 수백 (…) 실력을 갈고닦았다.: Rehder to LLG, Sept. 2005.

439~440 "그건 큰 시계와 (…) 책에서 얻었다.": Freedman to LLG, Mar. 2005.

440 어부로 부업을 삼던: Rehder to LLG, Sept. 2005.

440 "훌륭한 단일 광자 계수 (…) 제안했을 정도였다.": Freedman to LLG, Oct. 2000.

441 "전자광학이 제대로 (…) 뾰족한 펄스가": Clauser to LLG, Dec. 2001.

441~442 "설명하자면 이렇다 (…) 일어나고 있다.": Ibid.

442 '붉은' 광자: "'광증폭기 관련 논의'에서 푸른색이나 보라색이 아닌 것은 [파장이 4500옹스트롬보다 더 긴 파동] 죄다 붉다[고 한다]. 이 파장에서 대부분의 광전관은 쓸모없어진다!": Clauser-LLG, Jan. 9, 2002.

442 "겨울철 보스턴에서 (…) 위한 방법이다.": Clauser to LLG, Dec. 2001.

442~443 "모든 걸 검사할 (…) 있어야 한다.": Ibid., Mar. 2002.

443 "준비가 완료되고 나서 (…) 만전을 기했다.": Freedman to LLG, Oct. 2000.

443 "그 거대한 2마력짜리 (…) 내며 들어갔다.: Clauser to LLG, Dec. 2001.

444 "존, 이제 우린 (…) 받을 수 있었다.": Ibid., Oct. 2000.

444 "서로 다투는 일이 (…) 맞지 않았다.": Freedman to LLG, Oct. 2000.

444 "클라우저가 고안한 것은 (…) 그런 식이었다.": Ibid., and Shimony to LLG, 2000.

444~445 "그는 똑똑한 사람이다. (…) 들었을 것이다.": Commins to LLG, Oct. 2000.

445 "우리는 늘 배를 (…) 시간들을 보냈다.": Freedman to LLG, Oct. 2000.

30 결코 단순하지 않은 실험물리학 1971~1975년

446 IBM 1620: Clauser to LLG, March 2002; Freedman-LLG, May 2008.

447~448 "커민스에 관해 대단한 (…) 라고 말이야.": Ibid.

448 "커민스가 그 위원회를 그렇게: "진 커민스는 무한히 성실한 사람이다.": Freedman to LLG, Oct. 2000.

448 동시 발생: 실제로 녹색 광자는 언제나 보라색 광자보다 일찍 도착했다. 왜냐하면 그것이 먼저 방출되었기 때문이다. 하지만 두 입자의 도달 간격은 예측할 수 있었다. 녹색 광자 측의 전자장치에서 시간 지연을 일으킬 수 있었기 때문에 두 광자의 도착이 동시에 이루어져 분석을 단순화시키게 된다.

449 나올 수 있는 바로 그런 모습: Clauser to LLG, Mar. 2002.

449 "와우! (…) 듯한 기분이었다.": Ibid.

449 바로 그때 커민스가 (…) 마친 거야?": "나는 아주 흥분했다. 그리고 바로 그 순간에 커민스가 들어왔다고 생각한다.": Ibid.

449 "우리에겐 데이터가 더 필요해.": Ibid.

450 "아직은 꽤 (…) 것 같아.": Ibid.

450 "당연히 (…) 해야겠지.": Ibid.

450 "걱정 마, 존 (…) 찾아낼 거야.": Ibid.

450 "우우우, 별로 좋은 소리는 아닌데.": Ibid.

451 "이런 젠장. (…) 나왔던 거라고.": Ibid.

451 "하지만 양자역학적인 (…) 둘 테야.": Clauser in Freedman to LLG, Oct. 2000.

451 "저는 양자역학적인 (…) 받을 테니까요.": Holt in Shimony-LLG, Sept. 5, 2003.

451~452 "픽킨 교수님은 (…) 똑똑한 분이었다.": Holt to LLG, Aug. 2004.

452 "나는 책상 위에서 (…) 그러기 싫었다.": Ibid.

452 "결코 사소하지 않은 유리불기 재주": Clauser to LLG, Mar. 2002.

453 "이 극도로 순수한 (…) 하는 것뿐이다.": Ibid.

453 "기계 제작소에서 구입한 (…) 권장되었다.": Holt to LLG, Aug. 2004.

453 "어느 아주 슬픈 (…) 하나 고르게.'": Ibid.

453~454 "실제로 연구실에 (…) 부를 정도였다.": Ibid.

454 붉은 광자 계수기에 다시 빛이 꺼졌기에 (…): "가끔씩 하나 또는 다른 광증폭기에서 암전류 펄스 비율이 크게 올라갔다. (…) 이 현상—[옅은 녹색의 5513옹스트롬 광자를 잡기 위한] C31000E에서 더 자주 일어나는—은 실험 장치를 끄고 광전관을 며칠 동안 실내 온도로 유지하자 없어졌다. 다시 차게 했을 때 암전류 비율은 정상으로 돌아갔다." Freedman, "Experimental Test of Local Hidden-Variable Theories", Ph.D.thesis, 5/5/72, Berkeley note on p.76.

455 경쟁자가 없다면 (…) 좋을 텐데.: "경쟁자가 없어서 쫓기는 느낌을 받지 않으면 더 좋을 것이다.": Clauser to LLG, Mar. 2002.

455 "시모니 교수가 (…) 물었어.": Shimony to LLG, Spring 2000; Clauser to LLG, Mar. 2002.

455 "벨이 더욱 일반적인 부등식을 내놓았대.": "Introduction to the Hidden-Variable Question" (1971), *Speakable*, 29. 다음과 비교할 것. Jackiw and Shimony, "Depth and Breadth", 90.

455 "시모니 교수는 (…) 밝힐 수 있었어.": 시모니는 F-C 실험이 국소적 실재론을 모두 검사했지만 결정론적 이론을 검사하지는 않았음을 보였다. 시모니 논문

은 다음에 수록되어 있다. *Foundations of QM, Proceedings of the International School of Physics "Enrico Fermi", Course XLIX*, d'Espagnat, ed. (New York: Academic, 1971), 191; Clauser and Horne (1974), *Physics Review D*, 10, 526.

455 "'이론물리학자들은 고전적인 (…) 의무는 없다.'": Bell, "Introduction to the Hidden-Variable Question" (1971), *Speakable*, 29.

456 "그는 키가 3미터나 될 게 분명해.": Clauser according to Shimony to LLG, Spring 2000.

456 "그건 그렇고, 존. 뭔가 알아낸 게 있어.": 프리드먼의 부등식은 다음에 나온다. Freedman, "Experimental Test", p. v.

456 "홀트는 좋은 (…) 못하고 있어.": Freedman to LLG, Oct. 2000.

457 "그날 밤 즉시 (…) 휩싸여 있었다.": Fry, "Arrogance? Naïveté? Stupidity? An Untenured Assistant Professor Threw Caution to the Wind for a Bell Inequality Experiment" (2007), OSA meeting.

457~458 "학교의 문화를 여실히 (…) 기가 꺾였다.": Ibid.

458 "홀트와 핍킨은 (…) 완료하고 발표했다.": Clauser to LLG, Oct. 2000.

458 "그건 아주 흥미로운 (…) 결정적이었다.": Freedman to LLG, Oct. 2000.

458 ("이 실험실에서 (…) 엄청났다."): Ibid.

458 우선 그는 지하 (…) 읽기 시작했다.: Ibid.

458 "클라우저 등이 (…) 상관관계 측정": Holt, "Quantum Mechanics vs. Hidden Variables: Polarization Correlation Measurement on an Atomic Mercury Cascade", 1973 Harvard University preprint, 1.

459 "이 값은 양자역학에 (…) 어긋난다.": Ibid.

459 계수율에는 문제가 (…) 나왔으니 말이다.: Freedman to LLG, Oct. 2000.

459 "일종의 루브 골드버그 장치": Holt to LLG, Dec. 2001.

459 "젊고 고집불통이었던 (…) 여겼다.": Ibid.

459 엄청난 피해: Freedman to LLG, Oct. 2000.

460 "그걸 발표할지 (…) 있습니다.": Holt to LLG, Dec. 31, 2001.

460 "뭐가 잘못되었는지 (…) 아무도 없습니다.": Ibid.

460 "F. M. 핍킨 그리고 W. C. 필즈": Ibid.

460 "'그러니까 그걸 발표할 (…) 어쩌다가'": Pound in ibid.

461 "나는 무슨 문제가 (…) 다 해 보았다.": Holt to LLG, Dec. 31, 2001.

461 이탈리아 시실리에서 (…) 한 연구팀: Faraci et al., *Lett. Nuovo Cim.* 9 (1974), 607. Clauser and Shimony: "그들의 데이터는 양자역학에 따른 예측과 첨예하게 어긋난다. (…) 그들의 논문은 매우 간결하기 때문에 체계적인 오류가 그 결과의 원인인지 여부를 추론하기는 어렵다."(Clauser and Shimony, "Bell's Theorem", 1917.)

461 "그 실험은 다시 (…) 재현할 수 있다.": Horne to LLG, June 2005.

461 클라우저도 비슷한 결론에 (…) 않다고 여겼다.: Clauser and Shimony, "Bell's Theorem", 1916.

462 "대단히 힘을 북돋아 준다": 홀트와 핍킨의 결과에 대한 프라이의 반응, "Arrogance? Naïveté?(…)" at OSA meeting, Sept. 2007.

462 "레이저를 (…) 돈": Ibid.

462 "우리는 아무런 확신도 (…) 혼란스러웠다.": Clauser to LLG, Oct. 2000.

462 "양자역학으로 인해 밝혀진 또 어쩌면 그것 때문에 감추어진": CERN에서 젊은 여성이 벨을 인터뷰했을 때 그가 한 말. 비엔나 대학 도서관에 있는 이 비디오테이프는 11/28/90으로 날짜가 적혀 있는데, 이 날짜일 리가 없다. 왜냐하면 벨은 그해 10월 1일에 죽었기 때문이다.

462 "나는 아직도 (…) 않는다.": Clauser to LLG, Oct. 2000.

462 "우리는 늘 함께 (…) 내용을 논했다.": Horne to LLG, June 2005.

462~463 "특수상대성이론을 통해 (…) 없다고 언급했어.": Clauser to LLG, Oct. 2000.

463 "네가 보고 있지 (…) 화가 났어.": Ibid.

463 "글쎄, 그게 원래 그렇지 뭐.": Horne to LLG, June 2005. "그 실험에 대해 존은 확신했다. 하지만 실험에 대한 우리의 반응은 달랐다. 그는 '난 이런 점이

싫어'라고 말하곤 했고, 난 '그게 원래 그렇지 뭐'라고 대답하곤 했다."

463~465 "'숲에 나무가 쓰러질 (…) 뜻은 아니야.": Clauser to LLG, Oct. 2000.

465 클라우저는 새로운 실험을 하나 했다.: "Experimental Distinction Between the Quantum and Classical Field Theoretic Predictions for the Photo-Electric Effect" (1974), *Physics Review D*, 9, 853.

465 "아주 중요한": Shimony-LLG, Sept. 5, 2003.

465 ("우리는 벨의 (…) 알아야 한다."): Clauser to LLG, Oct. 2000.

465 "그건 니스의 원재료가 (…) 수렁에 빠져들었다.": Ibid.

465 "A. 시모니 교수와 (…) 토론을 했음": Clauser and Horne, "Experimental Consequences of Objective Local Theories" (1974), *Physics Review D*, 10, 535.

466 이상하게도 지난 (…) 멀어지고 있다.: 실제 논의는 다음을 볼 것. Ibid., 530; 이 실험에 반대하는 주장은 다음을 볼 것. Clauser, "Early History of Bell's Theorem" (2000) (Bertlmann and Zeilinger, 87-88); 그들의 방어는 다음에서 볼 것. Aspect, "Bell's Theorem: The Naïve View of an Experimentalist" (Bertlmann and Zeilinger, 141-42).

466 '폐품': 버클리 대학의 올드 르콩테 홀의 다락방 이름.

466 "폐품을 끌어모아 만든 그 실험 장치": Clauser to LLG, Oct. 2000.

466 "정말 암울했다. (…) 이어졌다.": Ibid., Mar. 2002.

466 "안도의 한숨을 내쉬었다.": Ibid., Oct. 2000.

466 그의 제자인 톰슨: Fry and Thompson, "Experimental Test of Local Hidden-Variable Theories" (1976), *Physical Review Letters* 37, 465.

31 설정이 바뀌다 1975~1982년

467 무언가에 홀딱 반해 버렸다: "지생도 이와 똑같은 표현을 사용한다.": Aspect, Optical Society of America meeting in San Jose, CA, Sept. 2007.

467~468 "1974년 10월 (…) 반해 버렸다.": Aspect (그가 쓴 개요에 나온다), OSA meeting, 2007.

468 "도전해 보고 싶은 (…) 주제였다." : Aspect, "The Paper That Changed My Life" at OSA meeting, Sept. 2007.

468 그는 즉시 벨의 (…) 결심했다. : Aspect, "Bell's Theorem: The Naïve View of an Experimentalist" in Bertlmann and Zeilinger, 119.

468 "적어도 열 개 (…) 실패했다." : Clauser to LLG, Dec. 2007.

468 "플라스마 물리학은 (…) 배우면 됩니다." : Ibid.

468~469 "1960~1970년대엔 (…) 사람이었기 때문이다." : Fry, "Quantum (Un)speakables" conference in Vienna, Nov. 2000.

469 "하지만 하루를 (…) 있게 되었습니다." : Pipkin in Fry, "Arrogance? Naïveté?(…)" (2007); OSA meeting.

469 오명 : 클라우저의 다음 흥미로운 분석을 볼 것. "Early History of Bell's Theorem" in Bertlmann and Zeilinger, 61ff.

469 "내가 받은 (…) 매우 형편없었다." : Aspect to LLG, Sept. 2007.

469 그 주제에 관한 (…) 것도 없었다. : "우리는 단지 편미분방정식을 풀고 있었는데 난 무언가를 빠트렸다는 사실을 알았다." : Aspect to LLG, Sept. 2007.

470 "첫째, 그건 실제 (…) 풀 수 있었다." : Ibid.

470 "나는 아인슈타인과 (…) 당했다." : Aspect, "The Paper That Changed My Life" at OSA meeting, Sept. 2007.

470 "아직 중요한 (…) 있음" : Ibid.

470 벨이 쓴 내용에 (…) 매우 중요해진다." : Bell, "On the EPR Paradox" (1964) in *Speakable*, 20.

470 더 중요하게는 비용이 적게 드는 : "물이 비싸지 않아서 다행이었다" : Aspect, OSA meeting, Sept. 2007.

470~471 "서로 다른 방향의 (…) 상관되어 있지 않은" : Aspect et al., "Experimental Test of Bell's Inequalities Using Time-Varying Analyzers" (1982), *Physical Review Letters* 49, 1805.

471 "두 경로 사이의 (…) 일어납니다." : Ibid.

471~472 "그 이유는 변화가 (…) 지극히 타당합니다." : Ibid., 1807.

472 열심히 설명을 (…) 직업이 있습니까?": Aspect, "Bell's Theorem: The Naïve View of an Experimentalist" in Bertlmann and Zeilinger, 119.

472 "심각한 다툼이 (…) 위험성이 있습니다.": Bell to Aspect, 아스페가 본 저자에게 알려 주었다. Sept. 2007.

472~473 "벨 실험은 널(null) (…) 날렸으니 말이다.": Freedman to LLG, Oct. 2000.

473 "저는 CHSH (…) 들끓게 했습니다.": Holt to LLG, Dec. 2001.

475 "밝기가 같은 (…) 4라는 것입니다.": Horne, "Quantum Mechanics for Everyone", *Third Stonehill College Distinguished Scholar Lecture*, May 1, 2001.

476 "시모니 교수와 나는 (…) 여겼다.": Horne to LLG, June 2005.

476~477 "두 입자에 대해서 (…) 것을 알려 주었다.": Horne to LLG, June 2005.

477 "국제 과학계에 실제로 처음 참여한 자리였다." 차일링거는 그때를 이렇게 회상했다. "거기서 처음으로 (…) 느낌이 들었다.": AZ, "Bell's Theorem, Information(…)" in Bertlmann and Zeilinger, 241.

477 그 주제에 매료된 (…) 배우려고 했다.: Horne in Aczel, 210.

477~478 "중성자 간섭계라는 (…) 가 있었다.": Horne to LLG, June 2005.

478 "나는 중간적인 존재로 (…) 날랐다.": Ibid.

478 "최대한 큰 미국 (…) 사려고 했다.": Ibid.

478 "우리는 정말 죽이 (…) 도와주었다.": Greenberger to LLG, May 2005.

478~479 "멋진 사람 (…) 전성기였다": Greenberger, "History of GHZ (…)" in Bertlmann and Zeilinger, 282.

얽힘 현상의 전성기 1981~2005년

32 슈뢰딩거 100주년 1987년

483 "그는 CERN의 (…) 휘감고 있었다.": Bertlmann, "Magic Moments: A Collaboration with John Bell" in Bertlmann and Zeilinger, 29.

484 버베나 차: "그것은 의식과 같았다. 4시 2분 전에 우리는 연구실을 나와서 CERN 카페테리아로 갔다. 거기서 존은 전형적인 영국식 억양으로 '버베나 두 잔 부탁합니다'라며 그가 좋아하는 차를 시켰다.": Bertlmann, "Magic Moments (…)" in Bertlmann and Zeilinger, 36.

484 "매점": 벨은 늘 그렇게 불렀다. Bertlmann to LLG, Nov. 2000.

484 "모든 면에서 우호적 (…) 솟구쳐 올랐다.": Leinass, "Thermal Excitations of Accelerated Electrons" in ibid., 402.

484~485 "그는 한 문장을 (…) 분위기였다.": Bertlmann to LLG, Nov. 2000.

485 "쥐라 산맥이 알프스와 (…) 아름다운 저녁이었다.": Bertlmann to LLG, Nov. 2000.

485 "결정이 어떻게 내려지든 (…) 자격이 있습니다.": Ibid.

485~486 "아니, 그렇지 않네 (…) 보기 어렵네.": Ibid.

486 "전 그렇게 생각하지 (…) 있다고 봅니다.": Ibid.

486 "누가 비국소성에 관심을 갖겠나?": Ibid., 벨의 입장에 관한 내용.

487 "양자역학이 촉발한 (…) 변화": AZ, "On the Interpretation & Philosophical Foundation of QM" in *Vastakohtien Todellisuus, Festschrift for K. V. Laurikainen*, Ketvel, et al., eds., Helsinki University Press, 1996, www.quantum. univie.ac.at/zeilinger/philosop.html (June 2, 2008).

487 "인식론과 존재론 (…) 급진적이고 싶었다.": AZ to LLG, May 2005.

33 셋까지 세기 1985~1988년

490 "차일링거는 연주하기 (…) 연주할 수는 없다.": Horne to LLG, June 2005.

490~491 "이런, 핀란드에 (…) 사이에 말이지.": Ibid.

491 "한 쌍의 중성자를 (…) 다시 주목했어.": Ibid.

492 "입자가 세 개일 (…) 사람이 없니?": Ibid.

492 "좋아." 차일링거가 말했다.: "마이크와 나는 삼체 문제에 대해 생각해 본 적이 있었기 때문이다." 차일링거가 그린버거에게 한 말로, 그린버거가 본 저자

에게 2005년 5월에 알려 주었다.

492 "하지만 M.I.T.는 (…) 사람이었기 때문이다.": Greenberger to LLG, May 2005.

492 고슈와 맨델: "Observation of Nonclassical Effects in the Interference of Two Photons" (1987) in *Physical Review Letters* 59, 1903.

493 "이 논문을 읽어 봐. (…) 것 같은데.": Horne to LLG, June 2005.

493 "레이저를 사용해 본 적이 없었다." (…) "빛나게 만들었습니까?": Ibid.

493 비슷한 발견을 (…) 했다.: Shih and Alley in *Proceedings of the 2nd Int'l Symposium on Foundations of QM in the Light of New Technology*, Namiki et al., eds. (Tokyo: Physical Society of Japan, 1986).

493~494 "세 입자는 아주 (…) 정리를 얻었어.'": Greenberger to LLG, May 2005.

494 "1970~1980년대는 (…) 흥미가 없었다.": Horne to LLG, June 2005.

494 "차일링거, 아주 (…) 전혀 없어.": Greenberger to LLG, May 2005.

495 "글쎄, 그럴 리가 (…) 것 같았다.": Ibid.

495 "한 입자가 한 쌍의 (…) 하는 것을": Mermin to LLG, Oct. 2005.

495 "코넬 대학 영문학과에 다니는 아내의 남편 사이": Ibid.

495 "나는 그게 불가능한 (…) 기울이지 않았다.": Ibid.

495 그는 동료 두 명과 함께 (…) 썼다.: Clifton, Redhead, Butterfield, "Generalization of the Greenberger-Horne-Zeilinger Algebraic Proof of Nonlocality" in *Foundations of Physics* 21, 149-84 (1991).

495 그린버거-혼-차일링거 결과: Greenberger, Horne, and Zeilinger, "Going Beyond."

496 "수학적 엄밀성은 (…) 아주 미묘하다.": Mermin to LLG, Oct. 2005.

496 "실재의 요소에는 (…) 있는가?": Mermin, *Physics Today*, June 1990, 9.

496 "새롭고 멋지게 뒤튼": Ibid.

496 "유령 같은 원거리 (…) '방해'하지 않는다.": Ibid.

497 "모두 여섯 가지 (…) 매우 이단적이다.": Ibid., 9, 11.

497 "이단이든 아니든 (…) 될지도 모른다.": Ibid., 11.

497 "몇 가지 추가적인 (…) 있으니 말이다.": Ibid.

497 "정말 감탄해마지 않을 수밖에 없습니다.": 벨이 머민에게 한 말로서 2005년 10월 머민이 본 저자에게 전해 주었다.

34 "'측정'에 반대하여" 1989~1990년

498 "이제껏 들었던 것 (…) 강연뿐이었다.": Mermin, "Whose Knowledge?" in Bertlmann and Zeilinger, 271.

498 "'측정'에 반대하여": John Bell, *Physics World*, 8/90, 33-40.

499 "그 기사는 (…) 주지 못한다.": Mermin, "Whose Knowledge?" in Bertlmann and Zeilinger, 271.

499 "2급 난이도 문제" (…) "1급 난이도 문제": Dirac, "The Evolution of the Physicist's Picture of Nature", *Scientific American*, 5/1963.

508 "소심한 겁쟁이가 되지 마십시오!" (…) "격려하고 있었다.": Mermin, "Whose Knowledge?" in Bertlmann and Zeilinger, 271.

508 "미리 예정된 (…) 나눌 뿐이었다.": Ibid.

509 "이런 엉큼한 (…) 것 같아.": Clauser-Horne 11/25/90, Horne to LLG, June 2005.

509 "놀랍도록 가시 (…) 위력적이지 않았다.": Gottfried, "Is the Statistical Interpretation of Quantum Mechanics Implied by the Correspondence Principle?" in D. Greenberger, W. L. Reiter and A. Zeilinger, *7th Yearbook Institute Vienna Circle*, 1999.

509 "벨은 양자역학에는 (…) 주장했다.": Mermin-Fuchs, 12/1998 in Fuchs, 321.

509 "아인슈타인의 방정식들은 (…) 파동의 제곱]은'": Gottfried.

509 "고트프리트는 이런 (…) 않았다.": Mermin-Fuchs, 12/1998 in Fuchs, 321.

509~510 "벨은 고트프리트가 (…) 몰아세웠다.": Shimony-LLG, Oct. 20, 2005.

670 얽힘의 시대

510 "이 분야에서 활약한 (…) 지지했다.": Horne to LLG, June 2005.

510 "그건 정말로 처절한 (…) 때도 있었다.": Greenstein to LLG, Oct. 19, 2005.

510 머민과 고트프리트는 (…) 견주었다.: 벨은 "자신이 피상적이라고 판단한 입장을 고수하는 사람들에 대해 구약의 선지자가 보여 준 분노와 비슷한 감정을 드러냈다.": Mermin and Gottfried, "John Bell & the Moral Aspect of QM", *Europhysics News* 22 (1991).

510 시모니가 "크로켓의 (…) 있을 뿐이었다.: Greenstein and Zajonc, *Quantum Challenge*, p. xii.

511 "존 벨은 인격적으로나 (…) 한 명이었다.": Mermin and Gottfried, "John Bell & the Moral Aspect of QM", *Europhysics News* 22 (1991).

35 이것이 실질적인 용도로 쓰일 수 있다는 말인가? 1989~1991년

512 옥스퍼드 대학교 (…): Ekert to LLG, Sept. 20, 2005.

513 "그 무렵 양자 (…) 읽어 보지 않았다.": Ibid.

513~514 "나는 공개 키(key) (…) 푹 빠졌다.": Ibid.

514 "정수론의 멋진 한 분야": Ekert et al., "Basic Concepts in Quantum Computation", http://arXiv.org/abs/quant-ph/0011013, 26 (Apr. 22, 2001).

514 "너무나 순수한 (…) 충격을 받았다.": Ekert to LLG, Sept. 20, 2005.

515 "내 머릿속에서 (…) 관한 거야!": Ibid.

515 "국소적 실재론이 (…) 않았는가!": Ibid.

516 "만약 클라우저-혼 (…) 서명인 셈이다.": Ibid.

516 "그걸 알게 되어 (…) 않았다.": Ibid.

516 "이것이 실질적인 (…) 말입니까?": Ekert to LLG, May 2005.

516~517 "방금 (…) 싶어 했다.": Ibid.

36 새로운 밀레니엄을 맞으며 1997~2002년

519 "1990년대 초에는 (…) 행했기 때문이다.": Horne to LLG, June 2005.

519 양자 텔레포테이션: Bouwmeester, Pan, Mattle, Eible, Weinfurter, and Zeilinger, "Experimental Quantum Teleportation", *Nature* 390, 575 (1997).

520 얽힘 교환: Bennett, Brassard, Crepeau, Jozsa, Peres, Wootters, "Teleporting an Unknown Quantum State via Dual Classical and Einstein-Podolsky-Rosen Channels", *Physical Review Letters* 70, 1895 (1993); Zukowski, Zeilinger, Horne, and Ekert, "Event-Ready-Detectors: Bell Experiment via Entanglement Swapping", *Physical Review Letters* 71, 4287 (1993); Pan, Bouwmeester, Weinfurter, and Zeilinger, "Experimental Entanglement Swapping: Entangling Photons That Never Interacted", *Physical Review Letters* 80, 3891 (1998).

521 2000년에 차일링거는 (…) 그대로 드러났다.: Jennewein, Simon, Weihs, Weinfurter, and Zeilinger, "Quantum Cryptography with Entangled Photons", *Physical Review Letters* 84, 4729 (2000).

521 한편 뉴멕시코 주의 (…) 간파해 냈다.: Naik, Peterson, White, Berglund, and Kwiat, "Entangled State Quantum Cryptography: Eavesdropping on the Ekert Protocol", *Physical Review Letters* 84, 4733 (2000).

521 "저는 양자 엔지니어지만 일요일에는 원리를 다룹니다.'": Gisin, "Sundays in a Quantum Engineer's Life", Bertlmann and Zeilinger, 199.

523 얽힌 광자들은 (…) 날아갔다.: Tittel, Brendel, Gisin, and Zbinden, "Violation of Bell Inequalities More Than 10km Apart" (1998), *Physical Review Letters* 81, 3563, and "Long Distance Bell-Type Tests Using Energy-Time Entangled Photons" (1999); *Physics Review A*, 59, 4150. entanglement over 31 mi: Marcikic, de Reidmatten, Tittel, Zbinden, Legré, and Gisin, *PRL* 93, 180502 (2004).

523~524 "이 실험을 하려면 (…) 다른 데이터들도.": Gisin to LLG, May 8, 2002.

524~525 "양자역학은 현재 (…) 규칙들뿐이었습니다.": Ibid.

525 "1991년 아르투르 (…) 것입니다.": Gisin, "Can Relativity Be Considered Complete?" at the 2005 Quantum Physics of Nature Conference in Vienna; on the Internet at http://arXiv.org/abs/quant-ph/0512168.

525 "물리학자들 사이에 (…) 있기 때문입니다.": Gisin to LLG, May 9, 2002.

525 "양자역학과 상대성이론 (…) 탐구하는": Suarez, www.quantumphil.org/history.htm.

526~530 어느 멋진 일요일에 (…) "존 벨이라면 이 결과를 어떻게 생각했을까?": Gisin, "Sundays in a Quantum Engineer's Life", Bertlmann and Zeilinger, 202-6.

520~521 "정말로, 양자역학은 (…) 갖고 있습니다.": Gisin to LLG, May 8, 2002.

521 "제가 존 벨에게서 (…) 좋은 법입니다.": Gisin, "Sundays(…)" in Bertlmann and Zeilinger, 206.

37 어떤 불가사의, 아마도 1981~2006년

532~534 "제가 어떤 생각을 (…) 만만하지가 않으니까요.": Feynman, "Simulating Physics with Computers" in Hey, 136-37.

534 양자 컴퓨터에 관한 혁신적인 설계안: Lloyd, "A Potentially Realizable Quantum Computer", *Science* 261, 1569 (1993).

535 이삭 추앙도 (…) 인수분해했다.: Chuang and Gershenfeld, "Bulk Spin-Resonance Quantum Computation", *Science* 275, 350 (1997); Chuang, Vandersypen, Zhou, Leung, and Lloyd, *Nature* 393, 143 (1998); Chuang, Gershenfeld, and Kubinec, *PRL* 80, 3408 (1998).

535 벨 연구소에서: Shor, "Polynomial-Time Algorithms", *SIAM Journal on Computing* 26, 1484 (1997); Grover, *PRL* 79, 325 (1997).

535~536 "우주는 양자 (…) 얽혀 있다.": Lloyd, 118-19.

536 그것은 양자 컴퓨터인 셈이다.: Ibid., 3ff.

536 불확정성은 (…) 씨앗 역할을 한다.: Ibid., 49.

536 "양자역학은 (…) 창조할 수 있다.": Ibid., 118.

536 "양자 연산을 (…) 건 확실합니다.": Ekert to LLG, Sept. 2005.

537 "양자 정보과학은 (…) 적합해질 것이다.": Nielson, "Rules for a Complex Quantum World", *Scientific American*, Nov. 2002, 68.

537 "그걸 읽은 후에 (…) 의심스럽다.": Smithells-Rutherford, 1932 in Eve, 364.

538 "50년 내내 (…) 오산이다.": AE-Besso 12/12/51 in French, *Einstein*, 138.

538 "보어 박사 (…) 빠져 있네.": Rutherford in Capri, Anton Z., *Quips, Quotes,and Quanta: An Anecdotal History of Physics* (Singapore: World Scientific Pub. Co., 2007), 170 ; 1933년에 러더퍼드가 한 다음 말과 비교할 것. "비결정성의 이론[즉 불확정성 원리]이 물질의 현 파동 이론의 한계를 보여 줌으로 이론적으로 매우 중요하긴 하지만, 물리학에서 그 원리의 중요성은 많은 저자들에 의해 상당히 과장되어 왔다. 내가 보기에 실험적 검증을 할 수 없는 이론적 개념으로부터 직접적이든 간접적이든 과도한 추론을 하는 것은 비과학적이며 위험하기도 하다."(Rutherford-Samuel in Eve, 378.) 이와 관련된 다른 언급. "이론물리학자들은 기호로 놀이를 하지만 캐번디시에서 우리는 자연의 견고하고 참된 사실들을 내놓는다."(Eve, 304.)

538 "전자–양전자 쌍 (…) 알고 싶었습니다.": Rabi in Bernstein, "Physicist".

539~540 전 우주에 대한 (…) 지니고 있는 것이다.: Bell and Nauenberg, "The moral aspect of Quantum Mechanics" (1966), *Speakable*, 26-28.

에필로그: 다시 비엔나에서 2005년

541~544 "우리는 실은 주정뱅이가" (…) "숨은 변수가 여기 있군요.": 여기 나오는 모든 인용문은 이 회의에서 본 저자가 직접 들은 것이다.

545 "최근까지 나는 (…) 관한 이론이었다.": Mermin, 'Whose Knowledge?' in Bertlmann and Zeilinger, 273.

545 "지난 10년 (…) 훑어보기 바란다.": Mermin in Fuchs, p. ii-iii.

545 양자역학이란 (…) 사고 법칙이다.: Fuchs, 136, 527.

545~546 "계의 그런 활기 (…) 의미든지 간에.": *Ibid*, 336.

546 "나는 아인슈타인이 (…) 심오한 특징이야.": Rudolph to LLG, May 2005.

546~547 양자론이 우리에게 (…) "존재론적 내용": Fuchs, 45.

547 "그래도 여전히 (…) 여전히 남아.": Rudolph to LLG, Oct. 2005.

547 "나는 지식보다 믿음이라는 (…) 잘 드러나.": Fuchs, 333.

547 "우리가 물을 수 (…) 없을 거야.": Ibid., 322.

547 "내가 보기에 양자론은 (…) 의존하지는 않아.": Rudolph to LLG, Oct. 2005.

548 "양자론의 거의 모든 (…) 수단일 뿐이다.": Fuchs, 68.

548 "우리가 해야 할 (…) 찾아내는 것이다.": Rudolph to LLG, Oct. 2005.

548 "정제되고 남은 것 (…) 드러내 줄 것이다.": Fuchs, p. v.

548~549 "한 가지 방법으로서 (…) 비슷해지게 되지.": Rudolph to LLG, Oct. 2005.

549 "우리가 해야 할 (…) 난 믿어.": Fuchs, *Quantum Foudations in the Light of Quantum Information*, 4 in http://arXiv.org/abs/quant-ph/0106166, 2001.

참고문헌—

Aczel, Amir D. *Entanglement: The Greatest Mystery in Physics.* New York: Four Walls Eight Windows, 2001.

Anandan, Jeeva, ed., *Quantum Coherence: Proceedings of the International Conference on Fundamental Aspects of Quantum Theory to Celebrate 30 Years of the Aharonov-Bohm Effect.* Singapore: World Scientific, 1989, in particular pp. 356-72, where is printed Horne, Michael A., Abner Shimony, and Anton Zeilinger, "Down-Conversion Photon Pairs: A New Chapter in the History of Quantum Mechanical Entanglement".

Aspect, Alain, Phillipe Grangier, and Gérard Roger. "Experimental Tests of Realistic Local Theories via Bell's Theorem" *Physical Review Letters* 47, No 7,460-63 (1981).

——. "Experimental Realization of Einstein-Podolsky-Rosen-Bohm *Gedankenexperiment*: A New Violation of Bell's Inequalities", *Physical Review Letters* 49, No 2, 91-94 (1982).

Aspect, Alain, Jean Dalibard, and Gerard Roger. "Experimental Test of Bell's Inequalities Using Time-Varying Analyzers", *Physical Review Letters* 49, No 25, 1804-7 (1982).

Bell, John S. *Speakable and Unspeakable in Quantum Mechanics.* Cambridge, England: Cambridge University Press, 1993.

Beller, Mara. *Quantum Dialogue: The Making of a Revolution.* Chicago:

University of Chicago Press, 2001.

Bernstein, Jeremy. *Hans Bethe: Prophet of Energy*. New York: Basic Books, 1980.

——. *Hitler's Uranium Club: The Secret Recordings at Farm Hall*. Second Edition. New York: Copernicus Books, Springer-Verlag, 2001.

——. *The Merely Personal: Observations on Science and Scientists*. Chicago: Ivan R. Dee, 2001.

——. "Physicist Ⅰ", *The New Yorker*, pp. 47ff., October 13, 1975.

——. "Physicist Ⅱ", *The New Yorker*, pp. 47ff., October 20,1975.

——. *Quantum Profiles [Bell, Wheeler, and Besso]*. Princeton, NJ: Princeton University Press, 1991.

Bertlmann, R. "Magic Moments: A Collaboration with John Bell", lecture at the international conference "Quantum (Un)speakables" in honor of John S. Bell, Vienna, November 10–14, 2000.

Bertlmann, R., and Zeilinger, A., eds. *Quantum (Un)speakables*. Berlin: Springer, 2002.

Bethe, Hans A. "Oppenheimer: 'Where He Was There Was Always Life and Excitement'", *Science* 155, 1080–84 (March 3,1967).

Bohm, David. "A Suggested Interpretation of the Quantum Theory in Terms of Hidden Variables" (I and II), *Physical Review* 85, No 2,166-93 (1952).

——. David Bohm Archives, Birkbeck College, University of London. Bohm Letters: C6, 10-16,37-41,42,44,46-48,58 (de Broglie, Einstein, Hanna Loewy, Lomanitz, Pauli, Melba Phillips, Rosenfeld); A116-18: 1979 interview by Martin Sherwin of Lomanitz and Bohm; *Hearings Regarding Communist Infiltration of Radiation Laboratory and Atomic Bomb Project at the University of California, Berkeley, Calif.*: Wednesday, May 25, 1949, Executive Session U.S. House of Representatives Committee on Un-American Activities—Testimony of David Joseph Bohm; photographs of Bohm and Lomanitz in court; B44:

"On the Failure of Communication between Bohr and Einstein", Undated (post-1961) essay by Bohm.

——. *Quantum Theory*. New York: Dover Publications, 1979.

——. *Wholeness and the Implicate Order*. London: Ark Paperbacks, 1983.

Bohm, David, and Yakir Aharonov. "Discussion of Experimental Proof for the Paradox of Einstein, Rosen, and Podolsky", *Physical Review* 108, No 4, 1070-75ff.

Bohr, Niels. *Atomic Theory & the Description of Nature*. Cambridge, England: Cambridge University Press (1934), 1961.

——. *Atomic Physics and Human Knowledge*. New York: John Wiley & Sons, 1958.

Bolles, Edmund Blair. *Einstein Defiant (Bohr Unyielding): Genius versus Genius in the Quantum Revolution*. Washington, D.C.: Joseph Henry Press, 2004.

Born, Max. *The Born-Einstein Letters: The Correspondence Between Albert Einstein and Max and Hedwig Born, 1916-1955*. New York: Walker & Co., 1971.

——. *My Life: Recollections of a Nobel Laureate*. New York: Scribner's Sons, 1978.

Brian, Denis. *Einstein*. New York: John Wiley & Sons, 1996.

Burke, Philip G., and Ian C. Percival. "John Stewart Bell", *Biographical Memoirs of Fellows of the Royal Society, London* 45,1 (1999).

Casimir, Hendrik B. G. *Haphazard Reality: Half a Century of Science*. New York: Harper & Row, 1983.

Cassidy, David C. *Uncertainty: The Life and Science of Werner Heisenberg*. New York: W. H. Freeman & Co., 1992.

Casti, John L., and Werner DePauli. *Gödel: A Life of Logic*. Cambridge, MA: Perseus Press, 2000.

Clark, Ronald W. *Einstein: The Life and Times*. New York: Avon Books,

1971.

Clauser, John F. "Early History of Bell's Theorem", lecture at the international conference "Quantum (Un)speakables" in honor of John S. Bell, Vienna, November 10-14, 2000.

Clauser, John F., Michael A. Horne, Abner Shimony, and Richard Holt. "Proposed Experiment to Test Local Hidden-Variable Theories", *Physical Review Letters* 23, No 15, 880-84 (1969).

Clauser, John F., and Michael Horne. "Experimental Consequences of Objective Local Theories", *Physical Review D* 10, No 2, 526-35 (1974).

Clauser, John F., and Abner Shimony. "Bell's Theorem: Experimental Tests and Implications" [review article], *Reports on Progress in Physics* 41,1881-1927 (1978).

Davies, Paul. *The Ghost in the Atom*. Cambridge, England: Cambridge University Press, 1986.

——,ed. *The New Physics*. Cambridge, England: Cambridge University Press, 1996.

Dawson, John W., Jr. *Logical Dilemmas: The Life and Work of Kurt Gödel*. Wellesley, MA: A. K. Peters, 1997.

de Broglie, Louis. *New Perspectives in Physics: Where Does Physical Theory Stand Today?* A. J. Pomerans, trans. New York: Basic Books, 1962.

d'Espagnat, Bernard. "My Interaction with John Bell", lecture at the international conference "Quantum (Un)speakables" in honor of John S. Bell, Vienna, November 10-14, 2000.

Dirac, P. A. M. "The Evolution of the Physicist's Picture of Nature", *Scientific American*, May 1963.

Dresden, M. *H. A. Kramers: Between Tradition and Revolution*. New York: Springer–Verlag, 1987.

Dukas, Helen, and Banesh Hoffmann. *Albert Einstein, The Human Side*. Princeton, NJ: Princeton University Press, 1989.

Einstein, Albert. *Letters to Solovine 1906-1955*. New York: Citadel Press, 1993.

———. *Out of My Later Years*. New York: Bonanza Books, 1990.

———. *Relativity: The Special & the General Theory*. Robert W. Lawson, trans. New York: Three Rivers Press, 1961.

———. *The World as I See It*. London: John Lane the Bodley Head, 1935.

Einstein, Albert, Boris Podolsky, Nathan Rosen. "Can Quantum-Mechanical Description of Physical Reality Be Considered Complete?", *Physical Review* 47, 777-80 (1935).

Einstein, Albert, and Mileva Maric. *Albert Einstein Mileva Maric: The Love Letters*. Jurgen Renn, ed., Robert Schulmann, ed. & trans., Shawn Smith, trans. Princeton, NJ: Princeton University Press, 1992.

Ellis, John, and Daniele Amati, eds. *Quantum Reflections* (1991 CERN symposium in memory of Bell). Cambridge, England: Cambridge University Press, 2000, in particular, Jackiw's "Remembering John Bell".

Enz, Charles. P. *No Time to Be Brief: A Scientific Biography of Wolfgang Pauli*. Oxford: Oxford University Press, 2002.

Eve, Arthur S. *Rutherford: Being the Life and Letters of the Rt. Hon. Lord Rutherford, O.M.* Cambridge, England: Cambridge University Press, 1939.

Feynman, Richard. P. *The Character of Physical Law*. Cambridge, MA: M.I.T. Press, 1987.

———. *"Surely You're Joking, Mr. Feynman!": Adventures of a Curious Character* with Ralph Leighton. New York: W.W. Norton & Co., 1985.

Fierz, M., and V. F. Weisskopf, eds. *Theoretical Physics in the Twentieth Century: A Memorial Volume to Wolfgang Pauli*. New York: Interscience Publishers, 1960.

Fine, Arthur. *The Shaky Game: Einstein, Realism, and the Quantum Theory*. Chicago: University of Chicago Press, 1996.

Folsing, Albrecht. *Albert Einstein: A Biography*. Ewald Osers, trans. New York: Penguin, 1997.

Forman, Paul. "Weimar Culture, Causality, and Quantum Theory, 1918-1927: Adaptation by German Physicists & Mathematicians to a Hostile Intellectual Environment", *Historical Studies in the Physical Sciences* 3, 1-115 (1971).

Freedman, Stuart Jay. "Experimental Test of Local Hidden-Variable Theories", Ph.D. thesis, University of California, Berkeley, 1972.

Freedman, Stuart J., and John F. Clauser. "Experimental Test of Local Hidden-Variable Theories", *Physical Review Letters* 28, No 14, 938-41 (1972).

French, A. P., ed. *Einstein: A Centenary Volume*. Cambridge, MA: Harvard University Press, 1979.

French, A. P., and P. J. Kennedy, eds., *Niels Bohr: A Centenary Volume*. Cambridge, MA: Harvard University Press, 1985.

Frisch, Otto. *What Little I Remember*. Cambridge, England: Cambridge University Press, 1991.

Fuchs, Chris. *Notes on a Paulian Idea: Foundational, Historical, Anecdotal, and Forward-Looking Thoughts on the Quantum* (*Selected Correspondence, 1995-2001*). Växjö, Sweden: Växjö University Press, 2003.

Furry, W. H. "Note on the Quantum-Mechanical Theory of Measurement", *Physical Review* 49, 393-99 (1936).

——. "Remarks on Measurements in Quantum Theory" (response to Schrödinger), *Physical Review* 49, 476 (1936).

Gamow, George. *My World Line: An Informal Biography*. New York: Viking Press, 1970.

——. *Thirty Years That Shook Physics: The Story of Quantum Theory*. New York: Dover, 1985.

Gell-Mann, Murray. *The Quark and the Jaguar*. New York: W. H. Freeman & Co., 1994.

Gleick, James. *Genius: The Life and Science of Richard Feynman*. New York: Vintage Books, 1993.

Goodchild, Peter. *J. Robert Oppenheimer: "Shatterer of Worlds"*. London: BBC Press, 1980.

Goudsmit, Samuel. "The Discovery of the Electron Spin", 1971 Golden Jubilee of the Dutch Physical Society lecture, www.lorentz.leidenuniv. nl/history/spin/goudsmit.html (June 2, 2008).

Greenberger, D. M., M. A. Horne, and A. Zeilinger. "Going Beyond Bell's Theorem", pp. 69-72 in M. Kafatos, ed., *Bell's Theorem, Quantum Theory and Conceptions of the Universe*. Dordrecht, Netherlands: Kluwer, 1989.

Greenberger, D. M., M. A. Horne, A. Shimony, and A. Zeilinger. "Bell's Theorem Without Inequalities", *American Journal of Physics* 58, 1131-43 (1990).

Greenspan, Nancy Thorndike. *The End of the Certain World: The Life and Science of Max Born*. New York: Basic Books, 2005.

Greenstein, George, and Arthur Zajone. *The Quantum Challenge: Modern Research on the Foundations of Quantum Mechanics*. Sudsbury, MA: Jones and Bartlett Publishers, 1997.

Hartcup, Guy, and T. E. Allibone. *Cockcroft and the Atom*. Bristol, England: Adam Hilger, Ltd., 1984.

Heilbron, J. L. *The Dilemmas of an Upright Man: Max Planck & the Fortunes of German Science*. Cambridge, MA: Harvard University Press, 1996.

Heisenberg, Werner. *Encounters with Einstein & Other Essays on People, Places, & Particles*. Princeton, NJ: Princeton University Press, 1989.

——. *Philosophical Problems of Quantum Physics*. Woodbridge, CT: Oxbow Press, 1979 (originally published 1952 by Pantheon Books as *Philosophical Problems of Nuclear Physics*).

——. *Physics and Beyond: Encounters and Conversations*. New York:

Harper and Row, 1971. (a.k.a. *Der Teil und das Ganze* [*The Part and the Whole*]).

Hendry, John, ed. *Cambridge Physics in the Thirties*. Bristol, England: Adam Hilger, Ltd., 1984.

Hermann, Grete. "The Foundations of Quantum Mechanics in the Philosophy of Nature", Dirk Lumma, trans., *The Harvard Review of Philosophy* VII, 35-44 (1999). Originally published in *Die Naturwissenschaften* 41, 721 (1935); another version in *Abhandlungen der Fries' schen Schule* 6, 2 (1935).

Hey, Anthony J. G., ed. *Feynman and Computation, with Contributions by Feynman and His Most Notable Successors*. Reading, MA: Perseus Books, 1999.

Hiley, B. J., and F. David Peat, eds. *Quantum Implications: Essays in Honour of David Bohm*. London: Routledge & Kegan Paul, 1987.

Holt, R. A., and F. M. Pipkin. "Quantum Mechanics vs. Hidden Variables: Polarization Correlation Measurement on an Atomic Mercury Cascade", Ph.D. thesis, Harvard University preprint, 1973.

Horne, Michael Allan. "Experimental Consequences of Local Hidden Variables Theories", Ph.D. dissertation, Boston University, 1970.

Howard, Don. "Einstein on Locality and Separability", *Studies in History and Philosophy Science* 16, No 3, 171-201, 1985.

———. *Revisiting the Einstein-Bohr Dialogue*. 2005 lecture on his Web site, www.nd.edu/-dhowardllPapers.html.

———. "*Nicht Sein Kann Was Nicht Sein Darf*, or, The Prehistory of EPR, 1909-1935: Einstein's Early Worries About the Quantum Mechanics of Composite Systems", pp. 61-106ff. in A. I. Miller, ed., *Sixty-Two Years of Uncertainty*. New York: Plenum Press, 1990.

Jackiw, Roman. "The Chiral Anomaly", *Europhysics News* 22, 76-77 (1991) (Bell Memorial).

Jackiw, Roman, and Abner Shimony. "The Depth and Breadth of John

Bell' s Physics", *Physics in Perspective* 4, No 1, February 2002, 78-116.

Jackiw, Roman, and D. Kleppner. "100 Years of Quantum Physics", *Science* 289, No 5481, 893-98 (August 11, 2000).

Jammer, M. *The Conceptual Development of Quantum Mechanics.* New York: McGrawHill, 1966.

——. *The Philosophy of Quantum Mechanics: The Interpretation of Quantum Mechanics in Historical Perspective.* New York: John Wiley & Sons, 1974.

Jauch, J. M. *Are Quanta Real? A Galilean Dialogue.* Bloomington: Indiana University Press, 1973.

Johnson, George. *A Shortcut Through Time: The Path to the Quantum Computer.* New York: Knopf, 2003.

——. *Strange Beauty: Murray Gell-Mann and the Revolution in Twentieth-Century Physics.* New York: Knopf, 1999.

Kafatos, M., ed. *Bell's Theorem, Quantum Theory, and Conceptions of the Universe.* Dordrecht, the Netherlands: Kluwer Academic Publishers, 1989.

Klein, Martin J. *Paul Ehrenfest: Volume 1 The Making of a Theoretical Physicist.* Amsterdam: North-Holland Publishing Co., 1972.

——. "The First Phase of the Bohr-Einstein Dialogue", *Historical Studies in the Physical Sciences* 2, 1970.

Kocher, Carl A., and Eugene D. Commins. "Polarization Correlation of Photons Emitted in an Atomic Cascade", *Physical Review Letters* 18, No 15, 575-77 (1967).

Kragh, Helge. *Dirac: A Scientific Biography.* Cambridge, England: Cambridge University Press, 1990.

Lang, Daniel. "A Farewell to String and Sealing Wax", *The New Yorker,* pp. 47ff., November 7, 1953, and November 14, 1953.

Levenson, Thomas. *Einstein in Berlin.* New York: Bantam, 2004.

Lipschütz-Yevick, Miriam. "Social Influences on Quantum Mechanics?-II", *Mathematical Intelligencer* 23, No 4 (Fall 2001).

Lloyd, Seth. *Programming the Universe*. New York: Knopf, 2006.

Mann, A., and M. Revzen, eds. *The Dilemma of Einstein, Podolsky, and Rosen−60 Years Later: An International Symposium in Honour of Nathan Rosen*. Bristol, England: Institute of Physics Publishing, 1995.

Mead, Carver. *Collective Electrodynamics: Quantum Foundations of Electromagnetism*. Cambridge, MA: M.I.T. Press, 2000.

Mehra, Jagdish. "Niels Bohr's Discussions with Albert Einstein, Werner Heisenberg, and Erwin Schrödinger: The Origins of the Principles of Uncertainty and Complementarity", *Foundations of Physics* 17, No 5, 1987.

Mermin, N. David. *Boojums All the Way Through: Communicating Science in a Prosaic Age*. Cambridge, England: Cambridge University Press, 1990.

——. "Is the Moon There When Nobody Looks?" in Richard Boyd, Philip Gasper, and J. D. Trout, eds., *The Philosophy of Science*. Cambridge, MA: M.I.T. Press, 1993.

——. "What's Wrong with These Elements of Reality?", *Physics Today*, June 1990, 9-11.

Michelmore, Peter. *Einstein, Profile of the Man*. New York: Dodd, Mead, 1962.

Miller, A. I., ed. *Sixty-two Years of Uncertainty*. New York: Plenum Press, 1990. An amazing conference proceedings, including John Bell, "Against 'Measurement'"; Michael Horne, Abner Shimony, and Anton Zeilinger, "Introduction to Two-Particle Interferometry"; Don Howard, "*Nicht Sein Kann Was Nicht Sein Darf*, or, The Prehistory of EPR, 1909-1935: Einstein's Early Worries About the Quantum Mechanics of Composite Systems"; Arthur I. Miller, "Imagery, Probability, and the Roots of the Uncertainty Principle".

Moore, Walter. *Schrödinger: Life and Thought*. Cambridge, England:

Cambridge University Press, 1990.

Nasar, Sylvia. *A Beautiful Mind*. New York: Touchstone, 1998.

Nolte, David. *Mind at Light Speed*. New York: Free Press, 2001.

Pais, Abraham. *Einstein Lived Here* (the companion volume to *'Subtle Is the Lord···'*). Oxford: Oxford University Press, 1994.

———. *Inward Bound: Of Matte'r and Forces in the Physical World*. Oxford: Oxford University Press, 1986.

———. *Niels Bohr's Times in Physics, Philosophy, and Polity*. Oxford: Oxford University Press, 1991.

———. *'Subtle Is the Lord···': The Science and the Life of Albert Einstein*. Oxford: Oxford University Press, 1982.

Pauli, Wolfgang. *Writings on Physics and Philosophy*. Charles P. Enz and Karl von Meyenn, eds. Robert Schlapp, trans. Berlin: Springer-Verlag, 1994.

Pauli, Wolfgang, and C. G. Jung. *Atom and Archetype: The Pauli-Jung Letters 1932-1958*. C. A. Meier, ed. Princeton, NJ: Princeton University Press, 2001.

Peat, F. David. *Infinite Potential: The Life and Times of David Bohm*. Reading, MA: Addison-Wesley, 1997.

Peierls, Rudolf. *Bird of Passage*. Princeton, NJ: Princeton University Press, 1985.

———. *Surprises in Theoretical Physics*. Princeton, NJ: Princeton University Press, 1979.

Penrose, Roger. *The Emperor's New Mind: Concerning Computers, Minds, and the Laws of Physics*. Oxford: Oxford University Press, 2002.

Przibram, K., ed. *Letters on Wave Mechanics: Schrödinger-Planck-Einstein-Lorentz*. New York: Philosophical Library, 1967.

Rabi, I. I., Robert Serber, Victor Weisskopf, Abraham Pais, and Glenn Seaborg. *Oppenheimer*. New York: Charles Scribner's Sons, 1969.

Rajaraman, Ramamurti. "Fractional Charge", lecture at the international conference "Quantum (Un)speakables" in honor of John S. Bell, Vienna, November 10-14, 2000.

———. "John Stewart Bell: The Man and His Physics", unpublished paper.

Raman, V. V., and Paul Forman. "Why Was It Schrödinger Who Developed de Broglie's Ideas?", *Historical Studies in the Physical Sciences*, Vol. I, 1969, 294-96.

Regis, Ed. *Who Got Einstein's Office? Eccentricity and Genius at the Institute for Advanced Study.* Reading, MA: Addison-Wesley, 1988.

Rozental, S., ed. *Niels Bohr: His Life and Work as Seen by His Friends and Colleagues.* Amsterdam: North Holland Pub. Co., 1967.

Satinover, Jeffrey. "Jung and Pauli", unpublished paper.

Saunders, Thomas J. *Hollywood in Berlin.* Berkeley: University of California Press, 1994.

Schlipp, P. A., ed. *Albert Einstein: Philosopher-Scientist.* New York: MJF Books, 1970.

Schrödinger, Erwin. "Discussion of Probability Relations between Separated Systems", *Proceedings of the Cambridge Philosophical Society* 31, 555-63 (1935).

———. *The Interpretation of Quantum Mechanics.* Michel Bitbol, ed., Woodbridge, CT: Ox Bow Press, 1995.

———. *What Is Life? And Other Scientific Essays.* New York: Doubleday Anchor Books, 1956.

Schweber, S. S. *In the Shadow of the Bomb.* Princeton, NJ: Princeton University Press, 2000.

Segrè, Gino. *Faust in Copenhagen.* New York: Viking, 2007.

Shimony, Abner. "Metaphysical Problems in the Foundations of Quantum Mechanics", in Richard Boyd, Philip Gasper, and J. D. Trout, eds., *The Philosophy of Science.* Cambridge, MA: M.I.T. Press, 1993.

——. *The Search for a Naturalistic Worldview*, Vol. 2. Cambridge, MA: Cambridge University Press, 1993.

Shimony, Abner, M. A. Horne, and J. F. Clauser, "Comment on the Theory of Local Beables"; Shimony, "Reply to Bell", *Dialectica* 39, No 2, 97-110 (1985).

Shimony, Abner, Valentine Telegdi, and Martinus Veltman. Obituary: "John S. Bell", *Physics Today* 82 (August 1991).

Smith, Alice Kimball, and Charles Weiner, eds. *Robert Oppenheimer Letters and Recollections*. Stanford, CA: Stanford University Press, 1980.

Stachel, John, ed. *Einstein's Miraculous Year: 5 Papers That Changed the Face of Physics*. Princeton, NJ: Princeton University Press, 1998.

Teller, Edward, *Memoirs: A Twentieth-Century Journey in Science and Politics*. Cambridge, MA: Perseus Publishing, 2001.

Tomonaga, Sin-itiro. *The Story of Spin*. Takeshi Oka, trans. Chicago: University of Chicago Press, 1997.

Townes, Charles. *How the Laser Happened*. Oxford: Oxford University Press, 1999.

Uhlenbeck, George E. "Reminiscences of Professor Paul Ehrenfest", *American Journal of Physics* 24, 431-33 (1956).

Uhlenbeck, George E., and Samuel A. Goudsmit. "Spinning Electrons and the Structure of Spectra", *Nature* 117, 264-65 (1926).

United States Atomic Energy Commission, and J. Robert oppenheimer. *In the Matter of J. Robert Oppenheimer: Transcript of Hearing before Personnel Security Board. April 12-May 6, 1954*. Cambridge, MA: M.I.T. Press, 1970.

Wang, Hao. *Reflections on Kurt Gödel*. Cambridge, MA: M.I.T. Press, 1987.

Weaver, Jefferson Hane. *The World of Physics: A Small Library of the Literature of Physics from Antiquity to the Present (Vol. II: The Einstein Universe and the Bohr Atom)*. New York: Simon & Schuster, 1987.

Weinberg, Steven. *The Discovery of Subatomic Particles*. New York: Scientific American Books, 1983.

Weisskopf, Victor F. *Physics in the Twentieth Century: Selected Essays*. Cambridge, MA: M.I.T. Press, 1972.

Wheeler, J. A., and W. H. Zurek, eds. *Quantum Theory and Measurement*. Princeton, NJ: Princeton University Press, 1983.

Whitaker, Andrew. *Einstein, Bohr, and the Quantum Dileßmma*. Cambridge, England: Cambridge University Press, 1996.

———. "John Bell and the Most Profound Discovery of Science", *Physics World*, December 1998, 29-34.

Wick, David *The Infamous Boundary: Seven Decades of Heresy in Quantum Physics*. New York: Copernicus, Springer, 1995.

Woolf, Harry, ed. *Some Strangeness in the Proportion: A Centennial Symposium to Celebrate the Achievements of Albert Einstein*. Reading, MA: Addison-Wesley, 1980.

THREE WEB SITES THAT WERE EXTREMELY HELPFUL

The Nobel Prize Web site: www.nobel.se/physics/laureates. This amazing site contains a short biography or autobiography for each laureate, and gives the texts of all the Nobel lectures.

J. J. O'Connor and E. F. Robertson's "MacTutor" Web site: biographies of mathematicians (and many physicists): www-groups.dcs.st-and.ac.uk/~history/. This is a well-researched encyclopedia of well-written short biographies.

The arXiv: http://arXiv.org. The "quant-ph" section of this Web site these days is the first publication site of many of the most important and interesting quantum information theory papers.

ARTICLES ON QUANTUM COMPUTING AND CRYPTOGRAPHY

The Quantum Information issue of *Physics World* 11, No 3,35-57 (March 1998).

Fitzgerald, Richard. "What Really Gives a Quantum Computer Its Power?", *Physics Today*, 20-22 (January 2000).

Gisin, Nicolas, Grégoire Ribordy, Wolfgang Tittel, and Hugo Zbinden, "Quantum Cryptography", *Reviews of Modern Physics* 74, 145ff. (January 2002).

Grover, Lov. "Quantum Computing", *The Sciences*, 24-30 (July 1999).

Lloyd, Seth. "A Potentially Realizable Quantum Computer", *Science*, 261 (1993).

——. "Quantum Mechanical Computers", *Scientific American*, 140-45 (October 1995).

Naik, D. S., C. G. Peterson, A. G. White, A. J. Berglund, and P. G. Kwiat. "Entangled State Quantum Cryptography: Eavesdropping on the Ekert Protocol", *Physical Review Letters* 84,4733 (2000).

Nielsen, Michael A. "Rules for a Complex Quantum World", *Scientific American*, 66-75 (November 2002).

HELPFUL GLOSSARIES/ENCYCLOPEDIAS FOR THE GENERAL READER

Gribbin, John. *Q Is for Quantum: An Encyclopedia of Particle Physics* (Mary Gribbin, ed., Jonathan Gribbin, illus., Benjamin Gribbin, time lines). New York: The Free Press, 1998.

Isaacs, Alan, ed. *Oxford Dictionary of Physics*. Oxford: Oxford University Press, 2003.

THE MOST ENJOYABLE

INTRODUCTION TO THE QUANTUM THEORY IS

Bruce, Colin. *The Einstein Paradox and Other Science Mysteries Solved by SHERLOCK HOLMES*, Reading, MA: Helix Books, 1997.

감사의 말——

이 책은 조지 가모프의 『물리학을 뒤흔든 30년』과 데이비드 머민의 에세이 「모든 이를 위한 양자 수수께끼」에서 영감을 얻었다. 그리고 아브라함 파이스의 위대한 삼부작인 『주님은 오묘하시다(Subtle Is the Lord)』, 『닐스 보어의 시대(Niels Bohr's Times)』 그리고 『인워드 바운드(Inward Bound)』가 없었으면 이 책은 나오지 못했을 것이다.

이 책을 쓰면서 떠올리기만 해도 기분이 좋았던 네 사람이 있다. 책을 쓰면서 그들의 사상을 이해하게 되었기 때문이다. 바로 라인홀트와 레나테 베르틀만, 조지 존슨, 그리고 미리엄 예빅이다. 이들께 진심으로 감사드린다.

내게 기억을 되짚어 주고 설명을 들려주었던 모든 이들께 감사드린다. 훌륭하고 매력적인 사람들을 많이 만날 수 있어서 정말 행운이었다. 특히 아브너 시모니와 로만 재키에게 감사드린다. 이들은 내 생각과 글쓰기의 방향에 대해 제일 먼저 중요한 안내를 해 주었다.

알랭 아스페, 매리 벨, 앤디 베르글룬, 존 클라우저, 유진 커민스, 아르투르 에케르트, 에드 프라이, 켄 포드, 스튜어트 프리드먼, 존 하트, 딕 홀트, 마이클 혼, 다니엘 그린버거, 조지 그린스타인(그리고 아서 제이온스와 함께 쓴 그의 훌륭한 책), 니콜라스 지생, 라스 베커 라젠, 세스 로이드, 데이비드 머민, 로버트 포돌스키, 데이브 레더, 테리 루돌프, 라마무티 라자라만, 잭 스타인버거, 제프 새티노버, 데이비드 서덜랜드, 그리고 미리엄 예빅 및 조지 예빅에게 감사드린다. 또 『흔들리는 게임(The Shaky Game)』을 준 스티브 와인스타인에게 감사드린다. 특히 『아인슈타인, 보어, 그리고 양자 딜레마(Einstein, Bohr, and the Quantum Dilemma)』라는 멋진 책을 쓴 앤드루 휘태커와 자비로 『파울리 사상에 대한 고찰(Notes on a Paulian Idea)』이라는 멋진 책을 쓴 크리스 푹스에게 감사드린다. 이 두 권은 서가가 아니라 내 책상 위에 놓여 있었다.

책의 전부 또는 일부를 읽고 평을 해 준 이들에게 감사드린다. 매트 바비뉴(2002년 텍스트에 관한 그의 예리한 지적은 오랫동안 내게 도움을 주고 있다), 조지, 멜리, 그리고 조시 길더, 도니 프레이츠, 안네 팔머, 소리나 히긴스, 라인홀트 베르틀만과 레나테 베르틀만, 아브너 시모니, 미리엄 예빅, 딕 홀트, 니콜라스 지생, 존 하트, 제프 스새티노버, 마일즈 블렌코우, 허셀 스노그래스와 루이스 & 클라크에서 열린 그의 2006년 양자역학 강의, 그리고 허셀을 소개해 준 패티 칼린에게 감사드린다. 코펜하겐 중앙역을 설명해 준 헤닝 마콜름에게 감사드리며 아울러 뮌헨과 이 도시의 영화관을 설명해 준 바바라 팔머에게도 감사드린다.

마일즈 블렌코우에게 감사드린다. 그는 양자 얽힘에 관한 독립적인 연구 모임에서 명쾌한 설명과 유머로 비전공자를 위한 물리학 수업을 맡았다. 친절하게 양자역학적 결맞음(coherency)의 미래에 대해 설명해 준

카버 메드에게 감사드린다. 봄 기록 보관소에서 열람할 수 있도록 도움을 준 수 갓셀과 버크벡 대학에 감사드린다. 2000년 비엔나 회의에 처음 갔을 때 친구 겸 안내자였던 마티어스 코니어치크에게 감사드린다. 그리고 버클리에서 나를 환대해 준 고(故) 프레드 발데르스톤에게도 감사드린다. 2005년 비엔나에서 잘 지내게 해 주었으며 섬머 펠리스와 테리 루돌프를 만나게 해 준 알렉산더 스티버에게 감사드린다. 그리고 멋진 저녁 식사를 마련해 준 리 스몰린과 허브 번스타인에게도 감사드린다.

루이스, 아메리카, 이사벨라 폰 하르니에에게 감사드린다. 이들 덕분에 나는 발헨 호수로 멋진 여행을 떠나 하이젠베르크의 집을 둘러보았다. 또 내 사촌인 스테판과 헬레나, 다미엔, 체카, 테레세 폰 가테르베르크에게 감사드린다. 이들은 내게 하얀 아스파라거스를 대접했을 뿐 아니라 보른이 슈바이처를 만났던 교회까지 두 시간에 걸쳐 슈바르츠발트 숲속을 오토바이로 태워 주었다. 그리고 콘스탄틴과 군디 폰 가테르베르크에게 감사드린다. 이들은 내게 훌륭한 식사를 대접했고 출발 시간이 거의 다 되어 나를 공항까지 태워 주었다.

더그 하겐에게 감사드린다. 그는 내가 영사기를 작동할 수 있도록 가르쳐 주었는데, 그 덕분에 훨씬 더 즐겁게 글을 쓸 수 있었다. 다코타 레이스에게 감사드린다. 내 의욕을 북돋아 주었고 고양이를 돌봐 주었다. 그리고 내 조카 제레미 고디너에게 감사드린다. 그는 전혀 그 용도가 아닌 컴퓨터를 가지고 내가 손으로 그린 그림을 밤새도록 디지털 파일로 변환해 주었다. 브루스 채프먼에게도 감사드린다. 그는 내가 어려울 때 친절하게도 재정적인 도움을 주었다. 그리고 먼 도서관에까지 가서 철저하게 자료 지원을 해 준 케이티 영에게도 감사드린다.

내 에이전트이자 사돈지간인 니나 라이언에게 감사드린다. 그녀는 모든 일을 도맡았으며 진심 어린 격려를 해 주었다.

수제 퍼지(설탕, 우유, 버터로 만든 사탕—옮긴이)를 만들어 준 아벨리나 트루체로에게 감사드린다. 그리고 록산느 유레이에게 진심으로 감사드린다. 힘겹던 시기에 그의 친절하고 자상한 배려가 없었다면 나는 중도에 포기하고 말았을 것이다.

나탈리아 데이비스에게 감사드린다. 그는 내게 1년 반 동안 오클랜드 언덕에서 글을 쓸 공간을 마련해 주었으며 여러 번에 걸쳐 기운을 북돋아 주었다. 밸리 포드 호텔(소노마 카운티에서 주방을 갖춘 가장 좋은 숙소)의 쇼나 켐벨과 브랜던 귄터에게 감사드린다. 그들은 내게 좋은 작업 공간을 제공해 주었으며 작업 막바지의 중요한 순간에 여러 번 훌륭한 지역 음식을 마련해 주었다.

수많은 원고들이 끝없이 쌓인 이 작품을 위해 일해 준 크노프 출판사의 모든 분들께 감사드린다. 주의 깊고 섬세하게 교열을 해 준 케이트 노리스, 차분하고 필수적인 도움을 준 메간 윌슨, 그리고 특별히 내 편집자인 조나단 시걸에게 감사드린다. 그의 지도 덕분에 두서없고 어수선한 이 원고가 한 권의 책으로 묶일 수 있었다. 또 그의 조수인 카일 매카시와 조이 맥가비에게도 감사드린다.

마지막으로 나를 도와주고 유쾌한 분위기를 만들어 준 내 모든 친구들과 가족에게 감사드린다. 특히 어머니 코넬리아 브룩 길더에게 진심으로 감사드린다. 어머니는 내가 이 책을 구상하는 8년의 기간 동안 두 권의 책을 썼다. 오랫동안 우리는 차고 위의 '사원'에서 함께 작업했다. 어머니와 시간을 보내고, 글쓰기를 감독해 주고, 같이 정원 손질을 하고, 아울러 베란다에서 함께 점심을 먹었던 것은 이 책을 쓰는 동안 가장 행복한 추억이었다. 밤새 커피를 마시며 나와 함께 일한 내 자매 멜리에게 감사드린다. 특히 내가 일하는 시간이면 미국의 정반대편 연안에서 그녀도 같이 밤샘 작업을 해 준 데 감사한다. 아버지 조지 길더에게 감사드린다. 아버지는 늘 독자 비평을 해 주었을 뿐 아니라 달리기도 함께 해 주셨다. 그리고 언제나 큰 그림에서 내 책을 평가해 주셨다.

마지막으로 글을 쓸 때 옆에서 피아노를 쳐 준 도니 프레이츠에게 감사드린다.

찾아보기—